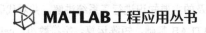

MATLAB工程应用丛书

MATLAB
语言及编程实践
生物数学模型应用

马寨璞　石长灿　井爱芹　/　编著

电子工业出版社
Publishing House of Electronics Industry
北京·BEIJING

内 容 简 介

本书以 MATLAB R2020b 为蓝本，对 MATLAB 编程中涉及的主要知识进行了系统讲解，并对代码规范化、内容人文文化等进行了探索。全书共分 8 章，内容包括 MATLAB 基础，矩阵运算，字符数组、cell 与 struct，数据绘图，符号运算，函数文件，面向对象编程，MATLAB 在生物数学模型中的应用，每章在详细的讲解之后，都给出了规范化的示例代码。

本书充分考虑了学习编程读者的特点，以详细的内容、规范化的代码、富含人文气息的例子，加上探索性的讲解形式，对每个知识点进行了分析，力图使读者在体验中学习知识，在感受中提高技能，做到既解决问题又掌握知识。

本书适合各类初学 MATLAB 编程的读者，作为教材或参考书均可，也可作为教师或科研人员的参考手册。

未经许可，不得以任何方式复制或抄袭本书之部分或全部内容。
版权所有，侵权必究。

图书在版编目(CIP)数据

MATLAB 语言及编程实践：生物数学模型应用 / 马寨璞，石长灿，井爱芹编著. —北京：电子工业出版社，2022.6
（MATLAB 工程应用丛书）
ISBN 978-7-121-43749-6

Ⅰ. ①M… Ⅱ. ①马… ②石… ③井… Ⅲ. ①Matlab 软件－应用－生物数学－生物模型 Ⅳ. ①Q-332

中国版本图书馆 CIP 数据核字(2022)第 100720 号

责任编辑：钱维扬　　文字编辑：曹　旭
印　　刷：北京捷迅佳彩印刷有限公司
装　　订：北京捷迅佳彩印刷有限公司
出版发行：电子工业出版社
　　　　　北京市海淀区万寿路 173 信箱　　邮编：100036
开　　本：787×1092　1/16　印张：32　字数：819.2 千字
版　　次：2022 年 6 月第 1 版
印　　次：2023 年 8 月第 2 次印刷
定　　价：128.00 元

凡所购买电子工业出版社图书有缺损问题，请向购买书店调换。若书店售缺，请与本社发行部联系，联系及邮购电话：(010) 88254888，88258888。
质量投诉请发邮件至 zlts@phei.com.cn，盗版侵权举报请发邮件至 dbqq@phei.com.cn。
本书咨询联系方式：(010) 88254459，qianwy@phei.com.cn。

前　言

　　MATLAB 是一种兼具代码编程和鼠标操作实现基本功能的计算机语言。众多的模块使得它既可以进行面向过程的编程，又可以支持用户用鼠标选定、打开 App；既可以实现基本的数据展示与分析，又可以进行面向对象编程，以加快大型软件的开发与实现。

　　当前，介绍 MATLAB 各种应用的图书林林总总、层出不穷，但多数都是专门针对特定应用领域的。例如，有专门针对 MATLAB 数值分析的，有专门介绍 MATLAB 图像处理功能的，还有各类指南、宝典、入门、速成等视频教程。这些图书针对性强，拿来即用，很好地满足了技术人员快速学习的一些要求，但是作为本科生的教材，却有它们的不足。为此，我们借鉴其"针对性"，并克服这些图书中的不足，为初次接触 MATLAB 语言的学生、技术人员等，编写了本书。综合起来，本书具有以下特点。

　　(1) 紧跟软件升级。

　　一种计算机语言有没有旺盛的生命力，从它的"新陈代谢"上就可以看出来。MATLAB 自推出以来，近些年每年都推出两个版本，上半年推出 a 版，下半年推出 b 版，并不断地引入新命令、废止过时的命令。本书以 2020 年发布的 R2020b 为蓝本，全面介绍其中的常用命令，并对新版本中才出现的命令进行了特别说明，如 readcell、writecell 等已完全替代前几年的 xlsread、xlswrite 等，符号变量的 symvar 已完全更改了优选原则，废弃了 MUPAD，以及 GUI 设计被 App 设计完全取代等。

　　(2) 建立规范性。

　　编程，除了要编写代码实现必须完成的基本任务（如计算、绘图、模拟等），还要搞好周边服务。所谓周边服务，就是对代码进行各种规范性处理。例如，对于函数的处理，许多图书都讲述了编写函数的过程，也给出了具体实现，但是，很少讨论代码的规范性问题。我们认为，编写好的外围辅助（帮助说明文件等）与实现代码的基本功能同等重要。可以说，规范性的代码不仅能最大限度地减少错误，还能极大地减少重复工作、提高维护效率，"规范就是效率"在这里得到了充分体现。因此，本书在编写完整的函数时，都要给出规范化的解释说明，并刻意引导读者做好这方面的"服务工作"。

　　(3) 兼具文学性。

　　许多人认为理工类的图书，特别是编程类图书，无须考虑其文学性。然而，在当前社会发展与工作中，人文社交也是一种能力，文学修养有助于提高理工科学生自身的素质。为此，在不影响介绍语法知识的前提下，本书特意加入一些文学性内容。例如，在讲授字符串处理命令时，对选入的字符串进行了筛选，使用了有积极意义的格言警句作为示例，这样安排既实现了字符串的语法说明，又在无形中让读者读起来感到赏心悦目。本书中凡是涉及字符串的语法内容，都尽可能选择一些读来琅琅上口的名言、对联、诗句、古文等作为例句，让读者在文学氛围中实现 MATLAB 的学习。

　　(4) 增强体验感。

　　对知识点的介绍，可以采用不同的方式：既可以采取平铺直叙的方式，直接告诉读者是什么，也可以通过探索的过程让读者亲自挖掘出这个知识点。这两种不同的教学方式，会给读者留下不同的印象。本书针对当代年轻读者更注重体验与参与的特点，在解释知识点时，尽可能采用探索式的讲解方式，让读者在挖掘知识点的过程中，逐渐加深理解，直至掌握。因为知其然，总不如知其所以然更让人印象深刻，参与挖掘知识点，总比旁观更有体验感。

（5）坚持详细性。

任何计算机语言，要想正确使用，就必须充分理解命令的使用条件和参数使用格式。我也读过许多介绍编程语言的图书，偶尔会有一种"想看的没看到，不想看的一大堆"的感觉。仔细想来，就是因为那些图书对命令并未给出详细周全的解释。因此，在学习 MATLAB 语言时，我更倾向于这样的观点：每学习一个函数命令，就完整地学习它的各种使用方法，通过对多个常用函数的详细学习，让读者在完整掌握其基本使用方法的同时，养成一个很好的学习习惯，即全面掌握每一个知识点。因此，本书在介绍函数命令时，都会极其详细地介绍它们的用法。

在本书编写过程中，中国科学院大学温州研究院的石长灿博士和河北省生物工程技术研究中心的井爱芹老师（河北大学），也为本书的编写贡献了智慧与汗水。河北大学生命科学学院给予了大力支持与帮助，"生物学基本建设项目（521100302002）"资助了本书的出版。电子工业出版社的编辑对本书的出版付出了辛勤的工作，对于他们的支持与帮助，表示衷心的感谢。

在书稿付梓之际，虽然校读多次，力图使内容完美无缺，但我们知道，囿于水平，其中错误在所难免，敬请读者批评指正。

编著者

（本书部分示例代码可通过扫描下方二维码获取。）

目　录

第 1 章　MATLAB 基础 ……………… 1
1.1　MATLAB 简介 ………………… 1
1.1.1　MATLAB 的历史 ……………… 1
1.1.2　MATLAB 的版本 ……………… 1
1.1.3　MATLAB 的特点 ……………… 2
1.2　MATLAB 的主要界面 …………… 4
1.2.1　菜单工具栏 …………………… 4
1.2.2　窗口 …………………………… 6
1.3　命令行窗口及操作 ……………… 7
1.3.1　MATLAB 的简单使用 ………… 7
1.3.2　MATLAB 数值的显示 ………… 10
1.3.3　命令行窗口的常用控制命令 … 10
1.4　日志命令与命令历史记录 ……… 14
1.4.1　diary ………………………… 14
1.4.2　命令历史记录与快捷设置 …… 16
1.5　当前目录窗口 …………………… 18
1.5.1　概况 …………………………… 18
1.5.2　设置用户目录和工作目录 …… 19
1.6　MATLAB 的工作区 ……………… 21
1.6.1　工作空间中的变量 …………… 21
1.6.2　数据应用分析 ………………… 22
1.6.3　常用的工作空间管理命令 …… 24
1.7　标点符号与运算符 ……………… 28
1.7.1　标点符号 ……………………… 28
1.7.2　运算符 ………………………… 31
1.8　变量与表达式 …………………… 33
1.8.1　数值的表达 …………………… 33
1.8.2　MATLAB 的默认值 …………… 34
1.8.3　变量的命名 …………………… 36
1.8.4　复数 …………………………… 38
1.9　脚本编辑器 ……………………… 40
1.9.1　纯代码编辑器 ………………… 41
1.9.2　实时编辑器 …………………… 46
1.10　帮助文件的使用 ……………… 49

1.10.1　帮助命令 …………………… 49
1.10.2　帮助浏览器 ………………… 51
1.10.3　MathWorks 官方网站 ……… 51

第 2 章　矩阵运算 …………………… 53
2.1　创建矩阵 ………………………… 53
2.1.1　一维矩阵 ……………………… 53
2.1.2　二维矩阵 ……………………… 56
2.1.3　三维及以上矩阵 ……………… 60
2.2　矩阵的一般操作 ………………… 65
2.2.1　矩阵维数与大小 ……………… 65
2.2.2　矩阵元素寻址 ………………… 66
2.2.3　矩阵的常规操作 ……………… 68
2.3　矩阵的基本运算 ………………… 74
2.3.1　矩阵转置/加法/乘法/逆 ……… 74
2.3.2　矩阵内积/外积/范数 ………… 75
2.3.3　矩阵指数/对数/开方 ………… 79
2.3.4　向量之间的关系 ……………… 81
2.3.5　矩阵的本质特征 ……………… 83
2.3.6　矩阵直和与张量积 …………… 84
2.4　特殊矩阵 ………………………… 86
2.4.1　带状稀疏矩阵 ………………… 86
2.4.2　Vandermonde 矩阵 …………… 88
2.4.3　Hankel 矩阵 …………………… 89
2.4.4　Toeplitz 矩阵 ………………… 89
2.5　矩阵变换与分解 ………………… 90
2.5.1　Cholesky 分解 ………………… 90
2.5.2　LU 分解 ……………………… 93
2.5.3　QR 分解 ……………………… 94
2.5.4　SVD 分解 …………………… 94

第 3 章　字符数组、cell 与 struct …… 96
3.1　字符串与字符数组 ……………… 96
3.1.1　字符串基本属性 ……………… 96
3.1.2　复杂字符数组的创建 ………… 99

3.1.3 字符串转换函数 ················ 100
3.1.4 将字符串转换为数据的函数 ······ 102
3.1.5 字符串操作函数 ················ 107
3.2 cell 数组 ···························· 115
3.2.1 cell 数组的创建、寻址与显示 ······ 116
3.2.2 cell 数组的基本操作 ············ 122
3.2.3 cell 数组操作函数简介 ·········· 126
3.2.4 string 与 char 的区别 ············ 129
3.3 结构数组 ···························· 130
3.3.1 结构数组的创建 ················ 131
3.3.2 结构数组的访问 ················ 133
3.3.3 结构数组的操作函数 ············ 135
3.3.4 结构数组的转换 ················ 139

第 4 章 数据绘图 ······················ 143
4.1 绘图及其属性 ······················ 143
4.1.1 初识绘图 ······················ 143
4.1.2 图像的基本属性 ················ 145
4.2 plot 函数 ···························· 146
4.2.1 plot 函数默认格式 ·············· 146
4.2.2 plot 函数属性应用 ·············· 148
4.2.3 其他几种格式 ·················· 150
4.3 颜色的使用 ························ 153
4.3.1 颜色的 RGB 表示 ·············· 154
4.3.2 颜色图 ·························· 156
4.3.3 查看颜色图 ···················· 157
4.3.4 颜色图函数 ···················· 157
4.3.5 颜色图的创建与使用 ············ 159
4.4 坐标轴设置与图形标识符 ·········· 162
4.4.1 坐标轴的设置 ·················· 162
4.4.2 标注文字 ······················ 165
4.5 两个绘图布局函数 ················ 174
4.5.1 subplot 函数 ···················· 174
4.5.2 tiledlayout 函数 ················ 176
4.6 几种常用的二维绘图函数 ·········· 179
4.6.1 面积填充图 ···················· 179
4.6.2 统计图 ·························· 181
4.6.3 绘制矢量场 ···················· 191
4.6.4 时间序列数据 ·················· 195

4.6.5 等值线绘图 ···················· 199
4.6.6 极坐标绘图 ···················· 202
4.6.7 双坐标绘图 ···················· 203
4.6.8 对数形式绘图 ·················· 206
4.6.9 遗传信息绘图 ·················· 207
4.7 三维绘图 ···························· 209
4.7.1 三维版本的绘图函数 ············ 209
4.7.2 绘制多峰函数曲面 ·············· 212
4.7.3 绘制球柱锥体 ·················· 215
4.7.4 三维绘图中的一些问题 ·········· 217
4.8 修改绘图对象属性 ················ 220
4.8.1 绘图的返回对象 ················ 220
4.8.2 使用对象属性 ·················· 221
4.8.3 获取对象 ······················ 223
4.9 绘制动画图片 ······················ 227
4.9.1 getframe 函数 ·················· 228
4.9.2 frame2im 函数 ·················· 228
4.9.3 rgb2ind 函数 ···················· 228
4.9.4 imwrite 函数 ···················· 228

第 5 章 符号运算 ······················ 230
5.1 符号对象的定义 ···················· 230
5.1.1 声明符号变量函数 sym ·········· 230
5.1.2 声明符号变量快捷函数 syms ······ 232
5.1.3 设置假定函数 assumptions ······ 234
5.1.4 设置与去除假定函数 assume ······ 235
5.1.5 添加设置假定函数 assumeAlso ···· 236
5.1.6 分段条件函数 piecewise ·········· 236
5.2 符号运算基本操作 ················ 237
5.2.1 识别符号变量 ·················· 237
5.2.2 多项式操作 ···················· 241
5.2.3 符号替换 ······················ 246
5.2.4 高等数学中的几个函数 ·········· 250
5.2.5 解方程 ·························· 257
5.2.6 符号矩阵的运算 ················ 263
5.3 符号运算结果的可视化 ············ 265
5.3.1 简洁绘图函数 ·················· 265
5.3.2 符号运算结果的数值绘图 ········ 269

第 6 章　函数文件

6.1 MATLAB 语言编程的基本理念 ... 270
6.2 MATLAB 函数概况 ... 270
6.2.1 初识 MATLAB 函数 ... 270
6.2.2 函数模板 ... 272
6.3 MATLAB 中的函数分类 ... 272
6.3.1 MATLAB 脚本文件 ... 272
6.3.2 主函数与子函数 ... 273
6.3.3 子函数的定义 ... 274
6.3.4 匿名函数 ... 275
6.4 MATLAB 中的局部变量和全局变量 ... 276
6.4.1 局部变量 ... 276
6.4.2 全局变量 ... 277
6.5 MATLAB 函数文件中的控制语句 ... 278
6.5.1 if-end 语句 ... 278
6.5.2 switch-case 选择控制结构 ... 281
6.5.3 for-end 循环 ... 284
6.5.4 while-end 循环 ... 287
6.5.5 try-catch-end 纠错机制 ... 289
6.5.6 其他控制函数 ... 290
6.5.7 递归 ... 298
6.6 函数句柄 ... 299
6.6.1 函数句柄的创建 ... 299
6.6.2 函数句柄的基本用法 ... 300
6.7 泛函命令 ... 302
6.7.1 eval 函数 ... 302
6.7.2 feval 函数 ... 303
6.8 读写文件 ... 305
6.8.1 文本数据读取 ... 305
6.8.2 读取 Excel 文件 ... 308
6.8.3 读取三角矩阵数据 ... 313
6.8.4 写入文本文件 ... 313
6.8.5 写入 Excel 文件 ... 314
6.8.6 写入 Word 文件 ... 315
6.9 一些矩阵操作函数的实现案例 ... 321
6.9.1 对称矩阵 ... 321
6.9.2 置换矩阵 ... 322
6.9.3 矩阵变换 ... 328
6.10 两个绘图函数的实现案例 ... 330
6.10.1 雷达图 ... 330
6.10.2 星座图 ... 330
6.11 符号运算的一个实例 ... 331

第 7 章　面向对象编程

7.1 面向过程与面向对象 ... 336
7.2 类的组织结构 ... 337
7.2.1 初识类 ... 337
7.2.2 类的定义 ... 338
7.2.3 类的特性 ... 340
7.2.4 类定义的组织与存放 ... 342
7.2.5 文件柜 ... 343
7.3 类的属性 ... 347
7.3.1 声明与初始化 ... 347
7.3.2 访问控制 ... 349
7.3.3 其他特性 ... 351
7.4 类的方法 ... 353
7.4.1 普通方法与访问特性 ... 353
7.4.2 构造函数 ... 356
7.4.3 静态方法 ... 358
7.5 类的继承与派生 ... 360
7.5.1 继承与派生的基本概念 ... 361
7.5.2 派生类构造函数 ... 363
7.6 MATLAB 类的基本类型 ... 379
7.6.1 参数的传递机制 ... 379
7.6.2 两种基本类型 ... 380
7.6.3 handle 型类 ... 384
7.7 对象的析构、保存和加载 ... 392
7.7.1 析构函数 ... 392
7.7.2 保存和加载 ... 396
7.8 多态性与抽象 ... 402
7.8.1 函数重载 ... 402
7.8.2 运算符重载 ... 403
7.8.3 抽象类 ... 406
7.9 事件与响应 ... 407
7.9.1 概念与定义 ... 407

7.9.2	理解事件与响应的作用机制	409
7.9.3	创建监听的 event 方式	411
7.9.4	发布通知中附加消息	412
7.9.5	预定义事件的监听	413

7.10 对象数组 ……………………… 414
    7.10.1 同类型对象数组 …………… 414
    7.10.2 同基类对象数组 …………… 416
    7.10.3 多类型对象数组 …………… 417

7.11 Meta Class ……………………… 420
    7.11.1 查询类的基本信息 ………… 420
    7.11.2 查找特定设置的对象和类成员 … 421

7.12 类的应用实例：App 设计 …… 422
    7.12.1 App Designer 的开发环境 … 422
    7.12.2 双线设计与类函数 ………… 423
    7.12.3 App 设计步骤 ……………… 425
    7.12.4 各种组件的使用方法 ……… 427
    7.12.5 使用函数创建组件 ………… 435

7.13 再议创建 MATLAB 函数模板 … 439

第 8 章 MATLAB 在生物数学模型中的应用 …………………………… 442

8.1 图模型 …………………………… 442
    8.1.1 图的基本概念与数据结构 …… 442
    8.1.2 无向赋权图的最短路径 Dijkstra 算法 ……………………………… 445
    8.1.3 评估生态模型架构 …………… 445

8.2 种群模型 ………………………… 446
    8.2.1 原理与分类 …………………… 446
    8.2.2 离散单种群模型 ……………… 448
    8.2.3 Logistic 离散模型的渐近性态模拟 ……………………………… 448
    8.2.4 连续模型 ……………………… 450

8.3 时间序列分析模型 ……………… 456
    8.3.1 平稳时间序列模型的几个概念 … 457
    8.3.2 平稳时间序列 ………………… 458
    8.3.3 ARMA 模型的构建及预报 …… 460
    8.3.4 时间序列分析的 MATLAB 命令与实例 ……………………………… 462
    8.3.5 ARIMA 模型 ………………… 465
    8.3.6 GARCH 模型 ………………… 471

8.4 多元分析模型 …………………… 476
    8.4.1 主成分分析 …………………… 476
    8.4.2 因子分析模型 ………………… 479
    8.4.3 对应分析模型 ………………… 485
    8.4.4 典型相关模型 ………………… 491
    8.4.5 多维标度模型 ………………… 498

第 1 章 MATLAB 基础

1.1 MATLAB 简介

1.1.1 MATLAB 的历史

人们常说，科学发展源于观察与生产实践，MATLAB 的产生也是如此。在 20 世纪 70 年代中期，科学计算还是以 FORTRAN 语言为主，EISPACK 主要用于求解矩阵的特征值，LINPACK 则是解线性方程的程序库。在当时，它们代表了矩阵运算的最高水平。

20 世纪 70 年代后期，美国新墨西哥大学计算机系主任 Cleve Moler 在给学生讲授线性代数课程时，想让学生使用 EISPACK 和 LINPACK 程序库，但他发现，学生们编写 FORTRAN 接口程序很费时间，于是便自己动手为学生编写了这两个程序库的接口程序。这个接口程序便是 MATLAB 的前身，MATLAB 是 Matrix 和 Laboratory 两个英文单词前 3 个字母的组合。

在之后的多年里，MATLAB 作为免费的教学辅助软件，在多所大学中流传，直到 1983 年的春天，Cleve Moler 到斯坦福大学讲学时，MATLAB 的方便、易用等特点吸引了工程师 John Little。John Little 敏锐地觉察到 MATLAB 在工程领域的广阔前景，于是他和 Cleve Moler、Sieve Bangert 一起，开发了第二代专业版。这一代的 MATLAB 用 C 语言开发，因此，在 MATLAB 的许多语法中，都能找到 C 语言的影子，如在 C 语言中广泛使用的 printf 函数，在 MATLAB 中就有 fprintf 函数与之类似，这一代的 MATLAB 还具备了数值计算和数据图示化的功能。1984 年，MathWorks 公司成立，其把 MATLAB 正式推向市场。

在发展中，MathWorks 公司顺应潮流，在数值计算和图示能力的基础上，又开拓了其符号计算、文字处理、可视化建模和实时控制能力。时至今日，经过 MathWorks 公司的不断完善，MATLAB 已经发展成为适合多学科、多种工作平台的功能强劲的大型软件。

目前，在高等院校，MATLAB 已经成为线性代数、自动控制理论、数理统计、数字信号处理、动态系统仿真等课程的基本教学工具，也是人工智能、自动驾驶等科研开发的强力工具，掌握 MATLAB 的使用也已成为当代大学生的一项基本技能。MATLAB 在设计研究单位和工业部门中也被广泛应用在科学研究和各种具体问题的解决上。

1.1.2 MATLAB 的版本

自正式推出 MATLAB 产品以来，MATLAB 经历了多个版本的变迁，现在每年推出两个版本，如 2020a 和 2020b，一般来说 a 是测试版，b 是正式版。从出版时间来看，a 表示上半年出品，b 表示下半年出品。

截至 2020 年年底，MathWorks 公司发布了 MATLAB R2020b，其增加了许多新功能，这些新功能让用户更轻松地处理图形和创建应用，而 Simulink 的更新侧重于帮助用户实现更快速、更便捷的访问。借助新推出的 Simulink Online 功能，用户可以直接通过 Web 浏览器使用

Simulink。MATLAB R2020b 还推出了基于人工智能（AI）的新产品，用以加快自主系统开发，快速创建自动驾驶 3D 模拟场景等。

1. AI 和深度学习

全新的 Deep Learning HDL Toolbox 为算法开发人员和硬件设计人员提供了在 FPGA 和 SoC 上创建原型和实现深度学习网络的功能和工具，使用 Deep Learning HDL Toolbox，工程师能够自定义深度学习网络的硬件实现，并生成可移植、可合成的 Verilog 和 VHDL 代码等。

2. 自主系统

MATLAB R2020b 推出两款自主系统新产品及一个重大更新。Lidar Toolbox 是一款全新产品，提供用于设计、分析和测试激光雷达处理系统的算法、函数和应用。UAV Toolbox 是另一款新产品，提供用于设计、仿真、测试和部署无人机应用的工具和参考应用。

3. 汽车

对于汽车行业，全新的 RoadRunner Scene Builder 产品可利用高精度地图自动创建道路网络。通过对 AUTOSAR Blockset 的更新，可以帮助创建作为独立应用程序运行的自适应 AUTOSAR 可执行文件。Vehicle Dynamics Blockset 使用三轴仿真，可在 Unreal Engine 3D 环境中将牵引车和拖车可视化。

1.1.3 MATLAB 的特点

（1）MATLAB 兼顾高级语言与可视化应用。MATLAB 可用于算法开发、数据分析、系统控制、测控测量等，既可以作为高级计算语言进行编程，以代码的形式实现，也可以在交互环境下，使用鼠标选择丰富的工具箱，所见即所得地实现每一步。和传统的编程语言相比，在交互环境下 MATLAB 为用户更快地解决问题提供了极大便利。

（2）MATLAB 提供了丰富的工具箱。多年的发展使得 MATLAB 的工具箱日渐丰富，利用这些工具箱，可解决相应领域内特定类型的问题。这些工具箱包括：机器学习和深度学习、数学统计和优化、控制系统设计和分析、信号处理与通信、图像处理、测试测量、计算金融、计算生物等。图 1-1 是 R2020a 版的 MATLAB 提供的 App 工具箱的一部分。

（3）MATLAB 助力科研计算快速实现。MATLAB 进行数据处理的计算单位是矩阵，在其他语言中需要编程实现的矩阵计算，在 MATLAB 中只需一个运算符号即可。以遗传研究中的豌豆杂交为例，多次杂交之后的结果可通过马尔可夫模型计算得到。

在孟德尔的豌豆杂交实验中，豌豆种子的圆形与皱形是一对等位基因，圆形是显性基因，以 A 表示，皱形是隐性基因，以 a 表示。两种基因组成 3 种基因型，即纯显性 AA、杂交 Aa、纯隐性 aa。这 3 种基因型是杂交后可能形成的 3 种状态，构成遗传杂交实验随机过程的状态空间 $U=\{AA, Aa, aa\}$，如果以基因型 Aa 进行杂交，则在杂交实验中，按照基因型 AA、Aa、aa 分配的比例分别为 x_1、x_2、x_3。显然，x_1、x_2、x_3 具有随机性，且存在 $x_1+x_2+x_3=1$。它们构成向量 $X=(x_1,x_2,x_3)$，经过杂交实验，一代的基因分配比例可列表计算得到：

$$X(1)=\left(\frac{x_1}{2}+\frac{x_2}{4},\frac{x_1}{2}+\frac{x_2}{2}+\frac{x_3}{2},\frac{x_2}{4}+\frac{x_3}{2}\right)$$

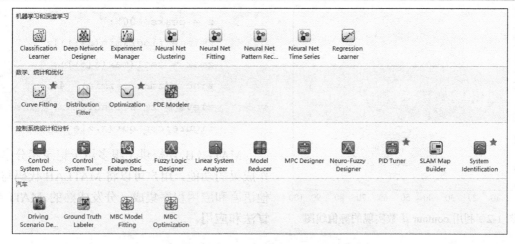

图 1-1 R2020a 版的 MATLAB 提供的 App 工具箱的一部分

它实际上是由原分配比例向量与转移矩阵相乘而获得的，即

$$X(1) = XP$$
$$= (x_1, x_2, x_3) \begin{pmatrix} 0.50 & 0.50 & 0.00 \\ 0.25 & 0.50 & 0.25 \\ 0.00 & 0.50 & 0.50 \end{pmatrix}$$
$$= (0.50x_1 + 0.25x_2, 0.50x_1 + 0.50x_2 + 0.50x_3, 0.25x_2 + 0.50x_3)$$

继续杂交下去，则得到第 $2,3,\cdots,n$ 代的结果。MATLAB 脚本如下：

```
a=[0.5,0.5,0;0.25,0.5,0.25;0,0.5,0.5];
on=1;n=1;t=a;
while on
    n=n+1; a=a*a; d=abs(t-a);
    if sum(d(:))<eps
        on=0;
    else
        t=a;
    end
end
n,t
```

运行上述代码，可知多次杂交以后，最终遗传会稳定在：

```
n = 8
t =
    0.2500    0.5000    0.2500
    0.2500    0.5000    0.2500
    0.2500    0.5000    0.2500
```

MATLAB 提供了数据可视化的简便技术。在科研实践中，试验观察得到的数据常常需要以图表的形式展现出来，MATLAB 为数据的可视化提供了方便的工具。例如，下面的代码是利用 contour 函数实现的等值线图（见图 1-2）。

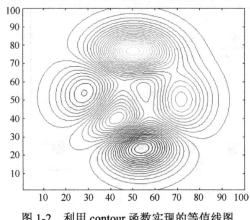

```
z = peaks(100);
zmin = floor(min(z(:)));
zmax = ceil(max(z(:)));
zinc =(zmax - zmin)/ 40;
zlevs = zmin:zinc:zmax;
figure;contour(z,zlevs)
```

MATLAB 还提供了很多用于记录和分享工作成果的功能，用户可以将 MATLAB 代码与其他语言和应用程序集成，分发成熟的 MATLAB 算法和应用。

图 1-2 利用 contour 函数实现的等值线图

1.2 MATLAB 的主要界面

图 1-3 为 MATLAB R2020a（以下简称 MATLAB，不再含版本信息）初始运行时的界面（可修改布局），从这里可以看到，MATLAB 主要包括 3 个部分：一是顶部的菜单栏部分，这部分主要包括 3 个子项，分别是主页、绘图和 APP；二是左侧的文件快捷操作部分，这部分又被划分成 3 个子区，分别对应当前文件夹中的文件显示、选定文件的内容预览和 MATLAB 工作空间（内存）中的内容；三是命令行窗口部分，这也是日常使用 MATLAB 时的主要工作区。

图 1-3 MATLAB R2020a 运行初始界面

1.2.1 菜单工具栏

"主页"菜单中包含 6 项设置，这些设置为：①文件管理项；②变量管理项；③代码管理项；④SIMULINK 管理项；⑤环境设置项；⑥资源管理项。这些项目的设置与 MATLAB 总体运行有关。在后续内容中会逐渐展开介绍这些设置。在初学 MATLAB 时，不必清楚各项功能。除了图 1-4 中展示的这些选项，单击每个下拉三角按钮都会提供更为详尽的各种子项功能。

"绘图"菜单项主要提供了绘图的基础功能，即各种模板，方便将数据进行可视化处理等。在这个菜单中，可直接调用各种模板，如曲线图、柱状图、饼图、直方图、等高线图、三维曲面图、散点图等，如图 1-5 所示。展开右侧的下拉菜单，会提供更多的绘图选项，如图 1-6 所示为"绘图"菜单中的部分模板列表。

图 1-4 主页包含的设置

图 1-5 绘图的各项模板

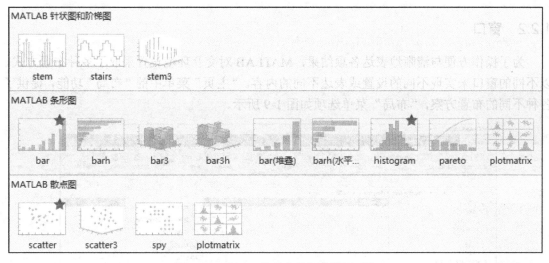

图 1-6 "绘图"菜单中的部分模板列表

"APP"菜单主要包括两部分。一部分是和各种 App 相关的文件操作部分,包括设计、获取、安装及打包(见图 1-7)。另一部分则是各种常见的应用工具,包括曲线拟合、优化、图像获取、系统辨识、生物模拟等控件工具。单击右侧的下拉三角按钮,会有更多的辅助工具出现,如图 1-8 所示。其中,最上边两项是常用的"收藏夹"列表及自己设计的"我的 APP"列表。MATLAB 允许用户调整收藏夹中的工具,若想将某工具添加到收藏夹,则可以用鼠标滑过该工具图标,此时其周边会出现方框,单击图标框内右上角的半透明五角星,就能将该工具添加到收藏夹中。

图 1-7 "APP"菜单项

图 1-8　MATLAB 的各种工具

1.2.2　窗口

为了操作方便与清晰地表达各项结果，MATLAB 对交互环境设置采取了多种布置方式，以不同的窗口来实现不同的设置或表达不同的内容。"主页"菜单中的"布局"功能，提供了各种不同的布置方案，"布局"菜单选项如图 1-9 所示。

图 1-9　"布局"菜单选项

在 MATLAB 给定的各种布局设置中，第一项是默认，如图 1-10 所示。这种布局下，窗口显示分为左、中、右 3 部分，左侧是"当前文件夹"区域，中间是"命令行窗口"区域，右侧是"工作区"区域。左侧的"当前文件夹"是指当前 MATLAB 的工作路径，这部分又分成两部分，上侧是当前文件夹中的文件与文件夹列表，下侧是文件的细节展示部分，在当前文件夹中，可以像在操作系统下那样创建、编辑、删除新的文件、文件夹等。中间占据屏幕大部分的是"命令行窗口"，在这里可以进行交互式计算、操作等，也可以从这里观察各种输出结果。右侧"工作区"是工作空间的窗口，用户可以在其中进行变量的创建、编辑、保存、删除等操作。

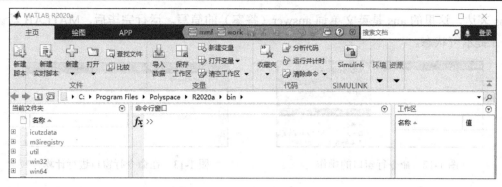

图 1-10　默认布局下的窗口布置

用户还可以自定义布局并保存在菜单中。例如，将命令行窗口布置在屏幕左侧，将代码编辑窗口布置在右侧，关闭其他窗口，形成两窗口并列形式。布局设置完毕后，保存布局，在弹出的交互窗口中填上本次布置的名字，则可以将当前布置保存到菜单中。在如图 1-9 所示的各种布局选项中，有一项为"My3Col"，它就是笔者自己设定并保存的三窗口布局格式，三窗口分别为左侧文件窗口、中间代码编辑窗口、右侧命令行窗口，若在后续使用中选择这个布局，则可按照自定义样式显示窗口。

除上述这些窗口外，还有其他几种窗口，在"布局"菜单中，选择"显示"列表中的某个窗口选项，如"命令历史记录"选项，如图 1-11 所示，展开子选项列表，可进行停靠、弹出或关闭等操作，可控制窗口的驻停、弹出或关闭。

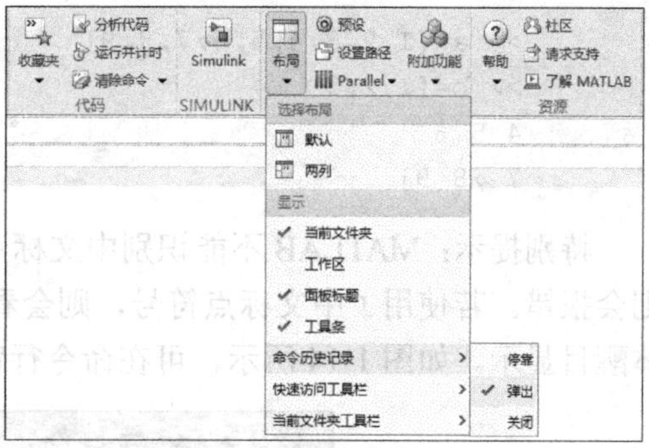

1.3　命令行窗口及操作

打开 MATLAB，最先看到的较大空白窗口

图 1-11　设置"命令历史记录"窗口

就是 MATLAB 的命令行窗口。MATLAB 的命令行窗口也是 MATLAB 与用户进行交流的主要窗口之一。通过命令行窗口，用户可以输入指令、观察运行结果，与程序进行交互。

对于 MATLAB 命令行窗口，单击命令行窗口标题栏右侧的下拉三角按钮，会展开菜单列表。菜单有 4 种功能选项，一是清除窗口命令，二是编辑中常用的选取、查找等，三是命令行窗口内容输出格式的定制，四是命令行窗口的停靠与最大、最小化，如图 1-12 所示。一般采用默认形式即可。

1.3.1　MATLAB 的简单使用

MATLAB 的基本使用非常简单，就如同在白纸上进行演算一样。在命令行窗口中，MATLAB 的命令提示符是双大于号">>"，用户可以在这个提示符下输入想运行的命令或计算式等，输入完毕后，回车立即执行，即刻出现结果。例如，计算 $1+2\times 3-4/5$，只需按照我们日常的书写习惯，将计算式输入命令提示符后即可，如图 1-13 所示。

在 MATLAB 中，日常使用的运算符号，如加（+）、减（−）、乘（*）、除（/）等，仍然符合我们的使用习惯，运算的先后顺序也是按照默认习惯进行的。在默认情况下，输出结果以 ans 表达，这里的 ans 是英文单词 answer（答案）的简写。运行完毕后，MATLAB 默认回到命令提示符状态。

图 1-12　命令行窗口的操作

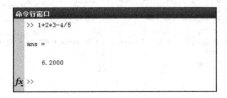

图 1-13　在命令行窗口进行计算

在 MATLAB 中，数据默认以矩阵的形式存储，MATLAB 以方括号[ ]表达矩阵，所有输入数据都放在方括号内部。在命令行窗口中直接输入矩阵数据时，各元素之间可以用逗号或空格分隔，两种分隔符分隔的数据在矩阵中都按照同行数据对待。在实践中，尤其是当把运行结果复制到其他文本编辑器中进行编辑时，逗号分隔比空格分隔更具可读性，出错的概率更低。矩阵中不同行之间用分号或回车符分隔，但在命令行窗口中，笔者强烈建议使用分号分隔，不使用回车符分隔，因为回车符默认为执行命令。如下的代码中，使用逗号分隔同行元素，使用分号或回车符分隔行间元素，读者可对比它们的可读性。

```
>> a=[1,2,3;4,5,6;7,8,9]        %分号分隔各行数据
>> b=[1,2,3                     %回车符分隔各行数据
4 5 6
7 ,8 9]
```

特别提示：MATLAB 不能识别中文标点符号，所有标点符号，均应以英文状态为准，否则会报错。若使用了中文标点符号，则会看到凡是使用中文标点符号的地方，都会以红色字体醒目显示。如图 1-14 所示，可在命令行窗口中输入观察。

```
命令行窗口
>> a=[1, 2, 3; 4, 5, 6; 7, 8, 9]
   a=[1, 2, 3; 4, 5, 6; 7, 8, 9]
        |
错误：输入字符不是 MAILAB 语句或表达式中的有效字符。
```

图 1-14　MATLAB 不支持中文标点

在 MATLAB 中，数据的保存是默认的，矩阵行列数根据输入时的行列分隔自动确定。一般来说，MATLAB 对矩阵的大小限制会因版本和计算机实际内存配置而不同，可通过 memory 命令查阅配置情况。另外，MATLAB 的部分函数有维数限制。例如，对于零矩阵命令 zeros，当使用 zeros(100000)命令创建 $10^5 \times 10^5$ 的矩阵时，MATLAB 报错，认为超限。

```
>> zeros(100000);
错误使用 zeros
请求的 100000×100000 (74.5GB) 数组超过预设的最大数组大小。
创建大于此限制的数组可能需要较长时间，并且会导致 MATLAB 无响应。
```

笔者测试了自用计算机的允许值：

```
n0=30;
```

```
    for ilp=1:10
        n=(n0+ilp)*1000;
        try
            zeros(n);
        catch
            fprintf('创建的矩阵行列数不能超过%d*%d.\n',n,n);
            break;
        end
    end
```

运行结果如下：

```
>> Untitled
创建的矩阵行列数不能超过 33000*33000.
```

在 MATLAB 中，创建的变量被保存在工作空间中备用，直到用户使用命令 clear 将它清除为止，或者关闭 MATLAB 命令行窗口后才能释放其占据的空间。MATLAB 对字母的大小写敏感，字母相同、大小写不同的变量，被认为是不同的变量，如 ABC、abc、Abc、aBc、abC 是不同的变量。

```
>> ABC=1,abc=2,Abc=3,aBc=4,abC=5
```

MATLAB 允许在同一行内输入多条命令，其长度没有限制。但 MATLAB 在命令行窗口中输出的文本不允许超出命令行窗口显示的行长度，最多为 25000 个字符，多余的文本会被截断。为了能在 A4 大小的页面打印输出，笔者建议在设定 5 号字的情况下，每行最好不超过 90 个字符，多余的可使用 MATLAB 提供的续行符进行接续。

在 MATLAB 中，续行符是指连续 3 个或 3 个以上英文状态的点，即省略号，接续在其他标点符号或运算符后面。例如，下面的命令使用了 3 个点构成的续行符：

```
>>1+2+3+4+...                %接续在加号后面
5+6
ans =21
```

续行符不能直接跟在数据后，它必须跟在运算符或其他标点符号（如逗号）后面，并且执行接续的两行中间不允许有空行，否则会把续行符看作错误，如图 1-15 所示。

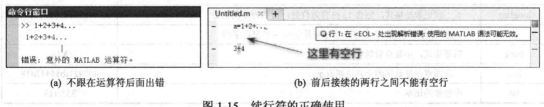

(a) 不跟在运算符后面出错   (b) 前后接续的两行之间不能有空行

图 1-15 续行符的正确使用

续行符主要执行"续"的功能，因此续行符最好不要放在句首。对于放在句首的续行符，MATLAB 会将该行当作注释行跳过，并从其下一行的输入开始执行，因此这种情况下 MATLAB 不会报错，但执行结果却不是我们所预期的。例如：

```
>> ...+4+5+...
6+...
```

```
    7
ans =
    13
>>
```

实际上，对于续行符放在句首的情况，MATLAB 编辑器还是会给出警示的。例如，上述输入 MATLAB 会以不同颜色显示，表示其有潜在的问题。

续行符执行续行的功能，不能通过 help 帮助命令来查阅它的使用方法，当在命令行窗口使用"help..."查阅其使用方法时，不能得到帮助文件。

和其他计算机语言类似，MATLAB 也允许在代码中加上注释语句，MATLAB 的注释语句以百分号%开头，默认以绿色字体表示注释。例如：

```
>> a=magic(5);                    %5阶魔方矩阵
```

1.3.2 MATLAB 数值的显示

在默认情况下，MATLAB 以 4 位小数显示数据，这不代表其计算精度是 4 位小数。显示位数是 MATLAB 按照默认的 format short 格式输出设定的，它从 format short 和 format short E 中选择了最合适的显示形式。但从笔者多年的使用情况来看，4 位小数有时并不需要，尤其是当数据的小数部分都是 0 时更无必要，通过 get(0,'format') 可以查阅当前设置的精度类型。如表 1-1 所示为 format 显示格式与示例。

表 1-1 format 显示格式与示例

Style	结果	示例
short(default)	短固定十进制小数格式，小数点后包含 4 位数	3.1416
long	长固定十进制小数格式，double 值的小数点后包含 15 位数，single 值的小数点后包含 7 位数	3.141592653589793
shortE	短科学记数法格式，小数点后包含 4 位数	3.1416e+00
longE	长科学记数法格式，double 值的小数点后包含 15 位数，single 值的小数点后包含 7 位数	3.141592653589793e+00
shortG	短固定十进制小数点格式或科学记数法格式（取更紧凑的一个），总共 5 位	3.1416
longG	长固定十进制小数点格式或科学记数法格式（取更紧凑的一个）。对于 double 值，总共 15 位；对于 single 值，总共 7 位	3.14159265358979
shortEng	短工程记数法格式，小数点后包含 4 位数，指数为 3 的倍数	3.1416e+000
longEng	长工程记数法格式，包含 15 位有效位数，指数为 3 的倍数	3.14159265358979e+000
+	正/负格式，对正、负和零元素分别显示+、−和空白字符	+
bank	货币格式，小数点后包含 2 位数	3.14
hex	二进制双精度数字的十六进制表示	400921fb54442d18
rat	小整数的比率	355/113

1.3.3 命令行窗口的常用控制命令

MATLAB 为命令行窗口提供了通用的操作命令，以方便用户对屏幕输出、内存变量等进行交互管理控制，常见的命令有 cd、dir、clf、clc、close、clear、exit、quit、mkdir、more、type、edit 等。

1. cd

早在 Windows 操作系统之前的 DOS 操作系统中，cd 就是更换当前工作目录的命令，MATLAB 使用它完成同样的工作。在默认情况下，MATLAB 的工作目录是用户安装 MATLAB 时所在磁盘分区中的目录，这往往不是用户最终的工作目录，通过在命令行窗口使用 cd 命令，可转换到用户希望的工作目录。用户也可以自己设置好特定位置的文件夹作为自己的工作目录，每次启动 MATLAB 时将自动转换到该目录下。

cd 的使用格式有 3 种，分别为：cd；cd(newFolder)；oldFolder = cd(newFolder)。常用的是第 2 种，即更换到新目录。第 3 种使用格式是 cd 命令在更换到新目录的同时，还返回先前目录信息字符串，这种使用方式多用于批量创建目录并在目录中写入文件的情形。

```
>> cd              %第1种，不带参数的cd命令返回当前的工作目录
>> cd e:           %命令格式：将参数直接写在命令后边，不使用括号，也不使用单引号
>> cd('d:')        %命令格式：将字符串作为参数使用
```

需要说明的是，当我们想回到上一级目录时，使用 "cd .." 即可。请注意这里的 "cd .."，更明确的表达是 "cd+空格+点点"，缺失了中间的空格将会报错。

2. dir

dir 也是经典的 DOS 操作系统命令之一，用于列出指定目录下的文件及子目录名称，其使用格式为：dir；dir name；listing = dir(name)。

第 1 种最为简单，直接列出当前工作目录下的所有文件与目录；第 2 种则列出与 name 描述的属性相同的文件或子目录，当 name 为文件夹时，则列出其文件与子目录；第 3 种则具有返回值，返回第 2 种得到的属性。listing 属性如表 1-2 所示。

表 1-2 listing 属性

属性名称	描 述	分 类
name	文件或文件夹名称	字符数组
date	修改日期标签	字符数组
bytes	文件大小，以字节为单位	双精度
isdir	当 name 是文件夹时返回 1，否则返回 0	逻辑型
datenum	将修改日期表达为序列日期，其值与系统环境相关	双精度

例如：

```
>> dir                  %使用第1种格式列出所有文件与子目录
>> dir T*.m             %列出以 T 开始的 MATLAB 文件
>> dir d:\              %列出指定目录下的文件等
>> s=dir('test.m')      %列出指定文件的属性
```

和 dir 类似的命令是 what，它和 dir 的差别在于所列内容的多寡，what 只用于显示某目录下存在哪些 MATLAB 文件，若输入完整路径，则可列出指定目录下的文件，而 dir 不仅仅局限于 MATLAB 文件，其他类型文件也可以。

3. clf

clf 命令用来清除当前的图形窗口，它只清除了句柄为非隐藏设置的图像对象。常见的使用格式有 5 种，分别为：①clf，直接清除当前图形窗口；②clf('reset')，除图像的 Position、Units、PaperPosition 和 PaperUnits 属性外，均设置为默认值；③clf(fig)，清除由句柄 fig 指定的图形窗口；④clf(fig,'reset')，同上；⑤h= clf(...)，带返回句柄的格式，当图像的 IntegerHandle 设置为 off 时，返回句柄非常有用。下面给出一个应用实例：

```
figure;
ezpolar('sin(2*t)*cos(2*t)*exp(1i*pi/6)');
pause(3);clf
```

从 clf 命令的效果来看，它会清除图形窗口内的所有内容，只留下空白图窗，即使用 figure 命令建立的图窗也不例外。关闭图窗需要使用 close 命令。通俗地讲，其结果可以和绘画类比，使用 figure 创建空白图窗，相当于准备好绘图纸；clf 则相当于使用橡皮将所有的绘图擦干净；而 close 则是把绘图纸取走。所以上述的代码在执行完 clf 命令后，只留下了图窗这张"空白绘图纸"。

4. clc

clc 命令用来清除屏幕上显示的内容，它只是"表面上"清理了屏幕，所有的变量仍然存在。

5. close

close 命令用来清除指定的图像，其功能等价于 close(gcf)。在 MATLAB 中，close 命令有以下几种调用格式：①close，不带参数，等价于 close(gcf)，指清除当前图窗；②close(h)，清除由句柄 h 指定的图窗；③close name，删除带指定名称 name 的图窗；④close all，清除所有句柄设置为非隐藏状态的图窗；⑤close all hidden，清除所有图像，包括句柄设置为隐藏状态的图窗；⑥close all force，强力删除所有图像，即使 GUI 属性中 CloseRequestFcn 设置为不关闭的窗口也一并删除；⑦status = close(...)，带返回参数的格式，当指定窗口被成功删除时返回 1，否则返回 0。

close 命令的使用将在第 4 章中给出示例。

6. clear

clear 命令用来清理当前工作空间中的所有条目（这里的条目不仅仅指变量），释放其占有的系统内存。常规的格式有：①clear，不带参数时清理内存变量，释放内存；②clear name1...nameN，删除内存中指定名称的变量、脚本、函数或 MEX 函数，并释放其占用的内存；③clear -regexp expr1...exprN，清除匹配正则表达式的变量，且仅用于清除变量；④clear ItemType，清理由 ItemType 表示的类型。ItemType 的类型中，all 表示全部清理，functions 表示清理函数，classes 表示清理类，此外，还有 global、import、java、mex、variables 等。

清理的结果可由 who 或 whos 查看。下面的代码中首先建立了几个变量，然后清除所有由 a 开头的变量：

```
>> a=1,ab=2,aft=3,bike=4,cycles=5
```

```
>> clear -regexp ^a                      %清除所有由 a 开头的变量
```

7. exit

exit 命令用来终止 MATLAB 程序，有两种格式：①exit，退出程序，和 quit 相同；②exit(code)，当从系统命令行调用 MATLAB 命令时，会返回退出代码。

8. quit

quit 命令用来终止 MATLAB 程序，有 3 种格式：①quit，直接退出；②quit cancel，用于 finish 函数；③quit force，忽略 finish 函数的作用。

9. mkdir/rmdir

mkdir 命令用于创建文件夹，不管是绝对路径还是相对路径，mkdir 命令均可支持。常用的调用格式为：①mkdir('folderName')，创建由 folderName 指定名称的文件夹，绝对路径和相对路径均可；②mkdir('parentFolder','folderName')，创建由 folderName 指定名称的文件夹，其上一级文件夹由 parentFolder 指定名称，若上一级文件夹不存在，则先创建；③status = mkdir(...)，带返回状态的创建格式；④[status,message,messageid]= mkdir(...)，带返回状态及信息的创建格式。

注意：若要删除文件夹，则可以使用 rmdir 命令。

10. more

more 命令用来控制命令行窗口的输出，使其后的内容分页输出，常用的格式为：①more on，开启页面控制输出格式，每次输出一页；②more off，关闭页面控制输出格式；③more(n)，开启页面控制输出格式，每页输出 n 行；④A = more(state)，返回当前定制格式下每页的行数，输入参数 state 可以是上述的 on 或 off，也可以是设定的每页行数。

例如，每页输出 40 行，可设定为：

```
n=100;linesPerPage=40;
for irow=1:n
    fprintf('Now output the %dth row.\n',irow);
    more(linesPerPage);
end
more off;
```

当运行上述代码时，输出一页（40 行）内容后，程序暂停在第 41 行，显示--more--，等待用户按任意键翻页。当用户使用回车（Enter）键翻页时，每次回车只输出一行；而当使用空格键翻页时，则翻到新的一页，如图 1-16 所示。

11. type

type 命令用来显示指定的 MATLAB 文件的内容，常常用来查阅函数的详细资料。常用的格式有：type('filename')，type filename。

例如，要想查阅多元统计中的主成分分析代码，则有：

```
>> type pca
function varargout = pca(X, varargin)
```

```
%PCA Overload Principal Components Analysis for DataMatrix objects.
%
%   COEFF = PCA(X) performs principal components analysis on the
%   N-by-P DataMatrix object X, and returns the principal component
%   coefficients, also known as loadings. Rows of X correspond to
%   observations, columns to variables. COEFF is a P-by-P matrix, each
%   column containing coefficients for one principal component. The
%   columns are in order of decreasing component variance.
%   ....................(以下内容省略)....................
%
```

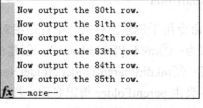

```
Now output the 40th row.            Now output the 80th row.
Now output the 41th row.            Now output the 81th row.
Now output the 42th row.            Now output the 82th row.
Now output the 43th row.            Now output the 83th row.
Now output the 44th row.            Now output the 84th row.
Now output the 45th row.            Now output the 85th row.
fx --more--                         fx --more--
```

(a) 使用回车键递进 1 行　　　　　　　(b) 使用空格键翻到下页

图 1-16　命令 more 的使用测试

12．edit

除了上面介绍的 type 命令，用户还可以使用 edit 命令打开文件，并显示在编辑器中。例如，在命令行窗口使用如下代码：

```
>>edit pca
```

将会在代码编辑器打开 pca 函数。但一般不推荐使用该函数查看代码，因为对不熟悉的代码，一旦不小心进行了修改，并且没有备份，就容易造成失误。

1.4　日志命令与命令历史记录

为了方便用户，MATLAB 还提供了日志（diary）命令与命令历史记录功能，下面对它们进行学习。

1.4.1　diary

英文单词 diary 有日志、日记的意思，MATLAB 提供的 diary 命令，可以让用户将当前命令行窗口中的命令、运算结果等都记录在日志中，以备后续查用。日志以文本格式保存在文件中，任何可阅读 ASCII 格式的软件均可打开该日志。它常见的语法格式包括：①diary；②diary filename；③diary off；④diary on。

单独使用 diary 时，只能开启和关闭日志记录。当开启日志记录时，MATLAB 从命令行窗口捕获输入命令、键盘输入和文本输出。它将生成的日志以名为 diary 的 ASCII 文本文件形式保存到当前文件夹中。因此，要想查看是否已开启日志记录，就输入 get(0,'Diary')，MATLAB 将返回 on 或 off。

当使用带文件名的格式时，diary filename 将生成的日志保存到 filename 文件中，如果该文件已存在，则 MATLAB 会将文本追加到文件末尾。若要查看当前 diary 文件的名称，则输入 get(0,'DiaryFile')即可。

当不再使用 diary 时，需要及时关闭记录，以免记录一些不必要的操作信息，diary off 即禁用日志记录。若想继续记录日志，则使用 diary on 启用即可。

在上述的使用过程中，有两点需要特别注意，一是输出的文件是 ASCII 文本格式，如果一定要输出到 word 文档等文件中，那么极有可能会失败，失败的原因并不是建立了文档，而是不能使用 diary 输入文档；二是当使用第二种格式时，filename 字符串会被认为是文件名，当期望使用可变的文件名时，会达不到目的。例如：

```
fn='test.docx'
diary fn
fprintf('%s','这是测试diary是否可以输出到docx文件！')
diary off
```

上述代码的本意是建立一个 test.docx，然后使用 diary 命令将字符串"这是测试 diary 是否可以输出到 docx 文件！"输入文件。从语法角度讲没有问题，但测试后会发现以下问题。

（1）并未建立 test.docx。

（2）建立了一个名为 fn 的文档，该文档中存有"这是测试 diary 是否可以输出到 docx 文件！"，如图 1-17 所示。

（3）上述代码是在 untitle2.m 脚本中执行的，若改为在.mlx 实时脚本中执行，则执行时不能输出。

运行上述代码后，得出以下结论。

（1）diary 记录的是命令行窗口中的结果，不适用于实时窗口。

（2）在 diary fn 这种格式下，fn 不是变量名称，而是字符串文件名。我们期望以 test.docx 为文件名，虽然已保存在变量 fn 中，但在 diary fn 格式下，已经建立的变量 fn 并未被进一步使用。

（3）若想将字符串变量 fn 中的文件名当作 diary 的输出文档，则必须使用 diary(fn)格式，此时 fn 作为变量使用，会将它保存的文档名称 test.docx 输入 diary，如图 1-18 所示。

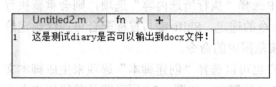

图 1-17　fn 成为输出日志的文件名称

图 1-18　使用函数形式带参数的 diary

（4）可以预测，即使使用 diary(fn)格式给了 diary 文件名，也只是建立一个空的 test.docx 文档，如图 1-19 所示。diary 不能在该文档中写入什么，甚至用户都不能通过 Word 打开该文档，如图 1-20 所示。

因此，若使用变化名称的 diary 记录，则必须采用函数参数形式的语法格式，且用.txt 文本格式的文件。

图 1-19 创建了 docx 文档　　　　　　图 1-20 不能使用的.docx 文档

1.4.2 命令历史记录与快捷设置

MATLAB 除具有最主要的命令行窗口外，还有其他的窗口，如命令历史记录窗口。命令历史记录窗口为用户提供了检索、回溯过往命令与操作的功能。在该窗口中，用户可随时返回以前的某个命令，再次执行、修改或进行其他编辑等。在 2020 版的 MATLAB 中，命令历史记录窗口不是默认出现的，用户可通过"布局"菜单打开它，前面已经介绍过。

单击历史命令窗口标题栏右侧的下拉三角按钮，如图 1-21 所示，会得到更为方便的操作菜单，如图 1-22 所示。对于过往的操作命令，用户可以进行查找、编辑、复制、打印、再次执行或转化为 M 文件等，这些操作都需要在历史命令窗口中进行，菜单列表中提供了通用的编辑方法选项。

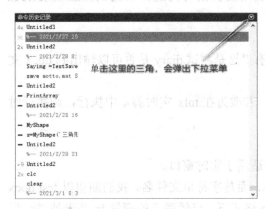 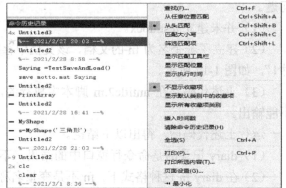

图 1-21 命令历史记录窗口　　　　　　图 1-22 操作历史命令的菜单

将光标定位到历史命令窗口，可浏览过往的命令，也可直接使用查找命令进行精确查找，对于找到的匹配项，MATLAB 予以蓝条高亮显示。要执行某条以往的命令，双击该命令选项即可，也可以右击命令选项，在弹出的子菜单中选择"执行所选内容"选项，则会重新执行所选部分的命令，如图 1-23 所示。对于多条命令的选定，Shift 键与鼠标配合可连续选定给定范围的命令，Ctrl 键与鼠标配合可选定非连续范围内的命令。

对于选定的多条命令，除直接运行外，用户也可以选择"创建脚本"选项来生成脚本文件，此时会打开编辑器，创建默认名称为 Untitled 的脚本，如图 1-24 所示即是某段历史命令形成的脚本。

对选定的内容，用户还可以选择图 1-23 中的"创建收藏项"选项，2020 版 MATLAB 中的收藏项相当于 2015 版中的快捷方式的拓展，在默认设置下，它位于主菜单的右上角，如图 1-25 所示为笔者 MATLAB 的收藏项。

选择"创建收藏项"选项会打开如图 1-26 所示的"收藏命令编辑器"窗口，用户可在其中设置或编写收藏项的标签、代码、类别、图标等。如图 1-26 所示为选定历史命令 Bifu2Chaos

后的各种设置，其中标签设置为 Chaos，图标选 MATLAB 图标，类别为收藏命令等。保存后，屏幕右上角会增加一个图标，图 1-25 中收藏工具条中的 Chaos 便是刚刚生成的收藏项，也是快捷访问入口。若对设置不满意，则可以右击 Chaos 收藏项的图标，在弹出的快捷菜单中选择执行编辑、删除等命令可进行再次编辑。建好收藏项后，单击收藏项就可以直接执行这段选定的代码，完成指定的任务了。

图 1-23 执行所选内容

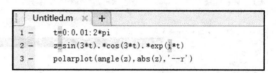

图 1-24 自动创建脚本

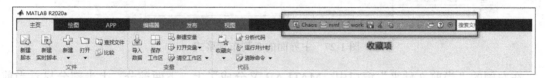

图 1-25 收藏项默认位于主菜单右上角

图 1-26 "收藏命令编辑器"窗口

这种收藏项（快捷）方式，为用户定制自己的个性化操作提供了方便。例如，笔者在每次编写函数文件时，都先运行自编的 make_matlab_files 函数（详见第 6 章），首先使用该函数创建一个具有各种辅助说明的标准 MATLAB 函数文件框架，然后修改其中的部分内容，就可方便快捷地编写符合发布标准的函数文件了。将该函数设置成快捷方式，每次直接单击快捷键，即可完成操作。其实，我们使用 MATLAB 的时间越长，自己"约定成型"的代码段就越多，将这些代码段设置成快捷方式，会极大地方便自己的工作。

1.5 当前目录窗口

1.5.1 概况

启动 MATLAB 后，在 MATLAB 的"主页"界面下，打开"布局"菜单，对主界面进行布置设置，选择默认的 3 列布置格式，如图 1-27 所示。在这种布置格式下，左侧是当前文件夹，中间是命令行窗口，右侧是工作区。

图 1-27 主界面的 3 列布置格式

在左侧的"当前文件夹"窗口中，MATLAB 又分成了上、下两部分。上半部分显示当前工作目录中都存在哪些文件夹、文件，我们可以像在 Windows 操作系统中一样，按照不同类型、时间等格式查看。下半部分则是文件内容的概览，当文件类型不是函数文件时，一般不提供概览内容。例如，虽然可以看到当前工作目录中有 .docx 文件，但无法看到其内部的概览，此时会出现"未提供任何详细信息"字样。但当我们选定了 MATLAB 的函数文件时，会提供概览，如图 1-28 所示为"当前文件夹"窗口。

图 1-28 "当前文件夹"窗口

MATLAB 提供了对当前工作目录中各文件夹及文件的多种操作。例如,创建新的文件夹、文件,修改文件夹的名称等,也可以查看各种文件分析报告。右击当前文件夹空白区域,弹出菜单的第一项是"在资源管理器中打开当前文件夹"选项,选择此项,可以非常方便地进入 Windows 的资源管理器,如图 1-29 所示。

图 1-29　快速进入 Windows 资源管理器

1.5.2　设置用户目录和工作目录

1. 用户目录

在安装 MATLAB 时,会自动形成一个默认的用户目录,多数为 C:\Program Files\Polyspace\R2020a。在打开 MATLAB 时,若不特意指明,则一般以此为工作目录。

很显然,多数用户都有自己固定的工作目录,以笔者使用的台式机为例,C 盘主要用于安装操作系统和应用软件;D 盘主要用于平时工作,存储一些临时文档、程序等,分门别类地归在不同的文件夹中;E 盘全部用来存储图书档案资料,包括各类电子书、科研论文等;其他磁盘也是如此。现在在 D 盘建立一个 MATLAB 文件夹,可作为日常使用 MATLAB 的工作目录。

2. 将用户目录临时设置成工作目录

将用户目录设置成默认的当前工作目录,一般有以下几种方法。

一是在命令行窗口上方的地址栏内,使用鼠标进行选择设置,如图 1-30 所示。

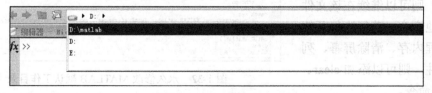

图 1-30　设置当前工作目录

二是使用 cd 命令。在使用 cd 命令时，有时不知道或只记得部分文件夹名称，在这种情况下，可以在 cd 命令下使用 Tab 键，使用它可以列出当前磁盘上的文件夹列表。例如，若想更改目录到 D 盘以 m 开头的文件夹中，则在输入 cd 命令后，按键盘上的 Tab 键，可得到如图 1-31 所示的提示，选定路径即可。

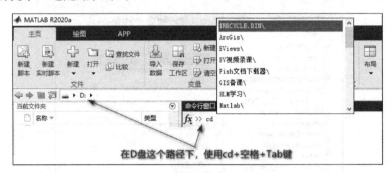

图 1-31　使用 Tab 键获取提示

需要注意的是，上述两种方法设置的当前工作目录，只在当前开启的 MATLAB 中有效，一旦 MATLAB 关闭，上述的设置就失效了，再次打开 MATLAB，还需要重新设置。

三是借助收藏项中的快捷方式设置，首先使用一组命令建立一个脚本，然后放置到收藏项中，每次打开软件后，单击该收藏项即可。例如，若要转换到 D:\MATLAB 目录中，则可以编写如下代码，然后创建收藏项即可。

```
cd('D:\Matlab')
clear; clc;
```

3. 永久修改用户目录为工作目录

实际上，每次启动 MATLAB 时，都会运行 matlabrc.m 函数对 MATLAB 的运行环境等进行设置。该函数位于安装 MATLAB 的磁盘上，以 Windows 10 操作系统为例，设 MATLAB 默认安装在 C 盘上，具体位置为 C:\Program Files\Polyspace\R2020a\toolbox\local\。在文件夹中找到该文件，使用其他的文本编辑器（如写字板等）工具打开该文件，在文件末尾添加需要更改的工作目录即可。例如，若在 D 盘建立了"Matlab"文件夹，想以此为工作目录，则只需写成 cd('D:\Matlab')即可，保存修改后的文件退出编辑，以后每次启动 MATLAB，都会转到用户设定的目录下，如图 1-32 所示。如果有需要，则可以继续在该文件中添加其他命令。若每次打开软件都要清理内存、清除屏幕、列出已有文件，则可以添加 clear、clc、dir 等命令。

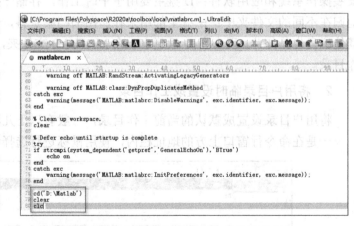

图 1-32　永久修改 MATLAB 默认工作目录

1.6 MATLAB 的工作区

MATLAB 的工作区本质是内存空间,当布局为默认格式时,工作区默认位于命令行窗口的右侧,如图 1-33 所示。对于工作区中的变量,用户既可以利用主页中关于变量的菜单进行各种编辑,如新建变量、打开编辑界面、清空工作区等,也可以在使用鼠标选定变量后,在自动激活的绘图菜单栏与 APP 菜单栏中,选择应用各个模板项。此时,若选用绘图模板,则可以交互式操作绘出模板定制的图像;用户也可以选择 APP 菜单栏中的各项模板,这时会对选定的内存数据执行选定函数的功能。

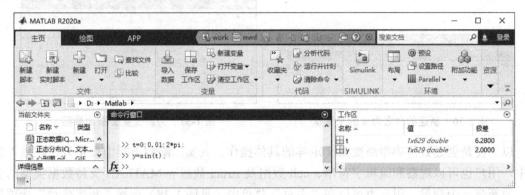

图 1-33 默认格式布局

1.6.1 工作空间中的变量

1. 查看变量

首先在命令行窗口建立如下变量:

```
>>t=0:0.01:2*pi;
>>y=sin(t);
```

随着变量的建立,工作区中也显示出各变量的具体信息,包括变量的名称、值、极差、最小值等,如图 1-34 所示,这是默认情形下的工作空间。如果想更仔细地查看变量的特征,则需要单击窗口右侧的下拉三角按钮,在弹出的菜单中选择"选择列"选项,在次级菜单中,选中所关心的数据指标,如均值、极差、方差、标准差等,则工作区中会显示选定的这些值(见图 1-35)。

图 1-34 默认情形下的工作空间　　　　图 1-35 "选择列"选项

2. 建立与删除变量

在内存空间中，我们可以建立新的变量。单击窗口右侧的下拉三角按钮打开菜单，选择"新建"选项，则会创建一个"空"变量，更改新变量的名字后，如改为"x"，工作区中会显示出新变量 x，但由于它尚未被赋值，因此它是一个值为 0 的"空"矩阵，如图 1-36 所示。

若要为新变量 x 添加数据元素，则选定变量 x 后双击鼠标左键，打开编写 x 变量数据的一个数表，在数表中添加数据即可。因为数表中的数据是以矩阵的行列形式布置的，所以随着数据的添加，MATLAB 会自动确定数据的行和列，未填写的表格，MATLAB 会自动补零，如图 1-37 所示。新建完毕后，变量结构值已发生变化，工作区中也更改了相应的统计信息。

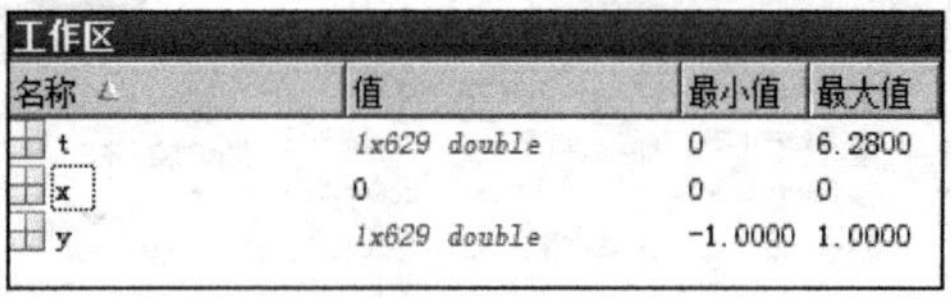

图 1-36　新建的命名为 x 的空变量 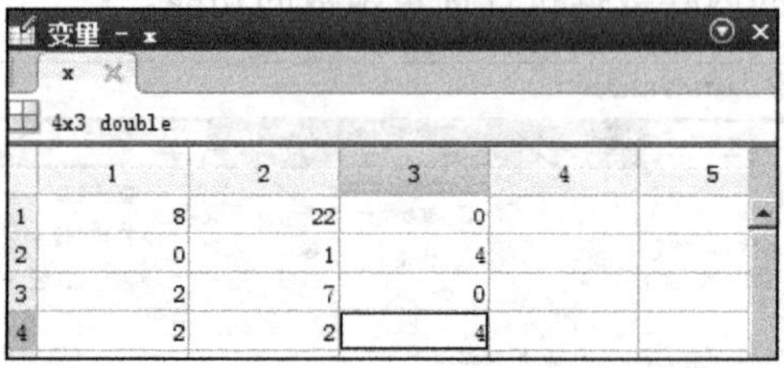　　　　图 1-37　为新变量 x 添加数据

以上便是创建数值类型新变量 x 矩阵的具体操作。其实，除数值类型变量外，在输入表格中，用户也可以观察和编辑字符串、cell 数组及 struct 数组等 MATLAB 支持数据类型的变量。要新建一个变量，用户也可以在"主页"菜单中（见图 1-38）选择"新建变量"选项打开一个输入数据的列表，其余操作则不变。

图 1-38　利用"主页"菜单栏新建变量

若要删除一个变量，则右击选定的该变量，在弹出的快捷菜单中选择"删除"选项即可。

3. 变量的可视化

MATLAB 提供了非常方便的数据可视化功能，用户选定变量以后，绘图模板的各项就自动激活等待选用，此时选定合适的绘图模板，即可将变量数据绘制出来。例如，对于我们建立的变量 y，若选择 area 模板，则绘制正弦曲线的填充区图形；若选定 plot 模板，则绘制正弦曲线，图 1-39 是两种绘图模板的选用结果。

1.6.2　数据应用分析

除将数据可视化外，MATLAB 还可以在选定变量后，再打开应用程序模板，选择合适的应用程序，以便进一步分析数据。例如：

```
>> t=[20.5,32.7,51.0,73.0,95.7];
>> y=[765,826,873,942,1032];
```

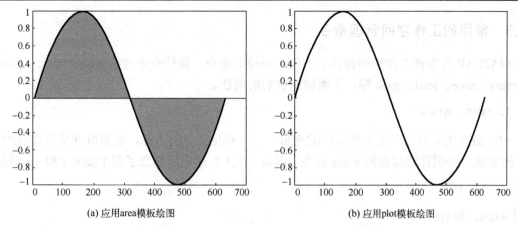

(a) 应用area模板绘图 (b) 应用plot模板绘图

图 1-39 将内存变量数据应用到绘图模板

选定数据后，运行 Curve Fitting 应用程序，如图 1-40 所示，按照图 1-41 选定数据 x 和 y，可得到数据的曲线拟合等结果。

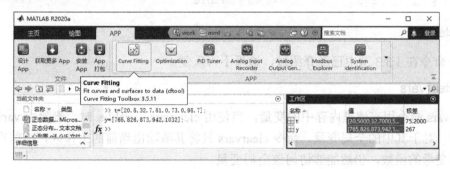

图 1-40 运行 Curve Fitting 应用程序

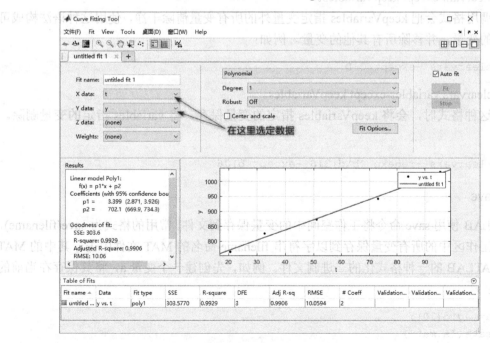

图 1-41 曲线拟合等结果

1.6.3 常用的工作空间管理命令

MATLAB 为管理工作空间提供了方便、快捷的命令,这些命令包括 who、whos、clear、clearvars、save、load、pack 等,下面讨论它们的用法。

1. who、whos

who 命令用来列出当前工作区中的变量,它只列出变量的名称,要获取变量更详细的信息,则需使用提供详细信息的 whos 命令。例如,在工作区已经建立了两个变量 t 和 y,则有:

```
>> who
```

使用 whos,则有:

```
>> whos
  Name      Size        Bytes  Class     Attributes
  t         1x5            40  double
  y         1x5            40  double
```

2. clear

clear 命令在 1.3.3 节中已经介绍过,这里不再重复。

3. clearvars

clearvars 命令用来清理内存中的变量,当使用 clearvars variables 时,删除由 variables 指定的变量。对于其中的全局变量,命令 clearvars 只将其清除出当前的工作区,那些声明该变量为全局变量的函数,仍然能够访问该全局变量。

(1) clearvars-except keepVariables。

这种调用格式会把 keepVariables 指定变量外的所有变量清除干净,使用这种语法构成可留下特定的变量,并移除所有其他的变量。例如:

```
clearvars -except C D
```

(2) clearvars variables-except keepVariables。

使用这种格式时,会将 keepVariables 指定的变量保存,将 variables 指定的变量删除。例如:

```
clearvars -regexp ^b\d{3}$ -except b106
```

4. save

MATLAB 使用 save 命令将工作空间中的变量保存到文件。常用的格式为 save(filename),它将当前工作区中的所有变量保存到以字符串 filename 命名的 MAT 文件中去。其中的 MAT 文件是 MATLAB 的一种格式化的二进制文件。例如,先创建一个变量 a,将其保存在当前的工作区中:

```
a=magic(10);
save('a.mat')
```

然后删除当前工作空间中的变量 a，当再次使用该变量的数据时，只需要在主页中，利用导入数据功能即可将 a 导入工作空间，进而加以使用，如图 1-42 所示。

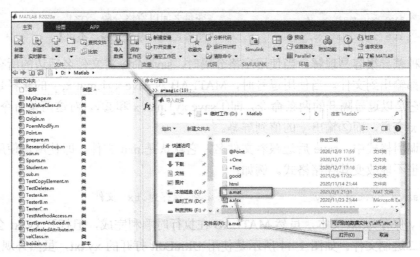

图 1-42　将保存的数据导入工作空间

除使用 save(filename)这种格式保存变量到文件外，还可以使用主页的"保存工作区"菜单命令保存变量到文件，如图 1-43 所示。

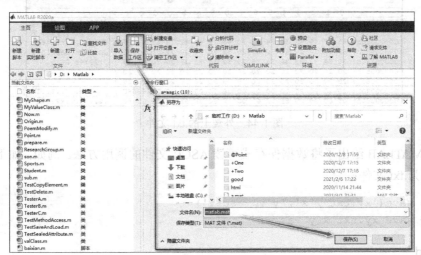

图 1-43　利用"保存工作区"菜单命令保存变量到文件

save 命令使用指定变量名的 save(filename,variables)格式，它将指定的变量保存到文件中。其中，filename 是文件名字符串，variables 是被保存变量名字符串。需要特别注意的是，变量名不能直接作为参数使用，否则出错。例如，已知在工作区中有 x、y 变量，试比较：

```
>> save('xy.mat',x,y)            %直接使用变量名保存，出错！
>> save('xy.mat','x','y')        %变量名使用字符串格式，OK！
```

如果不使用函数形式的括号，则 save 后边可以直接使用文件名和变量名。例如：

```
>> save xy.mat x y               %直接使用变量名保存，变量之间使用空格分隔，OK！
```

这种调用格式同样可以保存变量 x 和 y 到文件 xy.mat，其中变量 x 和 y 之间用空格分隔。在这种调用格式下，x 和 y 之间的分隔不能使用逗号。试对比一下：

```
>> save xy.mat x y            %变量之间以空格分隔，OK！
>> save xy1.mat x,y           %变量之间以逗号分隔，不可！
```

其实这种差异很容易理解，当使用空格分隔时，save 命令将文件名后边的所有变量当作输出对象，都输出到文件。当使用逗号时，MATLAB 对 save xy1.mat x, y 的解释是：它不是一条命令，它是以逗号隔开的两条命令，即①save xy1.mat x 和②y，对这两条命令逐条执行，则①只保存 x 变量，而②输出 y 的值到屏幕。

在这种调用格式中，save 后边跟着文件名，它默认是.mat 文件。即使用户使用其他的文件扩展名，也不能改变其存储格式。例如：

```
>>save xy.txt x y             %尝试保存为.txt 文件
```

尝试将 x 和 y 保存为.txt 文本，虽然 MATLAB 在执行时顺利完成，但打开 xy.txt 会发现，它还是.mat 的二进制文件。如图 1-44 所示是使用 UltraEdit 打开的 xy.txt，虽然外观上是.txt 文件，但本质上是不可读的。

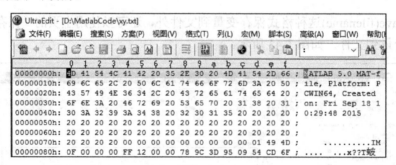

图 1-44　外观上的.txt 文件

其实，MATLAB 给出了将数据保存成可读 ASCII 文件的调用方法。例如，如下两种格式都可以保存为.txt 文件：

```
>> save('xy.txt','x','y','-ascii')
>> save xy.txt x y -ascii
```

5. load

load 命令能够将数据从.mat 文件调入工作空间。其最简洁的格式为 s = load(filename)，它将.mat 文件中的变量读入一个结构数组，或者把数据从 ASCII 文件中读入双精度的矩阵。例如：

```
>> s=load('a.mat')            %将文件 a.mat 的数据读入结构数组 s
>> s.a                        %显示其中的数据内容
>> save a.txt ans -ascii      %将数据存储成.txt 文件
>> b=load('a.txt')            %读入双精度的矩阵
```

load 命令允许用户指定读入的变量，使用 load(filename, variables)格式，其中变量格式为如下的一种。

（1）var1,var2,...，在这种格式下，会读入列表中的变量，使用通配符"*"可匹配任意类型。例如，load('a*')会读入所有变量名中以 a 字母开头的变量。

（2）'-regexp',expressions，这种格式只读入与指定的正则表达式相匹配的变量。关于正则表达式的更多信息，用户可在命令行窗口利用 doc regexp 进行深入了解。例如：

```
>>whos -file accidents.mat          %查阅存在的.mat 文件
>>load('accidents.mat', '-regexp', '^(?!hwy)...')
                                    %使用正则表达式选择调入的文件
```

load 命令允许使用指定的文件格式读取变量，如 load(filename,'-mat',variables)格式强制 load 命令以.mat 文件格式处理将要读入的文件，而不必考虑实际上该文件本身是不是这种.mat 文件，指定的选项 variables 可随意；再如，load(filename,'-ascii')格式强制 load 命令以 ASCII 格式处理要读入的文件，而不必考虑实际上该文件本身是不是 ASCII 格式文件。例如：

```
>> a = magic(4); b = ones(2, 4) * -5.7; c = [8 6 4 2];
>> save -ascii mydata.dat a b c
>> clear a b c
>> load mydata.dat -ascii
```

和 save 命令类似，load 命令允许使用命令行格式，也就是不带括号的格式。使用这种格式时，不必再将参数以单引号括起来，和前边我们学习过的 save 命令一样。在这种格式下，参数变量以空格分隔，而不能使用逗号分隔，否则也会出现在学习 save 命令时所讨论的那种丢失参数的现象。

值得注意的是，如果使用 load 命令时没有指定文件名称，那么 load 命令就搜索默认文件 MATLAB.mat，找到该文件后，读入该文件。

当读入的文件是 ASCII 文件时，ASCII 文件必须是规整的数据文件，也就是说，ASCII 文件中的数据，每行必须含有相同个数的数据。否则使用 load 命令加载时会出错。ASCII 文件中的每行各数据之间的分隔符，可以是空格、逗号、分号或退格键退出的 Tab 位，数据文件中允许有 MATLAB 的注释行。Load 命令会忽略注释行而不予读入。

6. pack

在 MATLAB 中，pack 命令常常用来整理内存，常用的调用格式有 3 种，分别为：pack；pack filename；pack('filename')。其中，第 3 种是第 2 种的函数格式。pack 命令通过重新整理 MATLAB 工作空间中驻留的变量，将原来碎片化的内存整理为连续的内存，这样化零为整，可以显著提高内存的使用效率。

根据 MATLAB 的帮助文件，可知其整理步骤大致为：将基本空间及全局工作空间中的变量保存到一个临时的.mat 文件中；清空内存中所有的变量与函数；重新加载临时.mat 文件中保存的基本空间和全局空间变量，然后删掉临时文件。

这样一来，重新分配的空间将是连续的，避免了整理之前内存的碎片化问题。

具体使用时，还需要注意以下几点：pack 命令不能提高操作系统分配给 MATLAB 的虚拟内存数量；pack 命令只能在 MATLAB 的命令行使用；使用文件名参数的格式时，对于文件要写入的文件夹，用户必须有写入权（可写入）；要想在运行 pack 命令时继续保有持续性变量（Persistent Variables），则需使用 mlock 函数先锁定内存；pack 命令无法保留超过 2GB 的变量，它将从工作区清除这些变量。

将工作目录转换到一个可写入的文件夹下，运行 pack 命令，然后再返回先前的文件夹中，则可按照如下代码执行：

```
cwd = pwd; cd(tempdir); pack
cd(cwd)
```

1.7 标点符号与运算符

在 MATLAB 中，标点符号具有非常重要的专项功能，可帮助运算符实现功能的扩展，在一定程度上也可以将其看作具有特定功能的运算符。本节学习各种标点符号和运算符的使用，以及使用时的注意事项。

1.7.1 标点符号

在 MATLAB 中，可以参与计算的标点符号包括空格、逗号、冒号、分号、百分号、点号、单引号、双引号、圆括号、方括号、花括号、句柄符等。

1. 空格

与其他语言类似，空格在 MATLAB 里同样起到分隔的作用。其在变量之间使用，使变量分离；在矩阵中使用，使数据元素隔开。例如：

```
a=[2 3 4]
```

2. 逗号

逗号的主要作用是分隔。其用在命令后，表示该命令的输出结果要显示在屏幕上；用在数据之间，表达了元素的分隔。逗号也是 MATLAB 函数文件中参数列表的分隔符。例如：

```
a=[2,3,4]                    %分隔矩阵中的元素
a=sin(pi/3),b=cos(pi/3);     %分隔命令，使其运行结果显示在屏幕上
plot(x,y,'r-');              %分隔函数的输入参数
```

前面已讲过，空格和逗号都具有分隔的作用，但从实践上看，还是建议读者尽可能使用能够明确"看见"的逗号替代"透明"的空格。

3. 冒号

冒号在 MATLAB 中使用较多，可用于生成固定间隔的数据。典型的用法如下：

```
>> a=1:10
a =   1    2    3    4    5    6    7    8    9    10
```

在这种用法中，它表示"到"的含义，冒号前的数据是起始点，其后的数据是结束点，生成自起始点到结束点的有序数据。例如，本句命令表达了生成自 1 到 10 的数组，并赋值给变量 a。顺便多讲一句，这种用法是 a=1:1:10 的简写，其默认的步长为 1，更准确的格式是：

```
a=start:step:end
```

例如：

```
>> b=8:-2:-5
b = 8    6    4    2    0    -2    -4
```

冒号的第二种用法是引用，它将被引用的全体数据进行转换，形成一个列向量。例如：

```
>> b(:)                              %引用前述行向量b的全部元素，形成列向量
```

对于矩阵，冒号则按照从左到右的顺序引用各列数据形成一个长的列向量。例如：

```
>> c=magic(3)                        %魔方矩阵
>> c(:)                              %按照列引用各个数据，自左向右引用各列
```

冒号在多维数据中，还可以表达某行或某列数据。例如：

```
>> c(1,:)                            %引用第一行的各列数据
>> c(:,1)                            %引用第一列的各行数据
```

4. 分号

分号是 MATLAB 中用得最多的符号，它主要有两方面的作用，一是分隔作用，二是隐藏作用。前文已经介绍过，分号可以用来分隔矩阵数据的各行，也可以分隔不同的命令语句。例如：

```
>> a=[1,2,3;4,5,6]                   %分隔矩阵各行数据
>> a=1;b=2                           %分隔两条命令语句
```

在命令语句后边使用的分号，将会使该命令运行的结果被"隐藏"起来。例如：

```
>> a=2;b=3;c=4                       %隐藏a和b的值
```

需要明确的是，对于计算结果，分号可以隐藏其结果，但对于非计算结果，分号并不能隐藏其结果，如输出语句末尾的分号就不起作用。例如：

```
>> disp('hello, world!');            %输出语句不受分号隐藏限制
>> fprintf('%s\n','Hello world!');   %输出语句不受分号隐藏限制
```

对于绘图语句 plot 等也不能隐藏其结果。例如：

```
>> x=-pi:0.01:pi; y=sin(x);
>> plot(x,y,'r-');                   %绘图语句不受分号隐藏限制
```

5. 百分号

百分号主要用来表达注释的内容，以它为首的所有行，都被看作注释文本，不参与执行。连续两个百分号则界定了代码段中的一小节。

6. 点号

点号在 MATLAB 中主要有两个作用：一是作为数据中的小数点使用；二是和传统运算符一起构成新的运算格式，和乘号*一起构成点乘（.*），和除号一起构成点除（./）等。例如：

```
>> a=[1,2,3;4,5,6;7,8,9];
>> b=[2,3,1;5,6,2;0,0,3];
>> a.*b                                    %点乘实现对应元素的乘法
ans =
     2     6     3
    20    30    12
     0     0    27
```

7. 单引号与双引号

在 MATLAB 中，单引号用来表达字符串。例如：

```
myStr='Hello,MATLAB!'
```

当字符串中本身就有表达引用的引号时，需要使用两次引号进行转义。例如，在 I'm coming! 中，I'm 本身就有一个引号，则使用：

```
myStr='Hello,MATLAB,I''m coming!'
```

早期的 MATLAB 不支持双引号，随着软件的发展，MATLAB 引入了双引号，从 R2017a 开始，支持用户使用双引号创建字符串标量，也可以显示带有双引号的字符串。例如：

```
A = "Pythagoras"
```

使用引号创建的字符串向量和标量，将会在第 3 章中详细介绍。

8. 圆括号

圆括号一是用来引用数组的下标，二是用来表达函数的参数列表。例如：

```
a =[ 0.8147,  0.9134,  0.2785;
0.9058,  0.6324,  0.5469;
0.1270,  0.0975,  0.9575];
>> a(2,3)                                  %引用第 2 行第 3 列的数据
function pca(TypeFlag,VarName)             %主成分分析函数的参数列表
```

9. 方括号

方括号[]主要用来限定数据，使之以矩阵形式存在。例如，对于绘图命令 plot 来讲，可直接输入矩阵作为其参数：

```
plot([-10:0.1:10],sin([-10:0.1:10]),'r-')
```

此外，方括号还可以当作字符串的连接器，将字符串逐一串连起来。例如：

```
>> str=['aaaa','bbbb','cccc']
```

方括号在函数的使用过程中，可以用于界定返回参数。例如，设 a 为矩阵，则有：

```
>> [row,col]=size(a)                       %界定返回参数 row 和 col
```

10. 花括号

花括号{}主要用来表达 cell 数组的定义，在后续的章节我们将详细介绍。例如：

```
>> b={'Hello','MATLAB world!';2,4}
>> class(b)                              %测定b的类别
```

11．句柄符

与其说@是标点符号，不如说是操作符更为恰当。它一方面用来表达句柄，如函数句柄等；另一方面用来定义类函数的存放目录等。例如，定义匿名函数 x^n：

```
>> fxn=@(x,n) x^n    %定义
```

1.7.2 运算符

对于编程计算等来说，MATLAB 提供了和教科书相似的计算符号，算术运算的加、减、乘、除等，都和经典数学定义一样。但由于 MATLAB 以矩阵/数组为基本操作单位，有时其表现和经典数学有些差异。例如，当使用乘号*计算两个数据的乘积时，3*5 和 5*3 满足交换律，其结果是一样的，但对于矩阵和数组，根据线性代数或矩阵论课程知识可知，它们不满足交换律，所以无法像标量数据那样进行交换。另外，两个矩阵的乘积按照矩阵的规则计算，这和线性代数中的规则一样，但有时希望两个维数相同的矩阵之间进行对等位置数据之间的相乘运算，这就需要专门设计。为此 MATLAB 创建了点乘符号（.*），即一个点号和一个乘号连在一起，表达对等位置数据之间的计算，类似的点除符号也是这样。

1．加号+

加号运算符实现两个功能：一是将前后两个结构相同的矩阵进行求和，对于标量不限制其维数匹配；二是对对象进行求和，本质上是 C=plus(A,B)的替代形式，它实现对类的对象进行加号重载计算，在后续面向对象编程一章中有专门介绍。例如：

```
>> a=[1,2,3;4,5,6];b=[3,4,5;7,3,2];
>> a+b                   %a,b 两个矩阵的结构必须一致
>> a+100                 %标量数据100和矩阵相加，加到每个元素上
```

2．减号-

减号运算符实现的两个功能和加号相反：一是将前后两个结构相同的矩阵进行减法运算，对于标量不限制其维数匹配；二是对对象进行减法运算，是 C=minus(A,B)的替代形式，实现对类的对象进行减号重载计算。例如，继续使用上例的数据：

```
>> b-a                   %a,b 两个矩阵的结构必须一致
>> b-1.15                %标量数据作用到每个元素上
```

3．乘号*

乘号用来实现标量数据、矩阵及对象的乘法。标量数据的乘法和经典数学一样。当作用于矩阵时，前后两个矩阵之间的维数必须满足矩阵乘法的要求，即前一个矩阵的列数等于后一个矩阵的行数。当作用于对象时，其是 mtimes(A,B)函数的重载。例如：

```
>> a=magic(3);
>> b=(1:3)'
```

```
>> a*b                          %矩阵之间的维数必须满足矩阵乘法要求
>> a*2                          %标量数据作用到每个矩阵元素上
```

当两个矩阵或数组的结构一致时，对应元素之间的乘法则可以使用 MATLAB 专门设计的点乘符号。例如：

```
>> a=magic(3);
>>b =[ 0.8147, 0.9134, 0.2785;
       0.9058, 0.6324, 0.5469;
       0.1270, 0.0975, 0.9575;];
>> a.*b                         %点乘符号实现对应位置数据的乘法
```

4. 除号

在 MATLAB 中，除法运算符号包括两种，一种是"/"，表示"右除"；另一种是"\"，表示"左除"。对于标量数据，这两种方法没有区别；但对于矩阵，两者的计算结果一般是不相同的。

（1）右除/。

右除符号主要用于求解线性方程 $xA=B$ 中 x 的解，这种格式要求矩阵 A 和 B 具有相同的列数，当矩阵 A 是奇异矩阵时，MATLAB 会给出警告，但仍然进行计算。在 $x=B/A$ 这种用法中，当 A 是标量时，B/A 等价于 $B./A$；当 A 是 n 维方阵，B 为列数为 n 的矩阵时，若解存在，则 $x=B/A$ 就是 $xA=B$ 的解；当 A 是 $m×n$ 维矩阵，$m≠n$，并且 B 为列数为 n 的矩阵时，$x=B/A$ 是 $xA=B$ 的最小二乘解。

```
>> A = [1 1 3; 2 0 4; -1 6 -1];B = [2 19 8];
>>x = B/A
>> x*A              %验证
>> C = [1 0; 2 0; 1 0];
D = [1 2];
x = D/C                                      %最小二乘解
警告：秩亏，秩=1, tol=1.332268e-15。
x =    0    0.5000    0
>> x*C-D                                     %验证 x 不是精确解
ans =  0    -2
```

（2）左除\。

在左除符号的使用中，矩阵 $A\backslash B$ 是 A 除 B，相当于矩阵 A 的逆矩阵左乘矩阵 B，即"inv(A)*B"。若 A 是 n 维方阵且 B 为含有 n 个元素（n 行）的列向量，或者 B 为矩阵且每列含有 n 个元素（n 行），则 $x=A\backslash B$ 就是方程 $AX=B$ 的解。当矩阵 A 接近奇异矩阵时，MATLAB 会给出警告信息，此时 A\eye(size(A))得到的是 A 的逆阵。

若 A 是 $m×n$ 的矩阵且 $m≠n$，B 是与 A 行数相同的列向量（m 行），或者 B 是 m 行的矩阵，则 $X=A\backslash B$ 是线性方程组 $AX=B$ 的最小二乘意义上的解，A 的秩 k 由奇异值 QR 分解得出。此时计算得到的解 X 中，每列最多有 k 个非零元素。如果 $k<n$，则结果通常与 pinv(A)*B 不等，A\eye(size(A))得到的是 A 的广义逆矩阵。

```
>> A = magic(3);B = [15; 15; 15];x = A\B
```

使用 **A\b** 计算时,当矩阵条件数介于 0 和 eps 之间时,MATLAB 会发出警告但仍会继续计算。当计算在病态矩阵上时,即使残差 **b−Ax** 非常小,得到的解也不可靠,不过本例中较为特殊,得到的是精确解,虽然条件数很小。

```
>> A = magic(4);b = [34; 34; 34; 34];
>> x = A\b
警告:矩阵接近奇异值,或者缩放错误。结果可能不准确。RCOND = 4.625929e-18。
x =
    0.9804
    0.9412
    1.0588
    1.0196
```

又如欠定系统的最小二乘解 **Ax=B**。

```
>> A = [1 2 0; 0 4 3];b = [8; 18];x = A\b
```

下面是具有稀疏系数矩阵的线性系统 **Ax=B**。

```
>> A = sparse([0 2 0 1 0; 4 -1 -1 0 0; 0 0 0 3 -6; -2 0 0 0 2; 0 0 4 2 0]);
B = sparse([8; -1; -18; 8; 20]);
x = A\B
```

5. 幂计算^

MATLAB 为幂计算提供的运算符是"^",如 a^b 可写成 a^b。在幂计算 z=x^y 中:当 x 是矩阵、y 是标量且 y 为大于 1 的整数时,连乘矩阵 x 即可;对于其他情况下的 y 值,则需要计算特征值与特征向量;当 x 是标量数据,y 是方阵时,会涉及特征值与特征向量;当 x 和 y 都是矩阵时是错误的;若 x 和 y 都是类的对象,则调用函数重载形式 c=mpower(x,y);可以和点一起构成".^"运算符,表示对元素的幂操作。例如:

```
>> A=magic(3);
>> A^2                          %相当于A*A
>> A.^2                         %矩阵每个元素的平方
>> B = [0 1; 1 0];              %矩阵的指数运算
C = 2^B
```

1.8 变量与表达式

MATLAB 除实现基本的计算外,还有许多深入的应用功能,要深入掌握 MATLAB 的使用方法,首先就要掌握它所使用的数值变量等的基本表达规则。

1.8.1 数值的表达

和多数计算机语言类似,MATLAB 的数值表达默认符合人的认知习惯,以十进制表示,正负数等均可。前边在介绍 format 时已经知道,可以使用科学记数法表达数据,因此如下的写法都是合法的:

```
    1, 2, -5.17, 1.25e+3
```

MATLAB 对数值的表示，由最大数和最小数规定范围，根据数据类型精度的不同，支持的范围也各不相同。MATLAB 提供了几个测试数据范围的函数，其中 realmin() 和 realmax() 可用来测定实数的数据支持范围，intmin() 和 intmax() 用来测定不同形式整数的支持范围。下面，通过 realmin() 和 realmax() 确定单精度浮点数和双精度浮点数的数值范围，通过 eps 函数测定它们的精度。

首先，测试单精度浮点数的精度范围：

```
>> realmin('single')
>> realmax('single')
```

测试可知：单精度浮点数（single）的最小正浮点数为 1.1755e–38；单精度浮点数的最大正浮点数为 3.4028e+38。

其次，测试双精度浮点数的精度范围：

```
>> realmin('double')
>> realmax('double')
```

测试可知：双精度浮点数（double）的最小正浮点数为 2.2251e–308；双精度浮点数的最大正浮点数为 1.7977e+308。

最后，测定单精度和双精度浮点数的精度范围：

```
>> eps('single')
>> eps('double')
```

从上述测试可知：单精度浮点数的精度范围是 7 位小数，双精度浮点数的精度范围是 16 位小数。由此可见，单精度浮点数比双精度浮点数能够表示的数值范围和数值精度都小。双精度浮点数是 MATLAB 默认的数据类型。

1.8.2 MATLAB 的默认值

MATLAB 为程序运行提供了一些预定义变量，如圆周率 pi 等。这些变量在 MATLAB 启动时就自动产生了，因此当我们编写代码时，尽量不要使用与之同名的变量，以免产生变量覆盖，出现隐含错误。这些预定义变量如下。

1. ans

ans 变量的含义是"最当前的答案"，意指当前最近时段的计算结果，它是 MATLAB 计算结果的默认变量。

2. pi

pi 是圆周率 π 的专有变量，注意不要使用大写字母 PI。

3. eps

eps 指示机器的零值，即一个值到多大时被看作 0，程序运行结果没有所谓的理论零值。在逻辑判断中，当数据小于 eps 给定的值时，就可以认为是 0 了。实际上 eps 是个重载函数，可以用来测定单精度和双精度数的有效数字。当单独使用 eps 时，它表示的是双精度数的 16 位精度，其运行结果如下：

```
>> eps
ans =2.2204e-16
```

4. inf

在 MATLAB 中，inf 或 Inf 表示的是"正无穷大"。例如，高等数学中的 +∞ 就可由其表达。与此对应的就是"负无穷大"，即 –inf。例如：

```
>> 1/0
ans = Inf
>> -1/0
ans = -Inf
```

5. 虚单元 i 或 j

在复数值的 MATLAB 表达中，虚部的表示常常使用字母 i 或 j，它表达的是 –1 的平方根，即数学中的 $i = j = \sqrt{-1}$。需要特别提醒，很多使用过其他计算机语言（如 C++等）的读者，在循环中喜欢以 i 和 j 作为循环变量，考虑在 MATLAB 中的这种特殊含义，不推荐读者使用它们作为循环变量。例如：

```
z = a + bi
z = x + 1i*y
```

6. nan

nan 或 NaN，即 Not a Number，意思为不是一个数，这种情况常常出现在数据的除法中，当运行时出现 0/0、∞/∞ 等情形时，MATLAB 不认为这是错误，这是和 C++等计算机语言不同的地方。需要注意的是，nan 和 NaN 等价，3 个字母中 a 始终小写，不要写成 NAN 或 Nan，MATLAB 变量名称对字母大小写敏感，大小写不同的变量是不同的变量，编写代码时务必仔细确认。

```
>> 0/0
>> inf/inf
```

要判断数据是不是 NaN，可使用命令 isnan(X)，当数据是 NaN 时返回 1，否则返回 0。例如：

```
>> A = [-2 -1 0 1 2];
>> isnan(1./A)
>> isnan(0./A)
```

在上述运算中，1/0 得到的是 inf，inf 不是 NaN，读者不要混淆。例如：

```
>> isnan(inf)
ans = 0
```

7. nargin

变量 nargin 用于自动测定函数输入参数的个数，常用在函数的起始位置，设置默认值时经常使用。典型的例子如下：

```
if nargin<2||isempty(alpha)
alapha=0.05;
else
…
end
```

和 nargin 类似的变量有 nargout、inputname、narginchk、nargoutchk、varargin、varargout 等，这些都是和函数的输入、输出参数有关的特定变量，在函数一章中还会进行专门介绍。

上边介绍的这几个内部预设变量，是 MATLAB 启动时自动生成的内部变量，MATLAB 允许预设变量被临时覆盖，使得预设变量当作普通变量使用，但在使用 clear 命令清除内存变量后，预设变量又会恢复原始的预设状态。例如：

```
>> pi                %默认预设值
>> pi=12.58          %赋给其他值
>> clear             %清除变量
>> pi                %恢复原始预设状态
```

虽然可以暂时覆盖使用这些变量，但正如笔者前边所讲的那样，除非用于教学演示，不推荐这种使用方式，用户也需要尽可能避免这种使用方式。

1.8.3 变量的命名

变量名和函数名对字母大小写敏感，不同的大小写组合，都被看作不同的变量名或函数名，如 max 和 MAX 是不同的函数名。前面已讲过，NaN 与 NAN 不同，前者是 MATLAB 内部预定义变量，后者是未定义的变量。对变量命名时，除遵守语法规则外，名称应该能够反映它们的意义或用途。

在 MATLAB 中，变量名的第一个字符必须是字母，变量名的长度不超过 63 个字符（包括字母、数字、下画线等），如下面的名称就是合法的变量名或函数名：

```
myVar, alpha, fprintf, magic, num2str
```

而下面这些以数字、下画线、符号开头的名称就不是合法的变量名：

```
2abc, _alike, 34, #qw, &&amain
```

在实践中，变量名可以以小写字母开头，以大小写混合的形式构成，如 fontName、lineWidth 等。这些命名习惯在 C++ 语言中就常常使用，非常值得借鉴。有些编程人员喜欢以大写字母开头命名一个变量名，但是这种用法在其他语言中通常作为类型或结果的保留用法。在 MATLAB 中，根据个人的习惯，可以借鉴使用。

MATLAB 要求名称中不能含有空格、标点符号，但可以使用下画线。例如，agri_income_2021 就是很好的变量名，暗含 2021 年农业收入的意义；make_matlab_file_sketch 也是很好的函数名，旨在说明创建一个 MATLAB 函数框架。讲到这里，就会发现函数或变量名是单词、数字的组合，其实上述名称还可以写成 agriIncome2021、makeMatlabFileSketch。在这种写法中，采用的是单词首字母大写的形式将名称进行分割，究竟哪种好因个人习惯而定。前边已经提到，变量名可以首字母大写，如 MakeMtalabFileSketch。但无论采用哪种风格，一旦确定下来，至少在一个函数内部，编码时应保持一致，不能为了炫技而风格各异。

使用大写字母和下画线分割变量名，是常用的两种做法，大写字母分割法可读性比较好，在其他语言变量名中也有使用。MATLAB 中的属性名，很多就是以这种方式命名的，如 PropertyName。在变量名中采用下画线时，除多占用一个字符外，MATLAB 的 Tex 解释程序会将其翻译为下标转换符，而这常常引起不必要的错误。

在实际工作中，大多数变量都应该取具有提示意义的名称，其命名的基本原则是：应用范围比较大的变量应该用有意义的变量名，小范围应用的变量应该用短的变量名。在编写代码草稿时，可以暂时给变量起一个简单的组合名称，当程序调试完毕发布代码时，可借助 MATLAB 的编辑器，将简短的组合名称全部替换为最终的变量名。这样做，一是编写时可以有效减少输入量，实现快速编写；二是最终版本符合发布要求。例如，在通常的代码草稿中，整数可以使用 k、m、n 等单个字母表示，双精度数使用 x、y、z 等表示，编写、调试完毕发布前再全部替换为其他有意义的名称。

需要指出的是，在其他计算机语言（如 C++）中，单个字母 i 和 j 也常常用来表达整数，但在 MATLAB 中，不建议用户使用这两个字母，因为它们作为 MATLAB 中的预设常量，已经明确表示虚数单位，在前边的一节中，我们已经学习过了。

在变量名中添加前缀是微软编程的习惯，如 nSection、nFiles，这里的前缀 n 是和变量的类型有关的，当变量为数值对象时以 n 表示。还有以 i 表示整数的，如 iMax 表达的是最大整数。用户也可以自己编制前缀规则，如在 MATLAB 中，将 m 加在变量名前来表明整数，如变量名 mRows 表示矩阵的行数。这种加前缀的做法，其实日常生活中也有，如大家熟悉的 iPhone、iPad、iMac 等，前缀 i 就是苹果公司的专属用法。编程时设计好前缀，有助于自己维护代码。虽然添加前缀有编写高效、可读性好的作用，但 MATLAB 本身并不要求这个，MATLAB 只要求符合语法规则就行，用户甚至可以编写最难理解的名称，如 i2p4p5_q7c 等。

对于变量的使用，建议遵循有关复数变量的习惯，尽量避免两个变量之间只差一个 s 的情况。对于复数，我们可以利用后缀 Array 表达。例如，用 point 表达单数形式，用 pointArray 表达复数形式。还有一种情况，就是当变量只代表单个实体数据时，可以加后缀 No 或前缀 i 表达，如 tableNo、empolyeeNo 等。加上前缀 i，使得变量名具有循环属性，如变量名 iTable、iEmployee 等。而对于循环变量，应该以 i、j、k 等为前缀。例如：

```
for iFile = 1: nFiles
...
end
```

对于嵌套循环，循环变量应遵循字母表的顺序。此外，嵌套循环变量的命名也可以取有提示含义的变量名。例如：

```
for iBook =1:nBooks
    for jPage =1:nPages
        for kRow=1:nRows
            ...
```

```
            end
        end
    end
```

对于布尔变量，应该避免否定式的命名方式，因为当进行逻辑运算"非"而对变量进行连接运算时，将出现双重否定的情况，用~isNotFound 绝对没有 isFound 直观，避免采用 isNotFound 这样的变量名很正常。

在创建变量时，即使遇到通用的大写缩写名称，如 USA、CHN 等，嵌在组合变量名中时，也应该遵循大小写字母混合使用的原则。显然地，isUsaMade 总比 isUSAMade 更具可读性。在 MATLAB 中，也存在全部使用大写字母作为基本变量名的情况，但多数用于全局变量，这与上面给出的命名规则相冲突，但已有规模使用的趋势。

无论如何，应该避免使用关键字或具有特殊意义的名称作为变量名，因为当 MATLAB 的保留字被重新定义时，MATLAB 会给出一个模糊的出错信息或奇怪的结果。例如，fprintf 函数是 MATLAB 的输出函数，在被当作变量而赋值后，会临时覆盖原有的函数功能，如果随后想使用它输出内容，则会出错。

```
>> fprintf('swswsw\n')        %作为输出函数正常使用其功能
>> fprintf=2232               %当作变量被赋值
>> fprintf('swswsw\n')        %再次使用时出错
索引超出数组元素的数目(1)。
```

'fprintf' 似乎同时为函数和变量。如果这不是预期的情况，请使用'clear fprintf'将变量'fprintf'从工作区中删除。

1.8.4 复数

之所以单独提出复数，是因为在其他计算机语言中，多数语言都将复数实部和虚部分开处理，而 MATLAB 则将复数看成一个整体直接处理。在 MATLAB 中，复数虚部以预设变量 i 或 j 表示。对单个复数的处理和对复数矩阵的处理稍有差别，下面通过具体实例进行研究。

在数学中，复数的表达有两种形式。一种是直角坐标形式，如 $x=a+bi$。其中，a 为实部，b 为虚部。这种表达形式适合处理复数的代数运算。另一种是复指数形式，如 $x=re^{i\theta}$。其中，r 为复数的模，又记为 $|x|$，θ 为复数的幅度，又记为 $\mathrm{Arg}(x)$，且满足 $r=\sqrt{x^2+y^2}$，$\tan\theta=\dfrac{b}{a}$，这种形式适用于复数旋转等涉及辐角改变的情况。

对于单个复数，有 3 种输入方式。

（1）直角坐标系下的输入方式。预设虚部变量 i 和数字之间没有间隔。

```
>> z1=1+2i
```

（2）直角坐标系下的输入方式。预设虚部变量 i 和数字之间使用乘号*连接。

```
>> z2=3+4*i
```

（3）极坐标下的输入方式。

```
>> z3=10*exp(i*pi/3)
```

对于复数矩阵,可以按照如下两种方式输入。
(1) 使用数组方式输入复数矩阵。

```
>> A=1:5;                          %实部
>> B=6:10;                         %虚部
>> A-B*i;
```

(2) 以复数为元素,输入复数矩阵。

```
>> C=[1+2i,3+4i]
```

复数的运算,和日常数学中的计算一样。例如:

```
>> z1+z2
>> z1*z2
```

对复数的操作,还包括获取复数的实部、虚部、模和相角,这些函数命令分别为 real、imag、abs、angle 等。例如:

```
>> z=24.5*exp(i*pi/6);
>> real(z), imag(z), abs(z), angle(z)
```

上述这些函数命令,还支持以复数矩阵为参数,一次性实现所有的计算,如相角的计算:

```
A =[ 0.2769,    0.8235,    0.9502;
     0.0462,    0.6948,    0.0344;
     0.0971,    0.3171,    0.4387;];
B =[ 0.3816,    0.1869,    0.6463;
     0.7655,    0.4898,    0.7094;
     0.7952,    0.4456,    0.7547;];
>> C=A+B*i
>> angle(C)                        %函数的参数可以是复数矩阵
```

对于复数开方的运算,MATLAB 给出了比较有意思的操作,如当 a=−8 时有 3 个立方根,但一般情况下 MATLAB 只给出处于第一象限的结果。

```
>> a=-8; a^(1/3)
ans = 1.0000 + 1.7321i
```

若想得到全部的立方根,则需要使用极坐标的表示方法,将所有的根逐一求出来。下面是一个通用函数,可以求解任何输入数据的复数根。考虑到目前还没有学过函数,这里只给出了函数文件的雏形,函数缺少自行检测的代码,尚不具稳健性。首先,将下面的代码保存为 FindComplexRoot.m 文件。

```
function xRootArray=FindComplexRoot(x,n)
%求解 x 的 n 次方根,返回根的矩阵
m=0:n-1;
xModule=abs(x)^(1/n);              %求 n 次方根的模
xTheta=(angle(x)+2*pi*m)/n;        %介于-pi 与 pi 之间的相角
xRootArray=xModule*exp(1i*xTheta);
```

其次,在命令行窗口下,输入 FindComplexRoot(−8,3),得到如下的结果:

```
>> FindComplexRoot(-8,3)
```

有了这个函数,我们甚至可以求-8的4次方根和5次方根:

```
>> FindComplexRoot(-8,4);
>> FindComplexRoot(-8,5);
```

我们也可以使用提供的roots函数,将求解转换为解方程的形式。先构建方程$x^3+8=0$的完备形式,即将所有的幂次都予以补齐,成为$1x^3+0x^2+0x+8=0$,则系数构成的数组为[1,0,0,8],将系数数组代入roots函数可求得结果。

```
>> c=[1,0,0,8];roots(c)
```

对于复数的可视化,针对直角坐标和极坐标各有相应的绘图函数。在直角坐标下,使用plot函数绘制;在极坐标下,使用polarplot函数绘制,其调用格式为polarplot(theta, rho),其中参数theta为弧度角,rho为极坐标矢径。例如,要将复数$z=\sin(nx)\cos(nx)\exp(x \cdot i), n=1,2,\cdots$可视化,则有:

```
t=0:0.01:2*pi; n=3;                          %只给出n=3的绘图
y= sin(n*t).*cos(n*t).*exp(1i*t);            %直角坐标表示
r=abs(y);                                     %获取极径
delta=angle(y);                               %获取辐角
subplot(1,2,1),plot(t,y,'r-');                %直角坐标绘图
subplot(1,2,2),polarplot(delta,r,'r-');       %极坐标绘图
```

如图1-45所示是n取3时的图像。

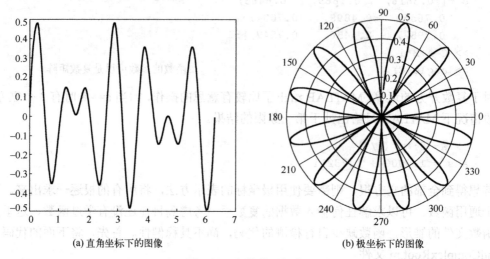

(a) 直角坐标下的图像　　　　　　(b) 极坐标下的图像

图1-45　复数的可视化

1.9　脚本编辑器

脚本编辑器是编写MATLAB代码的文本编辑器,自2016版开始,MATLAB逐渐提供了一个新的脚本编辑器——实时编辑器,它与原来的纯代码编辑器一起构成了MATLAB的编

辑环境。在学习使用实时编辑器之前，首先需要掌握纯代码编辑器中的基本使用功能，然后再转换到实时编辑器。

1.9.1 纯代码编辑器

在 R2020a 版的 MATLAB 中，纯代码编辑器的界面变化不大，从主页中单击"新建脚本"按钮，就可打开编辑界面，编辑器菜单如图 1-46 所示。MATLAB 的编辑器菜单分为 5 部分，分别针对文件操作、导航、编辑、断点（调试）、运行。

图 1-46　编辑器菜单

1. 文件操作

在文件子菜单中有新建、打开、保存、查找文件、比较和打印命令选项，用户可使用这些命令对脚本、函数、示例、类、系统对象等进行创建、打开、保存文件等各种操作。这些操作和操作系统的设置类似，这里不再解释。

2. 导航

在导航子菜单中主要有光标转至位置、书签的设置与清除，以及查找等命令选项，使用导航子菜单创建书签如图 1-47 所示。利用"转至行"命令可快速定位指定的行，也可设置书签，使用书签快速定位。

图 1-47　使用导航子菜单创建书签

3. 编辑

编辑子菜单中主要包括 3 项和编辑有关的命令选项，分别是插入、注释和缩进。

（1）插入（Insert）。

在插入编辑中，MATLAB 允许用户插入一节，其外在表征就是以%%开始，如图 1-48 所示。用户也可以插入函数，当我们只知道某函数功能范围，但不熟悉该函数具体写法时，采用插入函数命令来实现输入很有帮助。例如，在线性代数中，施密特正交化可以将非正规的向量正交化，但我们不熟悉这个函数，也不知道是否有这类函数，借助插入函数操作，看能否找到合适的函数。单击菜单中"插入"命令选项 fx，弹出插入函数的菜单，可逐一浏览具有可能性的函数，按正交化查到了 orth 函数，如图 1-49 所示，双击该函数，则可以输入当前的编辑文本中。

图 1-48　插入一节

图 1-49　插入能实现正交化的 orth 函数

在使用插入命令并单击 fi 选项右侧的下拉三角按钮时，MATLAB 会弹出下拉列表，等待用户选择插入命令选项，包括指定固定点的数据、固定点数据类型的属性定义和固定点计算行为的控制等，如图 1-50 所示。例如，执行 Insert fi 命令，弹出如图 1-51 所示对话框。对话框给出了可以指定的数据类型、符号类型及长度，在值选项一栏，填入数据，如 pi，单击"OK"按钮结束插入，则将函数 fi 插入编辑文本中。运行该函数，可得到结果并显示结构信息，如图 1-52 所示。

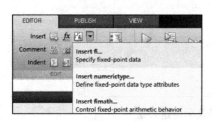

图 1-50　插入选项 fi 的下拉列表

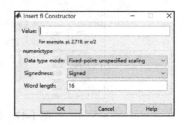

图 1-51　"Insert fi Constructor"对话框

所谓定点化处理，即机器实现数据截位，硬件在对数据进行截位时，通常不考虑四舍五入，而是直接截断，按固定点截断是方式之一。MATLAB 利用 fi 函数对数据进行定点处理时，通常先用 numerictype 和 fimath 两个构造函数生成两个对象，然后再用 fi 函数对指定的数据进行定点操作，此时 fi 对象可看成规则，它规定了这个数的数据类型。例如：

```
received_signal_fix = fi(received_signal,1,10,7,...
'roundmode','floor',...
'overflowmode','saturate');
```

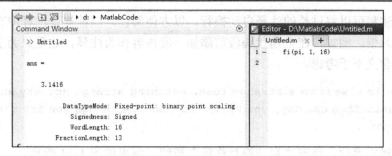

图 1-52 插入函数 fi 并显示结构信息

其中：

①在参数值 1、10 和 7 中，1 表示符号位，10 表示字长，7 表示小数位数。

②roundmode 是圆整模式，floor 是选项值，其他类似的还有 ceil、round 等，都是指数据如何取整。在矩阵运算一章中将详细学习这些函数。

③overflowmode 用来指定溢出模式，当数据有溢出时，MATLAB 给出了两种处理方式，分别为 saturate 方式和 wrap 方式。在 saturate 方式下，若数据发生上溢出，则该数据用能表示的最大值替代；若发生下溢出，则该数据用能表示的最小值替代。在 wrap 方式下，若有符号数据发生溢出，则进位将取代符号位，所表示的数据将以二进制补码表示；若无符号数据发生溢出，则进位将被舍弃。

例如，两个 4bit 有符号数 5 和 4，二进制形式分别为 0101 和 0100，5+4=9，而 4bit 能表示的有符号数的范围为 –8~7，所以发生上溢出。此时，若选用 saturate 方式，则 5+4 所得结果为 7；若选用 wrap 方式处理溢出，将 0101 和 0100 相加，次高位的进位加到符号位，得到的结果为 1001，表示为 –7。若有两个 3bit 无符号数 5 和 4，二进制形式分别为 101 和 100，相加后出现溢出，则进位舍弃，得到 001，表示为 1。

（2）注释（comment）。

编辑器为注释提供了 3 种情形，分别是变成注释、取消注释、自动换行注释。选定要注释的行，单击"变成注释"按钮，则选定行变成注释语句。取消注释则恰恰相反，它将选定行的注释取消一次。例如，在编写的代码中，选定某行，单击"变成注释"按钮%则变成注释；如果连续单击该按钮，则会在行首连续添加%，如图 1-53 所示。

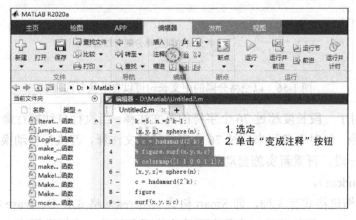

图 1-53 变为注释语句

自动换行注释可以将过长的注释自动换行，以方便阅读，但前提是注释中有空格，即符合英语的书写习惯。例如，在上述代码段前添加一段内容作为注释，这里只为了演示自动换行，该段话的含义不予考虑。

```
% One is always on a strange road, watching strange scenery and listening
to strange music.Then one day, you will find that the things you try hard to forget
are already gone.
```

选定待注释内容后，单击"自动换行注释"按钮，结果如图 1-54 所示。

(a) 单击前

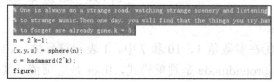
(b) 单击后

图 1-54　单击"自动换行注释"按钮前后对比

对于中文长句注释，当用户尝试自动换行注释时，MATLAB 并不执行命令，这说明注释内容不符合自动换行的文字要求，如图 1-55 所示。试着在文字中加入空格后再次操作，则自动换行注释命令可以正常执行，如图 1-56 所示。

图 1-55　正常输入的中文长句不能自动换行注释

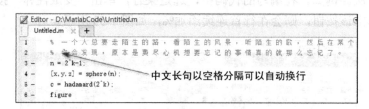

图 1-56　以空格分隔的中文长句可以自动换行注释

一般来说，对于一段长度超过 76 个字符的英文注释，当执行自动换行命令时，MATLAB 会正常执行该命令；但对于多行未超过 76 个字符的英文注释，若执行自动换行注释命令，则会先将多行合成一段，再重新实施自动换行注释。

（3）缩进（Indent）。

MATLAB 的缩进格式有 3 种，即 Smart 格式、Increase 格式和 Decrease 格式。在这 3 种格式中，Smart Indent（智能缩进）将选中区域的代码自动缩进成标准形式，而不管原来代码有多么不整齐，这为规范代码格式提供了极大的帮助。Increase/Decrease Indent（跳格/退格缩进）只能将选中区域的代码缩进或取消缩进一个 Tab 位。

4．断点调试

在调试程序时，用户可使用"断点"命令设置/清除各种断点，在其下拉菜单中，包括设置断点、清除断点、设置条件等功能选项，如图 1-57 所示。"全部清除"命令用来清除所有文件中的全部断点；"设置/清除"命令用来设置或清除当前行上的断点；"启用/禁用"命令使得当前行的断点有效或失效；"设置条件"命令用来设置或修改条件断点。

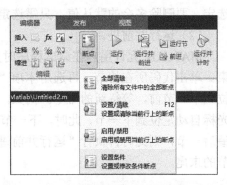

图 1-57　断点设置的菜单项

MATLAB 为程序的调试提供了多种方法，包括 4 种常用的直接调试方法。可以去掉句末的分号，让变量输出值到命令行窗口，观察其运行结果。也可以采用注释函数声明行的方法，将函数转为 M 脚本，直接运行脚本来调试一个单独的函数。还可以借助专门的输出函数 disp 或 fprintf，在适当地方添加输出变量值的语句，检查必要输出值。通过添加 keyboard 命令也可以实现直接调试。

此外，MATLAB 专门提供了一个 dbstop 调试函数，可以对程序的断点进行各种操作。例如，使用 dbstop in file 格式可在 file 中的第一个可执行代码行位置设置断点。当运行 file 时，MATLAB 进入调试模式，在断点处暂停执行并显示暂停位置对应的行。关于 dbstop 函数的更多用法，在后面章节中会介绍。

5．运行

MATLAB 有 4 种不同的运行方式：一是"运行"，直接执行脚本或函数；二是"前进并运行"，运行本节并推进到下一节；三是"运行节-前进"，运行选定的节并推进到下一节，这种情况下两个步骤分开执行；四是"运行并计时"，主要是为了改进性能。

（1）运行。

编辑好函数后，单击"运行"下方的下拉三角按钮，可以设置函数的默认输入值，这样在调试函数时，可省去每次输入参数，如图 1-58 所示。实际上在弹出的对话框中，单击"运行：键入要运行的代码"选项，我们甚至可以设置更多的默认值以方便调试函数。

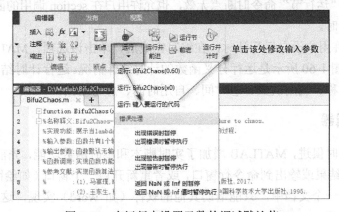

图 1-58　在运行中设置函数的调试默认值

其实仔细观察会发现，当函数有默认值时，在"运行"的图标上会出现一个中间带 3 个白色点的蓝色圆形标志，将光标移至其上，会自动显示选定的默认参数值，只有一组时自动选定。要删除多余的默认值，只需选定后单击鼠标右键，再选定"delete"选项即可。

（2）运行并前进。

MATLAB 允许用户在调试程序时只运行其中一节，节以双%%开头，至下一个双%%结束。单击代码所在的节，再选用本项"运行并前进"选项，则程序运行完本节后，将光标定位到下一节前，等待新的命令。例如，对于如下简短的两节脚本，先定位到第 1 节，运行后光标自动定位到下一节，此时，下一节的背景略显变化，如图 1-59 所示。若光标已经定位到最后一节，则此时再执行"运行并前进"命令，只是运行末尾这节，运行完毕光标定位到本节的末尾。

```
%%  section one
a=1; b=2;  disp([a,b]);
%%  section two
c=3; d=4; e=c+d
```

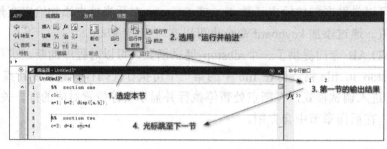

图 1-59　运行选定节后定位到下一节

（3）运行节-前进。

MATLAB 提供的这个选项，将运行一节和推进到下一节这两个步骤分开了。选定一节后，实施"运行节"命令运行选定的节，运行完毕，光标仍然定位在本节，并不推进到下一节。选项"前进"则只是推进到下一节，并不执行代码。当光标已经定位到程序的最后一节时，继续使用"前进"命令将不起作用。

前边学习过断点设置，能否在一节中设置调试断点呢？需要指出，MATLAB 允许在节里设置断点，但是使用"运行节"命令时断点无效，也允许用户在 section 调用的函数里设置断点。

（4）运行并计时。

MATLAB 允许用户设定运行计时，在编写完成后，单击该选项，MATLAB 运行程序并给出计时结果，如图 1-60 所示是运行分叉函数的计时统计情况。运行计时结果中有 5 个内容，包括调用的函数名称、调用次数、总时间、自用时间、总时间图。

1.9.2　实时编辑器

随着软件的与时俱进，MATLAB 增加了实时脚本和实时函数功能，先前的脚本编辑器只能编写代码，运行结果或输出到命令行窗口，或者重新开启一个窗口（如绘图），要想将代码、输出和图片汇集到一个文档中，只能借助其他的软件（如 Word）实现，这不利于 MATLAB 处理结果的网络交流。

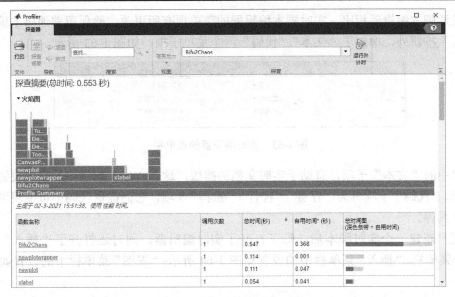

图 1-60 运行计时统计情况

为了解决上述的"割据"问题，MATLAB 推出了实时脚本和实时函数，它们是单一的程序文件，在实时编辑器的环境中编写，可以将 MATLAB 代码、格式化文本、方程和图像输出等显示在一个文件中。这种交互显示提供了额外的灵活性，用户可以通过它传递输入值并返回输出值，可以在实时脚本和实时函数中添加格式化文本、图像、超链接和方程，可以方便地生成与他人共享的交互式记叙脚本，满足网络交流。

1．实时编辑器的基本概况

要创建实时脚本，在"主页"菜单栏中单击"新建实时脚本"按钮，即可打开实时编辑器，如图 1-61 所示。

默认的实时编辑器分成左、右两栏，左侧为代码区，右侧为结果输出显示区，编写好代码后，单击"运行"按钮则在右侧显示出结果，这和普通脚本在命令行窗口输出有点类似，如图 1-62 所示。通过单击实时编辑器窗口右侧的 3 个工具按钮，可以实现"右侧输出""内嵌输出""隐藏代码"3 种排版方式的互换。

图 1-61 单击"新建实时脚本"按钮

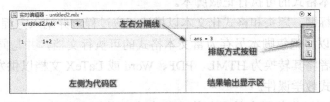

图 1-62 实时编辑器窗口的默认形式

和普通脚本编辑器相比，实时脚本编辑器的菜单项有所更改，除保留普通脚本编辑器中的"运行"按钮外，增加了"文本""代码"两个菜单子项，如图 1-63 所示。

图 1-63　实时编辑器的菜单栏

菜单中的"文本"子项，有助于实时文档的排版，这和 Word 软件中的文本设置与编辑功能类似。"代码"子项分为"任务""控件""重构"3 项，它们提供代码中可能用到的交互式操作工具等。

在用户新建一个实时脚本后，除了打开了实时编辑器，同时还打开了"插入"和"视图"两个菜单栏，"插入"菜单栏中的设置如图 1-64 所示；"视图"菜单栏中的设置如图 1-65 所示。

图 1-64　与实时编辑器相关的"插入"菜单栏

图 1-65　与实时编辑器相关的"视图"菜单栏

2．实时编辑器的特点

归纳起来，实时编辑器有以下特点。

（1）可直观浏览和分析问题。

实时脚本和函数在单个交互式环境中编写、执行和测试代码，所有的代码、输出、测试结果均出现在同一个环境中，更加直观。在具体运行和调试时，既可以逐个运行代码段，也可以运行整个文件，查看结果和图形及生成它们的对应源代码。

（2）共享富文本格式的可执行记叙脚本。

用户可以添加标题、题头和格式化文本以描述相应过程，并纳入方程、图像和超链接作为支持材料。还可以将记叙脚本另存为富文本格式的可执行文档，并与同事或在 MATLAB 社区共享它们，或者将其转换为 HTML、PDF、Word 或 LaTeX 文档以供发布。

（3）创建交互式教学课件。

在实时脚本中可以将代码和结果与格式化文本和数学方程结合使用，能够创建分步式课件并逐步进行计算以说明教学主题，还可以随时修改代码以回答问题或探讨相关主题，能够将课件作为交互式文档与学生共享或以硬复制形式共享，将部分完成的文件作为作业发给学生。

（4）代码编写环境更好。

在实时脚本中编写代码，MATLAB 会实时提示编程人员可能用到的函数，提高了编程速度和准确率，图 1-66 展示了 area 实时脚本编写代码的提示功能。

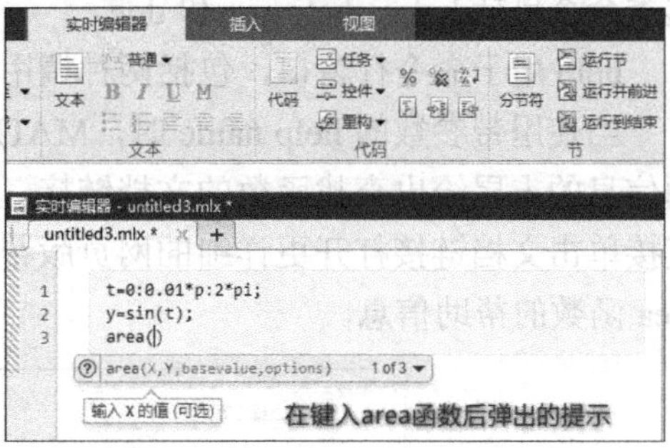

图 1-66 实时脚本编写代码的提示功能

3．两种编辑器的差异

实时脚本和实时函数在多个方面与纯代码脚本和函数存在差别。表 1-3 对主要差别进行了汇总。

表 1-3 实时脚本与纯代码脚本的差别

项目	实时脚本和函数	纯代码脚本和函数
文件格式	实时代码文件格式。有关详细信息，请参阅实时代码文件格式（.mlx）	普通文本文件格式
文件扩展名	.mlx	.m
输出显示	在实时编辑器中，与代码一起显示（仅限实时脚本）	在命令行窗口中
文本格式设置	在实时编辑器中添加和查看格式化文本	使用发布标记添加格式化文本，发布到视图
视觉表现	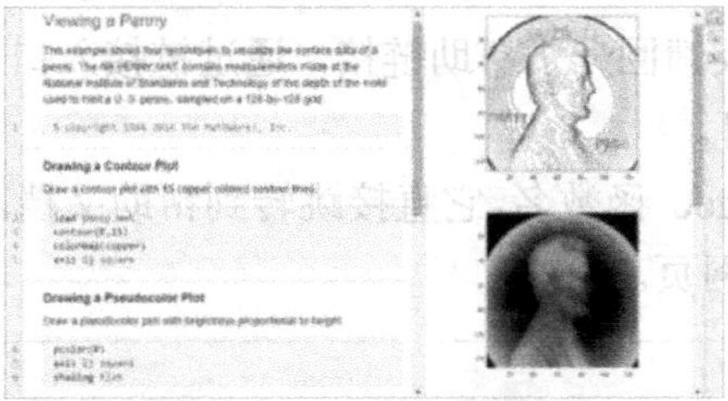	
编码提醒	在编写代码过程中智能提示代码	不提示

1.10 帮助文件的使用

学习使用 MATLAB，离不开查阅各种帮助信息，为了方便用户使用，MATLAB 还提供了完善的帮助系统。从形式上讲，MATLAB 的帮助系统分成 3 类：第 1 类是命令行窗口中使用的帮助命令；第 2 类是帮助浏览器系统，位于主页最右侧的资源一栏；第 3 类是 MathWorks 公司的网站。

1.10.1 帮助命令

根据用户对函数的熟悉程度，帮助命令分为两类：一类是知道函数名称，但不熟悉具体调用格式，需要阅读帮助信息的情形；另一类是知道某一类问题，但不知道有哪些函数、命令，需要查找出来再确定是否可用的情形。

第一类情形比较方便，在命令行窗口，直接使用"help+函数名称"即可得到函数的信息，这类命令包括 help、helpwin 和 doc。

help 用于命令行窗口，包括两种调用格式：help name；help。

当使用带参数的 help name 时，MATLAB 会在命令行窗口给出简单的帮助信息，并在帮助信息的末尾给出查找函数的文档链接。若当前的帮助信息不足以解释用户的疑问，则可以直接单击文档链接打开更详细的网页版帮助。例如，如图 1-67 所示是使用 help area 查找到的 area 函数的帮助信息。

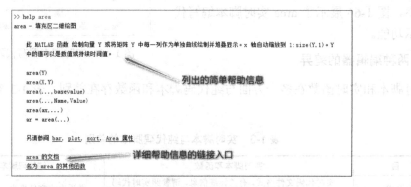

图 1-67　使用 help+函数名称得到的简介帮助信息

单击"area 的文档"链接入口，直接转到网页版的帮助文档，该文档详细介绍了函数语法、说明、示例、扩展功能、参阅信息等方面，如图 1-68 所示。根据该帮助，用户基本能够掌握查询函数的用法与注意事项。

当使用不带参数的 help 时，将反馈回一个帮助链接，通过链接入口"打开帮助浏览器"，用户可以打开浏览器，然后查找即可。

doc 的使用方法是 doc name，即 doc 函数名，它直接跳转到帮助文档。例如，使用 doc area，将直接跳转到如图 1-68 所示的帮助网页。

图 1-68　通过帮助链接跳转到网页版帮助文档

第二类帮助是针对一类问题逐渐具体化、确定函数，可通过 lookfor、docsearch 等来查阅信息。

lookfor 命令查阅的是 M 文件注释的第一行，列出检索到的匹配单词的函数。例如，想查找关于二项分布概率密度的函数，但不知道具体名称，也不知道有没有该函数，则考虑以 binomial 这个关键词查找，部分搜索结果如图 1-69 所示，看其中的函数有许多接近我们要找的目标。

```
treeshape      - Retrieve the shape of a recombining binomial tree.
bin            - Binomial test for Value-at-Risk (VaR) backtesting.
binocdf        - Binomial cumulative distribution function.
binofit        - Parameter estimates and confidence intervals for binomial data.
binoinv        - Inverse of the binomial cumulative distribution function (cdf).
binopdf        - Binomial probability density function.
binornd        - Random arrays from the binomial distribution.
binostat       - Mean and variance of the binomial distribution.
nbincdf        - Negative binomial cumulative distribution function.
nbinfit        - Parameter estimates for negative binomial data.
nbininv        - Inverse of the negative binomial cumulative distribution function (cdf).
nbinlike       - Negative of the negative binomial log-likelihood function.
nbinpdf        - Negative binomial probability density function.
nbinrnd        - Random arrays from the negative binomial distribution.
nbinstat       - Mean and variance of the negative binomial distribution.
binodeviance   - Deviance term for binomial and Poisson probability calculation.
```

图 1-69 通过 lookfor 查找概率密度函数

lookfor 有两种调用格式：lookfor topic；lookfor topic –all。两者的区别在于参数 all 带来的搜索范围的不同。不带 all 时只搜索第 1 行注释，带 all 时则搜索第 1 个注释块。在命令行窗口将要搜索的主题词或关键词列在 lookfor 之后即可展开搜索。

如果正在搜索某个函数并且不知道其名称，则 lookfor 会非常有用。若已知道函数名称，则使用 what 和 which 函数的速度要快得多。

1.10.2 帮助浏览器

MATLAB 还为用户提供了帮助浏览器，这可以通过单击主页上的"资源"菜单子项的"帮助"按钮打开，如图 1-70 所示，打开的帮助主页如图 1-71 所示。使用键盘的快捷键 F1 可以打开一个小窗口，单击小窗口上的链接入口，也可以打开。此外，在命令行窗口中，使用不带参数的 doc 命令也可以打开。打开后，选择适合的类别继续浏览，这里不再介绍。

图 1-70 MATLAB 的帮助菜单

1.10.3 MathWorks 官方网站

如图 1-72 所示是 MathWorks 公司在中国的官方网站的首页部分截图（实时情况请自行查看），用户可以访问该网站了解更多的细节，这里不再介绍。

图 1-71　MATLAB 的帮助主页

图 1-72　MathWorks 公司网站首页（部分截图）

第 2 章 矩 阵 运 算

在 MATLAB 中，数组是数据结构的基础，所有数据都以数组的形式存储。矩阵是数组的一种，也是 MATLAB 内建的数据类型，矩阵运算是 MATLAB 计算的基础。在本章中，首先介绍矩阵的创建，包括一维、二维及高维矩阵的创建；之后学习矩阵操作，包括维数确定、元素寻址及常规操作；然后学习矩阵基本运算，包括矩阵转置、加法、乘法、逆、内积、外积、范数、指数、对数、开方等，以及矩阵的本质特征、直和与张量积；为了方便后续模型使用，本章还专门介绍了几种特殊矩阵，包括带状稀疏矩阵、Vandermonde 矩阵、Hankel 矩阵、Toeplitz 矩阵等；最后，在介绍矩阵变换与分解时主要讨论了 Cholesky 分解、LU 分解、QR 分解和 SVD 分解。

2.1 创建矩阵

创建矩阵是使用矩阵的基础，MATLAB 针对不同维数的矩阵，提供了多种创建方法，用户可根据实际需要灵活选用。

2.1.1 一维矩阵

在 MATLAB 中，一维矩阵本质上就是向量，是最基本的矩阵，包括行向量和列向量两种。创建一维矩阵可以采取的方法有直接输入法、定步长生成法、定数线性采样法、定数对数采样法、随机生成法等。

1. 直接输入法

直接输入法即用户通过键盘等输入设备，将数据手工输入。例如，在命令窗口中输入：

```
>> x=[1,2,3,4,5]
```

这种以逗号分隔的数据，MATLAB 按照一行处理，其结果如下：

```
x =  1    2    3    4    5
```

在上述的输入中，使用逗号分隔数据，MATLAB 还允许使用空格分隔这些数据，其效果与使用逗号一样。但从实际工作经验来看，当使用逗号作为数据的分隔符时，尤其是表达数据时，往往具有更明确的行向量"味道"，不易出错。而使用空格作为分隔符，虽然没有语法问题，但有可能因为输入人员的疏忽、粗心等，将两个数据合并在一起，容易产生错误，因此即使使用空格分隔数据，也建议使用至少两个空格来分隔。MATLAB 命令行窗口中输出的数据，默认以 4 个空格分隔，具有明显的效果。

当输入数据以分号分隔时，每个数据看作一行，则输入的数据构成一个列向量，如：

```
>> x=[1;2;3;4;5;]
```

在这个输入中,最后一个数据之后的分号可以省略,其效果一样。一般来说,当数据量不大时,可以直接将数据人工输入 MATLAB 中,当数据量很大时,这种直接输入方法则不适合。

2. 定步长生成法

定步长生成法是指给出向量的起始值和终了值,然后在起始值和终了值之间以给定的步长插入其他值,其基本的语法构成是:(起始值):(步长):(终了值)。例如:

```
>> a=1:1:5
```

在上述的例子中,终了值大于起始值,按照步长为 1 生成各个内插值,最终形成行向量。在这种格式中,具体生成结果和步长、起始值、终了值相关。一般地,当终了值大于起始值时,步长采用合适的正值,如上述例子一样。反之,若步长采用负值,则有:

```
>> b=4:-1:1
```

虽然当起始值小于终了值时要求使用正值步长,但步长值大小不能超过终了值,否则将无法形成行向量,而只得到一个由起始值构成的单个数据。例如:

```
>> b=1:10:4
b = 1
```

这里步长为 10,显然无法在起始值与终了值之间插入任何元素,只能得到只含起始值的确定数据 1。这一点不难理解,设定从 1 到 4 创建向量,却一步迈出 10,步子太大了。

当起始值等于终了值时,则不管步长数值的正负与大小,只形成由一个数据构成的矩阵(即使只是一个数据,MATLAB 也存储为矩阵)。例如:

```
>> b=1:1:1                  %步长等于起始值和终了值
b =1
>> b=1:10:1                 %步长远大于两个边界
b =1
>> b=1:-10:1                %步长取负值
b =1
>> b=1:0.1:1                %步长取很小值
b =1
```

但这里的步长不能使用 NaN,否则将无法建立数组,即使终了值大于起始值,当以 NaN 作为步长时,也不可能建立数组。例如:

```
>> b=1:NaN:2
b = NaN
```

需要说明的是,起始值和终了值只是给定的界限,当步长给定后,得到的结果不一定保留终了值本身。例如:

```
>> c=0:1.5:5
c =   0    1.5000    3.0000    4.5000
```

因此,对定步长生成法更准确的理解应为:以起始值开始,按照给定步长插入数据,当表达式中的一部分不满足插入条件时，只插入满足条件的那部分，构成行向量。此外，默认步长为 1，当步长为 1 时，可省略该项。例如，a=1:5 与 a=1:1:5 等效。

3. 定数线性采样法

如果说定步长生成法应首先满足设定好的步长，然后插入数据，那么定数线性采样法则应首先满足采样的个数，然后再考虑其他条件。MATLAB 为此专门设计了 linspace 函数，该函数有两种调用格式。当使用 linspace(X1, X2)格式时，生成一个介于 X1 和 X2 之间的、长度为 100 的行向量，且各插入值之间均匀分布。例如：

```
>> b=linspace(1,100)
b = Columns 1 through 31
    1     2     3     4
    <<中间输出省略>>
  Columns 94 through 100
   94    95    96    97    98    99    100
```

在第二种格式 linspace(X1, X2, N)中，明确给出了生成数据的长度为 N，若 N 为 1，则只生成 X2。例如：

```
>> a=linspace(2,10,5)
a = 2    4    6    8    10
>> b=linspace(1,100,1)                   %N=1，则只生成 X2
b = 100
```

虽然函数中参数 N 是生成数据的个数，一般取值要求为整数，但如果用户输入的数据为普通实数，linspace 函数也会给出合适的结果，这是因为 linspace 函数在处理数据个数 N 时，通过 n=floor(double(n))对数据进行圆整，得到合适的整数，并给出插值结果。需要用户注意的是，N 是产生数据的个数，若设两个数据之间的步长为 d，则 $d = \dfrac{X_2 - X_1}{N - 1}$，它不一定是期望得到的步长。

4. 定数对数采样法

除采用上述的定数线性采样法生成向量外，MATLAB 还提供了类似的定数对数采样法，即 logspace 函数。logspace 函数也有两种调用格式。当使用默认参数 n 时，logspace(a, b)只生成长度为 50 的行向量，数据之间的间隔，以对数计算等距布置各点，数据介于 10^a 和 10^b 之间。而使用含参数 n 的第二种调用格式时，logspace(a, b, n)则生成指定的 n 个点，当 n 等于 1 时，logspace 函数返回 10^b。特别地，若 b 等于 pi，则生成的采样点介于 10^a 与 pi 之间。例如：

```
>> y=logspace(0,2)
y = Columns 1 through 18
   1.0000   1.0985   1.2068   1.3257   1.4563
       <<中间输出部分省略>>
  Columns 37 through 50
   75.4312   82.8643   91.0298   100.0000
```

又如：

```
>> y=logspace(0,pi)                    %第二个参数是pi
y =Columns 1 through 18
    1.0000    1.0236    1.0478    1.0726
            <<中间输出部分省略>>
   Columns 37 through 50
    2.9290    2.9982    3.0690    3.1416
```

5. 随机生成法

MATLAB 提供了许多特定的函数，借助这些函数，可以生成满足特殊要求的一维向量，如借助随机函数 rand，可以生成随机数据，但这些函数多用于二维矩阵的情形，要形成一维向量，只需要设定其中的某一维参数为 1 即可。例如：

```
>> c=rand(1,5)                  %未确定随机数种子,用户实验时结果可能不一样
c = 0.8235    0.6948    0.3171    0.9502    0.0344
```

MATLAB 使用 randperm 函数来产生没有重复元素的整数随机排列行向量，其调用格式为：randperm(n)和 randperm(n,k)。在这两种调用格式中，randperm(n)生成一个整数随机排列向量，其值介于 1 和 n 之间。例如：

```
>> randperm(6)
ans = 2    6    1    3    5    4
```

当使用 randperm(n,k)格式时，返回一个元素随机排列的行向量，其中的元素是从 1 到 n 的数据中选取的 k 个不重复的整数。例如：

```
>> randperm(6,3)
ans = 3    5    6
```

2.1.2 二维矩阵

创建二维矩阵时，除采用直接输入法外，还可以采用 MATLAB 提供的函数创建特定类型的二维矩阵。当采用直接输入法创建时，使用方括号[]来界定矩阵的起始与结束，行与行之间的数据以分号（;）隔开，行内数据的分隔和一维向量一样，同样以逗号或空格分隔。二维矩阵要求每行（或每列）数据元素的个数必须一致。例如：

```
>> a=[1,2,3;4,5,6;7,8,9]
```

但这种直接输入法只能应对小规模数据的输入，对于中等规模及大规模数据矩阵的创建，直接输入显然极其浪费时间，有必要借助合适的编辑器实现快速输入。MATLAB 提供了数组编辑器，用户可以从工作空间打开编辑器，输入数据后保存。

用户还可以借助其他编辑工具。例如，笔者曾建议使用逗号分隔每列数据，对于大量数据，众多逗号的输入也非常麻烦，使用正则表达式进行批量替换是很好的方法；对于存放在纸上的打印数据可以扫描到文件，再借助一些 OCR 文字识别工具，也可以实现快速输入。

但更多的时候需要建立数据文件，并加以必要的注释说明，然后使用函数读取数据文件。如图 2-1 所示是典型相关分析数据，可以将该数据文件命名为 data_for_cca.txt，然后使用 load 命令读取数据文件。

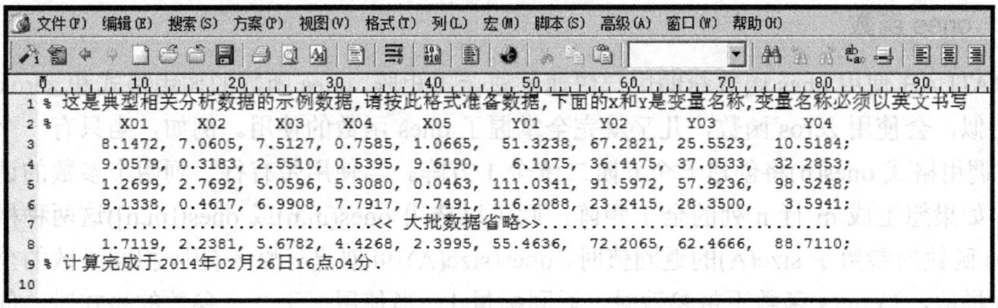

图 2-1 典型相关分析数据

对于二维矩阵，尤其是常见的特定类型的矩阵，MATLAB 提供了专门的创建函数，如全零矩阵、全 1 矩阵、单位矩阵、魔幻矩阵等。

1. eye 函数

在矩阵论的相关书籍中，***I*** 常被用作单位矩阵，但 MATLAB 将字母 i 专门用作复数的虚部，因此无法再赋予单位矩阵的含义。众所周知，单词 eye 的英文发音与字母 i 发音相同，借助 eye 和 i 同音，MATLAB 推出了以 eye 函数创建单位矩阵的方法。

eye 函数的调用格式较多，单独使用不带参数的 eye 函数时，会返回标量数字 1，如：

```
>> eye
ans =1
```

当 eye 函数带一个维度时，如 eye(n)，则创建 n×n 的单位方阵，其中主对角线元素全为 1，其余元素全为 0。例如：

```
>> eye(4)
```

当 eye 带有两个参数时，如 eye(n, m)，则创建一个 n×m 的矩阵，其中主对角线元素全为 1，其他元素全为 0。例如：

```
>> eye(4,3)
```

需要说明的是，eye 函数只支持创建二维矩阵，不支持创建三维及更高维数的矩阵。例如：

```
>> eye(2,3,4)
```

上述代码错误使用了 eye。

2. zeros 函数

MATLAB 提供了 zeros 函数帮助用户快速构建所需的全零矩阵，zeros 函数的使用格式类似于 eye 函数，当只有一个参数 n 时，zeros(n) 将创建一个 n×n 阶的二维全零方阵。例如：

```
>> zeros(3)
```

当使用带有行、列两个参数的格式，即使用 zeros(m,n) 或 zeros([m,n]) 这两种格式时，则生成 m 行 n 列的全零矩阵，如当 m 为 3，n 为 4 时，有 zeros(3,4)。

除此之外，zeros 函数还有其他几种格式：①当不带参数时，返回标量 0；②当使用多于 2 个参数的格式时，则创建高维全零矩阵。

3. ones 函数

MATLAB 使用 ones 函数帮助用户快速创建全 1 矩阵，ones 函数的调用格式和 zeros 函数非常相似，会使用 zeros 函数，几乎就完全掌握了 ones 函数的使用。例如，当只有一个参数 n 时，调用格式 ones(n)将创建一个 n 阶二维全 1 方阵。当使用带有行、列两个参数的调用格式时，如果想生成 m 行 n 列的全 1 矩阵，则可以选用 ones(m,n)或 ones([m,n])这两种格式。当 ones 函数的参数是 size(A)的返回值时，ones(size(A))可创建与原 A 矩阵相同维数的全 1 矩阵。同样地，当 ones 函数不带参数时，返回标量 1。当使用多于 2 个参数的格式时，创建高维全 1 矩阵，其调用格式为 ones(m,n,p,…)或 ones([m n p …])。

```
>> ones(3,4)
```

4. magic 函数

MATLAB 专门提供了一个创建魔方矩阵的 magic 函数，用户通过调用该函数，可创建二维魔方矩阵。所谓魔方矩阵，即矩阵的每行各元素之和、每列各元素之和及对角线各元素之和都相等。例如：

```
>> magic(3)                    %行列之和与对角线之和都等于15
ans =
     8     1     6
     3     5     7
     4     9     2
```

魔方矩阵函数 magic 的参数只有 1 个，即魔方矩阵的阶数 n，要求 n 大于 0，但不能等于 2。

5. 随机数矩阵生成函数

除上述的专门函数外，MATLAB 还提供了一些创建随机数矩阵的函数，如 rand、randi、randn、randsrc 等。

rand 函数用来产生均匀分布的伪随机数或矩阵，借助该函数，也可以创建特定的二维数组；randn 函数和 rand 函数的用处类似，也生成随机数或矩阵，在调用格式上类似，但和 rand 函数不同的是，randn 函数生成的是具有正态分布特点的伪随机数或矩阵，更明确地讲，函数 randn 生成的是均值为 0、方差为 1 的正态分布随机数或矩阵。例如：

```
>> rand(3,4)    %m=3,n=4
>> randn(3,4)
```

randi 函数和 rand、randn 函数具有同样的用处，但该函数主要用来生成均匀分布的伪随机整数。在生成二维数组方面，其调用格式主要为 randi(iMax,n)，这种调用格式返回 n×n 的矩阵，其生成的元素是介于 1 到 iMax 之间的均匀分布的伪随机整数。当用户希望使用两个参数来指定生成矩阵的行、列数时，可使用 randi(iMax, m, n)或 randi(iMax, [m, n])，它将在 1 到 iMax 之间生成 m×n 的随机矩阵。在上述只有 iMax 来控制最大整数的格式中，iMax 必须是正整数，试图使用 0 作为最大整数时将报错。用户也可以使用两个参数来限制所生成元素的取值范围，其调用格式为 randi([iMin, iMax], m, n)或 randi([iMin, iMax], [m, n])，这样使用时,将数据大小限制在 iMin 到 iMax 之间,行、列数由 m 和 n 确定。需要提醒读者,在 randi 函数的这种调用格式中,只要求 iMin 和 iMax 必须是整数,并没有要求它们必须是正整数,所以在这种情况下,iMin 与 iMax 可以取负值,但 iMax 必须大于或等于 iMin。

MATLAB 还提供了生成随机数的其他函数。例如:①randsrc 函数使用默认或指定字符集元素来生成规定行、列数的随机矩阵或普通矩阵;②normrnd 函数生成满足均值为 μ,标准差为 σ 的正态分布数据矩阵;③lognrnd 函数生成对数正态分布数据矩阵;④binornd 函数生成符合二项分布的数据矩阵;⑤poissrnd 函数生成符合泊松分布的数据矩阵;⑥gallery 函数则用来生成各种测试矩阵,以验证某些算法的可行性等,它包含 50 多种用于测试算法和其他用途的不同测试矩阵函数。

6. diag 函数

MATLAB 使用 diag 函数来创建对角矩阵或提取矩阵的对角线元素。当 v 是含有 n 个元素的向量时,diag(v,k)会创建一个 $n+|k|$ 维的方阵,且向量 v 的元素被置于第 k 条对角线上。当 k=0 时,v 被置于主对角线上,此时可直接使用 diag(v)而省略参数 k;当 k>0 时,v 被置于主对角线上边;当 k<0 时,v 被安置于主对角线下边,主对角线的上边和下边的具体位置如图 2-2 所示。

举例如下:

```
>> v=1:4
v =    1    2    3    4
>> diag(v,1)                %k=1
ans =
       0    1    0    0    0
       0    0    2    0    0
       0    0    0    3    0
       0    0    0    0    4
       0    0    0    0    0
```

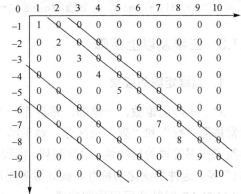

图 2-2 参数 k 的取值与主对角线的关系

当 **X** 是矩阵时,使用调用格式 diag(X,k)可提取出 **X** 的第 k 条对角线的元素,并使用这些元素形成一个新的列向量。当使用省略参数 k 的调用格式 diag(X)时,默认取出矩阵 **X** 的主对角线,并形成列向量。嵌套使用 diag(diag(X))则首先取出矩阵 **X** 的主对角线(由矩阵到列向量)形成列向量,再以该列向量作为主对角线形成新的矩阵(由向量生成对角矩阵),这样嵌套使用 diag 函数,其效果就是将矩阵 **X** 主对角线元素以外的其他元素全部置 0。例如:

```
>> a=magic(4); diag(diag(a))
```

由此可知,diag 函数实际上完成的是双向转换,当给出的参数是向量 *v* 时,diag 函数会以向量 *v* 作为对角线模板形成新的对角矩阵,且其维数由 $n+|k|$ 决定。当给出的参数是矩阵 *x* 时,取矩阵 *x* 指定对角线数据形成列向量。这里的 *k* 取值会产生如下的影响,设矩阵 *x* 为 $R \times C$ 矩阵,当 $-(R-1) \leq K \leq C-1$ 时,取值有效,能创建列向量(一维的则看作标量);当 $K \geq C$ 或 $K \leq -R$ 时,取值为空,此时只能创建一个空列向量。用户可运行下方代码并查看结果(其中有些语法还没讲到可暂时忽略)。

```
clear;clc;
rows=3;columns=5;
x=randn(rows,columns);disp(x)
for k=-rows:columns
    v=diag(x,k);
    if isempty(v)&&(k<=0)
        fprintf('k = %d, cannot get vector form matrix.\n',k);
    elseif isempty(v)&&(k>0)
        fprintf('now k = %d, cannot get vector form matrix.\n',k);
    else
        fprintf('k = %d, I can get vector and it is:\n',k);
        disp(v);
    end
end
```

下面是一个创建三对角矩阵的示例,这种用法在稀疏矩阵的创建中常常遇到,具体结果请读者运行后查看。

```
>> m = 3;
>> diag(-m:m) + diag(ones(2*m,1),1) + diag(ones(2*m,1),-1)
```

2.1.3 三维及以上矩阵

1. 高维矩阵的层次

对于矩阵的维数,一维的,常称作一"行"(行向量)或一"列"(列向量);二维矩阵,常常按照"行"和"列"来区分;对于第三维,笔者习惯上称之为"页"。这样的命名方式,参照了图书管理的层次性,由行到列,再到页。如果继续增加维数,则称之为"册""卷""类""馆"等。这种层次化的称呼,就好像多层次的图书管理系统。下面创建了一个三维矩阵,看看 MATLAB 对其数据层次的安排。

```
>> A(1,1,1)=1;A(1,2,1)=2;A(2,1,1)=3;A(2,2,1)=4;
>> A(1,1,2)=5;A(1,2,2)=6;A(2,1,2)=7;A(2,2,2)=8
A(:,:,1) =
     1     2
     3     4
A(:,:,2) =
     5     6
     7     8
```

在这里,我们看到矩阵的三维中,MATLAB 是按照 A(r,c,p)安排数据的层次的,即 A(行号,列号,页号)。在输出数据时,以页作为最低层次的循环单位,每次输出一页的数据(行和列的数据)。

当矩阵是四维的时,我们可以按 A(行号,列号,页号,册号)安排数据层次。对于三维及高维矩阵的创建,很少使用直接输入的方法,一是数据量比较大,二是数据的结构比较抽象,无法看到整体。下面给出一个实例,请查看四维矩阵的数据布置与输出。

```
clear;clc;
A=zeros(2,2,2,2);
for iIssue=1:2                          %册
    for iPage=1:2                       %页
        for iCol=1:2                    %列
            for iRow=1:2                %行
                A(iRow,iCol,iPage,iIssue)=iRow*iCol*iPage*iIssue;
            end
        end
    end
end
A
```

读者可运行上述代码查看结果,从结果可以看出,矩阵的维数较高(4维),当输出数据到屏幕时,都是以页为基本输出单位的,上述的输出是按照第一册第一页→第一册第二页→第二册第一页→第二册第二页这样的顺序输出的。可以想象,当增加到5维时,每次输出到屏幕,都显示 A(:,:, page, issue, volume)这种形式,在参数列表中,页构成了基本的输出单位。

对于更高维的矩阵,理论上可创建,但实际上很少用到。感兴趣的读者可自己尝试创建10维的矩阵。笔者自己编写了创建高维矩阵的简单模板,用户可以测试高维矩阵的创建和运行。需要说明:该模板的函数只用于简单实现高维矩阵的数据访问,未考虑程序鲁棒性等问题。由于n为10、m为6,相当于矩阵中包含6^{10}个数据,考虑到运行时间,不建议创建10维以上的矩阵进行尝试。

```
function makeBigArray(n,m)
%函数功能:创建高维矩阵
%参数含义: (1)n,维数
%         (2)m,每一维具有的量值,如针对"行",m=6 表示设定了6行
fid=fopen('nLayerArray.m','w');
for ilp= n:-1:1
    fprintf(fid,'for il%d =1:%d\n',ilp,m);
end
fprintf(fid,'A(');
for ilp=1:n-1
    fprintf(fid,'il%d,',ilp);
end
fprintf(fid,'il%d',n);
fprintf(fid,')=');
for ilp=1:n-1
    fprintf(fid,'il%d+',ilp);
end
fprintf(fid,'il%d;\n',n);
for ilp=1:n
    fprintf(fid,'end\n');
end
fprintf(fid,'A');
fclose(fid);
edit('nLayerArray.m')
```

给定参数 n 和 m 的值，如 n 为 4，m 为 2，运行得到打开状态的 nLayerArray.m 函数，运行该函数，可查看高维矩阵的显示状态。

2. 高维矩阵的创建

从上述内容可知，三维矩阵实际上是可以由二维矩阵"凑"出来的；同样地，四维矩阵也可以由三维矩阵"凑"出来……因此，可得出结论，高维矩阵可以由低一维的矩阵"凑"出来。通过这种"凑"的方法，也可以得到用户期望的矩阵。和这类操作有关的 MATLAB 函数包括：cat、repmat、reshape、permute、ipermute 等，下边以三维矩阵的创建为例，学习上述函数的应用。

（1）cat。

MATLAB 使用 cat 函数来连接矩阵，使之构成更高维的矩阵。在连接时，首先要确定是按照行方向（横向）连接，还是按照列方向（竖向）连接。在 cat 函数中，连接方向由参数 dim 指定，当 dim=1 时，按照列方向连接矩阵；当 dim=2 时，按照行方向连接各个原始矩阵。对于这个"1 列 2 行"的方向指引习惯，在 MATLAB 的其他函数中也是通用的，用户可以试试其他函数中的方向参数，如 max、min、mean 等函数中的 dim。cat 函数的调用格式包括：

C = cat(dim, A, B)，按 dim 来连接 A 和 B 两个数组。

C = cat(dim, A1, A2, A3, ···)，按 dim 连接所有输入的数组。

例如：

```
>> A = [1 2; 3 4]; B = [5 6; 7 8];
>> cat(1, A, B)                    %按列连接
>> cat(2, A, B)                    %按行连接
```

理解了 dim 的本质含义后，对于命令 C=cat(3,A,B)，我们就会知道，这是按照"页"来创建新的数组，将数组 A 和 B 放到不同的"页"上，构成新数组，则第一页上是 A，第二页上是 B。

```
>> C=cat(3,A,B)
C(:,:,1) =
    1    2
    3    4
C(:,:,2) =
    5    6
    7    8
```

为了加深这种理解，用户可以运行以下代码，运行之前，先自己思考一下结果，再看看是不是理解了。其中，参数 dims 控制着要按照哪种标准连接矩阵，用户可观察当 dims=100 甚至更高时的情形。

```
dims=5;
A = [1 2; 3 4]; B = [5 6; 7 8];
for iDim=1:dims
    fprintf('--------------\n');
    C=cat(iDim,A,B);
    fprintf('Dim = %d\n',iDim);
```

```
        disp(C);
    end
```

前边讨论了 dim 的含义，当 dim=1 时，沿着列连接矩阵，此时要求被连接的各个矩阵，至少列数应该相等，否则会出错。同样地，当 dim=2 时，则要求被连接的各个矩阵，至少行数要一致，否则也会出错。归纳起来，只要被连接的各个矩阵在连接方向上的行数（或列数）一致，就可以使用 cat 函数连接。

那么，如果按照"页"或"册"等来连接矩阵，是不是就允许被连接的各矩阵的行列数不一致呢？例如是否允许不同"页"上的矩阵行、列数不相等呢？毕竟实际生活中每页书的字数可以不一致。实践证明，cat 函数不允许行、列数不同的矩阵按照"页"及以上标准连接矩阵。测试代码如下：

```
dims=5;
A = [1 2; 3 4];
B = magic(3);                       %行、列数改了
for iDim=3:dims                     %测试 dim=3～5
    C=cat(iDim,A,B);
    fprintf('Dim = %d\n',iDim);
    disp(C);
end
```

（2）repmat。

repmat 函数常常用来复制矩阵并将矩阵按照规定的格式"堆"成一个新的矩阵。该函数的调用格式为 repmat(A,m,n)，它将创建一个新的矩阵 B，B 是由 m×n 个 A 堆起来的，也就是 B 中含有 m×n 个 A，这些 A 按照 m 行 n 列堆积。若 A 为矩阵，则 B 的行数等于 A 行数的 m 倍，B 的列数等于 A 列数的 n 倍。例如：

```
>> repmat(magic(3),1,3)             %按照 1 行 3 列堆积
```

上述矩阵 A，一般按照二维考虑，当矩阵 A 本身就是高维矩阵时，repmat 函数会怎么处理呢？实际上，对于三维以上的矩阵，repmat 函数会单独处理高维中的数据，仍然是按照"页"为单位处理，将"堆"这个过程释放到每页上去。例如：

```
>> C=cat(3,eye(2),eye(2));          %先创建一个三维矩阵
>> repmat(C,2,2)                    %堆积成更大的矩阵
ans(:,:,1) =
    1    0    1    0
    0    1    0    1
    1    0    1    0
    0    1    0    1
ans(:,:,2) =
    1    0    1    0
    0    1    0    1
    1    0    1    0
    0    1    0    1
```

由此可知，repmat 函数的堆积只发生在二维矩阵上，高维矩阵则只针对其"页"产生作用。

（3）reshape。

reshape 意指"变形"，该函数可通过维数的变化，重新安排原有的数据元素，得到新的高维矩阵。用 reshape 函数变更矩阵的维数，不会改变矩阵元素个数。其调用格式为 reshape(A,m,n)，新生成的矩阵 B 从矩阵 A 中取得元素，并按照 m 行 n 列的要求，自左到右列向布置每个元素，若矩阵 A 中的元素个数不够 m×n 个，则报错处理。例如：

```
>> A=1:24;
>> B=reshape(A,4,6)                    %形成4行6列
B =
    1    5    9   13   17   21
    2    6   10   14   18   22
    3    7   11   15   19   23
    4    8   12   16   20   24
```

在使用 reshape 函数变换矩阵的维数时，行列数之积应该等于矩阵的元素数，否则报错。

（4）permute 与 ipermute。

permute 意指"置换，改变序列"，该函数可按照规定的顺序布置数据，形成新的矩阵。在理解置换的含义时，可以分解为4步：确定原始矩阵每一维的长度；为原始矩阵的每一维编号；确定 permute 函数中使用的编号；把 permute 编号参数换成相应维的长度。常用的调用格式为 permute(A,order)。例如：

```
>>A=1:24;
>>B=reshape(A,[2,4,3])% 形成数组B,它含有3页数据,每页上的数据按照2行4列排列
…………………<<部分输出略去>>…………………
B(:,:,3) =
   17   19   21   23
   18   20   22   24
```

运行 permute 函数，结果如下：

```
>> permute(B,[2,3,1])
ans(:,:,1) =
    1    9   17
    3   11   19
    5   13   21
    7   15   23
ans(:,:,2) =
    2   10   18
    4   12   20
    6   14   22
    8   16   24
```

其实现过程如图 2-3 所示。ipermute 函数是 permute 函数的逆向函数，实现过程与 permute 函数相反，例如：

```
>> a = cat(3,eye(2),2*eye(2),3*eye(2));
>> B = permute(a,[3 2 1]);
>>C = ipermute(B,[3 2 1]);
```

```
>>isequal(a,C)
ans = 1
```

在本节中，我们着重学习了如何创建一维、二维和三维及以上矩阵，这是后面学习矩阵操作的基础。

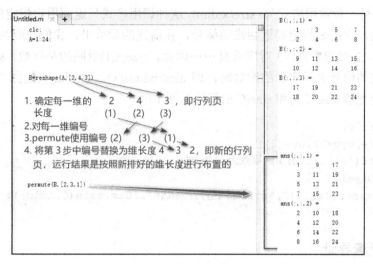

图 2-3 permute 函数实现过程

2.2 矩阵的一般操作

MATLAB 为矩阵操作提供了非常丰富的函数，包括矩阵创建、元素寻址及应用等，本节学习矩阵元素寻址及其他操作。

2.2.1 矩阵维数与大小

矩阵的维数即标注一个矩阵元素所需的下标个数，通常地，一个行向量或列向量标注元素时，只需要一个下标，故此称为一维的，即对应着数字 1。矩阵是包含行和列两个下标的数组，称为二维的，即对应着数字 2，以此类推。

在 MATLAB 中，用来确定矩阵维数的函数为 ndims，函数名是 number of dimensions 的缩合，其调用格式为 n=ndims(x)；这种调用格式直接返回矩阵 x 的维数 n，简而言之，它就是 length(size(x))。这里的函数 size，是 MATLAB 中测定矩阵各维长度的函数，即它给出了矩阵中每一维内部具体含有多少个数据。函数 length 则可以根据其字面含义推测是某种长度，length(A)更准确的含义是给出矩阵 A 所有维中最大的长度，相当于 size(A)返回值中的最大值，即 max(size(A))。

在这 3 个函数中，size 是最关键的函数，它最常用的调用格式为：d=size(x)，对于 m×n 的二维矩阵，这种调用格式返回含有 2 个元素的行向量 d，且 d=[m,n]，分别标明矩阵 x 的行数 m 和列数 n。对于 n 维矩阵，size(x)返回含 n 个元素的行向量，向量的每个元素都标明其对应维度的量值。例如：

```
>> C=cat(4,eye(2),eye(2));        %创建 4 维数组
```

```
>> size(C)
ans =    2    2    1    2
```

从运行结果可以看出，size(C)返回的向量[2,2,1,2]中，分别对应着[行,列,页,册]的具体量值，即数据存放在第 2 册上，每册 1 页，每页数据为 2 行 2 列。

size 函数的另一种常用格式为：size(x,dim)，这种调用格式只返回用户指定的那维的量值，dim 是标量参数，它用来指定要返回维的编号，在前述的章节里，我们曾经具体讨论过维编号，1 对应着行，2 对应着列，3 对应着页……因此，size(x,1)返回的是行数，size(x,7)返回的是馆数，当给定的编号大于实际的维数时，即 dim>ndims(x)，则 dim 只返回 1。读者可运行下述代码，你能理解 size(C,5)和 size(C,6)都只返回 1 吗？

```
clear;clc;
C=cat(4,eye(2),eye(2))
fprintf('size(C)的实际维数为:');disp(size(C))
for iDim=1:6
    fprintf('size(C,%d)的返回值为：%d\n',iDim,size(C,iDim));
end
```

2.2.2 矩阵元素寻址

对矩阵进行各种处理，本质是对矩阵元素进行各种变换。在各种维数的矩阵中，二维矩阵最有代表性，下面以此为例具体学习寻址方法。

1．确定下标法

在矩阵中，任何一个元素都有其明确的位置，这个位置的具体表达与下标相关。例如，在二维矩阵中，每个元素都有其确定的行标和列标，对于 A=magic(5)，A(2,3)标明的是第 2 行第 3 列处的元素。对于确定的矩阵，一旦具体的行、列位置给定，就一定能够找到该位置的元素。

在使用确定下标法寻址时，MATLAB 不允许下标超范围使用，对于 $R×C$ 矩阵，寻址索引值只能满足 $0<r<R$，$0<c<C$。含有 5 行 6 列数据的某矩阵 B，其中，$R=5$、$C=6$，用户不能使用 B(2,8)这样的下标，任何超过行、列最大值的下标都会报错。MATLAB 也不允许使用 0 值下标，如 B(3,0)也会报错。

对于高维矩阵也是如此，某 6 维矩阵 A，其元素的下标格式为(行,列,页,册,卷,类)，各下标也必须为正整数。由于下标实际是计数量值，所以不可能出现小数，任何小数下标都不符合实际，这和家里有 3.2 个人一样让人难以理解。

2．成组寻址法

确定的下标给出了明确的位置信息，很容易找到数据，但有时可能需要对整行或整列数据进行操作，这种成组的查找也常常出现。在 MATLAB 中，使用冒号就可达到成组寻址的目的。要查询某一行数据，实际上是查询限定在该行的每一列数据，使用 A(r,:)即可实现查询矩阵 A 第 r 行数据。类似地，A(:,4)可查询在第 4 列的各行上的数据，即第 4 列数据。读到这里，读者也许会想，那 A(:,:)是不是查询全部数据呢？实际测试可知答案是肯定的，但这种全部数据的寻址，MATLAB 给出了更简便的方法，即直接使用名称 A 即可。

已经知道冒号的意思是"到",利用这个含义还可以更加方便地进行寻址。例如,对于矩阵 A=magic(10),可以使用形如 A(2:5,4:6)的格式来获取矩阵 A 的第 2 行到第 5 行、第 4 列到第 6 列的数据。当查询到行尾或列尾时,还可以使用 end 标志来明确表示。例如,如果想查询第 8 行到最后一行、第 6 列到最后一列,为了表达这个"最后",可以使用格式 A(8:end, 6:end)。

3. 序号寻址法

在 MATLAB 中,冒号还有一种特殊的用法,对于高维矩阵,当使用单一的冒号时,MATLAB 将按列自左到右将矩阵的所有元素排成一个长列向量。此时,每个元素的位置只有一个序号,通过该序号,也可以寻址找到某个元素。例如:

```
>> A=magic(3)
A =
     8     1     6
     3     5     7
     4     9     2
>> B=A(:)              %下边圆括号内数字序号系后期添加,仅为了说明按列首尾相连
B =
     8    (1)
     3    (2)
     4    (3)
     1    (4)
     5    (5)
     9    (6)
     6    (7)
     7    (8)
     2    (9)
>> A(3)                %寻址序号(3)对应的数据
ans =   4
>> A([3,4,5,6])        %寻址序号(3)~(6)对应的数据
ans =   4     1     5     9
>> A([3;4;5;6])        %寻址序号(3)~(6)对应的数据
```

在最后两个例子里,都是寻找序号(3)~(6)的元素,但由于寻址序号的调用格式不同,得到的结果也不一样。MATLAB 允许使用 A(V)格式进行序列寻址,这里的参数 V 指定了寻址的格式:当 V 是标量序号时,只查询出对应序号的元素;当 V 是由各个序号构成的行向量时,查询结果也是行向量格式;当 V 是列向量时,结果按照列向量格式显示。上述两个例子就是这种情况。实际上,MATLAB 甚至允许用户按照矩阵的格式查询,如:

```
>> V=[3,5;7,9];
>> A(V)
ans =
     4     5
     6     2
```

对于高维矩阵,当使用冒号转成一个长列向量时,首尾相连的顺序是:在每页上,按照

列首尾相连，然后再以页为单位，首尾相连成册，再以册为单位首尾相连成卷，如此下去，直到所有数据都级联起来。例如：

```
>> C=1:24;C=reshape(C,[2,3,2,2]);d=C(:)
```

4. 逻辑寻址法

所谓逻辑寻址法，是指找出矩阵中符合条件的某些元素，而这个条件常常是逻辑表达式运算结果。例如：

```
C=magic(4);
L=C>10              %找出C中大于10的元素,大于为1,否则为0,得到相同维数逻辑矩阵L
C(C<8)=C(C<8).^2    %找出C中小于8的元素,并对它们求平方
```

结果如下：

```
L =
    1    0    0    1
    0    1    0    0
    0    0    0    1
    0    1    1    0
C =
   16    4    9   13
   25   11   10    8
    9   49   36   12
   16   14   15    1
```

5. 特殊区域寻址法

特殊区域寻址，包括矩阵上三角部分寻址、下三角部分寻址及对角线寻址。MATLAB 为这类特定区域寻址提供了 triu、tril、diag 等专用函数。

（1）triu。

triu(x)获取矩阵 x 的上三角部分，它实际上是 triu(x,k)的特殊形式。triu(x,k)是寻址 x 的第 k 条对角线以上的部分。当 k>0 时，在主对角线以上；当 k<0 时，在主对角线以下；当 k=0 时，triu(x,k)与 triu(x)一样，指主对角线及以上。关于 k 的具体说明，读者可参考前面介绍 diag 函数时的说明。例如：

```
>> A=magic(4);
>> triu(A)           %k=0
>> triu(A,2)         %k>0
>> triu(A,-1)        %k<0
```

（2）tril。

tril 和 triu 正好相反，它用来提取矩阵的下三角部分，其调用格式为 tril(x,k)，k 的含义和 triu 中的一样。

2.2.3 矩阵的常规操作

在数据分析中，经常需要对矩阵进行各种变换，如上下颠倒、左右互换、缩减维数、旋转、移位等。MATLAB 为此提供了丰富的操作函数，下面学习其中的典型函数。

1. flip

在 MATLAB 中，flipud 用来对数组进行上下对称颠倒。其调用格式为 flipud(x)。例如：

```
>> X=[1,2,3;4,5,6;7,8,9]
>> flipud(X)
ans =
     7     8     9
     4     5     6
     1     2     3
```

flipud 脱胎于函数 flip，是 flip 的特殊形式，用户可查阅 flipud 函数的源代码，其函数主体为：

```
function x = flipud(x)
x = flip(x,1);
```

可知它是 flip 函数沿着编号为 1 的维（行）进行翻转。与 flipud 相类似，fliplr 也脱胎于 flip 函数，也是该函数的特例之一，它执行的是矩阵的左右翻转，是 flip 函数沿着矩阵的第 2 维进行翻转，其调用格式为 fliplr(x)。

flip 函数用来执行矩阵翻转，其调用格式为 y=flip(x)。在这种调用格式中：当 x 是列向量时，它返回一个和 x 结构相同的 y 向量，但元素进行了翻转；当 x 是矩阵时，矩阵的每一列元素都进行翻转（如为二维矩阵时，每列元素都翻转就等同于上下颠倒）；当 x 是 n 维矩阵时，flip(x)依第一个非 1 维翻转。例如：

```
>>x=reshape(1:24,[1,3,8]);
>>flip(x)                    %高维数组的翻转
```

这里的 x 是三维矩阵，各维的编号及量值分别为：行=1；列=3；页=8。可知第一个非 1 维编号对应列 3，则执行 flip(x)时，flip 将按照列进行翻转。部分结果如下：

```
ans(:,:,1) =   3   2   1
ans(:,:,2) =   6   5   4
```

flip 的另一种调用格式是 flip(x,dim)。在这种调用格式中，flip 按照 dim 指定的方向进行翻转：当 dim=1 时，按照行翻转，此时它就是 flipud；当 dim=2 时，按照列翻转，此时它就是 fliplr。运行如下脚本，试体会其用法。

```
X=reshape(1:24,[3,4,2,1,1,1])
for iDim=1:6
    fprintf('\ndim = %d, the flip results are:\n',iDim);
    flip(X,iDim)
end
```

读者可上机试运行，会发现：当 dim=1 时，各页上的数据按照行上下颠倒；当 dim=2 时，各页上的数据按照列左右互换；当 dim=3 时，则以页为标准，互换各页的数据；当 dim 为 4、5、6 时，由于是单 1 维编号（都是 1），不进行互换。

2. rot90

rot90 用来将矩阵旋转 90 度，当 x 为矩阵时，rot90(x)将矩阵 x 逆时针旋转 90 度；当 x 是 n 维矩阵时，rot90(x)将在由行和列构成的平面内实施旋转。例如：

```
x=reshape(1:9,[3,3])
rot90(x)
```

rot90 还有一种带参数 k 的调用格式，即 rot90(x,k)，它用来实现 k×90 度的旋转，其中 k 取整数，可正可负，正负的差别在于旋转的方向不同。取正值时，按照逆时针旋转，取负值时，按照顺时针旋转。实际上 rot90(x)是 rot90(x,k)的特例，也就是 k=1 的情形。

读到这里，读者也许会考虑任意角度的旋转怎么实现。实际上，MATLAB 提供了一个 imrotate 函数，它本意是实现图像的旋转，但在 MATLAB 中，图像本身就保存为矩阵，所以借用该函数，可以实现矩阵的任意角度旋转。

3. [ ]

在 MATLAB 中，矩阵的缩减包括两方面的含义，一是矩阵相应维长度的缩减，二是相应维元素个数的缩减。通过[]赋予空值，可以达到缩减维数的目的。例如：

```
>> x=reshape(1:24,[4,6]);      %样例矩阵，4×6
>> x(2,:)=[]                   %删除第 2 行，缩减为 3×6
>>  x(:,3:5)=[]                %删除 3～5 列数据缩减为 3×3
```

上述例子表明，当使用赋空值[]来缩减相应维的元素个数时，可以整行或整列的消除。但不能只消除一行或一列中的部分元素，因为这样将导致行列元素不整齐，不符合矩阵定义，会报错。

使用[ ]不能缩减维数本身，要缩减维数，可以使用 squeeze 来撤销孤维，降低维数。

4. squeeze

squeeze 的本意为"挤压"，在 MATLAB 中 squeeze 函数用于除去矩阵中 size 为 1 的维，其调用格式为：B=squeeze(A)。在这种调用格式中，B 与 A 有相同的元素，但 A 中所有单一维被去除了。所谓单一维，是指矩阵 A 的某维长度为 1。例如，使用 rand 随机产生一个(1,2,3)的矩阵 a，那么 squeeze(a)将返回一个(2,3)的矩阵，第 1 维因为长度为 1 被去除。当行编号对应单一维时，经过 squeeze 作用，原来的行编号被舍弃，原来的列编号降为行编号，页编号降为列编号，形成 2 行 3 列的矩阵。

在进行降维时，squeeze 将长度为 1 的维舍去，然后按照(行,列,页,册,卷)重新布置维编号。例如，设 A=rand([3,1,2,1,2])，维编号(3,1,2,1,2)分别对应着(行,列,页,册,卷)，其中的列编号和册编号量值为 1，将被去除，而页编号和卷编号则分别降低为列编号和页编号，形成(3,2,2)的数组。二维矩阵不受 squeeze 的影响，如果 A 是一个行（或列）向量，或者 A 是一个标量，则 B=squeeze(A)的结果是 B=A。例如：

```
>> A=rand([3,1,1,2]);  B=squeeze(A)
```

5. shiftdim

shiftdim 用来对矩阵的维编号进行移位，其调用格式为：B=shiftdim(A,n)，在这种调用格式中，当参数 n 为正数时，对矩阵 A 进行左移位。例如，n=1 时，shiftdim(A,1)使 A 的维编号左移 1 位，即第 2 维变第 1 维，第 3 维变第 2 维，第 1 维变最后 1 维。假如 A 是 2×2×3 的矩阵，则 B 就是 2×3×2 的矩阵，并且有 B(2,3,1)=A(1,2,3)等，以此类推。当参数 n 为负数时，对矩阵 A 实施右移。例如：

```
A=1:24; B=reshape(A,[2,3,4])
for ilp=1:ndims(B)
    fprintf('vvvvvv [ dim= %d ]vvvvvv\n',ilp)
    x=shiftdim(B,ilp)
end
```

读者运行上述代码，会得到不同 n 值下的结果。在本例中，原始矩阵的各维长度数据(行,列,页)为(2,3,4)，即由 4 页构成，每页上含 2 行 3 列数据。当移位参数 n=1 时，(行,列,页)=(2,3,4)转变为(行,列,页)=(3,4,2)；当移位参数 n=2 时，(行,列,页)=(3,4,2)转变为(行,列,页)=(4,2,3)。实际上，上述(行,列,页)的移位可以由图 2-4 更直观地解释，即随着 n 的变化，3 个维的长度量值（n>0 时）顺时针循环改变，从而得到不同的结果。

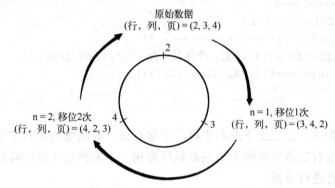

图 2-4　各维长度量值随 shiftdim 参数 n 取不同值循环变动

6. circshift

circshift 用来对矩阵进行行列循环平移，其常用格式为：circshift(A,k)。在这种用法中，将对矩阵 A 的元素按照 k 指定的位置进行平移。当 k 为整数时，则对行平移，更确切地说，当 k>0 时，将矩阵最低处的 k 行逐一轮换到最上边；当 k<0 时，将最上边 k 行逐一换到最下边。例如：

```
N=6;A=(1:N)';
disp('考虑篇幅,列向量按照行输出: ');
for iShift=1:N-1                                    %K>0 的情形
    fprintf('\nK=%d,执行结果为： ',iShift)
    disp(circshift(A,iShift)')
end
```

其运行结果如下：

```
>> Untitled
考虑篇幅,列向量按照行输出:
```

K=1，执行结果为：	6	1	2	3	4	5
K=2，执行结果为：	5	6	1	2	3	4
K=3，执行结果为：	4	5	6	1	2	3
K=4，执行结果为：	3	4	5	6	1	2
K=5，执行结果为：	2	3	4	5	6	1

当k是一个整数向量时，将对每一维按照k指定的量值平移。以二维矩阵为例，设k=[m,n]，其中m和n为整数，则m控制着第1维的平移，n控制着第2维的平移。具体地，m控制着行的上下平移，n控制着列的左右平移，其移动方向则根据m和n的正负号确定。当m>0时，行向下移，最后的m行反转上来，当m<0时，行向上移，最上边m行移到下边。当n>0时，列向右移，当n<0时，列向左移，如图2-5所示。例如：

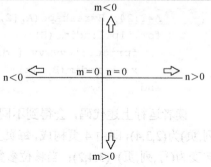

图2-5 circshift移动方向说明

```
n=5; A=reshape(1:n^2,[n,n])';disp(A);
for iRow=-n+1:n-1
    for jCol=-n+1:n-1
        disp('----------------------')
        fprintf('k=[%d,%d]，平移结果为：\n',iRow,jCol)
        disp(circshift(A,[iRow,jCol]))
    end
end
```

对于二维矩阵来说，按照上下左右平移，非常直观；对高维的矩阵来说，则只能说往大或小的方向平移，没有二维矩阵的上下左右显得直观。下面给出3维矩阵的检验脚本，读者可根据实际结果自行进行分析。

```
clc;n=2;
A=reshape(1:n^3,[n,n,n]); disp(A);
for iRow=-n+1:n-1
    for jCol=-n+1:n-1
        for kPa=-n+1:n-1
            fprintf('k=[%d,%d,%d]，平移结果为：\n', iRow,jCol,kPa)
            disp(circshift(A,[iRow,jCol,kPa]))
        end
    end
end
```

除上述的使用方法外，circshift还允许用户指定沿着哪一维平移，即使用circshift(A, k, dim)格式，在这种用法中，矩阵A沿着dim指定的维编号平移k个单位，此时k和dim必须是标量数据，k确定平移多少行或列，dim确定沿着行还是列平移，dim=1表示行，dim=2表示列，dim=3表示页等。例如：

```
>> A=1:10;
>> circshift(A,3,2)
```

其实，除矩阵外，circshift 还可以用于字符数组，到目前为止，还未学到字符数组，但下边的例子应该可以看懂。例如：

```
>> B='RaceCar';
>> circshift(B,3,2)
ans =CarRace
```

7. sortrows

函数 sortrows 用来按照升序排列矩阵各行数据。其用途较广，除了用于矩阵，还可以用于表格等，当用于矩阵时，其语法格式为 sortrows(A)。在这种用法中，默认依据第一列的数值升序排列各行，如果第一列数值相同，则依第一列数据进行比较，依次往右，直至完成排序。例如：

```
>> A=floor(gallery('uniformdata',[6 7],0)*100);
>> A(1:4,1)=95;  A(5:6,1)=76;  A(2:4,2)=7;  A(3,3)=73
>> B = sortrows(A)
```

sortrows 还允许用户指定按照特定的列对行进行排序，此时使用 sortrows(A,column)格式，在这种用法中，矩阵将按照由 column 指定的列进行排序。

若 column 是标量数据，则以该数据指定的列为标准进行行排序，正值时按照升序排列，负值时按照降序排列。例如，sortrows(A,2)以第 2 列为准排序各行，这里 2 为正值，则排序按照升序实施。同样地，sortrows(A,-3)以第 3 列为准排序各行，这里-3 为负值，则排序按照降序实施。

若 column 为向量，如 column=[2,3]，则首先按照第 2 列进行升序排列各行，对于第 2 列中相等的行数，则依照第 3 列的数据进行升序排列。例如，对于命令 sortrows(X,[2,-3])，MATLAB 首先将按照第 2 列升序排列，第 2 列中有相同行值的，则在保持第 2 列不变的前提下，依照第 3 列进行降序排列。

如果用户想继续增加区分排序，则可以增加 column 的参考标准，下面的代码展示了不同参考标准下的排序。

```
n=4; A=rand(n);
disp('矩阵 A 的原始数据');disp(A);
for iSub=1:n
    v=nchoosek(1:n,iSub);                          %输出列顺序
    fprintf('===========================\n');
    fprintf('以下行排序标准，参考了 %d 列.\n',iSub);
    for iLoop=1:size(v,1)
        fprintf('----------------------\n');
        fprintf('行排序格式 sortrows(A,[');
        fprintf('%d,',v(iLoop,:));
        fprintf('\b]).\n');
        disp(sortrows(A,v(iLoop)));
    end
end
```

8. vertcat 与 horzcat

vertcat 用来将矩阵进行垂向连接合并，其语法格式为 vertcat(A1,…,An)，它将所有输入的参数矩阵 A1,A2,…,An 按照列连接成一个大的矩阵，因此，各个矩阵之间必须具有相同的列数。

horzcat 用来将矩阵进行水平连接合并，其调用格式为：horzcat(A1,…,An)。它将所有输入的参数矩阵 A1,A2,…,An 按照行连接成一个大的矩阵。因此，各个矩阵之间必须具有相同的行数。

2.3 矩阵的基本运算

在科学研究与实际工作中，经常会遇到求解线性方程组的情况。在线性代数等课程中，也学习过利用矩阵来描述方程组，而求解的过程最终转化为矩阵的运算，如矩阵转置、求逆矩阵、矩阵乘积等，这些操作都属于矩阵运算的基本知识，本节学习矩阵的基本运算与操作。

2.3.1 矩阵转置/加法/乘法/逆

1. 矩阵的转置

在 MATLAB 中，矩阵的转置使用单引号(')表示。例如，对于实数矩阵 A，有：

```
>> A=[1,2,3;4,5,6;7,8,9];
>> A'
```

对于复数矩阵，语法不变，但复数矩阵的结果与实数矩阵的不同，实部 real 与转置矩阵的实部构成行列互换关系，虚部则符号取反后行列互换。例如：

```
>>C=[1,2;3,4]+[5,6;7,8]*i
C=
   1.0000 + 5.0000i   2.0000 + 6.0000i
   3.0000 + 7.0000i   4.0000 + 8.0000i
>> C'
ans =
   1.0000 - 5.0000i   3.0000 - 7.0000i
   2.0000 - 6.0000i   4.0000 - 8.0000i
```

2. 矩阵的加法

矩阵加法分 3 种情况。对于两个维数相同的 $m \times n$ 矩阵 A 和 B，它们的相加就是对应元素的相加。对于标量数据，MATLAB 允许其与矩阵相加，此时，标量数据加到矩阵的每一个元素上。例如，对于矩阵 A，3+A 执行的计算为 3 与 A 的各元素相加。当矩阵是复数矩阵时，实部和虚部分别相加。例如：

```
>> A=[1,2;3,4]; B=[5,6;7,8];
>> A+B                  %两个矩阵相加
>> 3+A                  %标量数据与矩阵相加
>>A=rand(2);B=rand(2);
```

```
>>C=rand(2);D=rand(2);
>>M=A+B*i                    %复数矩阵相加
>>N=C+D*i
>>M+N
```

3. 矩阵的乘法

在矩阵论中，设 **A** 是 m×n 矩阵，设 **B** 是 r×s 矩阵，则只有当 n=r 时，乘积 **AB** 才存在。这是在教科书中学到的矩阵乘法。MATLAB 对矩阵的乘法进行了合并，当使用运算符*时，矩阵乘积 A*B 遵循教科书中的运算法则。当使用点乘时（.*）时，则要求 A 和 B 两个矩阵具有相同的维数，此时和加法规则有点类似，实施的是对应元素的乘积，这种乘积，也称作 Hadamard 积，一般记作 A⊙B。当标量数据和矩阵相乘时，标量作用到每个元素上，根据标量数据是否为复数，以及矩阵是否为复数而不同。例如：

```
>> A=[1,2;3,4];B=[5,6;7,8];
>> A*B                       %实数矩阵，教科书中的运算法则
>> A.*B                      %实数矩阵，点乘法则，得到Hadamard积
```

对于复数矩阵，则有同样的运算规则。例如：

```
>>A=[1,2;3,1];B=[2,3;1,5];
>>C=[3,5;7,9];D=[0,8;2,6];
>>M=A+B*i
>>N=C+D*i
>>M*N
```

复数矩阵的点乘，是对应位置的复数元素相乘，元素之间的乘积遵循复数乘法法则。例如：

```
>> M.*N
```

4. 矩阵的逆

在 MATLAB 中，矩阵求逆常用的命令为 inv(A) 和 A^(-1)。还可以使用单位矩阵 I 与 A 相除求得其逆阵，即 I/A，这样计算方法要比 inv 算得快。例如：

```
>> A=magic(3);
>> A^-1
>> inv(A)
>> eye(3)/A
```

除了上述的逆，还有广义的逆，在 MATLAB 中，广义逆矩阵的求解函数是 pinv，它的调用格式为：B=pinv(A)。这种调用格式将会返回矩阵 A 的 Moore-Penrose 广义逆。例如：

```
>> A = magic(5); A = A(:,1:4); pinv(A)
```

2.3.2 矩阵内积/外积/范数

1. 内积

除基本的乘积外，矩阵之间还存在内积运算，当 **A**、**B** 为向量时，内积可表示为

$$<a,b> = a_1b_1 + a_2b_2 + \cdots + a_nb_n$$

即对应的元素先乘后加。

在 MATLAB 中，执行内积运算的函数是 dot，它返回标量数据结果。例如：

```
>> A=[1,2,3]; B=[4,5,6];
>> dot(A,B)
```

如果 A 和 B 是矩阵，则它们必须在维数上大小相同。在这种情况下，dot 函数把矩阵 A 和 B 按向量的集合对待。在计算时，相应向量的点积沿着第一个矩阵中长度量值不等于 1 的那一维进行。例如：

```
>> A=[1,2;3,4];
>> B=[5,6;7,8];
>> dot(A,B)
ans =    26    44
```

这里，A 看作两个列向量的集合，即 $\begin{pmatrix}1\\3\end{pmatrix}$ 和 $\begin{pmatrix}2\\4\end{pmatrix}$，B 看作 $\begin{pmatrix}5\\7\end{pmatrix}$ 和 $\begin{pmatrix}6\\8\end{pmatrix}$ 的集合，然后分别求对应列的内积，即 $<\begin{pmatrix}1\\3\end{pmatrix},\begin{pmatrix}5\\7\end{pmatrix}>=1\times5+3\times7=26$，其他列类似。从求解的过程可以看出，它等价于矩阵点乘后再求和，即 sum((A.*B),1)。

```
>> sum((A.*B),1)
```

在上文中，计算按照第一个矩阵的长度量值不为 1 的那一维进行，举例来说，若 C 为行向量，D 为列向量，则计算时，C 的第 1 维是行编号，长度量值为 1，即只有 1 行，第 2 维是列编号，长度量值为 5，即有 5 列；D 为 5 行 1 列。计算时，按照 C 的列进行，之后再求和。

```
>> C=1:5;
>> D=(6:10)';
>> dot(C,D)
ans = 130
```

还可以计算 dot(D,C)，当它们都是向量时，虽然结果一样，但是计算过程不一样。

总体来讲，C=dot(A,B)这种调用格式返回向量 A 和 B 的标量积，它要求 A 和 B 具有同样的长度，当 A 和 B 都是列向量时，dot(A,B)等同于 A'*B。当 A 和 B 为多维矩阵时，将沿着 A 和 B 的第一个非量值维进行计算，A 和 B 必须具有相同的维结构与大小。

除了上述的语法格式，还可以使用 dot(A,B,dim)格式，当 dim=1 时，以对应各列为基本向量，计算内积；当 dim=2 时，以对应各行为基本向量，计算内积；当 dim>3 时，以矩阵对应元素相乘作为内积。试分析如下代码的运行结果：

```
n=3;
a=reshape(1:n^2,[n,n])
b=reshape(n^2:-1:1,[n,n])
for ilp=1:3
    fprintf('dim=%d\n',ilp);
```

```
    dot(a,b,ilp)
end
```

当矩阵是高维矩阵时,若 dim=3,则首先以页为操作单位,将对应页上对应位置的元素求积,再将各页上求得的积,按对应位置求和。例如:

A 为(2,2,2)矩阵,数据如下:

```
A(:,:,1) =                    A(:,:,2) =
     1     3                       5     7
     2     4                       6     8
```

B 为(2,2,2)矩阵,数据如下:

```
B(:,:,1) =                    B(:,:,2) =
     8     6                       4     2
     7     5                       3     1
```

则 dot(A,B,3) 计算的内积为:

```
    28    32
    32    28
```

其具体计算过程如图 2-6 所示。

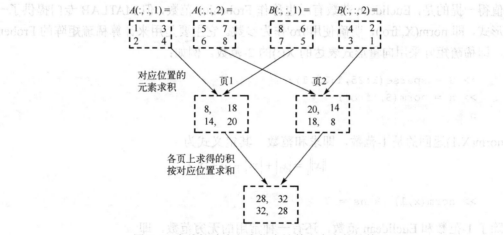

图 2-6 高维矩阵内积在指定计算方向上的计算

2. 外积

对于常数向量,外积即叉积,MATLAB 提供了计算叉积的 cross 函数,C=cross(A,B) 返回向量 A 和 B 的叉积。即 C=A×B。A 和 B 必须是含 3 个元素的向量,外积的计算沿长度为 3 的第一个维进行。

当 A 和 B 是矩阵时,C=cross(A,B,dim) 将返回 A 和 B 的第 dim 维向量的叉积,此时要求 A 和 B 必须大小相同(指具有相同的维结构),且要求 A 和 B 的第 dim 维的长度量值必须等于 3。例如:

```
>> A = [4,-2,1]; B = [1,-1,3];
>> C = cross(A,B)                                    %向量
```

又如:

```
>> rng(0)
>>A = randi(15,3,5); B = randi(25,3,5);
>> C = cross(A,B)
```

3. 范数

在实内积空间,向量 x 的范数(或者"长度")记作$\|x\|$,并定义为$\|x\|=<x,x>^{1/2}$,范数是向量的一种重要运算,它与内积的运算密切相关。在 MATLAB 中,norm 函数用来求解矩阵或向量的范数。

范数有多种调用格式,norm(x,2)返回 x 的 2-范数。对于向量 x,2-范数的定义是

$$\|x\|_2 = (|x_1|^2 + |x_2|^2 + \cdots + |x_m|^2)^{1/2}.$$

这个范数也称作 Euclidean 范数。如果把向量 x 看作 m 维空间中的一点,则这个向量相当于高维空间中的一点,其范数则相当于该点到高维坐标原点的距离。由于 2-范数用得较多,省略参数 2 的调用格式 norm(x)与 norm(x,2)相同。

```
>> x=[0,3,-4];
>> norm(x,2)
```

值得一提的是,Euclidean 范数有时也称作 Frobenius 范数,但 MATLAB 专门提供了一个参数形式,即 norm(X,'fro'),明确使用'fro'作为参数。它主要是用来计算稀疏矩阵的 Frobenius 范数,即稀疏矩阵采用向量形式表达的 X(:)的 2-范数。例如:

```
>> S = sparse(1:25,1:25,1);
>> n = norm(S,'fro')
n = 5
```

norm(X,1)返回的是 1-范数,即求和范数。其定义式为

$$\|x\|_1 = |x_1| + |x_2| + \cdots + |x_m|$$

```
>> norm(x,1)    %ans = 7
```

除了 1-范数和 Euclidean 范数,还有一种常用的无穷范数,即

$$\|x\|_\infty = \max(|x_1|,|x_2|,\cdots,|x_m|)$$

也叫极大范数,使用 norm(X,Inf)可返回无穷范数。例如:

```
>> norm(x,inf)  % ans = 4
```

除极大范数外,MATLAB 还给出了$\|x\|_{-\infty} = \min(|x_1|,|x_2|,\cdots,|x_m|)$。

数学上还有一种称作 Holder 范数的范数,其定义式为

$$\|x\|_p = |x_1|^p + |x_2|^p + \cdots + |x_m|^p, p \geq 1$$

借助编程,我们可以看到当参数 p 变化时,对于一个向量,其范数的变化情况。读者可运行代码查看结果。

```
x=magic(3);x=x(:);n=20;                %计算范数的个数
Loops=linspace(1,2,n);
f=zeros(1,n);
for iLoop=1:n
    f(iLoop)=norm(x,Loops(iLoop));
end
plot(Loops,f,'r*-'); xlabel('p: from 1 to 2.');
title('norm curve changed with p');
set(gca,'fontsize',12,'fontname','Georgia','fontangle','italic')
```

2.3.3 矩阵指数/对数/开方

1. 矩阵指数

设 A 为 $m\times n$ 矩阵，则矩阵 A 的指数定义为 $\exp(A)=\sum_{k=0}^{\infty}\dfrac{1}{k!}A^k$。在 MATLAB 中，执行矩阵指数运算的函数为 expm。例如：

```
>> A =[1,1,0;0 ,0 ,2;0 ,0 ,-1];
>> expm(A)
```

需要说明一点，MATLAB 在计算 expm 的算法中，并不是使用直接累加求和的，而是采用了如下的算法：当 A 为有一组完整的特征向量 v 和与之相对应的特征值 d 时，存在：

```
[v,d]= eig(A)
expm(A)= v*diag(exp(diag(d)))/v
```

这种计算结果和直接计算可能有些差别。例如，对于上述给出的矩阵 A，对比计算：

```
A =[1,1,0;0 ,0 ,2;0 ,0 ,-1];
disp('使用 expm 得到的计算结果:'),disp(expm(A));
mysum=zeros(size(A));
k=10000;                                %令 k=10000,算作无穷多
for iCount=1:k
    mysum=mysum+1/prod(1:iCount)*A^iCount;
end
mysum
```

结果如图 2-7 所示。

MATLAB 还提供了一个元素指数计算函数 exp(x)，对于参数 x，当 x 为矩阵时，对矩阵的每一个元素执行指数运算。对于复数元素 x，如 $z=x+y\cdot i$，则对该元素的计算为 $e^z = e^x(\cos(y)+i\cdot\sin(y))$，这和 expm 是有差别的，试对比：

```
>> exp(eye(3))
ans =
    2.7183    1.0000    1.0000
    1.0000    2.7183    1.0000
    1.0000    1.0000    2.7183
```

图 2-7 矩阵指数的计算细节

```
>> expm(eye(3))
ans =
    2.7183         0         0
         0    2.7183         0
         0         0    2.7183
```

2. 矩阵对数

在数学中，矩阵的对数定义为 $\log(I_n - A) = -\sum_{k=0}^{\infty} \frac{1}{k!} A^k$。MATLAB 为此提供的计算函数为 logm(A)，它计算 A 的主矩阵对数，是 expm(A) 的逆运算。任何一个虚部严格限定在 –pi 到 pi 之间的特征值，都有其唯一的对数 L。如果 A 是奇异矩阵，或者其特征值有的位于负实数轴，则其主要对数未定义，在这种情况下，logm 计算的是非主要对数并返回警告信息。例如：

```
    Y =[2.7183  1.7183  1.0862;
         0      1.0000  1.2642;
         0         0    0.3679]
```

A=logm(Y)，则会得到矩阵 A：

```
    A =[ 1.0000  1.0000   0.0000
         0       0        2.0000;
         0       0       -1.0000]
```

但如果使用 log(A)，则需要计算 0 的对数，会产生复数计算，结果为：

```
    ans =
        0.0000         0        -35.5119
         -Inf       -Inf         0.6931
         -Inf       -Inf         0.0000 + 3.1416i
```

在上述的计算中，对比试验了 log 函数，它也是用来计算对数的函数，和 exp 一样，它主要作用于矩阵中的每个元素上，当元素是复数形式 $z=u+w\cdot i$ 时，则 log(z) 的计算实际上是执行 log(abs(z))+atan(w,u)*i。例如：

```
>> log(1+i)
ans =
    0.3466 + 0.7854i
>> exp(ans)
ans =   1.0000 + 1.0000i
```

相比 logm，log 的形式更多，几乎是一个家族，包括 log1p、log2、log10、reallog 等。

3. 矩阵开方

在 MATLAB 中，函数 sqrtm 用来求解矩阵的平方根，常见的格式为：X = sqrtm(A)。在这种用法中，得到矩阵 A 的主平方根，即 X*X=A。若矩阵 A 的每个特征值都有非负实部，则 X 是它的唯一平方根；若矩阵 A 的特征值中有负实部，则求解时会得到复数结果；若 A 是奇异矩阵，则 A 可能没有平方根，如果 A 确定为奇异矩阵，则 MATLAB 会输出警告信息。例如：

```
>>A=[5,-4,1,0,0;-4,6,-4,1,0;1,-4,6,-4,1;0,1,-4,6,-4;0,0,1,-4,5];
>> sqrtm(A)                              %A 是正定矩阵
```

又如，矩阵有负的特征值，则结果为复数矩阵。

```
>> eig(magic(3))'                        %有特征值为-4.8990
>> sqrtm(magic(3))
ans =
   2.7065 + 0.0601i   0.0185 + 0.5347i   1.1480 - 0.5948i
   0.4703 + 0.0829i   2.0288 + 0.7378i   1.3739 - 0.8207i
   0.6962 - 0.1430i   1.8257 - 1.2725i   1.3511 + 1.4155i
```

下面是奇异阵的例子，给出了警告信息.

```
>> A=[0,1;0,0];                          %奇异矩阵
>> eig(A)'                               %特征值为 0
>> sqrtm(A)                              %没有平方根
Warning: Matrix is singular and may not have a square root.
> In sqrtm (line 68)
ans =
   NaN   Inf
   NaN   NaN
```

2.3.4 向量之间的关系

1. 线性相关与线性无关

在数据分析及解多元线性方程时，会遇到线性相关或线性无关的问题，要判断线性无关或相关，一种简便但应用有限的方法是求行列的值，这种方法适用于向量能构成方阵的情况，计算矩阵对应的行列式，如果行列式等于 0，则说明这几个向量线性相关，否则就是线性无关。在 MATLAB 中，det 函数实现了这种计算。例如：

```
>> a1=[1 1 1];  a2=[1 0 0];  a3=[0 1 0];
>> A=[a1;a2;a3]; det(A)
```

当向量的维数不等于向量的个数时，这些向量不能构成方阵，则使用行列式取值的方法就失效了。为此，MATLAB 提供了一个函数 rref，该函数可以将矩阵化成行最简形式，借助该函数，可以判断线性相关或无关。若最后一行不全为零，则说明它们是线性无关的；如果最后一行全为零，则说明它们为线性相关的。例如：

```
>> a1=[1 1 1];  a2=[1 0 0];  a3=[0 1 0];  a4=[1 0 1];
>> A=[a1;a2;a3;a4];
>> rref(A)
ans =
    1    0    0
    0    1    0
    0    0    1
    0    0    0
```

最后一行均为 0，说明它们是线性相关的。

2. 向量夹角

函数 subspace(A,B)用来找到两个子空间之间的角度，这里的参数 A 和 B 规定为列向量。如果它们之间的角度很小，则两个空间几乎是线性相关的。在物理实验中，若由 A 描述第一次实验观察，由 B 描述第二次实验观察，则函数 subspace(A,B)给出了第二次实验提供的新信息量的一个评价，该信息与统计误差的波动无关。当参数 A 和 B 是两个列向量时，则 subspace(A,B)计算了它们之间的夹角。例如：

```
>> a=(1:3)'; b=(3:5)'; theta=subspace(a,b)
theta = 0.1862
>> rad2deg(theta)                              %ans = 10.6707
```

当然也可以按照两个向量的夹角定义，直接计算其夹角。例如：

```
>>acos(dot(a,b)/(norm(a)*norm(b)))*180/pi       %ans = 10.6707
```

3. 标准正交基

MATLAB 中的 orth 函数主要用来求矩阵的标准正交基，其调用格式为：Q=orth(A)，因为 Q 是经过标准正交化处理得到的，所以在数学上满足 Q'*Q=eye(rank(A))。例如：

```
>>A=[4,0,0;0,3,1;0,1,3]; Q=orth(A), B=Q'*Q
Q =
         0    1.0000         0
   -0.7071         0   -0.7071
   -0.7071         0    0.7071
B =
    1.0000         0    0.0000
         0    1.0000         0
    0.0000         0    1.0000
```

正交是一个非常重要的概念，从几何上来讲，正交说明两个向量之间的夹角为 90 度，一个向量垂直于另一个向量。这种垂直意味着一个向量到另一个向量的投影等于零。从物理的角度解释，说明一个向量中不含另一个向量的任何成分，两个向量之间不存在任何相互作用或干扰。

下面给出奇异矩阵的一个实例，首先定义了一个奇异矩阵 A，计算其秩为 2，因为 A 不是满秩矩阵，则 orth 只计算出与 U 矩阵前两列相匹配的正交基，U 矩阵是奇异分解的结果，即来自 svd 函数的分解结果，[U,S]= svd(A,'econ')。

```
>> A = [1 0 1; 0 1 0; 1 0 1]; r = rank(A)
r = 2
>> Q = orth(A)
Q =
   -0.7071   -0.0000
         0    1.0000
   -0.7071    0.0000
```

2.3.5 矩阵的本质特征

矩阵的很多特征可以使用标量函数表达，如矩阵的二次型、迹、秩、行列式等，MATLAB 对这些特征的计算都提供了专用函数，现介绍如下。

1. 矩阵的秩

在矩阵论中，矩阵的秩是指该矩阵中线性无关的行或列的数目，秩的提出与矩阵方程 $Ax=b$ 的求解有关，因为在 $n \times n$ 矩阵 A 存在逆阵时，可以求解方程的解。在 MATLAB 中，函数 rank 用来求解矩阵的秩。例如：

```
>> rank(magic(5))    % ans = 5
```

需要说明的是，若 A 是稀疏矩阵，则需要使用函数 sprank(A) 来确定其结构秩。

2. 矩阵的迹

设有 $n \times n$ 的矩阵 A，称 A 的主对角线元素的总和为矩阵 A 的迹，用 trace(A) 表示，它也等于矩阵 A 的特征值的总和。在 MATLAB 中，提供了函数 trace 来计算迹。例如：

```
>> A=[1,3,2;-1,5,1;3,0,7]; trace(A)
```

3. 特征值与特征向量

特征值和对应的特征向量是矩阵分析的基本概念。在 MATLAB 中，利用 eig 可同时求解得到特征值和特征向量。Eig 函数有多种调用格式：E = eig(A) 是最为简便的使用方式，方阵 A 的特征值存放在返回的列向量 E 中。[V,D]= eig(A) 有两个返回参数，其中 D 是对角矩阵，其主对角线上的元素是 A 的各个特征值；V 是满阵，其列对应着 D 中各特征值的特征向量。

除上述基本形式外，eig 还允许用户指定参数，如 eig(A,'nobalance')。这种调用格式在执行计算时禁用了平衡，对于某些不寻常的问题，这种计算有时会得到更精确的结果。如果 A 是对称矩阵，则本就满足平衡。在此情况下，nobalance 则被忽略。实际上，当使用 eig(A, 'balance')时，就等同于 eig(A)。例如，eig(A,B,'chol')，它等同于 eig(A,B)，其中 A 为对称矩阵，B 为对称正定矩阵，在计算 A 和 B 的广义特征值时，对矩阵 B 使用了 Cholesky 分解。而 eig(A,B,'qz')这种调用格式忽略了矩阵 A 和 B 的对称性，在求解时使用了 qz 算法。一般来说，两种算法得到的结果相同，但对于某些问题而言，qz 方法更具稳定性，当 A 或 B 不对称时，标志被忽略。再如 eig(…,'vector')，这种格式返回的特征值保存在列向量中而不是对角矩阵中。与之相反，eig(…,'matrix')这种调用格式明确了返回的特征值保存为对角矩阵而不是列向量。例如：

```
>> A = gallery('lehmer',3);
>> eig(A,'matrix')
ans =
    0.3020         0         0
         0    0.6855         0
         0         0    2.0124
```

4. 行列式

和行列式有关的主要计算就是求值，使用 det 函数即可。欲计算方阵 A 的行列式值，将 A 作为参数即可。例如：

```
>> A=[1,3;2,4]; det(A)
ans =-2
```

5. 二次型

所谓矩阵的二次型，是指方阵 A 与 x 的向量乘积展开后的二次型函数。例如：

$$x^{\mathrm{T}}Ax = [x_1, x_2, x_3]\begin{bmatrix} 1 & 4 & 2 \\ -1 & 7 & 5 \\ -1 & 6 & 3 \end{bmatrix}\begin{bmatrix} x_1 \\ x_2 \\ x_3 \end{bmatrix} = x_1^2 + 7x_2^2 + 3x_3^2 + 3x_1x_2 + x_1x_3 + 11x_2x_3$$

显然，满足这一表达式的 A 有很多，如：

$$B = \begin{bmatrix} 1 & -1 & -1 \\ 4 & 7 & 6 \\ 2 & 5 & 3 \end{bmatrix} \quad C = \begin{bmatrix} 1.0 & 1.5 & 0.5 \\ 1.5 & 7.0 & 5.5 \\ 0.5 & 5.5 & 3.0 \end{bmatrix}$$

虽然有很多矩阵可以得到和 A 相同的二次型表达，但只有一个对称矩阵满足 $x^{\mathrm{T}}Ax = f(x_1, x_2, \cdots, x_n)$。

将矩阵二次型转为标准型，可借助 eig 实现：利用函数 eig 求出二次型矩阵 A 的特征值矩阵 D 和特征向量矩阵 P，矩阵 D 即为系数矩阵 A 的标准形，矩阵 P 即为二次型的变换矩阵。例如把二次型 $f(x_1, x_2, x_3) = 2x_1^2 + 3x_2^2 + 3x_3^2 + 4x_2x_3$ 化为标准形，则相应的计算如下：

```
A=[2,0,0;0,3,2;0,2,3];
syms y1 y2 y3
y=[y1;y2;y3]; [P,D]= eig(A);
x=P*y; f=[y1, y2, y3]*D*y
```

读者也可以借助 MATLAB 的 schur 函数得到所需对角矩阵和所用的正交矩阵。

2.3.6 矩阵直和与张量积

1. 矩阵的直和

$m \times m$ 矩阵 A 和 $n \times n$ 矩阵 B 的直和 C 记作 $C = A \oplus B$，C 是一个 $(m+n) \times (m+n)$ 的方阵。定义为

$$A \oplus B = \begin{bmatrix} A & O_{m \times n} \\ O_{n \times m} & B \end{bmatrix}$$

由此可以看出，两个矩阵的直和，不是两个矩阵元素之间的任何求和运算，只是一种形式上的求和符号，其真实含义是将两个矩阵按照对角线位置堆放，直接合成一个更大维数的矩阵。由此可以推广到更多的矩阵的直和，如

$$B = \bigoplus_{i=0}^{n-1} A_i = A_0 \oplus A_1 \oplus \cdots \oplus A_{n-1} = \begin{bmatrix} A_0 & & & \\ & A_1 & & \\ & & \ddots & \\ & & & A_{n-1} \end{bmatrix}$$

MATLAB 中对直和的求解还没有给出直接的函数，不过根据这个定义，我们可以编写自定义的直和函数。

直和是指至少两个方阵的堆积，因此会得到维数更大的矩阵。因此，要编写直和计算函数，至少要检测以下内容：检测输入的参数是否为方阵，不满足则报错；检测输入的参数矩阵是否为同类，非同类则报错；输入的参数个数，如果小于两个，则说明只有一个矩阵参数，此时不满足直和计算需要最少两个数的要求，若第一个参数满足前述要求，则返回其值，否则报错；检测输入矩阵参数是否为标量数据；对于多于 2 个以上矩阵的直和，预先计算最终结果的维结构，提高运行速度。满足上述条件后，按位置实施矩阵构建。

2. Kronecker 积

Kronecker 积是矩阵乘积的一种，设 A 是 $m \times n$ 矩阵，设 B 是 $p \times q$ 矩阵，则它们的克罗内克积记作 $C = A \otimes B$，C 是一个 $mp \times nq$ 维矩阵。由于矩阵左乘和右乘的值一般不相等，因此，有左 Kronecker 积和右 Kronecker 积之分。

其右积的计算公式为

$$[A \otimes B]_r = [a_{ij}B] = \begin{pmatrix} a_{11}B & a_{12}B & \cdots & a_{1n}B \\ a_{21}B & a_{22}B & \cdots & a_{2n}B \\ \vdots & \vdots & \ddots & \vdots \\ a_{m1}B & a_{m2}B & \cdots & a_{mn}B \end{pmatrix}$$

其左积的计算公式为：

$$[A \otimes B]_l = [Ab_{ij}] = \begin{pmatrix} Ab_{11} & Ab_{12} & \cdots & Ab_{1q} \\ Ab_{21} & Ab_{22} & \cdots & Ab_{2q} \\ \vdots & \vdots & \ddots & \vdots \\ Ab_{p1} & Ab_{p2} & \cdots & Ab_{pq} \end{pmatrix}$$

Kronecker 积也称作张量积、直积。MATLAB 为 Kronecker 积的计算提供了 kron 函数，使用方法为：K = kron(A,B)，查阅该函数的介绍：其具体算法是计算 A 的所有元素与矩阵 B 的积，即计算的是右积。例如：

```
>> A=magic(3);B=eye(2);
>> kron(A,B)
ans =
     8     0     1     0     6     0
     0     8     0     1     0     6
     3     0     5     0     7     0
     0     3     0     5     0     7
     4     0     9     0     2     0
     0     4     0     9     0     2
```

```
>> kron(B,A)
ans =
     8     1     6     0     0     0
     3     5     7     0     0     0
     4     9     2     0     0     0
     0     0     0     8     1     6
     0     0     0     3     5     7
     0     0     0     4     9     2
```

在 MATLAB 的命令行窗口中，读者可使用 edit kron 命令打开 kron 函数的源代码，建议根据其源代码，自己模仿着实现左克罗内克积的计算。

2.4 特殊矩阵

在实际工作中，经常会遇到一些元素之间存在某种关系的特殊矩阵。知道这些矩阵的特殊结构，有助于灵活运用这些矩阵解决问题。这些特殊矩阵包括带状矩阵、三角矩阵、相似矩阵等。

2.4.1 带状稀疏矩阵

在工程实践中，有许多时候会碰到带状矩阵，在前边的寻址方式中，取出上三角矩阵的 triu 函数和下三角矩阵函数 tril，得到上、下三角矩阵，都是带状矩阵的特例。在矩阵论中，定义满足条件 $a_{ij}=0, |i-j|>k$ 的矩阵 $A \in C^{m \times n}$ 为带状矩阵；若零元素个数多于非零元素个数，则称矩阵为稀疏矩阵。若存在 $a_{ij}=0, i>j+p$，则称 A 具有下带宽 p，反之若 $j>i+q$，则称 A 具有上带宽 q。

$$A = \begin{pmatrix} 1 & 1 & 0 \\ 0 & 1 & 1 \\ 0 & 0 & 1 \\ 0 & 0 & 0 \\ 0 & 0 & 0 \end{pmatrix}$$

由上述矩阵 A，对于 A(1,3)=0，根据定义可知 $q=1$，而对于 A(3,2)=0，可知 $p=0$。

1. 构建带状矩阵

在 MATLAB 中，生成带状稀疏矩阵的方法有多种，但最常用的是使用函数 spdiags 函数，其语法格式为：[B,d]=spdiags(A)，在这种调用格式中，从 m×n 矩阵 A 中提取所有非零对角线，B 是 min(m,n)×p 矩阵，其每列对应一条 A 的非零对角线，d 是长度为 p 的向量，d 中的整数指定了 B 的每一列数据来自 A 的哪一条对角线。例如：

```
>> A=randn(5)
>>[B,d]=spdiags(A)
```

B、d 与 A 的对应关系如图 2-8 所示。

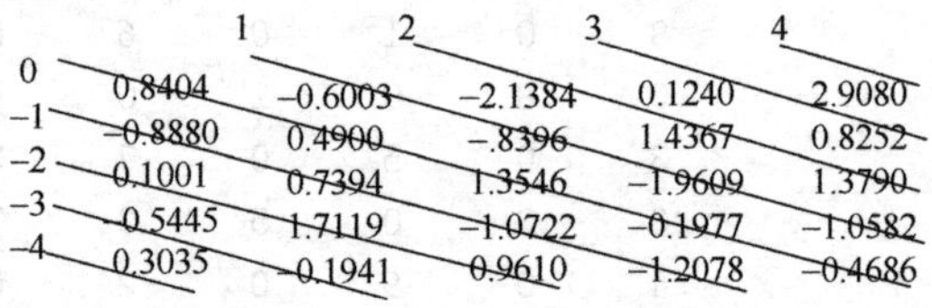

	1	2	3	4
0	0.8404	−0.6003	−2.1384	0.1240	2.9080
−1	−0.8880	0.4900	−0.8396	1.4367	0.8252
−2	0.1001	0.7394	1.3546	−1.9609	1.3790
−3	−0.5445	1.7119	−1.0722	0.1977	−1.0582
−4	0.3035	−0.1941	0.9610	−1.2078	−0.4686

图 2-8 对角线的编号与对应位置

spdiags 函数还有几种使用格式，使用 spdiags(A,d)时，会抽取由 d 指定的那一条对角线。例如，spdiags(A,3)抽取编号为 3 的对角线。当使用 spdiags(B,d,A)格式时，会用 B 的列向量替换 A 的第 d 条对角线；使用 A=spdiags(B,d,m,n)时，会创建一个 m×n 的稀疏矩阵 A，且 A 矩阵的数据源于 B 的各列向量，具体在 A 中布置时，B 的各列数据沿着 d 指定的对角线进行排列。可以说，A、B 和 d 的关系如下：

```
for k = 1:p
   B(:,k) = diag(A,d(k))
end
```

在 A 中布置数据时，B 的一些元素可能会不被使用。当 B 的列比对角线长时，若 d 中指定的对角线在 A 的主对角线下方，则使用 B 的各列元素时，从上到下一一取用 B 相应列的元素，多余的被舍去；若 d 中指定的对角线在 A 的主对角线上边，则逆向取用 B 的相应列的元素，多余的舍弃。试对比下边例子中的结果：

```
n=5;B = repmat((1:n)',1,3)
S1 = spdiags(B,[-2,-1, 0],n,n)
full(S1)
S2 = spdiags(B,[2,1,0],n,n)
full(S2)
```

关于稀疏矩阵，类似的函数还包括 speye（单位稀疏矩阵）、sprand（随机稀疏矩阵）、sprandn（正态分布的随机稀疏矩阵）、sprandsym（生成稀疏对称随机矩阵）等，它们和 eye、rand、randn 等具有类似的使用格式。例如，speye 用来产生单位稀疏矩阵，speye(m,n)和 speye([m,n])形成一个 m×n 稀疏矩阵，主对角元素均为 1；speye(n)是 speye(n,n)的简写形式。例如：

```
>> full(speye(4,6))
```

2. 满阵和带状稀疏矩阵的转换

带状稀疏矩阵一般是以位置坐标和元素值的形式表达的，对于我们来说，这种表达不容易看出矩阵哪里"空着"。因此，MATLAB 提供了一些函数，用来进行满阵和带状稀疏矩阵的转换。例如前边已使用的 full，它将带状稀疏矩阵转化为满阵，使得符合阅读习惯。这类命令还包括：find（寻找非零元素下标和值）、sparse（生成稀疏矩阵）、spconvert（载入转换稀疏矩阵）等。以 sparse 为例，它用来生成稀疏矩阵，在使用 sparse(i,j,s,m,n,nzmax)时，会利用向量 i、j 和 s 生成一个 m×n 的稀疏矩阵，其中向量 i 中保存非零元素的行号，向量 j 中保存非零元素的列号，s 中保存非零元素。即 S(i(k), j(k))=s(k)，nzmax 是非零元素的个数。向量 i、j 和 s 长度相等。s 中的任何零元素都被忽略，与之相应的 i 和 j 也被忽略。向量 i 和 j 中，重复 i 和 j 被认为是一个位置的值，故它们都加在一起。

读者也可以使用少参数形式的 sparse(i,j,s)或 sparse(m,n)格式，sparse(m,n)本质上是 sparse([],[],[],m,n,0)的简写格式，这将产生一个 m×n 的全零稀疏矩阵。例如：

```
>> S = sparse(5,4); full(S)
```

MATLAB 的所有内置算术、逻辑和索引操作都可以应用于带状稀疏矩阵，或者带状稀疏矩阵和满阵的综合体。对带状稀疏矩阵的操作返回带状稀疏矩阵；对满阵操作返回满阵。在大多数情况下，操作带状稀疏矩阵和满阵的综合体会返回满阵。例外情况则包括操作结果本就结构稀疏而返回稀疏矩阵。

3. 常用的操作

对带状稀疏矩阵进行的操作，包括稀疏矩阵的结构统计信息、存储空间、非零元素等。这些函数包括：函数 nnz（计数非零元素个数），函数 nonzeros（获取矩阵中的非零元素），nzmax（非零元素分配的存储空间数），spalloc（为稀疏矩阵分配存储空间的具体实施），spfun（稀疏矩阵中非零元素的函数计算），spones（非零元素全部用 1 替换）等。例如：

```
>> w = sparse(wilkinson(21));
>> nnz(w)                       %统计个数
>> nnz(w)/prod(size(w))         %计算了稀疏矩阵的密度
```

上述使用 nnz 计算了稀疏矩阵中含有的元素个数，还利用它计算了稀疏矩阵的密度。

```
>> nonzeros(w)'                 %获取非零元素
>> full(spones(w))              %生成和 w 结构一样的 1 稀疏矩阵
```

又如：

```
clc;n=3
S = spalloc(n,n,3*n);    %为稀疏矩阵分配空间
for j = 1:n
    ind = [max(j-1,1) j min(j+1,n)];
    S(:,j) = sparse(ind,1,round(rand(3,1)),n,1,3);
end
full(S)
```

2.4.2 Vandermonde 矩阵

Vandermonde 矩阵是一类特殊的矩阵，其最大的特点是行元素或列元素呈现等比序列，在信号处理中常常用到，通常具有如下的形式，设 A 为 $n\times n$ 矩阵，则有

$$A = \begin{pmatrix} 1 & x_1 & x_1^2 & \cdots & x_1^{n-1} \\ 1 & x_2 & x_2^2 & \cdots & x_2^{n-1} \\ \vdots & \vdots & \vdots & \ddots & \vdots \\ 1 & x_n & x_n^2 & \cdots & x_n^{n-1} \end{pmatrix}$$

或者

$$A = \begin{pmatrix} 1 & 1 & \cdots & 1 \\ x_1 & x_2 & \cdots & x_n \\ x_1^2 & x_2^2 & \cdots & x_n^2 \\ \vdots & \vdots & \ddots & \vdots \\ x_1^{n-1} & x_2^{n-1} & \cdots & x_n^{n-1} \end{pmatrix}$$

MATLAB 提供了 vander 函数来操作这种矩阵，其调用格式为 vander(v)，该函数返回按列等比的 Vandermonde 矩阵，参数 v 是一个向量，其算法为 A(i,j)=v(i)(n-j)，其中 n=length(v)。例如：

```
>> v=1:5; vander(v)
```

2.4.3 Hankel 矩阵

设 A 为 $(n+1)(n+1)$ 矩阵，若

$$A = \begin{pmatrix} a_0 & a_1 & a_2 & \cdots & a_n \\ a_1 & a_2 & a_3 & \cdots & a_{n+1} \\ a_2 & a_3 & a_4 & \cdots & a_{n+2} \\ \vdots & \vdots & \vdots & \ddots & \vdots \\ a_n & a_{n+1} & a_{n+2} & \cdots & a_{2n} \end{pmatrix}$$

则称 A 为 Hankel 矩阵，它是由序列 $a_0,a_1,a_2,\cdots,a_{2n}$ 给定的，其排序为 $a_{ij} = a_{i+j-2}$。MATLAB 的 hankel 函数为此提供了操作，其调用格式为 hankel(c)，这种调用格式返回一个 Hankel 方阵，方阵的第 1 列就是向量 c，次对角线以下全部为 0。例如：

```
> a=1:4; h = hankel(a)
```

hankel 函数允许使用两个参数的格式 hankel(c,r)，这种格式返回的 Hankel 矩阵中，第 1 列是 c，最后 1 行是 r，如果 c 的最后一个元素和 r 的第一个元素不同，则优先选用 c 的元素。例如：

```
>> c = 1:3; r = 7:10;
>>h = hankel(c,r)
警告：输入列的最后一个元素与输入行的第一个元素不匹配。
在反对角线冲突中，列具有更高优先级。
```

2.4.4 Toeplitz 矩阵

Toeplitz 矩阵是指矩阵中每条斜对角线上（自左上至右下）元素是常数的矩阵，形如

$$A = \begin{pmatrix} a_0 & a_{-1} & a_{-2} & \cdots & a_{-n} \\ a_1 & a_0 & a_{-1} & \cdots & a_{-n+1} \\ a_2 & a_1 & a_0 & \ddots & \vdots \\ \vdots & \vdots & \ddots & \ddots & a_{-1} \\ a_n & a_{n-1} & \cdots & a_1 & a_0 \end{pmatrix}$$

当为方阵时，Toeplitz 矩阵可以描述为：任一条平行于主对角线的斜线上的元素相同。Toeplitz 矩阵广泛应用于数学和工程中，如在与数据分析有关的时间序列中，通过求解 Toeplitz 矩阵方程组，可得一维和二维平稳自回归（AR）模型的 AR 参数等。MATLAB 提供了生成这类矩阵的函数，即 Toeplitz。

在使用格式 toeplitz(c,r) 时，会产生一个非对称的 Toeplitz 矩阵，该矩阵以 c 为第 1 列，以 r 为第 1 行。这里 c、r 均为向量，两者不必等长。若 c 的第一个元素与 r 的第一个元素不相等，则 MATLAB 会发出警告信息，在这种不一致的情况下，以列向量 c 的元素为优选。例如：

```
>>c=1:5;r=2:5; toeplitz(c,r)
警告：输入列的第一个元素与输入行的第一个元素不匹配。
```

在对角线冲突中，列具有更高优先级。
```
> In toeplitz (line 31)
ans =
     1     3     4     5
     2     1     3     4
     3     2     1     3
     4     3     2     1
     5     4     3     2
```

另一种语法格式是只有一个实数向量 r，toeplitz(r) 返回一个根据 r 生成的对称 Toeplitz 矩阵，r 也是该对称矩阵的首行。对于复向量 r，当 r 的第一个元素是实数时，这种格式会生成一个 Hermitian Toeplitz 矩阵，该矩阵的第一行是 r，第一列是 r'。当 r 的第一个元素不是实数时，矩阵为 Hermitian 矩阵，即当 $i \neq j$ 时，$T_{ij} = \text{conj}(T_{ji})$。例如：

```
>> T=toeplitz(1: 4)                    %据实数向量生成
```

又如：

```
a=1:4; b=[0,3,4,5]; b=b*i;
v=a+b
toeplitz(v)                            %复数向量，且第一个元素为实数
```

2.5 矩阵变换与分解

矩阵变换的目的是将矩阵中的某些元素置换为零，也包括特定形式的矩阵分解，这些变换与分解在求解线性代数方程、模型参数估计等典型问题中经常遇到。矩阵分解的本质是通过线性变换，将给定矩阵分解为两个或三个矩阵标准型的乘积（偶尔还分解为两个矩阵标准型的和）。三角化矩阵分解则是将矩阵分解成正交矩阵与三角矩阵之积，或者分解为一个上三角矩阵与一个下三角矩阵的积，这类矩阵分解包括 Cholesky 分解、LU 分解、QR 分解和 SVD 分解等，这一节学习和这些变换有关的函数。

2.5.1 Cholesky 分解

Cholesky 分解的含义是：设 A 是对称正定矩阵，若 G 是下三角矩阵，且其对角线元素均为正值，则称 $A = GG^T$ 为矩阵 A 的 Cholesky 分解。MATLAB 提供了和 Cholesky 分解有关的函数包括 chol、cholupdate、ichol、finchol、cholcov。chol 实现了 Cholesky 分解，cholupdate 实现了秩 1 更新的 Cholesky 分解，ichol 用于计算稀疏不完整的 Cholesky 分解，finchol 用于半正定相关矩阵 Cholesky 分解，cholcov 用于协方差矩阵的近似 Cholesky 分解。

1. chol

chol 函数用来计算 Cholesky 分解，当使用语法格式 R=chol(A) 时，会得到一个上三角矩阵 R，R 来自 A 的对角线及其上三角矩阵，且满足方程 $R'R = A$。chol 函数假设 A 是复数 Hermitian 对称矩阵。如果不是对称矩阵，则 chol 函数利用上三角矩阵的复共轭转置作为下三角矩阵。Chol 函数要求 A 必须是正定矩阵。例如：

```
>> A=gallery('moler',5)
>> C=chol(A)
>> C'*C
>> isequal(C'*C,A)
```

当带有参数 upper 时，R=chol(A, 'upper')等同于 R=chol(A)。当带有参数 lower 时，L=chol(A, 'lower')将返回一个下三角矩阵 L，L 来自矩阵 A 的对角线和下三角矩阵，且满足方程 LL′ = A。chol 函数假设 A 是复数 Hermitian 对称矩阵，如果不是，则 chol 使用下三角矩阵的复共轭转置作为上三角矩阵。当 A 为稀疏矩阵时，这种调用格式的 chol 函数通常速度更快一些。和前述一样，这里的 A 也必须是正定矩阵。例如：

```
>> A=gallery('moler',5); L = chol(A, 'lower')
```

又如：

```
N = 100;
A = gallery('poisson', N);
L = chol(A, 'lower');
D = norm(A - L*L', 'fro');
```

在使用 chol(A)函数时，当返回值涉及置换矩阵或信息向量 S 时，要求 A 为稀疏矩阵。例如：

```
[R,p,S]= chol(A),
[R,p,s]= chol(A,'vector'),
[L,p,s] = chol(A,'lower','vector')
```

2. cholupdate

函数实现了秩 1 更新 Cholesky 分解，常用的语法格式为 R1=cholupdate(R,x)，在这种调用格式中，返回值 R1 为 A 的 Cholesky 分解最初解，它是 A + xx′ 的上三角分解因子，其中 x 为长度适当的列向量。cholupdate 只使用对角线和上三角阵 R，R 的下三角部分则被忽略。

在这里，首先要明确，所谓的秩 1 更新，是指对于矩阵 A，当它加上新的变化，比如加上 xx′ 后，要计算其 Cholesky 分解，不是使用 chol(A + x * x′)命令重新计算整个新的 Cholesky 分解，而是采用部分更新的方法计算 Cholesky 分解，因为 rank(xx′) = 1，所以称之为矩阵 A 的一次秩 1 更新。可以肯定 R1=chol(A+x*x')和 cholupdate(R, x)结果一样。格式 R1=cholupdate(R, x, '+')等同于 R1=cholupdate(R, x)。例如，运行如下脚本：

```
A=pascal(4);R = chol(A);
x = [0 0 0 1]';A + x*x';
R1 = cholupdate(R,x);
R2 =chol(A + x*x');
isequal(R1,R2)
```

除了 R1=cholupdate(R, x, '+')，还可以使用参数符号减号的形式，即 R1=cholupdate(R, x, '-')，在这种调用格式中，返回值 R1 为 A − xx′ 的 Cholesky 分解因子，当 R 不是有效的 Cholesky 分解因子时，或者当 downdated 矩阵为非正定阵而无法进行 Cholesky 分解时，MATLAB 会报错。在这里,MATLAB 给出的这个 downdated 矩阵的具体含义是指矩阵 $A-XX'$,也可以称之为最新的"消减矩阵"。例如:

```
>> A=pascal(4); R = chol(A);
>> x = [0 0 0 1]'; B=A - x*x';
>> R2 =chol(B);
错误使用 chol
矩阵必须为正定矩阵。
>> R1 = cholupdate(R,x,'-')
错误使用 cholupdate
最新矩阵必须为正定矩阵。
```

3. ichol

该函数用来实现不完整 Cholesky 分解,并且添补 0。例如:

```
N =100;
A = delsq(numgrid('S',N));
```

这里 A 是二维五点离散拉普拉斯算子矩阵,散布在 100×100 网格点上,且满足狄利克雷边界条件。其大小为 98×98=9604(A 大小不是 10000 个点,因为网格边界用于实施狄利克雷条件)。一个非填充的不完整 Cholesky 分解,是指包含非零的唯一分解,这些非零位置,与 A 中包含的非零位置相同。这种分解计算非常简便。虽然乘积 LL' 通常与 A 相差很大,但 LL' 在舍入模式下将与 A 匹配。例如:

```
L = ichol(A);
norm(A-L*L','fro')./norm(A,'fro')
norm(A-(L*L').*spones(A),'fro')./norm(A,'fro')
```

ichol 也可以用于生成不完全的 Cholesky 分解,只不过其阈值要降低一些。随着容差的减少,这种分解会使乘积 LL' 越来越好地逼近 A,下面的代码对比了不完全分解的相对误差与容差下降的关系曲线,以及不完全分解与完全分解之间的密度比。

```
n = size(A,1);ntols = 20;
droptol = logspace(-8,0,ntols);nrm = zeros(1,ntols);
nz = zeros(1,ntols);nzComplete = nnz(chol(A,'lower'));
for k = 1:ntols
    L = ichol(A,struct('type','ict','droptol',droptol(k)));
    nz(k) = nnz(L);
    nrm(k) = norm(A-L*L','fro')./norm(A,'fro');
end
figure('color','w'); loglog(droptol,nrm,'LineWidth',2);
title('Drop tolerance vs norm(A-L*L'',''fro'')./norm(A,''fro'')');
figure('color','w'); semilogx(droptol,nz./nzComplete,'LineWidth',2);
title('Drop tolerance vs fill ratio ichol/chol');
```

4. finchol

函数 finchol 用来计算半正定相关矩阵的 Cholesky 因子。计算具有对称、方阵特点的相关矩阵（或协方差矩阵）的 Cholesky 因子。具体来说，对于给定的半正定矩阵 Σ，计算其 Cholesky 因子 C，使得 Σ = C'C。如果 Σ 严格正定，则 C 是方形上三角 Cholesky 因子。然而，如果 Σ 含有零特征值，则 C 不再是三角形的矩阵，但仍然满足 Σ = C'C。

这个函数用来模拟高斯型随机因变量，然后生成维数为 nbrowns 的布朗运动向量。具体地说，给定 Cholesky 因子 C，则变换式 Z=C'*randn(nbrowns,1) 生成 nbrowns×1 的列向量 Z，Z 具有高斯变量特性。该函数的调用格式为 C=finchol(sigma,SampleTimes)，其中 SampleTimes 为可选项。

5. cholcov

对于协方差矩阵 Σ，cholcov 可用来实现类似于 Cholesky 的分解。函数 T=cholcov(Σ) 用来计算得到 T，使得 Σ=T'*T，这里的 Σ 必须满足方阵、对称、半正定条件。如果 Σ 是正定的，则 T 为上三角 Cholesky 因子方阵。若 Σ 非正定，则 T 可通过对 Σ 进行特征值分解得到。在这种情况下，T 不必是三角阵或方阵。任何接近于零（某容差范围之内）的特征值，其相应的特征向量将被略去，在剩余的特征值中，如果有负值，则 T 为空阵。例如：

```
A=[ 0.7577    0.7060    0.8235    0.4387    0.4898
    0.7431    0.0318    0.6948    0.3816    0.4456
    0.3922    0.2769    0.3171    0.7655    0.6463
    0.6555    0.0462    0.9502    0.7952    0.7094
    0.1712    0.0971    0.0344    0.1869    0.7547 ];
B=cov(A);T = cholcov(B)
norm(B - T'*T,'fro')
```

又如，对于非满秩协方差矩阵 C，将其分解：

```
C =[2,1,1,2;1,2,1,2;1 ,1,2,2;2 ,2,2,3]
T = cholcov(C)                              %非满秩协方差矩阵的分解
C2= T'*T
```

2.5.2 LU 分解

LU 分解是为了求解线性方程组而提出来的，在解线性方程组 **Ax=b** 时，如果能够通过正交变换，将 m×n 矩阵 **A** 分解为 **A=LU**，其中 **L** 为 m×m 的单位下三角矩阵（对角线元素为 1 的下三角矩阵），**U** 为 m×n 的阶梯形矩阵，则线性方程组 **Ax=b** 转化为 **LUx=b**，此时可以被简单解出。因为令 **y=Ux**，方程组变成 **Ly=b**，求解得到 y，再求解 **Ux=y**，即可得到方程组的解。这个求解过程通过将矩阵 **A** 进行 LU 分解，将线性方程组的求解转换为两个三角矩阵方程的求解，两步求解只涉及三角矩阵，容易实施。

在 MATLAB 中，执行 LU 分解的函数就是 lu，最简单的语法格式为 [L,U]=lu(A)，在这种格式中，U 为上三角矩阵，L 为下三角矩阵，且使得 A=LU 成立，A 可以为方阵。例如：

```
A = [1   2   3
     4   5   6
     7   8   0 ];
[L,U]= lu(A);L*U
```

lu 函数的返回值可以有多种，根据返回值与使用参数的不同，有 10 种不同的语法格式。如带参数的 lu(A,'vector')格式；带 5 个输出参数的[L,U,P,Q,R]= lu(A,thresh)格式等。

2.5.3 QR 分解

QR 分解是工程计算中应用最为广泛的矩阵分解方法，也是最有效的求矩阵全部特征值的方法。其计算思路是：先将矩阵经过正交相似变换，转化成 Hessenberg 矩阵，然后再求特征值和特征向量。这种方法将矩阵分解成一个正规正交矩阵 Q 与上三角矩阵 R，所以称为 QR 分解法。

若 A 为 $m×n$ 矩阵，且 $m \geq n$，则存在列正交矩阵 $Q \in R^{m×m}$ 和上三角矩阵 $R \in R^{m×n}$，使得 $A=QR$。当 $m=n$ 时，Q 是正交矩阵，如果 A 是非奇异 $n×n$ 矩阵，则 R 的所有对角线元素均为正，且在此情况下，Q 和 R 二者是唯一的。若 A 为复数矩阵，则 Q 和 R 取复数值。

在 MATLAB 中，函数 qr 用来实现矩阵的正交-上三角矩阵分解。qr 的调用格式较多，最简单的是[Q,R]= qr(A)，在这种格式中，A 为 m×n 矩阵，返回值中，R 为 m×n 上三角矩阵，Q 为 m×m 矩阵，满足 A=QR。例如：

```
m=4;n=5;
A=reshape(1:m*n,m,n)                    %4 行 5 列
[Q,R]=qr(A)
```

另一种语法格式是带参数的，如[Q,R]= qr(A,0)，这种调用格式将生成"尺寸"最经济的分解结果，若 m>n，则只计算 Q 的前 n 列和 R 的前 n 行；若 m<n，则等同于[Q,R]=qr(A)。接上例：

```
[Q,R]=qr(A,0)
```

重新设定使得 m>n，如：

```
m=5; n=4; A=reshape(1:m*n,m,n)
[Q,R]=qr(A,0)
```

函数 qr 的语法格式较多，返回参数与输入参数选项多，可以满足不同的需求。例如，对于满阵 A，可以使用有 3 个返回参数的[Q,R,E]=qr(A)格式，在这种格式中，返回酉矩阵 Q，上三角矩阵 R 及置换矩阵 E，使得 A*E=Q*R 成立。置换矩阵 E 的各列已经筛选过，故 ABS(DIAG(R))依降序排列。例如：

```
A=magic(5);
[Q,R,E]=qr(A)
if (Q*R-A*E)<10^-12
    disp('equal')
else
    disp('not equal')
end
```

2.5.4 SVD 分解

SVD 分解是奇异值分解的简称，也是一种重要的矩阵分解方法，在信号处理、数据分析、

统计学等领域都有重要应用。奇异值分解的定义是，给定 $A \in M_{n,m}$，令 $q = \min\{m,n\}$，假设 $\mathrm{rank}(A) = r$，则：

（1）存在酉矩阵 $U \in M_n$ 与 $V \in M_m$，以及对角方阵

$$\Sigma_q = \begin{pmatrix} \sigma_1 & & 0 \\ & \ddots & \\ 0 & & \sigma_q \end{pmatrix}$$

使得 $\sigma_1 \geq \sigma_2 \geq \cdots \geq \sigma_r > 0 = \sigma_{r+1} = \cdots = \sigma_q$，以及 $A = U\Sigma V^*$，其中

$$\Sigma = \begin{cases} \Sigma_q, & m = n \\ \begin{pmatrix} \Sigma_q \\ 0 \end{pmatrix} \in M_{n,m}, & m < n \\ (\Sigma_q \ \ 0) \in M_{n,m}, & m > n \end{cases}$$

（2）参数 $\sigma_1, \cdots, \sigma_r$ 是 AA^* 的按照递减次序排列的非零特征值的正平方根，它们与 A^*A 按照递减次序排列的非零特征值的正平方根排列相同。

SVD 分解在某些方面与对称矩阵或 Hermitian 矩阵的对角化类似，但还是有明显的不同：对称矩阵特征向量分解的基础是谱分析，而 SVD 分解则是谱分析理论在任意矩阵上的推广。对 SVD 最直观的解释，是在矩阵 A 的奇异值分解中，U 的列组成一套对 A 的正交"输入"或"分析"的基向量，它们是 AA^* 的特征向量。V 的列组成一套对 A 的正交"输出"的基向量，它们是 A^*A 的特征向量。而 Σ 对角线上的元素是奇异值，可看作在输入与输出间进行"膨胀控制"的倍数标量，它们是 A^*A 及 AA^* 的奇异值，并与 U 和 V 的列向量相对应。这种直观解释也暗含了 SVD 分解在信息分析中如何进行应用的思路理念。

MATLAB 对矩阵实施 SVD 分解提供了专门的函数 svd，svd 的常用格式为[U,S,V]=svd(X)，在这种格式中，S 是对角矩阵，维数大小与 X 相同，其中的非负对角元素按照降序排列，U、V 是酉矩阵，分解结果满足 X=U*S*V'。例如：

```
>> X =[1, 2, 3; 4, 5, 6;7, 8 ,9];  [U,S,V] = svd(X)
```

除 svd 函数外，类似的函数包括 svds、gsvd 等。svds 函数用来求矩阵的部分奇异值与向量。如果 A 是 m×n 矩阵，svds(A,…)函数将返回矩阵 A 的几个特征值和向量；而 gsvd 函数用来进行广义的奇异值分解。

第 3 章 字符数组、cell 与 struct

在 MATLAB 中,除数值矩阵外,还有其他几种类型的数据,如字符串、元胞数组、结构体、句柄、逻辑等。本章将介绍除句柄外的其他数据类型,这些类型和数值型数据相结合,可以使 MATLAB 的操作更加方便,表达更为简洁。

3.1 字符串与字符数组

在 MATLAB 中,字符串常用于辅助说明,如绘图中的必要图像标注、坐标轴名称,以及程序运行时输出到屏幕的当前运行状况的特定信息等,多由预设的字符串保存。

3.1.1 字符串基本属性

和其他计算机语言类似,MATLAB 中的字符串也是使用引号括起来表示的,但和其他语言,如 C++、perl 等,不太一样的是:早期的 MATLAB 不使用双引号,只使用单引号将字符串括起来,随着版本的升级,MATLAB 也支持双引号括起来的字符串。但在实践应用中发现,某些时候双引号括起来的字符串不如单引号括起来的字符串运行稳定。需要读者注意的是,这里所说的引号,是指在英文状态下的引号,中文状态下输入会出错。例如,在命令行窗口中,输入以下字符串,回车后,则直接显示在屏幕上。

```
>> egStr='Hello, Welcome to Hebei University.'          % 正常表示
```

通过 whos 来进行查看,会发现已经建立了变量 egStr。

```
>> whos
  Name      Size            Bytes  Class    Attributes
  egStr     1x35               70  char
```

在命名字符串变量时,仍要遵循望文生义的命名法,尽量不要使用诸如 a、b、c 等看似简单,实则无任何提示意义的单字母变量名,在上述例子中,egStr 是 example string 的缩写。

当一串字符被单引号括起来后,就变成了字符串,引号内部的内容,包括字母、数字、空格、标点等,都将作为字符串的组成部分。

将字符串赋值给变量后,该变量名就变成了字符数组的名称。字符串中的每个元素,都会占据一个位置,同样可通过函数 size 来测定维数,或者通过 length 来测定长度。例如:

```
>> size(egStr)
>> length(egStr)
```

字符数组属于一维数组,MATLAB 允许借助元素的位置访问每个元素。例如,下述代码每次输出一个元素,然后用一个空格隔开,将字符串以稀疏格式输出。

```
egStr='Hello, Welcome to Hebei University.';
```

```
    n=1;
    for iS=1:length(egStr)
        fprintf('%s%s',egStr(iS),blanks(n));   % (iPosition)
    end
    fprintf('\n');
```

也可以采用逆序输出格式,例如:

```
>> egStr(end:-1:1)
ans =.ytisrevinU iebeH ot emocleW ,olleH
```

实际上,由于逆序输出看起来像照镜子一样,借此可以实现字符串的"镜像"输出。

创建字符串后,虽然其以变量名的形式保存在内存中,但实际存储时,是以 Unicode UTF-16 编码的形式保存为数值的,也就是说,每个字符元素都有一个对应的数字,存储时保存的是数字。Unicode 是一种编码方式,和 ASCII 类似,它基于多文种平台定义字符(拉丁字母、汉字或其他文字或符号),一律使用 2 字节储存。UTF 是 Unicode Translation Format 的缩写,即把 Unicode 转成某种格式,它是一种存储方式,和 UTF-8 相比,使用 UTF-16 的好处在于大部分字符都按固定的长度(2 字节)储存。要查看字符对应的数字,可借助函数 double 来实现。例如:

```
>>Str='I love you';
>>double(Str)
```

用户也可以借助函数 char 将数据转换为字符串。例如:

```
>> a=[ 109     97    122    104     97    105    112    117];
>> char(a)
```

用户甚至可以直接将一首诗词转换为数值。例如,"执手相看泪眼,竟无语凝噎",就可以转化为如下的数组。

```
>> str='执手相看泪眼,竟无语凝噎';
>> double(str)
```

有一点需要用户注意,上述诗词中的逗号是中文版的逗号,对应的数值是 65292,当使用英文版的逗号时,对应的数值为 44,两者不一样。实际上,用户可通过 char 函数来查看每个数值对应的字符,例如,下面的代码输出了常用的英文字母。

```
for ilp=65:90
    fprintf('%3d = %s\n',ilp,char(ilp))
end
```

感兴趣的读者,甚至可以借此输出以下符号:✂✁✄✀□☎☯♨✈✉□□♪♞♘♛♜。例如:

```
for ilp=9985:10000
    fprintf('%s',char(ilp))
end
```

正因为采取了将字符串存储成数值的方式,使得对字符数组的操作能够使用第 2 章中提到的一些命令。例如,下面的代码实现了英文字母大小写的转换。

```
for ilp=double('a'):double('z')
    fprintf('%d-->%s;',ilp,char(ilp));
    fprintf('%d-->%s\n',ilp-32,char(ilp-32));
end
```

中文字符串与英文字符串一样,也需要遵循引号括起来的这一规则,而且也必须使用英文状态的引号。中文字符串在换算成数值时,数值要远大于英文字母的换算数值。例如,字母 a 在英文状态下,转算数值为 97,但在中文全角状态下,转换数值为 65345。

```
str1='a';double(str1)
str3='ａ';double(str3)                            %全角状态
```

虽然中文字符串使用 double 转换成数值时要远比字母转换时大,但在计算元素占位时,仍然按照一个中文字占据一个元素位置进行计算。例如:

```
>>str='执手相看泪眼,竟无语凝噎'; length(str)
```

一共有 12 个字。

当字符串中含有单引号时,要准确输出单引号,就必须使用转义字符,即连续使用两个单引号。例如,在字符串'她说:''你好'''中,共涉及了 6 个单引号,如图 3-1 所示,其中编号为 1、6 的一对,是定义字符串的单引号,属于具有语法功能的单引号,使得 MATLAB 认为引号内部的内容都是字符型的。编号为 2、4 的一对单引号,是转义字符,其目的是取消后边字符的语法意义,只保留该字符的字面含义,具体而言,就是把其后紧挨着的字符(2 后边是编号 3 的单引号,4 后边是编号 5 的单引号)取消语法含义(在 MATLAB 中就指"单引号转其内容为字符串"这个语法功能),只使用其本来的"引用"含义。编号为 3、5 的这对单引号,本就是字符串的基本构成,不应该具有语法意义。

为了避免转义,用户也可以搭配着使用双引号和单引号,用单引号作为界定字符串的语法符号,用双引号表示原始的引用功能,如图 3-2 所示。图中,1 和 2 是成对的单引号,用于界定字符串,3 和 4 为一对双引号,作为本意使用。

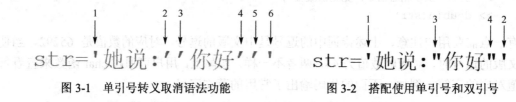

图 3-1 单引号转义取消语法功能   图 3-2 搭配使用单引号和双引号

当全部使用双引号时,则和单引号类似,也要使用转义格式。例如:

```
>>str="她说:""你好"" "
```

也许读者会对 MATLAB 能支持多少数值转换为字符感兴趣。实际上,当使用 char 进行转换时,数值是不能超过 65535 的,否则会给出错误警告。下面的代码输出了所有整数数值与其对应的字符,为了方便查阅,运行结果直接输出到文本文件 char.txt 中,用户可在计算机硬盘上找到该文件,打开查看。

```
fid=fopen('char.txt','w');                        %打开一个空文档
for iLoop=1:65535
    fprintf(fid,'%d =>%s\t',iLoop,char(iLoop));   %写入文档
```

```
    if mod(iLoop,10)==0
        fprintf(fid,'\n');
    end
end
fclose(fid);                                    %关闭文档
fprintf('\n');
```

3.1.2 复杂字符数组的创建

前边学习了字符串的创建与使用方法，但更多的时候会遇到多行字符串的使用，这就需要创建包含多行字符串的字符数组。如果把一行字符串比作数值行向量，那么这里的多行字符串数组就可类比为矩阵。显然，具有多行字符串的数组，使用上更方便、广泛。

1. 手工输入创建

任何复杂的字符数组，都可以通过手工输入的方式直接创建。我们已经知道，在创建矩阵时，要求矩阵各行（或各列）中的元素个数必须一致。当创建多行字符串数组时，这个要求也必须满足，这就使得在创建复杂数组时，尤其是手工输入时，会比较麻烦，因为必须确保各行的字符数相等才行。当不相等时，必须适当地补充空白（见图 3-3）。例如：

```
>> A=['sigh    ';'Too hard']            %长度不一致时，补充空白，正确
>> A=['sigh';'Too hard']                %长度不一致时，报错
```

考虑到手工输入创建数值时既麻烦又易出错，因此不建议用户使用这个"笨"方法，而是使用特定函数转换的方法，如已经知道的 char 函数等。

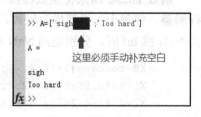

图 3-3 手工补充空白

2. 利用 char 函数创建

和手工输入创建相比，通过函数创建更值得推荐，一来可以"偷懒"，不用专门为了匹配长度而补充空白，二来也符合编程实现。最常用的函数为 char。

在 MATLAB 中，char 函数用来将数值转换为字符数组，在 S=char(X)中，char 将非负整数数组 X 转换为字符数组，X 的有效编码范围为 0～65535，其中代码 0～127 对应 7 位的 ASCII 字符，MATLAB 可以处理的字符（除 7 位 ASCII 字符外）取决于当前的语言环境。例如：

```
>> A=reshape(65:89,5,5); char(A)
```

当输入参数为元胞数组时，S=char(C)，char 将元胞数组 C 的每个元素放置到字符数组 S 的行中。若要转换回来，则使用 cellstr 函数即可。到目前为止，我们尚未学习元胞数组，先看一个例子，后边介绍元胞数组时再返回来体会。

```
>> B={'Hello','12345';'This is a cell','3.14'}
>> char(B)
```

在这种格式中，一定要注意 C 是一个 cell 字符串数组，即每一个 cell 构成部分必须为字符串，否则 char 函数执行时就会报错，因为 char 函数只是将字符串"放置到字符数组 S 的行"中。例如，将上例中的字符串换成数值时，就不能正确使用 char 函数。试运行以下代码：

```
>> B={'Hello',12345;'This is a cell',3.14}
                    %串'12345'改为数值12345, 串'3.14'改为3.14
>> char(B)
```

当各子串都确定时, 可以使用 S=char($T_1,T_2,\cdots,T_N$)的格式, 在形成字符数组 S 时, char 会将原字符串 $T_1,T_2,\cdots,T_N$ 等转换为 S 数组的各行。当 $T_1,T_2,\cdots,T_N$ 的各行长度不同时, 每行后边将自动填充空白 (以最大长度的行为基准), 以使 S 形成一个有效的矩阵。这种方法允许创建任意大小的字符数组。对于这种用法, 我们通常用成语"取长补短"来帮助理解, 所谓取长, 指取最长字符串的长度为标准, 凡比标准短的, 一概补充空格找齐。例如:

```
>>B={'Hello','MATLAB!','This is a cell','It seems does not too difficult.'}
>> C=char(B)
```

3.1.3 字符串转换函数

在创建复杂字符数组时, char 函数本质上就是字符串转换函数, 除此之外, MATLAB 还提供了许多串转换函数, 包括不同进制字符串之间的转换函数, 以及格式化控制函数, 下面学习这些函数的使用。

1. int2str

函数 int2str 用来将整数转换为字符串, 在 S=int2str(X)中, 函数首先对矩阵 X 的元素进行圆整, 使每个元素都成为整数, 然后将整数结果转换成字符串矩阵。当数值矩阵中的元素为 NaN 或 Inf 时, 分别返回 NaN 和 Inf 作为这些非正常数据的字符串。例如:

```
X0=reshape(1:16,4,4);S0=int2str(X0)          %整数直接转换
X1=X0*0.65;S1=int2str(X1)                    %小数时需要圆整
X2=X0*(-0.245); S2=int2str(X2);              %负数的圆整
```

一般来说, 这类函数常用来对 plot 绘图中的标注信息等进行实时更新, 实现自动匹配标注。例如:

```
t=0:0.001:2*pi;n=6;
for ip=1:n
    y=1/ip*sin(ip*t);
    subplot(2,ceil(n/2),ip),plot(t,y,'k-','linewidth',1);
    ttxt=['Curve: 1/',int2str(ip),'*sin(',int2str(ip),'*t)'];
    title(ttxt); box off; hold on;
    set(gca,'linewidth',1,'fontsize',14)
end
set(gcf,'color','w');
```

运行结果如图 3-4 所示。每次绘图时标题都自动进行了标注, 并且内容匹配。

2. num2str

和 int2str 相比, num2str 的用法更为广泛, 其使用数值为绘图添加标签或标题。该函数包括 3 种常用的格式, 在 T=num2str(X)格式中, 函数将数据矩阵 X 转换为字符串形式, 数据

默认为小数形式，如有必要，还会使用指数形式，该函数常和绘图函数中的 title、xlabel、ylabel 和 text 等一起使用。例如：

```
>> num2str(rand(3))
```

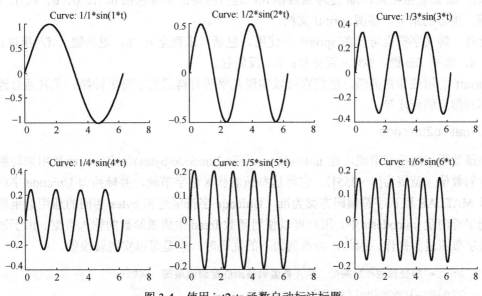

图 3-4 使用 int2str 函数自动标注标题

也可以使用带指定精度参数的格式 T=num2str(X,N)，其中 N 用来指定数据的最大精度，默认精度则基于 X 元素的大小确定。注意：如果用户指定的精度超过了输入浮点数据类型的精度，则结果可能不会匹配指定的精度，最终结果取决于计算机硬件和操作系统。例如：

```
>> A = gallery('normaldata',[2,2],0);
>>s = num2str(A,3)
```

该函数还允许用户自行指定输出格式，在 T=num2str(X,format) 中，format 为用户指定的格式字符串。例如：

```
>>num2str(rand(2,3),'%8.5f')
```

其中，格式字符串'%8.5f'指定了输出形式：要按照总长度为 8 位，小数部分占据 5 位的格式输出。更详细的格式 format，将在 fprintf 中介绍。

和 num2str 相对应，将字符串转换为数据的函数为 str2num，但 MATLAB 常推荐使用 str2double，而不是使用 str2num。

3. sprintf

该函数的主要作用是将格式化的数据写入字符串。在 str=sprintf(format, A,...)中，将 format 指定的格式按照列顺序应用到数组 A 的每列元素上，返回结果输出到字符串 str 中。例如：

```
A=rand(3)                    %机器不同，随机数据不一定相同
s=sprintf('%7.4f',A)
```

除返回的是 MATLAB 字符串这一点和 fprintf 不同外，sprintf 与 fprintf 几乎相同，只不过 fprintf 用来将数据写入文件。format 是一个格式字符串，它参考了 C 语言的 printf 函数，几乎是其再现。熟悉 C 语言的读者会立刻学会使用这个函数。%与特定的字母组合表达不同的格式，%d 是整数格式，%f 是浮点数格式，这些特定的字母包括 d、i、o、u、x、f、e、g、c、s 等，更多的细节，参阅 sprintf 文档。

此外，转义字符也可以在 sprintf 中使用，包括（未列全）：\b，退格键；\f，换页；\n，换行；\t，水平 Tab 键；%%，百分号；\\，反斜杠。

sprintf 的用法非常灵活，使用它可以实现几乎所有格式的字符串转换，尤其适合连续绘图中不同信息的标注等。

4．native2unicode

该函数用来转换字节流，在 unicodestr=native2unicode(bytes)格式中，函数用来转换向量中包含的数值（范围为[0～255]），它将这些值看作 8 位字节流，并转换为 Unicode 字符，字节流以 MATLAB 默认字符编码方案为准。Unicode 字符采用和 bytes 相同的通用数组形式，返回到字符向量 unicodestr 中，用户可以使用函数 fread 生成该函数的输入数据。由于该函数只针对字节流进行操作，因此，当遇到如下的乱码时，也是可以实现转换的。

```
>>s1='鏈夎祿鍊欐敹娴牠　錯儿敫鋬戕偛浠舵祿鎙嬪垻闂　欢姝';
>>s2=unicode2native(s1)
>> s3=native2unicode(s2,'UTF-8')
```

在带字符串编码方案的格式 native2unicode(bytes,encoding)中，假设字节流经过了 encoding 指定的字符串编码方案编码，encoding 必须为空字符串（''）或编码方案的名称或别名，如'utf-8'、'latin1'、'us-ascii'或'shift_jis'。如果 encoding 未指定或为空字符串，则使用 MATLAB 的默认编码方案；如果 bytes 是一个 char 向量，则返回值不变。例如：

```
try
    enc = detect_encoding(bytes);
    str = native2unicode(bytes, enc);
    disp(str);
catch ME
    rethrow(ME);
end
```

该例从使用未知字符编码方案的字节向量开始，用户编写了一个函数 detect_encoding，用来检测向量的编码方案。如果成功，则以字符向量的形式返回编码方案的名称或别名。如果不成功，则引发以 ME 表示的错误。该例调用 native2unicode 函数将 bytes 转换为 Unicode 形式。请注意，计算机必须经过正确的配置，才可以检测到编码方案相应的语言显示文本，才能正确显示 disp(str)的输出。

3.1.4　将字符串转换为数据的函数

除了将数据转换为字符串，MATLAB 还提供了将字符串转换为数据的函数，常见的函数包括：str2num、str2double、cast、sscanf 等，下面介绍这些函数的应用。

1. str2num

str2num 函数可以将字符串数组转换为数值数组。str2num(s)将使用字符表达的数组转换为数值型的矩阵。例如：

```
>>s=['1 2'; '3 4']; str2num(s)
```

str2num 函数要求字符串矩阵 s 中的字符型数据是 ASCII 字符，且能表达成数值，每个数值可包含小数部分，支持与字母 e 或 d 相连表达 10 的幂次等，也支持以字母 i 或 j 表达复数。

若字符串 s 中不是有效的数字字符或矩阵，则 str2num(s)返回一个空矩阵，若使用[x,ok]=str2num(s)格式，转换失败时，ok=0。

注意：str2num 函数使用 eval 来转换输入参数，如果字符串包含调用函数，则有可能产生副作用。使用 str2double 函数可避免这样的副作用。当 s 中只包含一个数字时，推荐使用 str2double 函数也是基于同样的原因。

需要说明的是，空格也很重要。例如，str2num('1+2i')和 str2num('1 + 2i')都会生成 x=1+2i，然而，str2num('1 +2i')将产生 x=[1 2i]，使用 str2double 函数时可避免这些问题。出现上述问题的根本原因在于空格起到分隔符的作用。当运算符前后有对称的空格时，MATLAB 检测为非分隔符；当运算符前后空白不对称时，MATLAB 检测为分隔符，此时的'1 +2i'被看作 1 和 2i 两个独立的字符串。

2. str2double

str2double 函数将串转换成双精度的数据，常用 str2double(S)格式，该函数将以 ASCII 字符表示的实数或复数字符串转为 MATLAB 的双精度数。字符串中可以包含数字、逗号（每 3 位添加 1 个逗号）、小数点、正负号、字母 e（表示 10 的幂次），以及 i、j 表示的复数。特别提醒读者，输入的 S 应当是标量字符型数据，若字符串 S 不是有效的标量字符型数据，则 str2double(S)将返回 NaN。例如：

```
>> S=['3.1415926']; str2double(S)
                    %普通字符串型数据，转换为双精度数据
>> S=['1,2,3,4,5']; str2double(S)
                    %逗号被看作数据内部分隔，所有数字合成一个数据
>> S=['1,2,3,4,5';'6,7,8,9,0']
                    %当字符型数据为等长多行时，按列连接各数据成一个总数
>> str2double(S)    %按列是先1后6接着2,7,3,8,…
>> S=['1,2,3,4,5';'6,7,8,9,0';'6,8,2,5,7']    %多于两行的数字字符串
>> str2double(S)    %组成数据时，按照列自左到右：1,6,6,2,7,8,3,8,2,4,9,5,…
>> S=['1,2,3,4,5';'6,7,8,9,0';'11,12,13,14,15']
                    %字符串每行不等长，不能连接成一个数据
```

上例表明，当组成字符串的各行长度不一致时，MATLAB 内部调用 vertcat 函数的条件不满足，故出错。因此要保证各行的长度一致。但长度一致时，又是如何合并成一个数据的呢？假如有 3 行字符型数据串 S，则有

```
>> S=['11,12,13,14,15';'26,27,28,29,20';'31,32,33,34,35']
```

在未使用 str2double 函数之前，读者想一下该是什么结果。首先肯定的是按照列自左到右排列数据，但这里有两种情况，S 是如下形式的串：

```
11,12,13,14,15
26,27,28,29,20
31,32,33,34,35
```

要转为双精度数据，一种是按照 11→26→31→12→27→32→13→…顺序连接，即以逗号为分隔符，按列串联起来，最终数据为 1126311227321328…，另一种是按照单个数字列级联，即不考虑逗号，而是按照数据 1→2→3→1→6→1→…，最终得到的数据为 123161123272…，两种数据级联如图 3-5 所示。

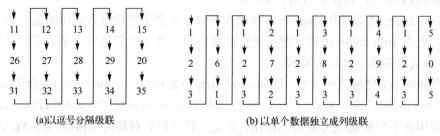

(a)以逗号分隔级联　　　　　　　　　(b)以单个数据独立成列级联

图 3-5　两种数据级联

下面是具体的实现代码：

```
>> format long
>> S=['11,12,13,14,15';'26,27,28,29,20';'31,32,33,34,35']
S =
11,12,13,14,15
26,27,28,29,20
31,32,33,34,35
>> str2double(S)
ans =1.231611232721234e+29
```

从运算结果可以知道，数据的级联是按照如图 3-5(b)所示的方式连接的。实际上，只要各行之间的总字符串长度相等，逗号分隔就对数据的级联不起作用。再如：

```
>> S=['111,22,333,44,555';'02,777,28,999,201']
>> str2double(S)
```

前面已讲明，字符串中可以带逗号，但不允许有空格，否则会转换不成功，返回 NaN。例如：

```
>> S=['1 2 3 4 5';'6 7 8 9 0']        %串内带空格
>> str2double(S)                      %转换不成功
ans = NaN
```

3. cast

函数 cast 用来把变量转换为不同的数据类型或类，在 cast(A, newclass)中，函数把变量 A

转换为新的 newclass 类，但这里的 A 必须确实能转换成该类才可以。例如，下面将 int8 类型的数据转换为 uint8 类型的。例如：

```
>>a=int8(5); b=cast(a,'uint8');
>>class(b)
```

cast 允许带辅助参数，如 B = cast(A, 'like', Y)，在这种格式中，A 将被转换为与 Y 相同的数据类型，其稀疏程度也类似于 Y，如果 A 和 Y 是实数，则 B 也是实数，否则 B 为复数。例如，下面的代码首先定义了一个单精度的复数向量 p，又定义矩阵 A，然后将 A 转换成和 p 一样类型的数据，最后验证结果。

```
>> p = single([1+i 2]); A = ones(2,3); B = cast(A,'like',p)
>> class(B)
```

4. sscanf

sscanf 常用的格式为 A=sscanf(str,format)，它从字符串 str 读取数据，将其按照 format 规定的格式进行转换，并将结果返回到数组 A。sscanf 函数重复使用规定的格式读取数据，直到读数达到字符串 str 结束，或者格式不再匹配为止。如果 sscanf 不能匹配数据的格式，则它只读取匹配部分并停止处理。如果 str 是超过 1 行的字符数组，则 sscanf 读取字符时，按照列顺序读取。例如：

```
>> s = '2.7183  3.1416';
>> A = sscanf(s,'%f')              %读取数据，直到全部读完后停止
>> s = '2.7183  3.1416   I love MATLAB.';
>> A = sscanf(s,'%f')              %读取数据，直到格式不匹配后停止
```

又如下例，即使人为地将数据按空格分开，函数也不按照我们设定的空格作为数据分割，而是只读取我们认为的"一个数据中"可以读取的部分。

```
>> s = '2.7183abc  3.1416';  %
>> A = sscanf(s,'%f')   %
```

再如：

```
S=['清凉胜地,五峰兀起,东挂望海,西悬桂月,南织锦绣,北缀叶斗,中矗翠岩,尽环抱人间烟火,古刹疏钟度;'
'古国奇观,四海踵游,汉建灵鹫,唐筑罗睒,宋创龙泉,元造南山,明修观音,全聚集佛国风光,遥岚破月悬。'];
sscanf(S,'%c')                          %多行数组,按列读取
```

这两个字符串，上下联各为一行，读取时按列取字，则上下联各取一个，其读取顺序如图 3-6 所示，搭配成最后的结果。

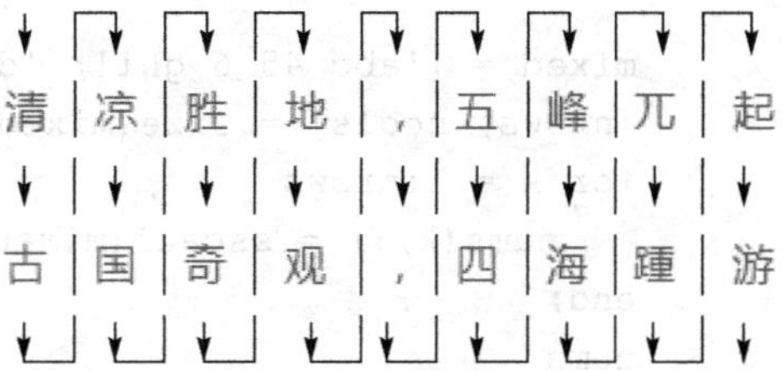

这种按列读取的最终效果，有时是我们特意追求的一种结果，在人们常用的藏头诗中，就经常这样使用。例如：

图 3-6 按列读取

```
S=['我倚窗前思红颜,'; '喜雨漫洒串珠帘.'; '欢舞翩翩飘倩影,'; '你笑嫣然似花
仙.'];
sscanf(S,'%c')
```

除带有格式字符串外，sscanf 允许用户指定读取数据的多少，并以整数表单指定。语法格式为：A=sscanf(str,format,sizeA)，它读取参数 sizeA 设定大小的元素到数组 A，参数 sizeA 可以是整数，也可以是形如[m, n]的表单。例如：

```
S='1,2,3,4,5,6,7,8,9,0';
for ilp=1:10
    A=sscanf(S,'%d,',ilp);
    fprintf('Loop=%d, Ans: ',ilp);
    fprintf('%d,',A); fprintf('\b\n');
end
```

又如：

```
n=4; S=num2str(1:n);
for ir=1:n
    for jc=1:n
        A=sscanf(S,'%d',[ir,jc]);              %按照ir行,jc列安排数据
        fprintf('[行,列]=[%d,%d]时, 结果如下:\n',ir,jc);
        disp(A)
    end
end
```

考虑循环输出很多，这里只给出部分结果，读者试着分析一下，能明白为什么是这种结果吗？

```
[行,列]=[2,4]时, 结果如下:
    1    3
    2    4
[行,列]=[3,2]时, 结果如下:
    1    4
    2    0
    3    0
```

当[行,列]=[2,4]时，按照 2 行 4 列安排数据，MATLAB 按照列优先安排，2 行 4 列可满足 8 个数据，但实际数据只有 4 个，故第 3,4 两列没有输出。当[行,列]=[3,2]时，按照 3 行 2 列安排数据，MATLAB 按照列优先安排，3 行 2 列可满足 6 个数据，但实际数据只有 4 个，故缺少的补零输出（否则矩阵 A 行列不规范）。

```
mixed = ['abc 45 6 ghi'; 'def 7 89 jkl'];
[nrows, ncols] = size(mixed);
for k = 1:nrows
    nums(k,:) = sscanf(mixed(k,:), '%*s %d %d %*s', [1, inf]);
end;
nums
```

这个例子中，[m,n]=[1,inf]，按照列向量顺序，至多可读入 m×n 个元素，且参数 n 可设

定为 inf，即到字符串尾部，也是默认值，但 m 不能设定成 inf，它必须是一个有限的数（正常运行的话至少内存要满足）。

MATLAB 还提供了一个 fscanf 函数，它类似于 sscanf，从文件中读取数据；而 sscanf 是从 MATLAB 字符串中读取数据的，除此之外，sscanf 和 fscanf 使用方法一样。

参数 size 是可选的，用来限制扫描元素的个数，若没设定，则整个字符串都被看作可用的，若指定了，有效的指定值为：n，至多读入 n 个元素到一个列向量；inf，至多读到串尾；[m,n]，至多读取 m×n 元素，填入至少一个 m×n 矩阵，填充时，按列填入，n 可以是 inf，但 m 不允许为 inf。例如：

```
>> [A, count, errmsg,nexti]=sscanf(s, '%c,');
>> nexti
```

在上述的各例中，尚未介绍 sscanf 格式的具体情况，下面是其语法格式说明，列于表 3-1 中。

表 3-1 sscanf 函数格式说明

字段类型	标 识 符	含 义
整数,有符号数	%d	以 10 为底
	%i	根据数据确定基底，默认以 10 为底。若初始值为 0X 或者 0x，则以 16 为底。若初始值为 0，则以 8 为底
	%ld,%li	64 位数据，基于 10、8 或 16
整数，无符号数	%u	以 10 为底
	%o	以 8 为底
	%x	以 16 为底
	%lu,%lo,%lx	64 位数据，基于 10、8 或 16
浮点数	%f	浮点字段可以包含下列（不区分大小写）：Inf, -Inf, NaN, 或-NaN
	%e	
	%g	
字符串	%s	读入字符序列，直到遇到空白为止（不读入空白）
	%c	读入任何单一字符，包括空白字符
	%[…]	读取方括号内部的字符，直到不匹配或者出现空白字符为止

3.1.5 字符串操作函数

MATLAB 为字符串的操作提供了丰富的函数，这类函数包括大小写转换、匹配、连接、查找等，下面学习主要函数的用法。

1. upper

函数 upper 将字符串中的字母转换为大写，在 upper(A)中，函数将输入参数 A 中的任何小写字母转换为大写字母，并保持其他字符不变。例如：

```
>> upper('att12ent44ion!')        %含有数字的字符串
```

但该函数的输入参数，只能是一个完整的字符串输入单位，不支持同时输入多个字符串。例如：

```
>> upper('Answer:12*4=48, right?','OK! ')
                %报错。"Error using upper, Too many input arguments."
>> upper(['Answer:12*4=48, right?','OK! '])    %一个完整的字符串输入单位
```

当 A 为 cell 数组时，返回和 A 同结构的 cell，其中每个元素中的字符串都执行大写字母转化。例如：

```
>> upper({'Answer:12*4=48, right?';'OK'})
>> A={'1st','2nd';'3rd','4th'}; upper(A)
```

2. lower

函数 lower 和 upper 恰好相反，它将大写字母转换为小写字母，lower(A)将 A 中的大写字母转换为小写字母，保持其他字符串不变。例如：

```
>> A='BETTER AN EGG TODAY THAN A HEN TOMORROW.';
>> lower(A)
```

当 A 为 cell 字符串数组时，大小写转换将作用到 cell 的每一个子串上，但架构和 A 相同。例如，在脚本中运行下述代码。

```
A={'I HATE TO TURN UP OUT OF THE BLUE UNINVITED', '我讨厌毫无征兆地不请自来';
'Turn a BLIND EYE', '视而不见'};
lower(A)
```

在运行结果中，第一个字母也变成了小写，其实我们更希望第一个字母大写，读者可试着编写一段代码，实现句首字母大写不变，就如同 Word 软件中的大小写转换一样。

3. strcat

函数 strcat 用来在水平方向上连接字符串，在 strcat($S_1,S_2,\cdots,S_n$)中，输入参数可以是单一字符串、cell 中的字符串标量或具有相同行数的字符数组，以及同样大小的 cell 字符串数组。只要有 cell 数组作为输入，则输出结果就为同结构的 cell 数组。

在输入字符数组时，strcat 在连接前会首先删除 ASCII 后的空白字符，这些空白字符包括空格、制表符、垂直制表符、换行符、回车、换页。假如要保留串尾空格，则连接字符数组时，推荐使用方括号[ ]实现水平数组连接[$S_1,S_2,\cdots,S_n$]，也可以使用 cell 数组作为输入参数，因为输入 cell 阵列时，strcat 函数不删除尾部的空格。

当合并非标量 cell 数组和多行字符数组时，cell 数组必须为行数相同的列向量，这个要求和字符数组相同。例如：

```
>>s1 = 'Good'; s2 = 'morning';s = strcat(s1,s2)     %连接两个字符串
>>s1 = 'Good   '; s2 = 'morning';           %字符串 s1 的 ASCII 码后边为 3 个空格
>>s = strcat(s1,s2)                         %连接时会删除 ASCII 后的空格
>>s1 = 'Good';s2 = '  morning';             %s2 的 ASCII 码前有两个空格
>>s = strcat(s1,s2)                         %连接时不会删除 ASCII 后的空格
```

又如（在脚本编辑器中运行）：

```
s1='Live like you were dying';  s2='Love because you do.';  s3='生如将逝,爱因本心';
```

```
s=[s1,',',s2,s3]
```

下面给出 cell 数组的例子：

```
>>s1={'Love is so short','forgetting is so long'}; s2={'爱似燃烛短','忘如青丝长'};
>> strcat(s1,s2)
```

上例表明：当连接 cell 数组时，输入的 cell 数组必须具有相同的行列数，具体连接时，首先将对应 cell 元素连接成一个新元素，然后再按照输入 cell 的结构布置新元素，使连接结果与原 cell 同结构。例如：

```
s1={'1','2';'3','4';'5','6'}
s2={'6','5';'4','3';'2','1'}
strcat(s1,s2)
```

strcat 函数和前边学习过的 sprintf 函数等，都是用来动态形成字符串的，如输出数据到一批文件时可以使用它批处理创建文件名。下面的代码，在硬盘上建立了 A.txt、B.txt 等文本文件，并在每个文件中写入了一句话。

```
for ilp=65:90
    fn=strcat(char(ilp),'.txt');                %创建文件名
    fid=fopen(fn,'w');                          %以写模式打开文件
    fprintf(fid,'This is file %s\n',fn);        %写入内容
    fprintf(fid,'%s','A day without laughter is a day wasted.');
    fprintf(fid,'%s','没有笑容的岁月是一种荒芜');
    fclose(fid);                                %关闭文件
end
```

4．strcmp 等比较函数

strcmp 函数用来比较字符串是否相等，在 strcmp(S_1,S_2)中，当参数 S_1 和 S_2 的内容和大小都一样时，认为两个字符串相等。该函数在比较字符串时对大小写敏感，'A'和'a'被看作不同的字符串。这里的 S_1 和 S_2，可以是普通的字符串，也可以是 cell 数组的两个串，或者是字符串与 cell 的混合体。当 S_1 和 S_2 是字符串时，返回值 TF 是逻辑标量 1 或 0，当输入参数有一个是 cell 数组的串时，返回值 TF 是与输入 cell 数组结构相同的逻辑数组。例如：

```
S1='Friendship multiplies joys and divides griefs.';
                                            %友谊可以增添欢乐，可以分担忧愁
S2='Friendship multiplies joys and divides Griefs.';
TF=strcmp(S1,S2)                            %大小写敏感
```

又如：

```
S1='Things do not happen. Things are made to happen.';    %事在人为
S2='THINGS DO NOT HAPPEN. THINGS ARE MADE TO HAPPEN.';
strcmp(S1,S2)                               %长度一样，内容一样，大小写不一样
```

当参与比较的是一个字符串 S 和一个 cell 数组 C 时，如 TF=strcmp(S,C)，将对 S 与 C 的

每个元素进行对比，返回值 TF 是一个逻辑数组，其结构与 C 相同，TF 各元素为逻辑 1 或 0，包含 S 与这些元素逻辑匹配的结果，S 和 C 两个输入参数的输入顺序并不重要。例如：

```
S='spirit';
C={'Courage', 'and','resolution','are','the',
'spirit' ,'and' ,'soul' ,'of','virtue'};      %勇敢和决心是美德的灵魂
TF=strcmp(S,C)
```

当被比较的参数为 cell 数组时，如 TF=strcmp(C_1,C_2)，将对 C_1 和 C_2 对应的每个元素进行比较，这里 C_1 和 C_2 是结构相同的 cell 字符数组。返回值 TF 是逻辑数组，其大小和 C_1 或 C_2 相同，各元素匹配时返回 1，不匹配时返回 0,构成的也是逻辑数组。

上述的 strcmp 函数是字符串比较函数，可满足大多数的工作需要，但有时还需要更精细的控制，如忽略大小写、比较串中部分字符等，MATALB 为此提供了 strcmpi 等丰富的函数。

strcmpi 函数是忽略大小写的字符串比较函数，strcmpi 与 strcmp 用法类似，当参与比较的两个参数中只有大小写不同时，该函数并不认为字符串是不同的，此时'A'和'a'是等同的。

strncmp 函数用来比较两个输入参数的前 n 个字符是否相等,而不是比较全部字符串长度内的内容。

strncmpi 函数则兼具 strcmpi 与 strncmp 的功能,strncmpi 用来比较前 n 个字符是否一致，且对大小写不敏感。使用格式为 TF=strncmpi(C_1,C_2,n)。

5．strfind

strfind 函数用来在一个字符串中查找另一个字符串。其调用格式为 k=strfind(text, pattern)，参数 text 是母串，pattern 是子串，返回值 k 中存放着匹配字符串的起始索引值，也是子串在母串中位置。当子串长于母串时，返回为空。例如：

```
>> S='一瓣心香一瓣荷,一泓秋水一泓波,一池碧叶一池影,一路风光一路歌';
>> strfind(S,'一')
```

又如：

```
>> s = 'How much wood would a woodchuck chuck?';
>> strfind(s,'a')           %正常使用,查找到其位置起始点在 21
>> strfind('a',s)           %子串比母串长,返回空值
>> strfind(s,'wood')        %在母串 s 中查找'wood'
>> strfind(s,'Wood')        %字母大小写敏感,大写开头的 Wood 不能找到
>> strfind(s,' ')           %查找空白串
```

strfind 参数以第一个为母串，第二个为子串，该函数不支持参数的顺序改换，因此，需要读者记住参数的顺序，为了方便记忆，我们可以按照母串、子串的顺序，联想记忆为"母子"关系。

6．strrep

函数 strrep 实现字符串的部分或整体替换。常用的格式为 strrep(text,old,new)，在使用时，将在原始母串 text 中查找旧的子串，然后以新的子串替换旧的，返回替换完毕后的母串。strrep 接受组合输入参数，这些组合可以是单一字符串、标量 cell 的字符串，以及相同大小的字符

串 cell 数组。如果输入参数中含有 cell 数组，则 strrep 返回一个 cell 数组。strrep 不对空白子串起作用，任何试图将空白子串替换的操作都不能实现。

下面是几个典型的用法示例，如字符数组中的字符替换。

```
>> claim ='This is a good example';
>> new = strrep(claim,'good','great')
```

又如，替换 cell 数组中的字符串。

```
cfiles = {'c:\cookies.m'; ...
   'c:\candy.m';  ...
   'c:\calories.m'};
dfiles = strrep(cfiles, 'c:', 'd:')
```

再如，下边的例子实现了 cell 数组中的对应替换。

```
missinginfo = {'Start: __';  'End: __'};
dates = {'01/01/2001'; '12/12/2002'};
complete = strrep(missinginfo, '__', dates)
```

7. strtrim

函数 strtrim 用来删除字符串中无关紧要的空白字符。最为简洁的格式为：strtrim(M)，删除空白字符后，返回值为新的字符串。输入可以是任何字符行向量、二维字符数组或 n 维 cell 数组中的一个字符串。例如：

```
>> str = strtrim(' \t  Remove    leading white-space')
str = Remove    leading white-space
```

空格字符是指如下串中的字符，如 V=char([9 10 11 12 13 32])。当使用函数 isspace(V) 进行测试时，返回 true。而无关紧要的空白字符，一是指字符串前的空白引导字符，二是字符串结尾的空白跟随字符。例如：

```
>> V='庄生晓梦迷蝴蝶 望帝   春心托杜鹃          '     %字符串尾部的空白被删除
>> strtrim(V)
```

当输入参数是 cell 数组中的字符串时，则对每个 cell 元素分别进行处理。例如：

```
>> cstr = {'    Trim leading white-space';
     'Trim trailing white-space      '};
>> strtrim(cstr)
```

和 strtrim 类似的是 deblank 函数，它用来删除尾部的空白字符。例如：

```
>> A{1,1} = 'MATLAB      ';
>> A{1,2} = 'SIMULINK    ';
>> A = deblank(A)
```

8. strsplit

strsplit 函数将使用指定的分隔符隔开字符串，这是正则表达式的使用方法之一。在 strsplit(S) 这种用法中，没指定分隔符，则使用默认空白来分隔字符串，分隔结果作为 cell 数组的组成部分。这种已有的空白，可以等价于以下中的任何一个：{' ', '\f', '\n', '\r', '\t', '\v'}。
例如：

```
>> S='人生 若 只如初见 何事 秋风 悲画扇。';          %空白格间隔
>> C = strsplit(S)
>> S='凄凉    别后    两应同，最是    不胜清怨        月明中';   %使用tab键分隔
>> C = strsplit(S)
>> S='天不老,\情难绝,\心似双丝网,\中有千千结.';      %使用反斜杠'\'来分隔
>> C = strsplit(S,'\')
>> data = '1.21, 1.985, 1.955, 2.015, 1.885';
>> C = strsplit(data,', ')                          %使用逗号和空白字符
```

除了上述已有的分隔符，还允许用户指定特定的分隔符。例如，可以取字符串 cell 数组中的一部分，此时，任何起分隔作用的指定分隔符都被丢掉，余下的作为 cell 子块。

```
>> S='这次我离开你,是风,是雨,是夜晚;你笑了笑,我摆一摆手,一条寂寞的路便展向两头了.';
>> C = strsplit(S,'是')                  %任何作为分隔的分隔符被丢掉
C = 1×4 cell 数组
    {'这次我离开你,'}    {'风,'}    {'雨,'}    {'夜晚;你笑了笑,我摆一摆…'}
```

函数允许用户直接指定分隔规则，使用"参数名称/参数值"的方式进行设置，这种复杂的设定方式，需要读者有正则表达式的知识。例如：

```
>> data = '1.21m/s1.985m/s 1.955 m/s2.015 m/s 1.885m/s';
>> C = strsplit(data,'\s*m/s\s*','DelimiterType','RegularExpression')
C = 1×6 cell 数组
    {'1.21'}    {'1.985'}    {'1.955'}    {'2.015'}    {'1.885'}    {0×0 char}
```

在上述例子中，有效"参数名称/参数值"包括：

（1）'CollapseDelimiters'，该参数默认为 true，此时 S 中的连续分隔符被当作整体处理。当该参数设为 false 时，S 中连续分隔符被各自分开处理，这样空白中的空串也会匹配分隔符。

（2）'DelimiterType'，分隔符类型可以为以下几种：

'Simple'，该参数也是默认值，除转义字符外，函数 strsplit 将分隔符 delimiter 看作文本串。

'RegularExpression'，strsplit 将 delimiter 看作正则表达式。

在上述两种情况下，delimiter 可以包含以下转义字符（见表 3-2）。

表 3-2 转义字符及其含义

转义字符	\\	\0	\a	\b	\f	\n	\r	\t	\v
含义	反斜杠	空	警铃	退格	换页	换行	回车	水平制表符	垂向制表符

strsplit 允许返回多个值，[c,matches]=strsplit(…)除返回分隔后的串 c 外，还可以返回匹配的字符串 matches，其中包含了分隔 S 的各分隔符，需要注意 matches 中包含的元素通常要比 c 少。下面的例子中，会使用空白''和'ain'作为分隔符，要将这些分隔符作为整体使用，可使用花括号{}将它们转为 cell 数组的串。

```
>>str = 'The rain in Spain stays mainly in the plain.';
>>[C,matches] = strsplit(str,{' ','ain'},'CollapseDelimiters',true)
C =  1×11 cell 数组
    {'The'}    {'r'}    {'in'}    {'Sp'}    {'stays'}    {'m'}    {'ly'}
{'in'}    {'the'}    {'pl'}    {'.'}
matches =   1×10 cell 数组
    {' '}    {'ain '}    {' '}    {'ain '}    {' '}    {'ain'}    {' '}    {'
'}    {' '}    {'ain'}
```

也可以使用正则表达式，将多个分隔符分别单独处理，对于上例，若使用空白分隔符与 'ain' 来分割，则有：

```
>>  [C,matches] = strsplit(str,{'\s','ain'},'CollapseDelimiters',…
    false, 'DelimiterType','RegularExpression')
C =  1×13 cell 数组
  列 1 至 8
    {'The'}    {'r'}    {0×0 char}    {'in'}    {'Sp'}    {0×0 char}
{'stays'}    {'m'}
  列 9 至 13
    {'ly'}    {'in'}    {'the'}    {'pl'}    {'.'}
matches =   1×12 cell 数组
  列 1 至 9
    {' '}    {'ain'}    {' '}    {' '}    {'ain'}    {' '}    {' '}    {'ain'}
{' '}
  列 10 至 12
    {' '}    {' '}    {'ain'}
```

在这种情况下，strsplit 将两个分隔符分开，所以空字符串出现在连续匹配的分隔符之间。下面是多个重叠分隔符的一个例子。

```
>> str = 'bacon, lettuce, and tomato';
>> [C,matches] = strsplit(str,{', ',', and '})
C =  1×3 cell 数组
    {'bacon'}    {'lettuce'}    {'and tomato'}
matches =   1×2 cell 数组
    {', '}    {', '}
```

出现上述结果，是因为在分隔符列表中，第一个分隔符', '（逗号）和第二个分隔符', and'（逗号和 and）都含有逗号，则 strsplit 函数在分隔字符串 str 时，永远不会使用第二个分隔符，如果用户颠倒一下分隔符的使用顺序，比如将', and'放在首位，则它首先被考虑。例如：

```
>> [C,matches] = strsplit(str,{', and ',', '})
```

对于中文分隔符，先后顺序影响不大。例如，运行如下的脚本，则有：

```
S='三语三言三字经,月圆月缺月长明。桃红桃绿桃含笑,花谢花开花舞风。';
[C1,M1]=strsplit(S,{'三','月','桃','花'})
[C2,M2]=strsplit(S,{'桃','花','三','月'})
```

运行结果略去，读者可上机实验验证。

9. strjoin

函数 strjoin 将 cell 中的字符串连成一个整体字符串。例如：

```
C={'你爱，或者不爱我，爱就在那里，不增不减。',...
    '你跟，或者不跟我，我的手就在你手里，不舍不弃。'};
str=strjoin(C)
```

函数 strjoin 允许用户指定分隔符，语法格式为 strjoin(C,delimiter)，其中参数 delimiter 为分隔符号。例如：

```
C={'寒蝉凄切','对长亭晚','骤雨初歇','都门帐饮无绪',...
    '方留恋处','兰舟催发','执手相看泪眼','竟无语凝噎。'};
strjoin(C,',')    % 使用逗号连接
```

也可以使用更多的分隔符连接各元素。例如：

```
>> C = {'one','two','three'};
>> str = strjoin(C,{' + ',' = '})
```

在这种情况下，分隔符的个数要少于原始被连接字符串的个数，且只能少于一个（满足分隔位置个数要求）。又如：

```
C={'十年生死两茫茫','不思量','自难忘','千里孤坟','无处话凄凉',...
    '纵使相逢应不识','尘满面','鬓如霜',...
    '夜来幽梦忽还乡','小轩窗','正梳妆','相顾无言','惟有泪千行',...
    '料得年年肠断处','明月夜','短松冈。'};
m=length(C)-1;
tmpStr=sprintf('[%d] ',1:m);
seperators=strsplit(tmpStr,' ');
seperators(:,length(C))=[];
strjoin(C,seperators)
```

10. strtok

strtok 函数用来提取指定分隔符前的字符串，最常用的格式为 token=strtok(str)。strtok 函数从左到右解析字符串，使用空白字符作为分隔符，并在 token 中返回部分或全部文本。在具体解析时，串 str 中的任何前导空白将被忽略，然后从第一个非空白字符开始，直到下一个空白字符前（不包括该空白字符）的所有字符，strtok 在 token 中返回这一部分文本，如果 strtok 找不到任何空白作为分隔符，则 token 包括直到串尾结束的所有字符。例如：

```
>> s = '   This is a simple example.';
>> [token, remain] = strtok(s)
token =This
remain = is a simple example.
```

这个例子使用了默认的空白字符作为分隔标记，字符串开始的空白字符不被当作 token 的一部分，但余下的字符串中的空白则被看作其中的一部分。

函数允许用户指定分隔符，并按照用户指定的分隔符提取符前字符串，字符串的前导

空白会被忽略。但请注意，不要使用转义字符作为分隔符。例如，使用 char(9)而不是'\t'作为 Tab。

```
    str = "<ul class=continued><li class=continued>" + …
       "<pre><a name=""13474""></a>token = strtok" + …
       "(str,delimiter)<a name=""13475""></a>" + …
       "token = strtok(str)";
segments = strings(0);                      %创建空字符串数组以包含各代码段
remain = str;
% 将 str 分成多个段。编写 while 循环，以对剩余的 HTML 文本重复调用 strtok
% 当不再有需要解析的文本时，while 循环将退出
while (remain ~= "")
    [token,remain] = strtok(remain, '<>');
    segments = [segments ; token];
end
segments
```

11. strjust

函数 strjust 用来设定字符串的对齐方式，包括左对齐、居中对齐、右对齐等。缺少参数时默认的使用格式为 strjust(S)，这种格式默认以右对齐为准，它等同于 strjust(S,'right')，也就是使用 right 作为参数，当字符串中有尾部空白时，则空白位置被占用，字符串向右对齐，当字符串没有空白时，则不起作用。类似的参数还包括 left 左对齐及 center 居中对齐。例如：

```
>> S='一粥一饭，当思来之不易；半丝半缕，恒念物力维艰。';
>> strjust(S);
>> strjust(S,'left');          %字符串不含前后空白,不起作用
>> strjust(S,'right');         %字符串不含前后空白,不起作用
>> strjust(S,'center')         %字符串不含前后空白,不起作用
```

strjust 只是调整字符串的空白位置，但并不删除其中的空白，如果使用 length(S)来测定 strjust 运行前后字符串的长度，则只是空白位置发生了变化，字符串 S 的长度不变。例如：

```
>> S='     天行健，君子以自强不息,地势坤，君子以厚德载物。       ';
>> strjust(S,'right')
>> strjust(S,'left')
>> strjust(S,'center')
```

在本节中，我们详细介绍了和字符串相关的函数，除此之外，还有一些字符串处理函数，如 regexp、regexpi、regexprep 等，这些函数需要与正则表达式结合使用，这里不探讨正则表达式的使用。

3.2 cell 数组

在第 2 章，我们学习了矩阵的操作；在上一节，我们学习了字符串数组的操作；相对而

言,不管是数值矩阵,还是字符数组,构成矩阵或数组的元素类型是单一的,或者都为数值数据,或者都为字符型。这些矩阵或数组,能够满足一定的工作需求,但实际上,描述事物的数据类型有许多种,有时候需要使用不同类型的描述数据,当把不同类型的描述数据结合在一起构成数组时,就涉及不同类型数据如何综合使用的问题,MATLAB 为了描述不同类型数据的共同体,推出了 cell 类型的数组,用来实现不同类型数据的综合。

cell 数组的应用,源于多种类型数据的关联管理,也是构建复杂事物、表达复杂数据结构的基础准备。cell 数组以 cell 元素为基本构架单元,如果把 cell 数组看作生活中的某个城市,那么 cell 单元就是构成这个城市的一个街区。每一个 cell 都是相对独立的构建单元,都有自己的存储内容,占据自己的存储空间,各 cell 之间在数组中无论大小、类型,都是平等的组成成员,都有唯一的位置编号,即下标。这每一个 cell 单元,犹如城市街区,相互独立,有自己的地址,地位平等,类型各异。

目前,MATLAB 把 cell 数组称作元胞数组,从其体现的意义来看,cell 数组确实借用了"细胞"的含义,体现在各个组成部分具有不同的数据类型,本书认可这一称呼,下文中的元胞数组和 cell 数组同义。

3.2.1 cell 数组的创建、寻址与显示

在 MATLAB 中,一个 cell 数组元素可以使用的数据类型包括字符串、数据、符号等任何合法的类型。下面是一个包含了多种数据类型的 cell 数组,其中 x 是 5×5 的双精度数据矩阵,y 是字符串,z 是计算表达式,w 是一幅图片。

```
x=rand(5);   y='便纵有千种风情,不如帅你一脸';
syms t
z=exp(-t^2)/2;
w=imread('a.jpg');
c={x,y;z,w}
```

构建的 cell 数组结构为:

```
c =
    [5x5 double]    '便纵有千种风情,不如帅你一脸'
    [1x1 sym   ]    [201x299x3 uint8]
```

从上述例子,可以归纳出 cell 数组的结构特点。cell 数组是数组的一种,称之为数组是因为它具有数组的一般属性,有自己明确的数组界限标志。在 MATLAB 中,cell 数组以花括号表达,如代码 c={x,y;x,w}。cell 数组可以是一维的、二维的和高维的,其维度分级和矩阵类似,但一般不建议使用高维 cell 数组。在 MATLAB 中,显示一个 cell 数组,有时候并不显示其各组成部分的具体内容,而是显示各组成部分的数据结构,以及各组成部分之间的行列关系。当各个组成部分属于一维时,则直接显示其内容。

1. 创建

创建 cell 数组和创建矩阵与字符数组类似,用户可以使用键盘直接输入内容创建 cell 数组。例如要创建某个学生信息的 cell 数组,则可以直接键入,以逗号分隔各列,以分号分隔各行,具体如下:

```
>> C={'张娜','女',24;'云南曲靖','党员','硕士';'五四东路180号',71002,
13124675038};
```

也可以先创建一个空的 cell 数组,然后再逐一确定各个组成元素的具体内容,在创建空 cell 数组时,可以使用关键字 cell。注意,这里的 cell 是关键字,也是一个函数,cell 函数和 zeros 函数的使用方法类似,它专门创建空的 cell 数组。例如:

```
>> C=cell(2)                    %先建一个空的 2×2 的 cell 数组
>> C(1,1)={'白日依山尽'};        %使用花括号将内容括起来
>> C(1,2)={'黄河入海流'};
>> C(2,1)={'欲穷千里目'};
>> C(2,2)={'更上一层楼'}
```

使用这种方式创建 cell 数组时,圆括号()表达的是地址,也就是各子单元在 cell 数组中的具体位置,这些具体位置使用下标表示,cell 数组下标的概念和矩阵的维数一样,高维也可以按照行、列、页、册……逐级描述;需要输入的内容则使用花括号标记(括在花括号内),如上边等号右侧的花括号与字符串等。

用户在使用 cell 函数创建空的元胞数组后,也可以使用花括号直接修改 cell 数组各元素的内容。例如:

```
>>C{1,1}='白日依山尽';
>>C{1,2}='黄河入海流';
>>C{2,1}='欲穷千里目';
>>C{2,2}='更上一层楼'
```

这种方式得到的结果与上述方式的一样。

在这里需要说明一下,在 MATLAB 中,不同的括号具有不同的功能,在 cell 数组中使用圆括号()时,其中的下标是子单元位置;而使用花括号{}时,括号内的是具体内容。掌握了这一点,则操作起来不易犯错。那么,对于 C(1,1)={'白日依山尽'}和 C{1,1}='白日依山尽',两者有什么不同呢?

首先,使用 C(1,1)={'白日依山尽'}时,C(1,1)表达的是元胞数组 C 的第一行第一列这个单元,要注意的是,这个子单元,在本质属性上仍然是元胞数组,这和线性代数中"分块矩阵"仍然是矩阵一样。正因为这个子单元本质上是元胞数组,所以在给它赋值时,等号右侧也必须是元胞数组才能匹配,{'白日依山尽'}以元胞数组的形式出现,就是这个原因。读者还可以通过 class 函数测试一下 C(1,1)的属性类型,其返回值是 cell。

其次,使用 C{1,1}='白日依山尽'时,花括号 C{1,1}表达的是元胞数组 C 的第一行第一列的具体内容,这里使用一个字符串赋值,是满足语法要求的。读者可以通过 class 函数测试 class(C{1,1}),其返回结果是 char,而不是 cell。

最后,使用 C{1,1}={'白日依山尽'}时,MATLAB 也不会报错,但这时得到的结果和期望的结果不一样,这句代码的本质含义是:元胞数组 C 的第一行第一列的具体内容,是由{'白日依山尽'}构成的元胞数组,即这个单元本质上又嵌套了一个元胞数组,从而构成了嵌套形式的元胞数组。

因此,归纳起来则有:当修改元胞数组的元素内容时,使用花括号取具体内容;当欲获取元胞数组的子块单元(元胞数组)时,使用圆括号。

当然，除这种直接输入的方式外，使用更多的是借助其他函数来创建 cell 数组，这些操作可归结为 cell 数组与其他数组之间的类型转换操作。例如，使用 num2cell 函数得到 cell 数组：

```
>> A=[1,2;3,4];
>> num2cell(A)
```

2. 寻址与显示

要对 cell 数组中的元素进行操作，就必须先找到它们并提取出来，这就涉及 cell 数组元素的寻址、访问问题，而寻址与三种不同括号的功能密切关联，上边讨论了圆括号()与花括号的区别，理解并掌握这些区别，才能正确地进行寻址。

例如，下面首先创建一个 2×2 的 cell 数组，它是 4 个元素构成的，其中 S(1,1)单元存放一个矩阵，S(1,2)单元存放一个子 cell 数组，S(2,1)单元存放一个计算表达式，S(2,2)单元存放一个字符串，元胞数组 S 的结构如表 3-3 所示。

表 3-3　元胞数组 S 的结构

行	列		
	1	2	
1	8　1　6 3　5　7 4　9　2	云破月来花弄影	重重帘幕密遮灯
2	1/2*a*b*sin(c)	绿杨烟外晓寒轻，红杏枝头春意闹	

元胞数组 S 的代码如下：

```
A=magic(3);                              %矩阵
B={'云破月来花弄影','重重帘幕密遮灯'};   %子 cell 数组
syms a b c t                             %声明符号变量
C=1/2*a*b*sin(c);                        %符号表达式
D='';                                    %字符串
S={A,B;C,D};
```

由上表可知，S(1,1)存储的是矩阵 A，但读者一定要明确一个概念，这里的矩阵看上去是构成 S 的一部分，但实际上 A 并不是以矩阵的概念来构成 S 的，而是 A 首先构成了子单元 S(1,1)，该子单元和其他子单元一样，都是 S 的一部分。因此，当使用圆括号提取 S(1,1)时，一定要理解提取出来的是整个 cell 数组 S 的一部分，从属性本质上讲，它和 cell 数组 S 整体具有相同的属性，都属于 cell 类型。举例来讲，从古代竹简书上摘下几片竹简，摘下的这几片虽然只是一部分，但属性上同样应该称作竹简书，而不能称之为竹片，纵然它是竹片做的。同样，使用圆括号(1,1)提取得到的是 cell 数组的一部分，其属性是 cell 数组而不是矩阵，虽然在本例中它是由矩阵构成的。

```
>> SA=S(1,1)        %提取的是子单元 cell 数组，不是矩阵
>> class(SA)        %查验提取部分的属性
ans =cell
```

如果确实想得到该部分的内容,则可以使用花括号来提取,且其属性也不再是 cell。例如:

```
>> SA=S{1,1};              %使用花括号提取内容
>> class(SA)
ans =double
```

正因为使用花括号提取的是该部分的全体内容,就可以继续使用圆括号把 SA 当作矩阵继续访问矩阵的元素。例如:

```
>> S{1,1}(2,2)             %提取矩阵的(2,2)元素
>> S{1,1}(2,1:2)           %获取该矩阵的第 2 行的 1~2 列元素
>> S{1,1}([2,1:2])         %获取 3 个元素
```

由上述可知,无论是圆括号(),还是花括号{},在提取元胞数组的子单元或内容时,其发挥功能作用只限于当前的 1 层,之所以使用 S{1,1}(2,2)形式提取矩阵元素,是因为 S{1,1}这一步,花括号完成的提取功能,只能得到矩阵,并不能涉及矩阵中的元素,要提取矩阵中的元素,还必须继续使用矩阵的寻址方式,即使用圆括号找出具体元素。

对于 S{1,1}([2,1:2])命令,读者可能有些混淆,简单解释如下:首先,S{1,1}获取了矩阵的内容全体,而([2,1:2])的含义并不是第 2 行的 1~2 列,因为第 2 行 1~2 列表示为(2,1:2),这里多了一个[ ],它使得 2,1:2 的含义发生了变化,根据[ ]的用法,它将内部数据合并成一个普通的数据向量,所以[2,1:2]实际上执行的是将 2 与 1,2 两个数据合并成一个含 3 个元素的行向量 2,1,2,因此([2,1:2])本质上是(2,1,2),并用作矩阵元素的位置编号。我们知道,矩阵寻址时,可以使用位置号查找,所以 S{1,1}([2,1:2])获取的实际是 A 的(2,1,2)号元素,其具体过程可以分解为:S{1,1}获取矩阵 A;将矩阵 A 沿各列串联向量化;查找编号为(2,1,2)号的元素;把这些元素取出来。本例中 A 向量化后的序列(数字后的括号内为序号)为 8(1)、3(2)、4(3)、1(4)、5(5)、9(6)、6(7)、7(8)、2(9),取出第 2 号、第 1 号、第 2 号,得到的是 3,8,3。

同样可分析 S(1,2)对应的子单元,S(1,2)对应一个嵌套的 cell 数组,它是由两个字符串构成的 cell 数组,因此,要想得到内容,一是使用花括号,二是继续选择使用圆括号。例如:

```
>> SB1=S{1,2}(1)           %SB1 = '云破月来花弄影'
>> class(SB1)              %ans =cell
>> SB2=S{1,2}{1}           %SB2 =云破月来花弄影
>> class(SB2)              %ans =char
```

在上述的各条指令中,S{1,2}(1)和 S{1,2}{1}的差别,并不仅仅是圆括号和花括号在外形上的差别,它们的差别,具体如下:

(1)S{1,2}(1)指令中,S{1,2}先取子单元(1,2)的全部内容,得到的内容本身是嵌套的 cell,因此,这些内容仍具有 cell 属性,可以再次使用圆括号获取其子单元(1,2)的第 1 部分,即 S{1,2}(1)获取的是子单元(1,2)的第 1 部分,得到的是 cell,使用 class(SB1)进行判断时,自然返回 cell 属性。

(2)S{1,2}{1}指令中,S{1,2}先取子单元(1,2)的全部内容,这和上述没有区别,获取的内容本身是 1×2 的 cell,通过花括号{1}再取子单元(1,2)的第 1 部分的内容,得到的是字符串,使用 class(SB2)检验,其最终结果的属性是 char。

(3)两条指令获得结果虽然看上去都是字符串,但它们的属性是不一样的,使用圆括号

得到的是 cell 子块,其属性是 cell;当使用花括号时,最终得到的是内容,该内容就是字符串本身。

在熟悉上述的区别后,读者可以试着分析下述代码,然后再运行,验证自己的分析与运行结果是否一致?

```
S{1,2}{1}(3)              %'月'
S{1,2}{2}(3:5)            %'帘幕密'
S{1,2}{2}([1,4:6])        %'重幕密遮'
```

在日常使用中,由于用户不熟悉,或者没有深刻掌握圆括号和花括号的区别,使用起来经常错误百出,感到非常不方便,建议读者仔细体会这部分内容。

3. 几个重要的函数

(1) cell。

函数 cell 用来创建空的 cell 数组,和 zeros 函数创建全零数组类似。当使用只有一个参数的格式 cell(d)时,若参数 d 是标量,则创建一个 d×d 的 cell 数组。例如:

```
n=3;C=cell(n);                %形成一个方阵cell数组
for iEle=1:n^2
    C(iEle)=num2cell(iEle);
end
C
```

若 d 是整数向量$[d_1,d_2,\cdots,d_n]$,则创建 $d_1\times d_2\times\cdots\times d_n$ 的多维 cell 数组,其中 d_i 用来确定 cell 数组的维度量值。例如:

```
>> n=3:5;  C=cell(n)
```

这里 n=[3,4,5],创建了 3 维的高维 cell 数组,各维长度量值分别为 3、4、5,"行列页"编号名称与矩阵中高维编号含义相同。

cell 的参数还可以是对象,即使用 D=cell(obj)格式,它将 Java 数组、系统字串(System.String)的.Net 数组,或者系统的对象数组转化为 MATLAB 的 cell 数组。例如,将 Java 数组进行转换:

```
strArray = java_array('java.lang.String', 3);
strArray(1) = java.lang.String('one');
strArray(2) = java.lang.String('two');
strArray(3) = java.lang.String('three');
cellArray = cell(strArray)
```

再如,下述命令读取 E 盘上的 MATLAB 文件夹,将其中的文件夹转换为 cell 数组的内容:

```
>> myList = cell(System.IO.Directory.GetDirectories('e:\MATLAB'));
>> celldisp(myList)              %因个人计算机不同,得到的文件夹名称则不一样
```

也可以获取当前输入输出文件夹内的文件名称等。例如:

```
>> myList = cell(System.IO.Directory.GetFiles('d:\MATLAB'));
>> celldisp(myList)
```

（2）celldisp。

函数 celldisp 和 disp 类似，都是显示输入参数的内容，但 disp 使用更为普遍，具有普适性，而 celldisp 则是专门为显示 cell 的内容而设置的函数，具有专一性。当使用单参数的格式时，celldisp(C)将递归地显示 C 的所有内容。例如：

```
C2={'帝出乎震,齐乎巽','相见乎离,致役乎坤';'说言乎兑,战乎乾','劳乎坎,成言乎艮'};
disp(C2)
celldisp(C2)
```

运行脚本，可知 disp 函数显示的是元胞数组 C 的结构，当其中的元素中又嵌套着新的 cell 数组时，disp 并不现实其具体内容；与之相反，celldisp 则逐一递归显示其内部信息，以前述创建的 S 元胞数组为例，disp 与 celldisp 的差别如下。

disp 显示的结果：

```
{3×3 double}    {1×2 cell                          }
{1×1 sym    }   {'绿杨烟外晓寒轻,红杏枝头春意闹'}
```

celldisp 显示的结果：

```
S{1,1} =
     8     1     6
     3     5     7
     4     9     2
S{2,1} =(a*b*sin(c))/2
S{1,2}{1} =云破月来花弄影
S{1,2}{2} =重重帘幕密遮灯
S{2,2} =绿杨烟外晓寒轻,红杏枝头春意闹
```

仔细阅读上述的 celldisp 输出，会进一步发现，在递归显示具体内容时，celldisp 按照自左到右，按列优先顺序输出各子单元的具体内容，即{1,1}→{2,1}→{1,2}→{2,2}，其中{1,2}又具体递归到下一层。

celldisp 允许用户使用指定的字符串作为输出名称，而不使用默认的 ans 或数组名称等作为输出名，其语法格式为 celldisp(C, name)，使用 name 指定输出名称即可。例如：

```
C1={'天地定位,山泽通气';'雷风相薄,水火不相射'};
celldisp(C1)
celldisp(C1,'《易经》')
```

（3）cellplot。

鉴于元胞数组内部结构的复杂性，为了更好地展示其结构，MATLAB 提供了 cellplot 函数，该函数能以图像形式直观地展示 cell 数组的结构组成，不同的内容表达为色彩不同的色块，最简单的语法格式为 cellplot(C)。例如：

```
c{1,1} = '2-by-2';c{1,2} = 'eigenvalues of eye(2)';
c{2,1} = eye(2);c{2,2} = eig(eye(2));
% cellplot(c)
cellplot(c,'legend')                        %色带说明参数
```

其对应的结构图如图 3-7 左侧部分所示。用户也可以使用含色带说明参数 legend 的格式，在绘图展示时，图中不同颜色块的说明列在绘图旁边，如图 3-7 右侧部分所示。

当元胞数组属于高维结构时，尤其当元胞数组超过 4 维时，cellplot 按照 4 维显示，即只显示"行、列、页、册"，对于"册"这一维，也只是示意性绘图展示。下面的代码绘图展示了一个高维 cell 数组的结构。

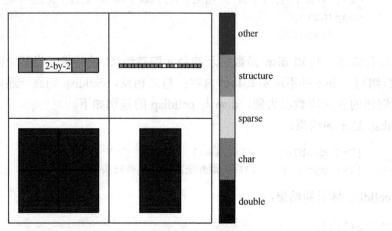

图 3-7　cell 数组 c 的组织结构图（色带说明）

```
rows=3;cols=3;pages=3;books=4;
A=reshape(1:rows*cols*pages*books, [rows,cols,pages,books]);
C=cell(rows,cols,pages,books);
for ib=1:books
    for ip=1:pages
        for ir=1:rows
            for jc=1:cols
                C{ir,jc,ip,ib}=A(ir,jc,ip,ib);
            end
        end
    end
end
cellplot(C)
```

3.2.2　cell 数组的基本操作

和矩阵一样，cell 数组也支持扩张、缩减和重排等操作。用于矩阵的许多函数，实际上也支持 cell 数组，如 reshape 函数可调整元胞数组结构的变化。cell 数组的扩增，实际上是通过行、列、页等的增加来实现的，要增加行，可使用分号隔开；要增加列，可使用逗号或空格隔开；要增加页，可通过 reshape 调整增加维数。例如：

```
rows=2;cols=3;
A=reshape(1:rows*cols,[rows,cols]);
C=num2cell(A);
subplot(1,2,1),cellplot(C);
S={'川泽纳污','山薮藏疾','瑾瑜匿瑕'};
```

```
D={C;S};                                %增加行,使用分号隔开
subplot(1,2,2),cellplot(D,'legend');
set(gca,'fontsize',13); set(gcf,'color','w');
```

对实施代码稍加修改,可以实现列扩增。例如:

```
S={'过而不悛';'亡之本也'};D={C,S};
```

cell 数组的缩减,是通过置空某一完整的维来实现的,如可以将某行、某列或某页完整置空而实现 cell 数组维数的缩减。和矩阵一样,不能只置空某行(或某列)中的一部分,置空必须针对完整的维。例如:

```
C={'过而不悛','亡之本也'; '华而不实','怨之所聚也'; '骄奢淫逸','所自邪也';
   '善不可失','恶不可长';'俭,德之共也','侈,恶之大也'};
[rows,cols]=size(C);
for ir=rows:-1:1
    cellplot(C);
    C(ir,:)=[];                         %逐一置空消减行数
    pause(1)
end
```

在实际工作中,直接手动创建 cell 数组或手动缩减 cell 数组并不常使用,cell 数组更多与其他类型数组之间进行相互转换,如转换为矩阵等。

1. cell2mat

该函数将 cell 数组转变成普通的数值矩阵。在 cell2mat(C)中,输入参数 C 是 cell 数组,要求 C 的每一个构成单元具有相同类型的数据。cell2mat 函数可接受的 C 内部数据类型包括数值型数据或字符型数据,但不接受结构体、对象或嵌套 cell 数组。数组 C 的内容必须支持能够连接成一个超矩形,否则则认为结果具有不确定性。例如,cell 数组的同一列各子单元,其内容必须有相同数量的列,但对它们的行数则不要求必须相同,如图 3-8 所示。例如:

```
C = {[1], [2, 3, 4]; [5; 9], [6, 7, 8; 10, 11, 12]};
cellplot(C,'legend');
M = cell2mat(C)
```

在这个例子中,首先绘制了 C 的组织结构图,如图 3-9 所示。构成 C 的 4 个子单元,在总体上满足以下几点要求:同行的各子单元内部行数一致,C(1,1)和 C(1,2)的都是 1 行;C(2,1)和 C(2,2)都是 2 行;同列的各子单元内部列数一致,C(1,1)和 C(2,1)都是 1 列,C(1,2)和 C(2,2)内部都是 3 列;各个子单元内部数据都是同种数据类型。又如:

```
C1={'辅车相依','唇亡齿寒','树德莫如滋'; '言之无文','行而不远','去疾莫如尽';};
M = cell2mat(C1)                        %全是字符串类型
```

2. mat2cell

该函数将数值矩阵转变成为 cell 数组,矩阵的元素转变成元胞数组的子单元。基本语法格式为 mat2cell(X,m,n),在这种调用格式中,二维数组 X 将被重新布置,形成新的 cell 数组,原 X 矩阵的相邻子矩阵成为新 cell 数组的子单元。X 矩阵的大小为[row,col],参数 m 和 n 分

别为设定新 cell 数组行数和列数的向量,且行向量各元素之和必须等于 row,列向量各元素之和必须等于 col,m 和 n 向量的各元素确定新 cell 数组的每个 cell 子单元的大小,且满足下面的公式:

```
for ilp =1:length(m)
for jlp =1:length(n)
size(c{ilp,jlp})==[m(ilp) n(jlp)]
```

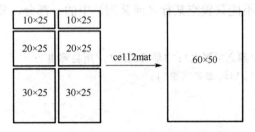

图 3-8 使用 cell2mat 产生结构变化

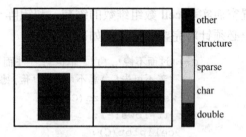

图 3-9 C 的组织结构图

对于指令语句 mat2cell(X,[10,20,30],[25,25]),详解如下:

(1)向量参数的个数决定着转成新 cell 数组的维数,每增加一个向量参数,则元胞数组的维数增加一个,本句代码中只有 m、n 两个参数,则说明新 cell 数组是二维的。如果增加一个向量参数 P,则 P 为第三维参数,按照行、列、页、册、卷的升级顺序,则 P 对应着页这一维。

(2)行向量 m 用来控制 cell 数组中子单元行的属性,其中存放着形成新 cell 数组时,各子单元具有的行数,具体到本句代码,m 的元素个数有 3 个,则说明新 cell 数组将包含 3 个行块,具体量值 10/20/30,是指原始矩阵的 60 行数据,被分配到新的 3 个子单元中,各单元中分别含有 10 行、20 行、30 行数据。

(3)列向量 n 用来控制子单元列的属性,它与 m 的含义类似,只是管理着列的布置,n 中存放着形成新 cell 数组时,各子单元的列数。具体到本句代码,n 的元素个数有 2 个,则说明新的 cell 数组将包含 2 列子单元。这里的具体量值为 25/25,是指在形成新的 cell 数组时,原始矩阵的 50 列数据被分为两个列块子单元,各列子单元分别含有的数据列数。各子单元的剖分示意如图 3-10 所示。例如:

```
n=4; A=zeros(n); A(:)=1:n^2;
C1=mat2cell(A,n,n);              %没有进行剖分
C2=mat2cell(A,[2,2],[2,2]);      %行列各剖分成 2 份
C3=mat2cell(A,[1,1,2],[2,2]);    %行分成 3 份,列分成 2 份
C5=mat2cell(A,[0,4],[4,0]);      %行分成 2 份,列分成 2 份
```

3. num2cell

该函数将数值数组转换成 cell 数组,使用 C=num2cell(A)时,通过将数组 A 的每个元素逐一转换为 cell 数组 C 的子单元,最终实现数组 A 到 cell 数组 C 的转换。输出数组 C 与输入数组 A 具有相同的大小和尺寸,在 C 中,每个子单元格都包含 A 中相同的数值作为其各自的元素。例如:

```
>> a = magic(3);
>> c = num2cell(a)
```

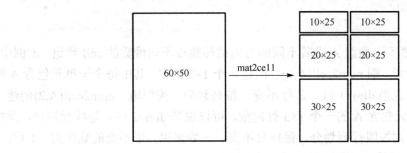

图 3-10 矩阵转为 cell 数组后的结构剖分

当数组 A 为汉字字符串数组时，该函数会将每个汉字分开，使用 cellplot 绘图时，得到如同字框的效果。例如：

```
A=['花自飘零水自流';'此情无计可消除'];
C=num2cell(A)
cellplot(C)
```

结果如下，如图 3-11 所示。

```
C =  2×7 cell 数组
    {'花'}    {'自'}    {'飘'}    {'零'}    {'水'}    {'自'}    {'流'}
    {'此'}    {'情'}    {'无'}    {'计'}    {'可'}    {'消'}    {'除'}
```

图 3-11 中文字符数组的 cellplot 效果

把字符串进行转置，还可以得到对联的效果。例如：

```
>>A=['源远而流长';'根深即果茂']';
>>cellplot(num2cell(A))
```

对于英文字符串，则把每个字母当作一个 cell 子单元。例如：

```
>> A='Every day of thy life is a leaf in thy history.';
>> num2cell(A)
```

num2cell 允许用户利用 dim 参数指定转换时沿着哪一维方向进行，在 C= num2cell(A, dim) 中，返回值 C 包含长度为 size(A, dim) 的 numel(A)/size(A,dim) 个向量，输入参数 dim 指定了转换时的参照维，参数 dim 必须是一个介于 1 到 ndims(A) 的整数值。例如：

```
n=3;A=zeros(n);A(:)=1:n^2;
for ilp=1:n
    C=num2cell(A,ilp);
```

```
        subplot(1,n,ilp),cellplot(C)
        txt=sprintf('dim=%d',ilp);
        title(txt)
    end
```

运行该脚本,随着循环,数组 A 沿着不同的方向被转换成不同维数的 cell 数组。本例中,参数 dim 可以是一个标量,则 num2cell(A,1)会创建一个 1×3 的 C,其中每个子单元包含 A 的一个 3×1 列向量,可以说当 dim=1 时,是行不变,按列划分。类似地,num2cell(A,2)创建一个 3×1 的 C,每个子单元包含 A 的一个 1×3 行向量,可以说当 dim=2 时,是按行划分,保持列不变;当 dim=3 时,则按照行列划分,保持页不变。一般来说,维不变的顺序为:1 行,2 列,3 页,4 册,5 卷,等等。

参数 dim 还可以推广到向量,如 num2cell(A,[1,2])会创建一个 1×1 的 C,此时 cell 本身将包含整个数组 A。在 num2cell(A,[dim1, dim2,⋯])这种转换格式中,参数[dim1, dim2,⋯]用来确定转换后的 cell 数组的维长度量值,设有变量 X 和 Y,且满足 X=size(A,dim1),Y=size(A,dim2),则返回值 C 包含 numel(A)/prod(X,Y,⋯)个数组,每个数组的大小都是 X×Y×⋯,所有的 dim 都必须为整数,且介于 1 到 ndims(A)之间。例如:

```
n=4;A=zeros(n);A(:)=1:n^2;
for ir=1:n
    for jc=1:n
        if jc~=ir
            dim=[ir,jc];  C=num2cell(A,dim);
            ip=(ir-1)*n+jc; subplot(n,n,ip);
            cellplot(C); title(sprintf('[%d,%d]',ir,jc));
        end
    end
end
```

4. cellstr

该函数把字符串数组转换为 cell 数组,在 cellstr(S)中,S 是一个 m×1 的字符串数组,cellstr 把 S 的每一行字符串转换为 cell 子单元,并去除字符串结尾处的空格。要实现反向功能,可使用 char 函数。例如:

```
>> S = ['abc '; 'defg'; 'hi j'];
>> cellstr(S)
>> char(ans)
```

除上述函数外,还有 cell2struct(将元胞数组转变成为结构),struct2cell(将结构转变为元胞数组)等函数,在学习完 struct 的内容后,再学习这些函数的应用。

3.2.3 cell 数组操作函数简介

在前边,我们已经详细探讨了 cell 数组的常用函数与转换函数。在这一小节中,我们将集中学习和 cell 数组操作有关的逻辑函数和功能执行函数 cellfun 等。

1. iscell

iscell 用来判断它的输入参数是否为 cell 数组,返回值为真假两种。在 MATLAB 中,is* 类型的函数很多,几乎都是用来判断是否属于某类型或具有某属性等。例如有:isstruct,isnumeric, isobject, islogical, 等等。iscell 的用法简单明了,其调用格式为 iscell(A),如果 A 为 cell 数组,则返回 1 或 true,否则返回 0 或 false。例如:

```
C={'叶上初阳干宿雨','水面清圆','一一风荷举'};
D=['五月渔郎相忆否','小楫轻舟','梦入芙蓉浦'];
ctf=iscell(C)
dtf=iscell(D)
```

2. deal

函数 deal 用来将输入参数赋值给各个输出参数,使用调用格式[A,B,C,…]= deal(X,Y,Z,…)时,会将输入的 X,Y,Z 等一一对应地输出到 A,B,C 等,即有 A=X, B=Y, C=Z,…。例如:

```
[A,B,C,D,E]=deal('夕阳轻抚着古老的村庄,',...
'归巢的鸟儿在田野中飞翔,',...
'枯黄的蔷薇摇曳着红砖墙,',...
'葡萄架的绿萌斑驳着时光,',...
'屋瓦上青苔铺满了忧伤.')
```

当 deal 的输入参数只有一个,与输出参数的个数不匹配时,如[A,B,C,…]= deal(X),则会将输入的 X 赋给每一个输出的参数,即有 A=X, B=X, C=X,…。例如:

```
[A,B,C,D,E]=deal('住进布达拉宫,我是雪域最大的王');
disp([A;B;C;D;E]);
```

函数 deal 常用于 cell 数组和结构体,当这两种数据类型要通过逗号来分隔列表进行扩张时,最为常用。例如在 cell 数组中,试比较[X1,X2,X3]=deal(X(:))和[X1,X2,X3]=deal(X)的不同,在结构体方面也有类似的操作,在学习完 struct 的内容后再讨论。

实际上,在许多情况下不必非要使用 deal,对于 cell 数组,下面的用法具有同样的效果,但省略了 deal 函数。例如:

```
>> C=num2cell([1,2,3;4,5,6])
>> [X1,X2,X3]=C{:}          %这里的 C 必须是 cell 数组,普通矩阵不能这样使用
```

从这个例子可知:省略 deal 的情况只允许应用在 cell 数组和 struct 上;当 cell 数组的子单元个数大于输出参数的个数(供应充足)时,按照列格式优先,自左向右逐一分配;当 cell 数组的子单元个数少于输出参数的个数(供应不足)时,则报错。例如:

```
>>[X1,X2,X3,X4,X5,X6,X7]=C{:}
```

3. cellfun

该函数为 cell 数组的每个 cell 子单元执行指定的函数。这种函数具有类似于批处理的功能,类似的函数还有 arrayfun、cell2mat、spfun 等,cellfun 典型的调用格式为[A1,…,Am]= cellfun(func,C1,…,Cn),函数将调用由参数 func 指定的函数,参数 func 为函数句柄,指向的

函数能够接收 n 个输入参数，并返回 m 个输出参数。如果函数 func 对应多个函数文件，也就是说，函数表示一组重载函数，那么 MATLAB 将根据输入参数的类型来确定调用哪一个函数。具体使用时会将 cell 数组 C1,⋯,Cn 的元素传递给调用函数。这里 C1,⋯,Cn 的数据必须满足维数相同。A1,⋯,Am 为输出数组，其中 m 是输出参数的个数，其内包含函数调用结果的综合输出。第 i 个迭代对应的语法格式为[A1(i),⋯,Am(i)]=func(C{i},⋯,Cn{i})。当调用函数具有特定的执行顺序时，cellfun 函数不支持其调用。例如：

```
>> C = {1:10, [2; 4; 6], [ ]};
>> averages = cellfun(@mean, C)
```

在这个例子中，cell 数组具有 1×3 的组织结构，这里句柄函数指定到均值函数 mean，则 cell 的 3 个子单元被分别传递到 mean 函数中进行处理，得到结果。若将 mean 换为函数 size，并提供输出参数，代码如下：

```
>> [nrows, ncols] = cellfun(@size, C)
nrows =
     1     3     0
ncols =
    10     1     0
```

从这里可以看出：输出参数都以数组形式出现，在 size 函数的[nrows,ncols]=size(X)调用格式中，nrows、ncols 都是标量，但在这里则作为数组出现，分别对应着如表 3-4 所示的子单元。

表 3-4 cellfun 中的子单元与返回数组中元素的对应关系

行	列	子单元
1	10	1:10
3	1	[2;4;6]
0	0	[]

（2）指定的函数如 mean、size 等都具有普适性，没有对数据顺序有特殊要求。能够在 cellfun 函数中使用的函数个数是有限的，下面是一些能在 cellfun 中使用的函数：isempty（若元胞元素为空，则返回逻辑真）；islogical（若元胞元素为逻辑类型，则返回逻辑真）；isreal（若元胞元素为实数，则返回逻辑真）；length（元胞元素的长）；ndims（元胞元素的维数）；prodofsize（元胞元素包含的元素个数）；等等。返回参数的格式和单纯调用指定函数时类似，如调用 size 时，返回的多数是[rows,cols]，如果加上多余的参数，如[rows,cols,kpages]，则它们被设定为真。例如：

```
C = {1:10, [2; 4; 6], []};
[nrows, ncols,kpages,lbooks,mvols] = cellfun(@size, C)
```

除上述格式外，cellfun 还支持用户指定参数名称与参数值的设定格式，具体使用格式为：

```
[A1,⋯,Am] = cellfun(func,C1,⋯,Cn,Name,Value)
```

这种调用格式除执行前述调用的功能外，用户使用一个或多个"参数名称/参数设定值"这种"名值对"来进行设定，参数名字可能的值是 UniformOutput 或 ErrorHandler，其含义如表 3-5 所示。例如：

```
>> days = {'Monday', 'Tuesday', 'Wednesday', 'Thursday', 'Friday'};
>> abbrev = cellfun(@(x) x(1:3), days, 'UniformOutput', false)
```

```
>> abbrev = cellfun(@(x) x(1:3), days, 'UniformOutput', true)
                                                % 错误使用 cellfun
```

表 3-5 cellfun 函数的参数名值对含义

参数	含义	
UniformOutput	逻辑变量，取值	
	true 或 1	func 必须返回标量，由 cellfu0 连接成数组
UniformOutput	false 或 0	cellfun 以元胞数组的形式返回 func 的输出。func 的输出可以具有任意大小和不同的数据类型
	默认值：true	
ErrorHandler	用于捕获错误的函数，指定为以逗号分隔的，其中包含 'ErrorHandler' 和一个函数句柄。如果 func 引发错误，'ErrorHandler'指定的错误处理程序将捕获该错误，并执行该函数中指定的操作。错误处理程序必须以两种方式处理错误：或者引发错误，或者返回与 func 同样数量的输出。如果'UniformOutput'的值为 true，则错误处理程序的输出参数必须为标量，而且数据类型必须与 func 的输出相同。	
	错误处理程序的第一个输入参数是包含以下字段的结构体	
	identifier	错误标识符
	message	错误信息文本
	index	输入数组中 func 引发错误的位置的线性索引
	错误处理程序的其余输入参数是导致 func 出现错误的 func 调用的输入参数	

下例计算了 cell 数组 C 和 D 的协方差，因为协方差输出非标量，故设置 UniformOutput 为 false。

```
C1 = rand(5,1); C2 = rand(10,1); C3 = rand(15,1);
D1 = rand(5,1); D2 = rand(10,1); D3 = rand(15,1);
C = {c1, c2, c3}; D = {d1, d2, d3};
covCD = cellfun(@cov, C, D, 'UniformOutput', false)
```

3.2.4 string 与 char 的区别

为了方便使用字符串，MATLAB 从 R2016b 版开始，允许用户使用字符串数组而不是字符数组来表示文本。字符串数组的每个元素存储一个字符序列，序列可以具有不同长度，手工输入时无须填充空白补齐，只有一个元素的字符串数组也称为字符串标量。下面举例对比说明字符串数组和字符数组的区别，先创建 a 和 b。

```
a="hello world!"
b='hello world!'
```

创建字符串数组时，使用双引号；而创建字符数组时，使用单引号。二者使用的符号不同。再测试其长度：

```
length(a)   % ans=1
length(b)   % ans=12
```

通过测试发现，使用双引号创建的字符串数组，其长度为 1，而使用单引号括起来的字符串，其长度为包含的字符个数 12。更深的理解应该是：字符串数组的单位是"串"，而字符数组的单位是"字符"。字符串数组 a 中只有 1 个串,字符数组 b 中则含有 12 个字符。实际上 a 和 b 属于两个不同的类型,测试它们的具体类型。

```
class(a)    % ans ='string'
class(b)    % ans ='char'
```

可知两者的类型不同,由双引号创建的字符串数组,属于 string 型;而由单引号创建的字符数组,属于 char 型。正是由于它们分属不同的类型,所以在访问元素时,寻址方式不一样:由于 a 的长度为 1,所以只能使用索引值 1 作为 a 的元素索引,任何尝试使用诸如 a(1:5) 取出 "hello" 这个字符串的操作,肯定失败,因为索引值超限。试运行:

```
a(1:5)    % 不可以
```

但用户使用 a(1:1)或 a(1)时,从语法上看能正常运行,但并不会取出 "hello",而是把整个 "hello world!" 全部取出。当使用 a(1:1)时,它按照数组的行列编号访问 a 的元素,即访问 a 的第 1 行第 1 列的元素(全部内容),a 中至少有这个元素,所以运行时不会出错;当使用 a(1)格式时,这里的(1)是元素的序列编号,a(1)意指 a 的第 1 个元素(全部内容),运行时在语法上也不会出错。

实际上,使用双引号创建的 a 是一个 cell,访问它的元素内容,需要使用花括号{},若要继续访问细节,则再使用圆括号()。例如:

```
a{1}(1:5)            %可以
a{1,1}(1:5)          %可以
```

除了访问时的不同,在存储时也不一样。例如,将 a 和 b 分别作为元胞数组 s 的元素,则存储时,两个元素的格式不一样。

```
s={a,b}
s =1×2 cell 数组
{["hello world!"]}  {'hello world!'}
```

元素 a,b 存储的表现不同,在作为 cell 数组的元素时,双引号括起来的字符串,被当作一个字符串整体,在显示时,先以[ ]括起来,再使用{ }标识;而单引号括起来的字符串,其直接被{}包围。

3.3 结构数组

为了适应现代化编程的需要,除了字符数组与 cell 数组,MATLAB 为实现复杂编程还提供了 struct 类型,本节学习和 struct 类型有关的知识点。

在谈论矩阵时,"数值"元素是基本组成单位;在学习字符数组时,"字符"元素是基本组成单位;在讨论元胞数组时,子单元 cell 是基本构成单位;同样地,本节学习的 struct 数组,其基本组成单位自然称为结构。也有教材称结构数组为结构体,在不影响理解的前提下,两种名称均可,本书称之为结构数组。

如果将 cell 数组比作街区,寻访每个构成单元需要使用下标定位的话,那么对于结构数组,就可以比作一个超市。在超市中,要找到某个商品,除了需要知道货物在哪个分区,还

要知道具体的货架位置。同样地，要寻访结构数组中的内容，除了要知道结构数组中的"货物分区"，还要知道"货架编号"。结构数组引入了"字段"这个概念，用关键字 field 表示，也被称作域，它相当于超市中的"货物分区"。结构数组中的下标，相当于超市中的"货架编号"。因此，通过字段与下标位置，就可以精确确定寻址位置。无论何种数组，其中的构成元素都具有平等的地位，结构数组中的各个 struct 元素也不例外。

为了有一个直观理解，先看一个称作"杂货铺"的简单结构数组，具体如下：

```
VarietyShop.food={'大米','白面','小杂粮';'蛋制品','奶制品','调味品'};
VarietyShop.tool={'锹扫锄犁','五金线材','卫生除扫'};
VarietyShop.clothes={'李宁',300;'乔丹',280;'踏步',350};
VarietyShop.wages=[2345,3451,2280,3451;4099,2324,1789,3000];
VarietyShop.people.man='李磊';
VarietyShop.people.woman='韩梅梅';
```

在这个结构数组中，各句代码共有的名称 VarietyShop 就是结构数组的名称，除此之外，还有其他以圆点操作符连接的名称，如 food、tool、clothes、wages、people 等。这些名称，就是结构数组的字段（field），等号右侧以不同类型的数据表示了具体内容，对应着字段的取值，也是结构数组各组成部分的具体构成，表 3-6 列出了该结构数组的具体组织架构。众所周知，对于小型杂货铺来讲，可能有各种不同的商品货架分区，如粮油区、工具区、服装区等，此外还有工人工资管理、人员登记等，这些都是杂货铺生产经营必要的组成部分。使用一个结构数组，就可以把这种复杂结构的事物描述出来，所以，引入结构数组，有助于在编程中实现复杂事物的描述。

表 3-6 结构数组的组织架构

结构数组名称	字段名	字段名	字段的值（内容）
VarietyShop	food		大米，白面，小杂粮
			蛋制品，奶制品，调味品
	tool		锹扫锄犁，五金线材，卫生除扫
	clothes		李宁，300
			乔丹，280
			踏步，350
	wages		2345, 3451, 2280, 3451
			4099, 2324, 1789, 3000
	people	man	李磊
		woman	韩梅梅

3.3.1 结构数组的创建

MATLAB 提供了两种定义（或创建）结构数组的方式：直接引用创建和使用 struct 函数。

1. 使用直接引用方式定义结构数组

与手工输入建立矩阵一样，手工输入建立新结构数组也不需要事先声明，可以直接引用，且可以动态扩充。例如，要创建上例中的杂货铺结构数组，可直接给出数组名称、字段名称及取值等。

```
VarietyShop.food={'大米','白面',…,'调味品'};    %创建的字段名为 food,并赋给值
```

此时，如果观察 VarietyShop 的结构，它是一行一列的，通过赋予编号，可以将其动态扩充为数组。例如，通过对结构数组名称加上维长度量值，使之扩展为 2 行 3 列的结构数组。

```
VarietyShop(2,3).food={'大米','白面','小杂粮';'蛋制品','奶制品','调味品'};
.................省略.................
VarietyShop(2,3).people.woman='韩梅梅';
VarietyShop
```

这种扩展实际上和矩阵扩展没什么区别，当在命令行窗口中输入 A=5 时，本质上是矩阵 A 保存了一个数值 5，此时矩阵 A 为 1×1 的；如果将 A 后补上维长度量值，如修改成 A(3,3)，则 A 就变成了 3×3 的矩阵。同样地，对于结构数组 S，如果没有维长度量值，就是一个 1×1 的结构数组，如果加上维长度量值，就是结构数组 S(3,3) 了。

2. 使用 struct 函数创建结构数组

使用 struct 函数也可以创建结构数组，该函数可生成（或把其他形式的数据转换为）结构数组。struct 函数的语法格式为 s=struct('field1',values1,'field2',values2,…);在这种格式中，使用成对的语法结构来创建结构数组，即"字段名称-字段取值"，其中的字段名称 field1，对应着取值 values1；字段名称 field2，对应着取值 values2，以此类推。并且要求数据 values1、values2 等必须为具有相同维构成的数据。例如：

```
>>s1= struct('type',{'big','little'},'color',{'blue','red'},'x',{3,4})
                                   %3 个 values 具有 cell 结构
s1=                                %都是 1 行 2 列，故结构数组 s1 为
1x2 struct array with fields:      %1×2 的结构数组
type
color
x
```

上例中得到了 1×2 的结构数组 s1，它包含了 type、color 和 x 共 3 个字段，各字段的取值分别为 {'big','little'}、{'blue','red'} 和 {3,4}，从 3 个取值的结构上看，都是 1×2 的 cell 数组，故 s1 的维结构也是 1×2。类似地，如果将 struct 函数写成下面的形式：

```
>>s2= struct('type',{'big';'little'},'color',{'blue';'red'},'x',{3;4})
                                   %3 个 values 具有相同结构
```

由于 3 个取值的构成是 2×1 的 cell 数组，故结构数组 s2 的维构成是 2×1 的。之所以要求各字段的取值构成必须一致，还是源于数组本质的要求，在矩阵中，不允许各行（或各列）之间的数据个数不一致，结构数组的这个要求与此同理。此外，虽然 MATLAB 支持中文字符串，但字段名不允许使用中文字符，因为字段名本质就是变量名。

上面给出了两种不同形式的构建方法，手工创建时，不需要考虑不同字段在数据构成上是否匹配，且可以创建具有嵌套形式的结构数组；而使用 struct 函数时，则必须考虑不同字段数据构成上的匹配性，也不支持嵌套形式的结构数组。例如，手工输入创建：

```
school.grade={'初中一年级','初中二年级','初中三年级'};
school.course={'数学','物理','化学','语文','外语','历史','地理'};
school.teacher={'高级教师','中级教师','初级教师'};
school.classroom.layer={'二层','四层','五层'};
school.classroom.range={'50人','55人'}
```

上例中，字段 grade、course 和 teacher 等都是直接输入的，因此其内容结构上可以不一致，grade 的内容是 1×3 的 cell 数组；course 的内容是 1×7 的 cell 数组，二者在数据构成上允许维结构不一致。此外，上例中还创建了嵌套性的结构，字段名称 classroom 下面还有两个字段名（layer 和 range），形成了嵌套结构。但是，上例中的结构不能使用 struct 函数创建，当使用下述代码创建 school 结构时，则会出错。

```
school=struct('grade',{'初中一年级','初中二年级','初中三年级'},...
    'course',{'数学','物理','化学','语文','外语','历史','地理'},...
    'teacher',{'高级教师','中级教师','初级教师'})
```

运行结果如下：

```
错误使用 struct
输入 '4' 的数组维度必须与输入 '2' 的数组维度匹配或者为标量。
```

截至目前，我们尚未见到大型的结构数组，实际上，MATLAB 中就有许多大型的结构数组，其中最常用到的是绘图基础设置的结构数组，在命令行窗口运行下述代码，读者可以看到包含 141 个字段的一个结构。

```
>>plot(1,1); s=get(gca)
```

部分结构字段如下：

```
s = 包含以下字段的 struct:
CameraPosition       : [1 1 17.3205]
CameraPositionMode   : 'auto'
CameraTarget         : [1 1 0]
CameraTargetMode     : 'auto'
CameraUpVector       : [0 1 0]
CameraUpVectorMode   : 'auto'
```

3.3.2 结构数组的访问

使用结构数组前，首先要了解结构数组中各字段的值，要查看结构数组各字段的值直接输入结构数组的名称即可，MATLAB 会列出结构数组每个字段的名称和取值；如果只想访问某个特定的字段，则通过单独指定即可。例如，指令 VarietyShop(2,3).people，它给出的信息是：有一个称作 VarietyShop 的结构数组，该结构数组包含 6 个子结构，这些子结构排成 2 行 3 列，现在要显示位于第 2 行第 3 列的子结构中字段为 people 的内容。例如：

```
>> VarietyShop(2,3).people
ans =
    man: '李磊'
    woman: '韩梅梅'
```

除直接访问之外，MATLAB 还提供了获取字段内容的 getfield 函数。最简便的语法格式为 F = getfield(S,'field')，这种格式会返回指定字段的内容，该格式等价于 F=S.field，此时 S 必须是 1×1 的结构数组。例如：

```
s.a={'qqq','e3e3e'};
s.b.c.d.e={'hello'};              %多重嵌套
ra=getfield(s,'a')                %获取字段名称'a'对应的内容
```

在这种使用格式中，当含有嵌套的字段名时，getfield 只获取第一层字段对应的内容，它不能直接获取深层嵌套的字段名对应的内容。例如：

```
rb= getfield(s,'b')               %OK
getfield(s,'e')                   %测试会报错
```

getfield 允许使用更详细的结构索引与字段索引来访问特定的内容，使用的语法格式为：

```
getfield(Sn,{Struct_index},Field_Name,{Field_index})
```

其中，Sn 是结构数组名称，指明要读取哪个结构数组；Struct_index 是结构索引，以花括号括起来使用；Field_index 是字段索引，同样以花括号括起来使用。需要注意，结构索引指的是各字段取值的结构维度构成中的行列位置，字段索引则是数据内部细节位置的坐标。例如：

```
>>s1= struct('type',{'big','little'},'color',{'blue','red'},'value',{3,4})
```

根据 3 个字段取值的组成结构，可知 s1 是 1×2 的结构数组，结构索引（行列号）与取值如表 3-7 所示；各字段取值内部（如 big 中的 b、i、g 等）字符位置与字符等的对应关系也列于表 3-7 中。因此，要精确控制读取各值，需将结构索引与字段索引配合使用，并各自使用花括号指定行列位置即可。例如：

```
>>getfield(s1,{1,2},'type',{2:5})
```

对这条指令进行解释，其中的 s1,{1,2},'type' 3 个参数表示"读取 s1 中字段名称为 type 的第 1 行第 2 列的数据"，根据表 3-7 可知 type 字段的(1,2)位置为 little，参数{2:5}表示读取 little 这个字符串内部位于 2 到 5 的字符，可知得到的是 ittl。

上述的读取过程，可以看作在超市中找到某商品的存放位置，s1 相当于超市卖场名称，字段名称 type 相当于某类货物分区，而结构索引{1,2}相当于货物分区中的具体货架编号，字段索引{2:5}则相当于货架上某层的具体位置。

表 3-7 结构索引与取值

字段名称	结构索引	取值	字段索引					
			1	2	3	4	5	6
type	1,1	big	b	i	g			
	1,2	little	l	i	t	t	l	e
color	1,1	blue	b	l	u	e		
	1,2	red	r	e	d			
value	1,1	3	3					
	1,2	4	4					

除使用上述这种格式外，getfield 还支持使用位置编号的形式读取，对比如下代码：

```
getfield(s1,'type')              %(1) big
getfield(s1,{1},'type')          %(2) big
getfield(s1,{2},'type')          %(3) little
getfield(s1,{1,2},'type')        %(4) little
```

上述 4 句代码中，第 1 句未指定结构索引，只读取字段 type 的第 1 个值 big；第 2 句指定了结构索引{1}，获取 type 的第 1 个值 big；第 3 句指定了结构索引，获取 type 的第 2 个值 little；第 4 句指定了结构索引，具体位于 type 的第 1 行第 2 列，即 little。在上述的（3）、（4）句代码中，虽然都获取了 little，但二者还是有一些内在区别的：在 getfield(s1,{2},'type')中，这里的{2}是结构索引编号，更明确的含义是索引序号，我们知道在矩阵中，矩阵的所有元素可以按列串成一个向量，每个元素都给予唯一序号，这里的编号{2}，与矩阵向量化后的序号同义。而在 getfield(s1,{1,2},'type')中，这里的{1,2}是行列位置号。例如：

```
s1= struct('type',{'big','little';'middle','large'},…
    'color',{'blue','red';'green','pink'},'value',{3,4;5,6})
getfield(s1,{3},'color')
```

在这个结构数组中，字段 color 的值是 2×2 的数组，从{'blue','red';'green','pink'}的排列看，若把这 4 个取值串成一个向量，则值与序号的对应关系为：blue(1),green(2),red(3),pink(4)，位于序号{3}的是 red。对于字段索引，同样如此。例如：

```
getfield(s1,{3},'type',{1,3})
getfield(s1,{3},'type',{3})
```

getfiled 允许使用嵌套的字段名称，当涉及多个嵌套字段时，可以使用连续引用。下面的例子中嵌套了 4 级，试分析结果，你理解了吗？

```
S(3,3).S1(2,2).S2(3,3).S3(2,2).data=magic(3);
getfield(S,{3,3},'S1',{2,2},'S2',{3,3},'S3',{2,2},'data',{2,2})
```

3.3.3 结构数组的操作函数

除构建结构数组、获取字段内容外，对于结构数组的操作，还包括以下内容：结构数组的缩减、字段获取、字段设置、排序等。这些函数包括 setfield、isfield、fieldnames、orderfields、rmfield、structfun 等，本节将学习这方面的内容。

1. setfield

该函数用来设置结构数组中字段的内容，其调用格式为 setfield(S,'field',V)，它会将指定的字段内容设定为 V 值，用法等价于 S.field=V，这里的 S 必须是 1×1 的单结构数组。例如：

```
Aph=struct('Saying',[ ])
Aph=setfield(Aph,'Saying','再远的飞行也要着陆,再长的旅行总会回家。')
```

同样地，S=setfield(S,{i,j},'field',{k},V)等价于 S(i,j).field(k)=V;。例如：

```
Aph(1,2)=struct('Saying',[]);
Aph=setfield(Aph,{1,1},'Saying','再远的飞行也要着陆,再长的旅行总会回家。');
```

```
Aph=setfield(Aph,{1,2},'Saying','一个人的意志可以越来越坚强,但心灵应该越来越
柔软。');
```

换言之,格式 S=setfield(S,sub1,sub2,…,V)将结构数组 S 的内容设定为 V,其中的下标或字段索引等参数以 sub1、sub2 来表达,下标以花括号{}形式给出,在格式上要符合 cell 数组的表达语法,并独立传递给函数,字段索引参数则以字符串形式给出。同样地,格式"s = setfield(s,{sIndx1,…,sIndxM},'field',{fIndx1,…,fIndxN},value)"等价于"s(sIndx1, …, sIndxM).field(fIndx1,…,fIndxN) = value"。例如:

```
grades =[];                                         %结构数组名称
level =5;                                           %结构数组维数
semester ='Fall';                                   %字段名称
subject ='Math';
student ='Joe';
fieldnames ={semester,subject,student}              %字段组成 cell 数组
newGrades_Joe =[85,89,76,93,85,91,68,84,95,73];     %字段值
grades = setfield(grades,{level},fieldnames{:},{2,21:30},newGrades_Joe)
grades(level).(semester).(subject).(student)(2,21:30)    %查看新内容
size(grades)
```

上述 setfield 函数将成绩设置到结构数组 grades 的第 5 个子结构中,该子结构包括三级字段,分别是学期、科目和学生,具体化为秋季学期、数学和 Joe,此时这 3 个字段可以看作子结构,在 Joe 字段下,划分了数据存放区,其中{2,21:30}指定了确定的存放位置。这种设置方式,有助于批量化处理复杂数据。图 3-12 给出了存储示意图。

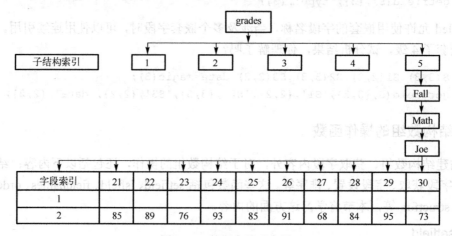

图 3-12 数据存储示意图

下面试着编写一个多层结构的代码,你能分析其结果吗?

```
n=5;A=magic(n);S=[];fn=cell(1,n);
for ilp=1:n
    str=['S',num2str(ilp)];
    fn(1,ilp)={str};
end
S=setfield(S,{n,n},fn{:},{1:n,1:n},A)
```

2. isfield

该函数用来判断某字段是不是位于结构数组内的字段，是则返回真或 1，否则返回假或 0。常用 isfield(S,field)格式，其中 S 为结构数组名称，field 是字段名参数。例如：

```
>>patient.name ='John Doe';
>>patient.billing =127.00;
>>patient.test =[797573;180178177.5;220210205];
>>isfield(patient,'billing')
```

3. fieldnames

该函数用来获取结构数组的字段名称或对象属性，返回一个存放结构数组 S 字段名称的 cell 数组。例如：

```
s(1,1).name = 'alice'; s(1,1).ID = 0;
s(2,1).name = 'gertrude'; s(2,1).ID = 1;
names = fieldnames(s)
```

将上述的 ID 稍微改写，增加几层嵌套。例如：

```
s(1,1).ID.add.pro.distr = 0.312
```

再次调用 fieldnames 函数，则 fieldnames 获取字段名称时，只获取子结构数组第一层嵌套的字段名称，深层嵌套的不予考虑。例如：

```
names = fieldnames(s)
```

fieldname 函数支持对象作为参数，如 fieldnames(obj)，它将返回一个字符串型 cell 数组，其中包含对象 obj 公共属性的名称。MATLAB 的对象允许重载字段名称并定义新的操作。考虑目前尚未学习面向对象编程，这里不进行深入介绍。例如：

```
>> obj = java.lang.Integer(0);
>> names = fieldnames(obj)
```

当参数为 obj 对象，且使用 full 进行修饰时，如 fieldnames(obj,'-full')，返回的 cell 数组中包含名称、类型、属性和继承于 obj 对象的属性，但这种格式只支持 Com 或 Java 对象。继续上边的例子：

```
>> names = fieldnames(obj,'-full')
```

4. orderfields

该函数用来为结构数组的字段名称排序。需要说明的是，函数 orderfields 只对顶层字段顺序排序，嵌套的字段不予考虑。排序时，字段名称以 ASCII 字典顺序排列。例如：

```
>> s = struct('b', 2, 'c', 3, 'a', 1)
>> snew = orderfields(s)
```

当使用双字段参数时，如 orderfields(s1,s2)，重排 s1 结构数组的字段顺序，使得新排序结果与 s2 结构数组中的字段顺序一致，这种格式要求 s1 和 s2 的字段名称必须相同；若其中的 s2 为 cell 数组，即 orderfields(s1,C)，则重排 s1 结构数组的字段顺序，使得新排序结果与 cell 数组 C 中的字符串名称顺序一致，这种格式要求 s1 和 C 的字段名称字符串必须相同。例如：

```
>> [snew, perm] = orderfields(s, {'b', 'a', 'c'})
```

5. rmfield

该函数用来从结构数组中删除指定的字段。例如：

```
S.a='挥洒以怡情,与其应酬,何如兀坐; ';
S.b='书礼以达情,与其工巧,何若直陈; ';
field='b';  S=rmfield(S,field)
```

6. structfun

该函数和前边学习过的 cellfun 类似，它将指定的函数作用于标量结构的每个字段，属于批处理形式的操作。在 A=structfun(fun,B) 这种格式中，将参数 fun 指定的函数应用到标量结构 B 的每个字段上，返回结果到数组 A。A 是一个列向量，其大小等于 B 的字段名称个数。A 的第 n 个元素，存放的是 fun 函数作用于 B 的第 n 个字段的结果，字段的顺序与使用函数 fieldnames 返回的顺序一致。这里 fun 是函数句柄，它接受一个输入参数，并返回标量值。每次调用时 fun 指定的函数必须返回相同的类。如果 fun 指代一组重载函数，则 structfun 遵循 MATLAB 调用函数的调度规则。例如：

```
C.s1='一失足成千古恨,再回头是百年人。';
C.s2='居轩冕之中,不可无山林的气味;处林泉之下,须常怀廊庙的经纶。';
C.s3='学者要有兢业的心思,又要有潇洒的趣味。';
C.s4='平民种德施惠,是无位之卿相;仕夫贪食财好货,乃有爵的乞人。';
lengths = structfun(@numel, C);         %每一个字段都是标量结构,运行正常
```

又如：

```
>>shortNames = structfun(@(x) ( x(1:5) ), C, 'UniformOutput', false)
```

假如修改上述代码，使之变为非标量结构数组，则运行出错。例如：

```
C1.s1='一失足成千古恨,再回头是百年人。';
C1.s2='居轩冕之中,不可无山林的气味;处林泉之下,须常怀廊庙的经纶。';
C2.s4='平民种德施惠,是无位之卿相;仕夫贪食财好货,乃有爵的乞人。';
C2.s6='觑破兴衰究竟,人我得失冰消,阅尽寂寞繁华,豪杰心肠灰冷。';
C3.s7='名衲谈禅,必执经升座,便减三分禅理。';
C={C1,C2,C3};
lengths = structfun(@numel, C);
lengths'                                %转为行输出
```

structfun 允许用户指定可选参数，语法格式为 structfun(fun, B,'Param1', val1,...)，参数及其取值按照"名称/值"形式配对给出，这些参数如表 3-8 所示。例如，如果不指定'ErrorHandler'，则 structfun 会再次出现由 func 引发的错误。

```
    function [A,B] = errorFunc(S,varargin)
        warning(S.identifier, S.message);
        A = NaN;
        B = NaN;
    end
```

表 3-8 structfun 函数的名值对参数说明

参数		说明
UniformOutput	逻辑变量，取值如下	
	true (1)	func 必须返回可由 structfun 连接的列向量的标量
	false (0)	structfun 以一个或多个标量结构体的形式返回 func 的输出。输出标量结构体的字段与输入标量结构体相同。func 的输出可以是任何数据类型
	默认设置：true	
ErrorHandler	用于捕获错误的函数，指定为以逗号分隔的对组，其中包含'ErrorHandler'和一个函数句柄。如果 func 引发错误，'ErrorHandler'指定的错误处理程序将捕获该错误，并执行该函数中指定的操作。错误处理程序必须以两种方式处理错误：或者引发错误，或者返回与 func 同样数量的输出。如果'UniformOutput'的值为 true，则错误处理程序的输出参数必须为标量，而且数据类型必须与 func 的输出相同。 错误处理程序的第一个输入参数是包含以下字段的结构体	
	identifier	错误标识符
	message	错误信息字符串
	index	运行出错时,输入数组中 func 引发错误的位置的线性索引
	出错时函数 func 中输入参数的设置状况	

3.3.4 结构数组的转换

和 cell 数组类似，struct 数据也会与其他数据类型进行转换，如转换为 cell 数组等，下面学习 struct2cell 与 cell2struct 函数。

1. struct2cell

该函数用来把结构数组转换为 cell 数组，其调格式为 C=struct2cell(s)，函数将 m×n 结构数组 s（含 p 个字段）转换为 p×m×n 的 cell 数组 C。若 s 为 n 维结构，则 C 为 size[p,size(s)]。例如：

```
    S.x = linspace(0,2*pi);
    S.y = sin(S.x);
    S.title = 'y = sin(x)'
    c = struct2cell(S);
    f = fieldnames(S)
```

2. cell2struct

该函数和 struct2cell 的作用相反，它通过折叠 cell 数组的维数 dim 将 cell 数组转换为结构数组，其语法格式为 cell2struct(cellArray,fields,dim)，在输入参数中，cellArray 是被转换的元胞数组；参数 fields 可以是一个字符数组，也可以是字符串 cell 数组；参数 dim 是转换时所依据的维数，当 dim=1 时，意味着按行优先进行，当 dim=2 时，则表示按照列优先进行转换。3 个参数之间的关系，必须满足：函数 size(cellArray,dim)的返回值必须匹配参数 fields 中字段名的个数。

为了举例说明方便，本例首先准备了一个小型公司的员工信息表，如表 3-9 所示。按行读取该表将显示按部门列出的员工姓名，按列读取该表将显示每个员工已在该公司工作的年数。

表 3-9　公司员工工作年限统计信息

项　　目	5 Years	10 Years	15 Years
Development	Lee, Reed, Hill	Dean, Frye	Lane, Fox, King
Sales	Howe, Burns	Kirby, Ford	Hall
Management	Price	Clark, Shea	Sims
Quality	Bates, Gray	Nash	Kay, Chase
Documentation	Lloyd, Young	Ryan, Hart, Roy	Marsh

首先将表格转换为 cell 数组：

```
devel = {{'Lee','Reed','Hill'}, {'Dean','Frye'}, {'Lane','Fox','King'}};
sales = {{'Howe','Burns'}, {'Kirby','Ford'}, {'Hall'}};
mgmt = {{'Price'}, {'Clark','Shea'}, {'Sims'}};
qual = {{'Bates','Gray'}, {'Nash'}, {'Kay','Chase'}};
docu = {{'Lloyd','Young'}, {'Ryan','Hart','Roy'}, {'Marsh'}};
employees = [devel; sales; mgmt; qual; docu]
```

运行代码，得到员工的 cell 数组，其结构如图 3-13 所示。

下面给出 3 种不同转换结果，第一种以 dim=1 为基准进行转换，第二种以 dim=2 为基准进行转换，第三种则只转换 cell 数组的一部分为结构数组。

（1）沿着第 1 维进行转换。

第一步，将 5×3 的 cell 数组按照 cell 的第一维进行转换，则构建一个 3×1 的结构数组，并使用 5 个字段，这样沿着 dim=1，每一行转换为结构数组的一个字段，如图 3-14 所示。

遍历第 1 维（即垂向），有 5 行，各行标题如下：

```
rowHeadings = {'development', 'sales',
'management', 'quality', 'documentation'};
```

第二步，在此维上，将 cell 数组转换为称作 depts 的结构数组：

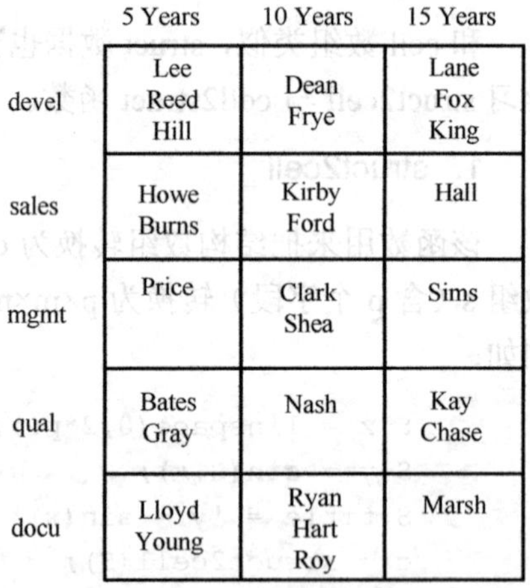

图 3-13　转换得到的 cell 数组

```
depts = cell2struct(employees, rowHeadings, 1)
```

第三步，利用这个行优先结构，找到在开发部（Development）工作 10 年及以下的员工，则有：

```
depts(1:2).development
```

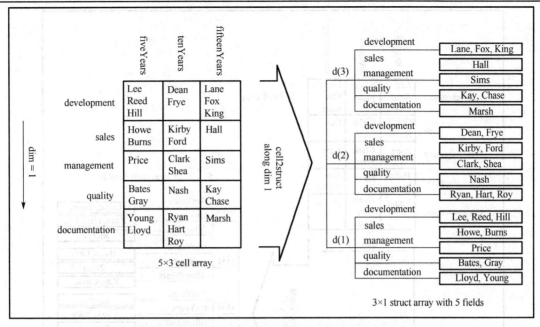

图 3-14　按照第 1 维（行）进行转换

（2）沿着第 2 维进行转换。

第一步，将 5×3 的 cell 数组沿着第 2 维转换为含 3 个字段的 5×1 的结构数组，则 cell 的每一列变为 struct 的一个字段，如图 3-15 所示。

第二步，沿着第 2 维（即水平方向）遍历 cell 数组，列标签成为新结构的字段名。

```
colHeadings ={'fiveYears''tenYears''fifteenYears'};
```

第三步，沿着第 2 维进行转换。

```
years = cell2struct(employees, colHeadings, 2)
```

使用列优先转换的结构数组，可以查阅销售部和档案部至少工作 5 年的员工。例如：

```
[~, sales_5years, ~, ~, docu_5years] = years.fiveYears
```

（3）转换 cell 数组的一部分为结构数组。

下面以首尾两行为例，介绍部分转换的实现步骤，结果是 3×1 的结构数组，使用了 2 个字段（见图 3-16），具体如下：

```
rowHeadings ={'development','documentation'};
```

转换时按照第 1 维进行，代码如下：

```
depts = cell2struct(employees([1,5],:), rowHeadings, 1)
```

下面展示了属于这两个部门的所有三期员工：

```
for k=1:3
   depts(k,:)
end
```

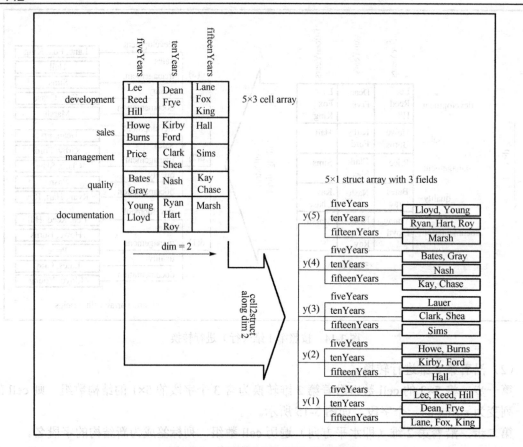

图 3-15 按照第 2 维（列）进行转换

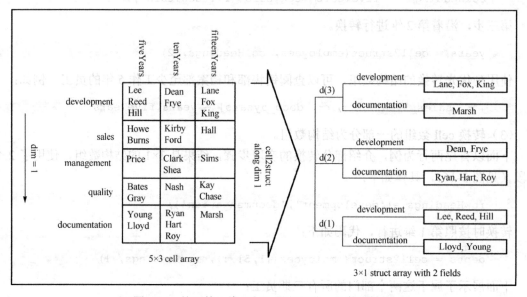

图 3-16 按照第 1 维（行）进行部分 cell 数组转换

第4章 数据绘图

对事物的认识,最直观的方式就是通过感觉,如看到事物的外观、摸到事物的形状、听到事物声音,以及闻到事物的气味等。这些看到的、摸到的、听到的及闻到的,都是人类感官感受到的事物的基本特征。具体到科学研究中,绘图是将数据进行可视化表达的手段,即借助数学变换的手段,以图像表达数据,更直观地展现数据具有的特征。

MATLAB 提供了许多二维、三维的绘图工具,本章将学习使用这些工具实现绘图,以及实现各种绘图属性的设置,包括图像的颜色、线型、标注等的修改、控制。

4.1 绘图及其属性

4.1.1 初识绘图

在 MATLAB 中,最常绘制的是二维和三维图形。例如,图 4-1 展示了某城市 2015 年 12 月 11 日的气温变化情况,该图像对应的数据信息记录为:

```
x=1:8;
y=[-3,3,7,4,0,-1,-4,-2];
```

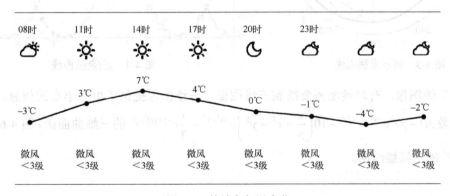

图 4-1 某城市气温变化

借助 MATLAB 的绘图函数 plot,可以重现该变化趋势,如图 4-2 所示。

在科学研究中,试验结果常以离散形式记录下来,最常见的就天气数据,包含(x,y)数据,像这类数据,都可以利用 plot 函数绘制出来。例如,上述天气数据的绘制命令为:

```
plot(x,y,'r-')
```

有时,科研结果还表示为函数形式,但人们更希望看到图像的"长相",借助 MATLAB,可以很方便地查看图像描述的函数。例如,对于极坐标下的阿基米德螺线,其表达式为 $r = a\varphi$,$\varphi > 0$,$a > 0$,则该函数的图像如图 4-3 所示。又如,对于常用的正/余弦函数,调用 plot 函数可绘制其曲线图像,如图 4-4 所示。

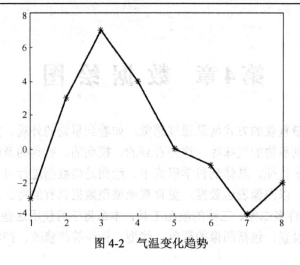

图 4-2 气温变化趋势

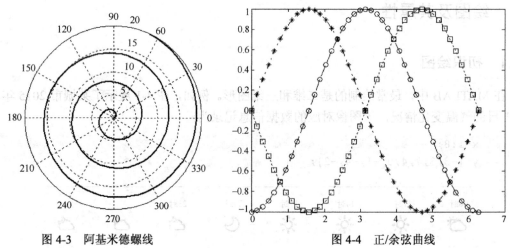

图 4-3 阿基米德螺线　　　　　　　　图 4-4 正/余弦曲线

除了二维图像，有时候还需要绘制三维图像，三维图像提供了更为丰富的信息，图 4-5 给出了函数 $3(1-x)^2 e^{-x^2-(y+1)^2} - 10\left(\dfrac{x}{5} - x^3 - y^5\right) e^{-x^2-y^2} - \dfrac{1}{3} e^{-(x+1)^2-y^2}$ 的三维曲面图，图 4-6 给出了 $z = xe^{-x^2-y^2}$ 的三维螺线图。

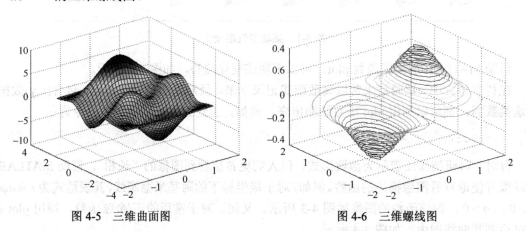

图 4-5 三维曲面图　　　　　　　　图 4-6 三维螺线图

现在，为了表达事物的发展变化，MATLAB 还提供了制作动图的绘图方法。例如，通过多次绘制图形，可制作.gif 文件，其中的一帧图像如图 4-7 所示。

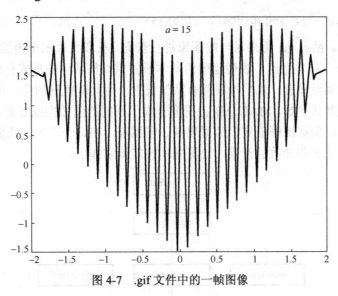

图 4-7 .gif 文件中的一帧图像

4.1.2 图像的基本属性

从上述各例中可以看出，要绘制一个图像，涉及的属性很多。例如，要绘制曲线，需要设置曲线的颜色、粗细、实线/虚线类型、标志、注释文字、线条数量、维数等属性。MATLAB 将绘图使用的各种属性，以结构数组的形式打包起来，每次绘图都会"暗地里"调用该基础包，并设置默认值。例如，下面的代码绘制了一条曲线。

```
x=1:5;   y=x.^2;
plot(x,y)
```

结果如图 4-8 所示。

上机运行代码并观察该图：对于给定的参数向量 x 和 y，绘图函数 plot 默认绘制这两个向量对应各点组成的折线图；该图使用了实线类型；线的颜色设定为蓝色；线条粗细自动设置；横、纵坐标范围适合各自坐标数据取值；横、纵坐标轴刻度不相同；横、纵坐标轴上字体自动设置；横、纵坐标字体大小自动设置；横、纵坐标字体颜色自动设置为黑色；横、纵坐标字体方向自动设置；横、纵坐标字体斜体与否自动设置；全图带有边框；边框颜色为黑色；边框标有坐标刻度；边框刻度线位于边框内部；刻度线为黑色。

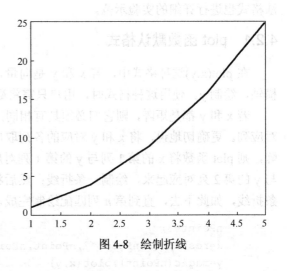

图 4-8 绘制折线

稍加观察就可以知道这 16 项属性已设置完成，实际上这些属性分属不同的对象，

MATLAB 对绘图对象进行了层级划分，其层级架构如图 4-9 所示。至于绘图对象的各项属性，通过 get 函数就可得到其设置情况。例如：

```
plot(1,1,'*'); s=get(gca), class(s)
```

在这条命令中，函数 get 用来对当前图像进行查询，获取图像轴框内绘图特征结构数组。语句 class(s) 返回一个结构数组，表明绘图的基本设置以结构数组的形式打包。结构体 s 中包含了约 140 项绘图属性设置，几乎每项都有默认设置，因此即使只创建一个空图，MATLAB 也会自动设置这些默认参数。MATLAB 将图像分成了不同的图像构成要素，如灯光属性与图像视角、字体字号、坐标图框形式、线型属性、子图等。在这一章中，我们将逐步学习这些参数的设置，掌握了这些参数的设置，绘图基本技能就掌握了。

图 4-9 MATLAB 绘图对象层级架构

4.2 plot 函数

在 MATLAB 中，plot 函数用于绘制二维图像，也是 MATLAB 中绘图的关键函数，常见的二维绘图，几乎都由它实现。在本节中，我们将详细举例说明该函数的使用方法，对其语法格式也进行详细的实验示范。

4.2.1 plot 函数默认格式

在 plot(x,y) 这种格式中，若 x 和 y 是向量，则它们必须具有相同的长度，函数将以 x 为横轴，绘制 y。使用这种格式时，用户只需将数据准备好，诸项默认设置均自动设好。

若 x 和 y 都是矩阵，则它们必须具有相同的"尺寸"，plot 函数将针对 x 的各列绘制 y 的对应列。更确切地说，将 x 和 y 对应的各列取出来，绘制折线。假如 x 和 y 分别为 $n \times n$ 的矩阵，则 plot 函数将 x 的第 1 列与 y 的第 1 列对应起来，绘制一条折线；接着，将 x 的第 2 列与 y 的第 2 列对应起来，绘制一条折线；然后将 x 的第 3 列与 y 的第 3 列对应起来，绘制一条折线，如此下去，直到第 n 列匹配绘制完成。例如：

```
nPoint=3;
x=reshape(1:nPoint^2,nPoint,nPoint);
y=magic(nPoint);plot(x,y)
for ip=1:nPoint^2
    xtxt=sprintf('(%d,%d)',x(ip),y(ip));
```

```
        gtext(xtxt);                    %为了看清楚,在图上手动标注各个点的坐标值
    end
```

运行代码,结果如图 4-10 所示,为了帮助读者更好地理解曲线绘制,例中使用 gtext 函数将各点标注在图上。

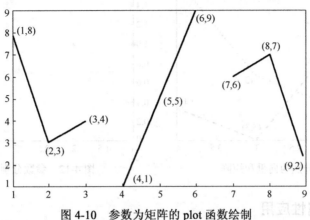

图 4-10 参数为矩阵的 plot 函数绘制

若 x 和 y 是向量和矩阵的组合,则矩阵必须有一维与向量的长度相等。如果矩阵的行数等于向量长度,则针对向量绘制矩阵的每一列;如果矩阵的列数等于向量长度,则针对向量绘制矩阵的每一行;若矩阵为方阵,则针对向量绘制矩阵的每一列。例如,下面代码中向量 x 的长度与矩阵 y 的列数相等,针对 x 绘制矩阵 y 的每一行。

```
nRows=3;nCols=4;
x=1:nCols;                    %矩阵的列数等于向量长度,针对向量绘制矩阵的每一行
y=round(rand(nRows,nCols)*10);
plot(x,y)
for ir=1:nRows
    for jc=1:nCols
        xtxt=sprintf('(%d,%d)',x(jc),y(ir,jc));
        gtext(xtxt);
    end
end
```

某次运行后得到下面的 x 和 y,如图 4-11 所示。

```
x =
    1    2    3    4
y =
    3    4    5    8
    6    8    9    8
    5    6    3    4
```

若 x 和 y 分别为标量和向量,则绘制离散的点。然而,要想看到绘制的点,用户必须指定表示点的标记符号。若想使用星号*表示,则可使用 plot(x,y,'r*')格式。例如:

```
plot(1:5,1,'r*')
```

结果如图 4-12 所示。

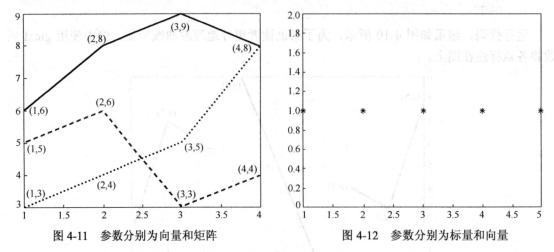

图 4-11　参数分别为向量和矩阵　　　　图 4-12　参数分别为标量和向量

4.2.2　plot 函数属性应用

在实际绘图中，常常要设置具体的线属性，这些设置包括线型设置，即以何种样式来绘制线条，如单点画线、实线、虚线等，还包括绘制线条时是否使用标记符号，以及使用什么样的标记符号、线条的颜色、粗细等。

在 plot 函数中，无论是线型、标记符号还是颜色，具体指定时，都是以"名值对"字符串的形式出现的。一对"名值对"设置的属性，可以在非默认参数后以任何顺序出现，用户也可以省略其中的一个或多个选项，如果用户省略了线条样式，但指定了标记符，则 plot 函数只在位置点显示标记符，但不会显示线条。

在参数中，如果 y 是矩阵，而用户又通过 LineSpec 指定了线条的颜色，那么所有线条都将使用指定的颜色。如果用户指定了标记符号类型或线条样式，但没有指定颜色，则 MATLAB 会周期性地使用预定义的颜色顺序。扫描书前二维码查看示例代码 4-1 并运行，如图 4-13 所示。

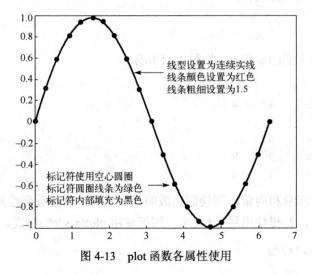

图 4-13　plot 函数各属性使用

plot 函数在绘制线条时，线条属性主要包括 3 个方面，其中之一是线型，MATLAB 允许使用的线型包括细实线、虚点线、点画线、虚画线。连续线型符号如表 4-1 所示。

表 4-1　连续线型符号

含义	细实线	虚点线	点画线	虚画线
符号	-	:	-.	--

为了更明确地区分不同线条，MATLAB 允许用户使用不同颜色的线条，其中最常用的颜色如表 4-2 所示，用户可以使用简单的符号进行设置。例如，在 plot(x,y,'r-')中，r 代表颜色为红色，-代表使用细实线绘制线条，其他颜色的使用将在后面详细讨论。

表 4-2　线条颜色符号

含义	红	绿	蓝	青	黄	黑	白	品红
符号	r	g	b	c	y	k	w	m

为了突出显示离散数据点，MATLAB 允许用户在绘制线条的同时，设置数据点的标记符号。MATLAB 提供了 13 种常用的标记符号，如实心点、十字符、星号、菱形、六角星、空心圆圈、五角星、方块、叉字符、不同朝向的三角形等。使用标记符号，可以更有效地显示数据点的位置等，如表 4-3 所示。

表 4-3　标记符号与含义

符号	.	+	*	^	<	>	v
含义	实心点	十字符	星号	朝上三角形	朝左三角形	朝右三角形	朝下三角形
符号	d	h	o	p	s	x	
含义	菱形	六角星	空心圆圈	五角星	方块	叉字符	

MATLAB 对 plot 函数中线条属性的修改，提供了"名值对"（属性名称与属性值）的设置方法，包括设置线条颜色、线型、宽度/粗细、数据点标记符号、标记符号大小、标记符号边界色彩、标记符号内部填充色彩。线条属性名称与属性值如表 4-4 所示。

表 4-4　线条属性名称与属性值

属性名称	含义	属性值	备注
Color	线条颜色	[r,g,b]，各颜色强度介于 0、1 之间	➢ 常用颜色可使用色彩符号进行设置 ➢ 使用 RGB 颜色数据也可以 ➢ 默认蓝色
LineStyle	线型	细实线、虚点线、点画线、虚画线	➢ 通过线型符号设置 ➢ 默认细实线
LineWidth	线条宽度/粗细	正实数	➢ 正规出版物中约为 1.4 ➢ 默认为 0.5
Marker	数据点标记符号	菱形、空心圆圈、五角星等 13 种	➢ 通过标记符号设置
MarkerSize	标记符号大小	正实数	➢ 默认值为 6.0
MarkerEdgeColor	标记符号边界色彩	[r,g,b]，各颜色强度介于 0、1 之间	
MarkerFaceColor	标记符号内部填充色彩	[r,g,b]，各颜色强度介于 0、1 之间	

熟悉了上述各种绘图属性，就可以利用它们设置漂亮的曲线及标记符号了。其实，对于上述标记符号的使用，只要用心思考，就可以创作许多不错的图形。例如，只需要叠加使用相匹配的标记符号就可以实现上、下朝向三角形的叠加（见图4-14），空心圆圈和星号的嵌套（见图4-15），六角星和星号的嵌套（见图4-16），空心圆圈和五角星的嵌套（见图4-17）等。这种嵌套，通过多次调用 plot 函数即可实现，可扫描书前二维码查看示例代码4-2。

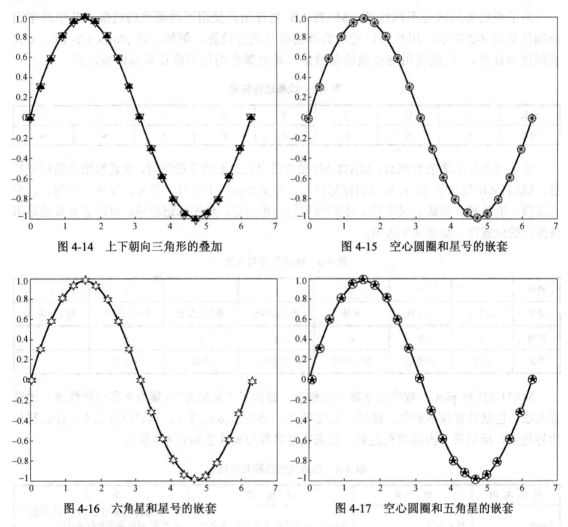

图 4-14　上下朝向三角形的叠加　　　　　图 4-15　空心圆圈和星号的嵌套

图 4-16　六角星和星号的嵌套　　　　　　图 4-17　空心圆圈和五角星的嵌套

4.2.3　其他几种格式

plot 函数可以同时绘制多条曲线，在 plot(x1,y1,…,xn,yn)这种格式中，MATLAB 将使用相同的坐标轴绘制多条曲线。例如：

```
figure('color','w')                    %设置绘图背景颜色
x = linspace(-2*pi,2*pi);
y1 = sin(x);   y2 = cos(x);   y3=y1+y2;
plot(x,y1,x,y2,x,y3)
```

上机运行并观察输出结果（见图 4-18），各线条使用了 MATLAB 默认的颜色，线型默认为实线，线条粗细采用默认值。当希望更明确地分辨出不同曲线时，可分别对各条曲线进行设置，语法格式为 plot(x1,y1,linespec1,…,xn,yn,linespecn)。

这种格式允许用户对每条线进行属性设置。例如，在下例中，第一条曲线使用了默认线型，第二条和第三条则分别设置为点画线和点虚线，运行结果如图 4-19 所示。

```
x = 0:pi/100:2*pi;
y1 = sin(x); y2 = sin(x-0.25); y3 = sin(x-0.5);
plot(x,y1,x,y2,'--',x,y3,':')
```

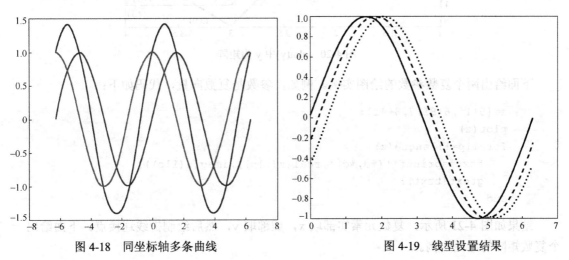

图 4-18　同坐标轴多条曲线　　　　　　　图 4-19　线型设置结果

plot(y)是最简洁的格式，在这种格式中，只有数据 y，没有数据 x，绘图时，需要用到横坐标数据 x。此时，针对 y 的每个数据，以索引值当作 x，与 y 配对绘制曲线。如果 y 是向量，那么 x 的范围为 1 到 length(y)。如果 y 是矩阵，则在绘制 y 的每一列时，列中数据对应的 x 取各值对应的行号，即 x 的范围是从 1 到 size(y,1)。若 y 是复数，则复数的实部设定为 x，虚部设定为 y，相当于 plot(real(y), imag(y))。例如，y 是矩阵，绘制 y 的每一列，结果如图 4-20 所示。

```
y =[4,5,6;6,8,5;1,9,0;1,1,3;]; plot(y)
[r,c]=size(y);
for jc=1:c
    for ir=1:r
        ttxt=sprintf('(%d,%d)',ir,y(ir,jc)); %标注各点坐标
        gtext(ttxt);
    end
end
```

图 4-20 中绘制了 3 条折线，分别对应着矩阵 y 的 3 列数据，横坐标则按照各列中数据的行号安排。假如 y 的第 1 列是(4,6,1,1)，4 个元素对应的行号为(1,2,3,4)，则绘制第 1 列对应的折线时，坐标分别为(1,4)、(2,6)、(3,1)、(4,1)，相当于：

```
x=[1,2,3,4]; y=[4,6,1,1]; plot(x,y)
```

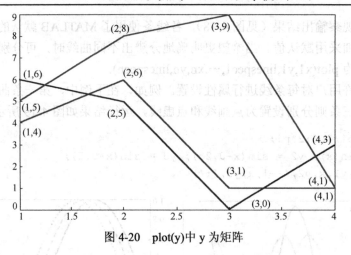

图 4-20 plot(y)中 y 为矩阵

下面给出两个复数参数的绘图实例。例如，参数是复数向量，代码如下：

```
z=[5+1i,6+8i,7,8+4i];
plot(z)
for ilp=1:length(z)
    ttxt=sprintf('(%d,%d)',real(z(ilp)),imag(z(ilp)));
    gtext(ttxt);
end
```

结果如图 4-21 所示，复数元素实部取 x，虚部取 y，然后绘制折线连接点。下面给出一个复数矩阵的绘图实例。

```
x=round(rand(3,3)*10);
y=round(rand(3,3)*10);
z=x+y*i; plot(z)
```

随机数的使用使绘图结果具有随机性（见图 4-22）。对于复数矩阵，plot 函数将矩阵每一列看作一个绘图单元，本例中矩阵 z 有 3 列，则绘制 3 条曲线。绘制时，实数矩阵以行号作为 x 轴，复数矩阵则以实部作为 x 轴，第 1 列的数据，会依次连接 3 个点得到连线。

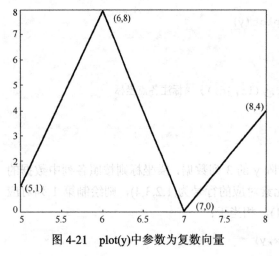

图 4-21 plot(y)中参数为复数向量

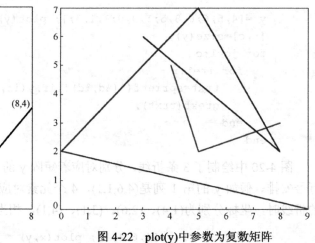

图 4-22 plot(y)中参数为复数矩阵

plot(y)和 plot(x,y)在形式上有横坐标参数 x 的不同，因此绘图时，两者在横坐标刻度上有所区别。当提供 x 时，使用其值；当不提供 x 时，参考 y 中数据的个数，如图 4-23 所示。

```
x=0:0.01:2*pi; y=sin(x);
subplot(1,2,1),plot(x,y,'k-','LineWidth',1.5);
subplot(1,2,2),plot(y,'k-','LineWidth',1.5);
```

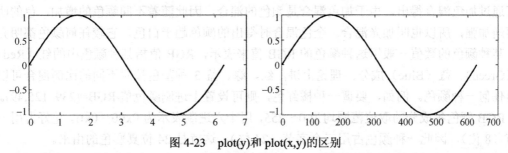

图 4-23 plot(y)和 plot(x,y)的区别

在上例中，使用了 subplot 函数，该函数的基本语法格式为 subplot(m,n,p)，它将当前图窗划分为 m×n 个网格，并在 p 指定的位置创建坐标区绘图。和 plot 函数配合，可绘制整齐划一的多个子图。以下示例代码的运行结果如图 4-24 所示。

```
s1 = subplot(2,1,1); s2 = subplot(2,1,2);                    %返回Axes对象
x = linspace(0,3); y1 = sin(5*x); y2 = sin(15*x);
plot(s1,x,y1); title(s1,'Top Subplot'); ylabel(s1,'sin(5x)')   %顶部
plot(s2,x,y2); title(s2,'Bottom Subplot'); ylabel(s2,'sin(15x)') %底部
```

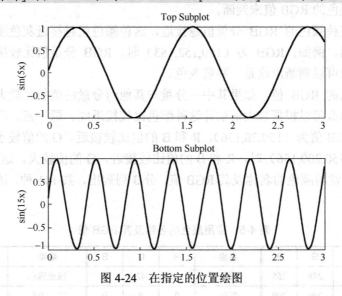

图 4-24 在指定的位置绘图

4.3 颜色的使用

在绘图时，颜色的使用不仅可以增加表达的信息量，使对比更加清晰，还会带来视觉上的冲击，让观察者很快就能聚焦到图像的焦点上。本节将从颜色的表达开始，讨论绘图时颜色的使用。

4.3.1 颜色的 RGB 表示

物理光学原理告诉我们：红、绿、蓝 3 种颜色不能由其他颜色混合得到，而它们以不同比例混合，几乎可以得到自然界的所有颜色。例如，红色与不同比例的绿色混合可以得到橙、黄、黄绿。如果蓝紫、绿、红 3 种颜色按不同比例混合，则可以得出更多的颜色，一切颜色都可通过加色混合得出。由于加色混合是颜色的混合，因此随着不同颜色的增加，色的明度也逐渐加强，所以也叫加光混合。全色混合时得出的颜色趋于白色，它较任何颜色都明亮。

某种颜色的数值一般用这种颜色的 RGB 值来表示，RGB 值指某种颜色中的红（Red）、绿（Green）、蓝（Blue）成分。理论上讲，红、绿、蓝 3 种基色按照不同的比例混合可以调配出任何一种颜色。例如，要调一种橘红色，则可设置十进制颜色值 RGB=(239,125,49)。

RGB 颜色各成分的取值范围均为 0~255，用十六进制表示为 0x00~0xff，正好占用一个字节（8 位），因此一种颜色占用三个字节（24 位），这就是 24 位真彩色的由来。

根据 RGB 值可以初步判断颜色，红、绿、蓝 3 色灯射出 3 束光，当 3 束光叠加在一起时，产生白色；如果三盏灯的亮度都减半，则产生灰色；如果三盏灯都关掉，则只剩一片漆黑。因此可以知道：白色的 RGB 值为（255,255,255），灰色的 RGB 值为（127,127,127），黑色的 RGB 值为（0,0,0）。

这 3 盏灯若关掉绿灯和蓝灯，只亮红灯，那么只会看到一片红色(255,0,0)；只亮绿灯或蓝灯则只会看到绿色（0,255,0）或蓝色（0,0,255）。若关掉其中一盏灯，用其他两盏灯叠加，则蓝+绿=青(0,255,255)，红+蓝=洋红(255,0,255)，红+绿=黄(255,255,0)。以此类推，其他颜色可以根据这几种颜色的 RGB 值来判断。

一般来说，某种颜色的 RGB 分量值越接近，这种颜色就越接近灰色或黑白，数值越大就越白，反之越黑。例如，RGB 为（150,152,183）时，RGB 分量值比较接近，但是蓝色所占比例较多，因此可以判断出这是一种蓝灰色。

对于某种颜色的 RGB 值，如果其中一分量与其他两分量的值相差较大，而其他两分量的值比较接近，那么可以根据较大值估计这种颜色比较接近红、绿、蓝、洋红、青、黄中的哪一种。例如，RGB 值为（150,20,156），R 和 B 的值比较接近，G 的值较小，这是种深紫红色；而 RGB 为（150,200,156）时，R 和 B 的值比较接近，G 的值较大，这是种浅绿色。

表 4-5 给出了常用颜色的名称及其 RGB 值，分 3 列列出，共 141 种，读者可通过查表使用感兴趣的颜色。

表 4-5 常用颜色的名称及其 RGB 值

名称	R	G	B	名称	R	G	B	名称	R	G	B
爱丽丝蓝	240	248	255	褐色	165	42	42	浅玫瑰色	255	228	225
暗宝石绿	0	206	209	黑色	0	0	0	巧克力色	210	105	30
暗海蓝色	143	188	143	红橙色	255	69	0	青绿色	64	224	208
暗红色	139	0	0	红色	255	0	0	青色	0	255	255
暗黄褐色	189	183	107	红紫色	255	0	255	热粉红色	255	105	180
暗灰蓝色	72	61	139	花白色	255	250	240	森林绿	34	139	34
暗灰色	105	105	105	黄褐色	240	230	140	沙褐色	244	164	96

续表

名称	R	G	B	名称	R	G	B	名称	R	G	B
暗灰色	169	169	169	黄绿色	127	255	0	珊瑚色	255	127	80
暗橘黄色	255	140	0	黄绿色	154	205	50	闪蓝色	30	144	255
暗金黄色	184	134	11	黄绿色	173	255	47	深粉红色	255	20	147
暗蓝色	0	0	139	黄色	255	255	0	深绿褐色	107	142	35
暗绿色	0	100	0	皇家蓝色	65	105	225	深天蓝色	0	191	255
暗青	0	139	139	灰色	128	128	128	石蓝色	106	90	205
暗肉色	233	150	122	灰石色	112	128	144	实木色	222	184	135
暗深红色	220	20	60	火砖色	178	34	34	水鸭色	0	128	128
暗瓦灰色	47	79	79	蓟色	216	191	216	栗色	128	0	0
暗洋红色	139	0	139	橘黄色	255	228	196	酸橙色	0	255	0
暗紫罗兰色	148	0	211	金色	255	215	0	桃色	255	218	185
暗紫色	153	50	204	金麒麟色	218	165	32	蔚蓝色	135	206	235
暗橄榄绿色	85	107	47	菊蓝色	100	149	237	天蓝色	240	255	255
白色	255	255	255	军蓝色	95	158	160	西红柿色	255	99	71
白杏色	255	235	205	蓝色	0	0	255	鲜肉色	250	128	114
薄荷色	245	255	250	老花色	253	245	230	象牙色	255	255	240
碧绿色	127	255	212	亮粉红色	255	182	193	雪白色	255	250	250
苍宝石绿色	175	238	238	亮钢蓝色	176	196	22	亚麻色	250	240	230
苍绿色	152	251	152	亮钢蓝色	176	196	222	烟白色	245	245	245
苍紫罗兰色	219	112	147	亮海蓝色	32	178	170	洋李色	221	160	221
苍麒麟色	238	232	170	亮黄色	255	255	224	银色	192	192	192
草绿色	124	252	0	亮灰色	211	211	211	印第安红色	205	92	92
茶色	210	180	140	亮金黄色	250	250	210	幽灵白色	248	248	255
橙绿色	50	205	50	亮蓝灰色	119	136	153	中暗蓝色	123	104	238
橙色	255	165	0	亮蓝色	173	216	230	中春绿色	0	250	154
春绿色	0	255	127	亮绿色	144	238	144	中粉紫色	186	85	211
淡灰色	220	220	220	亮青色	224	255	255	中海蓝色	60	179	113
淡紫红	255	240	245	亮肉色	255	160	122	中灰蓝色	25	25	112
淡紫色	218	112	214	亮珊瑚色	240	128	128	中蓝色	0	0	205
淡紫色	230	230	250	亮天蓝色	135	206	250	中绿宝石色	72	209	204
靛青色	75	0	130	鹿皮色	255	228	181	中绿	102	205	170
番木色	255	239	213	绿色	0	128	0	中紫罗兰色	199	21	133
粉红色	255	192	203	米绸色	255	248	220	中紫色	147	112	219
粉蓝色	176	224	230	米色	245	245	220	重褐色	139	69	19
钢蓝色	70	130	180	秘鲁色	205	133	63	紫红色	255	0	255
古董白色	250	235	215	蜜色	240	255	240	紫罗兰色	138	43	226
海贝色	255	245	238	纳瓦白色	255	222	173	紫罗兰色	238	130	238
海军色	0	0	128	柠檬绸色	255	250	205	紫色	128	0	128
海绿色	46	139	87	浅黄色	245	222	179	橄榄色	128	128	0
褐玫瑰红色	188	143	143	浅绿色	0	255	255	赭色	160	82	45

4.3.2 颜色图

在 MATLAB 中，用来表达颜色的数据结构叫作颜色图（Colormap），颜色图可以为任意多行，但必须只有 3 列，这和颜色表达需要红、绿、蓝三原色的要求相一致。颜色图中的每一行都是一个 RGB 值，因此也就定义了一个颜色。但和上述的三原色值介于 0～255 不同，MATLAB 中 RGB 分量值的取值范围为[0,1]，0 表示没有颜色，1 表示纯色最饱满，它们之间的对应关系如表 4-6 所示。因此，在 MATLAB 中，要使用 RGB 设置颜色，知道这个对应关系即可。下面的示例代码是一个含有 5 种颜色的分配表（黑、红、绿、蓝、白）。

表 4-6　MATLAB 中 RGB 分量值的对应关系

项　目	三　原　色			MATLAB 颜色图		
	R	G	B	r	g	b
范围	0～255	0～255	0～255	0～1	0～1	0～1
极小	0	0	0	0	0	0
极大	255	255	255	1	1	1
对应	x	y	z	$x/255$	$y/255$	$z/255$

```
mymap =[0,0,0;
       1,0,0;    %每行 3 个元素，分别指定了红色、绿色和蓝色的颜色强度
       0,1,0;    %这里每个颜色占一行，目的是方便在其后注释颜色名称
       0,0,1;    %此外，也便于修改，是编程中常见的书写格式
       1,1,1];
```

在 MATLAB 中，有 18 种内置的预定义颜色图，分别是 parula、jet、hsv、hot、cool、spring、summer、autumn、winter、gray、bone、copper、pink、lines、colorcube、prism、flag、white。这些特定名称的颜色图规定了不同的颜色变化。例如，hot 规定了从黑到红到黄再到白的渐变，而 hsv 则表达了红绿蓝红的逐渐转变，表 4-7 分别列出了颜色图名称及其对应的色阶。

表 4-7　颜色图名称及其对应的色阶

颜色图名称	色　阶
parula	
jet	
hsv	
hot	
cool	
spring	
summer	
autumn	
winter	
gray	
bone	
copper	

续表

颜色图名称	色阶
pink	
lines	
colorcube	
prism	
flag	
white	

4.3.3 查看颜色图

要查看使用的颜色，可以过颜色图的 RGB 值直接查看颜色矩阵，也可以借助 pcolor 函数来显示颜色，还可以通过 rgbplot 函数查看 RGB 值的变化趋势。例如，对于内建的 hot，可直接查看其矩阵，在命令行窗口使用 hot 命令，可返回一个 256×3 的颜色矩阵。

但阅读颜色矩阵的方法既不直观，又不易评价颜色的恰当与否，借助函数 pcolor 则可以直接显示设定的颜色图。扫描书前二维码，运行示列代码 4-3，观察 DispBuiltinColors 函数对 MATLAB 内置颜色图的输出显示，其将结果保存到了文件夹 ColorMapFigures 中。

MATLAB 还提供了函数 rgbplot，它把颜色图的各列分别画成红色、绿色和蓝色。例如：

```
>> rgbplot(hot)
>> rgbplot(gray)
```

上机运行，结果如图 4-25 所示，rgbplot(hot)显示红色分量首先增加，其次是绿色，最后是蓝色；rgbplot(gray)显示 3 列数据均匀线性地增加（3 条线重叠）。

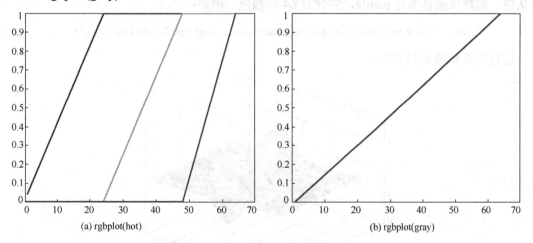

图 4-25 使用 rgbplot 函数查看颜色设置

4.3.4 颜色图函数

颜色图与轴和图相关联，MATLAB 提供了同名的 colormap 函数，使用 colormap 函数，用户可改变特定轴或图的颜色。例如，下面创建了一个曲面图（见图 4-26），它使用了 4.3.2 节中的 mymap 作为颜色图。

```
surf(peaks)
colormap(mymap)
```

colormap 作为函数使用，可用来查看和设置当前图像的颜色图，colormap (name)为其常用格式，它将颜色图设定为 MATLAB 内建的由 name 指定的颜色图，新颜色图使用与当前颜色图相同数量的颜色。一般情况下，颜色图会影响本次绘图的所有轴，除非用户为每个轴分别设置一个颜色图。示例中使用 winter 作为当前颜色图，绘图结果如图 4-27 所示。

```
figure; surf(peaks); colormap winter; set(gcf,'color','w');
```

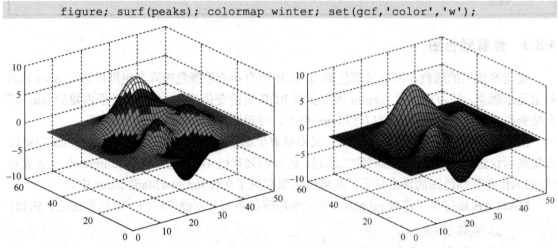

图 4-26　使用特定颜色的分配表绘制曲面图　　　图 4-27　使用 winter 作为当前颜色图

colormap 函数允许使用 default 作为参数将颜色图设置为系统的默认值。如果用户未指定默认值，则默认颜色图是 parula，它含有 64 种颜色。例如：

```
figure; surf(peaks); colormap default; set(gcf,'color','w')
```

运行结果如图 4-28 所示。

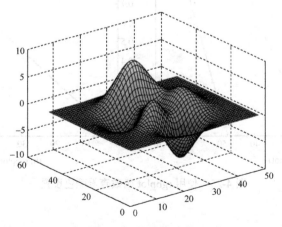

图 4-28　使用默认值

从 MATLAB R2019b 开始，用户可以使用 tiledlayout 和 nexttile 函数显示平铺绘图。例如：

```
tiledlayout(2,1)
ax1 = nexttile; surf(peaks); colormap(ax1,spring)
ax2 = nexttile; surf(peaks); colormap(ax2,winter)
```

在上述代码中,首先调用 tiledlayout 函数创建一个 2×1 的平铺图布局,然后调用 nexttile 函数创建坐标区对象 ax1 和 ax2,再通过将坐标区对象传递给 colormap 函数,为每个坐标区指定不同的颜色图。如图 4-29 所示,在上坐标区中,使用 spring 颜色图创建一个曲面图;在下坐标区中,使用 winter 颜色图创建一个曲面图。

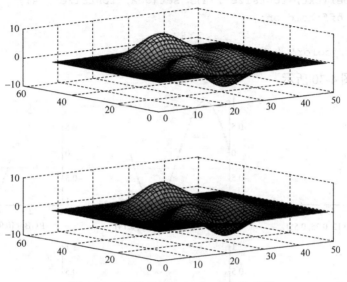

图 4-29 使用 tiledlayout 与 nexttile 函数

在上例中,使用了 colormap(ax2,winter)设定颜色图,实际上这是 colormap(ax,map)形式的具体化,其中参数 map 允许用户设置特定颜色数量的内建颜色图,也允许用户自己定制颜色图。要设置上述特定颜色数量的内建颜色图,可仿照如下格式实施。例如,使用名称为 summer 的内建颜色图的 10 种颜色 colormap (summer(10))。若用户不指定颜色的数量,如 colormap(summer),则颜色图将包含和当前颜色图数量相同的颜色。对于用户定制颜色图,使用包含 3 列的 RGB 值行向量即可。例如:

```
figure; mesh(peaks); colormap(parula(5)); set(gcf,'color','w')
```

运行结果略。

4.3.5 颜色图的创建与使用

一般来说,使用 MATLAB 提供的内建颜色图,足以让用户绘制出色彩丰富的图像,但有时用户还想创建适合自己专业需要的特定颜色图,这时就可以按照 RGB 来设置。从前述内容可知,颜色图本质上就是矩阵,只不过其维数和元素值有特定要求而已,因此,对颜色图进行各种操作,可以像操作其他数组那样。例如,可以通过生成 $m×3$ 的矩阵 mymap 来建立读者自己的颜色图,并用 colormap(mymap)来选用它,颜色矩阵的每个值都必须在 0 和 1 之间,对于任何用不等于 3 列的矩阵或包含比 0 小比 1 大元素值的情况,函数 colormap 都会提示错误然后退出。反之,任何满足 RGB 数值规定的 3 列行向量,均可定义颜色,下面的代码是通过 rand 函数得到的均匀分布的随机数据生成的颜色图,可以配置不同颜色的曲线。

```
t=0:0.01:2*pi; y=sin(t); figs=6; cmap=rand(figs,3);
for ifig=1:figs
    subplot(2,3,ifig), cl=cmap(ifig,:);
    plot(t,y,'color',cl,'linewidth',2);
    txt=sprintf('RGB=[%.2f,%.2f,%.2f]',cl);
    xlabel(txt,'fontsize',14); set(gca,'fontsize',14);
    box off;hold on;
end
set(gcf,'color','w')
```

运行结果如图 4-30 所示。

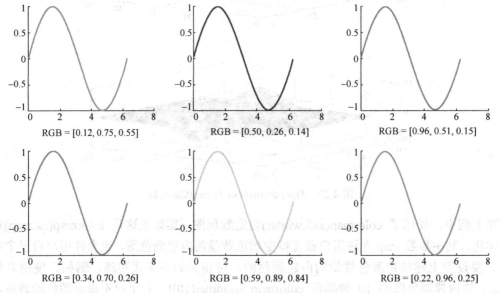

图 4-30　使用随机数据生成的颜色图绘制曲线

在统计分析中,热图是一种用来表示二维空间数据的方法,它通过颜色的变化将二维平面上的数据表达出来,不同的颜色代表着不同的值,图像表达使得数据的含义更加直观。扫描书前二维码查看绘制热图的函数(示例代码 4-4),其中使用了自定义的颜色图,随机产生的数字如图 4-31 所示。

除了自建颜色图,MATLAB 还提供了调整颜色强度的 brighten 函数,它通过调整给定的颜色图来增加或减少暗色的强度。在 brighten(beta)这种格式中,beta 是一个调整参数,当 0<beta<1 时,当前颜色图变亮;当 –1<beta<0 时,当前颜色图变暗。在使用 brighten(beta)后调用 brighten(-beta)可使颜色图恢复原来的状态。例如:

```
>> surf(membrane);
>> beta = 0.7; brighten(beta);
```

运行结果如图 4-32 所示,图 4-32(a)是未经修改的原始图像,图 4-32(b)是 beta 取 0.7 的图像,修订后的图像明暗对比更加强烈。

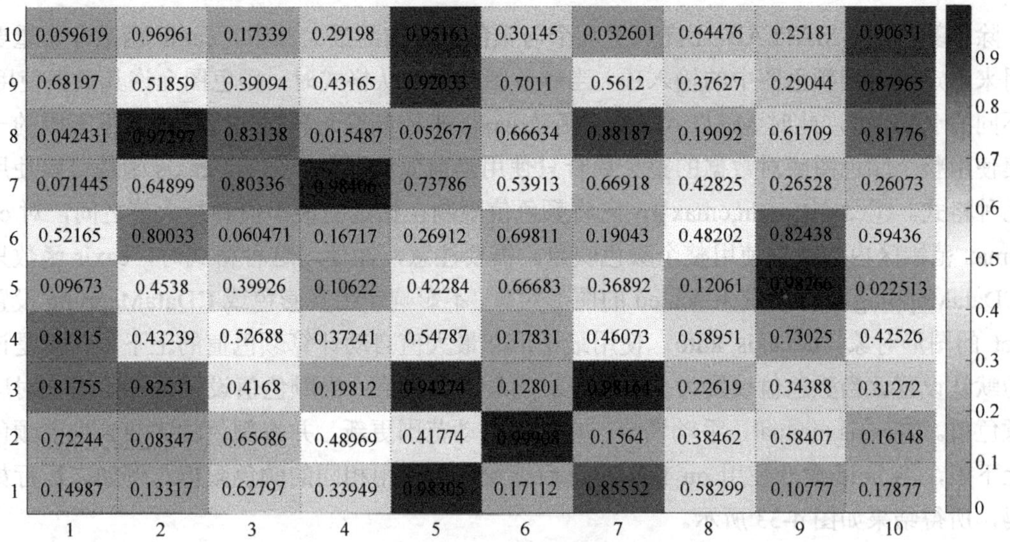

图 4-31　自定义颜色图设置颜色梯度绘制热图

(a) 原始图像　　(b) 明暗调整后图像，其中beta = 0.7

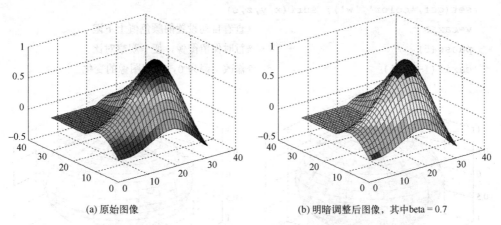

图 4-32　使用 brighten 函数调整图像明暗

运行 brighten 函数，可以返回一个新的颜色图，即 newmap=brighten(beta)，它将创建一个比当前颜色图更暗或更亮的新颜色图，但并不改变当前的颜色图。例如：

```
rgbs=[0.5,0.5,0.5]; colormap(rgbs);
surf(peaks); beta = -0.8;
newmap=brighten(beta)
```

实际上，用户还可以为特定的颜色图创建修改样式，当使用 newmap=brighten(cmap,beta) 格式时，其将对指定的颜色图创建一个已调整过的样式，而不影响当前的颜色图或指定的颜色图 cmap。MATLAB 对颜色图进行调整时，本质上按照如下的 γ 修改颜色图中的值，但当图形对象的属性由真彩色定义时，函数 brighten 无效。

$$\gamma=\begin{cases}1-\beta, & \beta>0\\ \dfrac{1}{1+\beta}, & \beta<0\end{cases}$$

除了颜色图，MATLAB 还提供了几个与颜色有关的函数。其中，caxis 函数非常重要，它用来确定映射到颜色图中的输入项。当颜色图使用默认格式时，颜色图允许其数据使用 64 种不同的 RGB 值，此时 MATLAB 使用函数 caxis 来控制输入项，它允许对数据范围的一个子集使用整个颜色图或对数据的整个集合只使用当前颜色图的一部分。caxis 函数可以使用以下几种格式。①caxis([cmin,cmax])，它将颜色值限制在指定的最小值和最大值之间，对 cmin 和 cmax 范围区内的数据使用整个颜色映象。需要注意，在使用这种格式时，caxis 函数只影响 CDataMapping 属性设置为 scaled 的图形对象，不影响使用真彩色或 CDataMapping 设置为 direct 的图形对象。②caxis auto，使用最小值和最大值自动计算颜色值的上下限，也是该函数的默认设置。当颜色值设置为 inf 时，对应最大颜色值；当颜色值设置为-inf 时，对应最小颜色值。③caxis manual，手动调节，它禁用自动范围更新，并将颜色轴冻结到当前颜色值的上下限，当 hold 命令使用 on 状态时，后续绘图可使用相同的颜色限值。例如，运行如下代码，所得结果如图 4-33 所示。

```
[x,y,z] = sphere; c = z;
set(gcf,'color','w'); surf(x,y,z,c)
v=caxis                      %查看自动设置的颜色值上下限
pause(5)                     %暂时保留图像，便于观察对比
caxis([-1,0])                %修改上限为 0，观察图像的变化
```

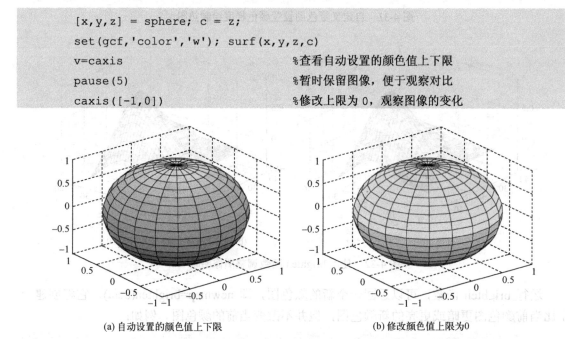

(a) 自动设置的颜色值上下限　　　　　　　　(b) 修改颜色值上限为0

图 4-33　使用 caxis 函数改变颜色值上下限

4.4　坐标轴设置与图形标识符

在前面的学习中，使用的是默认形式的坐标轴，本节将学习坐标轴的使用与设置。

4.4.1　坐标轴的设置

MATLAB 为绘图准备了各种形式的坐标轴模板，通过函数 axis 可具体设置坐标轴的各种形式，表 4-8 列出了该函数的基本功能。

表 4-8 axis 函数的基本功能

命 令	释 义	更改的坐标区属性
axis auto	自动选择所有坐标轴范围	将 XLimMode、YLimMode 和 ZLimMode 设置为 auto。如果使用的是极坐标区，则此选项会将 ThetaLimMode 和 RLimMode 设置为 auto。若使用 auto x 或 auto yz 等形式，则可单独设置 x 轴或 y、z 两轴的属性
axis equal	纵横坐标轴使用等刻度值	将 DataAspectRatio 设置为[1,1,1]，将 PlotBoxAspectRatio 设置为[3,4,4]，并将相关模式属性设置为手动。禁用"伸展填充"行为
axis fill	在 manual 方式下，让坐标区充满整个绘图区	将图框纵横比模式和数据纵横比模式的属性设置为自动
axis ij	矩阵式坐标区，原点在左上角	—
axis image	横纵坐标轴使用相同刻度，坐标框紧挨着数据范围值	将 DataAspectRatio 设置为[1,1,1]，并将相关的模式属性设置为手动。禁用"伸展填充"行为
axis manual	固定当前坐标范围不变	将 XLimMode、YLimMode 和 ZLimMode 设置为 manual。如果使用的是极坐标区，则此选项会将 ThetaLimMode 和 RLimMode 设置为 manual
axis normal	矩形坐标区，MATLAB 的默认绘图坐标区	将图框纵横比模式和数据纵横比模式的属性设置为自动
axis off	取消轴背景	
axis on	显示轴背景	
axis square	使用正方形坐标区	将 PlotBoxAspectRatio 设置为[1,1,1]，并将相关的模式属性设置为手动。禁用"伸展填充"行为
axis tight	把数据范围当作坐标范围	XLimMode、YLimMode 和 ZLimMode 更改为 auto。如果使用的是极坐标区，则 ThetaLimMode 和 RLimMode 将改变。坐标范围自动更新，以包含添加到坐标区中的新数据。为避免在使用 hold on 时范围发生更改，需使用 axis tight manual
axis v	人工设定坐标范围	二维图形时设置 4 个数据：[x1,x2,y1,y2] 三维图形时设置 6 个数据：[x1,x2,y1,y2,z1,z2]
axis vis3d	保持高宽比不变，三维旋转时使用，避免图形大小变化	将图框纵横比模式和数据纵横比模式的属性设置为手动
axis xy	普通直角坐标区，原点在左下角	

下面结合实例学习该函数的基本用法。例如：

```
x = linspace(0,2*pi);y = sin(3*x);
plot(x,y,'-o'); axis auto
```

这里使用了默认的坐标轴格式，其样式如图 4-34 所示，也可以使用能设定坐标轴刻度区间的格式，这种格式常为 axis(limits)，其中 limits 是一个包含 4 个元素的行向量[xMin, xMax, yMin, yMax]，分别设置 x 轴的极小值与极大值与 y 轴的极小与极大值。此外，在使用 plot3 函数绘制三维图时，设置向量包含 6 个元素[xMin, xMax,yMin,yMax,zMin,zMax]。例如：

```
axis([0,2*pi,-1.2,1.2])
```

此时坐标轴发生变化，x 轴的刻度范围变为 0~2π，y 轴的刻度范围变为−1.2～1.2，使得图像看上去布局更合理，更符合构图的基本要求，如图 4-35 所示。

axis style 格式是 axis 函数常用的一种设置坐标轴的调用格式，对其中使用的 style，MATLAB 给出了如下的预设值：tight、fill、equal、image、square、normal、vis3d。需要注意的是：这些选项不能用于极坐标区，除非使用 axis tight 和 axis normal 命令。扫描书前二维码,运行示例代码 4-5 并观察 axis 函数中不同 style 参数对绘图的影响,运行结果如图 4-36 所示,用户可仔细思考并体会其差别。

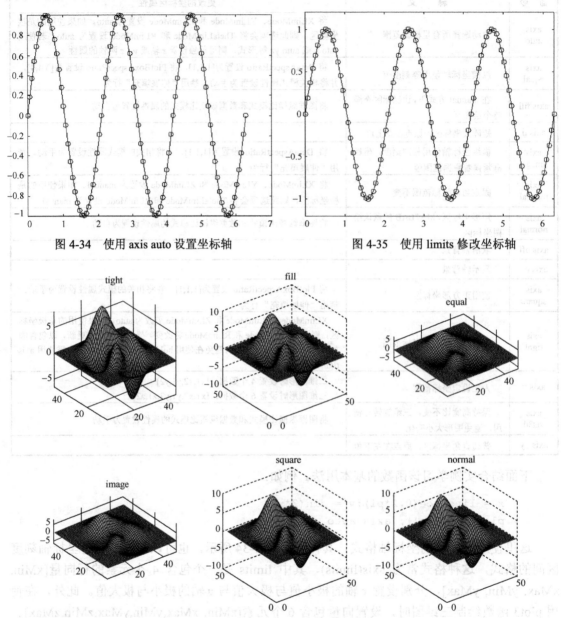

图 4-34 使用 axis auto 设置坐标轴　　　　图 4-35 使用 limits 修改坐标轴

图 4-36 axis 函数不同 style 参数对绘图的影响

对于坐标轴,还可以使用 set 函数进行设置,这是使用对象进行设置,后面将专门介绍。

下面给出了使用 axis munual 格式锁定坐标轴的用法,在绘制第 1 条曲线后,使用该格式锁定当前坐标轴,然后绘制第 2 条曲线,因为已经锁定坐标轴,第 2 条曲线未能全部绘出,如图 4-37(a)所示。当使用 axis auto 解锁后,MATLAB 将坐标轴进行了调整,以使得第 2 条曲线完整显示,如图 4-37(b)所示,请读者仔细体会。

```
figure('color','w');
```

```
x = linspace(0,10);y = sin(x);
plot(x,y);hold on;axis manual
y2 = 2*sin(x);plot(x,y2)
hold off;axis auto
```

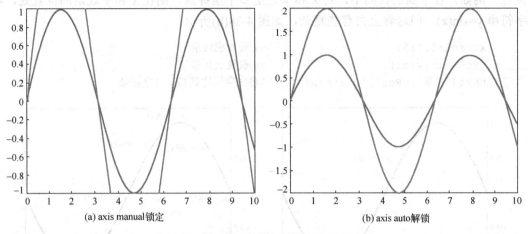

(a) axis manual 锁定　　　　　　　　(b) axis auto 解锁

图 4-37　命令 axis manual 锁定绘图坐标轴

扫描书前二维码查看 axis ij 格式调整坐标原点对绘图影响的代码（示例代码 4-6，图略）。建议读者在此基础上尝试使用其他命令修改代码，并体会其用法。

4.4.2　标注文字

图形与文字的主要功能是传达信息，图形具有直接性和直观性，依靠它本身的独特形式和色彩，向读者直接传递信息，能在很短的时间内引起读者的注意和思考。文字是人脑对自然与社会带有情感色彩的反映，通过改变字体的大小、字重、对比、字宽、字形等样式实现传递细节信息的功能。在绘图时标注必要的文字，通过将图形与文字进行有效编排，运用图形和文字的不同特点来传递信息、丰富视觉效果，会起到积极的作用。

在绘制曲线时，通常会给出曲线的具体文字说明，MATLAB 为实现该功能，提供了 text 函数及 gtext 函数。它们的区别在于：text 函数在给定的位置自动输出用户设定的文字，而 gtext 函数交互式地让用户设定在哪个位置输出文字。除此之外，xlabel、ylabel、zlabel、title 等函数也具有设置文字的功能。下面以 text 函数为例，学习这些函数通用的文字属性。

在 MATLAB 中，函数 text 主要用来在图上标注必要的文字，最常使用的格式为 text(x,y,'string')，使用这种格式时，函数会将引号中的文本添加到位置(x,y)处，位置(x,y)处的单位和当前的绘图设置相同。若 x 和 y 是向量，则它们规定了一系列的位置，text 函数会将文本输出到这些规定的位置。如果字符串数组的行数和向量[x,y]的长度一样，则 text 函数在每个坐标点处标记字符串数组对应行的文字。例如：

```
clear;close all;
figure('color','w');
x=0:2*pi/1000:2*pi;y=sin(x);
plot(x,y,'linewidth',1,'color','r');
axis([0,2*pi,-1.2,1.2]);
```

```
text(3,0.5,'y=sin(x)')
```

运行结果如图 4-38 所示，在图 4-38(a)的(3,0.5)位置处，会输出文字 y=sin(x)。因为这里只给出了单个位置点，所以只输出 1 次，若把位置点设置成向量，则会输出到向量给定的各个位置。例如，在下面的代码中，对 x 和 y 设定多个坐标点，则在 x 和 y 规定的位置处，显示字符串 y=sin(x)，但这看上去有些复杂，如图 4-38(b)所示。

```
xPos=0:0.8:5;                    %x 设置成向量
yPos=sin(xPos);                  %y 设置成向量
text(xPos',yPos','y=sin(x)')     %将文字标注到[x,y]坐标处
```

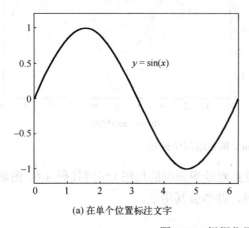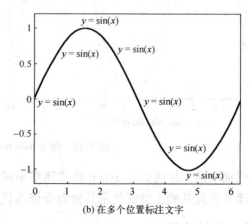

(a) 在单个位置标注文字　　　　　　　　　(b) 在多个位置标注文字

图 4-38　根据位置坐标个数标记文字

当给定的字符数组和坐标点个数一样时，会将标注文字分别显示到对应的位置上。例如，修改上例中的代码并运行，结果如图 4-39 所示。

```
figure('color','w');
x=0:2*pi/1000:2*pi;y=sin(x);
plot(x,y,'linewidth',1,'color','r');
axis([0,2*pi,-1.2,1.2]);hold on;
xPos=1:5;                        %x 设置成向量
yPos=sin(xPos);                  %y 设置成向量
plot(xPos,yPos,'ko','markersize',4,'markerfacecolor','k');
ttext=cell(5,1);
for ilp=1:5
    txt=sprintf(' [%4.2f,%5.2f]',xPos(ilp),yPos(ilp));  %形成各点的坐标
    ttext{ilp}=char(txt);
end
text(xPos',yPos',ttext)          %将文字标注到[x,y]坐标处
```

实际上，对于标注的文字，用户也可以设置其文字属性，后边会学习这方面的内容。例如，下面的代码使 text 函数标注的文字与前面的有所不同，读者运行后可对比观察一下。

```
text(xPos',yPos',ttext,...                %标注文字
    'fontsize',12,...                     %字体大小
    'color','k',...                       %字体颜色
    'fontangle','normal',...              %字体倾斜与否
```

```
'fontname','georgia')            %字体名称
```

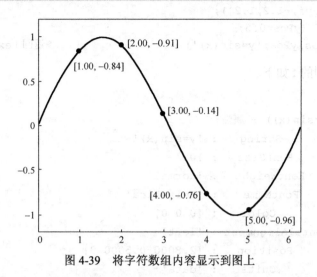

图 4-39　将字符数组内容显示到图上

当标注位置唯一而字符为数组时，会在同一位置逐一显示数组中的各标注文字。扫描书前二维码查看示例代码 4-7 并运行，结果如图 4-40 所示。

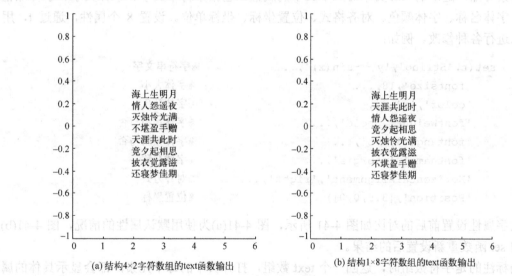

(a) 结构 4×2 字符数组的 text 函数输出　　　(b) 结构 1×8 字符数组的 text 函数输出

图 4-40　输出位置唯一

在图 4-40(a)中，要标注的字符数组（古诗词）按照 4 行 2 列布置，当使用 text 函数输出时，按照列优先的顺序输出第 1 列后，再输出第二列。在图 4-40(b)中，字符数组按照 1 行 8 列布置，在使用 text 函数输出时，按照原数组中各句顺序依次输出，但格式上是以列的形式输出每一句诗，即排成 8 行 1 列的形式。

当使用带返回参数的 text 函数时，返回一个或多个文本对象。通过 set 函数，可以修改对象的属性，这是面向对象编程理念中的一个固定用法。关于类中 set 函数的使用，在面向对象一章中会详细介绍。例如：

```
x=0:2*pi/1000:2*pi;  y=sin(x);
```

```
plot(x,y,'linewidth',1,'color','b');
axis([0,2*pi,-1.2,1.2]);
xPos=2.8;    yPos=0.5;
t=text(xPos,yPos,'y=sin(x)')                    %返回text对象
```

运行代码，返回的 t 如下。

```
t = 
  Text (y=sin(x)) - 属性:

             String : 'y=sin(x)'
           FontSize : 10
         FontWeight : 'normal'
           FontName : 'Helvetica'
              Color : [0 0 0]
HorizontalAlignment : 'left'
           Position : [2.8000 0.5000 0]
              Units : 'data'

  显示 所有属性
```

观察可知，返回的 text 文本对象中文字的属性，包括字符串文字、字体大小、字体加粗与否、字体名称、字体颜色、对齐格式、位置坐标、坐标单位。设置 8 个属性，通过 t，用户可以进行各种修改。例如：

```
set(t,'String','y~~sin(x)',...                  %字符串文字
    'fontsize',18,...                           %字体大小
    'color','r',...                             %字体颜色
    'fontWeight','bold',...                     %字体加粗与否
    'fontangle','it',...                        %字体倾斜与否
    'fontname','georgia',...                    %字体名称
    'HorizontalAlignment','right',...           %对齐方式
    'Position',[3.5,0,0])                       %位置坐标
```

文字属性设置前后的对比如图 4-41 所示，图 4-41(a)为使用默认属性的情况，图 4-41(b)为利用 set 函数重新设置后的结果。

当标注的是字符数组时，返回一个 text 数组，打开其中的每个元素，都会显示具体的属性内容。例如：

```
xPos=[2.8;3.5]; yPos=[0.5;-0.2];
t=text(xPos,yPos,{'y';'sin(x)'})                %将文字标注到[x,y]坐标处
class(t);t(1,1),t(2,1)                          %具体显示各对象内容
```

在上面的输出中，最后都会输出一句链接文字 "Show all properties"，单击这个链接会展示 text 按钮的各项属性，借此可以设置其中的任何属性。读者或许记不住这些属性的名称，一个小技巧是，当想修改其中的某个属性时，让 text 函数返回属性，查阅属性名称后，再使用 set 函数进行修改。

```
set(t, 'EdgeColor', 'g','lineStyle','-', 'LineWidth',1.5000)
```

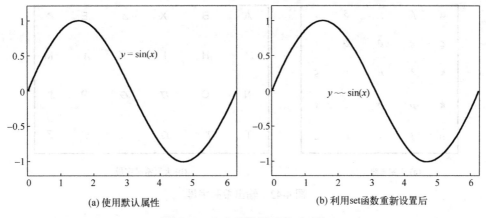

图 4-41 文字属性设置前后对比

在标注文字时，常常会碰到标注希腊字母的情况，MATLAB 为希腊字母创建了专门的命令格式，如表 4-9 所示。使用时，用户只需要将各字母对应的命令格式写在标注文字中即可。需要说明的是，部分大写希腊字母因为与英文字母相同，所以并未在表中列出。

表 4-9 希腊字母命令格式

希腊字母	命令格式	希腊字母	命令格式	希腊字母	命令格式
α	\alpha	μ	\mu	Δ	\Delta
β	\beta	ν	\nu	Φ	\Phi
γ	\gamma	ξ	\xi	Γ	\Gamma
δ	\delta	π	\pi	Λ	\Lambda
ε	\epsilon	ρ	\rho	Π	\Pi
ζ	\zeta	σ	\sigma	Θ	\Theta
η	\eta	ς	\varsigma	Σ	\Sigma
θ	\theta	τ	\tau	Υ	\Upsilon
ϑ	\vartheta	υ	\upsilon	Ω	\Omega
ι	\iota	ϕ	\phi	Ξ	\Xi
κ	\kappa	χ	\chi	Ψ	\Psi
λ	\lambda	ψ	\psi		
ϖ	\varpi	φ	\varphi		
o	\o	ω	\omega		

扫描书前二维码查看 ShowGreekSymbols 函数（示例代码 4-8），其展示了希腊字母的使用方法。输出结果如图 4-42 所示。

实际上，还有许多其他的特殊字符，如数学符号等。MATLAB 也给出了其命令格式，如表 4-10 所示为特殊字符的命令格式。

除此之外，若用户还需要使用其他特殊字符，则可先借助 char 函数来观察各个特殊字符的具体内容，再使用。表 4-11 中给出了一些比较典型的特殊字符。

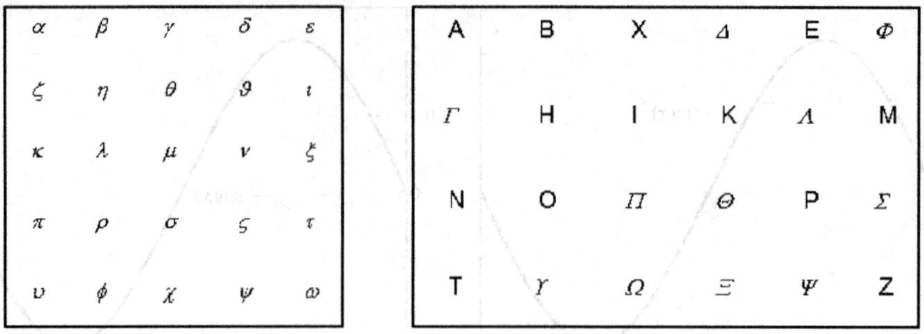

(a) 小写希腊字母　　　　　　　　　　(b) 大写希腊字母

图 4-42　输出希腊字母

表 4-10　特殊字符的命令格式

符号	命令格式	符号	命令格式	符号	命令格式
≡	\equiv	♥	\heartsuit	·	\cdot
ℑ	\Im	♠	\spadesuit	⋯	\ldot
⊗	\otimes	↔	\leftrightarrow	©	\copyright
∩	\cap	←	\leftarrow	⊥	\perp
⊃	\supset	↑	\uparrow	ë	\rfloor
∫	\int	→	\rightarrow	û	\lfloor
∀	\forall	↓	\downarrow	⊥	\perp
∃	\exists	∘	\circ	∧	\wedge
∋	\ni	±	\pm	ù	\rceil
≅	\cong	≥	\geq	∨	\vee
≈	\approx	∝	\propto	∠	\langle
ℜ	\Re	∂	\partial	é	\lceil
⊕	\oplus	•	\bullet	·	\cdot
∪	\cup	÷	\div	¬	\neg
⊆	\subseteq	≠	\neq	×	\times
∈	\in	ℵ	\aleph	√	\surd
∼	\sim	℘	\wp	∠	\rangle
≤	\leq	∅	\oslash	∥	\parallel
∞	\infty	⊇	\supseteq	∇	\nabla
♣	\clubsuit	⊂	\subset	′	\prime
♦	\diamondsuit	∣	\mid	∅	\0

表 4-11　一些比较典型的特殊字符

符号	序号	符号	序号	符号	序号	符号	序号	符号	序号
'	8216	'	8217	"	8220	"	8221	‰	8240
※	8251	′	8242	″	8243	€	8364	‵	8245
℃	8451	‰	8453	℉	8457	№	8470	™	8481
↖	8598	↗	8599	↘	8600	←	8592	↑	8593

续表

符号	序号	符号	序号	符号	序号	符号	序号	符号	序号
→	8594	↓	8595	✓	8601	∈	8712	∏	8719
∑	8721	/	8725	∞	8734	∟	8735	√	8730
∠	8736	∝	8733	∧	8743	|	8739	∩	8745
∥	8741	∨	8744	∮	8750	∽	8765	≈	8776
∪	8746	∫	8747	:	8758	∷	8759		8760
∴	8756	∵	8757	≠	8800	≌	8780	≤	8804
≒	8786	≡	8801	≥	8807	≮	8814	≯	8815
≥	8805	≦	8806	⊕	8853	⊥	8869	⊿	8895
⌒	8978	⊙	8857	■	9603	■	9604	■	9605
─	9601	─	9602	■	9608	■	9609	■	9610
■	9606	■	9607	▎	9613	▎	9614	▎	9615
▌	9611	■	9612	□	9633	▨	9619	─	9620
│	9621	■	9632	△	9651	▽	9661	◇	9671
▲	9650	▼	9660	●	9679	◎	9678	▼	9701
◆	9670	○	9675	▼	9700	★	9733	☆	9734
◢	9698	◣	9699	✂	9985	♀	9792	✄	9988
◯	9737	☦	9794	✆	9986	✇	9987	✉	9993
✌	9990	☘	9996	☣	9991	✈	9992	✎	9998
✏	9997	✐	9999	✒	10000				

若想要查阅 1～65535 编码范围内的字符,可扫描书前二维码查看示例代码 4-9 中的相应函数,但有些字符输出到屏幕后并不显示,用户可复制到 Word 文档中查看其结果。例如:

```
>> ShowSpecialChars(9980,10000)
    符号 编码   符号 编码   符号 编码   符号 编码   符号 编码
     □  9980   □  9981   □  9982   □  9983   □  9984
     ✂  9985   ✂  9986   ✂  9987   ✄  9988   □  9989
     ✌  9990   ☘  9991   ✈  9992   ✉  9993   □  9994
     □  9995   ☘  9996   ✏  9997   ✎  9998   ✐  9999
     ✒  10000
```

将其使用到 text 函数中,结果如图 4-43 所示。

```
clear;close all;
figure('color','w');axis([0,14,0,1]);
c=[9985:9988,9990:9993,9996:10000];
for ilp=1:length(c)
    text(ilp,0.5, char(c(ilp)),'fontSize',20,'color','r');
    hold on;
end
set(gca,'fontSize',15);
```

前边已经了解并使用了标注文字属性,允许设置的属性涉及 10 个方面:Text,文字类型,包括字符串、字符数组、cell 数组、数值等;FontStyle,字体风格,包括字体的颜色、名称、大小、单位、是否倾斜、是否粗体、字体平滑度等；TextBox，文本框，包括边框颜色、背景颜色、线宽、线型等；Location and Size，位置与大小，包括位置、对象范围、单位、旋转角、水平和垂向对齐格式等；Visibility，文字的可见性、裁剪、擦除模式等；Identifiers，标识符；Parent/Child，上下级对象；Interactive Control，交互控制，包括交互编辑模式、鼠标左键按下回调函数、用户界面菜单、可选性、高亮选定等；Callback Execution Control，回调执行控制，包括鼠标按下时捕捉是否可见、点击测试、中断、繁忙排队等候等；Creation and Deletion Control，创建与删除控件等。10 个属性的说明如表 4-12 所示。

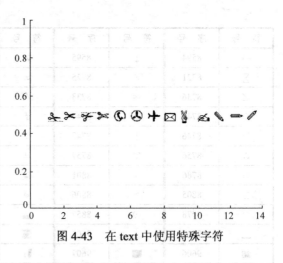

图 4-43　在 text 中使用特殊字符

表 4-12　text 函数中标注文字属性的说明

分项	属性名	属性说明	属性值
文本	Color	设置文本颜色	有效值：[0,0,0]；RGB 颜色设置；颜色字符串，如 r、g、b 等 默认值：黑色
	Interpreter	文本字符的解释	有效值：tex；latex；none 默认值：tex
	String	要显示的文本	有效值：默认；字符向量；元胞数组；字符串数组；分类数组；数值 默认值：空字符串
文本框	Edge Color	文本框边框颜色	有效值：none；RGB 颜色设置；颜色字符串，如 r、g、b 等；none 默认值：none
	Rotation	文字对象的方位角度	有效值：标量（单位为度） 默认值：0
	Background Color	文本框背景颜色	有效值：none；RGB 颜色设置；颜色字符串，如 r、g、b 等；none 默认值：none
	Margin	文本框中文本周围的空白	有效值：标量数据，单位 point 默认值：3
	LineStyle	文本框线条类型	有效值：'-'；'--'；':'；'-.'；'none' 默认值：'-'
	LineWidth	文本框线条宽度	有效值：非负标量数据 默认值：0.5
	clipping	以坐标区图框为界进行裁剪	有效值：on；off 默认值：off
位置	Extent	text 对象的范围	有效值：[left, bottom, width, height] 该值为只读属性
	Horizontal Alignment	水平对齐方式	有效值：left；center；right 默认值：left
	Position	文字范围的位置	有效值：[0,0,0]；[x,y,z]三元素向量；[x,y]二元素向量 默认值：[0,0,0]
	Units	文字范围与位置的单位	有效值：pixels（屏幕上的像素点）；normalized；inches（英寸）；centimeters（厘米）；points（图像点）；data（跟随数据设置）；characters 默认值：data
	Vertical Alignment	垂向对齐方式	有效值：top；cap；middle；baseline；bottom 默认值：middle

续表

分项	属性名	属性说明	属性值
指定字体	FontAngle	斜体文字模式	有效值：normal（正常字体）；italic（斜体） 默认值：normal
	FontName	字体名称	有效值：用户系统支持的字体名或字符串 FixedWidth
	FontSize	文字字体大小	有效值：非负数据，结合字体单位的数值
	FontUnits	FontSize 单位	有效值：points（1点=1/72英寸）；normalized；inches（英寸）；centimeters（厘米）；pixels（像素） 默认值：points
	FontWeight	设置文字字体的粗细	有效值：normal（正常字体）；bold（黑体字） 默认值：normal
	FontSmoothing	平滑处理字体外观	有效值：on；off 默认值：on
交互性	Seleted	"选中"状态	有效值：on；off 默认值：off
	Editing	交互式编辑模式	有效值：on；off 默认值：off
	Visible	可见性状态	有效值：on；off 默认值：on
	UIContextMenu	设置上下文菜单	有效值：空 GraphicsPlaceholder 数组；ContextMenu 对象 默认值：空 GraphicsPlaceholder 数组
	SelectionHighlight	是否显示选择上	有效值：on；off 默认值：on
父级/子级	Parent	父级对象	有效值：Axes 对象；PolarAxes 对象；Group 对象；Transform 对象
	Children	子级对象	有效值：空 GraphicsPlaceholder 数组
	HandleVisibility	对象可见性	有效值：on；off；callback 默认值：on
标识符	Tag	对象标识符	有效值：''（空字符串）；字符向量；字符串标量 默认值：''（空字符串）
	Type	图形对象类型	有效值：字符串'text'
	User Data	用户数据	有效值：数组 默认值：[]
回调执行控制	BusyAction	回调排队	有效值：cancel；queue 默认值：queue
	PickableParts	捕获鼠标点击的能力	有效值：visible；all；none 默认值：visible
	BeingDeleted	设置文字的删除状态	有效值：on；off 默认值：off
	HitTest	响应捕获的鼠标点击	有效值：on；off 默认值：on
	Interruptible	设置回调过程是否可中断	有效值：on；off 默认值：on（能中断）
回调	ButtonDownFcn	鼠标单击回调	有效值：''（空字符串）；函数句柄；cell 数组；字符向量 默认值：''（空字符串）
	CreateFcn	创建函数	有效值：''（空字符串）；函数句柄；cell 数组；字符向量 默认值：''（空字符串）
	DeleteFcn	删除函数	有效值：''（空字符串）；函数句柄；cell 数组；字符向量 默认值：''（空字符串）

当将 Interpreter 属性设置为 tex 时，支持的修饰符如表 4-13 所示。

表 4-13 字体属性 Interpretation 对应的 tex 支持的修饰符

修饰符	功能描述	样例
^{ }	上标	'text^{superscript}'
_{ }	下标	'text_{subscript}'
\bf	加粗字体	'\bf text'
\it	斜体字体	'\it text'
\sl	斜字体（通常与 italic 具有同样效果）	'\sl text'
\rm	正常字体	'\rm text'
\fontname{specifier}	将 specifier 设为需要的字体名称，该格式可以与其他格式合并设置	'\fontname{Courier} text'
\fontsize{specifier}	将 specifier 设置为以 point 为单位的标量数据，改变字号大小	'\fontsize{15} text'
\color{specifier}	将 specifer 设置为如下颜色之一：red、green、yellow、magenta、blue、black、white、gray、darkGreen、orange、lightBlue	'\color{magenta} text'
\color[rgb]{specifier}	用户指定颜色，以 RGB 格式实现	'\color[rgb]{0,0.5,0.5} text'

前边详细讨论了 plot 绘图中涉及的属性，除这些外，还有许多属性尚未学习，读者可通过查看 plot 函数返回的结构数组进一步了解。

4.5 两个绘图布局函数

有时需要绘制一批图形，如在概率论的研究中，对于二项分布的概率分布，已知 n 重伯努利实验的次数 n 和概率 p，概率分布 $B(n,p)$ 会随着 p 的变化而变化。例如，若 $n=30$，概率 p 从 0.1 变化到 0.9，则概率分布也会发生变化，这样通过绘制一组 9 个图形，就能形象地描述概率分布随 p 变化的情况。

像上述这种情形，就需要在绘图前先进行子图布局，为所有子图布置具体的行列数，如 3 行 3 列或 5 行 2 列等。MATLAB 为绘图布局提供了两个函数，一是 subplot 函数，该函数从 MATLAB 的早期版本升级而来，使用时需要先规划好子图的行列数，然后按照编号逐一实现子图的绘制；二是 tiledlayout 函数，该函数在 MATLLAB 的 R2019b 版本中推出，大部分功能能够替代 subplot 函数，但需要和 nexttile 函数配合使用。使用 tiledlayout 函数时，既可以规划具体的行列数，也可以通过参数 flow 使用"流模式"免去具体的行列设置。

4.5.1 subplot 函数

使用 subplot 函数，可以方便地实现绘图布局，在 subplot 函数设置好布局后，可配合使用 plot 函数进行绘图。在 subplot 函数的语法格式中，最基本的为 subplot(m,n,p)，它将当前图窗划分为 m×n 网格，并在 p 指定的位置创建坐标区。MATLAB 按行号对子图位置进行编号。第一个子图是第一行的第一列，第二个子图是第一行的第二列，以此类推。如果指定位置已存在坐标区，则此命令会将该坐标区设为当前坐标区。例如，在下述代码中，subplot(2,1,1) 指定了绘图布局与编号，创建 2 行 1 列的绘图布局，在编号为 1 的子区绘图；而 subplot(2,1,2) 表示在 2 行 1 列绘图布局中编号为 2 的子区绘图，结果如图 4-44 所示。

```
subplot(2,1,1);
x=linspace(0,10); y1=sin(x); plot(x,y1)
subplot(2,1,2);
y2=sin(5*x); plot(x,y2)
```

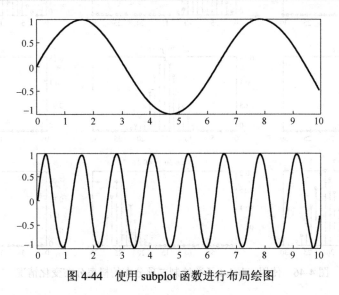

图 4-44 使用 subplot 函数进行布局绘图

使用 plot 函数在 subplot 函数设定好的每个子区绘图，相当于单独使用 plot 函数绘图。针对每个子区绘图，用户同样可设置、修改绘图属性，这一点和单独使用 plot 函数没有区别。

subplot 函数允许用户创建大小不同的子图。例如，创建一个包含 3 个子图的图窗，在图窗的上半部分创建两个子图，并在图窗的下半部分创建第 3 个子图，在每个子图上添加标题。扫描书前二维码查看示例代码 4-10 并运行，结果如图 4-45 所示。

回到前边的问题上，尝试绘制二项分布的概率分布随参数 p 的变化情况，可扫描书前二维码查看示例代码 4-11 并参照运行，运行结果如图 4-46 所示。

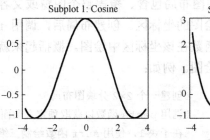
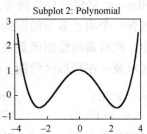
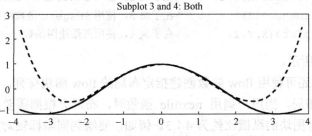

图 4-45 通过合并子区绘制大小不同的子图

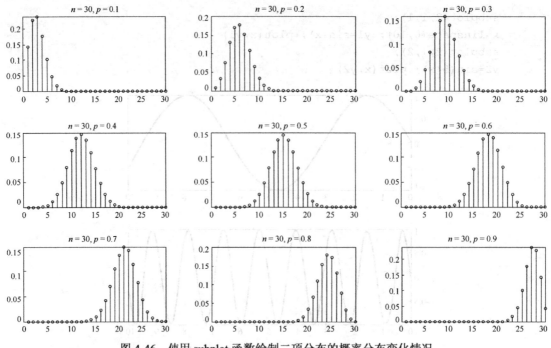

图 4-46 使用 subplot 函数绘制二项分布的概率分布变化情况

4.5.2 tiledlayout 函数

在创建分块图布局方面，已有的 subplot 函数使用非常广泛，MATLAB 在 R2019b 版中又推出了 tiledlayout 函数，它可以创建分块图布局，用于显示当前图窗中的多个绘图。在使用语法格式 tiledlayout(m,n)时，创建的分块图布局有固定的 m×n 个图块排列，最多可显示 m×n 个绘图。使用时，如果没有图窗，MATLAB 会创建一个图窗并将布局放入其中。如果当前图窗包含一个现有布局，MATLAB 会用新布局替换该布局。在使用时，该函数常常和 nexttile 函数搭配使用，tiledlayout 创建的分块图布局包含、覆盖整个图窗或父容器的不可见图块网格，每个图块可以包含一个用于显示绘图的坐标区。创建布局后，调用 nexttile 函数将坐标区对象放置到布局中，然后调用绘图函数在该坐标区中绘图。概括起来就是：创建布局；在布局块上放置坐标区对象；在坐标区绘图。例如：

```
tiledlayout(2,2);              %创建一个 2×2 分块图布局
[X,Y,Z] = peaks(20);           %调用 peaks 函数以获取预定义曲面的坐标
nexttile,surf(X,Y,Z)           %在子块 1，使用 surf 函数绘制三维图
nexttile,contour(X,Y,Z)        %在子块 2，使用 contour 函数绘制等值图
nexttile,imagesc(Z)            %在子块 3，使用 imagesc 函数绘制图像
nexttile,plot3(X,Y,Z)          %在子块 4，使用三维绘图函数
```

结果如图 4-47 所示。

tiledlayout 函数还可使用 flow 参数创建指定布局的 flow 图块排列。创建时，最初只有一个空图块填充整个布局，当用户调用 nexttile 函数时，布局会根据需要进行调整以适应新坐标区，同时保持所有图块的纵横比约为 4∶3。例如，要绘制同坐标轴对应的 3 条曲线，首先创建 4 个坐标向量：x、y1、y2 和 y3，然后使用参数 flow 调用 tiledlayout 函数，以创建可容

纳任意数量坐标区的分块图布局，再调用 nexttile 函数以创建第 1 个坐标区，在第 1 个图块中绘制 y1，则第 1 个图填充整个布局。代码如下：

```
x = linspace(0,30);
y1 = sin(x/2); y2 = sin(x/3); y3 = sin(x/4);
tiledlayout('flow'),nexttile,plot(x,y1)          %在第 1 个图块中绘制 3 次
```

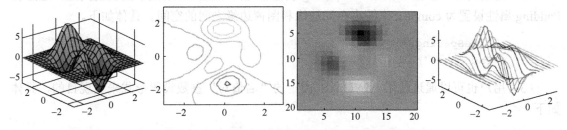

图 4-47 使用 tiledlayout 函数创建布局并绘图

继续使用 nexttile 函数布置第 2 个图块和坐标区，并绘制 y2 到坐标区中。代码如下：

```
nexttile, plot(x,y2)
```

继续重复该过程以创建第 3 个绘图。代码如下：

```
nexttile, plot(x,y3)
```

如果想把 3 条曲线继续绘制在一起，则重复该过程以创建第 4 个绘图。这次，在绘制 y1 后调用 hold on，在同一坐标区中绘制全部 3 条曲线。代码如下：

```
nexttile,plot(x,y1),hold on
plot(x,y2),plot(x,y3),hold off
```

整个绘图结果如图 4-48 所示。

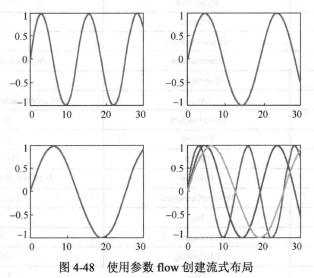

图 4-48 使用参数 flow 创建流式布局

若觉得绘图块之间的布局有些稀疏，则可以通过设置绘图参数调整图块间的间距，实现步骤如下：

（1）在使用 tiledlayout 函数创建布局时，让它返回一个参数，该参数中存放布局对象。格式化的代码（以 2×2 的布局为例）为：

```
t = tiledlayout(2,2)
```

返回的参数 t 中存储着一个 TileChartLayout 对象。

（2）通过将返回参数 t 中的 TileSpacing 属性设置为 compact 来减小图块的间距，通过将 Padding 属性设置为 compact 来缩小布局边缘和图窗边缘之间的空间。具体如下。

```
t.TileSpacing ='compact';
t.Padding ='compact';
```

（3）用户也可以通过使用 MATLAB 固定的"名值对"参数设置形式来实现目的，具体如下。

```
t = tiledlayout(2,2,'TileSpacing','Compact', 'Padding','compact');
```

虽然尚未学习面向对象的知识，但上面返回的参数 t，实际上是一个对象，它除包含调整间距的参数外，还包含 title、xlabel、ylabel 等属性，表 4-14 中具体列出了上述返回对象的属性。

表 4-14 返回对象的属性

序 号	属 性 名 称	属 性 取 值
1	BeingDeleted	off
2	BusyAction	'queue'
3	Children	[4×1 Axes]
4	ContextMenu	[0×0 GraphicsPlaceholder]
5	CreateFcn	''
6	DeleteFcn	''
7	GridSize	[2 2]
8	HandleVisibility	'on'
9	InnerPosition	[0.0650 0.0597 0.8875 0.9028]
10	Interruptible	on
11	Layout	[0×0 matlab.ui.layout.LayoutOptions]
12	OuterPosition	[0 0 1 1]
13	Padding	'compact'
14	Parent	[1×1 Figure]
15	Position	[0.0650 0.0597 0.8875 0.9028]
16	PositionConstraint	'outerposition'
17	Tag	''
18	TileArrangement	'fixed'
19	TileSpacing	'compact'
20	Title	[1×1 Text]
21	Toolbar	[0×0 GraphicsPlaceholder]
22	Type	'tiledlayout'

序 号	属性名称	属性取值
23	Units	'normalized'
24	UserData	[]
25	Visible	on
26	XLabel	[1×1 Text]
27	YLabel	[1×1 Text]

通过返回对象的属性，用户可以进行更细致的设置。例如，通过将 t 传递给 title、xlabel 和 ylabel 函数，可以显示共享标题和轴标签。具体实现如下。

```
t = tiledlayout(2,2,'TileSpacing','Compact', 'Padding','compact');
nexttile,plot(x,y1),title('Sample 1')           %传递参数给 title
nexttile,plot(x,y2),title('Sample 2')
nexttile,plot(x,y3),title('Sample 3')
nexttile,plot(x,y1),hold on
plot(x,y2),plot(x,y3),hold off,title('Sample 4')
xlabel(t,'x axis text')                          %传递参数给 xlabel
ylabel(t,'y axis text')                          %传递参数给 ylabel
```

扫描书前二维码获取绘制曲线所有组合的代码（示例代码 4-12），其中绘制了 3 条曲线的各种组合，请读者自行运行验证。

再回到本节开始时提出的问题，即绘制二项分布的概率分布图，可知使用 tiledlayout 函数同样可以实现，只需稍加改写即可。扫描书前二维码查看示例代码 4-13 并上机运行，查看其效果。

4.6 几种常用的二维绘图函数

二维绘图是科学研究展示成果的一种方式，虽然学科不同，需要展示的数据也不同，但一些共性的绘图需求，则可以用专门的函数加以实现，本节我们将学习几种常用的二维绘图函数。

4.6.1 面积填充图

MATLAB 使用 area 函数填充面积图，常用 area(y)格式，参数 y 多为向量或矩阵。函数 area 将 y 中的元素显示为一条或多条曲线，并填充每条曲线下方的面积。当 y 是一个矩阵时，各条曲线会叠加显示，每行元素对总高度的相对贡献都会显示出来，也即显示曲线之间的间隔，横轴取值自动为 1:size(y,1)（扫描书前二维码查看示例代码 4-14）。

示例代码的运行结果如图 4-49 所示。在图中，每条曲线都标注了数据，其中括号外的数据是叠加的高度，括号内的数据是原始矩阵内的元素；矩阵自左到右，第 1 列元素绘制的曲线在最低端，第 2 列的曲线则在第 1 列的基础上进行叠加，第 3 列的曲线则在前两列基础上继续叠加。实际上，area 函数的执行结果，可看作 plot 函数的多次调用，其效果相当于下述代码：

```
plot([1,3,1,2]),hold on; plot([6,5,6,8]),hold on; plot([9,12,9,9]).
```

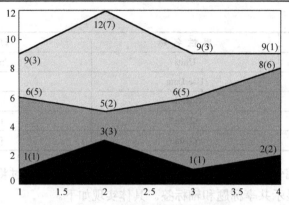

图 4-49　area 函数绘制的面积填充图

在上述的最简格式中，area 函数填充面积时使用了默认的基准线，若要显式使用基准线，可以使用 area(x,y,level) 格式，其中参数 level 用来控制基准水平，即填充时在垂直方向上的开始位置，默认 level=0，area(y,level) 是 x 的默认格式。例如：

```
x=1:4;                                      %x 的长度必须与 y 的行数相同
y=[1,4,2; 2,4,3; 4,7,5; 0,5,4];
f1=figure,area(x,y);
level=-4;
f2=figure,area(x,y,level);
```

运行结果如图 4-50 所示，其中图 4-50(a) 使用了默认值，图 4-50 (b) 使用了 –4 作为基准线，读者可对比图中的 y 轴坐标，体会 level 的作用。

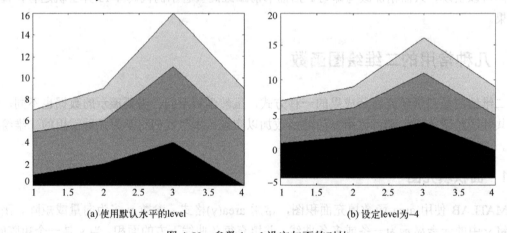

(a) 使用默认水平的level　　　　　　　　　(b) 设定level为–4

图 4-50　参数 level 设定与否的对比

和其他函数一样，area 函数支持使用名值对的多参数格式。扫描书前二维码查看示例代码 4-15。

示例代码的格式是早期 MATLAB 的格式。近年来，MATLAB 支持使用圆点操作符查询和设置属性，从而避免使用 get 和 set 函数。可将示例代码改写为：

```
ar=area(x,y);                 %让函数返回一个对象，通过对象修改属性
ar.FaceColor='r';             %设定填充颜色
ar.EdgeColor='b';             %设定边线颜色
```

```
ar.LineStyle=':';              %设定边线线型
ar.LineWidth=1.5000;           %设定边线线宽
```

若去掉 area 语句末尾的分号，使其返回的 ar 对象显示在屏幕上，则可以看到返回对象 ar 中包含的属性信息，并在最后一行输出了查看所有属性的链接，据此可以查看全部属性，并使用圆点操作符进行修改。

4.6.2 统计图

对实验结果或调查数据进行简单整理与分析，是进行数据挖掘的前提，在 MATLAB 中，pie、bar、histogram 等函数，就提供了这方面的直观统计信息。其中，pie 函数用来绘制饼图，bar 函数用来绘制条形图，histogram 函数绘制具有统计意义的直方图。

1. 饼图函数 pie

pie 函数最简单的格式为 pie(x)，它使用 x 中的数据进行饼图绘制，x 中的每个元素都对应饼图的一部分。若 x 的总和小于或等于 1，即 sum(x)≤1，则 x 中的数据直接看作饼图的组成份额；若总和小于 1，即 sum(x)<1，则只绘制部分饼图；若总和大于 1，则函数 pie 首先对数据进行归一化处理，即通过 x/sum(x)将数据转换为小数，将其作为每一饼块所占的份额。例如，

```
figure; x=0.1:0.1:0.4; pie(x)
figure; y=0.1*ones(1,6);pie(y);
figure; z=0.1:0.1:.5;pie(z)
```

运行结果如图 4-51 所示。

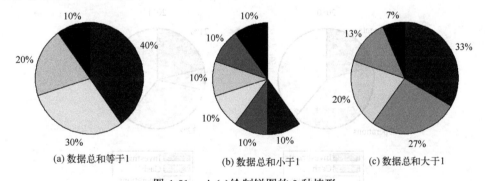

(a) 数据总和等于1   (b) 数据总和小于1   (c) 数据总和大于1

图 4-51　pie(x)绘制饼图的 3 种情形

pie 函数允许使用 explode 参数，以绘制具有"裂出"效果的饼图，在 pie(x,explode)这种格式中，参数 explode 是向量或矩阵，其元素为 0 或 1，当 explode 中的元素非零时，其对应的"饼块"会具有"裂出"效果，即偏离饼图中心。因为 explode 中的元素描述了饼块是否具有裂出效果，所以 explode 与 x 具有相同的数据组成。例如：

```
x=0.1:0.1:0.6; ep=[1,0,1,0,1,0];
subplot(1,2,1),pie(x),title('No explode');
subplot(1,2,2),pie(x,ep),title('Explode');
```

运行结果如图 4-52 所示。

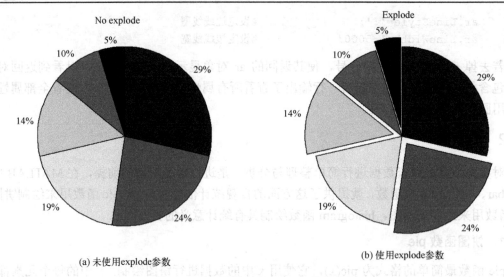

图 4-52 pie 函数中 explode 参数的使用

在上述的例子中，输入参数都是向量，若输入参数是矩阵，则首先把矩阵转换为列向量，然后对此向量绘制饼图，explode 作为指示是否裂出的参数矩阵，要和数据矩阵具有相同的行列数。

在上述绘图中，每块饼块旁都标注了其所占份额，这是由 pie 函数中的标签参数决定的。在格式 pie(X,labels) 中，labels 用来指定扇区（饼块）的文本标签，X 必须是数值数据类型的，标签数必须等于 X 中的元素数。扫描书前二维码查看示例代码 4-16 并运行，结果如图 4-53 所示。

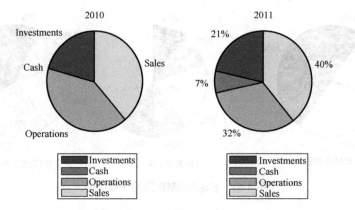

图 4-53 饼图的对比

在上述示例代码中，使用了一个 lengend 函数，该函数用来设置标签的图例属性，该函数的参数中，location 用来指定图例的位置。例如，下面的语句实现了将图例位置设置在主图的"南边靠外"位置，即 south outside，方向为水平方向。

```
legend(labels,'Location','southoutside','Orientation','horizontal');
```

在以前的 MATLAB 版本中，pie 函数绘图时会省略零值，并且不返回任何对应于零值的对象，自 R2019b 版开始，pie 函数对零值数据的处理有了变化，当调用 pie 函数并指定包含零值的数据时，饼图会显示零值和对应的标签。如果使用带返回参数格式的 pie 函数，则返回值中将包含对应每个零值的对象。在此种情况下，如果用户不想显示零值或返回对应的对象，则需要人工从数据中删除零值。在上面的例子中，y2010 数据中有一个零值，虽然图中它不占空间，但仍然给出了它的标签（Cash）。

和大多数函数一样，pie 函数也使用 pie(axes_handle,...)和返回对象属性 p=pie(...)的格式，利用指定位置，允许用户将饼图绘制到指定的绘图区；通过返回的对象属性，允许用户精细地控制饼块与标签文字等。

在绘制饼图时，给定数据后通常使用 pie 函数即可创建完成。在默认情况下，MATLAB 以每个饼块所占份额作为该饼块的标签，并标注成百分比的形式。但要进行精细控制时，就需要使用返回的对象属性，pie 函数返回的对象 p 中包含了文本和补片（子块）属性，借此可进行精确设定。例如：

```
X = 1:3;
labels = {'Taxes','Expenses','Profit'};
p = pie(X,labels)
```

上面的代码先创建了一个标签饼图，运行效果如图 4-54(a)所示，返回对象 p 具体如下：

```
p =   1×6 graphics 数组：
    Patch    Text    Patch    Text    Patch    Text
```

下面通过返回的对象 p，修改文件标签的颜色和字体大小。在返回的数组中，第 6 个元素是 text，它对应着标签 Profit，则获取标签 Profit 的文本对象，更改其颜色和字体大小。

```
t = p(6);                        %获取文本
t.BackgroundColor = 'cyan';      %修改背景颜色
t.EdgeColor = 'red';             %设置边框颜色
t.FontSize = 14;                 %设置字体大小
```

修改后的效果如图 4-54(b)所示。当然，用户通过返回的对象 p 还可以对每一个补片（子块）进行精细控制。例如，对第 1 个子块的颜色、线型、线宽进行设置，可扫描书前二维码查看示例代码 4-17，运行效果图略。

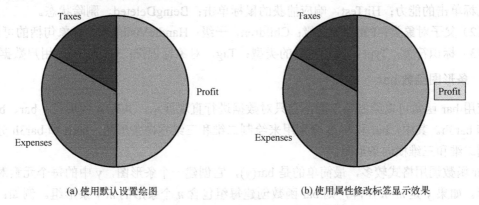

(a) 使用默认设置绘图　　　　　　　　(b) 使用属性修改标签显示效果

图 4-54　使用返回对象属性进行精细绘图控制

在进行精细调节时，用户有可能不熟悉返回对象的属性，这可以通过让 MATLAB 显示所有返回属性得以了解。一般地，返回对象包含补片 Patch 和文本 Text 两个属性，Patch 属性控制 Patch 对象的外观和行为，通过更改属性值，可以修改该补片的特定方面，这些特定方面包括 13 个大类。

（1）颜色类：FaceColor，面颜色码；EdgeColor，边颜色码；CData，补片颜色数据；FaceVertexCData，面和顶点颜色；CDataMapping，直接或经过标度转换的颜色数据映射。

（2）透明度类：FaceAlpha，面透明度；EdgeAlpha，边线条透明度；FaceVertexAlphaData，面和顶点透明度值；AlphaDataMapping，对 FaceVertexAlphaData 值的解释。

（3）线型类：LineStyle，线型；LineWidth，线条宽度；AlignVertexCenters，锐化垂直线和水平线。

（4）标记类：Marker，标记符号；MarkerSize，标记大小；MarkerEdgeColor，标记轮廓颜色；MarkerFaceColor，标记填充颜色。

（5）数据类：Faces，定义每个面的顶点连接；Vertices，顶点坐标；XData，补片顶点的 x 坐标；YData，补片顶点的 y 坐标；ZData，补片顶点的 z 坐标。

（6）法线类：VertexNormals，顶点法向量；VertexNormalsMode，属性 VertexNormals 的选择模式；FaceNormals，面向法向量；FaceNormalsMode，属性 FaceNormals 的选择模式。

（7）光照类：FaceLighting，光源对象对面的影响；BackFaceLighting，法向量远离照相机时的面光照；EdgeLighting，光源对象对边缘的影响；AmbientStrength，环境光的强度；DiffuseStrength，散射光的强度；SpecularStrength，镜面反射的强度；SpecularExponent，镜面反射的扩展性；SpecularColorReflectance，镜面反射的颜色。

（8）图例类：DisplayName，图例标签；Annotation，指定是否在图例中包含对象控制项。

（9）交互性类：Visible，可见性状态；DataTipTemplate，数据提示内容；UIContextMenu，上下文菜单；Selected，选择状态；SelectionHighlight，是否显示选择句柄；Clipping，按照坐标区范围裁剪对象。

（10）回调类：ButtonDownFcn，鼠标单击回调；CreateFcn，创建函数；DeleteFcn，删除函数。

（11）回调执行控件类：Interruptible，回调中断；BusyAction，回调排队；PickableParts，捕获鼠标单击的能力；HitTest，响应捕获的鼠标单击；BeingDeleted，删除状态。

（12）父子对象类：Parent，父级；Children，子级；HandleVisibility，对象句柄的可见性。

（13）标识符类：Type，图形对象的类型；Tag，对象标识符；UserData，用户数据。

2. 条形图函数 bar

应用 bar 函数可以绘制条形图，它只对数据进行直观展示，共有 4 种形式：bar、bar3、barh 和 bar3h。其中，bar 和 bar3 分别用来绘制二维和三维垂向条形图，barh 和 bar3h 分别用来绘制二维和三维横向条形图。

bar 函数调用格式较多，最简单的是 bar(y)，它创建一个条形图，y 中的每个元素对应一个条形。如果 y 是 $m×n$ 矩阵，则 bar 函数创建每组包含 n 个条形的 m 个条形组。例如：

```
y = [75 91 105 123.5 131 150 179 203 226 249 281.5];
bar(y)
```

当使用带有参数 x 的格式 bar(x,y)时,它将在 x 指定的位置绘制条形,因为 x 是位置数据,所以 x 中不允许出现重复数据。例如:

```
x = 1900:10:2000;
y = [75 91 105 123.5 131 150 179 203 226 249 281.5];
bar(x,y)
```

使用 bar 函数绘制条形图时,用户可以通过参数 width 设置条形的相对宽度以控制组中各个条形之间的间隔,这种情况下参数 width 为标量。用户也可以通过参数 style 指定条形组的样式。例如,使用 stacked 将每个组显示为一个多种颜色的条形。若想设置所有条形的颜色,则可通过参数 color 设置,如 r 表示红色条形。例如:

```
subplot(1,3,1),
y = [75 91 105 123.5 131 150 179 203 226 249 281.5];
bar(y,0.4)            %将各条形的宽度设置为各条形可用总空间的40%
subplot(1,3,2),
y = [2 2 3; 2 5 6; 2 8 9; 2 11 12];
bar(y,'stacked')      %为矩阵中的每一行显示一个条形,每个条形的高度是行中各元素之和
subplot(1,3,3),
x = [1980 1990 2000];
y = [15 20 -5; 10 -17 21; -10 5 15];
bar(x,y,'stacked')    %将 y 定义为包含负值和正值组合的矩阵
```

运行效果如图 4-55 所示。

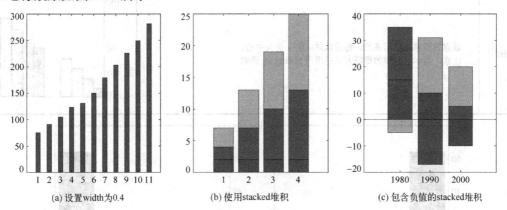

(a) 设置width为0.4　　　　(b) 使用stacked堆积　　　　(c) 包含负值的stacked堆积

图 4-55　使用 bar 函数绘制条形图

在上述代码中,stacked 产生了堆积的效果,和它类似的组样式还有 grouped、histc 和 hist,style 的样式如表 4-15 所示。

除使用数据 x 作为指定的绘图位置外,bar 函数还允许使用分类数组作为"位置"数据。在使用前,bar 函数会对类别列表进行排序,这个排序使得条形显示顺序可能与用户预期的有所不同。若要保留用户自己设定的顺序,可调用 reordercats 函数固定。扫描书前二维码查看示例代码 4-18,运行结果如图 4-56 所示。代码中使用了 tiledlayout 函数,自 R2019b 版开始,MATLAB 支持在 tiledlayout 函数中使用 bar 函数绘制条形图。

表 4-15 style 的样式

样式	结果	示例
grouped	将每组显示为以对应的 x 值为中心的相邻条形	
stacked	将每组显示为一个多色条形，条形的长度是组中各元素之和。如果 y 是向量，则结果与 grouped 相同	
histc	以直方图格式显示条形，同一组中的条形紧挨在一起。每组的尾部边缘与对应的 x 值对齐。 注意：显示直方图的更好方法是调用 histogram 函数	
hist	以直方图格式显示条形。每组以对应的 x 值为中心。 注意：显示直方图的更好方法是调用 histogram 函数	

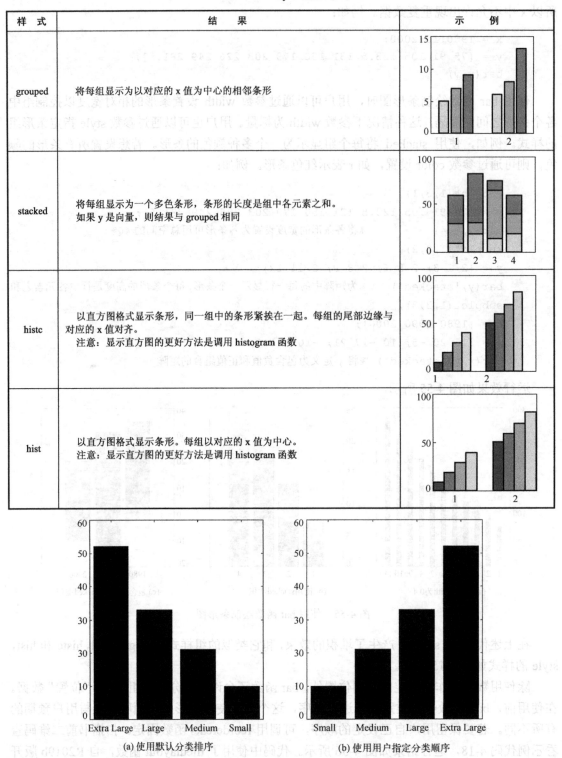

(a) 使用默认分类排序　　(b) 使用用户指定分类顺序

图 4-56　使用分类数组指定"位置"

bar 函数支持以"名值对"的形式使用多参数绘制条形图。例如，下面的代码使用 RGB 三元组设置条形内部颜色和轮廓颜色，并设置了条形轮廓的宽度。

```
y = [75 91 105 123.5 131 150 179 203 226 249 281.5];
bar(y,'FaceColor',[0 .5 .5],'EdgeColor',[0 .9 .9],'LineWidth',1.5)
```

同时，也可以使用带返回参数格式的 bar 函数，方便用户进行精细控制设置，在 b=bar(...) 中，返回的 b 是 bar 对象，通过对象属性，可进行条形图各方面的修改（扫描书前二维码查看示例代码 4-19 并运行查看结果）。

示例代码中使用了 set 函数，这是 MATLAB 早期版本中的格式，用户也可以采用圆点操作符形式修改属性。部分代码可改写为：

```
b(1,1).FaceColor='r';
b(1,2).FaceColor='g';
b(1,2).EdgeColor='k'
```

最后给出一个使用 bar3 函数绘制三维条形图、横向条形图的具体例子，扫描书前二维码可获取示例代码 4-20，借此体会 bar3、barh 的使用方法，结果略。

3. 直方图函数 histogram

histogram 函数用来绘制统计数据的直方图，直方图属于数值数据的条形图类型，在具体使用该函数时，将数据分组为 bin，在创建 Histogram 对象后，通过更改直方图的属性值，修改 bin 的各个方面，这对快速修改 bin 属性或更改显示特别有用。

函数的最简单格式为 histogram(x)，其使用自动算法来确定使用的柱条数，各柱条的宽度一致，能够覆盖数据 x 的范围，并显示数据的分布形状，揭示潜在的分布特征。例如：

```
x = randn(10000,1);
h = histogram(x)
```

用户也可以使用设定柱条参数的 histogram(X,nbins)格式，其中的标量参数 nbins 用来指定柱条数量。例如，可将上述代码改为：

```
nbins = 25;
h = histogram(x,nbins)
```

也可以先绘制直方图，再根据返回的对象属性名称设置柱条数。例如，可以使用 set(h,'NumBins',25)实现前述设置。

该函数还允许用户使用向量参数 edges 指定绘图的边框。具体地，若 edges(k) ≤ $x(i)$ ≤ edges($k+1$)，则 $x(i)$的值位于第 k 个柱条中；对于最后一条柱条，若 edges(end−1) ≤ $x(i)$ ≤ edges(end)，则 $x(i)$的值同样位于最后一条柱条内。例如，下面的代码产生了 1000 个随机数，并创建一个直方图。使用向量指定边上的柱条宽度，用以满足捕获异常值，即其中不满足|x|<2 的数据。向量的第一个元素是第一个柱条的左侧边界，最后一个向量元素则对应着右侧柱条的右边界。

```
x = randn(1000,1);
edges = [-10, -2:0.25:2, 10];
h = histogram(x,edges);
```

在命令行窗口中，读者可以看到 edges 的输出，其中第一个值为-10，最后一个值为10，第二个值为-2，倒数第二个值为2，可见第一柱条的宽度范围为[-10,-2]，最后一条柱条的宽度范围为[2,10]，其余的则按照较窄的来设定，如图 4-57(a)所示。这种 edges 参数，实际上为设定柱条宽度进行了精确控制，用户也可借助这一点来实现其他功能。例如，实现柱条的逐渐变宽等，如图 4-57(b)所示。

```
x = randn(1000,1);edges=logspace(-4,0.5,21);
h = histogram(x,edges);set(gcf,'color','w');
```

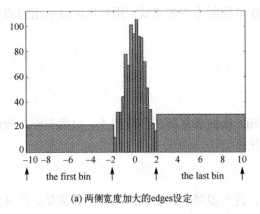
(a) 两侧宽度加大的edges设定

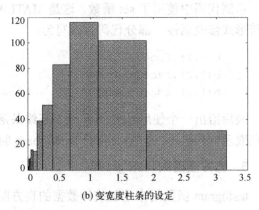
(b) 变宽度柱条的设定

图 4-57 函数 histogram 中参数 edges 的使用

函数 histogram 允许用户使用"名值对"参数格式来实现精准控制。例如，使用参数'BinEdges'和'BinCounts'可人工指定条柱边界和关联的条柱数量；使用'BinWidth'和一个标量值可以调整条柱的宽度；通过指定标准化方案参数'Normalization'和一个有效选项（'count'、'probability'、'countdensity'、'pdf'、'cumcount'或'cdf'），可以实现不同类型数据的归一化，选项具体含义列于表 4-16 中。

表 4-16 histogram 函数中标准化方案参数选项及其含义

选 项	含 义
'count'	某柱条的高度等于该柱条中观测值的数量，而柱条的高度之和等于元素的总个数 numel(x)
'probability'	每个柱条的高度等于该柱条内观察值的相对数量（柱条内观察值个数/观测值总个数），类似于概率值，柱条的高度和等于1
'countdensity'	每个柱条的高度等于该柱条宽度范围内的观测个数，每个柱条的面积（高×宽）等于该柱条内的观测个数，各柱条面积之和等于 numel(x)
'pdf'	概率密度估计函数，每个柱条的高度等于柱条内的观测值个数/(总观测个数×柱条宽度)。每个柱条的面积等于相对观测值个数，且柱条面积和等于1
'cumcount'	每个柱条的高度等于该柱条及其前边柱条内观测值个数的累积和，最后一个柱条的高度等于 numel(x)
'cdf'	累积密度函数估计。每个柱条的高度等于该柱条及其前边柱条内相对观测值个数的累积和，最后一个柱条的高度等于1

在"名值对"参数中，参数'BinWidth'允许用户设定条柱宽度。一般地，参数'BinWidth'允许指定的条柱数不超过 65536 条，如果指定条柱宽度的有多个，则 histogram 函数使用与最大柱条数量对应的较大柱条宽度。下面给出了变动柱条宽度时的绘图效果，用户可上机操作并观察其效果。

```
x = randn(1000,1);
for ilp=1:6
    iw=(ilp-1)*0.2+eps;
    subplot(2,3,ilp), histogram(x,'BinWidth',iw);
    title(['BinWidth=',num2str(iw)]);
end
```

扫描书前二维码查看使用参数'Normalization'指定直方图标准化方案的例子（示例代码4-21），不同的标准化方案影响直方图沿垂直轴（或水平轴）的比例。运行结果请读者上机查看。

函数 histogram 允许用户指定直方图的显示风格，通过参数'displaystyle'设定绘图风格，其支持的风格类型及其含义如表 4-17 所示。

表 4-17　直方图风格类型及其含义

类型	含义
bar	以柱条形式显示，这也是默认的格式
stairs	以阶梯形式显示，只显示直方图的外轮廓线，而不填充内部

在函数 histogram 中对显示风格进行设定，示例代码如下，运行结果如图 4-58 所示。

```
x = randn(1000,1);
styles={'bar','stairs'};
for ilp=1:length(styles)
    subplot(1,2,ilp)
    histogram(x,'displaystyle',styles{ilp});
    title(['display style:',styles{ilp}]);
end
```

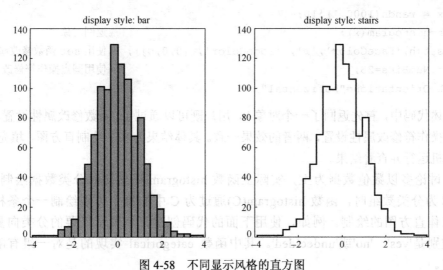

图 4-58　不同显示风格的直方图

在进行精准控制时，函数 histogram 允许用户通过参数'BinMethod'指定柱条的划分算法，以确定柱条的个数与宽度，参数'BinMethod'的可取值如表 4-18 所示。

表 4-18 参数'BinMethod'的可取值

取值	含义
'auto'	该算法为默认算法，求得的柱条宽度能够覆盖数据的变动范围，并能够揭示属于某潜在分布类型的形状
'scott'	当数据非常接近正态分布时，Scott 算法最佳，但该算法也适合数据服从其他大多数的分布类型。它使用的柱条宽度可按照公式计算得到：$3.49*\text{std}(x(:))*\text{numel}(x)^{\wedge}(-1/3)$
'fd'	Freedman-Diaconis 规则对数据中离群值不敏感，可能更适合具有重尾分布特点的数据。它使用的柱条宽度按照公式计算：$2*\text{iqr}(x(:))*\text{numel}(x)^{\wedge}(-1/3)$，其中 iqr 为数据的四分位范围
'integers'	当数据为整数时，整数数据规则最为适用，因为它为每个整数都创建一个柱条，它使用宽度为 1 的柱条，柱条的边界位于两个整数中间。为防止意外地创建太多的柱条，整数规则允许用户设定柱条使用上限，即限制在 65536 条之内，一旦数据大于 65536，则使用较宽的柱条（而不是宽度为 1 的柱条），以便于将柱条总数控制在 65535 之内
'sturges'	Sturges 规则较为简单，常被选用，它按照右侧公式计算柱条的条数：$\text{ceil}(1+\log2(\text{numel}(x)))$
'sqrt'	平方根规则，广泛应用于其他软件包的简单规则，它按照右侧公式计算柱条的条数：$\text{ceil}(\text{sqrt}(\text{numel}(x)))$

例如，下面的代码对比了 6 种算法的应用（运行效果图略）。

```
x = randn(1000,1);
BinMethods={'auto','scott','fd','integers','sturges','sqrt'};
tiledlayout('flow')
for ilp=1:length(BinMethods)
    nexttile,
    histogram(x,'BinMethod',BinMethods{ilp});
    title(['BinMethod:',BinMethods{ilp}]);
end
set(gcf,'color','w');
```

函数 histogram 允许返回对象 h，以方便用户进行精细控制，这和其他函数类似。例如：

```
x = randn(1000,1)*10;
h=histogram(x);                                          %返回对象
set(h,'FaceColor','r', 'EdgeColor', [0,0,0]);            %使用 set 函数修改属性设置
h.NumBins=23;                                            %使用圆点操作符修改属性设置
h.Orientation="horizontal";
```

在上述代码中，首先返回了一个对象 h，用户既可以通过 set 函数修改属性设置，也可以通过圆点操作符修改属性设置，两者的效果一致。具体结果为水平绘制直方图，填充为红色，读者可上机运行并查看结果。

上述讨论多以数值数据为主，实际上函数 histogram 还支持对分类数据绘制直方图，在参数 C 为分类数组时，函数 histogram(C)通过为 C 中的每个类别绘制一个条柱，实现各类别总体直方图的绘制。例如，使用下面的代码创建一个表示投票的分类向量，该向量中的类别是'yes'、'no'或'undecided'。其中函数 categorical 实现的是对一组有限的离散类别赋值。

```
A = [0 0 1 1 1 0 0 0 0 NaN NaN 1 0 0 0 1 0 1 0 1 0 0 0 1 1 1 1];
C = categorical(A,[1 0 NaN],{'yes','no','undecided'})
h = histogram(C,'BarWidth',0.5)            %相对柱条宽 0.5，绘制投票分类直方图
```

在上述分类数据的直方图绘制中,使用了参数'BarWidth'来设置条柱的相对宽度,这个参数只用于设置分类条柱的相对宽度。若要设置数值数据的条柱宽度,则需要使用参数'BinWidth',两者不要混淆了。

在为分类数据绘制直方图时,函数 histogram 也允许用户指定参数,以方便用户自行控制绘图,例如通过参数'Categories'和'BinCounts'控制分类和条带数,使用格式如下:

```
histogram('Categories',Categories,'BinCounts',counts)
```

例如:

```
histogram('Categories',{'Yes','No','Maybe'},'BinCounts',[22 18 3])
```

上述的 histogram 函数,是基于直角坐标系绘制直方图的命令,MATLAB 还推荐了一个基于极坐标绘制直方图的 polarhistogram 函数,它替换了早期版本中的 rose 函数。下面的例子中,首先创建了一个向量,元素值介于 0 和 2π 之间,然后 polarhistogram 通过将 theta 中的值划分到等间距的条带内,在极坐标中创建一个由 6 条带的直方图。代码如下:

```
theta = [0.1 1.1 5.4 3.4 2.3 4.5 3.2 3.4 5.6 2.3 2.1 3.5 0.6 6.1];
polarhistogram(theta,6)
```

对于极坐标中的直方图,用户同样可以通过将 FaceColor 属性设置为颜色名称字符向量(如'red')或 RGB 三元组,来修改条带颜色,也可以通过将 FaceAlpha 属性设置为介于 0 和 1 之间的值,指定透明度。例如:

```
theta = atan2(rand(100000,1)-0.5,2*(rand(100000,1)-0.5));
polarhistogram(theta,25,'FaceColor','red','FaceAlpha',.3);
```

运行效果如图 4-59 所示。

4.6.3 绘制矢量场

在工程技术研究中,常常要用到绘制矢量场分布的情况,比如在流体力学中,经常要绘制二维速度场,在电磁学中,经常要绘制电场分布等。可以说,凡是用"场"这个概念来描述的事物,与其有关的矢量数据,都可以使用同一种方法绘图表现。在 MATLAB 中,函数 compass 用来绘制罗盘矢量;函数 feather 用来绘制速度矢量;函数 quiver 用来展现力场、磁场、速度分布等有向场等。

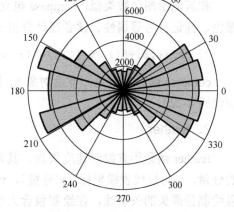

图 4-59 极坐标下的直方图

1. compass

在 MATLAB 中,函数 compass 用来绘制罗盘图,即绘制由起始点(原点)到终点的箭头图,常用于绘制矢量。在格式 compass(U,V)中,U,V 为向量,包含绘制箭头的位置坐标,U(或 V)中元素的个数等于绘制箭头的个数,箭头起始点称为基础位置(原点),箭头尾端则由点[U(i),V(i)]确定,该坐标是相对于基础位置点的坐标。例如:

```
u=[2,0]; v=[0,2]; compass(u,v)
```

在这里，向量 u,v 含有 2 个元素，它们的配对元素构成了箭头尾端坐标。具体地，u 中元素可看作 x 坐标，v 中元素看作 y 坐标，一对 u 和 v 的对应元素组成二维坐标(u_i,v_i)，决定着第 i 个箭头的位置。例如，u,v 的第 1 个元素分别为(2,0)，则它确定了第一个箭头的位置相当于笛卡尔坐标系的(2,0)处，即箭头在 x 轴上；而 u,v 的第 2 个元素分别为(0,2)，它确定了第二个箭头的位置在笛卡尔坐标系(0,2)处，即箭头在 y 轴上。绘图结果如图 4-60(a)所示。还可以继续绘制以原点为起始点的第 3,4,… 条箭头。例如，到(2,2)的箭头如图 4-60(b) 所示。

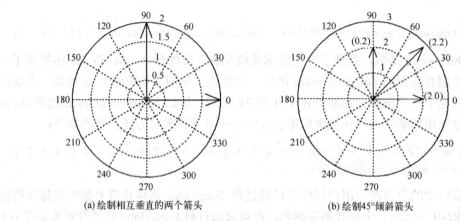

图 4-60　箭头图绘制参数解释

当 z 是复数向量时，坐标终点横坐标为该复数的实部，纵坐标为该复数的虚部，即 compass(z)等价于 compass(real(z)，imag(z))，箭头的个数由 z 中元素个数确定。例如：

```
z=[4+3i;5-3i;-7+6i];  compass(Z)
```

和其他绘图函数类似，compass 也允许用户对箭头的绘图属性进行精准控制，包括线型、颜色、标记符号等属性。读者在计算机上运行下方代码并观察图像。

```
x=[6,3,-5];  y=[0,4,-4];  compass(x,y,'r*-')
```

compass 函数可以返回罗盘对象 h，通过 h 对线型进行精细设置（扫描书前二维码查看示例代码 4-22）。

2. feather

feather 函数用来绘制速度矢量，其常用的格式为 feather(u,v)，其中的 u 和 v 是速度矢量的分量，u 向量代表横坐标（x 分量），v 向量代表纵坐标（y 分量），该函数在水平轴上等间隔绘制带箭头的矢量线，在绘制包含大小和方向的矢量时，该函数非常适用。例如：

```
theta = (-90:10:90)*pi/180;  r = 2*ones(size(theta));
[u,v] = pol2cart(theta,r);  feather(u,v), axis equal
```

结果如图 4-61(a)所示。因为 feather 函数使用笛卡尔坐标，所以在上述代码中引入了 pol2cart 函数，将 theta 和 r 进行了坐标转换。例如：

```
A=randn(2,50)*10;  u=A(1,:);  v=A(2,:);
feather(u,v),axis equal
```

结果如图 4-61(b)所示。

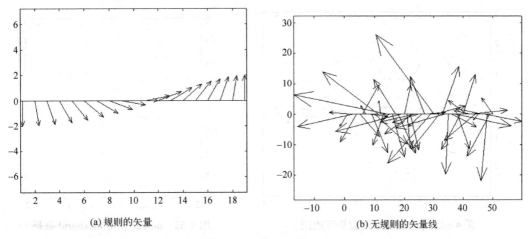

(a) 规则的矢量　　　　　　　　　(b) 无规则的矢量线

图 4-61　feather 的使用

如果用户希望修改矢量线的线型等属性，则可以使用 feather(...,'linespec')格式，它允许用户使用指定线型和颜色，具体属性设置与 plot 函数类似。如果需要将矢量图绘制到指定的绘图区而不是当前的绘图区，则可以使用 feather(ax,...)形式，其中参数 ax 指定了绘图区。feather 函数也会返回对象，以方便用户进行精细控制，使用 h=feather(...)即可返回矢量线的对象向量。并借此进行属性修改。可扫描书前二维码查看示例代码 4-23 并体会其用法。

3. quiver

该函数使用箭头绘制矢量图，主要用来展示诸如力场、磁场、速度分布等有向场等，也可用于绘制梯度图。其常用的语法格式为 quiver(x,y,u,v)，以速度场为例，其中 x、y 表示位置，u、v 表示相应方向的速度，quiver 函数将在位置(x,y)处绘制速度矢量(u,v)，即在(x,y)指定的位置绘制小箭头来表示以该点为起点的向量(u,v)。因为位置与速度分量一一匹配，因此 x、y、u、v 的行数、列数必须对应相等，即 x、y、u、v 必须是同型矩阵。

需要注意的是，如果 x、y 不是矩阵，MATLAB 会先调用 meshgrid 函数将其扩展，然后再调用 quiver 函数。在这种情况下，x 中元素的个数必须等于 u、v 的列数（x 方向的分割数），y 中元素个数必须等于 u、v 的行数（y 方向的分割数），否则使用 meshgrid 扩展后无法满足 x、y、u、v 是同型矩阵而报错。例如：

```
x=randn(10,10);  y=randn(10,10);
u=randn(10,10)*10;  v=randn(10,10)*10;
quiver(x,y,u,v,'r')
```

这里 x、y、u、v 是同样大小的矩阵，满足同型矩阵要求，其绘图如图 4-62 所示。

由于 randn 函数不确定输出数据，当用户验证时，绘制的矢量图不一定和本身的相同，如图 4-63 所示。

```
[x,y]= meshgrid(-2:0.2:2,-2:0.2:2);
z = x .* exp(-x.^2 - y.^2);
[px,py] = gradient(z,0.2,0.15);
contour(x,y,z), hold on
```

```
quiver(x,y,px,py), hold off, axis image
```

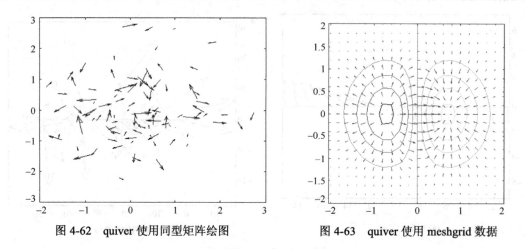

图 4-62 quiver 使用同型矩阵绘图　　　图 4-63 quiver 使用 meshgrid 数据

当不提供 x、y 位置坐标时，quiver(u,v)将在 *x-y* 面上绘制向量(u,v)，由于没有指定向量的起点，所以 MATLAB 将在 *x-y* 面上均匀的取若干个点作为起点。即在 *x-y* 平面的等距点处绘制 u 和 v 指定的向量。例如：

```
[x,y] = meshgrid(0:0.2:2,0:0.2:2);
u = cos(x).*y; v = sin(x).*y;
quiver(u,v)
```

其运行结果如图 4-64(a)所示。为了区分 quiver(u,v)与 quiver(x,y,u,v)绘图的区别，将使用(x,y)参数的绘图对比放在图 4-64(b)中。观察两图可知，二者的主要区别在坐标刻度上。没有使用参数(x,y)时，quiver 函数将使用这些位置的序号作为空间坐标，本段代码中 x 和 y 的变动范围是由 11 个数据描述的，故它们的坐标是从 0 起始的整数点位坐标；当使用(x,y)时，quiver 绘图的坐标刻度按照 x、y 给定的值设定，其结果显示如图 4-64(b)所示。

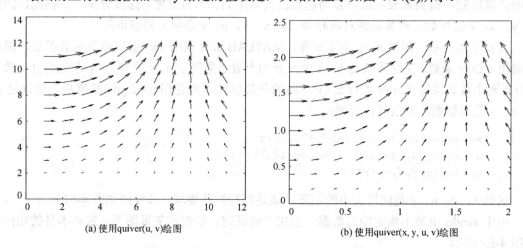

(a) 使用quiver(u, v)绘图　　　　　　(b) 使用quiver(x, y, u, v)绘图

图 4-64 区分 quiver(u,v)与 quiver(x,y,u,v)绘图

quiver 函数允许用户设定箭头的缩放比例，以自动调整箭头长短，使之适合网格的大小，其中的参数 scale 称作缩放因子。当 scale=2 时，箭头的相对长度增大为原来的 2 倍；当 scale=0.5

时，箭头的长度缩短一半；当 scale=0 时，关闭箭头长短的自动缩放，其他取值以此类推。下面的代码的作用是进行不同缩放比例的绘图，试比较其差别（图略）。

```
[x,y] = meshgrid(0:0.2:2,0:0.2:2);
u = cos(x).*y; v = sin(x).*y;
tiledlayout('flow')
for iScale=1:6
    tmpScale=iScale*0.3;
    nexttile,quiver(x,y,u,v,tmpScale,'r');
    title(sprintf('scale=%3.1f',tmpScale));
end
```

quiver 函数允许用户对线型进行设定处理，它的参数 LineSpec 指定了线型、标志样式、颜色。函数会把指定标志绘制在向量的起点。箭头的属性包括 Color、LineStyle、LineWidth、ShowArrowHead、MaxHeadSize、AutoScale、AutoScaleFactor、AlignVertexCenters。扫描书前二维码查看示例代码 4-24，体会对属性设置方法的运用，结果如图 4-65 所示。

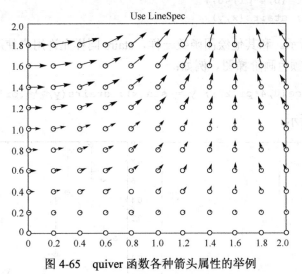

图 4-65　quiver 函数各种箭头属性的举例

除上述几种用法外，quiver 函数也允许使用返回的 Quiver 对象进行精细控制，这里不再解释。

4.6.4　时间序列数据

某些学科的调查数据，常常具有随时间变化的特征，如按季度统计的 GDP 值，人口的逐年变化等，这些多属于《时间序列分析》课程的范畴；还有一些随机事件的出现也与时间有关，如泊松过程、马尔可夫链等，虽然属于《随机过程》，但也可以看作这个范畴内的数据；在《信号与系统》中，离散信号系统也可以看作这个范畴。再外推一点，凡沿着某个维度方向发展的离散数据，其实都可以看作具有这种属性的数据，如《物理海洋学》中沿着深度变化的大洋温度分布，《生态学》中沿着山坡高度变化的植被分布等。可以说，凡是沿着"时间"发展变化的数据，都可以看作一类问题的数据。为此，MATLAB 提供了 stairs、stem 等函数来展现数据特征。本节将学习这方面图形的绘制。

1. stairs

stairs 原意为楼梯，顾名思义，可知该函数用来绘制二维阶梯图，这种图对与时间有关的数据作图很有帮助。其最简格式为 stairs(y)，若输入参数 y 为向量，则绘制一条阶梯线，横坐标 x 的范围从 1 到 length(y)；若 y 为矩阵，则对 y 的每一列画一阶梯图，其中 x 的范围从 1 到 y 的行数。例如：

```
y=randn(1,10);stairs(y)
```

又如：

```
y=randn(10,2) ;stairs(y)
```

上述格式中没有给定 x 则自动采用向量 y 的元素个数或矩阵 y 的列数作为横坐标。当给定 x 后，如 stairs(x,y)，则将在 x 指定的位置绘制 y，此时要求 x 与 y 为同型的向量或矩阵。另外，x 可以为行向量或为列向量，而 y 则必须为矩阵，且具有 length(x)行数据。例如：

```
x = linspace(0,4*pi,40);
y = sin(x); stairs(x,y)
```

结果如图 4-66 所示。和其他绘图函数一样，stairs 同样允许用户使用参数 LineSpec 指定的线型、标记符号和颜色画阶梯图。例如：

```
x = linspace(0,4*pi,20); y = sin(x); stairs(y, '-.or')
```

结果如图 4-67 所示。

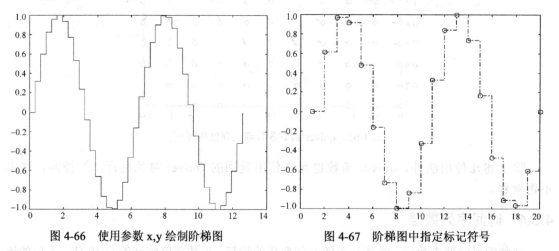

图 4-66 使用参数 x,y 绘制阶梯图　　图 4-67 阶梯图中指定标记符号

用户可以使用"名值对"设定阶梯线型的精细控制。也可以通过返回的对象属性进行修改设置。例如：

```
x = linspace(0,4*pi,20);
y = sin(x);
stairs(y,'linewidth',2,'marker','d','markerfacecolor','c')
```

又如：

```
x = linspace(0,1,30)'; y = [cos(10*x), exp(x).*sin(10*x)];
```

```
h = stairs(x,y); h(1).Marker = 'o'; h(1).MarkerSize = 4;
h(2).Marker = 'o'; h(2).MarkerFaceColor = 'm';
```

此外，stairs 还支持返回数据的格式，以便于 plot 函数的绘制。在使用[xb,yb]=stairs(y)命令时，并没有画阶梯图，而是返回绘制阶梯图的向量 xb 与 yb，用户再借助命令 plot 可画出参量 y。例如：

```
x = linspace(0,4*pi,50)';
y =[0.5*cos(x),2*cos(x)];
[xb,yb]= stairs(x,y);              %只返回数据,不绘制阶梯图
plot(xb,yb)                        %绘制阶梯图
```

2. stem

stem 函数用来绘制二维离散数据的柄形图，比如时间序列数据的绘制等。在图中，用线条显示数据点与 x 轴的距离，使用小圆圈（默认的标记符）或用指定的其他标记符号与线条相连，在 y 轴上标记数据点的值。在使用简明格式 stem(y)时，将按 y 中元素的顺序画出柄形图，在 x 轴上，柄与柄之间的距离相等。若 y 为向量，则 x 轴的刻度范围为 1 到 length(y)；若 y 为矩阵，则把 y 的每一列看作一个向量，并在同一横坐标下绘制出各列对应的柄形图，x 的范围则介于 1 到 m 之间，这里 m 是 y 的行数。例如：

```
y = linspace(-2*pi,2*pi,50);                 %y 为向量
stem(sin(y))
```

结果如图 4-68 所示。又如：

```
x = linspace(0,2*pi,50)';
y = [cos(x), 0.5*sin(x),sin(x)+cos(x)];      %y 为矩阵
stem(sin(y))
```

结果如图 4-69 所示。

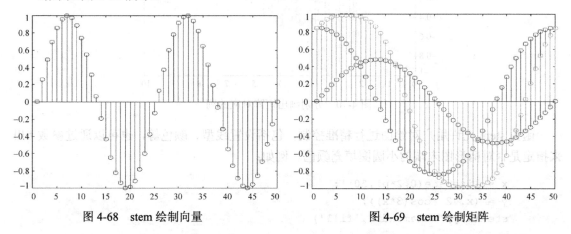

图 4-68 stem 绘制向量　　　　　　　　　图 4-69 stem 绘制矩阵

在 MATLAB 中，许多函数的最简格式只有一个参数，绘图时，MATLAB 会根据该输入参数的结构自行补齐必要的信息。当输入的是向量时，则把元素的个数当作默认的位置坐标；当输入的是矩阵时，则以列为单位，以行数为位置坐标。这种默认的规则在所有的函数中通

用。例如，前边学习过的 stairs(y)，位置参数默认为 x，则 MATLAB 根据 y 是向量或矩阵而采用不同的方式补齐位置参数，以便绘制阶梯图。与此相同，stem(y)函数只有一个参数 y 时，也是如此处理。

但用户给出位置参数 x 时，即以格式 stem(x,y)使用时，则在 x 指定的位置绘制 y 的序列，x 与 y 必须为同型的向量或矩阵。x 可以为行向量或列向量，而 y 为 m 行的矩阵，且满足 m=length(x)，即 y 矩阵的行数等于 x 的数据个数；若 x 和 y 都是向量，则 stem 针对每一个 x 绘制 y；如果 x 是向量而 y 是矩阵，则将 y 的每一列当作一个向量，都针对 x 绘制柄形图；若 x 和 y 都是矩阵，则 stem 将 x 和 y 矩阵的对应列看成一对数据进行绘制。例如：

```
x1 = linspace(0,2*pi,50)';
x2 = linspace(pi,3*pi,50)';
x = [x1, x2]; y = [cos(x1), 0.5*sin(x2)];
stem(x,y)
```

结果如图 4-70 所示。在这里，x1 和 x2 具有不同的坐标范围，绘图时则将 x 的第 1 列与 y 的第 1 列看作一对数据，绘制柄形图，再将 x 的第 2 列与 y 的第 2 列看作一对数据，分别绘制柄形图，两个图放在一个坐标系下，这实际上等同于如下的代码过程。

```
x1 = linspace(0,2*pi,50)';   x2 = linspace(pi,3*pi,50)';
y1=cos(x1);   y2=0.5*sin(x2);
stem(x1,y1),hold on;   stem(x2,y2),hold off;
```

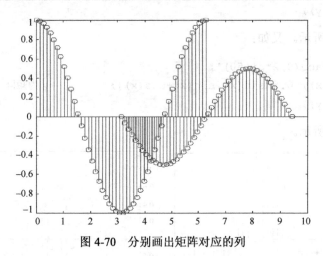

图 4-70　分别画出矩阵对应的列

函数 stem 允许用户对绘图进行精准控制，包括设置线型、颜色等，也可以通过参数 filll 来指定是否对柄形图末端的小圆圈填充颜色。例如：

```
x = linspace(0,2*pi,50)';
y = (x.^2.*cos(3*x));
stem(x,y,':diamondr','fill')
```

结果如图 4-71 所示。

stem 函数常常用于《时间序列数据分析》课程中，也常常用于《信号与系统》等课程中，这里给出一个实例，更多的应用参看相应的专业书籍。

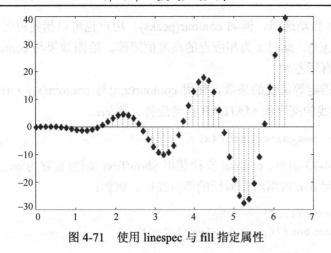

图 4-71 使用 linespec 与 fill 指定属性

设有离散序列 $x(n)=\{1,2,3,4,5,6,7,6,5,4,3,2,1\}$，确定并画出下面的序列。

$$x_1(n) = 2x(n-5) - 3x(n+4)$$

由于 $x(n)$ 在 $-2 \leqslant n \leqslant 10$ 内非零，所以可由下面的代码生成 $x(n)$。

```
n=-2:10;
x=[1:7,6:-1:1];
```

$x_1(n)$ 实际上由 2 部分生成，第 1 部分是将 $x(n)$ 移位 5 再乘以 2 得到，第 2 部分是 $x(n)$ 移位 –4 再乘以 –3 然后再相加得到，扫描书前二维码查看示例代码 4-25 并运行，结果如图 4-72 所示。

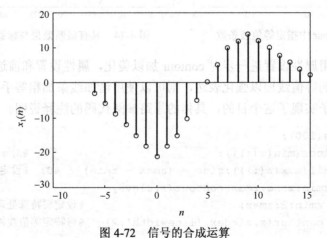

图 4-72 信号的合成运算

4.6.5 等值线绘图

有些时候需要绘制等值线图，比如表达地形的高度变化、温度的分布等，contour 函数能够很好展现这些细节。本节详细学习该函数的使用，在此基础上，读者可进一步学习 contourf 等更能表现数据特征的函数的应用。

函数 contour 用来绘制曲面等高线在 xy 平面的投影，当只有一个参数 z 时，函数把它看作一个二维函数的值，x 坐标对应着矩阵 z 的列索引，y 坐标对应着矩阵 z 的行索引，等值线的高度由 MATLAB 自动选择。例如 contour(peaks)。用户也可以指定位置坐标矩阵(x,y)，使用格式为 contour(x,y,z)，此时 z 为相应点的高度值矩阵。绘图效果与 contour(z)相同，只在 x 和 y 的坐标刻度上有所差别。

用户可以自行指定等值线的条数，使用 contour(z,n)与 contour(x,y,z,n)效果相同，都是绘制 n 条等值线,等值线的高度由 MATLAB 自动选择。例如：

```
[x,y,z] = peaks; contour(x,y,z,30)
```

运行结果如图 4-73 所示。contour 支持使用 ShowText 属性(设置为'on')来为每条等值线显示标签。也支持使用 nan 数据绘制截断的等值线图。例如：

```
Z = peaks; Z(:,26) = NaN;
v=-2:6; contour(Z,v,'ShowText','on')
```

运行结果如图 4-74 所示。

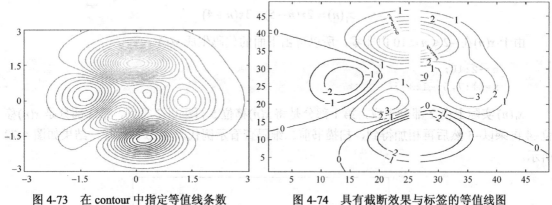

图 4-73 在 contour 中指定等值线条数　　图 4-74 具有截断效果与标签的等值线图

用户也可以使用属性设置进一步对 contour 加以美化，属性设置和前边学过的函数类似，例如若需要将特定的等值线加以强化表达，则可以使用诸如线条加粗等手段来显示它们的与众不同，下面的例子实现了这个目的，具体的思路参阅代码的注释说明。

```
z = peaks(100);
zmin = floor(min(z(:)));                              %对 z 值进行圆整
zmax = ceil(max(z(:)));zinc = (zmax - zmin) / 40;    %设定等值线的间隔增量
zlevs = zmin:zinc:zmax;contour(z,zlevs)
zindex = zmin:2:zmax;                                 %设定要特殊处理的等值线索引
hold on; contour(z,zindex,'linewidth',2)              %将特定等值线加粗
hold off
```

也可以加入其他线型进行处理。例如：

```
contour(z,zindex,'linewidth',2,'color','r','linestyle',':')
```

两种特殊处理的效果如图 4-75 所示。其中图 4-75(a)是将特定的等值线进行加粗处理，而图 4-75(b)则进一步改变了线型和颜色，更突出了特殊值的线条。

在 contour 家族中，还有一个类似的 contourc，它是等高线绘图时用到的底层计算函数，可计算等高线矩阵 C，矩阵 C 可配合命令 contour、contour3 和 contourf 等使用。它的输入参

数为矩阵 Z，其中的数值确定平面上各等高线的高度值，在确定等高线各线上的网格点时，一般是根据矩阵 Z 的维数决定规范化的网格大小。该函数的基本语法格式为 C=contourc(Z)，它从矩阵 Z 中计算等高矩阵，并返回到 C，其中矩阵 Z 的维数至少为 2×2 阶，等高线由矩阵 Z 中数值相等的单元连接而成，等高线的数目和相应的高度值由 MATLAB 自动选择。

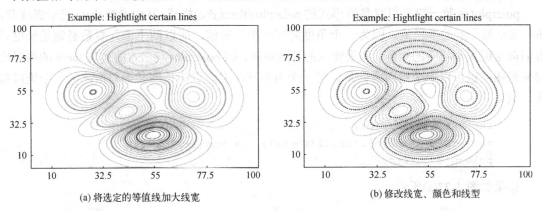

图 4-75　特定等值线的强化处理

contour 家族的另一个成员是 contourf，它用来在等值线之间填充颜色，除此之外，contourf 和 contour 函数相同。在 contourf 的绘图中，每一种填充颜色都对应着一个不同的等高线间距，介于中间的等高线间隔，由严格递增向量中相邻的一对元素定义，该单调向量由等高线值构成。在 n 条等高线中，有 $n–1$ 个中间间隔，还有两个半无限区间，分别是高于最高值等高线的区域和低于最低值等高线的区域，合计总共 $n+1$ 条间隔。绘图中每一点的颜色显示了在该点的数据落入了哪个数据间隔。例如：

```
z = peaks; [c,h]= contourf(z);
clabel(c,h),colorbar
```

结果如图 4-76(a)所示，又如：

```
z = peaks; v=[min(z(:)) -6:8];
[c,h] =contourf(z,v), colorbar
```

结果如图 4-76(b)所示。

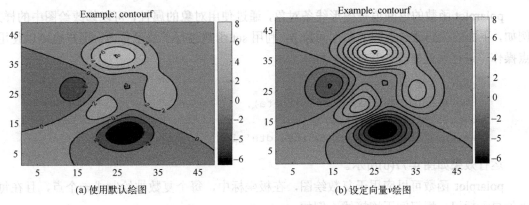

图 4-76　使用 contourf 绘制填充效果等值线图

4.6.6 极坐标绘图

在 2016 版之前，MATLAB 使用 polar 函数绘制极坐标图，在 2016 年后，推荐使用 polarplot 函数替代 polar，下面学习 polarplot 函数的使用方法。

polarplot 函数一般采用双参数形式的 polarplot(theta,rho)格式，其中参数 theta 表示弧度角，rho 表示每个点的半径值。因为一个角度对应一个半径值，所以两个输入参数必须是长度相等的向量或大小相等的矩阵。如果输入的都为矩阵，则 polarplot 将 rho 的列与 theta 的列对应起来绘图；也可以一个输入为向量，另一个为矩阵，但向量的长度必须与矩阵的一个维度相等。例如：

```
theta = 0:0.01:2*pi;
rho = sin(2*theta).*cos(2*theta);    % Sin(2x)Cos(2x)
polarplot(theta,rho)
```

结果如图 4-77(a)所示。

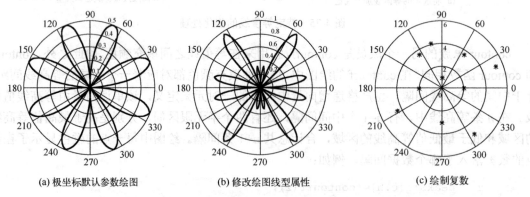

(a) 极坐标默认参数绘图　　　　(b) 修改绘图线型属性　　　　(c) 绘制复数

图 4-77　polarplot 函数绘图实例

和前边的绘图函数类似，polarplot 函数允许用户指定特定的线型、颜色和标识符等。例如，对前述的命令进行修改，可得到不同线型的图像，线型的设置方法与 plot 函数一样。例如，下面的代码使用了虚线红色属性。

```
polar(theta,rho,'--r')                              %绘制线型为虚线,红色。
```

polarplot 函数的返回值是图形线条对象，通过使用对象的属性，可以修改绘图中的样式。例如，下面的代码通过返回的图形对象 p，利用 set 函数进行了线型修改。用户也可以使用圆点操作符进行属性修改，其效果一样。

```
theta = 0:0.01:2*pi;
rho = sin(5*theta).*cos(3*theta);
p=polarplot(theta,rho);
set(p,'LineStyle','-','LineWidth',1.5,'color','r')
```

运行效果如图 4-77(b)所示。

polarplot 函数可以应用于复数绘图，在极坐标中，每个复数被绘制成一个点，且在每个点处显示标记，标记间无连接线。例如：

```
Z = [2+3i,2,-1+4i,3-4i,5+2i,-4-2i,-2+3i,-2,-3i,3i-2i];
polarplot(Z,'*')
```

运行效果如图 4-77(c)所示。

除 polarplot 函数之外，涉及极坐标绘图的函数还有 polarscatter、polarhistogram 等，表 4-19 列出了和极坐标绘图有关的函数，供读者参考。

表 4-19 MATLAB 中与极坐标绘图有关的函数

函 数 名 称	函 数 功 能
polarplot	在极坐标中绘制线条
polarscatter	极坐标中的散点图
polarhistogram	极坐标中的直方图
compass	绘制从原点发射出的箭头
ezpolar	易用的极坐标绘图函数
rlim	设置或查询极坐标区的 r 坐标轴范围
thetalim	设置或查询极坐标区的 theta 坐标轴范围
rticks	设置或查询 r 轴刻度值
thetaticks	设置或查询 theta 轴刻度值
rticklabels	设置或查询 r 轴刻度标签
thetaticklabels	设置或查询 theta 轴刻度标签
rtickformat	指定 r 轴刻度标签格式
thetatickformat	指定 theta 轴刻度标签格式
rtickangle	旋转 r 轴刻度标签
polaraxes	创建极坐标区

4.6.7 双坐标绘图

随着试验技术的提高与试验手段的多样化，科研工作者面临越来越多的试验观测数据，对这些结果进行有效处理，展示其新规律、新结论时，常常需要绘制各种图形，例如双坐标绘图法，对数绘图法，雷达图展示法，星座图展示法等。本节，主要学习双坐标绘图法。

在 2016 版之前，MATLAB 常用 plotyy 函数实现双坐标绘图，在 2016 版之后，MATLAB 不再推荐使用该函数，转而推荐使用 yyaxis 函数，它能在绘图两侧绘出双 y 坐标轴。

yyaxis 函数使用参数 left 和 right 来指定在哪一侧设置 y 轴，其语法格式为 yyaxis left 激活当前坐标区中与左侧 y 轴关联的一侧，后续图形命令的目标为左侧。如果当前坐标区中没有两个 y 轴，此命令将添加第二个 y 轴；如果没有坐标区，则此命令将首先创建坐标区。和 yyaxis left 类似，yyaxis right 激活当前坐标区中与右侧 y 轴关联的一侧，后续图形命令的目标为右侧。例如：

```
x = 0:0.01:20;
y1 = 200*exp(-0.05*x).*sin(x);
y2 = 0.8*exp(-0.5*x).*sin(10*x);
yyaxis left;                    %激活左侧 y 轴,使后续图形函数作用于左侧
plot(x,y1)
```

```
yyaxis right;                    %激活右侧 y 轴,使后续图形函数作用于右侧
plot(x,y2);
```

结果如图 4-78 所示。

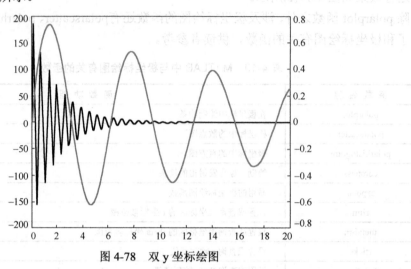

图 4-78 双 y 坐标绘图

yyaxis 函数允许用户为两侧的 y 轴添加标题和轴标签,具体实施时,首先使用 yyaxis left 将后续绘图函数作用到左侧 y 轴上,然后和 plot 函数中一样,使用 ylabel 函数设置 y 轴标签即可;若要为右侧 y 轴添加标签,同样地,先使用 yyaxis right 将后续绘图命令的功能定位到右侧 y 轴,然后继续使用 ylabel 等进行设置。例如,下面的例子中,首先从示例文件 accidents.mat 加载矩阵 hwydata,然后基于左侧 y 轴和 hwydata 中的第五列数据创建一个散点图,并添加标题和轴标签。之后,再基于右侧 y 轴和 hwydata 中的第七列数据创建第二个散点图,并为右侧 y 轴添加标签。

```
load('accidents.mat','hwydata')
ind = 1:51;  drivers = hwydata(:,5);
yyaxis left                              %将后续函数的功能作用到左侧 y 轴
scatter(ind,drivers);  title('Highway Data')
xlabel('States');
ylabel('Licensed Drivers (thousands)')
pop = hwydata(:,7);
yyaxis right                             %将后续函数的功能作用到左侧 y 轴
scatter(ind,pop)
ylabel('Vehicle Miles Traveled (millions)')
```

运行结果如图 4-79 所示。

从上述的使用可知,当使用 yyaxis left 激活左侧 y 轴后,则该句代码后续的绘图命令都将以左侧 y 轴为绘图基准,这其中的绘图命令,就包含多次绘图等,由此可实现对左侧 y 轴绘制多图。对于右侧 y 轴,遵循同样的道理。例如,下例首先使用 hold on 命令基于左侧 y 轴绘制两个线条,然后对右侧 y 轴两次绘图。

```
x = linspace(0,10);
yl1 = sin(x); yl2 = sin(x/2);
```

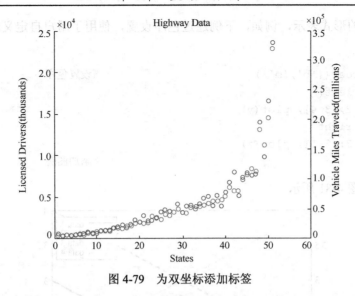

图 4-79 为双坐标添加标签

```
yyaxis left;  plot(x,yl1)
hold on              %hold 命令同时影响左侧和右侧 y 轴，因此下面不需要再次调用此命令
plot(x,yl2)
yr1 = x;  yr2 = x.^2;
yyaxis right
plot(x,yr1);    %hold on 这里不需要重复使用
plot(x,yr2);  hold off
```

运行结果如图 4-80 所示。

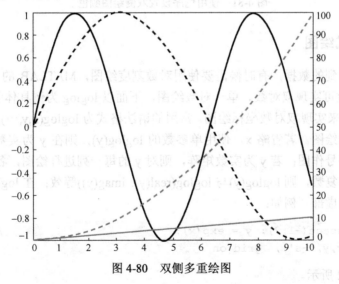

图 4-80 双侧多重绘图

如果不想保留左侧绘图，则可以通过激活左侧，并使用 cla 命令来清除左侧，具体如下：

```
yyaxis left; cla
```

为了便于区分、设置双侧的颜色，从 R2019b 版本开始，MATLAB 增加了色序参数 colororder，允许用户使用 colororder 函数设置色序，为坐标区的每侧指定颜色方案。色序以字符串 cell 数组的形式表示，例如，下例通过色序设置，使用了用户自定义的两种颜色，并添加一个图例。

```
colororder({'b','m'})            %设置色序
yyaxis left;
y = [1 2; 3 4]; plot(y)
yyaxis right
z = [4 3; 2 1]; plot(z)
legend                           %添加图例
```

运行结果如图 4-81 所示。

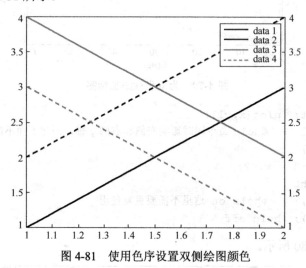

图 4-81　使用色序设置双侧绘图颜色

4.6.8　对数形式绘图

科学研究中得到的数据，有时候需要使用对数刻度绘图，MATLAB 的 loglog、semilogx 和 semilogy 等函数可实现双对数、单一对数绘图，下面以 loglog 为例具体学习这类函数。

loglog 函数用来实现双对数坐标绘图。常用的语法格式为 loglog(x,y,…)，它使用 x 轴和 y 轴的对数刻度创建绘图。若省略 x，使用单参数的 loglog(y)，则在 y 为实数向量的情况下，使用 y 对其元素序号作图；若 y 为实数矩阵，则对 y 的每一列进行绘图，各列元素依照元素序号绘制；若 y 为复数，则 loglog(y) 与 loglog(real(y), imag(y)) 等效；在 loglog 函数其他的语法格式中，将忽略虚部。例如：

```
x = logspace(-1,2); y = exp(x);
loglog(x,y,'-s');  grid on
```

结果如图 4-82 所示。

loglog 函数允许用户指定绘图的线型等属性，例如 loglog(x,y,'-s')，也支持同时绘制多条曲线，例如在 loglog(x1,y1,x2,y2,linespec,x3,y3) 这种格式，对 (x2,y2) 绘制曲线使用 linespec 进行精细控制，而对 (x1,y1) 和 (x3,y3) 数据绘制的曲线则使用缺省设置。

loglog 支持使用"名值对"的参数形式进行多属性设置，也支持通过返回线条对象对属性进行重新设置。如果用户试图将 loglog、semilogx 或 semilogy 图像添加到线性绘图模式，

并使用 hold on，则当前绘图轴的属性仍然是线性的，绘制新数据时，仍然按照线性绘图(而不受叠加的非线性坐标等的影响)。即使用 hold on 进行的图像叠加，不影响轴的属性性质。

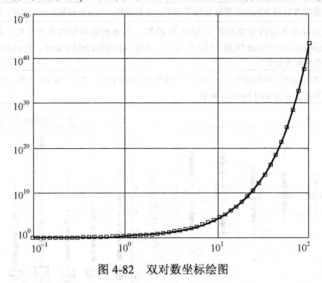

图 4-82　双对数坐标绘图

除上述函数外，还有 semilogx、semilogy 等半轴对数绘图，这里不再介绍。

4.6.9　遗传信息绘图

生物学的遗传信息绘图，也是常用的专业绘图，其中的典型函数为 maboxplot 函数，该函数为微阵列数据绘制方框图，它是 MATLAB 中用于生物学基因分析结果的典型绘图函数，该函数的输入参数丰富，包含了诸多的选项，各选项以"属性名称/属性取值"（名值对）的配对形式使用，例如'Title'、'Notch'、'Symbol'、'Orientation'、'WhiskerLength'、'BoxPlot'等，分别控制着绘图的标题、缺口、符号、方向、须长、箱线图等具体属性。先看一个实例，

```
load yeastdata
maboxplot(yeastvalues,times);
xlabel('Sample Times');
```

运行结果如图 4-83(a)所示。

maboxplot 的主要使用语法格式为 maboxplot(MAData, propertyName, propertyValue)，即使用属性"名值对"格式的参数控制形式，其中的属性参数说明如表 4-20 所示。

表 4-20　maboxplot 函数的参数说明

参数名称	参数含义
MAData	可以取 DataMatrix 对象、数值数组或包含数据字段的结构。MAData 列中的值将用于创建方框图。如果是 DataMatrix 对象，则列名将用作方框图中的标签
ColumnName	与 MAData 中的数据相对应的列名数组，用作方框图中的标签
MAStruct	微阵列数据结构
FieldName	微阵列数据结构 MAStruct 中的一个字段。FieldName 字段中的值将用于创建方框图
TitleValue	用作绘图标题的字符向量或字符串。默认标题为 FieldName

	续表
NotchValue	指定所绘制框类型的逻辑。取值包括：true，缺口盒；false，方形盒。默认值为 false
OrientationValue	指定方框图方向的字符向量或字符串。取值包括：'Vertical'和'Horizontal'，默认取'Horizontal'
WhiskerLengthValue	其取值作为四分位间距（IQR）的函数，用来指定晶须的最大长度。晶须延伸极端长度为：WhiskerLengthValue *IQR。默认值为 1.5。如果 whiskrlengthValue=0，则 maboxplot 使用绘图符号显示框外的所有数据值
BoxPlotValue	传递给统计和机器学习工具箱的"属性名称/属性值"对的 boxplot 函数，用于创建方框图。有效的名值对说明请参阅 boxplot 函数

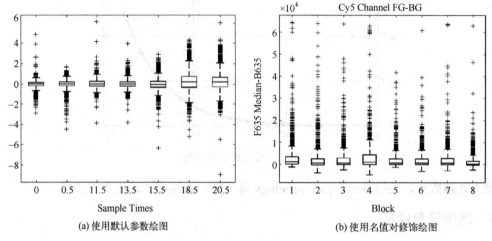

(a) 使用默认参数绘图　　　　　　　　(b) 使用名值对修饰绘图

图 4-83　使用 maboxplot 绘制基因数据方框图

例如，下面使用了名值对进行修饰。运行结果如图 4-83(b)所示。

```
madata = gprread('mouse_a1wt.gpr');
maboxplot(madata,'F635 Median - B635','TITLE', 'Cy5 Channel FG - BG');
```

除上述函数外，和 **maboxplot** 归为一类的基因操作函数还包括许多，这里不再一一介绍，该类函数列于表 4-21 中，供读者查阅。

表 4-21　MATLAB 中基因操作函数一览表

函 数 名 称	函 数 功 能
mattest	进行两样本 t 检验，以评估两种实验条件或表型的基因差异表达
mafdr	多假设检验的正负发现率估计
mavolcanoplot	创建微阵列数据的显著性与基因表达率（倍数变化）散点图
mairplot	创建微阵列数据的强度与比率散点图
maboxplot	为微阵列数据创建方框图
maloglog	创建微阵列数据的对数图
mapcaplot	创建微阵列数据的主成分分析（PCA）图
nbintest	小样本计数数据的非配对假设检验
redbluecmap	创建红色和蓝色颜色贴图
redgreencmap	创建红色和绿色颜色贴图
probesetplot	Plot Affymetrix 探针设置强度值
metafeatures	基于互信息学习的特征工程吸引子元基因算法

函数名称	函数功能
rankfeatures	通过类可分性标准对关键特征进行排序
randfeatures	生成随机特征子集
knnimpute	用最近邻法插补缺失数据
crossvalind	为训练集和测试集生成索引
classperf	评估分类器性能
DataMatrix	创建 DataMatrix 对象
DataMatrix object	数据结构封装了来自微阵列实验的数据和元数据,以便可以通过基因或探针标识符和样本标识符对其进行索引
bioma.ExpressionSet	包含来自微阵列基因表达实验的数据
bioma.data.ExptData	包含微阵列实验的数据值
bioma.data.MetaData	包含微阵列实验的元数据
bioma.data.MIAME	包含来自微阵列基因表达实验的实验信息
NegativeBinomialTest	未配对假设检验结果
HeatMap	包含矩阵和热图显示属性的对象
clustergram	包含层次聚类分析数据的对象

4.7 三维绘图

前面系统学习了二维绘图的基本知识,但有时为了表达科研结果,还需要进行三维绘图,本节学习和三维绘图有关的一些函数,并进一步学习细节控制。由于许多函数的设置具有通用性,部分函数的介绍中会略去。

4.7.1 三维版本的绘图函数

有些绘图函数,根据二维和三维的不同,MATLAB 提供了两种不同的版本,其中三维版本的函数包括:plot3、bar3、pie3、contour3 等,这一节我们学习三维版本的使用。

1. plot3

和 plot 类似,plot3 用来绘制三维图像,其语法格式也类似,最常用的格式为 plot3(x1,y1,z1,…),设置线型属性的格式为 plot3(x1,y1,z1,linespec,…),也支持使用"名值对"设置属性格式,支持使用返回对象修改线型属性等格式。下面以具体例子说明三维绘图。例如:

```
t=0:pi/50:10*pi; s=sin(t); c=cos(t);
plot3(s,c,t,'LineWidth',2,'Color','r');
hx=xlabel('x');hy=ylabel('y');
set(gca, 'xtick',(-1:0.5:1),'ytick',(-1:0.5:1))
set([gca,hx,hy],'FontSize',16,'FontName','Times')
set(gcf,'color','w')
```

运行结果如图 4-84(a)所示。也可使用 plot3 同时画出两条三维空间中的曲线。例如:

```
t=linspace(0,10*pi,501);
plot3(t.*sin(t), t.*cos(t), t, t.*sin(t), t.*cos(t),-t,'LineWidth',2);
```

```
    set(gca,'FontSize',16,'FontName','Times',...
        'xtick',(-40:20:40),'ytick',(-40:20:40))
    grid on;set(gcf,'color','w');
```

运行结果如图 4-84(b)所示。

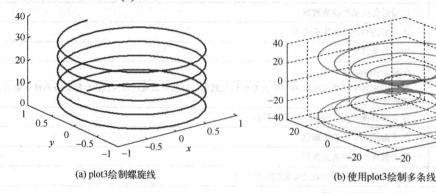

(a) plot3绘制螺旋线　　　　　　　　(b) 使用plot3绘制多条线

图 4-84　plot3 绘三维曲线图

2. contour3

contour3 函数和函数 contour 相对应，用来在三维中绘制等值线，使用参数的含义与 contour 相同，下面是一个典型的例子。

```
    x = -2:0.1:2;[x,y] = meshgrid(x);
    z = x.*exp(-x.^2-y.^2);
    [c,h]=contour3(x,y,z,30);
    h.LineWidth=2;
    set(gca,'fontsize',14,'fontname','Times')
```

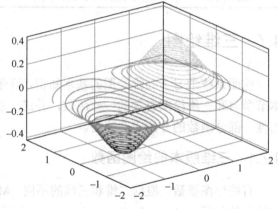

图 4-85　contour3 绘图

运行结果如图 4-85 所示。

3. bar3

bar3 用来绘制三维柱图。当只给出绘图数据一个参数时，即当 y 为矢量时，x 轴尺度范围从 1 到 m，这里 m 为向量 y 中元素个数 length(y)。当 y 为矩阵时，x 轴尺度范围从 1 到 n，即矩阵 y 的列数，这种情况下矩阵 y 的每一列元素会被组合为一组。例如：

```
    s=randn(3,5)*10;% s 为 3 行 5 列矩阵
    bar3(s),xlabel('标签 x 为矩阵的列数');
    ylabel('标签 y 对应矩阵的行数');
    zlabel('标签 z 对应矩阵元素数值的大小');
```

其运行结果如图 4-86 所示，其中图 4-86(a)为命令行窗口中矩阵 s 的实际数据，图 4-86(b)为对应数据的柱图。为了阐明三维柱图中具体坐标刻度和矩阵的对应情况，图中分别加上了注释说明。矩阵行数对应着 y 刻度坐标，矩阵列数对应着 x 刻度坐标，元素数值则对应着柱条的高度。

第 4 章 数据绘图

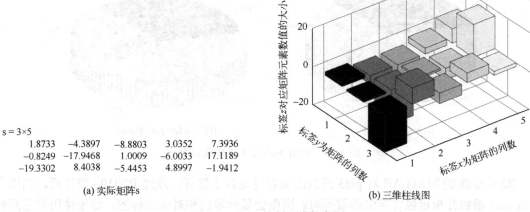

```
s = 3×5
    1.8733   -4.3897   -8.8803    3.0352    7.3936
   -0.8249  -17.9468    1.0009   -6.0033   17.1189
  -19.3302    8.4038   -5.4453    4.8997   -1.9412
```

(a) 实际矩阵 s   (b) 三维柱线图

图 4-86 bar3 绘制三维柱条图

bar3 允许用户设定柱条的宽度，并控制一组内各柱条之间的间隔距离。柱条的宽度缺省值为 0.8，若用户未指定 x，则每一组内的柱条只稍微分隔，若柱条的宽度设定为 1，则组内柱条会一一相互紧挨在一起。例如：

```
y=[-9,12,-2,-5;-1,-6,-14,22;-21,-12,0,12];
bar3(y,0.8),pause(3); view(2)        %先查看三维柱条图,再查看投影图
set(gcf,'color','w')
```

bar3 允许用户使用参数 style 的设定风格绘制柱条，style 的名称与取值含义如表 4-22 所示。可扫描书前二维码查看示例代码 4-26，运行结果略。

表 4-22 bar3 中 style 的风格与含义

Style 名称	含义
'detached'	将 y 每行中元素作为单独柱条沿 x 方向逐一展示
'grouped'	显示 n 组柱条，每组 m 条，n 是行数，m 是列数，y 每组包含 m 个柱条
'stacked'	y 每行元素为 1 各柱条，柱条高度等于该行元素之和，每一柱条都含有多个颜色，表示各自元素以及它们对柱条总长度的贡献

除了上述应用外，bar3 还允许用户通过参数 LineSpec 设定线型等属性，通过指定绘图区允许用户到指定的位置绘图，借助返回的对象向量进行精细控制等。

与 bar3 对应的同族函数，还有一个 bar3h，用来绘制水平三维条形图，使用语法与 bar3 类似，这里不再赘述。

4. pie3

pie3 是 pie 函数的三维形式，用来绘制三维饼图。例如：

```
x = [1,3,0.5,2.5,2]; pie3(x); set(gcf,'color','w')
```

结果如图 4-87(a)所示，使用参数 explode，可绘制裂出形式的三维饼图。例如：

```
explode = [0,1,0,0,0]; pie3(x,explode)
```

结果如图 4-87(b)所示。

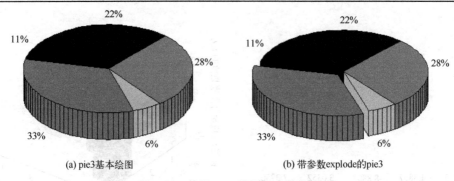

图 4-87 使用 pie3 绘图与参数设定

R2019b 版的 MATLAB 对 pie3 函数的兼容性进行了修订，经过 R2019b 修订后，当用户调用 pie3 函数并指定包含零值的数据时，饼图会显示零值和对应的标签；如果使用带返回参数的形式，pie3 输出将包含对应于每个零值的对象；但在以前的版本中，pie3 在图中省略零值，并且不返回任何对应于这些值的对象；现在，如果用户不想显示零值或返回对应的对象，就必须在使用 pie3 前，自己手工从数据中删除零值。

4.7.2 绘制多峰函数曲面

在三维绘图中，常碰到需要绘制多峰函数的情况，如绘制 $z=3(1-x)^2 e^{-x^2-(y+1)^2}$ 等，针对这种情况，MATLAB 提供了 mesh，surf，peaks 等函数（及其变种），这一小节讨论它们的使用。

1. mesh 与 surf

mesh 和 surf 函数都用来绘制 3 维曲面图像，其中 mesh 以网格线展现曲面，图形由网格线勾勒出来，而 surf 以网格面展现整体曲面，网格中填充有不同颜色。

两个函数的参数相同，常用 mesh(x,y,z,c) 或 surf(x,y,z,c) 格式，用来绘制由 x、y、z 和 c 4 个矩阵参数定义的彩色参数网格面，三维图的视角由函数 view 指定，坐标轴标签根据 x、y、z 的数据范围确定，也可由当前轴的设定确定，颜色值由 c 的范围确定，也可以由当前 caxis 的设定确定，当前颜色图 colormap 标定的颜色值作为参考。当 c 缺省时，即参数为(x,y,z)时，则使用 c=z，这种情况下，颜色与网格高度成正比。例如：

```
[x,y]=meshgrid(-8:.5:8);
r=sqrt(x.^2+y.^2)+eps;
z=sin(r)./r;c=gradient(z);mesh(x,y,z,c)
xlabel('x');ylabel('y');
```

运行结果如图 4-88(a)所示，当使用 surf 函数时，则如图 4-88(b)所示。

mesh 函数可以使用"名值对"设置绘图属性，也允许用户使用返回的曲面对象修改绘图位置。函数 surf 和 mesh 的使用方法相同，但 surf 绘图时使用网格面的形式表达图形，而 mesh 使用网格线的形式表达，一般使用 mesh 的地方，替换为 surf，代码可直接运行使用。

在 MATLAB 中，除了 mesh 外，该家族的类似函数还有 meshc、meshz 等，meshc 用来绘制网格曲面图下的等高线图，meshz 用来绘制带帷幕的网格曲面图，将在 peaks 函数的实例中给出它们的应用。

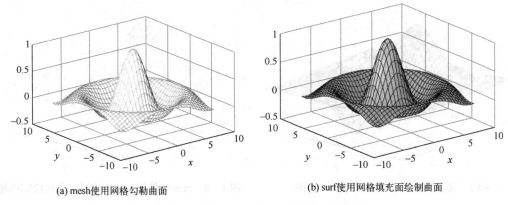

(a) mesh 使用网格勾勒曲面　　　　　　　(b) surf 使用网格填充面绘制曲面

图 4-88　使用 mesh 与 surf 绘制三维曲面

2. peaks 及其配合函数

为了方便测试立体绘图，MATLAB 提供了一个 peaks 函数，可产生一个凹凸有致的曲面，包含了 3 个局部极大点及 3 个局部极小点。

$$z = 3(1-x)^2 e^{-x^2-(y+1)^2} - 10\left(\frac{x}{5} - x^3 - y^5\right)e^{-x^2-y^2} - \frac{1}{3}e^{-(x+1)^2-y^2}$$

由此可知 peaks 函数含有两个变量，通过将高斯分布进行转换和扩展。采集数据，以展示 mesh、surf、pcolor、contour 等函数的使用。该函数常用 peaks 这种最简形式绘制曲线图，并返回函数的表达式。例如：

```
close all;clear;
peaks                          %绘制曲线图,并返回函数的表达式
```

运行结果如图 4-89 所示。

用户也可使用任何输入参数组合形式，例如[x,y,z]=peaks(…)。除了返回数据 z 外，还返回了额外的附加矩阵 x 和 y，这有助于使用参数绘图，比如 surf(x,y,z,del2(z))。如果不将 x 和 y 作为输入，则隐含使用的矩阵 x 和 y 来自 meshgrid 函数，即(x,y)=meshgrid(v,v)，这里的 v 是一个给定向量，v 也可以是一个长度为 n 的向量，其元素在范围 (−3,3) 内等距采集。如果没有输入参数，则默认 n 是 49，也就是说 z=peaks 将返回 49×49 的矩阵 z。例如，下面先使用 peaks 函数取点，然后使用 mesh 可将曲面加上围裙，绘图效果如图 4-90 所示。

```
[x,y,z]=peaks;meshz(x,y,z);
axis([-inf,inf,-inf, inf,-inf, inf]);
```

函数 waterfall 主要用来绘制瀑布形式，借此美化图像，使之具有动感。下例中，它使用 peaks 返回数据绘制了在 x 方向的水流效果，如图 4-91 所示。

```
[x,y,z]=peaks; waterfall(x,y,z);
axis([-inf,inf,-inf,inf,-inf,inf]);
```

若实现在 y 方向的水流效果，则使数据转置即可，即使用：

```
[x,y,z]=peaks; waterfall(x',y',z');
```

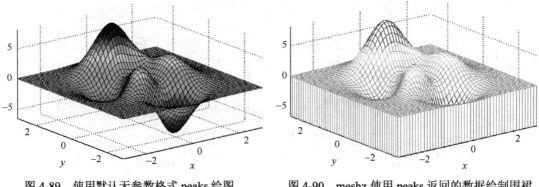

图 4-89 使用默认无参数格式 peaks 绘图　　图 4-90 meshz 使用 peaks 返回的数据绘制围裙

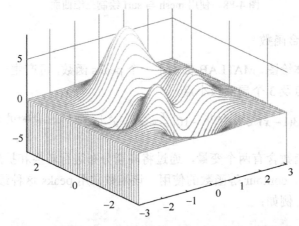

图 4-91 使用 waterfall 函数绘制与 x 同向的水流效果

在与 peaks 返回数据匹配使用的函数中，meshc 和 surfc 能够在绘制三维图的同时给出等高线，这两者的区别与 mesh 和 surf 的区别类似，meshc 绘出的是网格线图与等高线，surf 绘出的是网格面图与等高线。扫描书前二维码查看示例代码 4-27 并运行，结果如图 4-92 所示。

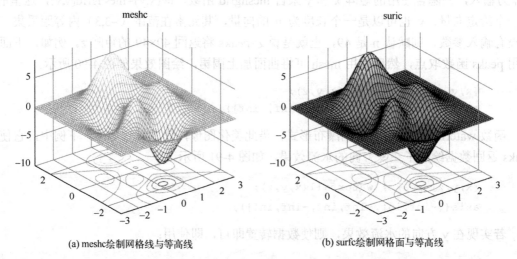

(a) meshc 绘制网格线与等高线　　　　　　(b) surfc 绘制网格面与等高线

图 4-92 与 peaks 返回数据匹配使用的 meshc 和 surfc 绘图

4.7.3 绘制球柱锥体

三维绘图中，绘制球体、柱体或锥体最常见，MATLAB 提供了 sphere 和 ellipsoid 函数绘制单位圆球和椭球，使用 cylinder 函数绘制圆柱体等，具体效果如图 4-93 所示。这一节我们将学习这些函数的应用。

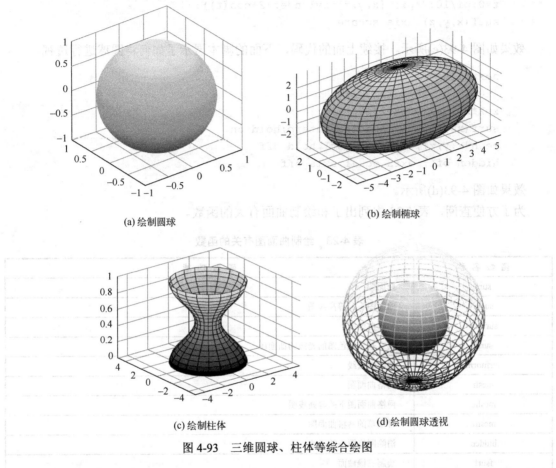

图 4-93 三维圆球、柱体等综合绘图

sphere 函数用来生成单位球面的 x、y 和 z 坐标，以用于 surf 和 mesh 绘图。当使用缺省参数的 sphere 时，默认生成一个包含 20×20 个面的球面；用户也可以使用带参数 n 的 sphere(n) 格式，以明确指定面的个数；当使用带返回值[x,y,z]=sphere(n)的格式时，将在三个大小为 (n+1)×(n+1) 的矩阵中返回 n×n 球面的坐标。例如：

```
tiledlayout(2,2,"TileSpacing","compact")
nexttile
[x0,y0,z0]=sphere(30);                  %绘制球体
surf(x0,y0,z0); shading interp, hold on,
axis equal                              %圆球需要等刻度坐标
```

效果如图 4-93(a)所示。ellipsoid 函数可绘制椭球，接续上面的代码，下面的脚本绘制了椭球体。

```
nexttile
[x,y,z]=ellipsoid(0,0,0,5.9,3.25,3.25,30);
surf(x,y,z), axis equal
```

效果如图 4-93(b)所示。接续上面的代码，下面 cylinder 函数的脚本绘制了柱体。

```
nexttile
t=0:pi/10:2*pi; [x,y,z]=cylinder(2+cos(t));
surf(x,y,z),axis square
```

效果如图 4-93(c)所示。接续上面的代码，下面的脚本展示了如何将圆球进行透视。

```
nexttile
[x0,y0,z0]=sphere(30);
x=2*x0;y=2*y0;z=2*z0;
surf(x0,y0,z0); shading interp;hold on,
mesh(x,y,z),colormap(hot),hold off
hidden off; axis equal,axis off
```

效果如图 4-93(d)所示。

为了方便查阅，表 4-23 中列出了和绘制曲面有关的函数。

表 4-23 绘制曲面图有关的函数

函 数 名 称	函 数 功 能
surf	曲面图
surfc	曲面图下的等高线图
surface	基本曲面图
surfl	具有基于颜色图的光照的曲面图
surfnorm	曲面图法线
mesh	网格曲面图
meshc	网格曲面图下的等高线图
meshz	带帷幕的网格曲面图
hidden	消除网格图中的隐线
fsurf	绘制三维曲面
fmesh	绘制三维网格图
fimplicit3	绘制三维隐函数
waterfall	瀑布图
ribbon	条带图
contour3	三维等高线图
peaks	包含两个变量的示例函数
cylinder	生成圆柱
ellipsoid	生成椭圆面
sphere	生成球面
pcolor	伪彩图
surf2patch	将曲面数据转换为补片数据

4.7.4 三维绘图中的一些问题

和二维绘图相比,三维绘图增加了更多的控制参数,比如视点的设置、阴影的实现、遮蔽处理、透视和镂空、裁剪等。本节将利用 MATLAB 函数,讨论这些方面的设置。

1. 视点问题

MATLAB 提供了设置视点的函数 view,一般使用两个参数的格式 view(az,el),其中 az 用来指定方位角,az 是单词 azimuth 的缩写,方位角的变化规则是:当 x 轴平行观察者身体,y 轴垂直于观察者身体时,az=0;以此点为起点,绕着 z 轴顺时针运动,az 为正,逆时针为负。el 用来指定仰角,el 也是单词 elevation 的缩写,仰角的变化规则是:el 为观察者眼睛与 xy 平面形成的角度,当观察者的眼睛在 xy 平面上时,el=0,向上 el 为正,向下为负。在使用时,方位角与仰角均以度为单位,缺省值视点定义为方位角–37.5°,仰角 30°,即(–37.5, 30)。一些经典的设置样式如表 4-24 所示。

表 4-24 方位角和仰角的经典设置一览表

az	el	含 义
–37.5	30	是默认的三维视角
0	90	是二维视角,从图形正上方向下看,显示的是 xy 平面
0	0	看到的是 xz 平面
180	0	是从背面看到的 xz 平面
0	90	view(2)设置默认的二维视角
–37.5	30	view(3)设置默认的三维视角
[x,y,z]		view([x,y,z])设置 cartesian 坐标系的视角,[x,y,z]向量的长度大小被忽略

扫描书前二维码查看三维绘图及其投影到不同坐标平面上的二维视图的示例代码 4-28,即从不同视点绘制多峰函数曲面,上机运行,效果如图 4-94 所示。

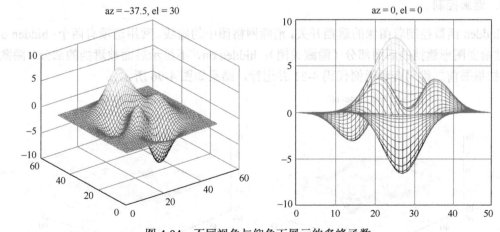

图 4-94 不同视角与仰角下展示的多峰函数

通过循环让图形旋转 360 度,用户可动态观察多峰函数曲面(扫描书前二维码查看示例代码 4-29)。

2. 阴影问题

在上面的例子中用到了 shading 函数，shading 控制着绘图对象表面和片块的阴影属性，即颜色的浓淡控制，这些表面和片块由 surf、mesh、pcolor、fill 及 fill3 等函数创建。shading 设置的色彩效果分 3 种：选项 flat 在当前绘图的基础上使得色彩效果平缓变化，每个网格线段和面具有恒定颜色，该颜色由该线段的端点或该面的角边处具有最小索引的颜色值确定；选项 interp 在 flat 的基础上进行色彩的插值处理，使色彩平滑过渡，最为常用，具体是通过在每个线条或面中对颜色图索引或真彩色值进行插值来改变该线条或面中的颜色；no shading 是默认模式即 faceted，使用单一着色，具有叠加的黑色网格线。扫描书前二维码查看示例代码 4-30 并运行，结果如图 4-95 所示。

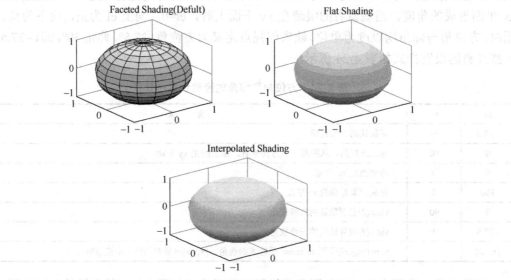

图 4-95　shading 设置色彩属性

3. 遮蔽控制

hidden 函数控制着图像的遮挡开关，消除网格图中的隐线。常用选项有两个：hidden off，显示被前面图形遮挡的后面部分（隐藏关闭）；hidden on，不显示后面被遮挡的部分（隐藏打开）。扫描书前二维码查看示例代码 4-31 并运行，结果如图 4-96 所示。

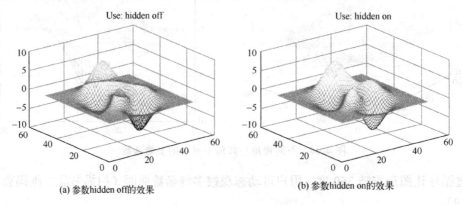

(a) 参数 hidden off 的效果　　　　　　　　　(b) 参数 hidden on 的效果

图 4-96　mesh 绘图中使用 hidden 设定效果

4. 透视、镂空与裁剪

在三维绘图中，有时候为了特殊的需要，可能要完成诸如透视、镂空与裁剪的效果，这里，通过几个典型的例子，具体介绍如何实现这些精细的绘图处理。下面是一段使用 NaN 进行图像裁剪的脚本，借助绘图时 NaN 数据被忽略这个属性，可裁剪图形。例如：

```
t=linspace(0,2*pi,100);  r=1-exp(-t/2).*cos(4*t);
[x,y,z]=cylinder(r,60);
k=find(x>-0.5&y<0);                    %将其中部分选出
z(k)=nan;                              %利用"非数"NaN,对图形进行剪切处理
surf(x,y,z);colormap(hot),shading interp
light('position',[-3,-1,3],'style','local')
material([0.5,0.4,0.3,10,0.3]);        %控制表面的反射属性
title('Use NaN to cut off')
```

图 4-97 给出了裁剪后的效果。

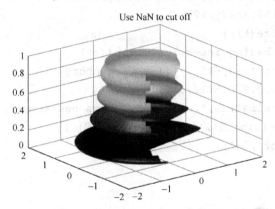

图 4-97 利用"非数"NaN 对图形进行裁剪

在上面的实例中，使用了 light、material 等光照设置参数，还有 lightangle、lighting、camorbit 等函数，后面的附表 4-25 中简介了这些函数的功能，更详细的使用方法，请参阅 MATLAB 的 help 功能。

表 4-25 光照、透明度和着色函数一览表

函 数 名 称	函 数 功 能
camlight	在照相机坐标系中创建或移动光源对象
light	创建光源对象
lightangle	在球面坐标中创建或定位光源对象
lighting	指定光照算法
shading	设置颜色着色属性
diffuse	计算漫反射
material	控制曲面和补片的反射属性
specular	计算镜面反射
alim	设置或查询坐标区的 alpha 范围
alpha	向坐标区中的对象添加透明度
alphamap	指定图窗 alphamap（透明度）

下面的代码展示了如何利用"非数"NaN,对图形进行镂空处理,这里充分利用了绘图时忽略nan数据这一特点,其结果如图4-98所示。

```
close all;clear;
p=peaks(50);p(20:22,1:50)=nan; %
surfc(p);colormap(hot)
light('position',[50,-10,5]),lighting flat
material([0.9,0.9,0.6,15,0.4])
set(gca,'fontsize',15,'fontname','times new roman');
set(gcf,'color','w');
```

下面的代码展示了如何设置截断值,以对图形进行切割处理,这里充分利用了绘图时数据统一为0具有齐性切面这一特点,其结果如图4-99所示。

```
close all;clear;
x=[-8:0.05:8];y=x;[x,y]=meshgrid(x,y);z=x.^2+y.^2;
k=find(abs(x)>7|abs(y)>2);
z(k)=zeros(size(k));
surf(x,y,z),shading interp;colormap(jet)
light('position',[0,-15,1]);lighting phong
material([0.8,0.8,0.5,10,0.5])
set(gca,'fontsize',15,'fontname','times new roman',...
    'xtick',(-10:5:10),'ytick',(-10:5:10) );
set(gcf,'color','w');
```

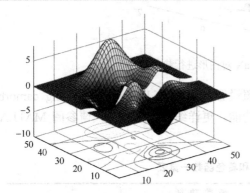
图4-98 利用"非数"NaN对图形进行镂空

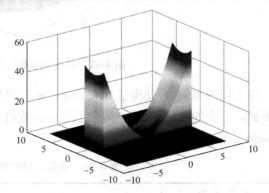
图4-99 设置截断值对图形进行切割

4.8 修改绘图对象属性

4.8.1 绘图的返回对象

面向对象编程是当前编程的主流思想,第7章将专门介绍这方面的内容。所谓对象,可想象为依照"图纸"生产出来的实际产品,每件产品都拥有图纸上规定的各种构件,并允许相关人员对产品配件进行替换、维修等。在绘图函数中,返回对象就如同返回产品(产品全部配件清单也一并返回），通过返回对象，允许用户对对象的属性进行修改、设置等，这与机械维修工替换返修产品上的配件同理（扫描书前二维码查看示例代码 4-32）。

这段代码在绘图的同时，返回了两个不同类型的对象，一是在使用 figure 创建图形时，返回了图窗窗口对象并保存在 hFig 中；二是在使用 plot 绘制曲线时，返回了图形线条对象并保存在 hLin 中。若观察返回对象，会发现它们都具有诸多属性，例如上述的 hFig 和 hLin 对象如图 4-100 所示。

(a) hFig 对象的主要属性　　　　　　　(b) hLin 对象的主要属性

图 4-100　绘图返回对象显示的主要属性

从图 4-100(a)看出，返回的图窗对象中，主要显示了图窗的颜色、位置等，若点击返回显示中的 "所有属性" 链接，会展示绘图的所有属性。图 4-100(b)中则显示了绘图线条对象的基本属性，包括颜色、线型、线宽、标识符等。使用 set 函数或者使用对象支持的圆点操作符，可以对返回的这些对象属性进行修改，例如在上述代码中，两次使用 set 函数，第一次设置图窗背景颜色为白色，第二次设置绘图线宽为 1.2。MATLAB 的绘图函数都支持返回绘图对象的语法格式，通过返回对象进行绘图属性设置，是常见的精准控制手段。

4.8.2　使用对象属性

属性是对象的成员变量，要使用、设置这些变量，一般是先获取对象，然后再通过对象使用这些属性。在 MATLAB 中，通过绘图函数返回，便可得到该函数对应的绘图类对象。例如，在使用 pie 函数的 p=pie(x)格式中，返回的 p 是向量，其中的元素就是补片对象和文本对象。又如，在 h=bar3(…)中，返回的 h 是向量，但它们由 Surface 对象组成。我们尚未学习对象属性的概念，但这里可以简单理解为描述对象本身固有特征的变量。

设置对象属性有两种方法，一是使用 set 函数，二是使用圆点操作符，set 函数在早期的 MATLAB 中就存在，其语法格式较多，但最近几年，使用圆点操作符的也日渐增多。

1. 使用 set

set 函数设置对象属性时，常使用 set(h,'PropertyName',PropertyValue,…)这种格式，其中采用了 "名值对" 形式来设定对象的属性，这里 h 指代对象，其中的 PropertyName 为属性名称，用属性值 PropertyValue 进行设置。这里 h 既可以是单个对象，也可以是对象向量，当为向量时，则 set 设置向量中各元素指代对象的属性值。例如，在 scatter 函数创建的散点图中，通过返回的散点序列对象 s 查询并设置了属性，将线宽设置为 0.6 磅，将标记边颜色设置为蓝色，使用 RGB 三元组颜色设置标记面。

```
theta = linspace(0,1,500);
x=exp(theta).*sin(100*theta);
y=exp(theta).*cos(100*theta);
s=scatter(x,y)
set(s,'LineWidth', 0.6,'MarkerEdgeColor', 'b','MarkerFaceColor', [0 0.5 0.5]);
```

使用 set 可以同时设置多个对象的共同属性，此时，被设置的各个对象组成对象向量，以向量形式用作 set 的参数。例如：

```
theta = linspace(0,1,500);
x = exp(theta).*sin(100*theta);
y = exp(theta).*cos(100*theta);
plot(x,y)
tx=xlabel('x:exp*sin');           %返回文本对象 tx
ty=ylabel('y:exp*cos');           %返回文本对象 ty
tt=title('curves');               %返回标题对象 tt
set([tx,ty,tt],'fontsize',14,'fontname','times')
                                  %使用返回对象向量同时设置同类属性
```

set 函数还可以为多个对象的多个属性设置不同值，下例将三个不同针状序列对象的 Marker 和 Tag 属性设置为不同值。为了统一使用 set，先创建了取值元胞数组，其中每一行对应于 h 中的一个对象且包含两个值，一个对应于 Marker 属性，一个对应于 Tag 属性。

```
x = 0:30;
y = [1.5*cos(x); 4*exp(-.1*x).*cos(x); exp(.05*x).*cos(x)]';
S = stem(x,y);
NameArray = {'Marker','Tag'};                    %属性名称元胞数组
ValueArray = {'o','Decaying Exponential';...     %属性取值元胞数组
    'square','Growing Exponential';...
    '*','Steady State'};
set(S,NameArray,ValueArray)
```

2. 使用圆点操作符

最近几年，MATLAB 增加了圆点操作符，也就是 C++语言中的成员操作符，这种应用形式和结构数组中的赋值样式类似，可用来修改、设定属性。例如：

```
t=0:pi/20:2*pi;y=sin(t);h=stem(t,y);
h.Marker='p';                    %设置标识符样式为五角星
h.MarkerFaceColor='r';           %标识符填充色为红色
h.MarkerSize=10;                 %设置标识符大小为 10
h.LineWidth=1;                   %线条宽度 1
```

上述使用 set 函数设置属性的代码，都可以经过改写，换成使用圆点操作符的形式，其效果一样。更多的实例参看后续的内容。

4.8.3 获取对象

要对对象属性进行设置与修改,首先要获得或找到对象,通过函数返回是最简便的方法,除此之外,MATLAB 还提供了几个专门函数,根据不同的目的,用来找到符合条件的对象,如 findobj、findall、allchild、gcf、gca 等。

1. findobj

函数 findobj 用来查找具有特定属性的图形对象,当使用不带输入输出参数的格式时,findobj 将返回根对象与所有子对象,因为不带参数,结果不会赋给某个变量。例如:

```
t=0:0.01:2*pi;  y=sin(2*t).*cos(2*t);
plot(t,y,'r-'); findobj
```

运行代码,可知获取了系统根对象 Root、图窗对象 Figure、绘图区对象 Axes 和线对象 Line,它们构成了 4×1 的 graphics 数组。但更多的是使用带名值对输入参数的形式,以具体界定要找的对象,这种情况下,findobj 只返回满足指定属性值的那些对象。例如:

```
t=0:0.01:2*pi; y=sin(2*t).*cos(2*t);
plot(t,y);
h = findobj(gca,'Type','line')        %找到用户指定属性的特定对象
set(h,'LineWidth',2,'LineStyle','--')  %通过句柄修改特定对象
```

又如:

```
t=0:0.01:2*pi;  y=sin(2*t).*cos(2*t);
polar(t,y);                            %颜色默认蓝色
hAx = findobj('Type','axes')           %找出轴对象
hTlCr = findobj('Type','Line')         %找出线对象
```

当使用多个明知对的形式来查找对象时,findobj 允许用户使用逻辑字符串来限定查找条件,常见的逻辑运算符包括:-and,-or,-xor,-not 等,其语法格式为:

```
h=findobj('PropertyName',PropertyValue,'-logicaloperator',
'PropertyName',PropertyValue,...)
```

例如,要查找 Label 属性设为'foo'和 String 设为'bar'的所有对象,则有:

```
h = findobj('Label','foo','-and','String','bar');
```

而要查找 String 不为'foo'也不为'bar'的所有对象,则可以这样:

```
h = findobj('-not','String','foo','-not','String','bar');
```

用户甚至可以定制复杂的筛选条件。例如,要找到字符串为'foo',且标签为'button one',且颜色不为红色或蓝色的对象,则可以设为:

```
h = findobj('String','foo','-and','Tag','button one',...
'-and','-not',{'Color','red','-or','Color','blue'})
```

当使用参数 regexp 时,函数允许用户使用正则表达式来设定查询条件。下面这个例子展

示了如何使用正则表达式来识别特定的属性值并找到对象句柄，假设创建如图 4-101(a)所示，修改创建的对象的某些属性。

```
x = 0:30;
y = [1.5*cos(x);4*exp(-.1*x).*cos(x);exp(.05*x).*cos(x)]';
h = stem(x,y);
h(1).Marker = 'o';        h(1).Tag = 'Decaying Exponential';
h(2).Marker = 'square';   h(2).Tag = 'Growing Exponential';
h(3).Marker = '*';        h(3).Tag = 'Steady State';
```

把正则表达式传递给 findobj，能够实现非常具体的模式相匹配。例如，假设用户希望设置参数 MarkerFaceColor 的值为绿色，而所有对象的标签属性设置为'Steady State'，则可按照如下代码实现，其效果如图 4-101(b)所示。

```
hStems = findobj('-regexp','Tag','^(?!Steady State$).');
                                              %注意参数的使用格式
for k = 1:length(hStems)
    hStems(k).MarkerFaceColor = 'green';
end
```

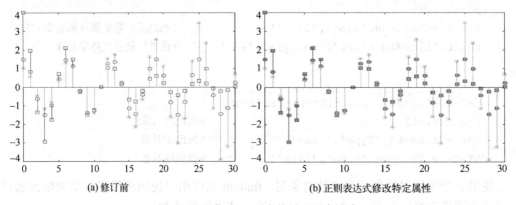

图 4-101　在 findobj 中使用正则表达式

当使用绘图区参数时，则函数 findobj(objh,⋯)将搜索范围限定在对象句柄 objh 指定的范围以及它的子图中。用户可以在对象树上指定起始点以限定搜索范围，起始点可以是一幅图像、一个绘图区或者一组对象。扫描书前二维码查看示例代码 4-33，该代码首先绘制了 2 个 stem 图，若修改第 2 个绘图区标识符内部填充颜色，则可以指定在第 2 个绘图区内搜索并设置，运行结果如图 4-102 所示。

findobj 允许用户通过设定参数 depth 来指定搜索的深度，深度参数控制着遍历层数，d 为 inf 时表示遍历所有层，d 为 0 时限定在当前层。例如：

```
t=0:0.01:2*pi; y=sin(2*t).*cos(2*t);
h=plot(t,y,'r-');
hp=findobj(h,'-depth',inf)
```

在上述的设置中，d=0 等同于使用参数 flat，即设定的搜索深度只能是当前层，不能搜索子图。

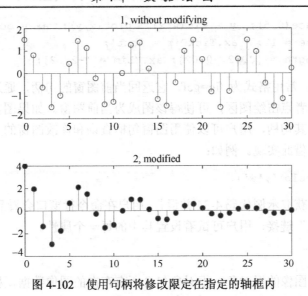

图 4-102 使用句柄将修改限定在指定的轴框内

2. findall

该函数用来找到所有的图形对象,和 findobj 相比,findall 找到的更全面,它找到参数标识的所有层次结构中的对象,且包括隐藏对象。findall 和 findobj 最主要的差别就在于,当查询对象的属性 HandleVisibility(句柄可见性)被设置为 off 时,findall 也能搜索到,而 findobj 则搜索不到。读者可运行下面代码,查看命令窗口,可知其结果的不同。

```
t = 0:0.01:2*pi;y = sin(2*t).*cos(2*t);
plot(t,y)
a = findall(gcf)
b = findobj(gcf)
```

3. allchild

allchild 函数用来获取所有的子对象。其语法形式为:ChildList=allchild(HandleList)。该函数返回所有子对象(包括具有隐藏句柄的子对象)的句柄列表。如果参数 HandleList 只含一个元素,则返回列表呈现为向量,否则,返回 cell 数组形式。例如:

```
x=1:4;pie(x); hgca = gca;
hgca.Children                    %获取子对象的句柄
hCh=allchild(gca);               %也可以这样用
set(findobj(hCh,'Type','text'),'FontSize',15,...
'FontName','Times','Color','r')
```

4. gca 与 gcf

这两个函数中,gca 函数用来获取当前绘图区。ax=gca 是其常用的格式,它将当前轴的句柄获取,并返回到参数 ax 中。所谓当前绘图区,就是 plot、title、surf 等函数正在实施绘图、标注文字等的区域,通常也是最后创建的图窗、或用鼠标点击的最后一个图窗,在前边多例中已经多次使用该命令。例如:

```
x = linspace(0,5);   y = sin(4*x);   plot(x,y);   ax = gca;
ax.FontSize = 12;    ax.TickDir = 'out';
ax.TickLength = [0.02, 0.02]; ax.YLim = [-2, 2];
```

另一个函数 gcf，常用格式为 **fig=gcf**，它返回当前图窗的句柄，通过点击图像中的用户菜单和用户控件，或者点击绘图区，可使得该图成为当前图窗。如果图窗不存在，则 gcf 将创建一个图窗并返回其句柄，用户可以使用图窗句柄查询和修改图窗的属性。最常用的设置绘图背景颜色，就是借此实现。例如：

```
set(gcf,'color','w')
```

扫描书前二维码获取示例代码 4-34 并运行，用户在命令行窗口会看到返回值 f 的一部分，点开底部"所有属性"链接，用户可试着设置其中的每一个属性。

5．groot

该函数用来获取图像的根对象，根对象包含所有存在的图像数据，根属性包含图形环境的信息和图形系统的当前状态。根对象只有一个，用户既不能创建根对象，也不能删除根对象。当图形系统第一次使用时，由 MATLAB 创建根对象。在命令窗口中直接键入 groot，可查看根对象的属性；通过 r=groot 将返回图像的根对象存放在 r 中。例如：

```
r=groot
```

运行结果如图 4-103 所示。

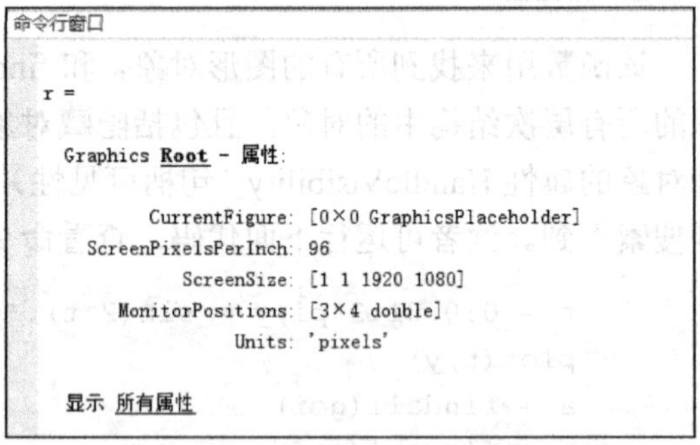

上述显示了笔者当前电脑的根对象属性：屏幕分辨率为 96 像素/英寸，屏幕尺寸 1920×1080，单位为像素等。用户也可以使用 get 获取根对象的属性列表。例如：

图 4-103　groot 返回的属性

```
get(groot)                                          %结果略去
```

若想设置或者修改根属性，可以采用两种格式，一种是使用圆点操作符直接设置，另一种是使用 set 函数。例如：

```
r = groot;
r.ShowHiddenHandles ='on';                          %圆点操作符
set(groot,'DefaultFigureColormap',summer)
```

若想将某个属性恢复为 MATLAB 的默认值，则需要使用参数'remove'限定。例如：

```
set(groot,'DefaultFigureColormap','remove')
```

6．其他同类函数

MATLAB 还有一些用来查询操作对象的函数，例如，gcbf 获取当前回调函数的句柄；gcbo 获取当前回调对象的句柄等函数，表 4-26 对它们进行了归纳，这里不再一一介绍。

表 4-26 图形对象的标识函数一览表

函数名称	函数功能
gca	当前坐标区或图
gcf	当前图窗的句柄
gcbf	包含正在执行其回调的对象的图窗句柄
gcbo	正在执行其回调的对象的句柄
gco	当前对象的句柄
groot	图形根对象
ancestor	图形对象的父级
allchild	查找指定对象的所有子级
findall	查找所有图形对象
findobj	查找具有特定属性的图形对象
findfigs	查找可见的屏幕外图窗
gobjects	初始化图形对象的数组
isgraphics	对有效的图形对象句柄为 true
ishandle	测试是否有效的图形或 Java 对象句柄
copyobj	复制图形对象及其子级
delete	删除文件或对象

4.9 绘制动画图片

目前，动画是最能显示动态信息的一种图片，一般以.gif 格式保存，在介绍具体的动画函数之前，先扫描书前二维码查看一段实现动画的代码（示例代码 4-35），该段代码动态绘制了一个心形图，运行结束时的图形效果如图 4-104 所示。

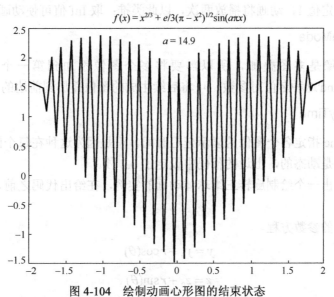

图 4-104 绘制动画心形图的结束状态

在该段代码中，主要用到了 4 个函数：getframe、frame2im、rgb2ind 和 imwrite 函数，下面学习它们的主要功能。

4.9.1 getframe 函数

该函数用来捕获坐标区或图窗作为影片帧，使用 f=getframe 格式时，它捕获显示在屏幕上的当前坐标区，并作为影片帧，返回值 f 是一个包含图像数据的结构体。getframe 按照屏幕上显示的大小捕获这些坐标区，它并不捕获坐标区轮廓外部的刻度标签或其他内容。

4.9.2 frame2im 函数

frame2im 与 getframe 函数属于一类，它返回与影片帧关联的图像数据。

4.9.3 rgb2ind 函数

从函数名的构成上看，rgb2ind，就是将 rgb 图像转换（2 同 to 音）为索引（index）图像。

gif 动画图实际上是由多图叠加而成，组成的各图展示时间稍有延迟，所以连续看各图是动态的。但由于 gif 文件不支持三维数据，要将多个图像保存到一个 gif 文件中，应调用 rgb2ind，使用颜色图 map 将图像中的 rgb 数据转换为索引图像。

4.9.4 imwrite 函数

imwrite 将 gif 文件写入图像文件，常使用的格式为 imwrite(A,map,filename)，在 imwrite 的参数中，除了上述三个参数表示要写出的图像数据、图像文件名称外，还有 3 个非常重要的参数：

1. 参数 LoopCount

LoopCount 用来设定动画连续循环的次数。循环次数可取[0,65535]范围内的整数或 Inf 值，如果指定 0，动画将播放一次，但某些 Microsoft 应用程序会将值 0 的含义解释为根本不进行循环；如果指定值 1，动画将播放两次，以此类推；取 Inf 值可使动画连续循环。

2. 参数 WriteMode

因为 Gif 图像是多图叠加，所以需要将多个图像添加到第一个图像中，而使用 'WriteMode', 'append'这种名值对参数，可将后续生成的图像叠加到前边的图像中。

3. 参数 DelayTime

参数 DelayTime 指定各个图像的显示延迟时间，正是因为这种在每个图像显示之间指定了时滞，才看上去是动态的，上边的代码中设定了 0.2 秒。

例题：下面给出一个绘制旋转三维球体动画的实例，在给出代码之前，先简单介绍数学实现思路。

首先给出画圆的参数方程。

$$y = y_0 + r\cos(\theta)$$

$$z = z_0 + r\sin(\theta)$$

其中，(y_0,z_0)是圆心；r是半径。据此可以在yoz平面上画一个圆，若要画在三维坐标下，只需要增加一个固定x_0坐标，就可以画出圆心在(x_0,y_0,z_0)、半径为r、平行于yoz平面的圆。为了简化，可以把球心坐标定为(0,0,0)，在x轴方向上画出等间距的若干圆，并且使它们的r和x_0满足三角关系。

$$r = \sqrt{R^2 - x_0^2}$$

其中，R为球体半径，x_0为到yoz的距离，r为圆的半径。

其次是实现旋转，图形旋转的本质上是矩阵变换，三维空间中的几何变换包括平移、旋转、缩放等操作，本例中只用到了绕z轴旋转，则旋转矩阵为

$$T = \begin{Bmatrix} \cos(\theta) & -\sin(\theta) & 0 & 0 \\ \sin(\theta) & \cos(\theta) & 0 & 0 \\ 0 & 0 & 1 & 0 \\ 0 & 0 & 0 & 1 \end{Bmatrix}$$

变换时左乘以变换矩阵，即变换前后有

$$\begin{Bmatrix} x' \\ y' \\ z' \\ 1 \end{Bmatrix} = T \begin{Bmatrix} x \\ y \\ z \\ 1 \end{Bmatrix}$$

扫描书前二维码查看代码实现（示例代码4-36）。

图4-105给出了三维动画的某个瞬间。

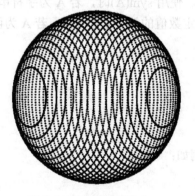
(a) 某个运行时刻的旋转状态

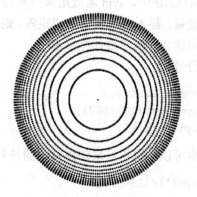
(b) 运行结束后的状态

图4-105 三维动画的某个瞬间

第5章 符号运算

符号运算是 MATLAB 提供的一项重要计算推理功能。在科学研究中,有些时候可能需要对一个数学表达式进行某种推导,如求 $\sin(x^2)$ 的二阶导数,而不强调求其确定的值,这就需要符号运算。数学中的各种常用计算,如合并同类项、求极限、泰勒展开、求导数、积分计算、向量计算等,都属于这方面的运算。符号运算是高级编程中的一个重要功能,MATLAB 对此提供了专用的模块支持,本章将学习相关的知识。

5.1 符号对象的定义

进行符号运算前,用户必须先声明符号对象,这些符号对象包括符号常量、符号变量、类的对象、符号表达式等。MATLAB 提供了 2 个声明符号对象的函数,即 sym 和 syms。对于符号对象的假定,则提供了 assume、assumeptions、assumeAlso 等函数。本节学习这些基本函数的使用,为叙述方便,在不致混淆的情况下,本书把符号常量、符号变量、类的对象、符号表达式等,均称为符号变量。

5.1.1 声明符号变量函数 sym

在 MATLAB 中,sym 函数用来声明符号变量。使用 sym(A)时,若 A 为字符串,则创建符号数或变量;若 A 为数值标量或矩阵,则创建给定数值的符号表示形式;若 A 为函数句柄,则创建该句柄代表的函数体符号形式。

创建符号数:

```
sym(1/1234567)
sym(sqrt(1234567))
sym(exp(pi))
```

用户也可以使用引号来创建精确的符号数。例如:

```
sym('1/1234567')
```

创建符号变量:

```
x = sym('x')              %创建名为 x 的符号变量,并将它保存在 x 中
x=sym('x','real')         %创建名为 x 的符号变量,并指明创建的类型是实数型
k=sym('k', 'positive')    %创建正实数型符号变量 k,并将其存放在 k 中
x=sym('x', 'clear')       %将 x 保存为正式变量,但却不含其他信息(即确保 x 既非实数也
                           非正数)
```

创建句柄变量:

```
h_expr = @(x)(sin(x) + cos(x));
sym_expr = sym(h_expr)
```

```
        sym_expr = cos(x) + sin(x)
```

创建符号矩阵:

```
        h_matrix = @(x)(x*pascal(3));
        sym_matrix = sym(h_matrix)
```

有时需要创建有序符号向量或标量符号矩阵,各元素的"长相"为 A_k 形式,如下面的符号矩阵。在这种情况下,可以使用 A=sym('A',[M,N])格式,它将创建 M×N 的有序符号向量或标量符号矩阵。

$$[A_{11}, A_{12}, A_{13}, A_{14}]$$

$$[A_{21}, A_{22}, A_{23}, A_{24}]$$

$$[A_{31}, A_{32}, A_{33}, A_{34}]$$

当创建矩阵时,元素的默认"长相"为 A_{i_j},其中 i 和 j 分别对应于行 M 和列 N。用户也可以自定义元素的"长相",如使用 A_{ij} 而不是 A_{i_j},此时将输入参数的格式符号 A 改为'A%d%d'即可。例如,创建 3×4 矩阵,角标自动生成。

```
>>A = sym('A',[3 4])
```

创建自定义格式角标:

```
>>A = sym('A%d%d',[3 4])
```

需要注意,这里的格式'A%d%d'不能像 fprintf 函数中的格式串那样使用,用户不能使用'A%2d%3d'来指定角标的占位长度,任何使用其他格式符的修改都被看作错误。例如:

```
>> A = sym('A%2d%2d',[3 4])                    %报错
```

当行列数一致时,创建符号方阵可以使用 A=sym('A',N)这种简化形式。

在创建符号变量时,MATLAB 允许用户对创建的符号变量进行一些假设。例如,在创建时设定符号变量是有理数、双精度数等。在这种情况下,可以使用带参数 flag 的语法格式 sym(A,flag),创建时将把数值标量或矩阵转化为 flag 指定类型的符号。flag 可用的类型包括 f、r、e 或 d,默认为 r,其中 f 代表浮点数,r 代表有理数,e 代表估计误差,d 代表小数。

若 flag='r',则代表创建有理数变量符号,当 p 和 q 为适度大小的整数时,计算形如 p/q、sqrt(p)、2^q 等形式的表达式得到的浮点数,将转换为相应的符号形式,这有效地弥补了原始计算的舍入误差,但这并不能说成"精确浮点值",若不能找到简单的有理数近似,则使用 f 形式。例如:

```
   A=sym(3/pi,'r')        %A =2150310427208497/2251799813685248
```

若 flag='e',则代表创建含估计误差的有理数。在结果中,有理形式 r 将附加一个 eps,它用来估计理论值和实际浮点值之间的差异。例如:

```
   sym(3*pi/4,'e')        % 3*pi/4-103*eps/249。
```

若 flag='d',则代表创建小数形式的变量。当小数位数不到 16 位时,会降低精度,而超过 16 位数时,则不能保证精度。例如,当使用命令 digits(10)时,sym(4/3,'d')等于 1.333333333,

而使用命令 digits(20)时，sym(4/3,'d')等于 1.3333333333333332593。请注意，结果并不如想象的那样在小数位上全是数字 3（很明显最后的是 2593），但准确的双精度浮点数的小数表示非常接近 4/3。

用户也可以使用一些其他假定来修饰创建的符号变量，如在创建时设定类型：

```
x = sym('x','real');
y = sym('y','positive');
z = sym('z','integer');
t = sym('t','rational');
```

对于创建的符号变量，用户可以使用 assumptions 来检查设定情况。

```
assumptions
```

则上述刚刚创建的符号变量结果如下：

```
ans =[ in(z, 'integer'), in(t, 'rational'), in(x, 'real'), 0 < y]
```

用户也可以对矩阵中各元素进行假定设置，如在下面的代码中，先对矩阵各元素进行符号设置，并假定各元素为正值，则在求解符号方程时，得到的解只有正值。

```
A = sym('A%d%d',[2,2],'positive')   %创建 2×2 符号矩阵,假定各元素为正
solve(A(1,1)^2 - 1, A(1,1))          %求解方程 A(1,1)^2==1
assumptions(A)                       %查看假定
```

用户也可以使用 assume 来清除各项 assumptions 设定。

```
assume([x,y,z,t],'clear')
assumptions
```

特别提醒：R2020a 版 MATLAB 对 sym 函数进行了部分兼容性修订：sym('pi')将创建一个名为 pi 的符号变量，而不是数学常数 π；已取消对无效变量名和未定义数字的字符向量的支持。也就是说，要创建符号表达式，需先创建符号变量，然后对其使用操作。新旧版本 MATLAB 的 sym 函数的使用区别如表 5-1 所示。

表 5-1 新旧版本 MATLAB 的 sym 函数的使用区别

使 用	不 再 使 用
syms x; x+1	sym('x+1')
exp(sym(pi))	sym('exp(pi)')
syms f(var1,…,varn)	f(var1,…,varn)=sym('f(var1,…,varn)')

5.1.2 声明符号变量快捷函数 syms

syms 函数是声明符号变量的快捷方式，但不能使用已有的关键字（clear、integer、positive、rational 和 real 等）作为名称创建变量。syms 函数的常见语法格式为：syms var1…varN，这种格式会创建 N 个符号变量。特别提醒读者，各个变量名之间使用空格分隔，不能使用逗号分隔。例如：

```
syms x y
```

```
syms var1... varN set
```

之所以提示用户使用空格分隔各个符号变量，是因为对于"syms x, y"来说，MATLAB 会解析为两条命令，即逗号前的"syms x"命令和逗号后边的"y"命令，它们是两条不同的命令，虽然写在一行，但 MATLAB 并不把这个逗号看作分隔符，这和"x=y+1, z=0"被 MATLAB 解析为两条命令一样。

在创建 N 个符号变量的同时，用户还可以假定它们同属于一个组。例如：

```
syms x y integer          %创建两个符号变量 x 和 y,且假定它们都是整数
```

在命令行的末尾使用参数'clear'，可以在创建符号变量的同时，清除其原有的假定。例如：

```
syms x y integer          %创建符号变量 x 和 y,假设它们为整数
assumptions               %检查假定
assumptions(x)            %只对 x 进行假定检查
assume([x y],'clear')     %清除 x 和 y 的假定
```

在上述代码中，使用参数'clear'指定了清除原有假定，需要提醒读者，早期 MATLAB 版本中还支持使用"syms x clear"与"syms(x, 'clear')"清除已有的假定，但在后续版本中停止支持了，MATLAB 默认使用"syms x clears"。

syms 函数创建符号向量时，可以参考使用下面的形式：

```
syms a [1,4]
a
```

用户也可以指定符号变量的格式，如下面使用格式操作符指定了参数下标：

```
clear; clc;
syms 'p_a%d' 'p_b%d' [1 4]
p_a
p_b
```

为了便于观察结果，建议读者在实时脚本窗口运行，创建符号向量结果如图 5-1(a)所示。类似地，创建符号矩阵也可以指定符号格式，在默认格式下：

```
syms A [3,4]
A
```

运行结果如图 5-1(b)所示。当使用"syms 'A%d' [2 4]"时，角标中的逗号被舍去。

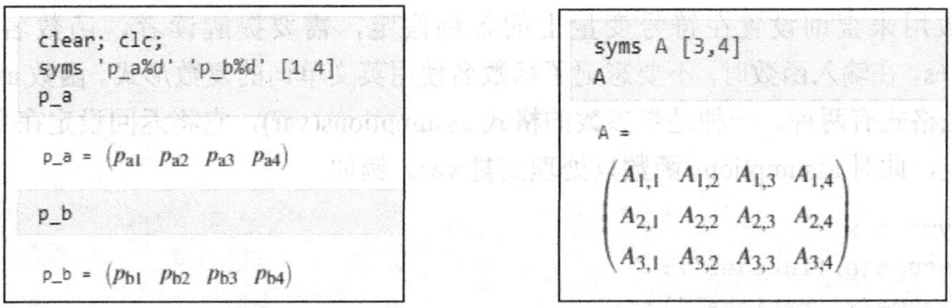

```
clear; clc;
syms 'p_a%d' 'p_b%d' [1 4]
p_a

p_a = ( p_{a1}  p_{a2}  p_{a3}  p_{a4} )

p_b

p_b = ( p_{b1}  p_{b2}  p_{b3}  p_{b4} )
```

```
syms A [3,4]
A

A =
⎛ A_{1,1}  A_{1,2}  A_{1,3}  A_{1,4} ⎞
⎜ A_{2,1}  A_{2,2}  A_{2,3}  A_{2,4} ⎟
⎝ A_{3,1}  A_{3,2}  A_{3,3}  A_{3,4} ⎠
```

(a) 创建符号向量　　　　　　　　　　　(b) 创建符号矩阵

图 5-1　syms 函数在实时脚本窗口的运行结果

使用 syms 函数，用户还可以创建函数符号矩阵，即矩阵的每个元素都是一个函数：

```
syms f(x,y) 2
f
```

运行结果请读者在实时脚本窗口中查看。MATLAB 中还有 syms 函数的同类函数，表 5-2 中列出了这些函数。

表 5-2 syms 函数及其同类函数

函 数 名 称	函 数 功 能
sym	创建符号变量、表达式、函数、矩阵
syms	创建符号变量和函数
symfun	创建符号函数
str2sym	将符号表达式转为求值表达式
fold	使用函数组合（折叠）向量
piecewise	条件定义表达式或函数
symvar	在符号输入中查找符号变量
argnames	符号函数的输入变量名称
formula	返回符号函数的定义体
has	检查表达式是否包含特定的子表达式
children	符号表达式的子表达式或子项
symType	确定符号对象的类型
symFunType	确定符号对象的函数类型
isSymType	确定符号对象是否为特定类型
hasSymType	确定符号对象是否包含特定类型
findSymType	查找特定类型的符号子对象
mapSymType	将函数应用于特定类型的符号子对象
isfinite	检查符号数组元素是否有限
isinf	检查符号数组元素是否无限
isnan	检查符号数组元素是否为 NaN
sympref	设置符号首选项

5.1.3 设置假定函数 assumptions

该函数用来查询设置在符号变量上的各种假定，需要提醒读者，函数名的写法是 assumption+s，在输入函数时，不要忘记了函数名使用英文单词的复数形式。函数 assumptions 常见的语法格式有两种。一种是带参数的格式 assumptions(var)，它将返回设定在变量 var 上的各种假定，此时 assumptions 函数只处理变量 var。例如：

```
syms n x
assume(n,'integer');
assume(x,'rational');
assumeAlso(-100 <= n*x <= 100);
assumptions(n)                    %获取 n 的各种假定
```

另一种是不带参数的格式。函数运行时,将返回所有变量上设定的假定,仍以上述代码为例,用户可查看不带参数格式的运算结果。当函数 assumptions 的参数是矩阵时,按行输出矩阵每个元素的假定。例如:

```
clear; clc;
syms clears
A=sym('A%d%d',[3,4]);              %A 为 3×4 的符号矩阵
assume(A,'integer');
assumptions                        %获取各种假定结果
```

5.1.4 设置与去除假定函数 assume

和 assumptions 函数相反,assume 函数用来为符号对象设置或去除某个假定,其常用的格式有 3 种。

一是给定假定条件的 assume(condition)格式,它将对所有符号变量设置参数 condition 给出的假定,同时将符号变量任何前期已设的假定去除。例如:

```
syms x a
assume(a ~= -1)                    %假设 a~=-1
int(x^a, x)                        %积分计算
```

二是带参数'clear'的格式,assume(expr,'clear'),用户若想去除某个指定变量的假定,则需要在参数中明确给出该符号变量。例如,去除上述符号变量 a 的假定,则有:

```
assume(a, 'clear')                 %去除 a 的假定
```

一般情况下,若确信某个符号变量不再使用某些假定,为了防止这些假定对后续计算产生不良影响,应尽量在用完后及时清除这些假定。

三是 assume(expr,set),这种格式将会为 expr 设置新的假定,新假定将替代先前为所有符号变量做的各种假定,从而使得 expr 也具有这些假定。例如,下面给出一个化简正弦函数的实例:

```
syms n
simplify(sin(2*n*pi))
```

假设 n 为整数,则会得到更简单的形式。

```
assume(n,'integer')
simplify(sin(2*n*pi))
```

assume 函数允许用户使用逻辑表达式来设置复杂的假定。下面的例子中就对 x 预先进行了假定,使得求解方程只得到在特定范围内的解。例如:

```
syms x
assume(x <-1| x >1)
solve(x^5- (565*x^4)/6- (1159*x^3)/2- (2311*x^2)/6+ (365*x)/2+ 250/3, x)
```

又如:

```
syms a b c
```

```
expr = a*exp(b)*sin(c);
assume(a+b > 3 & in(a,'integer') & in(c,'real'))   %复合逻辑表达式
assumptions(expr)
```

其中，in(a,'integer')表明 a 是一个 integer，in(c,'real')具有类似意义。最后补充说明一句，函数 sym 和 syms 都能创建符号变量。例如：

```
e = sym('e',{'positive','integer'});
syms e positive integer
```

它们的结果一样，但相对而言，syms 函数的效率更高。

5.1.5 添加设置假定函数 assumeAlso

除上述设置符号变量的函数外，MATLAB 还增加了一个 assumeAlso 函数，它用来为符号变量添加新的假定。其语法格式与 assume 函数的类似，有 assumeAlso(condition) 和 assumeAlso(expr,set) 两种格式，下面给出实例。

在求解方程时，可先使用 assume 函数来设置假定，再使用 assumeAlso 函数来添加新的假定。例如，假定 x 和 y 非负，则有：

```
syms x y
assume(x >=0 & y >=0)
s = solve(x^2+ y^2==1, y)
```

求解上述方程，会得到警告信息，告知在 x<1 的条件下有效。为此，增加新的假定条件 x<1，则有：

```
assumeAlso(x <1)
```

用户添加新假定时，要确保新假定与先前的假定不冲突，条件矛盾的假定会导致不可预知的结果。在某些情况下，assumeAlso 函数会检测到冲突的假定并返回错误。

5.1.6 分段条件函数 piecewise

在数学表达式中，有时候会遇到"不同条件下函数取值不同"的情形，最典型的就是分段函数，如在概率论中离散随机变量的分布函数就经常使用分段函数。MATLAB 提供了一个 piecewise 函数，专门用来定义分段条件表达式或函数，其语法格式为 piecewise(cond1,val1, cond2,val2,…)。其中的 cond1、cond2 等是条件，val1、val2 等是取值，参数按照"条件/取值"名值配对形式依次列出。例如，对如下的分段函数 y，有

$$y = \begin{cases} -1, & x<0 \\ 1, & x>0 \end{cases}$$

实现代码为：

```
syms x
y=piecewise(x<0,-1,x>0,1)
```

该函数还支持除参数列表外的"其他"选项，语法格式类似于上述格式，只需在"条件/取值"列表之后，附加 "其他" 情形对应的取值。例如，对如下的分段函数 y，有

$$y = \begin{cases} -2, & x < -2 \\ 0, & -2 < x < 0 \\ 1, & \text{其他} \end{cases}$$

实现代码为：

```
syms y(x); y(x) = piecewise(x<-2, -2, -2<x<0, 0, 1)
```

在函数 piecewise 的输入参数中，末尾的参数值为 1，对应的便是"其他"选项。对于该类函数，要绘制函数的图像，可以使用 fplot 函数（参本章最后一节）。为方便使用，表 5-3 中归纳了 MATLAB 中与设置假定有关的同类函数。

表 5-3 与设置假定有关的同类函数

函数名称	函数功能
assume	设置符号对象的假设
assumeAlso	添加符号对象的假设
assumptions	显示影响符号变量、表达式或函数的假设
in	符号输入的数字类型
piecewise	条件定义的表达式或函数
isAlways	检查等式或不等式是否适用于其变量的所有值
logical	检查等式或不等式的有效性

5.2 符号运算基本操作

在 MATLAB 中，符号运算用到的运算符，与数值计算用到的运算符是一套符号，它们在书写上没有差别，其内在差别在于运算符的重载，即同一个符号承载不同的功能。普通用户不需要为此担心，只需按照一般书写格式输入即可。

用于符号运算的函数，其使用方法与在数值计算中一样，MATLAB 已对函数进行了重载。重载是一种面向对象编程的概念，可以简单理解为重新承载新的功能，即仍使用同一个函数名，扩展了函数功能，使其使用面扩大到更广的数据类型范围内。虽然 MATLAB 尽可能地提供了方便，但也需要用户注意显示上的差别，稍不小心就会出错。

进行符号运算，自然离不开表达式，对于表达式中的变量，用户应该辨别清楚哪一个是符号变量，哪一个是自由变量，当无法辨别时，可借助 MATLAB 提供的函数进行查阅，这些函数包括 whos、isa、class 和 symvar 等。

5.2.1 识别符号变量

1．symvar

symvar 是 symbolic variable 的缩合表达，即符号变量，该函数用来探测符号表达式、矩阵或函数中的符号变量。使用 symvar(s)时，将返回一个包含 s 的所有符号变量的向量，各符号按字母顺序排列，先大写后小写。例如：

```
syms wa wb wx yx ya yb
```

```
symvar(wa + wb + wx + ya + yb + yx)
```

又如：

```
syms x y a b
f(a, b)= a*x^2/(sin(3*y - b))*exp(1i*x);
symvar(f)
```

用户也可以指定返回变量的个数，使用 symvar(s,n)即可，这种格式函数将返回一个向量，其中包含 s 的 n 个符号变量。在 2015 版的 MATLAB 中，对于返回的符号变量的选取，还曾经设定过优选原则；但 2020 版的 MATLAB 不再支持优选原则，symvar(expr)也用来确定表达式中的符号变量，但它搜索表达式 expr，查找除 i、j、pi、inf、nan、eps 和公共函数之外的标识符，这些标识符就是表达式中符号变量的名称，如果 symvar 函数找不到标识符，则返回一个空的元胞数组。之所以排除 i、j 等标识符，是因为它们在 MATLAB 中默认用作复数的虚部标志，而 pi、inf、nan、eps 等都是有特定含义的变量名称。若用户一定要使用 i、j 等，则编译器会给出警告信息。例如：

```
syms a b c d e f g h i j k l m n o p q r s t u v w x y z
expr=a+b+c+d+e+f+g+h+i+j+k+l+m+n+o+p+q+r+s+t+u+v+w+x+y+z;
symvar(expr,26)             %全部 26 个字母的检测顺序
```

2. isa

函数 isa 用来测试输入的对象是否具有指定类型数据。在语法格式 tf=isa(A,dataType)中，参数 dataType 的适用类型如表 5-4 所示。另一种语法格式为 tf=isa(A,typeCategory)，用于判断 A 的数据类型是否属于 typeCategory 指定的类别，其中参数 typeCategory 的适用类型如表 5-5 所示。在两种格式中，返回值 tf 为逻辑变量，取值为 1 或 0，表示判断成功或失败。

表 5-4 参数 dataType 的适用类型

类 名	含 义	类 名	含 义
'single'	单精度数	'uint32'	无符号 32 位整数
'double'	双精度数	'uint64'	无符号 64 位整数
'int8'	带符号 8 位整数	'logical'	逻辑"真"或"假"
'int16'	带符号 16 位整数	'char'	字符或字符串
'int32'	带符号 32 位整数	'struct'	结构数组
'int64'	带符号 64 位整数	'cell'	cell 数组
'uint8'	无符号 8 位整数	'function_handle'	函数句柄
'uint16'	无符号 16 位整数	'string'	字符串数组
'table'	表		

表 5-5 参数 typeCategory 的适用类型

类 别	含 义
'numeric'	整数或浮点数数组 （double、single、int8、uint8、int16、uint16、int32、uint32、int64、uint64）

续表

类 别	含 义
'float'	单精度或双精度浮点数组（double、single）
'integer'	有符号或无符号整数数组 （int8、uint8、int16、uint16、int32、uint32、int64、uint64）

函数 isa 用法举例如下：

```
isa(pi,'double')
isa(pi,'numeric')
isa(pi,'integer')
```

在 MATLAB 中，有一组和 isa 函数功能类似的函数，用于判断或检测状态。例如，要测试输入数组是否为稀疏数组，可使用 issparse 函数；要测试输入数组是否包含任何虚数或复数元素，即可使用~isrcal(A)函数。表 5-6 给出了这类函数的列表。

表 5-6 is*类函数列表

函 数 名 称	函 数 功 能
isa	检测指定的 MATLAB 类或 Java 类对象
isappdata	确定对象是否具有特定应用程序定义的数据
isbanded	确定矩阵是否在特定带宽范围内
isbetween	在指定日期和时间内的数组元素
iscalendarduration	确定输入是否为日历持续时间数组
iscategorical	确定输入是否为分类数组
iscategory	测试分类数组类别
iscell	确定输入是否为元胞数组
iscellstr	确定输入是否为字符向量元胞数组
ischar	确定输入是否为字符数组
iscolumn	确定输入是否为列向量
iscom	确定输入是否为组件对象模型（COM）对象
isdatetime	确定输入是否为日期时间数组
isdiag	确定矩阵是否为对角矩阵
isdst	在夏令时期间发生的日期时间值
isduration	确定输入是否为持续时间数组
isempty	确定输入是否为空数组
isenum	确定变量是否为枚举类型
isequal	确定数组是否在数值上都相等
isequaln	确定数组是否在数值上都相等，将 NaN 视为相等
isevent	确定输入是否为组件对象模型对象事件
isfield	确定输入是否为 MATLAB 结构体数组字段
isfile	确定输入是否为文件
isfinite	检测数组的有限元
isfloat	确定输入是否为浮点数组
isfolder	确定输入是否为文件夹

续表

函数名称	函数功能
ishandle	检测有效的图形对象句柄
ishermitian	确定矩阵是 Hermitian 矩阵还是斜 Hermitian 矩阵
ishold	确定图形保留状态是否为 on
isinf	检测数组的无限元
isinteger	确定输入是否为整数数组
isinterface	确定输入是否为组件对象模型（COM）接口
isjava	确定输入是否为 Java 对象
iskeyword	确定输入是否为 MATLAB 关键字
isletter	检测包含英文字母的元素
islogical	确定输入是否为逻辑数组
ismac	确定是否在运行适用于 MacintoshOSX 平台的 MATLAB
ismatrix	确定输入是否为矩阵
ismember	检测特定集的成员
ismethod	确定输入是否为对象方法
ismissing	查找表元素中的缺失值
isnan	检测不是数字（NaN）的数组元素
isnat	确定 NaT（非时间）元素
isnumeric	确定输入是否为数值数组
isobject	确定输入是否为 MATLAB 对象
isordinal	确定输入是否为有序分类数组
ispc	确定是否在运行适用于 PC（Windows）平台的 MATLAB
isprime	检测数组的质数元素
isprop	确定输入是否为对象属性
isprotected	确定分类数组的类别是否受保护
isreal	确定所有的数组元素是否为实数
isregular	确定时间表中的时间是否规则
isrow	确定输入是否为行向量
isscalar	确定输入是否为标量
issorted	确定集元素是否处于排序顺序
issortedrows	确定矩阵或表的行是否已排序
isspace	检测数组中的空格字符
issparse	确定输入是否为稀疏数组
isstring	确定输入是否为字符串数组
isStringScalar	确定输入是否为包含一个元素的字符串数组
isstrprop	确定字符串是否为指定类别
isstruct	确定输入是否为 MATLAB 结构体数组
isstudent	确定是否为 StudentVersion 的 MATLAB
issymmetric	确定矩阵是对称矩阵还是斜对称矩阵
istable	确定输入是否为表
istall	确定输入是否为 tall 数组

续表

函数名称	函数功能
istimetable	确定输入是否为时间表
istril	确定矩阵是否为下三角矩阵
istriu	确定矩阵是否为上三角矩阵
isundefined	查找分类数组中未定义的元素
isunix	确定是否在运行适用于 UNIX 平台的 MATLAB
isvarname	确定输入是否为有效的变量名称
isvector	确定输入是否为向量
isweekend	在周末期间发生的日期时间值

5.2.2 多项式操作

在初等代数中，常遇到对多项式的操作，包括提取多项式系数、合并同类项、展开函数或多项式、因子分解及多项式分解、代数式化简、嵌套改写等。MATLAB 为此提供了许多基本操作函数，本节将学习这方面的内容。

1. coeffs

coeffs 函数用来获取多项式的系数，该命令常被误写为 coeff。对于一个多项式而言，其系数有多个，coeff+s 相当于英文的复数形式，表达多个系数。语法格式为[c,t]=coeffs(p,vars)，其中 p 为多项式，可以是符号表达式或符号函数；vars 为多项式符号变量，在指定 vars 后，返回该符号变量（组）的系数，vars 可以省略，当省略 vars 时，MATLAB 会调用 symvar 函数测定符号变量；c 为返回的各系数构成系数向量；t 为各系数对应的项。例如：

```
syms x
c = coeffs(16*x^2+ 19*x +11)              %单变量多项式
>> Untitled
c = [ 11, 19, 16]
```

观察结果可知：对于单变量多项式，c 中各项系数按照升幂顺序出现，第一个是常数或最低次方项的系数。上例为单变量 x 的多项式，对于多变量多项式，当获取系数时，除指定的变量外，其他未指定的变量可作为常数。

```
syms x y
cx = coeffs(x^3 + 2*x^2*y + 3*x*y^2 + 4*y^3, x)
                                          %查找 x 的系数,y 被看作系数
cy = coeffs(x^3 + 2*x^2*y + 3*x*y^2 + 4*y^3, y)
                                          %查找 y 的系数,x 被看作系数
```

当在 vars 中指定多个变量时，按照指定变量的先后顺序，以升幂次序安排系数。例如：

```
syms x y
cxy = coeffs(x^3 + 2*x^2*y + 3*x*y^2 + 4*y^3, [x,y])
cyx = coeffs(x^3 + 2*x^2*y + 3*x*y^2 + 4*y^3, [y,x])
>> Untitled
cxy = [ 4, 3, 2, 1]                       %把 x 和 y 看作符号,按照 x 的幂次升幂排列
```

```
        cyx = [ 1, 2, 3, 4]              %把 x 和 y 看作符号,按照 y 的幂次升幂排列
```

当返回参数中带系数的、对应的各项时,系数和各对应项按照降幂排列。例如:

```
        syms x
        [c,t] = coeffs(16*x^2 + 19*x + 11)
        >> Untitled
        c = [ 16, 19, 11]                %系数
        t = [ x^2, x, 1]                 %项的降幂排列
```

2. collect

collect 函数用来根据指定的变量合并同类项,降幂排列。其语法格式为 collect(P,var),其中 P 为多项式;var 为合并同类项时的依据变量,若用户指定该参数,则根据用户指定的变量合并同类项,参数 var 可被省略,此时将根据 symvar 确定的默认变量合并多项式 P 中的各项。P 也可以是多项式组成的数组,此时数组的每个元素都被当作多项式进行各自的合并。例如:

```
        syms x
        collect((exp(x)+ x)*(x +2)^2)            %将 x 作为合并的依据
```

又如:

```
        syms x y
        collect(x^2*y + y*x - x^2 - 2*x, x)      %依 x 合并各项,降幂排列
        collect(x^2*y + y*x - x^2 - 2*x, y)      %依 y 合并各项,按降幂排列
```

下面是一个符号矩阵的例子,其中每个元素项(多项式)都按照 x 合并,且降幂排列。

```
        syms x y
        collect([(x + 1)*(y + 1), x^2 + x*(x -y); 2*x*y - x, x*y + x/y], x)
```

3. combine

combine 函数可用来合并相同的代数结构,对于输入的表达式 S,combine(S)会将幂次合并成单一的幂次。例如:

```
        syms x y z
        combine(x^y*x^z)
```

若欲合并的项中含有数值参数,则用户必须将至少一项数值使用 sym 函数转化为符号数,否则 MATLAB 会计算该表达式返回一个值。试对比:

```
        syms x y
        combine(x^(3)*x^y*x^exp(sym(1)))          %含有 sym 函数
        combine(x^(3)*x^y*x^exp(1))               %不含 sym 函数
        >> Untitled
        ans = x^(y + exp(1) + 3)
        ans = x^(y + 6438212977961909/1125899906842624)
```

需要注意的是,通常 combine 函数不会合并相同指数的幂次项,这是因为 MATLAB 在

内部化简时在相反的方向上适用相同的规则,即有可能因化简需要,而将合并的幂次项拆开。例如,combine(sqrt(sym(2))*sqrt(3))将会合并成 sqrt(6),但 combine(y^5*x^5)却不会将式子合并成(x*y)^5,读者可试运行一下。

combine 函数允许用户指定合并时依据的参数,在 combine(S,T)中,参数 T 为指定的目标函数,通常是如下函数之一:atan、exp、gamma、log、sincos、sinhcosh。对 S 进行合并时,将基于 T 中的函数执行。例如,指定目标参数为 atan,函数 combine 根据反正切函数合并表达式 S:

```
syms a b
assume(abs(a*b)<1)
combine(atan(a)+ atan(b),'atan')              %指定目标参数为 atan
```

当希望按照多个标准进行合并时,可使用"名值对"的形式指定参数,语法格式为 combine(S,T, name,value),参数中的 name 和 value 构成了名值对,使用名值对使得合并结构更加细致明确。例如:

```
syms a b;
S = log(a)+ log(b);
combine(S,'log','IgnoreAnalyticConstraints',true)       %使用了名值对
```

4. expand

expand 函数用来实现对函数或多项式的展开,还可以用于三角函数、指数函数和对数函数。该函数的最简单格式为 expand(S)。例如:

```
syms x
expand((x -2)*(x -4))
```

另一种格式使用了名值对,即 expand(S,Name,Value),MATLAB 允许的名值对包括'ArithmeticOnly'和'IgnoreAnalyticConstraints'。当参数'ArithmeticOnly'取值为 true 时,expand 函数只展开算术表达式的一部分,而不展开三角函数、双曲函数、对数函数和特殊函数部分,这个选项不能禁止幂次项或根次项的展开,默认取值为 false。当参数'IgnoreAnalyticConstraints'取值为 true 时,将对展开式实施纯代数化简,利用该参数,expand 函数可以返回表达式结果的化简形式,否则结果会更复杂。使用这个参数,得到的结果有可能与原值不等。在默认情况下,取值为 false。试对比以下运行结果:

```
syms x y
expand((sin(3*x) - 1)^2)                              %全部展开
expand((sin(3*x) - 1)^2, 'ArithmeticOnly', true)      %不展开三角函数
>> Untitled
ans = 2*sin(x) + sin(x)^2 - 8*cos(x)^2*sin(x) - 8*cos(x)^2*sin(x)^2 + 16*cos(x)^4*sin(x)^2 + 1
ans = sin(3*x)^2 - 2*sin(3*x) + 1
```

又如:

```
syms a b c
expand(log((a*b/c)^2))                                %不予展开
```

```
expand(log((a*b/c)^2), 'IgnoreAnalyticConstraints', true)    %实施展开
>> Untitled
ans = log((a^2*b^2)/c^2)
ans = 2*log(a) + 2*log(b) - 2*log(c)
```

5. factor

factor 函数可用来实施因子分解，包括符号数的因子分解及多项式的分解。其语法格式为 F = factor(x,vars,name,value)。其中，x 是要进行分解的符号数或多项式，vars 是分解时参考的变量，名值对用来精细化控制因子分解的模式。具体地，以参数'FactorMode'控制因子分解的模式。MATLAB 提供了 4 种分解模式，包括'rational'、'real'、'complex'和'full'，默认按照 'rational'模式分解。返回参数 F 是向量，存放返回的因子或因式。

当省略 vars 等参数时，factor(x)将返回 x 的所有不可约因子。若 x 为整数，则返回 x 的质因数分解因子；若 x 为符号表达式，则返回 x 的各个分解因式。例如：

```
>> F = factor(sym('823429252225632328'))          %符号因子
```

又如：

```
syms x
F = factor(x^5-1);
```

当指定 vars 时，F=factor(x,vars)将对指定的变量 vars 进行因子或因式分解，返回一个数组到 F，其中常数项和项内不含指定变量 vars 的都存放在 F(1)中，其余的则是各个不可约因子或因式。例如：

```
syms x y
expr=y^2*(x^2-1);
F = factor(expr,x);                 %第一项为不含 x 的 y^2 项
```

若将 vars 指定为 y，则有如下结果：

```
y^2*(x^2 - 1) = ((x - 1)*(x + 1))*(y)*(y)
```

这里需要注意，factor 返回的结果中，其因子或因式，是指不可约的因子或因式，而不考虑是否相同，所以在对 y 进行分解时，y^2 被分解为 y*y。为了理解这一点，试测下列代码，其中的 4 个 y 分别被标出。

```
syms x y
factor(y^4*x)
```

6. simplify

simplify 函数用来实现代数化简，其语法格式为 simplify(S,Name,Value)，其中 S 可以为符号表达式、符号函数、符号向量或符号矩阵，当 S 为符号向量或符号矩阵时，对它们中的每个元素进行化简。参数 Name 和 Value 构成名值对，用来进行精细控制，Name 可使用的参数包括：'Criterion'、'IgnoreAnalyticConstraints'、'Seconds'、'Steps'，分别控制着化简的标准、化简规则、时间限定及化简经历步数，simplify 函数的参数及其取值如表 5-7 所示。例如：

```
syms x a b c
simplify(exp(c*log(sqrt(a+b))))          %化简对数和指数
```

表 5-7 simplify 函数的参数及其取值

参数	参数可用取值	含义
'Criterion'	default	使用默认的化简标准进行简化
	preferReal	相比复数,该选项更支持 S 中含有实数。S 中任何含有复数的子项,化简时都不支持,对于嵌套形式的子表达式,嵌套越深,获得该项的属性信息越少
'IgnoreAnalyticConstraints'	false	化简规则参数。默认设置时自动使用该值,在化简时,严格执行化简规则,化简结果等于原始表达式
	true	对表达式应用纯代数化简,化简能得到简化的结果,设置成该值时,化简结果可能会不等于原始表达式。基于此,不建议使用该值
'Seconds'	Inf	无限时间,也是默认值,该值允许化简的实现耗费时间
	positive number	正数,用来指定化简所需的最长时间
'Steps'	1	指化简 1 步,也是默认值
	positive number	正数,用来指定化简所需的最多步数

若化简对象为符号矩阵,则化简矩阵中的每一项。

```
syms x
simplify([(x^2 + 5*x + 6)/(x + 2),...
sin(x)*sin(2*x) + cos(x)*cos(2*x);
(exp(-x*1i)*1i)/2 - (exp(x*1i)*1i)/2, sqrt(16)])
```

使用参数'IgnoreAnalyticConstraints'可以获取更加简化的结果。在化简时,若使用默认设置,则函数 simplify 并不合并指数和对数项,因为对于一般的复数来讲,合并指数项或对数项并不成立。当设置为 true 时,化简时会合并指数项或对数项。

```
syms x
s = (log(x^2 + 2*x + 1) - log(x + 1))*sqrt(x^2);
simplify(s)                               %使用默认设置
simplify(s, 'IgnoreAnalyticConstraints', true)
```

在默认情况下,simplify 函数只进行一步化简,用户也可以通过'Step'参数指定化简步数,得到指定步数后的化简结果。例如:

```
syms x
f=((exp(-x*1i)*1i)/2-(exp(x*1i)*1i)/2)/(exp(-x*1i)/2+...
    exp(x*1i)/2);
for ist=10:10:40
    fprintf('steps=%d, reslut:%s;\n',ist,...
            char(simplify(f, 'Steps', ist)));
end
```

要想让 simplify 函数在化简时更偏于支持实数而不是复数,则可将简化标准设定成'preferReal'。例如:

```
syms x
f =(exp(x + exp(-x*i)/2- exp(x*i)/2)*i)/2-...
```

```
        (exp(- x - exp(-x*i)/2+ exp(x*i)/2)*i)/2;
        simplify(f,'Criterion','preferReal','Steps',100)
```

若 x 是实数，则这种形式的表达式显式地输出实部和虚部，虽然在默认设置下，simplify 函数输出的结果可能更短一些。下面的例子中，sin 函数的输入参数为复数形式，试进行比较。

```
        simplify(f,'Steps',100)
        ans =sin(x*i + sin(x))
```

当将 Criterion 设置为'preferReal'时，化简算法并不支持子项中含有复数形式的表达式。

7. horner

horner 函数用来将表达式转换为嵌套格式，其常用的格式为 horner(P)，参数 P 可以为一般多项式，也可以是符号向量或符号矩阵等。例如：

```
        syms x
        horner(x^3-6*x^2+11*x-6)
```

当参数为符号矩阵或符号向量时，对每个元素进行单独的嵌套合并。

5.2.3 符号替换

在一些理论推导中，有时候表达式（或其中部分）会重复出现。在这种情况下，通过将重复出现的部分替换为某个变量，可以简化表达式。和前边的化简有所不同，这里的替换是一种变量改写。在 MATLAB 中，部分替换由 subexpr 函数实现，全面替换由 subs 函数实现。

1. subexpr

subexpr 函数实现替换化简分两步实现，首先提取表达式中多次出现的公共子项，再使用某个字母替换该公共子项，从而使得表达式得到简化。在语法格式[r,sigma]=subexpr(expr)中，表达式 expr 中的公共子项被提取返回到 sigma 中，然后使用 sigma 替换表达式 expr 中的公共部分。返回参数 r 为改写后的表达式。例如：

```
        syms a b c d x
        solutions = solve(a*x^3+ b*x^2+ c*x + d ==0, x,'MaxDegree',3)
                                  %求解了一元三次方程
```

解的表达式冗长复杂，难以阅读，为了简化结果，使用 subexpr 函数进行简化：

```
        [r, sigma]= subexpr(solutions)
```

得到化简结果（略去），结果中的

```
        sigma=((d/(2*a)+b^3/(27*a^3)-(b*c)/(6*a^2))^2+(-b^2/(9*a^2)+
        c/(3*a))^3)^(1/2)-b^3/(27*a^3)-d/(2*a)+(b*c)/(6*a^2)
```

换成普通表达式为

$$\text{sigma} = \left(\sqrt{\left(\frac{d}{2a} + \frac{b^3}{27a^3} - \frac{bc}{6a^2} \right)^2 + \left(\frac{c}{3a} - \frac{b^2}{9a^2} \right)^3} - \frac{b^3}{27a^3} - \frac{d}{2a} + \frac{bc}{6a^2} \right)^{1/3}$$

函数 subexpr 允许用户指定新变量名称，在[r,var]=subexpr(expr,'var')格式中，指定了新变量名称 var，则对参数 expr 中的子项使用用户指定的新变量名 var 进行替代。在上例中，若不使用 sigma 替换，而使用字母 s 替换，则得到：

```
[r, s] = subexpr(solutions,'s')
r=
s-b/(3*a)-(-b^2/(9*a^2)+c/(3*a))/s
(-b^2/(9*a^2)+c/(3*a))/(2*s)-b/(3*a)-(3^(1/2)*(s+(-b^2/(9*a^2)+c/(3*a))/s)*1i)/2-s/2
(-b^2/(9*a^2)+c/(3*a))/(2*s)-b/(3*a)+(3^(1/2)*(s+(-b^2/(9*a^2)+c/(3*a))/s)*1i)/2-s/2
```

其中的 s 同上述的 sigma。

2. subs

subs 函数用来实现符号替换，常用的语法格式为 subs(s,old,new)，它将使用参数 new 指定的符号变量、数值变量或它们的表达式，替换符号表达式 s 中由参数 old 指定的符号变量或字符串引用表达式。例如：

```
subs(a*b^2, a*b,5)
```

在运行之前，也许读者会想将 a*b^2 中的 a*b 换成 5，则得到 5^2 的形式，即 25。其实并非如此，这里的 a*b^2，其本质是 a*b*b，要进行替换，不能改变运算规则及先后顺序，所以替换的结果是把 a*b*b 中的 a*b 进行替换，余下的为*b，综合起来就是 5*b。为了更清楚地理解这一点，试运行以下代码：

```
syms a b
for ips=1:4
  r=subs(a*b^ips, a*b, 5)              %查看替换情况
end
```

若 old 和 new 为大小相同的向量或数组，则 old 中的每个元素都被 new 中对应的元素替换；若 s 和 old 为标量，而 new 为数组或 cell 数组，则标量将被拓展为数组，以满足数组 new 的要求；若 new 为数值矩阵型的 cell 数组，则替换将按照元素的积执行，即当 A 和 B 为符号数据矩阵，并执行 subs(x*y,{x,y},{A,B})时，将返回 A.*B。例如：

```
syms a b
subs(cos(a)+ sin(b),[a,b],[sym('alpha'),2])    %使用矩阵
subs(cos(a)+ sin(b),{a, b},{sym('alpha'),2})   %使用cell数组
```

结果如下：

```
ans =sin(2)+ cos(alpha)
ans =sin(2)+ cos(alpha)
```

又如：

```
clear;clc;
syms a t
subs(exp(a*t)+1, a,-magic(4))                  %标量拓展
```

在实时编辑器中运行,得到

$$\begin{pmatrix} e^{-16t}+1 & e^{-2t}+1 & e^{-3t}+1 & e^{-13t}+1 \\ e^{-5t}+1 & e^{-11t}+1 & e^{-10t}+1 & e^{-8t}+1 \\ e^{-9t}+1 & e^{-7t}+1 & e^{-6t}+1 & e^{-12t}+1 \\ e^{-4t}+1 & e^{-14t}+1 & e^{-15t}+1 & e^{-t}+1 \end{pmatrix}$$

观察运行结果可知,符号表达式 exp(a*t)+1 中的 a 为标量,但新替换量–magic(4)为矩阵,则 a 先拓展为和新替换量大小一致的结构形式(具体到本例为 4×4),再替换。下面再给出一个例子,观察并体会先拓展再替换的意义。例如:

```
A = sym('A', [2,2]);
B = sym('B', [2,2]);
A44 = subs(A, A(1,1), B)
```

在实时编辑器中的运行结果如下。

$$\begin{pmatrix} B_{1,1} & B_{1,2} & A_{1,2} & A_{1,2} \\ B_{2,1} & B_{2,2} & A_{1,2} & A_{1,2} \\ A_{2,1} & A_{2,1} & A_{2,2} & A_{2,2} \\ A_{2,1} & A_{2,1} & A_{2,2} & A_{2,2} \end{pmatrix}$$

替换过程为:首先测定 **B** 的维数结构,本例为 2×2;其次将 A 的每个元素扩展成与 B 维数结构相同的同元素子块,本例中,$A_{1,1}$、$A_{1,2}$、$A_{2,1}$、$A_{2,2}$ 每个元素都复制成 2×2 的子块,图 5-2 中以 $A_{2,2}$ 的扩展进行了示意;最后将其中被替换部分执行对应替换,本列中,只有 $A_{1,1}$ 部分被替换为 **B**。

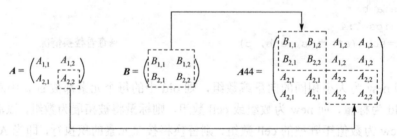

图 5-2 矩阵替换变量时的拓展示意

对于符号矩阵的替换,当涉及不同的运算规则时,按照元素的对应规则执行,即乘法被点乘替换。例如:

```
syms x y
subs(x*y, {x, y}, {[0 1; -1 0], [1 -1; -2 1]})
```

在具体替换时,先查看它们的大小是否满足表达式的计算匹配条件,然后使用矩阵替换对应的指定旧变量。此时,原变量转为符号矩阵。

$$x = \begin{pmatrix} 0 & 1 \\ -1 & 0 \end{pmatrix}, y = \begin{pmatrix} 1 & -1 \\ -2 & 1 \end{pmatrix}$$

对于符号矩阵的计算,因为矩阵乘法、除法有两种计算规则,按照元素对应规则,

MATLAB 执行点乘这个规则，并不是执行矩阵的乘法，除法亦然。

$$x.*y = \begin{pmatrix} 0\times 1 & 1\times -1 \\ -1\times -2 & 0\times 1 \end{pmatrix} = \begin{pmatrix} 0 & -1 \\ 2 & 0 \end{pmatrix}$$

3．str2sym/poly2sym

上面讨论的是对多项式的操作，其实，在多项式转换方面，MATLAB 还提供了两个函数，一个是 str2sym，另一个是 poly2sym。

str2sym 函数可将字符串形式的表达式转为数学表达式。例如，若输入参数为字符串 'x^2=4'，则 str2sym 会将该字符串转为数学方程式 x^2==4，在此基础上，可进一步求解出结果。需要注意，在这里的字符串中，使用的等号（=）只有一个，经转换后，在转成的方程中，有两个等号（==）。

```
eqn = str2sym('x^2 = 4')         %字符串转为数学方程式
var = symvar(eqn)                %测定方程的未知参数
varVal = solve(eqn,var)          %求解方程
```

poly2sym 函数将多项式系数向量转化为符号多项式。若给定向量 C，则 poly2sym(C)把 C 中的元素默认为符号变量 x 的各项系数，若用户已经指定符号变量 V，则 poly2sym(C,V)使用该符号变量。例如，设向量 C 为[1,0,–2,–5]，则向量与默认变量阶次的对应关系为如表 5-8 所示。

表 5-8　向量与默认变量阶次的对应关系

C	1	0	–2	–5
x 的阶次	x^3	x^2	x^1	x^0

例如：

```
p = poly2sym([0.75, -0.5, 0.25])
```

又如：

```
syms a b c d t
p = poly2sym([a, b, c, d], t)
```

在实时编辑器中运行，得到数学表达式 $p = at^3 + bt^2 + ct + d$。

实际上，借助 subs 函数可快速创建基于多项式 p 的其他多项式，如 subs(p,t,exp(t))，从而扩展了应用范围。此外，poly2sym 函数的反向操作函数是 sym2poly，详细说明可参阅 MTALAB 的帮助文件。

除上述的几个函数外，还有 divisors、simplifyFraction、numden 等。这些常见的符号运算函数归纳如表 5-9 所示，供读者参考。

表 5-9　常见的符号运算函数

函数名称	函数功能
simplify	代数化简
simplifyFraction	简化符号有理表达式

续表

函数名称	函数功能
subexpr	用公共子表达式重写符号表达式
coeffs	多项式系数
expand	通过使用恒等式展开表达式并简化函数的输入
horner	嵌套多项式
numden	提取分子和分母
partfrac	部分分式分解
children	符号表达式的子表达式或项
collect	收集系数
combine	同一个代数结构的组合项
compose	功能成分
displayFormula	从字符串显示符号公式
divisors	整数或表达式的除数
factor	因式分解
isolate	分离方程中的变量或表达式
lhs	方程式左侧（LHS）
rewrite	用另一个函数重写表达式
rhs	方程式右侧（RHS）
subs	符号替换

5.2.4 高等数学中的几个函数

在高等数学中，极限计算、泰勒展开、导数、积分是基本运算，在符号运算中，MATLAB 提供了这方面计算的函数。

1. limit

limit 函数常用的格式有 6 种，格式 limit(expr,x,a)用于当 x 趋于 a 时符号表达式 expr 的两个方向的极限计算。例如：

```
syms x h
limit((sin(x + h)- sin(x))/h, h,0)            %ans=cos(x)
```

格式 limit(expr,a)用于默认参数趋于 a 时表达式 expr 的极限计算。例如：

```
limit(sin(x)/x,0)                              %ans=1
```

格式 limit(expr)中只有一个表达式，执行默认参数趋于 0 时表达式 expr 的极限。例如：

```
limit(sin(x)/x)                                %ans=1
```

格式 limit(expr,x,a,'left')用于计算左极限，即 x 从左侧趋于 a 时 expr 表达式的极限。例如：

```
syms x
limit(1/x, x,0,'left')                         %ans=-Inf
```

格式 limit(expr,x,a,'right')用于计算右极限，即 x 从右侧趋于 a 时 expr 表达式的极限。例如：

```
syms x
limit(1/x, x,0,'right')                        %ans=Inf
```

在上述的例子中，都是以表达式形式来说明 limit 函数的使用的，实际上，根据 MATLAB 的编程基本单位为矩阵这一实际，limit 函数的参数可以是矩阵或向量。例如，要计算

$$\lim_{x \to 0}\left(\frac{\sin(x)}{x^3+3x}, \frac{\sqrt[3]{1+x^2}-1}{\cos(x)-1}\right)$$

则有：

```
syms x
limit([sin(x)/(x^3+3*x),((1+x^2)^(1/3)-1)/(cos(x)-1)],x,0)
```

2. taylor

在 MATLAB 中，taylor 函数能够将函数按照指定的基点展开，其语法格式为 taylor(f,v,a,name,value)，其中 f 为符号表达式；v 是泰勒展开的符号变量，可以是向量，默认由 symvar 测定。a 指定在何处展开，若 f 是多变量表达式，则 a 为向量，标明该点坐标，默认设置为 0。name 和 value 是名值对修饰参数，如表 5-10 所示。

表 5-10 taylor 函数的名值对参数及含义

name	value	含义
'ExpansionPoint'	标量或向量 默认：0	指定展开基点 a。当用户指定了展开的基点 a 时，在 a 处执行展开，否则在默认基点处展开
'Order'	正整数 默认：6	指定截断误差项的阶次位置，即第 n 次项看作截断误差
'OrderMode'	字符串值：absolute,relative 默认：absolute	截断误差位置的判断模式，指绝对位置或相对位置

例如：

```
syms x
taylor(exp(x))                                 %展开基点,默认为 0
taylor(sin(x),x,'ExpansionPoint',0)            %明确指明在 1 处展开
taylor(sin(x),x,0)                             %也可直接指定基点
taylor(sin(x),'Order',10)                      %指定展开阶次
```

在实时编辑器中运行，可得到各自的展开结果，展开式按照展开参数（如 x）降幂排列各项。下面是一个多变量函数的例子：

```
syms x y z
f = sin(x) * cos(y) * exp(z);
taylor(f, [x, y, z])
```

结果如下：

$$\frac{x^5}{120}+\frac{x^3 y^2}{12}-\frac{x^3 z^2}{12}-\frac{x^3 z}{6}-\frac{x^3}{6}+\frac{xy^4}{24}-\frac{xy^2 z^2}{4}-\frac{xy^2 z}{2}-\frac{xy^2}{2}+\frac{xz^4}{24}+\frac{xz^3}{6}+\frac{xz^2}{2}+xz+x$$

若为多变量函数指定展开基点，则基点以向量形式表达。例如：

```
syms x y
f = y*exp(x -1)- x*log(y);
taylor(f,[x, y],[-1,1],'Order',3)          %x 在-1,y 在 1 处展开
```

在实时脚本下运行，得到

$$\mathrm{e}^{-2} - \frac{(y-1)^2}{2} + \mathrm{e}^{-2}(x+1) + \frac{\mathrm{e}^{-2}(x+1)^2}{2} + (\mathrm{e}^{-2}+1)(y-1) + (\mathrm{e}^{-2}-1)(x+1)(y-1)$$

对于多变量表达式，如果用户将展开基点设定为标量值，则 MATLAB 会将该标量值扩展为向量后再展开，只不过此时该基点向量的元素都是该标量值。例如：

```
syms x y z
f = y*exp(x+1)- x*log(y)+sin(z^2);
taylor(f,[x, y,z],2,'Order',3)
```

运行后观察结果，虽然展开基点设定为标量 2，但实际上使用的是[2,2,2]，即各参数(x,y,z)都以此为展开基点，对比下列命令的展开结果，可知二者相同。

```
taylor(f,[x, y,z],[2,2,2],'Order',3)
```

3. diff

diff 函数实现求导功能，MATLAB 给出了各种不同的语法格式，如表 5-11 所示。

表 5-11 diff 函数的语法格式与简要说明

语 法 格 式	说　　　明
diff(F)	不带求导的变量，由 symvar 自行确定
diff(F,var)	对参数 var 指定的变量进行求导
diff(F,n)	对由 symvar 确定的参数求 n 次导数
diff(F,var,n)	对参数 var 指定的变量求 n 次导数，与 diff(F,n,var)相同
diff(F,n,var)	对参数 var 指定的变量求 n 次导数，与 diff(F,var,n)相同
diff(F,var1,…,varN)	对参数 var1,…,varN 等指定的变量求导数，参数允许重复使用

对于混合偏导数，尤其是混合高阶偏导数，可通过重复设置参数来实现。

```
syms x y z
f(x,y)=x*sin(x*y)
df11=diff(f(x,y),x,y)            %df11 中的 11,表示求导次数
df31=diff(f(x,y),x,x,x,y)        %df31 表示对 x 求导 3 次,对 y 求导 1 次
```

在上例中，参数 F 都是以函数的形式出现的。实际上，MATLAB 对符号向量和符号矩阵形式的 F 也予以支持，只不过将求导的规则适用到符号向量或符号矩阵的每个元素上。

除明确需要求导之外，数学上还有许多需要用到求导计算的地方，如在非线性问题中，常用雅可比矩阵求导；在矢量分析中，用到的旋度、梯度、散度等，都要用到求导计算。下面介绍这方面的应用。

若

$$f(x) = \begin{pmatrix} f_1(x) \\ f_2(x) \\ \vdots \\ f_n(x) \end{pmatrix}, \quad x = [x_1, x_2, \cdots, x_m]$$

则

$$J = \begin{pmatrix} \dfrac{\partial f_1(x)}{\partial x_1}, & \dfrac{\partial f_1(x)}{\partial x_2}, & \cdots, & \dfrac{\partial f_1(x)}{\partial x_m} \\ \dfrac{\partial f_2(x)}{\partial x_1}, & \dfrac{\partial f_2(x)}{\partial x_2}, & \cdots, & \dfrac{\partial f_2(x)}{\partial x_m} \\ \vdots & \vdots & \ddots & \vdots \\ \dfrac{\partial f_n(x)}{\partial x_1}, & \dfrac{\partial f_n(x)}{\partial x_2}, & \cdots, & \dfrac{\partial f_n(x)}{\partial x_m} \end{pmatrix}$$

称为雅可比矩阵。

在 MATLAB 中，雅可比矩阵的计算，可通过专用函数 jacobian 来实现，常用的语法格式为 jacobian(f,v)。例如，设

$$f(x) = \begin{pmatrix} xyz \\ y \\ x+z \end{pmatrix}, \quad \bar{v} = [u, v]$$

具体计算如下：

```
syms x y z u v;
f(x,y,z)=[x*y*z; y; x+z]; v=[x,y,z];
jacobian(f(x,y,z),v)
```

则得到的矩阵的数学表达式为

$$J = \begin{pmatrix} yz & xz & xy \\ 0 & 1 & 0 \\ 1 & 0 & 1 \end{pmatrix}$$

梯度、散度和旋度是与矢量分析有关的概念，涉及 3 种偏导数的计算形式，其符号分别记作

$$\mathrm{grad}\,\varphi = \nabla \varphi = \boldsymbol{i}\frac{\partial \varphi}{\partial x} + \boldsymbol{j}\frac{\partial \varphi}{\partial y} + \boldsymbol{k}\frac{\partial \varphi}{\partial z}$$

$$\mathrm{div}\,\boldsymbol{F} = \nabla \cdot \boldsymbol{F} = \frac{\partial F_x}{\partial x} + \frac{\partial F_y}{\partial y} + \frac{\partial F_z}{\partial z}$$

$$\mathrm{rot}\,\boldsymbol{F} = \nabla \times \boldsymbol{F} = \begin{vmatrix} \boldsymbol{i} & \boldsymbol{j} & \boldsymbol{k} \\ \dfrac{\partial}{\partial x} & \dfrac{\partial}{\partial y} & \dfrac{\partial}{\partial z} \\ F_x & F_y & F_z \end{vmatrix}$$

简单地说，梯度计算针对的是一个标量函数，其结果是一个矢量函数，可称这里的 φ 为势函数；散度计算针对的是一个矢量函数，得到的结果是一个标量函数；旋度计算针对的是一个矢量函数，得到的还是一个矢量函数。

MATLAB 中针对梯度的符号计算提供了 gradient 函数。例如，计算 $f(x,y,z)=xy+2xz$ 的梯度，则有：

```
syms x y z;
gradient(x*y + 2*z*x, [x, y, z])
```

把结果写成和传统数学表达一致的形式，则有 $\mathrm{grad}(f)=(y+2z)\vec{i}+x\vec{j}+2x\vec{k}$。

对于散度的计算，可使用函数 divergence，其语法格式为 divergence(f,v)，要求 f 和 v 具有相同的长度。例如，计算 $f(x,y,z)=[xy+2zx, \exp(-x^2)/y, xyz]$ 的散度，则有：

```
syms x y z;
divergence([x*y+2*z*x,exp(-x^2)/y,x*y*z],[x, y, z])
```

得到数学表达式 $\mathrm{div}(f)=y+2z+xy-\exp(-x^2)/y^2$。

MATLAB 为旋度的计算提供了 curl 函数，下面是其具体使用示例。

```
syms x y z
curl([x^3*y^2*z, y^3*z^2*x, z^3*x^2*y], [x, y, z])
```

得到数学表达式

$$\begin{pmatrix} x^2z^3 - 2xy^3z \\ x^3y^2 - 2xyz^3 \\ y^3z^2 - 2x^3yz \end{pmatrix}$$

知道了梯度、散度和旋度，实际上还可以计算它们的复合表达式。例如，计算梯度的散度等，这些计算多数与电磁学和流体力学有关，这里不再深入探讨。

4. int 积分

积分符号计算可通过 int 函数来实现。和求导相比，一般而言，符号积分计算要比求导计算难度更大一些。int 函数的语法格式为 int(expr,var,a,b,Name,Value)，它将计算表达式 expr 对标量 var 的不定积分，其中积分变量 var 可省略。若用户不指定积分变量，则 int 函数会通过 symvar 探测哪个是积分变量。如果 expr 表达式是一个常数，则 int 函数的默认积分变量为 x。例如：

```
syms x
int(-2*x/(1 + x^2)^2)
```

对于多变量函数，需指定积分变量。例如：

```
syms x z
int(x/(1 + z^2), x)
int(x/(1 + z^2), z)
```

当用户不指定积分变量时，symvar 函数对表达式进行探测，得到其变量。例如，对于上述的 expr，使用 symvar 函数探测的结果如下。

```
symvar(x/(1 + z^2), 1) % ans =x
```

除上述应用外，int 函数还为用户提供了一些特殊选项，以满足特定的要求。例如，可以使用忽略解析限制（Ignore Analytic Constraints）选项；又如，可以设定忽略特殊情况（Ignore Special Cases）参数等。

在计算不定积分时，在默认情况下，函数 int 使用严格的数学规则，这些规则禁止 int 函数改写 asin(sin(x)) 和 acos(cos(x)) 为 x。例如：

```
syms x
int(acos(sin(x)), x)
```

得到数学表达式

$$\frac{\pi^2 \mathrm{sign}\left(x - \frac{\pi}{2}\right)}{8} + x a\cos(\sin(x)) + \frac{x^2}{2\mathrm{sign}(\cos(x))}$$

若用户只需要一个简单的实解，则可使用'IgnoreAnalyticConstraints'选项达到目的。例如：

```
int(acos(sin(x)), x,'IgnoreAnalyticConstraints', true)
```

得到数学表达式 $-\dfrac{x(x-\pi)}{2}$。

当对变量 x 进行积分时，在默认情况下，int 函数会根据参数 t 返回分段结果。例如：

```
syms x t
int(x^t, x)
```

要想忽略参数的特殊情况，可使用选项'IgnoreSpecialCases'。例如：

```
int(x^t, x,'IgnoreSpecialCases', true)
```

这样，在这个例子中，就会忽略 t 为 –1 这种特殊情况，而只返回 t 不是 –1 的结果。

在计算定积分时，若被积函数有极点，则数学上称该点未定义积分，对于这种情况，可通过计算其柯西主值来解决。例如：

```
syms x
int(1/(x -1), x,0,2)
```

若设定柯西主值控制参数为真，则有：

```
int(1/(x -1), x,0,2,'PrincipalValue', true)
```

在数学上，并不是每个函数都可以积分并得到结果的，当 int 函数无法积分时，返回其原始问题。例如：

```
syms x
F = sin(sinh(x));
int(F, x)
```

对此，一个变通的策略是：当 int 函数不能得到封闭解时，用户可试着使用泰勒展开式，将原函数展开到合理的项，再对该展开式进行积分，也可以得到近似结果。例如，在 0 附近展开，则有

```
int(taylor(F, x,'ExpansionPoint',0,'Order',10), x)
```

类似地,对于定积分,可使用 vpa 函数计算得到其数值解。例如:

```
syms x
F = int(cos(x)/sqrt(1+ x^2), x,0,10)
vpa(F,5)                             %精度控制5, ans =0.37571
```

5. 符号求和

在高等数学的级数中,经常遇到符号表达式的求和问题,如 $S = \sum_{k=1}^{\infty} \frac{1}{k^2}$ 等。MATLAB 提供了 symsum 函数,用来进行符号表达式的求和,symsum 函数的完整语法格式为 symsum(f,x,a,b)。其中, f 是表达式,它定义了该求和系列的各项。若 f 为常数,则默认对 x 求和;x 是求和表达式中的符号变量,该值的取值区间为[0, x−1],若 x 默认,则符号变量由函数 symvar 测定,且该变量的变化区间为[0,var−1];参数 a 和 b 界定了变量的变化区间。总体来讲,该格式可对 x 的表达式 f 在[a,b]区间上求和。例如:

```
syms k
symsum(1/k^2)
```

在实时编辑器中运行,得到数学表达式 $\begin{cases} -\psi'(k), & 0<k \\ \psi'(1-k), & k \leq 0 \end{cases}$。如果加上限定范围,如 symsum(1/k^2,k,1,inf),则得到 $\frac{\pi^2}{6}$。

除符号求和外,类似的函数还有符号求积函数 symprod,以及符号累积求和函数 cumsum,这些函数列于表 5-12 中,供读者参考。

表 5-12 高等数学计算函数

函 数 名 称	函 数 功 能
limit	计算符号表达式的极限
diff	计算符号表达式或函数的导数
functionalDerivative	计算函数导数
int	计算定积分与不定积分
vpaintegral	变精度数值积分
changeIntegrationVariable	替代积分
integrateByParts	分部积分
release	求积分
curl	向量场旋度
divergence	向量场散度
gradient	标量函数的梯度向量
hessian	标量函数的 Hessian 矩阵
jacobian	雅可比矩阵
laplacian	标量函数的拉普拉斯函数
potential	向量场势

函 数 名 称	函 数 功 能
vectorPotential	向量场的向量势
pade	帕德近似
rsums	黎曼和的交互求值
series	皮瑟展开式
taylor	泰勒级数展开
cumprod	符号累积积
cumsum	符号累积和
symprod	序列求积
symsum	序列和
fourier	傅里叶变换
ifourier	傅里叶逆变换
htrans	希尔伯特变换
ihtrans	希尔伯特逆变换
laplace	拉普拉斯变换
ilaplace	拉普拉斯逆变换
ztrans	Z 变换
iztrans	逆 Z 变换
sympref	设置符号首选项
taylortool	泰勒级数计算工具

5.2.5 解方程

解方程是数学上的重要运算,MATLAB 提供了 solve、dsolve、evalin 和 assignin 等函数来实现这方面的操作。

1. solve

符号方程是常见方程的一种,使用函数 solve 即可求解。在旧版 MATLAB 中,该函数支持字符串输入,对单引号界定的字符串等式解读为方程。但在 2020 版的 MATLAB 中,对该函数进行了一些修订:已删除对字符向量或字符串输入的支持,提倡使用 syms 函数来声明变量,并用 solve(2*x==1,x)替换 solve('2*x==1,x')的输入。该函数的语法格式有多种,最完整的语法格式为 solve(eqns,vars,name,value)。其中,eqns 为要求解的方程;vars 是要求解的未知变量,当用户未指定未知变量时,自动调用 symvar 函数确定未知变量;name 和 value 是构建"名值对"限制条件的参数。例如:

```
syms x a b c
assume(a~=0);                  %假定 a 不能等于 0
f=a*x^2+b*x+c;
solve(f,x)                     %求 f=0 的解
assume([x,a,b,c],'clear');     %用完后清除符号变量
```

又如:

```
syms x
solve(x^5==3125, x)
```

在这里提醒读者,在输入的方程中,等号使用"==",输入"="则会报错。求解得到该方程的 5 个解,为了得到实数解,可通过"名值对"进行限制。例如:

```
solve(x^5==3125, x,'Real', true)
```

上面的代码中使用了参数名'Real'和配套的参数值 true 进行了限制,其结果只剩下实数解 5,读者可上机运行与检验。又如:

```
solve(sin(x)+ cos(2*x)==1, x,'PrincipalValue', true)
```

PrincipalValue 取为 true,则只取一个解。

在上述的语法格式中,参数 eqns 表示要求解的方程,它可以是一组方程。同样地,参数 vars 表示要求解的多个变量。当用户不指定未知变量时,MATLAB 会自动调用 symvar 函数来探测使用了几个方程,自动找出和方程同样多的未知变量。在使用 solve 函数求解方程组时,会将解返回到一个结构数组中,再通过成员操作读取结果。例如:

```
syms x y
s=solve(x+y==4, x-11*y==5);
s=[s.x,s.y]
```

对于多个方程组成的方程组,同样可以使用名值对进行限制。例如,下面使用了返回条件为真这一名值对。

```
syms x y
S = solve([sin(x)^2 == cos(y), 2*x == y],[x, y], 'ReturnConditions', true);
S.x, S.y
S.conditions              %成立的条件
S.parameters              %解中的参数
```

在输入参数中将'ReturnConditions'设定为 true,这种格式除返回参数外,还提供了返回参数中使用的一些条件和修饰值,分别保存在 parameters 和 conditions 两个参数中。其中, parameters 是返回值中用到的形式参数,conditions 是形式参数满足的条件。

solve 函数允许用户对每个解指定存放到哪个变量中,语法结构为[y1,…,yN] = solve(eqns, vars),返回值对应着求解的未知变量。求解方程组时,返回值的顺序依未知变量的顺序而定,即求解变量的顺序决定着返回值的存放顺序。例如:

```
[x,y]=solve(x+y==4,x-11*y==5)
```

试对比:

```
syms u v
s = solve([2*u + v ==0, u - v ==1],[u, v]);
[solv, solu]= solve([2*u + v ==0, u - v ==1],[v, u]);
```

除求解方程(组)外,通过设置"名值对"参数'ReturnConditions'为 true,函数 solve 还可以求解不等式。例如,求解不等式组

$$\begin{cases} x > 0 \\ y > 0 \\ x^2 + y^2 + xy < 1 \end{cases}$$

代码如下:

```
syms x y
S = solve(x^2 + y^2 + x*y < 1, x > 0, y > 0,[x, y], 'ReturnConditions', true);
S.x, S.y, S.parameters, S.conditions
```

2. dsolve

函数 dsolve 用来求解常微分方程和系统，其典型的语法格式为 dsolve(eqns,conds,Name, Value)。其中，输入参数 eqns 是要求解的方程，可以是符号方程、普通微分方程，也可以是字符型方程组或字符串数组。创建微分方程时，可使用==连接左右表达式，以 diff 函数表达微分。例如，要求解方程 $\dfrac{\mathrm{d}y}{\mathrm{d}t} = ay$，用户可输入:

```
syms y(t) a                                %创建函数
dsolve(diff(y, t) == a*y)                  %使用 diff 函数表示微分方程
```

在旧版本的 MATLAB 中，允许使用字符串表达微分方程，使用专有字符 D 来表达微分，但在 2020 版及以后的 MATLAB 版本中，不再支持字符串向量或方程的输入，并建议使用 syms 函数声明符号变量后，用 diff(y,t)代替 Dy，如上面的代码所示。下面是求解二阶微分方程 $\dfrac{\mathrm{d}^2 y}{\mathrm{d}t^2} = ay$ 的例子。

```
syms y(t) a
eqn = diff(y,t,2) == a*y;
ySol(t) = dsolve(eqn)
```

在实时编辑器中运行得到数学表达式 $y\mathrm{Sol}(t) = C_1 \mathrm{e}^{-\sqrt{a}t} + C_2 \mathrm{e}^{\sqrt{a}t}$。

在求解微分方程时，常常需要给定初值条件或边界条件，借此确定解中的常数参数，这些条件需要使用参数 cond 指定。例如，对微分方程 $\dfrac{\mathrm{d}^2 y}{\mathrm{d}t^2} = a^2 y$ 附加初值条件: $y(0) = b$，$y'(0) = 1$，则有如下代码:

```
syms y(t) a b
eqn = diff(y,t,2) == a^2*y;
Dy = diff(y,t);
cond = [y(0)==b, Dy(0)==1];                %设置初值条件
ySol(t) = dsolve(eqn,cond)                 %使用条件参数
```

在实时编辑器中运行得到数学表达式 $y\mathrm{Sol}(t) = \dfrac{\mathrm{e}^{at}(ab+1)}{2a} + \dfrac{\mathrm{e}^{-at}(ab-1)}{2a}$。上述求解过程，还可以推广到微分方程组上去。例如:

```
syms y(t) z(t)
eqns = [diff(y,t) == z, diff(z,t) == -y];
S = dsolve(eqns)
ySol(t)=S.y
zSol(t)=S.z
```

在实时编辑器中运行,得到数学表达式 $\begin{cases} y\text{Sol}(t)=C_1\cos(t)+C_2\sin(t) \\ z\text{Sol}(t)=C_2\cos(t)-C_1\sin(t) \end{cases}$。

dsolve 函数允许用户使用"名值对"的形式对求解方程添加特定的限制。例如,要返回微分方程的隐式解,可以将'Implicit'选项设置为 true,此时隐式解的数学表达式为 $F(y(t))=g(t)$。例如:

```
syms y(t)
eqn = diff(y) == y+exp(-y)
sol = dsolve(eqn)                        %得到 W0(-1)
```

设置参数后:

```
sol = dsolve(eqn,'Implicit',true)
```

得到数学表达式

$$\text{sol} = \begin{pmatrix} \left(\int \dfrac{e^y}{ye^y+1}dy \Big|_{y=y(t)} \right) = C_1+t \\ e^{-y(t)}(e^{y(t)}y(t)+1)=0 \end{pmatrix}$$

实际上,有时 dsolve 函数也无法解析找到微分方程的显式解,这时它会返回一个空符号数组。若用户想得到数值解,则可使用 MATLAB 数值解算器(如 ode45)求解微分方程,ode45 是数值求解方法,其基本原理是"数值分析"类教材中的龙格-库塔算法,尤其是其 4 阶经典算法,这里不作详细解释。

除'Implicit'属性名外,dsolve 函数支持的名值对参数还包括'IgnoreAnalyticConstraints'、'ExpansionPoint'、'order'和'MaxDegree'。

参数'IgnoreAnalyticConstraints'用来控制化简,在默认情况下,MATLAB 解算器对方程两边的表达式进行纯代数化简,但这些化简通常可能不会有效,因为默认情况下解算器并不能保证结果的正确性和完整性。若用户希望在没有额外假设的情况下求解常微分方程,则可将'IgnoreAnalyticConstraints'设置为 false,此时得到的结果对所有的参数都正确;若用户不将其设置为 false,则总是得到 dsolve 函数返回的验证结果;在默认情况下,该参数设置为 true。例如:

```
syms a y(t)
eqn = diff(y) == a/sqrt(y) + y;
cond = y(a) == 1;
ySimplified = dsolve(eqn, cond)
yNotSimplified = dsolve(eqn,cond,'IgnoreAnalyticConstraints',false)
```

参数'ExpansionPoint'用来设置皮瑟(Puiseux)级数解的扩展点,默认取 0 为扩展点。在求解方程时,当无法得到解析解时,使用皮瑟级数展开,可得到其显式解。例如,求解二阶微分方程

$$(x^2-1)^2\frac{\partial^2 y(x)}{\partial x^2}+(x+1)\frac{\partial^2 y(x)}{\partial x}-y(x)=0$$

若不设置'ExpansionPoint'参数（代码如下），则得到的解中含有未完成的积分项。

```
syms y(x)
eqn = (x^2-1)^2*diff(y,2) + (x+1)*diff(y) - y == 0;
S = dsolve(eqn)
```

求解得到数学表达式

$$S = C_2(x+1) + C_1(x+1)\int\frac{e^{\frac{1}{2(x-1)}}(1-x)^{1/4}}{(x+1)^{9/4}}dx$$

通过设置'ExpansionPoint'参数，可得到以皮瑟级数展开形式返回的线性独立解。例如，要返回 $x=-1$ 附近的微分方程的级数解，则将'ExpansionPoint'设置为-1：

```
S = dsolve(eqn,'ExpansionPoint',-1)
```

得到以皮瑟级数展开的两个线性独立解。

$$S = \begin{pmatrix} x+1 \\ \dfrac{1}{(x+1)^{1/4}} - \dfrac{5(x+1)^{3/4}}{4} + \dfrac{5(x+1)^{7/4}}{48} + \dfrac{5(x+1)^{11/4}}{336} + \dfrac{115(x+1)^{15/4}}{33792} + \dfrac{169(x+1)^{19/4}}{184320} \end{pmatrix}$$

当使用皮瑟级数展开时，默认的展开项数为 6，用户可以使用参数'order'，配合参数'ExpansionPoint'使用，进行精细控制。例如，在∞处进行皮瑟展开，且设定了8项展开项。

```
S = dsolve(eqn,'ExpansionPoint',Inf,'Order',8)
```

得到数学表达式

$$S = \begin{pmatrix} x - \dfrac{1}{6x^2} - \dfrac{1}{8x^4} - \dfrac{1}{90x^5} - \dfrac{37}{336x^6} \\ \dfrac{1}{6x^2} + \dfrac{1}{8x^4} + \dfrac{1}{90x^5} + \dfrac{37}{336x^6} + \dfrac{37}{1680x^7} + 1 \end{pmatrix}$$

在求解高阶多项式形式的方程时，有时得不到方程的显式解，如下面的例子，返回的就是一个空符号矩阵。

```
syms a y(x)
dsolve(diff(y)== a/(y^2+ 1))
```

要得到这类方程的显式解，可试着通过参数 MaxDegree 调用解算器。参数 MaxDegree 用来设置解算器使用显式公式的多项式方程的最大次数，一般指定为小于5的正整数。若省略该项，则默认取 2。简言之，dsolve 函数在求解次数大于 MaxDegree 的多项式方程时不使用显式公式。下面设置 MaxDegree 为 4，可得到明确的解。

```
s = dsolve(diff(y) == a/(y^2 + 1), 'MaxDegree', 4);
pretty(s)                              %转换显示格式,便于阅读
```

除了 solve 和 dsolve 函数，MATLAB 还提供了 fsolve 函数用于求解非线性方程，得到的

是数值解，使用 roots 函数可求解多项式的根，fzero 函数用来求解非线性方程的根。表 5-13 给出了这类问题的求解函数，用到这些函数时，请查阅帮助文件。

表 5-13 MATLAB 中求解方程的相关函数

函 数 名 称	基 本 功 能
eqnproblem	创建方程问题
evaluate	优化表达式计算
infeasibility	约束某点上的冲突
optimeq	创建空数组
optimvar	创建优化变量
show	显示有关优化对象的信息
solve	解最优化问题或方程问题
fsolve	解非线性方程组
fzero	求解非线性方程的根
lsqlin	求解约束线性最小二乘问题
lsqnonlin	解决非线性最小二乘（非线性数据拟合）问题
EquationProblem	非线性方程组
OptimizationEquality	等式和等式约束
OptimizationExpression	优化变量的算术或函数表达式
OptimizationVariable	优化变量

3. evalin 和 assignin

在求解方程过程中，若涉及在工作空间之间传递参数，或者跨工作空间进行赋值，则可以使用 evalin 或 assignin 函数，下面给出其使用说明。

函数 evalin 功能很强大，可以运行指定工作空间中的 MATLAB 命令，其语法格式为 evalin(ws,expre)。其中，ws 是用户指定的工作空间，通常包括两种：一是'base'，用来指代基础工作空间；二是'caller'，用来指定调用工作空间。

MATLAB 的基本工作空间是'base'空间，在运行程序时，MATLAB 将从基本空间中分割出一块，以函数名作为它的工作空间名，这样，每个函数都分配有自己的函数工作空间。在 MATLAB 中，各个工作空间之间的变量不能够直接引用，在函数退出之后，该函数空间也就立即被注销。因此，对于函数文件，运行结果除输出变量返回到基本工作空间或父工作空间（调用该函数的程序的工作空间）之外，函数内的中间变量不会继续保留在基本工作空间或父工作空间。对于脚本文件，由于其工作空间与基本工作空间'base'是共享的，运算过程中用到的中间变量也将在基本工作空间'base'中保留。

'caller'是指调用函数的工作空间，在程序运行时，尽管有很多函数，但在一次具体调用 evalin 函数的时候，只能来自一个函数（或脚本），此时'caller'就是这个具体函数（或脚本）的工作空间。

参数 expr 支持任何合法的 MATLAB 表达式、命令等。例如，若想在运行程序的同时，运行工作区域里一个赋值命令，则可以使用：

```
evalin('base','a=1');
```

运行后，查看工作空间会发现 workspace 里面添加了一个 a 的变量。需要注意的是，evalin 函数不能用于递归。例如，下面试图使用 evalin 函数递归计算表达式，但不能实现。

```
evalin('caller','evalin(''caller'', ''x'')');
```

下面展示一个完整的例子，首先在基本工作空间中产生 x 和 y 变量：

```
>>x=0:pi/50:2*pi;
>>y=sin(x);
```

然后在函数文件中调用这些数据，并在界面上绘制曲线。

```
function myfunc
hf=figure('units','normalized','name','evalinexample','position',[0.4,0.3,0.4,0.3]);
haxes=axes('parent',hf,'units','normalized','position',[0.1,0.1,0.8,0.8]);
%取得基本工作空间中的变量的值,保存到 xdata 和 ydata 中
xdata=evalin('base','x');
ydata=evalin('base','y');
%在指定的坐标轴中绘图
axes(haxes);
plot(xdata,ydata);
```

运行结果请上机实测查看。

实际上，用户还可以使用 assignin 函数，将脚本文件中变量的值传给指定工作空间中的变量，其语法格式为 assignin(ws,'var',val)，它将变量 val 的值赋给工作空间 ws 中的变量 var，如果变量 var 在工作空间中不存在，则创建该变量。例如，在上例 myfunc 函数的末尾添加如下语句，就可以在基本工作空间中产生新的变量 valueX 和 valueY，并把函数中的 xdata 和 ydata 变量的值赋给 valueX 和 valueY。

```
assignin('base','valueX',xdata);
assignin('base','valueY',ydata);
```

用户在命令行窗口使用 whos 函数查看一下，就会发现其中的变化。

5.2.6 符号矩阵的运算

前面学习的对矩阵的各种操作函数，可以移植应用到符号矩阵上来，下面以实例的形式，讨论符号矩阵的操作。首先建立一个 6×6 的符号矩阵：

```
A=sym('A%d%d',[6,6])            %构建一个符号矩阵
```

（1）提取矩阵的各个部分。

```
uA=triu(A)      %获取数组 x 的上三角部分
lA=tril(A)      %提取数组的下三角部分
dA=diag(A)      %获取对角线数据
```

在实时编辑器中运行，部分结果如下。

$$A=\begin{pmatrix}A_{11}&A_{12}&A_{13}&A_{14}&A_{15}&A_{16}\\A_{21}&A_{22}&A_{23}&A_{24}&A_{25}&A_{26}\\A_{31}&A_{32}&A_{33}&A_{34}&A_{35}&A_{36}\\A_{41}&A_{42}&A_{43}&A_{44}&A_{45}&A_{46}\\A_{51}&A_{52}&A_{53}&A_{54}&A_{55}&A_{56}\\A_{61}&A_{62}&A_{63}&A_{64}&A_{65}&A_{66}\end{pmatrix}\quad uA=\begin{pmatrix}A_{11}&A_{12}&A_{13}&A_{14}&A_{15}&A_{16}\\0&A_{22}&A_{23}&A_{24}&A_{25}&A_{26}\\0&0&A_{33}&A_{34}&A_{35}&A_{36}\\0&0&0&A_{44}&A_{45}&A_{46}\\0&0&0&0&A_{55}&A_{56}\\0&0&0&0&0&A_{66}\end{pmatrix}$$

以下的测试均不再给出运行结果,请读者在实时编辑器中运行并查看结果。

(2) 对矩阵进行各种常规变形。

```
rA=rot90(A)            %旋转矩阵90度
fuA=flipud(A)          %对数组进行上下颠倒
flA=fliplr(A)          %对数组进行左右颠倒
A(2,:)=[]              %删除某行(或某列)
```

(3) 移位与排列。

```
B=shiftdim(A,1)        %对数组的维编号进行移位
C=circshift(A,3)       %循环移位
S=sortrows(A,-3)       %排列数组各行数据
```

(4) 符号矩阵的合并连接。

```
vAS=vertcat(A,S)       %对符号数组进行垂向连接
hAS=horzcat(A,S)       %对符号数组进行水平连接
```

(5) 矩阵的基本运算。

```
n=2;
A=sym('A%d%d',[n,n]);  %构建一个符号矩阵
tA=A'                  %矩阵转置
iA=inv(A)              %矩阵的逆,当行列数较大时,输出很多
A2=A^2                 %矩阵乘方
Ap2=A.^2               %元素的平方
n2A=norm(A,2);         %2为范数
```

(6) 矩阵指数、对数与开方。

```
clear;clc; n=2;
A=sym('a%d%d',[n,n])
eA=expm(A)             %矩阵指数运算
lgA=logm(A)            %矩阵对数运算
sqA=sqrtm(A)           %矩阵开方运算
```

(7) 矩阵的基本特征。

```
n=2;
A=sym('A%d%d',[n,n]);  %构建一个符号矩阵
abA=det(A)             %行列式的值
rkA=rank(A)            %矩阵的秩
trA=trace(A)           %矩阵的迹
```

```
                eA=eig(A)                       %矩阵的特征值
```

(8) 矩阵的分解。

```
                orA=orth(A)                     %正交化
                knA=kron(A,B)                   %张量积
                svdA=svd(A)                     %svd 分解
                luA=lu(A)                       %lu 分解
                qrA=qr(A)                       %qr 分解
```

需要读者注意，当矩阵的行列数较大，且使用函数 orth、svd 和 qr 进行分解运算时，会运行较长时间，建议上机练习时行列数不超过 3。

下面给出一个求解线性方程组符号解的一般实例。设

$$A = \begin{pmatrix} a_{11} & a_{12} & a_{13} \\ a_{21} & a_{22} & a_{23} \\ a_{31} & a_{32} & a_{33} \end{pmatrix}, \quad X = \begin{pmatrix} X_1 \\ X_2 \\ X_3 \end{pmatrix}, \quad B = \begin{pmatrix} b_1 \\ b_2 \\ b_3 \end{pmatrix}$$

求 $AX = B$ 的解。

```
                n=3;
                A=sym('a%d%d',[n,n]); X=sym('x%d',[n,1]); B=sym('b%d',[n,1]);
                S=solve(A*X==B);
                for ir=1:n
                    str=sprintf('S.x%d',ir);
                    eval([sprintf('x%d=',ir),str])
                end
```

在实时编辑器中运行，结果如下：

$$x_1 = \frac{a_{12}a_{23}b_3 - a_{13}a_{22}b_3 - a_{12}a_{33}b_2 + a_{13}a_{32}b_2 + a_{22}a_{33}b_1 - a_{23}a_{32}b_1}{a_{11}a_{22}a_{33} - a_{11}a_{23}a_{32} - a_{12}a_{21}a_{33} + a_{12}a_{23}a_{31} + a_{13}a_{21}a_{32} - a_{13}a_{22}a_{31}}$$

$$x_2 = -\frac{a_{11}a_{23}b_3 - a_{13}a_{21}b_3 - a_{11}a_{33}b_2 + a_{13}a_{31}b_2 + a_{21}a_{33}b_1 - a_{23}a_{31}b_1}{a_{11}a_{22}a_{33} - a_{11}a_{23}a_{32} - a_{12}a_{21}a_{33} + a_{12}a_{23}a_{31} + a_{13}a_{21}a_{32} - a_{13}a_{22}a_{31}}$$

$$x_3 = \frac{a_{11}a_{22}b_3 - a_{12}a_{21}b_3 - a_{11}a_{32}b_2 + a_{12}a_{31}b_2 + a_{21}a_{32}b_1 - a_{22}a_{31}b_1}{a_{11}a_{22}a_{33} - a_{11}a_{23}a_{32} - a_{12}a_{21}a_{33} + a_{12}a_{23}a_{31} + a_{13}a_{21}a_{32} - a_{13}a_{22}a_{31}}$$

5.3 符号运算结果的可视化

符号运算结果往往并不能直观地体现出解的特征，很多时候还需要将结果进行可视化，有两种常用的方法：一是使用简洁绘图函数，根据得到的符号结果直接绘图；二是将符号结果转为数值结果，然后使用数值绘图函数实现绘图。

5.3.1 简洁绘图函数

在早期的版本中，MATLAB 提供了一组以 ez 字符开头的简洁绘图函数，如 ezplot、ezcontour、ezcontourf、ezmesh、ezmeshc、ezplot3、ezsurf、ezsurfc 等。但在 2020 版中，已

不推荐使用它们，转而推荐使用 fplot、fplot3、fcontour、fmesh、ezpolar、fsurf 等，这些函数适合多种类型的函数，并以句柄为输入参数，本节学习它们的使用。

1. fplot 和 fplot3

fplot 函数用来进行简洁绘图，它替换了旧版中的 ezplot 函数；类似地，flot3 函数替换了 ezplot3 函数，fplot 函数的语法格式包括：fplot(f)在默认区间[-5,5]（对于参数 x）绘制由函数 f 定义的曲线；fplot(f,xinterval)将在指定的区间绘图，该区间以二元素向量[xmin,xmax]形式指定；fplot(funx,funy)在默认区间[-5,5]（对于参数 t）绘制由 x=funx(t)和 y=funy(t)定义的曲线，这是以参数 t 为变量的绘图；fplot(funx,funy,tinterval)将在指定的区间[tmin,tmax]为函数 funx,funy 绘图。例如，绘制参数化曲线 $x=\cos(3t)$ 和 $y=\sin(2t)$，结果如图 5-3 所示。

```
xt = @(t) cos(3*t);            %以匿名函数的形式定义
yt = @(t) sin(2*t);
fplot(xt,yt)                    %以句柄作为函数的输入参数
```

又如，绘制 $\sin(x^2)+\cos(x)$，代码如下，结果如图 5-4 所示。

```
syms x
f= @(x) sin(x.^2)+cos(x);      %定义函数句柄
fplot(f)                        %以句柄为输入参数
```

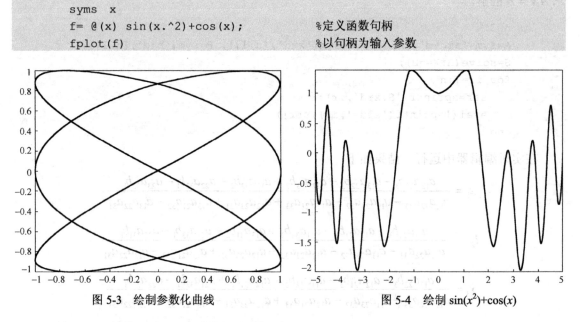

图 5-3 绘制参数化曲线　　　　　　　图 5-4 绘制 $\sin(x^2)+\cos(x)$

函数 fplot3 的使用和 fplot 类似，仅举一例：

```
xt = @(t) exp(-t/10).*sin(5*t);
yt = @(t) exp(-t/10).*cos(5*t);
zt = @(t) t;
%通过指定fplot3的第4个输入实参，在形参范围[-10 10]内绘制
fplot3(xt,yt,zt,[-10 10])
```

运行结果如图 5-5 所示。

2. fcontour

fcontour 函数的使用类似于 contour 函数，用于简洁绘制等值线，它替换了旧版中的

ezcontour 和 ezcontourf 函数，要取得 ezcontourf 函数的绘图效果，可在 fcontour 函数绘图中设置"名值对"fill 参数，将 fill 参数设置为 on 即可。下面以绘制二维函数 $f(x,y)$ 的等高线图为例，简述其使用。设

$$f(x,y) = 3(1-x^2)\mathrm{e}^{-x^2-(y+1)^2} - 10\left(\frac{x}{5} - x^3 - y^5\right)\mathrm{e}^{-x^2-y^2} - \frac{1}{3}\mathrm{e}^{-(x+1)^2-y^2}$$

则有：

```
syms x y
f = 3*(1-x)^2*exp(-(x^2)-(y+1)^2)...
    - 10*(x/5 - x^3 - y^5)*exp(-x^2-y^2)...
    - 1/3*exp(-(x+1)^2 - y^2);
h1=figure; fcontour(f,[-3,3,-3,3]);h3=gca;
h2=figure;fcontour(f,[-3,3,-3,3],'fill','on');h4=gca;
set([h3,h4],'FontSize',14,'FontName','Times New Roman')
```

其结果如图 5-6 和图 5-7 所示。

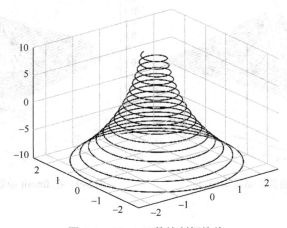

图 5-5 fplot3 函数绘制螺旋线

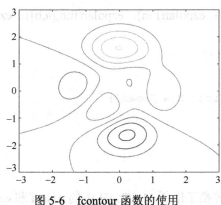

图 5-6 fcontour 函数的使用

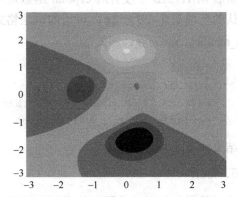

图 5-7 fcontour 函数使用 fill 参数设置背景

3. fmesh

fmesh 函数用来绘制三维网格图，它替换了旧版中的 ezmesh 和 ezmeshc 函数，其常用语

法格式有：fmesh(f)；fmesh(f, xyinterval)；fmesh(funx, funy, unz)；fmesh(funx, funy, funz, uvinterval)；等等。用户如果想实现原 ezmshc 函数的效果，则可以在绘图时使用"名值对"参数，将参数 ShowContours 设置为 on 即可。例如：

```
syms x y
fh=@(x,y) x.*exp(-x.^2-y.^2);
fmesh(fh);
set(gca,'fontsize',14,'fontname','Century schoolbook')
set(gca,'xtick',-5:5,'ytick',-5:5,'ztick',-0.4:0.1:0.4)
```

图 5-8 是简洁绘图结果。若将上述 fmesh(fh)替换为如下语句：

```
fmesh(fh,'ShowContours','on');
```

则其绘图结果如图 5-9 所示。

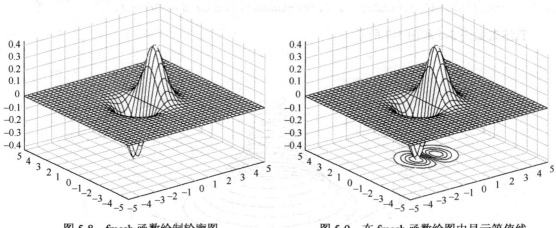

图 5-8 fmesh 函数绘制轮廓图　　　　图 5-9 在 fmesh 函数绘图中显示等值线

4. ezpolar

新版 MATLAB 中没有对 ezpolar 函数进行升级，该函数用来绘制极坐标下的曲线，其参数默认的范围是 $0 < \theta < 2\pi$，可用的语法格式包括：ezpolar(fun)；ezpolar(fun,[a,b])；ezpolar(axes_handle,...)；等等。例如：

```
syms t
ezpolar(1+cos(t))
set(gca,'FontSize',16,'FontName','Times New Roman')
set(gcf,'color','w');grid on
```

结果如图 5-10 所示。

5. fsurf

该函数用来绘制三维图形的表面形状图形，它替换了旧版 MATLAB 中的 ezsurf 和 ezsurfc 函数，其语法格式包括：fsurf(f)；fsurf(f, xyinterval)；fsurf(funx, funy, funz)；fsurf(funx, funy, funz, uvinterval)；等等。类似于 fmesh 函数，用户同样可以使用参数 ShowContours 来实现原 ezsurfc 函数的效果，只需要在 fsurf(sin(x)*cos(y))中设置 ShowContours 为 on 即可。例如：

```
syms x y
fsurf(sin(x)*cos(y))
set(gca,'fontsize',14,'fontname','Century schoolbook')
set(gca,'xtick',-5:5,'ytick',-5:5,'ztick',-1:0.4:1)
```

绘图结果如图 5-11 所示。若实现 ezsurfc 的效果，则具体代码如下：

```
fsurf(sin(x)*cos(y),'ShowContours','on')
```

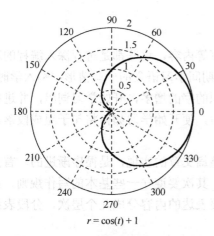
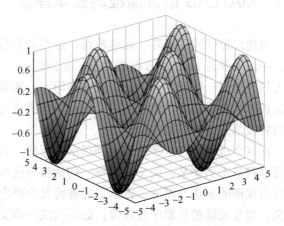

图 5-10　ezplolar 函数绘制极坐标曲线图　　　图 5-11　fsurf 函数绘制 $sin(x)*cos(y)$

5.3.2　符号运算结果的数值绘图

对于运算得到的符号结果，在给定合理的数据变动范围后，可利用数据采样，得到其数值样本点，进而利用数值绘图，得到其可视化结果。例如，对于正态分布的概率密度，求导后得到的小波曲线绘制代码如下。其结果如图 5-12 所示。

```
syms x
sigma=1;miu=0;
f(x)=-1/sqrt(2*pi)/sigma*exp(-1/2*(x-miu)^2);
df=diff(f,x,2);
fplot(df);
set(gca,'FontSize',16,'FontName',
'Century Schoolbook','xtick',-5:5)
box off;grid on
```

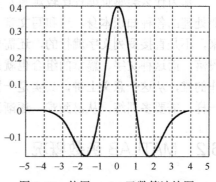

图 5-12　使用 ezplot 函数简洁绘图

第6章 函数文件

6.1 MATLAB 语言编程的基本理念

前边已经学习了矩阵、元胞数组、绘图和符号运算等内容，这些都是进行深入编程的基础。在深入学习 MATLAB 编程之前，先回顾一下小学期间学习语文的一些情形：刚入学时，每天只是学习一些新的字，认识这些字即可；随着认识的字的增多，开始学习词组，并进行组词训练；在这之后，逐渐练习造句；当熟练造句之后，便开始学习如何将句子组成段落，进而将段落组成一篇短文。

在这个过程中，从字的认识到段落的形成，再到整篇文章的实现，是循序渐进的。首先需要掌握基本的字义、词义，将每一句话都表达准确；其次要遵守一些基本的写作规则，如要符合汉语的表达习惯等；再就是能够将某个概念或要表达的内容分成几个层次，分段表达出来，要使段落前后顺序合理等；最后构成一篇文章。

其实，学习 MATLAB 编程，从理念上讲，和小学生习字、造句、写作文没什么差别，就是在掌握 MATLAB 基本命令的基础上，利用 MATLAB 语言，写出符合 MATLAB 语法规则的句子，再借助这些符合规则的句子，将要表达的内容合理安排先后顺序、层次，实现符合逻辑的表达。所以从这个意义上讲，学习 MATLAB 编程语言，本质上就是学习如何借助 MATLAB 语言，写出让计算机能够"读懂"的作文而已。可以这样说，如果学习英语时能熟练掌握诸多语法规则，那么这一点 MATLAB 的语法规则显然更容易被掌握。

那为什么会感觉编程比较难呢？其实真正难的不是编程语法本身，而是编程中所涉及或要处理的各种知识本身。这和写文章一样，即使你掌握了不少汉字，但是要写出漂亮的文章来，不是直接罗列文字就行的，还需要将这些文字进行各种漂亮的组合，形成优美的句子和段落，而这种文字、篇章的组合也就是文学创作本身，其实也是很难的。编程的难和文学创作的难，从这个意义上讲，其实是一样的。那么怎样才能学好编程呢，这和小学生学习写作一样，需要多训练，从易到难，逐渐深入。

6.2 MATLAB 函数概况

6.2.1 初识 MATLAB 函数

前面已经讲明，所谓 MATLAB 编程，就是利用 MATLAB 提供的各种基本构件，按照 MATLAB 的规则，编写代码文件，实现某个特定的功能。整个程序看起来，就是一篇用 MATLAB 语言写成的"作文"。根据 MATLAB 的编程习惯，这篇作文看起来，常常具有如图 6-1 所示的"长相"。

第 6 章 函数文件

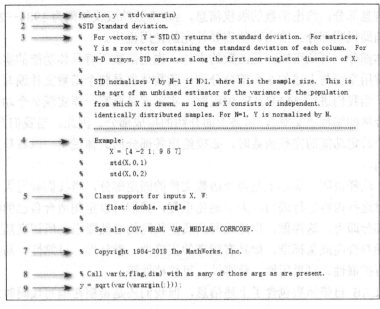

图 6-1　MATLAB 函数文件的结构示意图

图 6-1 给出了 MATLAB 自带的 std 函数文件的结构,以此函数文件为例,可知 MATLAB 函数文件具有的基本组织结构。MATLAB 函数文件一般包含如下部分。

(1) 函数声明:位于函数文件的第一行,以 MATLAB 的关键字 function 表明这是声明一个函数,函数名称及函数的输入、输出参数都在这一行定义,如图 6-1 中的标号 1 处所示,这一行的具体结构如图 6-2 所示。

(2) 函数功能注释:一般紧挨着函数的声明行,如图 6-1 中的标号 2 处所示,主要用来说明函数的基本功能,当用户使用 MATLAB 的 lookfor 函数查询函数时,或者使用 help 函数寻求帮助时,两个函数返回的就是这一行的信息,其中函数名称被大写。

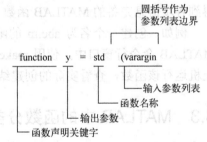

图 6-2　MATLAB 函数声明语句的结构

(3) 函数的帮助说明部分:图 6-1 中标号 3 到标号 4 之间的部分内容,主要是为用户提供在线帮助,它详细介绍了函数的不同语法格式及参数含义,各格式之间常以空行表示分隔,因为语法格式可能包含多种,因此该部分常包含多段文字,如本例中详细介绍了 std 函数的 7 种不同用法,图 6-1 中的这个部分省略了一些内容,用户可在 MATLAB 命令行窗口中使用 type std 来阅读完整的帮助文件,也可以使用 edit std 命令打开 std 的源码文件。

(4) 实例展示:图 6-1 中标号 4 处的语句给出了实际样例及其解释,当用户使用函数时,实例是最好的说明书,当用户想快速掌握函数的用法时,这部分内容最有帮助。

(5) 类别支持说明部分:给出函数支持的参数类别。

(6) 参考附录部分:给出和函数关联密切的其他同族函数,当在命令行窗口中使用 help 函数时,帮助信息的末尾常常附上"另请参阅"链接,单击这些链接,可查看这些同类函数的在线帮助。

（7）版权信息部分：给出函数的版权信息，std 函数的版权年限为 1984—2018 年。

（8）其他辅助说明部分：给出其他需要补充的使用说明。

（9）函数体部分：可长可短，是函数的主体，也是函数所有具体功能的实现部分。为了清晰，函数体常用空行与上述的 8 个部分分开，函数体也是整个函数文件编写的主要部分。

如前所述，当我们进行 MATLAB 编程时，实际就是要写一篇实现某个功能的文章，一般而言，一篇合格的编程"文章"，需要上面介绍的构成部分。因此，当我们自己编写程序，尤其是实现某个特定功能的完整函数时，必须给出各部分的具体说明，以备日后自己或他人维护代码时参阅。

可以看出，注释说明，实际上是每个函数文件的固定部分，当我们编写大量的函数文件时，每次都要对这些内容进行编写。为了避免重复，我们可以定制适合自己的编程模板，每次修改必要的部分即可。这样做，也是编写高质量代码的必然要求。所谓高质量代码，就是编写的代码必须符合高质量标准，如具有较高的正确性、健壮性、可靠性、易用性、可读性（可理解性）、可扩展性、可重用性、兼容性、可移植性等。

虽然 MATLAB 自带函数包含了上述信息，但我们还是希望在编写代码时，给出各部分明确的注释。

6.2.2 函数模板

规范的函数文件具有标准化的格式，为了方便使用，我们编写了一个函数模板函数，每次运行该函数，就可以创建符合格式规则的函数模板，在此基础上，稍加修改完善，就可以得到各项信息完备的 MATLAB 函数（扫描书前二维码获取示例代码6-1）。

例如，创建一个名为 abc.m 的函数模板，若该函数含有 3 个输入参数 x、y 和 z，则在 MATLAB 命令行窗口中，使用 make_matlab_files('abc','x','y','z')即可，如图 6-3 所示。读者可上机运行该函数，查看实际的创建结果。

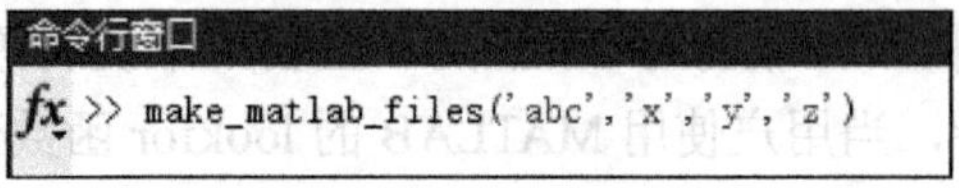

```
命令行窗口
fx >> make_matlab_files('abc','x','y','z')
```

图 6-3　创建函数模板

6.3　MATLAB 中的函数分类

在上节中，我们以标准的 MATLAB 函数文件为例，具体探讨了如何构建一个信息完备的函数文件，在 MATLAB 中，程序文件以.m 作为扩展名，根据其是否由 function 关键字定义，MATLAB 文件可以分为 MATLAB 脚本文件（简称 M 脚本）和 MATLAB 函数文件（简称 M 函数），下面我们介绍这些文件的特点与使用方法。

6.3.1　MATLAB 脚本文件

MATLAB 脚本文件是指能实现某种功能或达到某种目的的有序代码集合。之所以出现脚本文件，是因为对于一些简单的问题，本可以在命令行窗口输入各条命令实现，但随着解决问题代码的完善，或许控制流发生了变化，或许需要重新计算，或许重新输入有些麻烦，于是，为了提高代码的重用性，在编辑器中编写这些代码，并使用"脚本"来称呼它们，非常贴切。脚本是 script 的译文，script 的原意就是"讲稿,手迹"，指尚未成为正式文字的写作。显然，在这种比喻下，M 脚本也可以理解成非正式的程序。

相对于函数文件，脚本文件属于非正品、不规范产品，所以 MATLAB 没有为 M 脚本的变量提供专门的存储空间，脚本运行中产生的变量，全部存储在 MATLAB 的基本工作空间中，除非使用 clear 命令清除或关闭 MATLAB 命令行窗口；因为 MATLAB 的基本空间随着 MATLAB 的启动而开辟，随着 MATLAB 的退出而清除。

另外，在 M 脚本中，只能调用函数，不能定义子函数，任何试图在脚本文件中定义子函数再调用的语法，MATLAB 都不予以支持。相反地，在"正规"的 function 函数文件中，允许定义完整的子函数。

下面的一段脚本用于绘制美国 1900 年至今的人口变化散点图，如图 6-4 所示。

```
t=(1900:10:2000)';
p=[75.995,91.972,105.711,123.203,131.669,...
150.697,179.323,203.212,226.505,249.633,281.422]';
plot(t,p,'bo');axis([1900,2020,0,400]);
title('Population,of,the,U.S.,1900-2000');
ylabel('Millions');
set(gcf,'color','w')
```

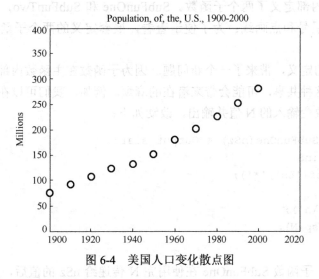

图 6-4 美国人口变化散点图

如果说 M 脚本是比较简单的实现某项功能的"非正式函数"，那么以 MATLAB 关键字 function 定义的函数，则可以被看作"正规军"，这些"正规军"还可进一步细分为主函数和子函数。除最典型的主函数和子函数外，还有嵌套函数、内联函数、匿名函数等，但内联函数逐渐退出了 MATLAB 的历史舞台。

6.3.2 主函数与子函数

在 MATLAB 函数文件的一组函数中，包含了主函数和子函数，主函数有且只有一个，子函数可以有一到多个，也可以一个都没有。主函数和子函数的身份是相对的，当函数名与文件名同名时，该函数就是主函数，反之就被认作子函数。在操作系统（以 Windows 为例）中查看硬盘，可以看到以函数名保存的某个.m 文件。

当一个函数自身能完成某项功能时，它可以不拥有子函数，此时该函数自己保存为一个独立文件，它本身就是主函数。当一个函数 A 实现的功能复杂，希望将其中的某些特定功能单独"分立门户"实现时,它可以利用其他函数实现这些特定功能。此时,若文件名与 A 函数名称相同,则 A 函数就是主函数,其他函数就是子函数。

一个主函数可以拥有多个子函数,这相当于大树主干上可以有多个侧枝。子函数在主函数文件中进行定义,其定义方法与主函数相同,也是使用关键字 function 声明。多个子函数位列主函数之后,各子函数之间的位置顺序不影响主函数对它们的调用,但笔者建议各个子函数按照函数名称首字母排序,人工检索时更符合阅读习惯。

需要指明,位于函数文件内部的子函数只能由该文件内的其他函数调用,这种调用,不仅包含主函数的调用,也包含子函数之间的相互调用,只要在同一个文件内部,这些调用都是被允许的。

6.3.3 子函数的定义

子函数的定义可以采用两种形式。

一种定义形式是在主函数内部进行嵌套定义,扫描书前二维码查看示例代码 6-2,发现在主函数 MyMain 内部定义了两个子函数。SubFunOne 和 SubFunTwo,分别输出由主函数传递的给定数目的星号和点画线;为了便于查看,嵌套定义的两个子函数使用了向右缩进格式。

这种嵌套形式的定义,带来了一个新问题。因为子函数在主函数内部,所以子函数和主函数共享了变量,这种共享,可能会带来潜在的麻烦。例如,我们可以在子函数 SubFunOne 中再加一句,使其改变输入的 N 值并输出,改动如下:

```
function SubFunOne(nSz)  % Output stars
for ilp=1:nSz
    fprintf('%s','*');
end
fprintf('\n');
N=2*N; disp(N);
end
```

运行后会发现,子函数 SubFunOne 在使用完 N 传递给 nSz 的值后,直接对 N 进行了改变,使之变成了原来的 2 倍,这种改变,类似于 global 变量,会导致后续函数使用的 N 发生改变。上例中,子函数 SubFunTwo 在被调用时,主函数传递给它的 N 值(给形参 nSz),不再是原始的 N=50,而是已被子函数 SubFunOne 改变后的 2N,即 N=100,故子函数 SubFunTwo 画出的点画线长度 2 倍于 SubFunOne 绘制的星号线长度,图 6-5 显示了其运行结果。因此,除非故意展示语法的使用说明,一般不建议使用这种嵌套共享的形式定义子函数。

图 6-5 运行结果

子函数的另一种定义形式是非嵌套定义，子函数和主函数分别定义为独立的函数，虽然这时候它们同处在一个文件内，但在本质上和把它们写在两个独立的文件中没有差别。对于变量名，由于处于两个独立的函数中，即使是同名，也不会有任何冲突，但还是建议按照"望文生义"的习惯命名变量。需要再次指出，因为各个子函数都是独立的函数，虽然子函数之间的先后顺序不影响它们被调用，但主函数必须位于本文件的最上边。

主函数：

```
function MyMain()
% main function
……省略……
% call sub-functions
SubOne(N);
SubTwo(N);
end
```

子函数一：

```
function SubOne(nSz)
……省略……
end
```

子函数二：

```
function SubTwo(nSz)
……省略……
end
```

在主函数和子函数的关系中，主函数可单独存在，不会因为子函数的存在与否而造成语法上的错误。虽然子函数可以独立于主函数进行定义，但从依附关系上看，子函数离不开主函数，主函数必须存在，否则会因子函数缺少依附对象而报错。如果子函数实现的功能具有普适性，笔者不建议它们作为子函数使用，而是为它们建立单独的函数文件，使之成为主函数。

6.3.4 匿名函数

匿名函数是 MATLAB 的一种函数描述形式，它可以让用户编写简单的函数而不需要创建 M 脚本，因此，匿名函数不以具体的文件形式出现在操作系统的文件夹中。匿名函数具有高效简洁的特点，可在命令行窗口或任何函数体内部直接生成，定义匿名函数的语法格式是 fh=@(arglist) expr。其中，fh 是 function handle 的首字母缩写，即调用该函数时使用的函数句柄；@是匿名函数的标志，它实际上是 anonymous 的首字母；arglist 是 argument list 的缩合写法，意即函数的参数列表，多个参数之间使用逗号分隔；expr 是函数的表达式。调用时，直接把函数句柄作为调用函数名称，形如 fh(arglist)，只不过要求输入的各个参数顺序要符合 list 中定义的顺序。例如，在命令行窗口定义 x 和 y 的平方和函数：

```
>> f=@(x,y) x^2+y^2
f = @(x,y)x^2+y^2
```

定义了匿名函数后，就可以像普通函数一样使用。例如，计算 f(1,2)：

```
>> f(1,2)                          %ans = 5
```

使用匿名函数时，需要注意它的静态性影响，即函数表达式中固定参数不变性的影响。下面举例说明，先看如下的脚本：

```
>> a=2;                            %设定 a 的值
>> b=3;                            %设定 b 的值
>> f=@(x,y) a*x+b*y;               %使用 a,b 参数设定匿名函数
>> f(1,1)                          %计算结果 5
```

首先，在工作空间中创建变量 a 和 b，并分别赋值 2 和 3，MATLAB 允许匿名函数使用工作空间的变量。这样，就可以建立包含变量 a 和 b 的函数 f=@(x,y) a*x+b*y。在这个函数中，a 和 b 已经确定，虽然形式上有 a 和 b，但本质上是 f=@(x,y)2*x+3*y，所以使用它计算 f(1,1)时，两个参数 1 分别代入 x 和 y，计算结果为 5。

也许读者会想，这样设计很方便，若把 b 改成 2，就可计算 2*x+2*y 了，观察新结果：

```
>> b=2;                            %修改了 b 值
>> f(1,1)                          %重新计算 ans = 5
```

结果表明，好像 b 改完后没起作用，从计算结果看，b 还是按照 3 来计算 f(1,1)的。其实，MATLAB 在创建匿名函数时，函数句柄保存的是函数在创建时的快照，是静态信息，其参数 a 和 b 不随其在空间的变化而动态改变，它们在被匿名函数定义时，就已经"固化"了。因此，如果希望获取新值，则需要重新创建一次该函数，整个步骤和前边定义匿名函数一样。

```
>> b=2;
>> f=@(x,y) a*x+b*y;
>> f(1,1)                          %ans = 4
```

6.4 MATLAB 中的局部变量和全局变量

MATLAB 函数涉及的变量，从其作用范围来划分，可以划分为局部变量和全局变量，如果一个函数内的变量没有特别声明，那么这个变量只在函数内部使用，即为局部变量。如果两个或多个函数共用一个变量，那么可以用 global 将它声明为全局变量。

MATLAB 提供全局变量，其目的是减少各个函数之间传递参数的个数，提高程序的执行效率。但是，任何事物都有正反两个方面，在提高效率、减少参数个数的同时，也破坏了函数的封装性，从面向对象的角度来看，这是不提倡的设计思想。

6.4.1 局部变量

谈起局部变量，涉及时间的局部和空间的局部，属于变量语法方面的性质。从空间的角度上看，是指在程序的特定区域中，变量的名字是有意义的并且变量是"可见的"，这个特定区域其实就是变量的作用域。我们所讨论的 MATLAB 函数，其中的变量，都是局限于函数内部的，可看作局部变量。

6.4.2 全局变量

谈起全局变量，从空间的角度上看，是作用域跨越了函数范围的变量。在使用的要求上，要求必须使用关键字 global 明确进行显式声明，没有显式声明的函数，无权使用全局变量。另外，全局变量的生命周期也和局部变量不同，通常局部变量在函数返回后就不存在了，而全局变量除非人为清除，否则将会在一个时域中始终存在。

在 MATLAB 中，要清除全局变量，需要使用 clear global 加变量名，或者 clear all，如果只用 clear 加变量名，则只让全局变量在当前工作区中不可见，并不能真正清除该变量。

全局变量因为在各个函数之间跨越，因此，只要有一个函数对它进行修改，就会在全部函数中都发生变化，这会对运行结果产生影响，使人困惑。

函数 1：studyGlobal.m。

```
global X                      %定义 X 为全局变量
X=0:0.1*pi:2*pi;
plot_sin(2);plot_cos(2);
disp(X);
```

函数 2：plot_sin.m。

```
function plot_sin(a)
global X
figure('color','w'); y=a*sin(X);
plot(X,y,'r-');hold on;
```

函数 3：plot_cos.m。

```
function plot_cos(a)
global X
set(gcf,'color','w');
X=-pi:0.1*pi:2*pi;
y=a*cos(X); plot(X,y,'b-');
```

3 个函数代码执行过程如图 6-6 所示。

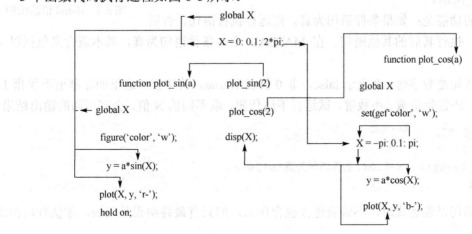

图 6-6 代码执行过程

在上述 3 段代码中，定义了全局变量 X，为了在 3 个函数之间传递 X，每个函数中都需要明确声明 X 是全局变量，按照习惯，多数要求在函数的起始位置就给出声明，并且为了方便区分，常以大写形式显示。

具体运行时，在函数 studyGlobal 中首先对全局变量进行赋值，此时 3 个函数都可以接收到 X。然后，执行下一句代码，调用函数 plot_sin，在函数 plot_sin 功能语句 y=a*sin(X)中，a 是参数，其值是通过参数来传递的，X 的值则是通过 global 共享过来的。执行完函数 plot_sin 后，继续调用函数 plot_cos。对于函数 plot_cos，函数 studyGlobal 仍然是只传递数值 2 给参数 a，数据 X 仍然采用 global 共享得到。但在将 X 应用到 y=a*cos(X)之前，又对 X 进行了修改，使其发生了改变。函数 plot_cos 执行完毕后，控制权转回到函数 studyGlobal，此时输出 X，会发现 X 已经被函数 plot_cos 改变。

要想观察 X 的共有情况，只需要在每个函数中加上显示其值的代码即可，如在函数 plot_cos 中，加上一句显示 X 值的代码，在函数 studyGlobal 中加上调用结束的显示代码。

6.5 MATLAB 函数文件中的控制语句

和其他计算机编程语言一样，MATLAB 也提供了几种常见的控制语句，包括实现选择的 if-else 和 switch-case 语句，实现循环的 for 语句、while 语句，以及实现中断的 break 语句和 continue 语句。如果读者以前学习过 C、C++或其他高级程序设计语言，则对这些循环的实现及意义不难理解。

在 MATLAB 函数文件中，只需要这些控制语句，就可以完成几乎所有的选择和转向控制。经过长时间的编程训练后，你会发现：无论多么复杂的事物与功能，经过分析，最终都可以表达成这些简单的控制语句。因此，学习语言编程，除能够实现具体的功能外，我们还能体会到怎样将一个复杂的事物或功能进行抽丝剥茧的分析，并最终形成有序的控制流程。

6.5.1 if-end 语句

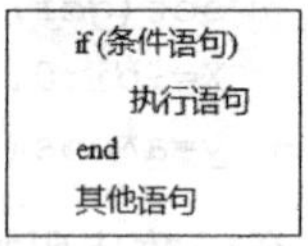

if-end 语句是 MATLAB 中最为简单的条件控制语句，它的语法结构如图 6-7 所示。

它实现的功能是：如果条件语句为真，则运行执行语句，否则跳过该语句，执行其后的其他语句。在 MATLAB 中，条件语句为真，其本质含义包括以下几个方面。

图 6-7 if-end 语法结构

当条件语句是数字时，0 表示 false，非 0 值表示 true。请注意，这里的非零值不仅指 1、2、3 等整数，还包括负数、小数等，试运行下述代码，取不同的 N 值，会有不同的输出结果。

```
N=-0.03;
if N
    fprintf('N=%.2f,条件语句为真\n',N);
end
```

当条件语句是表达式时，不管表达式包含什么，但只有最终结果是 true，才执行内部语句。例如：

```
N=3;
if (3==N)
    fprintf('条件语句为真\n');
end
if (N-3==0)
    fprintf('条件语句为真\n');
end
if (3-N)
    fprintf('条件语句为真\n');
end
```

上述 3 个 if 语句中,第一个条件语句是 3==N,它实际上是一个逻辑表达式,表达的含义是:3 与 N 相等吗?因为前一个语句已经给 N 赋值为 3 了,所以这里对逻辑表达式的判断是 true,因此执行输出语句。第二个条件语句是 N-3==0,它也是一个逻辑表达式,表达的含义是:N-3 与 0 相等吗?显然成立。第三个条件语句是 3-N,它是一个计算表达式,得到的结果为 0,此时 0 是非 true,故条件不成立,不执行输出语句。其实对于第三个条件语句,我们可以分两步考虑,先计算其值,再考虑计算结果是否为真。

当条件表达式中涉及字符串时,应该使用 strcmp 家族的函数进行比较,而不是使用"=="或"~=",虽然有时候使用"=="比较字符串时运行正确,但不代表运行稳健。例如,下面的代码虽然运行结果仍然输出执行语句,但 MATLAB 编译器还是给出了修改建议,如图 6-8 所示。按照建议,使用 strcmp 函数实现,改为 if (strcmp(N,'abc')) 即可。

```
N='abc';
if (N=='abc')
    fprintf('1 条件语句为真\n');
end
```

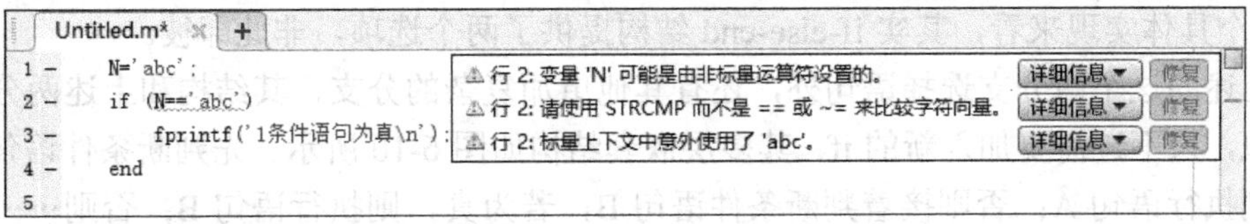

图 6-8 条件语句中字符串的比较

当条件语句是数组或逻辑数组时,只有当逻辑数组全为 true 时,才执行内部语句,若数组是数字数组,则必须所有数字非 0 才可以。例如:

```
N=[1,1;1,0]
if N
    fprintf('条件语句为真\n');
end
```

因为 N 中数字不全为非 0 数据,条件非 true,故不执行内部输出语句。试将 N 改为[1,1;1,1]后再运行,根据运行结果体会条件语句的使用。既然条件语句为 true 就可以执行,那么可以为 true 的形式有很多,不妨测试如下的语句,看结果如何。

```
N=[nan,nan;nan,nan];
```

```
    if N
        fprintf('条件语句为真\n');
    end
```

运行时，MATLAB 无法将 NaN 转换为逻辑值，程序报错。再试试能否使用 cell 数组，运行以下代码：

```
    N={'true','true';'true','true'}
    if N
        fprintf('条件语句为真\n');
    end
```

在看到运行结果之前，也许读者会想这里的每个 cell 数组元素都是 true，最终结果一定是 true，会执行 if-end 块内的输出语句。运行测试结果表明：MATLAB 在条件语句中，不能将 cell 数组元素转换为逻辑型，运行报错。

归纳起来，对于 if 条件语句，它可以使用单个数字，此时 0 代表 false，非 0 代表 true，但不能是 NaN；也可以使用计算表达式、逻辑表达式，凡是能转换成逻辑型的结果，都可以参照数字 0 进行判断。但在比较字符串时，使用 strcmp 函数而不是==或~=。对于表达式中的数组，逻辑数组全为 1 时或数字数组全为非 0 时，按照 true 执行。MATLAB 不能将 cell 数组默认转为逻辑型，直接使用会报错。

上面比较详细地讨论了条件语句的构成，虽然这些讨论是针对 if-end 语句的，但可以说，其他判断语句也符合这些规则，可以推广使用这些规则。

if-end 语句是最为简单的条件语句，除此之外，还有稍微复杂的条件语句结构，即 if-else-end，它用来完成更加复杂的选择，如图 6-9 所示。

在 MATLAB 中，具有 if-else-end 结构的选择语句，其实比 if-end 语句复杂，它提供了新的分支选择，其功能的具体实现如下：当条件语句 A 为 true 时，执行语句 A，否则执行语句 B。从这个具体实现来看，其实 if-else-end 结构提供了两个选项，非此即彼。

除上述的这个两分支选择语句外，还有其他更加复杂的分支，其结构和上述两分支选择语句类似，只不过需要加入新的 if，其多层嵌套结构如图 6-10 所示。先判断条件语句 A，若为真，则执行语句 A；否则接着判断条件语句 B，若为真，则执行语句 B；否则……当条件都不满足时，最后执行语句 C。

```
if(条件语句 A)
    语句 A
else
    语句 B
end
```

```
if(条件语句 A)
    语句 A
elseif(条件语句 B)
    语句 B
...
else
    语句 C
end
```

图 6-9 if-else-end 结构   图 6-10 if-else-end 多层嵌套结构

从上述判断流程可以看出，if-elseif-...-else-end 多分支结构语句的执行，是按照顺序逐一进行的。如果这样的分支很多，则逐一判断下去，会影响运行效率。至于多少分支合适，没有明确的定论，笔者认为最好不要超过 6 层。至于 MATLAB 本身支持嵌套多少层，目前看没有限制，应该说只要符合语法规则，嵌套多少层都可以，但可读性显然不好。创建 if 嵌套的 MakeIfCascade 函数，该函数的说明部分使用了前述的模板函数创建，读者可通过 MakeIfCascade 创建 CascadeIf 函数测试嵌套 200 层或 2000 层的情况，扫描书前二维码查看示例代码 6-3。

在默认情况下，运行得到的 cascadeIf.m 如下：

```
N=2
if N==1
    fprintf('你现在输入的 N=%d\n',N)
elseif N==2
    fprintf('你现在输入的 N=%d\n',N)
else
    fprintf('没有该选项\n')
end
```

6.5.2 switch-case 选择控制结构

在 MATLAB 中，除 if-else-end 选择控制结构外，还提供了 switch-case 选择控制结构，和 if-else-end 选择控制结构需要一步步测试不同，switch-case 选择控制结构直接指明要运行的配对代码段，其结构如图 6-11 所示。因此，switch-case 选择控制结构更像交叉路口的一个多方向指示牌，直接指示到某个路口。

switch 条件语句只能是标量，也就是数字或字符串，不能用矩阵等。在如下代码中：

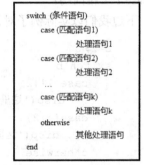

图 6-11 switch-case 选择控制结构

```
N=1;
switch N
    case 1
        fprintf('Turn to Road 1.\n');
    case 2
        fprintf('Turn to Road 2.\n');
    case 3
        fprintf('Turn to Road 3.\n');
    case {4,5,6,7,8,9,0}
        fprintf('Turn to Road 0,4,5,6,7,8,9.\n');
    otherwise
        fprintf('Turn to other Road.\n');
end
```

当 N 取值为 1 时，会匹配 case 1。假如 N 使用数组，若代码 N=1 改写成 N=[1,1]，则运行出错，这一点和 if 条件语句中可以使用数组完全不同。

switch 的条件语句不管多么复杂，但最终结果只要是标量就可以判断，就满足语法要求。虽然 switch 后面的 case 一般只接一个确定的数字或字符串，但也可以用于判别某一变量是否落在一个区间内，如下代码给出了这种实现。

```
    a=10;
    switch a>5
        case 1
            a=6
        case 0
            a=0
    end
```

运行结果 a=6。这说明 switch 后面跟的语句可以是个判断式或任意的命令，对于表达式，只要其结果是逻辑标量即可。对于上面的代码，若输入 a=5，则 MATLAB 返回结果为 0，因为条件语句 a>5 的结果无非两个，0 和 1，所以 case 选项中只有 0 和 1。

我们再看 case 语句中的匹配情况，在前一例的代码中，case {4,5,6,7,8,9,0} 中包含多个匹配选项，也就是说，它匹配 0,4,5,6,7,8,9 这几个选项之一，这种使用方法，通常用于多对一匹配的情形。我们知道，当表达 1 或 2 时，常常使用 1||2 这种表达形式，那么在 case 中，case{1,2} 与 case 1||2 相同吗？

下边我们以实际例子对比一下。

```
    b=2;
    switch b
        case 1||2
            disp('这里使用格式1||2');
        case{1,2}
            disp('这里使用格式{1,2}');
        otherwise
            disp([3,4,5,6]);
    end
```

当 b=2 时，运行结果为：这里使用格式{1,2}。运行前，读者也许会想，当 b=2 时，1||2 也可以匹配，应该输出"这里使用格式 1||2"这句话，可为什么实际上不是这个结果，却输出了"这里使用格式{1,2}"呢？这是因为在 switch 的条件语句中只允许使用标量，在 case 这里我们使用的 1||2，不是一个标量，而是一个表达式，那么这个表达式究竟表示什么？在命令行窗口下，当我们输入表达式 a=1||2 时，a 的结果是逻辑值 1，因此，我们不能将 case 语句中的 1||2 看成"1 或 2"，它在这里是一个明确的经过计算的逻辑值 1，而不是一个"式子"。b=2 与它的逻辑值 1 不匹配，能匹配只有 case{1,2}。

深入理解这一点非常重要：在 case 中不能使用表达式，即使使用了，也必须转换成逻辑值。例如：

```
    a=5
    switch a
        case a>5
            disp('b=1');
        case a==5
            disp('b=0');
        case a<5
            disp('b=-1');
        otherwise
```

```
        disp('没有匹配对象!')
    end
```

上面的这些代码，本想根据 a 的取值确定 b 的正负，但没有成功，因为在 case 中，a>5 和 a<5 是表达式，其值为 0，而 case 中的 a==5，本质上是 1，当给定 a=5 时，是没有匹配对象的，故输出"没有匹配对象!"。

现在，我们讨论另一种情况，即在 case 中出现重复的情形会怎样？先看如下的代码：

```
b=1;
switch b
    case 1
        disp('这里匹配数字 1');
    case 2
        disp('这里匹配数字 2');
    case {1,2}
        disp('这里匹配 1 或 2');
    otherwise
        disp('没有匹配 1 和 2')
end
```

在这段代码中，除单独匹配 1 和 2 外，还增加了匹配 1 或 2 的 case，当我们取 b=1 或取 b=2 时，运行结果只执行前边的单独匹配分支语句，对于 case{1,2}分支，并不执行。实际上，由于逻辑上有重复，MATLAB 虽然继续运行，但在代码编辑窗口中给出了警告，如图 6-12 所示。

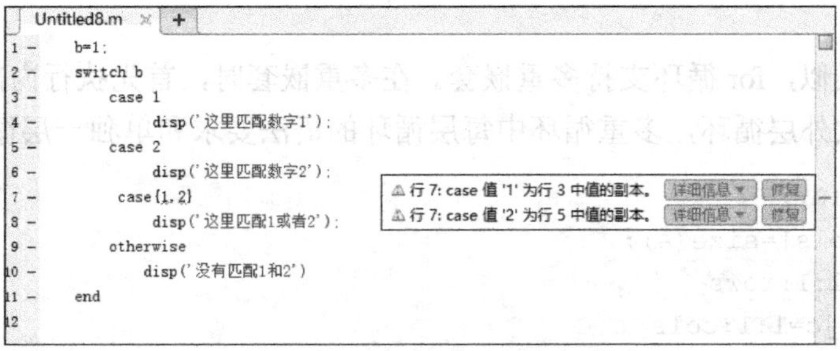

图 6-12 case 中匹配重复给出警告

现在，将 case 的顺序改换一下，将 case{1,2}分支提前，看看运行结果。

```
b=1;
switch b
    case {1,2}
        disp('这里匹配 1 或 2');
    case 1
        disp('这里匹配数字 1');
    case 2
        disp('这里匹配数字 2');
    otherwise
        disp('没有匹配 1 和 2')
end
```

再次运行的结果表明,当 b=1 或 b=2 时,输出结果都是"这里匹配 1 或 2",也就是执行了 case{1,2}分支。显然,它忽略了后边单独设置的 case 1 或 case 2。同样地,MATLAB 也对后续的 case 1 和 case 2 分支给出了重复警告。通过这个实验可以看出:在 MATLAB 语言中,当其中一个 case 语句后的条件为真时,switch-case 语句不对其后的 case 语句进行判断,即使后续有多条 case 判断语句同时为真,也只执行遇到的第一条为真的语句,执行完毕即跳出 switch-case 结构,而后边具有相同条件的 case 则看作第一个相同条件的副本。

6.5.3 for-end 循环

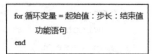

图 6-13 for 循环结构

在 MATLAB 中,for 循环主要用来实现确定次数的循环,它和其他语言中的 for 循环结构形式类似,具有如图 6-13 所示的结构。

在这里,循环变量的取值范围由起始值和结束值确定,循环变量按照给定的步长从起始值开始,逐渐增加或减少,直到取值不在限定范围后停止。其基本计算步骤是:设置循环变量,计算功能语句,循环变量变化一个步长,判断循环变量变化后是否在起始值—结束值范围内,确定是否继续下一轮计算功能语句。

在 for 循环中,循环变量通常取较有意义的指标。在其他编程语言中,如 C 或 C++,多使用 i、j、k 等,但在 MATLAB 中,字母 i、j 还是复数虚部的标志,因此,为避免出错,一般不建议只使用单个字母 i 或 j,而是使用 i、j、k 等和其他字母的组合。例如,对于矩阵,其行数为 rows,列数为 columns,要使用 i、j 分别作为行列的循环变量时,可使用 ir 和 jc 作为循环变量。当单独用于某个循环时,笔者常常使用 i 加上 loop 的缩写,合写成 ilp,亦即 i 的循环。

和其他循环类似,for 循环支持多重嵌套。在多重嵌套时,首先执行内部的 for 循环,执行完毕再跳出到次外层循环,多重循环中每层循环的语法要求和单独一层循环相同。例如:

```
A=rand(10);
[rows,cols]=size(A);
for ir=1:1:rows
    for jc=1:1:cols
        fprintf('%.2f,',A(ir,jc));
    end
    fprintf('\b\n');
end
```

循环变量的取值范围由起始值和结束值界定,但需要明确:起始值和结束值只是起到界定的作用,当起始值小于结束值时,步长取正值,循环变量逐渐增加;当起始值大于结束值时,步长取负值,循环变量逐渐减小;当步长取 1 时,可省略步长值。在上段代码中,步长为 1,一般情况下会省略不写,则上述 for 循环代码可以简写为:

```
for ir=1:rows                          %步长取正值且为1可省略
```

那么,步长取值对输出有何影响呢?一般来讲,当设置的步长较大时,执行循环时会"跳跃"着取出数据。例如:

```
A=magic(5); [rows,cols]=size(A);
```

```
        step=2;                           %这里更换步长
        for ir=1:step:rows
            for jc=1:step:cols
                fprintf('%d,',A(ir,jc));
            end
            fprintf('\b\n');
        end
```

查看运行结果可知，行循环指标按照 2 递增逐次取 1、3、5，实现了隔行输出；列与行的循环指标相同则实现了隔列输出。如果取超限的步长，那么结果会是什么呢？例如：

```
        istep=6;                           %步长超出范围
        jstep=8;
```

其结果是只输出第一行第一列的数据 17，之所以如此，是因为对于 for 循环，它遵循"先执行一次循环，再检测条件"的策略。在将 ir 设置成 1 之后，执行外循环内部的功能语句，然后叠加步长，再检测是否条件允许，内循环也是如此。正是由于按照这个顺序执行，所以我们甚至可以不设置后边的步长和结束值。例如：

```
        for ir=1                           %舍去步长和结束值的 for 语句
            fprintf('现在输出 i = %d\n',ir);
        end
```

当舍去结束值时，实际上这个 for 循环起到的作用和赋值语句一样，只是完成了 ir=1 这个功能，这在调试代码的过程中非常有用。

除上述的舍去结束值外，for 循环还可以不含功能语句，也就是说，只有 for 循环的框架，而不含功能代码，如：

```
        for ir=1:10
            (不含功能语句)
        end
```

当然，因为没有功能语句，所以除循环变量 ir 的变化外，没有其他作用。

再次强调：循环变量的取值范围由起始值和结束值限定，具体取值由起始值和步长联合决定。若代码中没有显式地给出循环指标及其范围，则 MATLAB 按照内建原则，自动计算并设定循环指标和范围。例如：

```
        for ir=[1:5;6:10]
            fprintf('现在输出 ir = %d\n',ir);
        end
```

在上述代码中，没有给出初始值和结束值，也没有给定步长，但 MATLAB 也能执行这段代码，其解析步骤如下：首先判断[1:5;6:10]是一个矩阵；其次将该矩阵向量化，即按列将矩阵首尾相连变成一个向量；再次为向量的每个元素编号，首尾两个元素编号界定初始值与结束值范围；最后循环变量初始值取 1，默认步长取 1，逐个输出向量元素。

上述矩阵为 $\begin{pmatrix} 1 & 2 & 3 & 4 & 5 \\ 6 & 7 & 8 & 9 & 10 \end{pmatrix}$，运行的最终结果按列输出为(1, 6, 2, 7, 3, 8, 4, 9,

5，10)。这里的数据矩阵是二维矩阵，对于二维以上的高维矩阵，则先分解成二维子矩阵，再按照列遍历。感兴趣的读者，可以试一试下面的代码。

```
A=ones(2,2,2);  A(1,:,:)=magic(2);  A(2,:,:)=rand(2,2)*10;
for ir=A
    fprintf('现在输出 ir = %.4f\n',ir);
end
```

上述用于 for 循环的是数据矩阵，那么采用 cell 数组可不可以呢？例如：

```
A={'Hello','world!';'圆周率的值是','3.1415926'}
for ir=A
    ir
end
```

运行后可知：MATLAB 还是先列向量化，再遍历各个元素，这和数字矩阵没有区别。

那么，能不能在 for 循环内部的功能语句中改变循环变量呢？例如，下面的代码尝试修改循环变量。

```
for ir=1:4
    fprintf('取自 for 语句的 ir=%d,',ir);
    ir=ir+3;                              %内部更改循环变量
    fprintf('加上变化语句后的 ir=%d\n',ir);
end
```

部分运行结果如下：

```
取自 for 语句的 ir=1,加上变化语句后的 ir=4
取自 for 语句的 ir=2,加上变化语句后的 ir=5
```

从结果看，循环变量 ir 的确在功能语句执行时被改变了，但它并没有改变 for 循环语句中的值。如图 6-14 所示，MATLAB 会给出警告："指示 for 循环的索引值在循环体内部发生了变化。通常，当循环嵌套且内部循环重用外部循环索引的名称时，会发生这种情况。因为 MATLAB 在返回到外循环的顶部时会将循环索引重置为下一个值，所以它会忽略嵌套循环中发生的任何更改。如果代码在内部循环更改外部循环索引值后不引用外部循环索引值，则不会产生问题。但是，如果在内部循环完成后尝试使用外部循环索引值，则很可能会导致错误"。

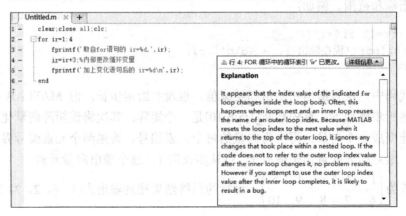

图 6-14　警告信息

试编程：π 的近似计算公式是 $\frac{\pi}{4} \approx 1 - \frac{1}{3} + \frac{1}{5} - \frac{1}{7} + \cdots$，计算 π 的值，要求循环 1000 项。

```
s=0;n=1000;
for ir=1:n
    denominator=1/(2*ir-1);
    subentry=denominator*(-1)^(ir+1);
    s=s+subentry;
end
disp(4*s)
```

例题 按照规定，某型号的电子产品使用寿命超过 1500 小时时算一级品，已知一大批产品的一级品率为 0.2，现在随机抽查 20 只，问这 20 只产品中恰好有 k 只（$k=0,1,2,\cdots,20$）为一级品的概率是多少？

解：这是一道关于二项分布的概率题目，设 X 为 20 只电子产品中一级品的个数，则概率计算式为

$$p\{X=k\} = C_{20}^{k}(0.2)^{k}(1-0.2)^{20-k}, \quad k=0,1,2,\cdots,20$$

扫描书前二维码查看通用代码并运行（示例代码 6-4），结果如图 6-15 所示，读者可借助该函数，查看二项分布的性质。

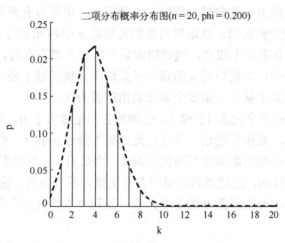

图 6-15 二项分布的概率分布图

6.5.4 while-end 循环

在 MATLAB 中，while 循环用来执行不定次数的循环，这是和 for 循环差别最大的地方，while 循环的语法结构是：

```
while (条件表达式)
    功能语句
end
```

在 MATLAB 函数文件中，当运行到 while 循环时，会先检测条件表达式的值，若值为真，则执行循环体内的功能语句；执行完毕后再次检测条件表达式的值，若值为真则继续

执行，若值为假则跳出循环。因此，若条件表达式的值一直为真，则该while循环会一直循环下去。

在前边的if语句中，我们详细探讨了条件表达式的特点，那些特点同样适用于这里，不管这里的条件表达式如何，最终都必须是具有逻辑性的真假。例如：

```
n=5
while n>0
    fprintf('现在 n=%d,条件语句为真! \n',n);
    n=n-1;
end
```

在上述代码中，判断条件表达式n>0是否为真，数据非0即真，可以看到，随着循环的进行，n越来越小，当条件不满足时循环终止。再如：

```
n=[15,3];
while n>0
    fprintf('现在 n=%d,条件语句为真! \n',n);
    n=n-1;
end
```

上述代码中n是一维行向量，对于条件表达式n>0怎么执行呢？在这种情况下，MATLAB首先解析n>0的本质：因为n是向量，所以n>0解析为n中所有元素都和0比较，并返回一个和n向量相同结构的逻辑向量，该逻辑向量的元素是n中各元素与0比较的结果，其中1表示元素大于0成立，0表示不成立。当逻辑向量中所有元素为真时，逐一对n向量中的元素执行循环内的功能语句，本例中对n的每个元素输出并执行减1操作。然后再次形成逻辑向量，进行判断，直到其中某个元素或全部元素出现假为止。

具体到本例中，n的两个元素15和3，先判断它们是否大于0，得到逻辑向量[1,1]，该逻辑向量所有元素为真，故执行输出，并进行元素减1操作n=n-1，得到14和2；继续比较后仍然得到逻辑向量，继续判断为真后输出并减1；到最后，n的元素变为(12,0)，再次比较时，得到的逻辑向量为[1,0]，此时逻辑向量中有0出现，不再为真，输出后停止循环。因此，决定循环停止的，是其中最快降到0的那个元素，这和"木桶效应"有点类似。上述代码的部分结果如下：

```
现在 n=15,条件语句为真!
现在 n=3,条件语句为真!
```

实际上，为了方便观察，读者可以在n=n-1后加上一句代码：logic=n>0，输出的逻辑向量一目了然。上述的行向量改为列向量，结果类似。读者可将n换成列向量n=[15;3;2]测试验证。

向量是矩阵的特殊形式，如果上述的n为二维矩阵，则在执行时，仍然首先形成比较逻辑矩阵，该矩阵与数据矩阵结构相同。当逻辑矩阵中的全部元素都为真时，执行循环体内的功能语句，具体则是按列从左向右依次处理数据矩阵的每个元素，处理完毕后进行下一次比较。当某次比较得到的逻辑矩阵中出现0时，不再满足条件，停止循环。例如：

```
n=magic(3)
while n>0
```

```
        fprintf('现在n=%d,条件语句为真！\n',n);
        n=n-1;  logic=n>0
    end
```

运行结果请读者上机验证。

在条件表达式中，只有数字 0 为"假"，其他数字如 1 和−1 等，都为"真"，所以一旦条件表达式无法得到"假"，程序就会无限循环下去，这是使用 while 循环时需要注意的地方。

```
    n=1;
    while n
        fprintf('现在n=%d,条件语句为真！\n',n);
    end
```

例题　在高等数学中，我们学习过 $\sin x$ 的泰勒展开式，试用此式计算正弦 $\sin(5°)$。

$$\sin x = x - \frac{x^3}{3!} + \frac{x^5}{5!} - \cdots + (-1)^{m-1}\frac{x^{2m-1}}{(2m-1)!} + R_{2m}$$

扫描书前二维码查看实现代码（示例代码 6-5）。
在命令行窗口下，运行 TaylorSeries4Sinx(45)，样例计算结果如图 6-16 所示。

```
命令行窗口
  正弦值sin(45)=0.707107,泰勒展开式共计算了9项
fx >>
```

图 6-16　样例计算结果

6.5.5　try-catch-end 纠错机制

MATLAB 为了提高程序执行能力与稳健性，用 try-catch-end 语法块处理局部运行出错，使得中途出错不影响整体程序的继续执行，其容错执行机制的语法格式与执行逻辑如下。

```
    try
        (功能语句A)
    catch exception
        (功能语句B)
    end
```

在这个语句块中，有 A、B 两组功能语句及一个异常 exception。一般地，功能语句 A 总被执行，在正常执行完 A 后，程序从语句块跳出，继续执行 end 后的其他语句；当 A 运行出错时，程序跳转到功能语句 B，执行功能语句 B。因此，只有当 A 出错时才执行 B。这样设置，可以避免一旦 A 出错就终止程序运行的情况的发生，使程序继续运行下去。参数 exception 用来标识错误，catch 块将当前异常对象分配给 exception 中的变量。MATLAB 允许在功能语句块 A 和 B 中嵌套新的、完整的 try-catch 结构，但一个 try 块不能匹配多个 catch 块。

在下面的例子中，首先创建两个无法垂直串联的矩阵 A 和 B，然后使用方括号串联起来，但由于矩阵的维数不一样，直接串联肯定会报错。使用 try 块的实现代码如下：

```
    A = rand(3); B = ones(5);
```

```
try
    C = [A; B];                          %垂直串联,无法实现
catch ME
    if (strcmp(ME.identifier,'MATLAB:catenate:dimensionMismatch'))
        msg = ['Dimension mismatch occurred: First argument has ', ...
            num2str(size(A,2)),' columns while second has ', ...
            num2str(size(B,2)),' columns.'];
        causeException = MException('MATLAB:myCode:dimensions',msg);
        ME = addCause(ME,causeException);
    end
    rethrow(ME)
end
```

在上述代码中,使用了 MException 函数,该函数用来捕获错误信息,运行时检测到错误并引发异常的任何 MATLAB 代码都必须构造一个 MException 对象,其中包含有关错误的可检索信息。函数 addCause 记录异常的其他原因;函数 rethrow 重新引发以前捕获的异常。

6.5.6 其他控制函数

除前边介绍的几种流程控制函数外,MATLAB 还提供了中断与恢复程序运行的控制函数,包括 break、continue 等,下面对它们进行介绍。

1. break

当 break 在 for 和 while 控制流程中使用时,意味着"就此终止本控制流程,转为其他事情"。例如:

```
A=magic(10)
for ir=1:10
    fprintf('%3d,',A(ir,:)); fprintf('\b;\n');
    break;
end
disp('跳出 for 后执行本句代码,如你所见');
```

在这个 for 循环中,如果没有 break,则输出 A 矩阵的每一行数据,各数据之间以逗号分隔,每行数据末尾添加分号。当加上 break 后,程序流首先输出第 1 行,然后修订这行数据末尾的逗号为分号,此后遇到 break,不再执行循环变量 ir=2,…,10,而是跳出 for 循环,转而执行后面的 disp 语句,其结果如图 6-17 所示。

```
92, 99,  1,  8, 15, 67, 74, 51, 58, 40;
跳出for后执行本句代码,如你所见
```

图 6-17 使用 break 跳出 for 循环

同在 for 循环中的使用类似,在 while 循环中,break 也会终止 while 的循环,跳出 while 循环后,执行 while-end 后边的其他程序语句。

一般说来,break 常常用于循环中,以便于遇到合适的条件跳出循环,除直接使用外,它常常和 switch、if 等结合使用。例如:

```
A=magic(10);ir=1;
while ir<=10
    fprintf('%3d,',A(ir,:)); fprintf('\b;\n');
    if ir>2, break; end
    fprintf('++执行第%d次循环完毕++\n',ir)
    ir=ir+1;
end
disp('跳出while后将执行本句代码,如你所见.');
```

实际上，各种循环可能会有多重嵌套，在这种多重嵌套程序中使用break时，一个break能跳出几重嵌套呢？在MATLAB中，break不能跳出多重嵌套，它只是直接跳出当前所在的这个循环层。如果想跳出多重嵌套的话，需要在每一层都设置break。例如：

```
N=5; A=magic(N)
for ir=1:N
    for jc=1:N
        fprintf('%3d,',A(ir,jc));
        fprintf('输出语句A：现在在内循环中运行！\n')
        if jc==3, break; end
    end
    fprintf('输出语句B：现在在外循环中运行！\n')
    if ir==2, break; end
end
fprintf('输出本句C：现在在全部循环之外运行！\n')
```

读者可上机查看其运行结果。

许多人在网络上都有多个账户，在登录某个账户时，常常会有检测用户名与密码是否匹配的情况。实际上，将检测与while结合，就可以实现无限循环，直到输入正确内容。如下代码就是账号检测的一个实现。

```
lock=1;count=0;
while lock
a=input('请输入我的名字？','s');
    if strcmp(a,'mazhaipu')||strcmp(a,'马寨璞')
        disp('哎呀,真不错,确实知道啊!')
        lock=0;
    else
        disp('哎呀,出错了!再来!');
        count=count+1;
        fprintf('你已经猜了%d次了',count)
        if count>10,disp('好笨啊~! ');end
    end
end
```

程序首先设定lock=1，利用while lock永远为真，一直循环下去，直到输入正确后修订控制条件为假，跳出循环。使用break，也可以实现跳出。例如：

```
if strcmp(a,'mazhaipu')||strcmp(a,'马寨璞')
    disp('哎呀,真不错,确实知道啊!')
```

```
        break;
    end
```

2. continue

函数 continue 主要用于 for 和 while 循环的控制,其基本含义是"本次循环就到这里,请继续下一次循环"。例如:

```
N=3;
for ir =1:N
    fprintf('功能语句 1\n');
    fprintf('功能语句 2\n');
    if ir==2,
        fprintf('+++++ Before continue +++++\n')
        continue;
        fprint('+++++ After continue +++++ \n')
    end
    fprintf('功能语句 3\n');
    fprintf('功能语句 4\n');
end
```

这段代码的运行过程如图 6-18(a)所示。从这里可以看到程序的整个计算流程:首先执行第一个循环,因为此时 if 条件不满足,直接跳过 if-end 后继续执行后边的功能语句,即完整输出 4 句功能语句;进入第 2 次循环后,按照计算顺序,依然输出功能语句 1 和 2,然后检测 if-end 控制条件,条件满足,于是执行 if-end 内部语句 continue,因为 continue 的本质是"执行到这里,然后进行下一次循环,后边的语句直接跳过",所以在第 2 次循环中,按照顺序执行到 continue 之前,于是 if-end 内的语句 "+++++ Before continue +++++" 也被执行输出,但其后的 "+++++ After continue +++++" 及直到 for-end 控制结构结尾的两个功能语句则被跳过了;接着进入第 3 次循环,这时不满足控制条件,于是 for 循环又完整执行一次,输出 4 句功能语句。图 6-18(b)给出了分析思路。

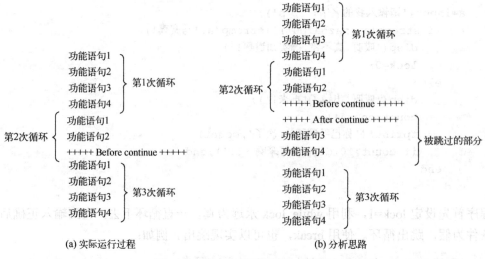

图 6-18 continue 功能概念分析图

由此可见，continue 不会终止 for 或 while 循环的执行，但可以对位于其后的其他功能语句实施"跳过策略"，让本次循环不执行它们。例如：

```
for ilp=1:100
    if ~mod(ilp,3)
        fprintf('%d 能被 3 除尽\n',ilp);
        continue;
    end
    fprintf('\t\t\t%d 不能被 3 除尽\n',ilp);
end
```

3．pause

pause 本意暂停，在 MATLAB 中该函数确实用来让程序暂时停止执行，给用户一定的观测时间。Pause 函数语法格式在使用时有两种：一种是不带参数的格式 pause，程序执行到该函数时，会一直等待，直到用户按下任意键继续执行；另一种是带参数的格式 pause(k)，即等待 k 秒后继续执行，通常建议设定 k 不超过 3 秒，否则等待时间有点长。例如，使用 pause 函数实现动画效果。

```
clear,close all
delt=0.1;left=0;steps=0.001;
t0=left:steps:left+delt;
for ilp=0:round(2*pi/delt)
    t=t0+ilp*delt;y=sin(t);
    if mod(ilp,2)
        plot(t,y,'r-','linewidth',2);
    else
        plot(t,y,'b-','linewidth',2);
    end
    set(gca,'xlim',[0,7],'ylim',[-1,1])
    hold on; pause(0.1);
end
set(gcf,'color','w');
```

在使用 pause(k)时，k 是延迟秒数，当 k=0 时等同于不延迟；MATLAB 没有对 k 设定最大限制，用户甚至可以设置一个长如 3×10^{18} 秒的延迟；当 k 取负数时，pause 函数不予延迟，pause(–2)相当于 pause(0)。

4．return

在 MATLAB 中，return 意味着返回，但它处理的对象或范围是整个函数体。如果在函数文件中使用了 return 语句，则执行到该语句就结束本函数的执行，程序流程转回到调用该函数的位置，如图 6-19(a)所示。也可以不使用 return 语句，此时被调用函数执行完成后自动返回，如图 6-19(b)所示，如果是在命令行窗口调用函数，则直接返回命令行窗口。

5．input

input 函数为用户和函数的交互提供了便利，当函数中要输入一个数据或字符串时，可使

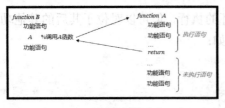 

(a) 中途返回   (b) 结束后返回

图 6-19　return 的使用

用该命令。当函数运行到该命令时，程序的"控制权"就转给了键盘，此时在命令行窗口中，会等待我们输入，输入完毕，按下回车键 Enter，"控制权"交还给程序。input 函数有以下两种调用格式：

```
result = input(prompt)
str = input(prompt,'s')
```

其中，参数 prompt 是提示字符串，用来说明要输入什么。在第一种格式中，输入的数字、字符串、cell 数组都被转给 result；在第 2 种格式中，参数's'指示了任何输入都被转成字符串，并返回给 str 变量。例如，下面这段代码要求输入假设检验中的检验水平，在统计学中，检验水平有固定的几个常用值。若输入为空，则默认为 0.05，若输入的不在规定的范围内则报错，这也是常用的输入规范化数据的一种方法。

```
alpha=input('请输入方差分析的检验水平','s');
if isempty(alpha)                              %若输入为空，则默认为 0.05
    alpha=0.05;
else
    alphas={'0.1','0.05','0.025','0.01','0.001'};
    alpha=internal.stats.getParamVal(alpha,alphas,'TYPE');
    alpha=str2double(alpha);
end
disp(alpha);
```

除上述函数外，类似的函数包括 ginput、inputdlg、keyboard、menu 和 uicontrol 等，读者用到时，可使用 help 命令查阅使用方法。

6. error

MATLAB 的 error 函数常用于输出错误信息，中断当前函数的运行，多位于数据或变量的预处理阶段。典型的应用如下：

```
function errtest1(x, y)
if nargin ~=2
error('myApp:argChk','Wrong number of input arguments')
end
```

error 函数的调用格式为 error('msgIdent','msgString', v1, v2,…, vN)。其中，msgIdent 是信息的标识符，形式上是一个字符串，用来指定错误或警告消息的类别及详细信息，通常为"类别:详细信息"的格式；它可以看作信息的"身份证"，具有唯一性，当 MATLAB 运行出错抛出异常信息时，该身份证是和错误信息连在一起的。msgString 是表达错误信息的字符串，允许用户自己编写，如"矩阵维数不匹配,出错啦！"等。v1、v2 等是参数。

另一种使用格式是 error(msgstruct)，标量结构 msgstruct 用来报告出错信息，该 msgstruct 结构包含 3 个结构域：message，错误信息字符串；identifier，信息标志符；stack，一个和 dbstack 函数输出类似的结构。

其他类似函数还有：assert，计算给定的表达式，失败则抛出异常；throw，基于指定的 MATLAB 异常对象而抛出异常信息；throwAsCaller，抛出调用函数的异常；rethrow，重新抛出异常。

7. warning

MATLAB 的 warning 函数常用于输出警告，格式为 warning(msg)，它显示警告消息 msg 并设置 lastwarn 函数的警告状态。如果 msg 为空，则 warning 将重置 lastwarn 的警告状态，但不显示任何文本。例如：

```
n = 7;
if ~ischar(n)
    warning('Input must be a string')
end
```

在带参数的 warning(msg,a1,a2,…)格式中，参数 a1 和 a2 是用于格式化警告信息输出的参数，它们和 sprintf 函数使用相同的格式化参数，如使用%d 表达输出的是整数类型。当输入的参数多于 1 个时，warning 函数才会按照"传统的"格式输出；当只有一个参数时，表达换行的\n 不执行换行，正如前面的调用格式那样，只按照字面格式输出。例如：

```
>> warning('In this case, the newline \n is not converted.')
                      %只有一个字符串\n 不换行
警告: In this case, the newline \n is not converted.
>> warning('In this case, the newline %d\n is DO converted.',22)
                      %多于 1 个参数,换行处理
警告: In this case, the newline 22
 is DO converted.
```

当使用 warning(state,msgid)格式时，参数 state 用于设置状态，如 on、off。warning('off', msgid)和 warning('on',msgid)将关闭和打开由 msgid 标记的警告信息的输出，警告信息标识符 msgid 可由 lastwarn 函数确定，在匹配信息标识符时，warning 函数对大小写不敏感。

```
warning('on')
warning('off','MATLAB:singularMatrix')
warning
```

warning on backtrace 和 warning off backtrace 控制警告信息的详细程度，这两项显示了哪个文件的哪一行产生了警告；warning on verbose 和 warning off verbose 控制着额外信息的显示，这些额外信息中包含着警告信息的标识符。例如：

```
warning('off','verbose')
warning('on','backtrace')
```

当 S 是一个包含标识符和状态的结构时，warning(S)等价于：

```
for k = 1:length(S),
    warning(S(k).state, S(k).identifier);
end
```

8. nargin

函数 nargin 用来检测调用函数时输入的参数个数，它是 number of function input arguments 的缩合写法，在正式发布的函数中，几乎都能找到它的使用。在检测函数的参数列表时，nargin 常和 isempty 等连在一起使用，用于设置默认值等。例如：

```
if nargin<3||isempty(alpha)
    alpha=0.05;
end
```

读者也可以返回前面，查看实例函数代码中 nargin 的具体使用。与 nargin 类似的函数还有 nargout、varargin 和 narginchk 等。

9. varargin

在 MATLAB 中，varargin 是 variable argument input 的缩合写法，意指可变输入参数。它为 MATLAB 提供了一种可变参数列表机制：即以 varargin 为输入参数的函数，允许用户调用该函数时根据需要使用不同个数的输入参数。在具体使用时 varargin 以小写形式的 cell 数组形式呈现。例如：

```
function vartest(varargin)
varargin
optargin = size(varargin,2);
fprintf('可变参数个数：%d 个.\n',optargin);
fprintf('可变参数的维数：%d 维.\n',ndims(varargin));
fprintf('可变参数结构样式如下：\n');disp(varargin)
stdargin = nargin - optargin;
fprintf('参数的总个数为：%d 个.\n', nargin);
fprintf('独立输入的参数个数：%d 个.\n', stdargin)
for k =1:size(varargin,2)
    fprintf('第 %d 个输入是：%d\n', k, varargin{k});
end
```

运行代码，输出结果略。

```
>> vartest(1,2,3)
```

从运行结果的输出可以看出，varargin 是一个二维 cell 数组，内部存放输入的参数。通过 size (varargin,2)可获得 varargin 的列数，也就是本次调用输入的参数个数。代码中的函数 ndims 用来测定矩阵的维数。代码中的 stdargin=nargin- optargin，用于确定可变参数开始的位置。其中，nargin 统计传入的所有参数的个数，也包括 varargin 中的个数，从计数输入参数上看，二者的差别如图 6-20 所示。当函数有独立输入参数时，这种差别非常明显。

MATLAB 中很多内建函数和工具箱函数都使用了这种机制，如绘制图像的 plot 函数，用户借此也可以自己编制带可变参数的函数。

10. varargout

函数 varargout 和 varargin 的功能类似,也是用于处理可变参数列表,但它用于处理输出参数,在函数定义中使用 varargout 函数,可以实现输出参数个数可变。例如:

```
function varargout = Func(n)
```

在这种格式下,在使用函数 Func 时,会将返回的参数放到 varargout 中。例如,下面的函数会返回一个向量 s 和可变数目的附加输出。

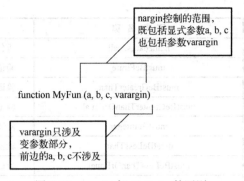

图 6-20 nargin 与 varargin 的区别

```
function [s,varargout] = returnVariableNumOutputs(x)
    nout = max(nargout,1) - 1;
    s = size(x);
    for k = 1:nout
        varargout{k} = s(k);
    end
end
```

运行代码:

```
A = rand(4,5,2);
[s,rows,cols] = returnVariableNumOutputs(A)
```

当有独立输出变量时,函数 varargout 的使用类似于 varargin,但是它需要和 nargout 配合使用,nargout 统计了所有输出参数的个数,varargout 统计了所有可变参数的个数,nargout 与 varargout 统计结果的差异值就是独立输出变量的个数。用 nargout 函数获取输出参数个数很方便,如 n=nargout(func),更详细的用法可阅读帮助信息获取。

和输入输出有关的参数还有许多,表 6-1 归纳了这些函数的基本功能。

表 6-1 输入和输出参数函数一览表

函 数 名 称	函 数 功 能
nargin	函数输入参数数目
nargout	函数输出参数数目
varargin	可变长度输入参数列表
varargout	可变长度的输出参数列表
narginchk	验证输入参数数目
nargoutchk	验证输出参数数目
validateattributes	检查数组的有效性
validatestring	检查文本的有效性
inputParser	函数的输入解析器
inputname	函数输入的变量名称
mfilename	当前正在运行的代码的文件名
arguments	声明函数参数验证

续表

函数名称	函数功能
namedargs2cell	将包含名值对组的结构体转换为元胞数组
mustBeFinite	验证值为有限值，否则引发错误
mustBeGreaterThan	验证值大于另一个值，否则引发错误
mustBeGreaterThanOrEqual	验证值大于或等于另一个值，否则引发错误
mustBeInteger	验证值为整数，否则引发错误
mustBeLessThan	验证值小于另一个值，否则引发错误
mustBeLessThanOrEqual	验证值小于或等于另一个值，否则引发错误
mustBeMember	验证值是指定集的成员
mustBeNegative	验证值为负值，否则引发错误
mustBeNonempty	验证值不为空，否则引发错误
mustBeNonNan	验证值不为 NaN
mustBeNonnegative	验证值为非负值，否则引发错误
mustBeNonpositive	验证值不为正，否则引发错误
mustBeNonsparse	验证值为非稀疏值，否则引发错误
mustBeNonzero	验证值为非零值，否则引发错误
mustBeNumeric	验证值为数值，否则引发错误
mustBeNumericOrLogical	验证值为数值或逻辑值，否则引发错误
mustBePositive	验证值为正，否则引发错误
mustBeReal	验证值为实数，否则引发错误

6.5.7 递归

程序调用自身的编程技巧称为递归，作为一种算法，它在程序设计语言中广泛应用。一个过程或函数在其定义或说明中通过直接或间接调用自身，就把一个大型复杂的问题层层转化为一个与原问题相似的规模较小的问题来求解。递归策略只需少量程序就可描述出解题过程所需要的多次重复计算，大大地减少了程序的代码量。

递归的能力在于用有限的语句来定义对象的无限集合。一般来说，递归需要有边界条件、递归前进段和递归返回段。当边界条件不满足时，递归前进；当边界条件满足时，递归返回。

例题：挖掘数字黑洞。

数字黑洞又称数字陷阱，是具有奇特转换特性的整数。任何由不同数字构成的整数，重排该整数的组成数字，可以得到最大整数和最小整数，对最大、最小两数进行求差，经过有限次操作后，该差值会得到某个数或某些数，这些数不再变化。

例如，对于任意由 3 个不完全相同的数字组成的 3 位数，如输入 352，排列后最大数 532，最小数为 235，两数相减差为 297；继续排列得 972 和 279，相减得 693；接着排列得 963 和 369，相减得 594；最后排列得到 954 和 459，相减得 495。继续重排下去，最终会稳定在 495。则 495 是 3 位数的数字黑洞。

根据上述内容，实现挖掘数字黑洞的函数，目前已确定的 3 位数字黑洞为 495，4 位数字黑洞为 6174，扫描书前二维码查看示例代码 6-6。

递归在数量生态学排序算法中多有应用，许多排序都需要使用递归实现，关于这方面的例子，请读者参阅《实用数量生态学》相关章节中的代码，在《基础生物统计学》的部分代码中也有递归的实际应用，其中的 makeSumStr 函数就使用递归生成了多重嵌套的求和符号项，感兴趣的读者可自行查阅上述两个文献。

6.6 函数句柄

函数句柄（Function Handle）是 MATLAB 提供的一种标准数据类型，它能够实现函数的间接调用，通过传递函数句柄，用户可拓展函数的应用功能，也可以将句柄存储到数据结构中备用。具体地，MATLAB 提供的函数句柄具有以下的优点：便于函数间互相调用；兼容函数各种方式的加载；拓宽子函数，包括局部函数的使用范围；提高函数调用的可靠性；减少程序冗余设计；提高重复执行效率。

6.6.1 函数句柄的创建

函数句柄需要专门创建才可以使用，遵循先创建再使用的原则。当创建函数句柄时，指定的函数必须在 MATLAB 搜索路径之中，并且必须在创建语句的特定范围内，这里的特定范围，是指能够让 MATLAB 帮助命令查询到的工作范围。

创建函数句柄可通过两种语法格式实现：一种利用函数句柄操作符@，另一种利用转换函数 str2func。当使用操作符@时，有两种具体格式，普通格式和匿名格式。其中匿名格式已经在本章 6.3 节的匿名函数中使用过，这里不再介绍。普通格式的函数句柄创建格式如下：

```
handle = @function_name                         %普通格式
```

在@的普通格式中，只需将要建立句柄的函数名称写在@之后，并返回一个有直观意义句柄名称即可。例如，要创建 cos 函数的句柄，直接写成 ch=@cos 即可。对创建好的句柄 ch，可通过 MATLAB 提供的 functions 函数查看其内部状况。例如：

```
>> ch=@cos
ch = 包含以下值的 function_handle:
    @cos
>> functions(ch)
ans = 包含以下字段的 struct:
    function: 'cos'
        type: 'simple'
        file: ''
```

利用 str2func 函数创建函数句柄时，用创建句柄的函数名称字符串作为 str2func 的输入参数，具体调用格式为 "fh=str2func('functionName');"。例如，要将 sin 函数转成句柄，则将函数名 sin 以单引号括住，作为 str2func 的参数即可。

```
>> fh = str2func('sin')
```

当函数是匿名函数时，可直接将匿名函数本身当作 str2func 的输入参数。例如，要将 $f(x,y) = x^2 + y^2$ 作为匿名函数，为其创建句柄，查看其句柄状态，则有：

```
>> ah=str2func('@(x,y) x^2+y^2');
```

```
>> functions(ah)
```

需要注意的是,定义函数句柄时,函数名是指函数的具体名称,它不包含函数所在的位置、路径及扩展名等信息;函数名称不要太长,尽量控制在 63 个字符之内;函数的命名和定义变量名一样,尽量选择单词组合等有直观意义的字符串。

另一个需要注意是,str2func 函数不能将嵌套函数转成句柄。要想建立嵌套函数句柄,必须使用函数句柄操作符@。另外,在创建句柄时,当使用 func2str 函数将句柄转为字符串,然后又使用 str2func 再转回句柄时,任何存储在句柄中的变量与值都会丢失。

下面再补充解释一下 str2func 函数的命名,这个函数是 convert string to function handle 的缩合写法。取最主要的 3 个词 string to function,第一个词 string,取前 3 个字母 str;第二个词 to,以 2 代替,主要是数字 2 的英文发音和 to 相同;第三个词 function 取前 4 个字母。这样组合在一起,就构成了 str2func。类似的 MATLAB 函数还有很多,如 num2str、func2str、str2double 等,都遵循这样的命名规则。当我们建立特定功能函数时,也可以这样命名,如命名为 run4test 的函数,基本含义是:运行目的是检测,即 run the program for testing code,取 run for test 3 个词,其中 for 与数字 4 在英文中的发音相同,故以 4 代替 for,形成 run4test。

6.6.2 函数句柄的基本用法

创建好函数句柄后,就可以开展各方面的应用了,下面介绍几种常用的使用方法。

1. 作为数据使用

函数句柄是 MATLAB 的标准数据类型,可以像 MATLAB 其他数据类型一样进行操作。例如,在结构体中和 cell 数组中可使用函数句柄。

```
S.a=@sin;S.b=@cos;S.c=@tan              %用于结构数组
C={@sin,@cos,@tan}                      %用于 cell 数组
```

但是,在矩阵和数组中不支持使用句柄。例如:

```
A=[@sin @cos @tan]                      %报错:错误使用 horzcat
```

对于非重载函数、子函数和私有函数,对它们创建函数句柄,本质上只是引用由 @function_name 指定的函数。当通过句柄 evaluate 重载函数时,句柄的参数决定 MATLAB 调用的实际函数。

2. 直接当作函数使用

创建好函数句柄后,对函数的使用则可通过句柄来实现,通过句柄使用和直接使用函数本身类似。例如,下面定义了一个输出星号的函数 printstar,然后创建句柄 star 与原函数关联起来,这样在命令行窗口中使用函数句柄就像使用原函数一样。

先定义函数:

```
function printstar(n)
%功能:输出给定参数个数的星号
%参数: n,星号的个数
for ilp=1:n
    fprintf('%s','*');
```

```
        end
        fprintf('\n');
    end
```

再创建句柄:

```
star=str2func('printstar')
```

最后使用句柄:

```
star(20)
```

3. 当作参数进行传递

通过函数 A 的句柄,可以将函数 A 像普通参数一样传递给另一个函数 B。例如,MATLAB 中的 integral 函数基本调用格式为 q=integral(fun,xmin,xmax),它用来对输入函数 fun 在区间 (xmin,xmax)上进行数值积分计算。被积分的 fun 函数可以使用函数句柄进行调用。这样看来,被积函数 fun 犹如参数 xmin 和 xmax 一样。例如,设有函数 $f(x) = e^{-x^2}(\ln x)^2$,计算$[0,+\infty]$范围上的积分值,可按如下代码实现。

```
fun = @(x) exp(-x.^2).*log(x).^2;
q = integral(fun,0,Inf)
```

4. 方便软件升级

当使用函数句柄时,在函数修改后,只要句柄继续存在,那么在通过句柄调用函数时,就会自动更改,这样在维护软件时,只要句柄保持不变,函数内容的升级、改变就不影响调用接口。例如:

```
function showVerticalStar(n,posit)
%功能:垂直输出星号.
%参数:n,指定星号个数; posit,指定星号位置;两个参数都使用标量数据.
if nargin<2||isempty(posit)
    posit=0;
elseif (posit<0||posit>100)            %限定范围
    posit=10;
end
if nargin<1||isempty(n)
    n=10;                              %默认10个
elseif (posit<0||posit>100)            %限定范围
    posit=10;
end
for ir=1:n
    for jc=1:posit
        fprintf('\t%s',' ');
    end
    fprintf('%s\n','*');
end
```

创建函数的句柄 vs:

```
vs=@showVrtcStar
```

利用句柄 vs(3)，可绘出 3 行星号，此时若更改原函数代码，如将 fprintf('%s\n','*')替换为 fprintf('%s\n','*-*-')，则替换完毕再次调用 vs(3)，会发现输出结果也随之发生变化，而句柄则不需要再次创建绑定，这极大地方便了软件的修改升级。

5．删除句柄

函数句柄被创建后，一直保存在 MATLAB 的工作空间中，除非使用 clear 命令将它们清除，也可以通过赋予空值予以消除。但二者还是有区别的，clear 是删除了句柄，句柄不再存在，hanle=[]是将空值赋给句柄，句柄存在，但不和任何函数关联。试体会如下操作结果的差别。

```
vs=@showVrtcStar
clear; whos
vs=@showVrtcStar
vs=[],whos
```

6.7 泛函命令

MATLAB 为用户提供了字符串运算的命令，当需要将字符串表达的式子进行求值时，可以使用它们，这类命令包括 eval、evalin、feval 等，这里以 eval 和 feval 函数为代表进行介绍。

6.7.1 eval 函数

eval 函数是 MATLAB 中字符串求值函数，它将字符串转换为可执行语句，对于其参数列表中的字符串表达式，只要满足语法规则，都可以求值。例如，eval('y1=sin(2)')和语句 y1=sin(2)等价，但在 eval 函数中，'y1=sin(2)'是字符串，这就为规律化变动的字符串求值提供了可能。eval 函数的语法格式为：

```
[output1,...,outputN]= eval(expression)
```

其中，expression 为包含 MATLAB 有效表达式的字符串，output 为对应表达式的返回值。例如：

```
a='b=magic(4)';
eval(a)
```

执行 eval(a)相当于执行 b=magic(4)。eval 函数多在循环中使用，当一组变量或一批文件的名称有规律时，可批量进行操作。例如：

```
for x=1:5
eval(['y',num2str(x),'=',num2str(x^2)])
end
```

利用这种循环，实际上创建了一批名称规律变化的变量，并将这些变量等进行初始化。例如，执行完上述代码后，可通过 whos 查看工作空间中的变量。

需要注意：当 eval 函数要执行的字符串中有两个字符串表达式时，eval 函数只对第一个字符串表达式起作用，若用户想对两个字符串表达式发挥作用，则达不到目的。例如：

```
eval('a=2','b=3')
```

eval 函数参数中包括两个字符串，但执行上述语句后，会发现 eval 函数只计算了 a=2 而忽略了 b=3。若要将它们同时执行，可按照如下方式进行。

```
eval(['a=2',',','b=3'])
```

或者

```
eval(['a=2',';','b=3'])
```

在早期的 MATLAB 中，函数 eval 经常用于将符号表达式转换为数值结果，如使用 solve 函数求解一个方程，得到的解不一定是直观的数值类型，为了得到小数表示，使用 eval 函数即可。例如：

```
syms x
a=solve(x^2+4*x-9==0,x)
eval(a)
```

对于普通字符串表达式的计算，eval 函数往往要比其他执行语句效率低，所以在能够用其他表达式表示的情况下，尽量不使用 eval 函数。

eval 函数对返回值的处理非常麻烦，但凡有可能，就不要使用如 eval(['output=', expression]) 等的包含返回变量的表达形式，若确实需要使用返回值，则建议使用 output=eval (expression) 这种形式的调用。

在 R2020a 版的 MATLAB 中，已经给出了 eval 函数的替代方法，如在批量创建规律变化的文件名时，使用 sprintf 创建文件名，再使用 save 保存，这比使用 eval 高效很多。

6.7.2 feval 函数

feval 函数和 eval 函数类似，可对其参数列表中由句柄或名称指定的函数进行计算，调用格式为：

```
[y₁, y₂,...]= feval(fun, x₁,..., xₙ)
```

在这种用法中，feval 将参数 $x_1,\cdots,x_n$ 应用到函数句柄，如果函数句柄绑定多个内置函数或 m 函数（也就是说它表示一组重载函数），则调用重载函数的哪一个将由参数 x_1 到 x_n 的数据类型确定。需要指明，虽然使用句柄可以调用函数，但正常的函数调用，不要使用这种 feval 函数格式。

```
h=@sin;
y=feval(h,pi/6);
```

还可以使用函数名字符串的调用形式：

```
y=feval('sin',2);
```

这里需要提醒一下，函数名必须是字符串，不能直接写函数本身。例如，尝试使用 sin 本身，会报错。

```
feval(sin,pi/6)          %错误使用 sin
feval(sin(pi/6))         %错误使用 feval 函数,参数必须包含 function_handle
```

从上述的两种调用格式可以看出，feval 函数主要操作对象是句柄或函数，函数名 feval 本就是 function evaluate 的缩合写法，它不能用于对表达式的求值，这也是和 eval 函数的一个区别。试对比一下。

```
t=0:.01:10*pi;
y=eval('sin(t)+1/2*sin(2*t)');
plot(t,y)    % figure omitted
y=feval('sin(t)+1/2*sin(2*t)');              %报错，函数名称无效。
```

另一个区别是，由于 feval 函数处理的对象是函数句柄或函数名称字符串，所以一般要求要有参数列表，而函数 eval 则没有参数列表，这也是形式上的差别。例如：

```
t=0.01:0.01:6;
fnStr={'sin','cos','log','exp'};
tiledlayout(2,2)
for ilp=1:length(fnStr)
    y=feval(fnStr{ilp},t);
    nexttile,plot(t,y);hold on;
    title(fnStr{ilp})
end
```

下面是一个函数实例，用于实现积分运算。需要说明的是，本例只为说明如何使用 feval 函数，函数并不具有稳健性，当输入的 a、b 或 n 等不符合常规的值时，没有进行检测。

```
function s=mySimp(f,a,b,n)
%功能:计算给定函数的定积分值.
%参数:f-函数句柄或函数名称；a-积分下限；b-积分上限；n-积分微段数
%
h=(b-a)/(2*n);s1=0;s2=0;
for k=1:n
    x=a+h*(2*k-1); s1=s1+feval(f,x);
end
for k=1:(n-1)
    x=a+h*2*k; s2=s2+feval(f,x);
end
s=h*(feval(f,a)+feval(f,b)+4*s1+2*s2)/3;
```

先创建要积分的函数，如创建标准正态分布密度函数，再调用 feval 函数计算 x 在[-3,3] 的积分，代码如下：

```
f=@(x)1./sqrt(2*pi)*exp(-x.^2/2);           %该函数是标准正态分布的密度曲线
mySimp(f,-3,3,100)   %ans = 0.9973
```

从这里可以看出，feval 更像是一个操作函数的函数，从这个角度讲，它是一个"泛函"，而 mySimp 则更像一个模板。因此，若有一批数据需要用不同的函数进行处理，则可以建立数据模版，使用 feval 函数来实现批量处理。

MATLAB 为解决一系列同类问题，提供了类似 feval 的"泛函"函数，列于表 6-2 中。

表 6-2 以函数为参数的一类泛函函数

函数名称	函数功能
integral	数值积分
integral2	对二重积分进行数值计算
integral3	对三重积分进行数值计算
quadgk	计算数值积分，高斯—勒让德积分法
quad2d	计算二重数值积分，tiled 方法
cellfun	对元胞数组中的每个元胞应用函数
arrayfun	将函数应用于每个数组元素
spfun	将函数应用于非零稀疏矩阵元素
splitapply	将数据划分归组并应用函数
structfun	对标量结构体的每个字段应用函数

6.8 读写文件

在数据处理与分析工作中，常常需要完成大量数据的读写，这些数据多数源自科学实验或实地调查，以不同的形式存放在不同类型的文件中，如 Excel 表格、Txt 文本、图片、音频、视频等。为了进一步处理数据，就需要将数据读入或写出，本节将学习不同类型数据文件的读写操作。

6.8.1 文本数据读取

文本格式是通用跨平台数据格式，各种操作系统均可打开这类文档。当数据保存在 .txt 文件中时，根据数据的存储规范性，可以选择不同的函数完成任务，其中典型的函数为 textscan，MATLAB 推荐它代替 textread 函数。

textscan 函数的语法格式为 C=textscan(fileID,formatSpec,N)，它将已打开的文本文件中的数据读取到元胞数组 C 中。输入参数中，fileID 是文件标识符，用来指示文本文件，它由 fopen 函数打开文件时返回得到，完成文件读取后，需要使用 fclose(fileID) 关闭文件。参数 formatSpec 是格式字符向量或字符串，它由一个或多个转换设定符组成，用来指定数据字段的格式。参数 N 是一个正整数，用来设定按 formatSpec 格式读取文件数据的次数。

例如，某文本文件 scan1.dat 的数据格式如图 6-21 所示，观察可知该数据文件的每一行都是固定形式的格式化数据，包括日期、字符和数字。打开文件，用正确的转换设定符读取每一列。textscan 函数返回一个 1×9 的元胞数组 C。代码如下：

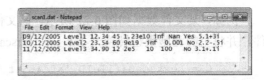

图 6-21 某文本文件 scan1.dat 的数据格式

```
filename = fullfile(matlabroot, 'examples', 'matlab', 'data', 'scan1.dat');
fileID = fopen(filename);              %打开文件,返回 ID
C = textscan(fileID,'%s %s %f32 %d8 %u %f %f %s %f');
```

```
        fclose(fileID);                           %读毕,关闭文件
        whos C
        C                                         %查看C中每个元胞的数据类型
```

在上述指定的格式字符串中，C{1}和 C{2}的数据类型为元胞数组；C{5}的数据类型为 uint32，因此C{5}的前两个元素为32位无符号整数的最大值或intmax('uint32')。

如果想删除字面文本 Level，则需要在参数 formatSpec 中匹配输入中的字面文本，修改如下：

```
        C = textscan(fileID,'%s Level%d %f32 %d8 %u %f %f %s %f');
```

若希望将文件的第一列读取到元胞数组中，跳过该行的其余部分，则可以使用格式转换符控制，修改为：

```
        dates = textscan(fileID,'%s %*[^\n]');
```

函数 textscan 允许用户使用名值对来设定输入参数，它的参数与取值如表6-3所示。

表 6-3 函数 textscan 可用的"名值对"参数与取值

参数	含义	取值	默认值
'CollectOutput'	确定数据串联的逻辑指示符	false、true	false
'CommentStyle'	指定要忽略的文本符号	字符向量、字符向量元胞数组、字符串、字符串数组	无
'DateLocale'	用于读取日期的区域设置	字符向量、字符串	无
'Delimiter'	字段分隔符	字符向量、字符向量元胞数组、字符串、字符串数组	无
'EmptyValue'	空数值字段的返回值	NaN、标量	NaN
'EndOfLine'	行尾字符	字符向量、字符串	\n、\r 或\r\n
'ExpChars'	指数字符	'eEdD'、字符向量、字符串	'eEdD'
'HeaderLines'	标题行数	0、正整数	0
'MultipleDelimsAsOne'	多分隔符处理	0（false）、1（true）	0（false）
'ReturnOnError'	当textscan未能读取或转换数据时的行为	1（true）、0（false）	1（true）
'TreatAsEmpty'	要作为空值处理的占位符文本	字符向量、字符向量元胞数组、字符串、字符串数组	无
'Whitespace'	空白字符	' \b\t'、字符向量、字符串	' \b\t'
'TextType'	文本的输出数据类型	'char'、'string'	Char

例如，某文件数据如图6-22所示，该文件包含逗号分隔的数据及空值。若希望读取该文件，并将空的元胞数组转换为-Inf，则 textscan 函数的设置如下：

```
        C = textscan(fileID,'%f %f %f %f %u8 %f','Delimiter',',','EmptyValue',
-Inf);
```

当文件包含可以解释为注释的文本或其他项（如'NA'或'na'）的数据时，这些数据可能表示空字段。此时在 textscan 函数中设定应被看作注释或空值的输入，并将该数据扫描到 C 中。例如，如图6-23所示的文件数据中包含注释行，相应的 textscan 函数的设置如下：

```
        C = textscan(fileID,'%s %n %n %n %n','Delimiter',',',...
        'TreatAsEmpty',{'NA','na'},'CommentStyle','//');
```

上述示例代码展示了使用名值对的参数设定，读者可根据实际读取数据的情况，选择使用参数。

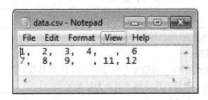

图 6-22　某文件数据

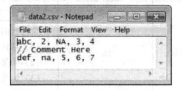

图 6-23　文件数据中有注释

除上述 textscan 函数外，还有一个读取文本数据的 fscanf 函数，其使用方法类似 textscan。例如，在格式 A=fscanf(fileID,formatSpec,sizeA)中，函数将文本文件中的数据读取到列向量 A 中，并根据 formatSpec 指定的格式解释文件中的值，列向量 A 的维数由 sizeA 设定。

例如，下面先创建一个包含整数和浮点数的数据文件，再读取该数据文件，代码如下：

```
% 创建文件
x = 1:1:5;  y = [x;rand(1,5)];
fileID = fopen('nums2.txt','w');
fprintf(fileID,'%d %4.4f\n',y);
fclose(fileID);
% 读取文件
fileID = fopen('nums2.txt','r');
formatSpec = '%d %f';              %定义要读取的数据的格式
sizeA = [2 Inf];                   %定义输出数组的形状
%下面读取文件数据并按列顺序填充输出数组 A
A = fscanf(fileID,formatSpec,sizeA)
```

fscanf 函数也允许用户设定格式，跳过特定的字符。例如，某温度数据中的一行为'78 ℃ 72 ℃ 64 ℃ 66 ℃ 49 ℃'，若想读取文件中的数字并跳过文本℃，则 fscanf 函数的格式参数需要特别设定，实现如下：

```
%创建一个包含温度值的示例文本文件
str = '78℃ 72℃ 64℃ 66℃ 49℃';
fileID = fopen('temperature.dat','w');
fprintf(fileID,'%s',str);
fclose(fileID);
%设定与读取
fileID = fopen('temperature.dat','r');
degrees = char(176);
[A,count] = fscanf(fileID, ['%d' degrees 'C'])
fclose(fileID);
```

参数 formatSpec 指定的数据字段包括数值字段和字符字段两种，表 6-4 和表 6-5 分别列出了两种字段的说明信息。参数 sizeA 设置返回值 A 的维数，其具体的设置参数如表 6-6 所示。

表 6-4 数据字段的说明信息

数据字段类型	转换设定符	说明信息
有符号整数	%d	以 10 为基数
	%i	文件中的值确定相应基数： （1）默认值以 10 为基数； （2）如果初始数字为 0x 或 0X，则值为十六进制（以 16 为基数）； （3）如果初始数字为 0，则值为八进制（以 8 为基数）
	%ld 或%li	64 位值，以 10、8 或 16 为基数
无符号整数	%u	以 10 为基数
	%o	以 8 为基数（八进制）
	%x	以 16 为基数（十六进制）
	%lu、%lo、%lx	64 位值，以 10、8 或 16 为基数
浮点数	%f	浮点字段可以包含下列任意项（不区分大小写）： Inf、-Inf、NaN 或-NaN
	%e	
	%g	

表 6-5 字符字段的说明信息

字符字段类型	转换设定符	说明信息
字符向量或字符串标量	%s	读取所有字符，不包括空白
	%c	读取任何单个字符，包括空白。 要一次读取多个字符，请指定字段宽度
模式匹配	%[...]	只读取方括号中的字符，直到遇到第一个不匹配的字符或空白。 示例：%[mus]将'summer '读作'summ'

表 6-6 sizeA 维数的设置参数

输入格式	说明
Inf	读取到文件末尾。 对于数值数据，输出 A 是一个列向量。 对于文本数据，A 是一个字符向量
n	最多读取 n 个数值或字符字段。 对于数值数据，输出 A 是一个列向量。 对于文本数据，A 是一个字符向量
[m,n]	最多读取 m×n 个数值或字符字段。n 可以为 Inf，但 m 不可以。 输出 A 是按列顺序填充的 m×n 数组

上述的数据文本格式都比较复杂，若数据文本由纯格式化的数据构成，则使用 load 函数即可。例如，下面的代码可将数据读入矩阵 A 中。

```
filename='abc.txt'
A=load(filename,'-ascii')
```

6.8.2 读取 Excel 文件

很多时候，实验观测数据被存放在 Excel 文件中，对于读取 Excel 数据的函数，随着 MATLAB 版本的升级，相关函数也更替了许多，如早期的 xlsread 函数，自 R2019a 版开始，不再推荐使用，转而推荐新版的 readcell、readmatrix、readtable 函数。本节着重学习这几个函数的使用。

1. readcell 函数

简单地说，readcell 函数主要实现从文件中读取元胞数组。在语法格式 C=readcell (filename,opts)中，filename 指定被读取的文件。readcell 函数支持读取的文件类型包括.txt、.dat 或.csv（适用于带分隔符的文本文件），以及.xls、.xlsb、.xlsm、.xlsx、.xltm、.xltx 或.ods（适用于电子表格文件）；参数 opts 用来为数据设置特定的导入选项，一般有两种方法设置该选项，一是借助 opts 对象实现，二是借助指定"名值对"组实现。

例如，如图 6-24 所示的数据（部分）摘自实际科研调查结果，文件命名为 byd.xlsx，其中的数据表示该物种在采样地的出现数量，读取这种文件，可直接使用文件名作为参数。

```
C=readcell('byd.xlsx')
```

A	B	C	D	E	F	G	H	I	J
	大白洋淀	小白洋淀	前塘	后塘	聚龙殿	孟家淀	胡家洼	范鱼淀	鲭鳜淀
鲫	131	228	107	97	45	198	59	115	75
鲤	2		1	1			1		
鲢		3					2		2
鳙							2		1
餐	7	32			2			19	
贝氏餐									
红鳍鲌	6	26	4	32	9			5	4
翘嘴鲌	19		27		30	2	4	32	50
团头鲂									
兴凯鱊	1				1		5	1	5
中华鳑鲏	1		5	21					1
高体鳑鲏	1		1	25				6	2

图 6-24　Excel 数据文件中的部分原始数据

也可以使用 preview 函数预览电子表格文件中的数据，并将混合数据从指定的工作表和范围导入元胞数组，具体如下。

```
fn='byd.xlsx'; opts = detectImportOptions(fn);
preview(fn,opts)                    %预览数据格式
C=readcell(fn)
```

得到一个 13×10 的 cell 数组，部分读入结果如图 6-25 所示，其中缺失数据或没有原始结果的 Excel 单元格默认以 missing 表示。

```
{1×1 missing}     {'大白洋淀'  }     {'小白洋淀' }
{'鲫'      }     {[      131]}     {[      228]}
{'鲤'      }     {[        2]}     {1×1 missing}
{'鲢'      }     {1×1 missing}     {[        3]}
{'鳙'      }     {1×1 missing}     {1×1 missing}
{'餐'      }     {[        7]}     {[       32]}
{'贝氏餐'   }     {1×1 missing}     {1×1 missing}
{'红鳍鲌'   }     {[        6]}     {[       26]}
{'翘嘴鲌'   }     {[       19]}     {1×1 missing}
```

图 6-25　部分读入结果

在读取 Excel 文件时，readcell 函数允许用户使用"名值对"参数，以具体界定 sheet 表

和 range 数据范围，接续上例，要读取名为"sheet1"的工作表，导入从 A2 得到 F5 范围内的数据，则可以使用：

```
M=readcell(fn,'sheet','sheet1','range','A2:F5')
```

在上例中，range 设定读取的具体范围，各种指定 range 的方式列于表 6-7 中。

表 6-7　数据表读取范围的指定方法说明

指定 range 的方式	说　明
起始单元格： 'Cell'、[row col]	将数据的起始单元格指定为字符向量、字符串标量或二元素数值向量。 （1）字符向量或字符串标量，其中包含使用 Excel A1 表示法的列字母和行号。例如，A5 是第 A 列与第 5 行相交处的单元格的标识符。 （2）二元素数值向量，形式为[row col]，表示起始行和列。 根据起始单元格，导入函数通过从起始单元格开始导入，并在到达最后一个空行或页脚范围时结束，从而自动检测数据范围。例如：'A5'或[5 1]
矩形范围： 'Corner1:Corner2'、 [r1 c1 r2 c2]	使用以下形式之一的矩形范围指定要读取的精确范围。 （1）'Corner1:Corner2'，使用 Corner1 和 Corner2 指定范围，这两个对角以 Excel A1 表示法定义要读取的区域。例如，'C2:N15'。 （2）[r1 c1 r2 c2]，使用包含起始行、起始列、结束行和结束列的四元素数值向量指定范围。例如：[2 3 15 13]。 导入函数只读取指定范围内包含的数据。指定范围内的任何空字段都作为缺失单元导入
行范围或列范围： 'Row1:Row2'、 'Column1:Column2'	通过使用 Excel 行号标识起始行和结束行来指定范围。根据指定的行范围，导入函数从第一个非空列开始读取，一直到数据的最后，从而自动检测列范围，并为每一列创建一个变量。示例：'5:500'。 也可以通过使用 Excel 列字母或列号标识起始列和结束列来指定范围。根据指定的列范围，导入函数通过从第一个非空行开始读取，一直到数据的最后或页脚范围，从而自动检测行范围。 指定范围内的列数必须与 ExpectedNumVariables 属性中指定的数字匹配。示例：'A:K'
起始行号：n	使用正标量行索引指定包含数据的第一行。根据指定的行索引，导入函数从指定的行开始读取，一直到数据的最后或页脚范围，从而自动检测数据范围。示例：5
Excel 中的命名范围： 'NamedRange'	在 Excel 中，可以通过创建名称来标识电子表格中的范围。例如，可以选择电子表格的一个矩形部分，并将其命名为 myTable。如果电子表格中存在此类命名范围，则导入函数可以使用它的名称来读取该范围。 示例：'Range','myTable'
未指定或为空：''	如果未指定，则导入函数会自动检测使用的范围。示例：'Range',''。 注意：使用范围指电子表格中实际包含数据的矩形部分。导入函数通过删减不包含数据的前导行列和尾随行列，自动检测使用范围。只包含空白的文本被视为数据，并会在使用范围内被捕获

2. readmatrix 函数

readmatrix 函数能够从文件中读取矩阵，其使用方法和 readcell 函数类似，它支持的文件类型也和 readcell 函数相同。例如，图 6-26 是 egData.xlsx 数据文件的一部分，使用文件名作为参数，则可以读取该文件中的所有数据到矩阵 A 中。

```
A =readmatrix('egData.xlsx')
```

也可以使用和 readcell 同样的"名值对"参数形式读取数据的一部分。例如，对上述文件，有：

```
M=readmatrix('egData.xlsx','sheet','sheet1','range','A2:F5')
```

则读取数据文件的 2 到 5 行、A 到 F 列的数据。

第 6 章 函数文件

	A	B	C	D	E
1	92	99	1	8	15
2	98	80	7	14	16
3	4	81	88	20	22
4	85	87	19	21	3
5	86	93	25	2	9
6	17	24	76	83	90
7	23	5	82	89	91
8	79	6	13	95	97

图 6-26 egData.xlsx 数据文件的一部分

在读取数据时，若 Excel 数据中有空格，则 readmatrix 函数将空格转换为 NaN，若数据中有文本，则将文本一并变为 NaN。例如，在 readcell 函数的例子中，我们使用了 byd.xlsx 文件，使用 readmatrix 函数读取如下：

```
M=readmatrix('byd.xlsx','sheet','sheet1','range','A2:F5')
```

图 6-27 给出了数据的范围和读取结果，对比观察可知，原始数据中的文字和空格，都被 NaN 替换了。

图 6-27 readmatrix 函数使用 NaN 替换非数值数据

readmatrix 函数使用的范围，与 readcell 中的完全一致，具体使用时，可参考表 6-7。

3. readtable 函数

readtable 函数把读取的文件数据，放到创建的表中，其使用方法也类似于 readcell 函数。例如，对于如图 6-26 所示的数据，读取如下：

```
T =readtable('egData.xlsx')
```

也可以使用"名值对"的参数形式设定读取范围。例如：

```
T=readtable('egData.xlsx','sheet','sheet1','range','A2:F5')
```

当读取的 Excel 文件中有空格时，空格用 NaN 补上。例如，对于如图 6-24 所示的数据，读取结果如图 6-28 所示。

```
T=readtable('byd.xlsx')
```

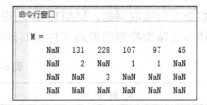

图 6-28 以 NaN 替换空格

在使用 readtable 函数时，允许使用的"名值对"参数众多，其中适用于 Excel 读取的列于表 6-8 中，用户可根据实际情况，选择使用。

表 6-8 限于和只适用于 Excel 文件的 readtable 参数与取值

参 数	含 义	取 值 范 围	默 认 值
'ReadVariableNames'	读取第一行作为变量名称	false、true、0、1	无
'ReadRowNames'	读取第一列作为行名称的指示符	false、true、0、1	false
'TreatAsEmpty'	要作为空值处理的占位符文本	字符向量、字符向量元胞数组、字符串、字符串数组	无
'TextType'	导入的文本数据类型	'char'、'string'	'char'
'DatetimeType'	导入的日期和时间数据的类型	'datetime'、'text'、'exceldatenum'（仅限电子表格文件）	'datetime'
'PreserveVariableNames'	保留变量名称的标志	false、true	false
'Sheet'	要读取的工作表	1、正整数、字符向量、字符串	1
'Range'	要读取的工作表的部分	字符向量、字符串标量	无
'UseExcel'	用于启动 Windows 版 Microsoft Excel 实例的标志	false、true	false

在 MATLAB 中，掌握 textscan、readtable、readcell 和 readmatrix 4 个函数，可以应付大多数数据的读取问题，MATLAB 还提供了类似的其他函数，列于表 6-9 中，除此之外，还有一些涉及精细控制的低级文件读写函数，列于表 6-10 中，供读者查用。

表 6-9 文本文件函数一览表

函 数 名 称	函 数 功 能
readtable	基于文件创建表
writetable	将表写入文件
readtimetable	基于文件创建时间表
writetimetable	将时间表写入文件
detectImportOptions	基于文件内容生成导入选项
delimitedTextImportOptions	为带分隔符的文本导入选项对象
fixedWidthImportOptions	等宽文本文件的导入选项对象
getvaropts	获取变量导入选项
setvaropts	设置变量导入选项
setvartype	设置变量数据类型
preview	使用导入选项预览文件中的 8 行数据
readmatrix	从文件中读取矩阵
writematrix	将矩阵写入文件
readcell	从文件中读取元胞数组
writecell	将元胞数组写入文件
readvars	从文件中读取变量
textscan	从文本文件或字符串读取格式化数据
type	显示文件内容
tabularTextDatastore	表格文本文件的数据存储

表 6-10 低级文件读写函数一览表

函 数 名 称	函 数 功 能
fclose	关闭一个或所有打开的文件
feof	检测文件末尾
ferror	文件 I/O 错误信息
fgetl	读取文件中的行，并删除换行符
fgets	读取文件中的行，并保留换行符
fileread	以文本格式读取文件内容
fopen	打开文件或获得有关打开文件的信息
fprintf	将数据写入文本文件
fread	读取二进制文件中的数据
frewind	将文件位置指示符移至所打开文件的开头
fscanf	读取文本文件中的数据
fseek	移至文件中的指定位置
ftell	当前位置
fwrite	将数据写入二进制文件

6.8.3 读取三角矩阵数据

上面给出的函数，都是读取行列维度相对一致的数据，但很多时候，原始数据保存成上三角或下三角等形式。例如，如图 6-29 所示为 4 种不同类型的三角数据格式，根据数据三角形中直角所处的方位，分别命名为左上型、左下型、右上型和右下型。

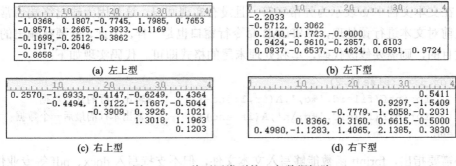

图 6-29 4 种不同类型的三角数据矩阵

对于这类每行数据多寡不一的三角数据情形，需要用到 MATLAB 的低级文件读写函数。扫描书前二维码获取读取三角矩阵数据函数的源代码（示例代码 6-7），其中用到了表 6-10 中的函数。

6.8.4 写入文本文件

有时，需要将程序的运行结果保存到文件中以备他用，这就需要写入文件的操作。在写入以文本文件为代表的 MATLAB 函数时，fprintf 是最常用的函数，它允许用户自定义格式化字符串，并据此写入文件中，同类的文件已列于表 6-10 中。在写入文件之前，一般需要使用 fopen 函数打开文件，并借返回的文件标识符 fileId 控制写入。例如：

```
A=magic(6)
fileid=fopen('egFile.txt','w');
for ir=1:size(A,2)
    fprintf(fileid,'%3d',A(ir,:))
    fprintf(fileid,'\n')
end
fclose(fileid)
```

在上述的代码中,使用 fopen 函数打开一个名为 egFile 的文件,并指定该文件为.txt 类型,打开格式以'w'指定为写入,通过返回的 fileid,让 fprintf 的输出存到由 fileid 指定的文件中,也即刚刚打开的文件,写入完毕,使用 fclose 函数关闭文件。另一个使用 fprintf 的例子为本章 6.2 节创建的 MATLAB 函数模板文件,读者可研习该代码中 fprintf 函数的使用。

需要强调的是,fprintf 将它接收的每个字符按顺序写入文件,但它并不回溯或解释数据。例如,'\b'(char(8))的原始字节值不代表所有文件中的退格(如在图像/二进制数据中)。当'\b'用于写入文件的字符格式时,如果用真正的文本编辑器打开文件,就会发现它确实包括了退格,但可能表示为问号、打开框或 "BS",而不产生回退功能,这往往不是我们所期望的。例如,将上述代码改写,希望在每行的数字之间使用逗号替代空格分隔,并在每行数据末尾添加分号,则代码实现如下:

```
for ir=1:size(A,2)
    fprintf(fileid,'%d,',A(ir,:));         %每个数据后添加逗号分隔
    fprintf(fileid,'\b;\n');               %本意通过退格删除末尾的逗号
end                                        %并且添加分号,实际上不可行
```

如果不写入文件,而是在窗口显示,则上述代码没有问题,但若输出到文件中,则达不到目的,在文本文档中'\b'表示为异常字符,且没有实现回退。这是因为输出终端通常会在显示文本之前对文本进行预处理,MATLAB 命令行窗口也是一样。为此,若要在输出的文件中实现上述目的,则需要修改代码,单独处理末尾的格式即可。代码实现如下:

```
for ir=1:size(A,2)
    fprintf(fileid,'%d,',A(ir,1:end-1));   %输出本行的其他数据
    fprintf(fileid,'%d;\n',A(ir,end));     %输出本行的最后一个数据
end
```

另外需要指出,fprintf 函数能够写入文本文件,但不支持写入 docx、pdf 等专业性文档,试图写入这种类型的文件时,代码的语法检测没有问题,但写入不会成功。在上述的代码中,读者试着将打开的文档类型改写为 Word 文档,运行会发现,确实创建了文档,但当使用 Word 打开时,会报错。

```
fileid=fopen('egFile.docx','w');          %修改为 docx 类型文件
```

除 fprintf 函数外,还有一些可写入文本文件的函数,列于表 6-9 中,如 writematrix、writecell 等,它们不仅可以写入文本文件,也可以写入 Excel 电子表格文件。

6.8.5 写入 Excel 文件

在早期版本中,写入 Excel 文件使用的函数是 xlswrite,虽然目前仍然支持该函数,但

MATLAB 已经明确说明不再推荐使用，转而建议使用 writetable、writematrix 或 writecell 等，从包含的数据类型来看，cell 数组比单纯的数据矩阵更丰富、更有代表性。为此，本节以 writecell 函数为代表，学习写入 Excel 文件。

writecell(C,filename,Name,Value)将元胞数组 C 写入 filename 指定名称的 Excel 文件，包括.xls、.xlsm 或.xlsx（适用于 Excel 电子表格文件），以及.xlsb（适用于安装了 Windows Excel 的系统上支持的 Excel 电子表格文件），允许使用一个或多个由 Name/Value 构成的"名值对"格式设置选项。例如，有如下的元胞数组：

```
C = {pi,2,3; 'text',datetime('today'),hours(1)}
```

将其写入电子表格文件中的指定工作表和范围，具体地，写入文件 C.xlsx 的第二个工作表中，从第三行开始写入，则代码实现如下：

```
writecell(C,'C.xls','Sheet',2,'Range','A3:C5')
```

要查看输出结果，用户可以使用 readcell 函数读取并显示该元胞数组，也可以使用 Excel 打开生成的文件，还可以调用 winopen 函数在程序中打开并显示该文件。但需要注意，无论使用哪种方法打开 Excel 软件，在 Excel 软件中加载该文件后，若想再次运行源码重新写入，则必须先将在 Excel 软件中打开的这个文件关闭，否则 MATLAB 会检测到写保护而出现写入报错。

仔细观察打开的文件，会发现输出的文件中，第一个元素 pi 的值为 3.141592654，它保留了 9 位小数。实际上，对于这类数据的输出，若未经设置，那么 writecell 总会保留较多位数的小数部分，但这有时并不是我们想要的，更多的时候只想输出 2 位小数。笔者在工作中编写了一个函数，可以为输出的数据文件自动添加表头和行号，并规定了保留小数位数的设置，扫描书前二维码获取源代码（示例代码 6-8），但该函数不支持输出数据的列数超过 26 列，解除列数限制的代码请参看笔者《实用数量生态学》第一章中的代码。例如：

```
A=randn(6)
makeExcelTable(A,'abc.xlsx',3)
```

6.8.6 写入 Word 文件

在 MATLAB 中写入 Word 文件，需要稍微复杂的编程才能实现。一是需要调用组件对象模型（Component Object Model，COM）处理函数，以创建 COM 服务器；二是要熟悉 Word 软件中的编程语言 VBA，将两者结合在一起才能实现。

在 MATLAB 中，涉及创建 COM 服务器和获取 Word 本地服务器的函数主要有两个，一是 actxserver 函数，二是 actxGetRunningServer 函数。除此之外，还有一些辅助函数，如 Quit 函数用来终止 MATLAB 自动化服务器。

actxserver 函数用来创建 COM 服务器，基本语法格式为 c= actxserver(progid)，它将创建一个本地 OLE 自动化服务器，其中 progid 是与对象链接和嵌入（Object Linking and Embeding，OLE）兼容的 COM 服务器的编程标识符，c 是返回的服务器默认接口句柄。

对于在动态链接库中实施的组件，actxserver 创建进程内服务器。对于作为可执行文件实施的组件，actxserver 创建进程外服务器。用户可以在支持 DCOM 的网络中的客户端系统或任何其他系统上创建进程外服务器。例如，下面的代码显示了 Word ActivePrinter 的属性。

```
e=actxserver('Word.Application')
get(e,'ActivePrinter')
Quit(e)                         %关闭服务器对象；函数的第一个字母大写
delete(e)                       %删除服务器对象
```

应用程序完成工作后，在 MATLAB 中关闭 Word 并删除服务器对象。

actxGetRunningServer 用来获取对正在运行的 OLE 自动化服务器实例的引用，返回服务器默认接口的句柄，基本语法格式为 c = actxGetRunningServer(progid)，如果 progid 指定的服务器当前未运行或服务器对象未注册，此函数将返回错误。如果正在运行服务器的多个实例，则由操作系统控制此函数的行为。例如，下面的语句创建了 Word 属性名称列表。

```
c = actxGetRunningServer('Word.Application');
list=fieldnames(c);
```

使用上述两个主要函数，可以创建和测试 Word 服务器的状态。下面以一个完整的例子，说明在 MATLAB 中调用 Word 并创建文档的具体过程，输出的文档如图 6-30 所示。

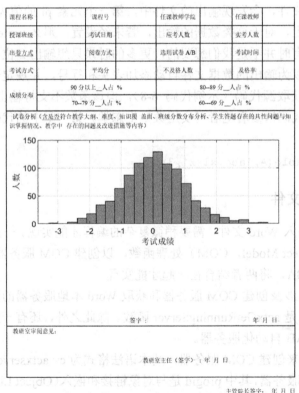

图 6-30　MATLAB 调用 Word 输出的文档

在本例中，整个 Word 文档的创建包括 3 部分。一是表前文字部分。二是表后文字部分。这两部分涉及的文本都在表外，统一处理。三是表体及表内文字的输出，也是整个程序的主要部分，单独实现。

下面的代码，首先判断当前的 Word 是否打开，若已经打开，则创建一个名为"试卷分析表.docx"的文件；若尚未打开，则打开 Word 并创建该名称的文档。

```
filename=[pwd,'\试卷分析表.docx'];
% 判断 Word 是否已经打开,若已打开,则在打开的 Word 中进行操作,否则先打开 Word
try
    % 若 Word 服务器已经打开,则返回其句柄 Word
    Word = actxGetRunningServer('Word.Application');
Catch
    % 创建一个 Microsoft Word 服务器,返回句柄 Word
    Word = actxserver('Word.Application');
end
Word.Visible = 1;                          %设置 Word 属性为可见
% set(Word, 'Visible', 1);                 %另一种格式,设置 Word 属性为可见
if exist(filename,'file')                  %测试文件是否存在
    Document = Word.Documents.Open(filename);   %若存在,则打开该文件
    % Document = invoke(Word.Documents,'Open',filespec_user);
else
Document = Word.Documents.Add;             %若不存在,则新建一个文件
% Document = invoke(Word.Documents, 'Add'); %另一种格式,新建一个文件
    Document.SaveAs2(filename);            %保存文件
end
```

在创建 Word 文档后，要设置页面布局、在文档中写入内容等，需要使用 Word 中的编程语言 VBA，VBA 是 Visual Basic for Applications 的缩合写法，它是 Visual Basic 的一种宏语言，是在桌面应用程序中执行通用的自动化任务的编程语言，主要用来扩展 Windows 应用程序功能。在 Word 中可以打开 VBA 代码编辑器，以 Word 2010 版为例，通过菜单命令"视图"→"宏"→"查看宏"打开，如图 6-31 所示。如图 6-32 所示为笔者计算机上用来设定 Eviews 输出图像格式的一段 VBA 代码，它展示了 VBA 代码的基本样貌。

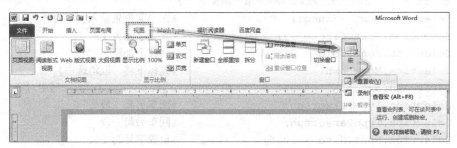

图 6-31　查看 Word 中的 VBA

下面对创建的 Word 文档设置页面布局，包括页面尺寸、页边距等具体内容，这需要先通过 Word 的 Document 函数返回句柄，然后再通过句柄进行操作，语法格式与 VBA 中的语法格式相同。例如，下面的代码设置了页边距等。

```
Content = Document.Content;                    %返回 Content 接口句柄
Selection = Word.Selection;                    %返回 Selection 接口句柄
Paragraphformat = Selection.ParagraphFormat;
                                               %返回 ParagraphFormat 接口句柄
% 页面设置
Document.PageSetup.TopMargin = 60;             %上边距 60 磅
Document.PageSetup.BottomMargin = 45;          %下边距 45 磅
Document.PageSetup.LeftMargin = 45;            %左边距 45 磅
Document.PageSetup.RightMargin = 45;           %右边距 45 磅
```

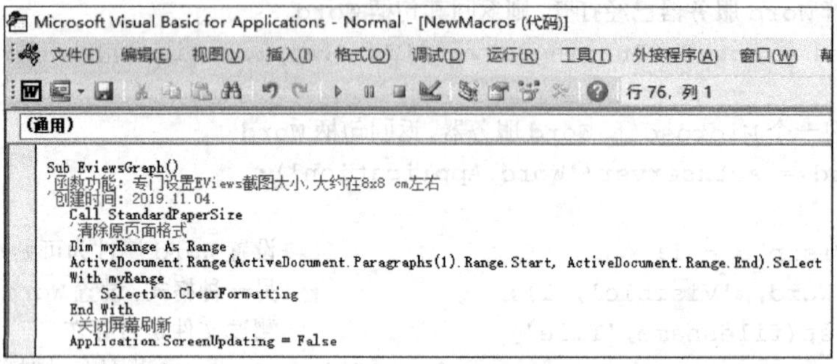

图 6-32 VBA 代码示例

下面通过返回参数 Content 设置文档内容、正文文字、图表、字体等各种细节，代码的每一行都给出了注释说明。

```
% 设定文档内容的起始位置和标题
Content.Start = 0;                             %设置文档内容的起始位置
headline = ' 试 卷 分 析 ';
Content.Text = headline;                       %输入文字内容
Content.Font.Size = 16 ;                       %设置字号为 16
Content.Font.Bold = 4 ;                        %字体加粗
Content.Paragraphs.Alignment = 'wdAlignParagraphCenter';   %居中对齐
Selection.Start = Content.end;                 %设定下面内容的起始位置
Selection.TypeParagraph;                       %回车另起一段
xueqi = ' ( 2021 — 2022 学年 第一学期) ';
Selection.Text = xueqi;                        %在当前位置输入文字内容
Selection.Font.Size = 12;                      %设置字号为 12
Selection.Font.Bold = 0;                       %字体不加粗
Selection.MoveDown;                            %光标下移（取消选中）
Paragraphformat.Alignment = 'wdAlignParagraphCenter';   %居中对齐
Selection.TypeParagraph;                       %回车另起一段
Selection.TypeParagraph;                       %回车另起一段
Selection.Font.Size = 10.5;                    %设置字号为 10.5
```

下面的代码在运行光标处插入一个表格，并对表格进行合并、写入文字等操作，所有操作均通过返回的表格句柄 DTI 实现。

```
% 在光标所在位置插入一个 12 行 9 列的表格
Tables = Document.Tables.Add(Selection.Range,12,9);
```

```
DTI =Tables;                          %返回表格的句柄
% 设置表格边框
DTI.Borders.OutsideLineStyle = 'wdLineStyleSingle';
DTI.Borders.OutsideLineWidth = 'wdLineWidth150pt';
DTI.Borders.InsideLineStyle = 'wdLineStyleSingle';
DTI.Borders.InsideLineWidth = 'wdLineWidth150pt';
DTI.Rows.Alignment = 'wdAlignRowCenter';
DTI.Rows.Item(8).Borders.Item(1).LineStyle = 'wdLineStyleNone';
DTI.Rows.Item(8).Borders.Item(3).LineStyle = 'wdLineStyleNone';
DTI.Rows.Item(11).Borders.Item(1).LineStyle = 'wdLineStyleNone';
DTI.Rows.Item(11).Borders.Item(3).LineStyle = 'wdLineStyleNone';
% 设置表格列宽和行高
itemwidth = [53.7736,85.1434,53.7736,35.0094,...
    35.0094,76.6981,55.1887,52.9245,54.9057];         %定义列宽向量
itemheight = [28.5849,28.5849,28.5849,28.5849,25.4717,25.4717,...
32.8302,312.1698,17.8302,49.2453,14.1509,18.6792];    %定义行高向量
% 通过循环设置表格每列的列宽
for ilp = 1:9
    DTI.Columns.Item(ilp).Width = itemwidth(ilp);
end
% 通过循环设置表格每行的行高
for ilp = 1:12
    DTI.Rows.Item(ilp).Height = itemheight(ilp);
end
% 通过循环设置每个单元格的垂直对齐方式
for ilp = 1:12
    for jlp = 1:9
        DTI.Cell(ilp,jlp).VerticalAlignment = 'wdCellAlignVertical
Center';
    end
end
```

为了满足本例中输出内容的特殊要求,对上述插入的表格进行合并处理,使用 VBA 的 merge 函数,具体操作如下:

```
% 合并单元格
DTI.Cell(1, 4).Merge(DTI.Cell(1, 5));
DTI.Cell(2, 4).Merge(DTI.Cell(2, 5));
DTI.Cell(3, 4).Merge(DTI.Cell(3, 5));
DTI.Cell(4, 4).Merge(DTI.Cell(4, 5));
DTI.Cell(5, 2).Merge(DTI.Cell(5, 5));
DTI.Cell(5, 3).Merge(DTI.Cell(5, 6));
DTI.Cell(6, 2).Merge(DTI.Cell(6, 5));
DTI.Cell(6, 3).Merge(DTI.Cell(6, 6));
DTI.Cell(5, 1).Merge(DTI.Cell(6, 1));
DTI.Cell(7, 1).Merge(DTI.Cell(7, 9));
DTI.Cell(8, 1).Merge(DTI.Cell(8, 9));
DTI.Cell(9, 1).Merge(DTI.Cell(9, 3));
```

```
        DTI.Cell(9, 2).Merge(DTI.Cell(9, 3));
        DTI.Cell(9, 3).Merge(DTI.Cell(9, 4));
        DTI.Cell(9, 4).Merge(DTI.Cell(9, 5));
        DTI.Cell(10, 1).Merge(DTI.Cell(10, 9));
        DTI.Cell(11, 5).Merge(DTI.Cell(11, 9));
        DTI.Cell(12, 5).Merge(DTI.Cell(12, 9));
        DTI.Cell(11, 1).Merge(DTI.Cell(12, 4));
```

下面实现在表格下方写入固定的内容：

```
        Selection.Start = Content.end;                          %设置光标位置在文档内容的结尾
        Selection.TypeParagraph;                                %回车，另起一段
        Selection.Text = '主管院长签字： 年 月 日';              %输入文字内容
        Paragraphformat.Alignment = 'wdAlignParagraphRight';    %右对齐
        Selection.MoveDown;                                     %光标下移
```

下面实现在表格中填入固定的文字内容：

```
        DTI.Cell(1,1).Range.Text = '课程名称';
        DTI.Cell(1,3).Range.Text = '课程号';
        DTI.Cell(1,5).Range.Text = '任课教师学院';
        DTI.Cell(1,7).Range.Text = '任课教师';
        DTI.Cell(2,1).Range.Text = '授课班级';
        DTI.Cell(2,3).Range.Text = '考试日期';
        DTI.Cell(2,5).Range.Text = '应考人数';
        DTI.Cell(2,7).Range.Text = '实考人数';
        DTI.Cell(3,1).Range.Text = '出卷方式';
        DTI.Cell(3,3).Range.Text = '阅卷方式';
        DTI.Cell(3,5).Range.Text = '选用试卷 A/B';
        DTI.Cell(3,7).Range.Text = '考试时间';
        DTI.Cell(4,1).Range.Text = '考试方式';
        DTI.Cell(4,3).Range.Text = '平均分';
        DTI.Cell(4,5).Range.Text = '不及格人数';
        DTI.Cell(4,7).Range.Text = '及格率';
        DTI.Cell(5,1).Range.Text = '成绩分布';
        DTI.Cell(5,2).Range.Text = '90 分以上__人占 %';
        DTI.Cell(5,3).Range.Text = '80--89 分__人占 %';
        DTI.Cell(6,2).Range.Text = '70--79 分__人占 %';
        DTI.Cell(6,3).Range.Text = '60---69 分__人占 %';
        DTI.Cell(7,1).Range.Text = [' 试卷分析（含是否符合教学大纲、难度、知识覆 '...
            '盖面、班级分数分布分析、学生答题存在的共性问题与知识掌握情况、教学中 '...
            '存在的问题及改进措施等内容） '];
        DTI.Cell(7,1).Range.ParagraphFormat.Alignment = 'wdAlignParagraphLeft';
        DTI.Cell(9,2).Range.Text = ' 签字 :';
        DTI.Cell(9,4).Range.Text = ' 年 月 日 ';
        DTI.Cell(10,1).Range.Text = ' 教研室审阅意见： ';
        DTI.Cell(10,1).Range.ParagraphFormat.Alignment = 'wdAlignParagraph
Left';
        DTI.Cell(10,1).VerticalAlignment = 'wdCellAlignVerticalTop';
        DTI.Cell(11,2).Range.Text = ' 教研室主任（签字） :年 月 日';
```

```
        DTI.Cell(11,2).Range.ParagraphFormat.Alignment = 'wdAlignParagraph
Left';
        DTI.Cell(8,1).Range.ParagraphFormat.Alignment = 'wdAlignParagraphLeft';
        DTI.Cell(8,1).VerticalAlignment = 'wdCellAlignVerticalTop';
        DTI.Cell(9,2).Borders.Item(2).LineStyle = 'wdLineStyleNone';
        DTI.Cell(9,2).Borders.Item(4).LineStyle = 'wdLineStyleNone';
        DTI.Cell(9,3).Borders.Item(4).LineStyle = 'wdLineStyleNone';
        DTI.Cell(11,1).Borders.Item(4).LineStyle = 'wdLineStyleNone';
```

下面为在表格中输出图像做清理准备，模拟产生标准正态分布随机数，画直方图，并设置图形属性。

```
        zft = figure('units','normalized','position',...
             [0.28 0.45 0.22 0.15],'visible','off');    %新建图形窗口,设为不可见
        set(gca,'position',[0.1 0.2 0.85 0.75]);         %设置坐标系的位置和大小
        data = normrnd(0,1,1000,1);                      %产生标准正态分布随机数
        histogram(data); grid on;                        %画出直方图
        xlabel(' 考试成绩 '); ylabel(' 人数 ');
```

下面的代码将生成的图形复制到粘贴板，然后复制并粘贴到当前文档上，用到了 hgexport 函数。

```
        hgexport(zft, '-clipboard');
        % 将图形粘贴到表格第 8 行第 1 列的单元格里
        DTI.Cell(8,1).Range.Paragraphs.Item(1).Range.PasteSpecial;
        set(zft,'visible','on'); delete(zft);            %删除图形句柄
        Document.ActiveWindow.ActivePane.View.Type = 'wdPrintView';
                                                         %设置视图方式为页面
        Document.Save;                                   %保存文档
```

至此，整个文档的创建完成。

将上面的各段代码合成一个完整的文件，就可以使用 MATLAB 调用 Word 软件再现文档的创建过程了。需要说明的是，本例中的实现代码，主要参考了谢中华的《MATLAB 统计分析与应用：40 个案例分析》，并对其中的部分内容进行了修订，以适应 R2020b 及更高版本的 MATLAB。

6.9 一些矩阵操作函数的实现案例

前面讨论了函数的创建与编写规范，本节就矩阵使用的一些特殊情况，创建一些函数文件。我们知道，在矩阵应用中经常遇到一些元素之间存在某种关系的特殊矩阵，除第 2 章学习过的一些特殊矩阵外，还包括对称矩阵、置换矩阵等。

6.9.1 对称矩阵

对称矩阵是一个实数方阵，其元素关于主对角线对称。即存在 $A^T = A$ 或 $a_{ij} = a_{ji}$，满足条件 $A^T = -A$ 的方阵称作反对称矩阵，反对称矩阵的主对角线元素全部为 0。除正对称矩阵和反对称矩阵外，还有一种矩阵被称作中心对称矩阵，也叫作交叉对称矩阵、斜对称矩阵，

还有时候称作 C 矩阵，其定义是 $a_{ij}=a_{n-j+1,n-i+1}$，中心对称矩阵是一种相对矩阵的中心点对称的矩阵，其元素关于交叉对角线对称。

对称矩阵常常在一些实验中使用，MATLAB 没有专门的创建对称矩阵的函数，但提供了一个 issymmetric 函数，它用来确定一个矩阵是实数对称矩阵还是复数对称矩阵。当矩阵为对称矩阵时返回 true，否则返回 false；当使用带参数的 issymmetric(X,'skew') 时，用来判断反对称矩阵的 true 或 false。根据对称矩阵的数学原理，我们可以自定义生成随机对称矩阵的 MATLAB 函数。试创建一个生成对称矩阵的 symmetric 函数，使用 issymmetric 函数进行验证，相关代码可扫描书前二维码获取（示例代码 6-9）。

Hermitian 矩阵也是一种对称矩阵，所谓 Hermtian 矩阵，是指对于方阵 A，存在 $A^H=A$，即 A 是复共轭对称矩阵，其中的 $A^H=(A^*)^T=[a_{ji}^*]$。此外，Heimitian 矩阵也有其他几种形式的对称，如反 Hermitian 矩阵、中央 Heimitian 矩阵等。为了判断矩阵是否为 Hermitian 矩阵，MATLAB 提供了 ishermitian 函数，它用来判断矩阵是实数对称矩阵还是复数厄米特矩阵；若方阵 X 是 Hermitian 矩阵，则返回 true，否则返回 false。和 issymmetric 函数一样，当使用带参数 skew 的调用格式 ishermitian(X,'skew') 时，可以判断一个方阵是不是反 Hermitian 矩阵，是则返回 true，否则返回 false。

MATLAB 没有提供创建 Hermitian 矩阵的函数，但根据上述数学定义，用户也可以创建自己的随机 Hermitian 矩阵，其实现思路和前述内容类似，读者可自己试一试。

6.9.2 置换矩阵

在矩阵的各项操作中，有很多是通过矩阵的乘法来实现的，如对于某方阵 A，如果想对 A 的每一行进行不同尺度的变换，则可以通过左乘对角矩阵来实现；如果想对矩阵的各列进行尺度变换，则可以通过右乘对角矩阵来实现。像这类的变换很多，能够实现这类变换的矩阵，包括对角矩阵、置换矩阵、互换矩阵与选择矩阵等。下面探讨 MATLAB 如何实现这类的变换。

1. 行列尺度变换

设有 $n \times n$ 矩阵 A，将各行的变换尺度做成等维数的对角矩阵 D，再以 D 左乘 A，可实现行变换。其基本原理为

$$DA=\begin{pmatrix} d_1 & & & 0 \\ & d_2 & & \\ & & \ddots & \\ 0 & & & d_n \end{pmatrix}\begin{pmatrix} a_{11} & a_{12} & \cdots & a_{1n} \\ a_{21} & a_{22} & \cdots & a_{2n} \\ \cdots & \cdots & \ddots & \vdots \\ a_{n1} & a_{n2} & \cdots & a_{nn} \end{pmatrix}=\begin{pmatrix} d_1a_{11} & d_1a_{12} & \cdots & d_1a_{1n} \\ d_2a_{21} & d_2a_{22} & \cdots & d_2a_{2n} \\ \cdots & \cdots & \ddots & \vdots \\ d_na_{n1} & d_na_{n2} & \cdots & d_na_{nn} \end{pmatrix}$$

若以对角矩阵 D 右乘矩阵 A，则可以实现列变换。其基本原理为

$$DA=\begin{pmatrix} a_{11} & a_{12} & \cdots & a_{1n} \\ a_{21} & a_{22} & \cdots & a_{2n} \\ \cdots & \cdots & \ddots & \vdots \\ a_{n1} & a_{n2} & \cdots & a_{nn} \end{pmatrix}\begin{pmatrix} d_1 & & & 0 \\ & d_2 & & \\ & & \ddots & \\ 0 & & & d_n \end{pmatrix}=\begin{pmatrix} d_1a_{11} & d_2a_{12} & \cdots & d_na_{1n} \\ d_1a_{21} & d_2a_{22} & \cdots & d_na_{2n} \\ \cdots & \cdots & \ddots & \vdots \\ d_1a_{n1} & d_2a_{n2} & \cdots & d_na_{nn} \end{pmatrix}$$

根据上述数学原理,当编写行列尺度变换函数时,一般需要考虑的变量包括原始矩阵 x、尺度变换向量 s 和指示左乘或右乘的指示符 index。若将尺度变换函数命名为 scaletransform,则函数主体可以编写为:

```
function y=scaletransform (x,s,index)
[rows,cols]=size(x);
if strcmpi(index,'left')&& length(s)~=rows            %左乘
    error('left mutiply: data number do not match the rows number of matrix!');
elseif strcmpi(index,'right')&& length(s)~=cols       %右乘
    error('right mutiply: data number do not match the cols number of matrix!');
end
if strcmpi(index,'left')
    knife=diag(s);
    y=knife*x;
elseif strcmpi(index,'right')
    knife=diag(s);
    y=x*knife;
end
```

这个函数能够达到行列变换的目的,但每次都必须指明左乘和右乘,若根据输入向量元素个数与矩阵的行或列进行自动匹配,就省去了输入 index 参数的麻烦。思路似乎不错,但仔细考虑会发现,这种情况只适用于行列数不等的矩阵,当矩阵为行列数相等的方阵时,这种依靠数据个数匹配的方法就不能准确判断了,还必须使用 3 个参数的形式。

从基本原理可知,左乘本质上是每行乘一个系数;右乘是每列乘一个系数。按照矩阵与向量可以进行乘法计算的规则,设定输入的 s 是行向量时用于左乘,s 是列向量时用于右乘,若 d 为标量时则不进行计算。据此,对函数进行修改,可扫描书前二维码获取源代码(示例代码 6-10)。

至此,我们实现了对角矩阵左乘和右乘的函数。

2. 置换矩阵

如果将单位矩阵的两行或两列进行交换,则得到的矩阵仍然都是只有 0 或 1 组成的矩阵,且每行和每列都只有一个非零元素 1,但位置不同,这样的矩阵就是具有特定功能的置换矩阵。严格地说,置换矩阵是每行和每列有且只有一个非零元素 1 的方阵。

一般来说,由于置换矩阵中的非零元素只是 1,且其所在行和列的其他元素都为零,则这些矩阵与其他矩阵相作用(如左乘或右乘)时,只改变作用对象的行或列。例如,用置换矩阵左乘矩阵 *A*,相当于对 *A* 的行进行重新排列,而用置换矩阵右乘矩阵 *A*,相当于对 *A* 的列进行重新排列,行列的新排列顺序由置换矩阵的结构决定。扫描书前二维码查看一段自定义的、用于实现行列互换的函数(示例代码 6-11),读者可参考学习。

3. 互换矩阵

互换矩阵常常使用 *J* 来表示,其定义为交叉对角线上的值为 1,其余值为零。即

$$J = \begin{pmatrix} 0 & & & 1 \\ & & 1 & \\ & \ddots & & \\ 1 & & & 0 \end{pmatrix}$$

互换矩阵又称反射矩阵，通过互换矩阵 J 对其他矩阵 A 进行左乘或右乘，可以将矩阵 A 的行或者列的顺序反转（互换）。具体地，对于 $m \times n$ 的矩阵 A，计算 $J_m A$ 为

$$J_m A = \begin{pmatrix} 0 & & & 1 \\ & & 1 & \\ & \ddots & & \\ 1 & & & 0 \end{pmatrix} \begin{pmatrix} a_{11} & a_{12} & \cdots & a_{1n} \\ a_{21} & a_{22} & \cdots & a_{2n} \\ \vdots & \vdots & \ddots & \vdots \\ a_{m1} & a_{m2} & \cdots & a_{mn} \end{pmatrix} = \begin{pmatrix} a_{m1} & a_{m2} & \cdots & a_{mn} \\ \vdots & \vdots & \cdots & \vdots \\ a_{21} & \vdots a_{22} & & a_{2n} \\ a_{11} & a_{12} & \cdots & a_{1n} \end{pmatrix}$$

它实现了矩阵 A 的上下颠倒，和 MATLAB 提供的函数 flipud 的效果一样。同理，对于右乘，AJ_m 为

$$AJ_m = \begin{pmatrix} a_{11} & a_{12} & \cdots & a_{1n} \\ a_{21} & a_{22} & \cdots & a_{2n} \\ \vdots & \vdots & \ddots & \vdots \\ a_{m1} & a_{m2} & \cdots & a_{mn} \end{pmatrix} \begin{pmatrix} 0 & & & 1 \\ & & 1 & \\ & \ddots & & \\ 1 & & & 0 \end{pmatrix} = \begin{pmatrix} a_{1n} & \cdots & a_{12} & a_{11} \\ a_{2n} & \cdots & a_{22} & a_{21} \\ \vdots & & \vdots & \vdots \\ a_{mn} & \cdots & a_{m2} & a_{m1} \end{pmatrix}$$

它实现了矩阵列的左右互换，与我们学习过的 fliplr 函数的效果一样。

从理论上已经知道，使用互换矩阵可实现矩阵的左右互换、上下颠倒，那么用 $m \times m$ 互换矩阵 J_m 左乘 $m \times n$ 矩阵 A，然后再使用 $n \times n$ 互换矩阵 J_n 右乘 $J_m A$，即计算 $J_m A J_n$，则可以实现矩阵 A 各元素的中心对称对调。在上述基础上稍加改写，则可以形成中心对称互换函数，命名为 centropermut。例如：

```
function y=centropermut(x)
[row,col]=size(x);
if row<2||col<2
    n=max(row,col);
    y=x(n:-1:1);
else
    disp('原始矩阵为:');   disp(x);
    jm=rot90(eye(row),-1); % left
    jn=rot90(eye(col),-1); % right
    y=jm*x*jn;
end
```

4. 移位矩阵

在前面章节中已经学习过移位命令，并详细探讨过它的各种使用方法，移位运算的数学原理如下。定义 $n \times n$ 的移位矩阵 P 为

$$P = \begin{pmatrix} 0 & 1 & 0 & \cdots & 0 \\ 0 & 0 & 1 & \cdots & 0 \\ \vdots & \vdots & \vdots & \ddots & \vdots \\ 0 & 0 & 0 & \cdots & 1 \\ 1 & 0 & 0 & \cdots & 0 \end{pmatrix}$$

移位矩阵的构成公式是

$$\begin{cases} p_{i,i+1} = 1, & (1 \leqslant i \leqslant n-1) \\ p_{n,1} = 1 \end{cases}$$

其计算过程为

$$PA = \begin{pmatrix} 0 & 1 & 0 & \cdots & 0 \\ 0 & 0 & 1 & \cdots & 0 \\ \vdots & \vdots & \vdots & \ddots & \vdots \\ 0 & 0 & 0 & \cdots & 1 \\ 1 & 0 & 0 & \cdots & 0 \end{pmatrix} \begin{pmatrix} a_{11} & a_{12} & \cdots & \cdots & a_{1n} \\ a_{21} & a_{22} & \cdots & \cdots & a_{2n} \\ \vdots & \vdots & \ddots & \ddots & \vdots \\ \vdots & \vdots & \ddots & \ddots & \vdots \\ a_{m1} & a_{m2} & \cdots & \cdots & a_{mn} \end{pmatrix} = \begin{pmatrix} a_{21} & a_{22} & \cdots & \cdots & a_{2n} \\ \cdots & \ddots & \ddots & \ddots & \vdots \\ \vdots & \vdots & \ddots & \ddots & \vdots \\ a_{m1} & a_{m2} & \cdots & \cdots & a_{mn} \\ a_{11} & a_{12} & \cdots & \cdots & a_{1n} \end{pmatrix}$$

$$AP = \begin{pmatrix} a_{11} & a_{12} & \cdots & \cdots & a_{1n} \\ a_{21} & a_{22} & \cdots & \cdots & a_{2n} \\ \vdots & \vdots & \ddots & \ddots & \vdots \\ \vdots & \vdots & \ddots & \ddots & \vdots \\ a_{m1} & a_{m2} & \cdots & \cdots & a_{mn} \end{pmatrix} \begin{pmatrix} 0 & 1 & 0 & \cdots & 0 \\ 0 & 0 & 1 & \cdots & 0 \\ \vdots & \vdots & \vdots & \ddots & \vdots \\ 0 & 0 & 0 & \cdots & 1 \\ 1 & 0 & 0 & \cdots & 0 \end{pmatrix} = \begin{pmatrix} a_{1n} & a_{11} & \cdots & \cdots & a_{1,n-1} \\ a_{2n} & a_{21} & \cdots & \cdots & a_{2,n-1} \\ \vdots & \vdots & \ddots & \ddots & \vdots \\ \vdots & \vdots & \ddots & \ddots & \vdots \\ a_{mn} & a_{m1} & \cdots & \cdots & a_{m,n-1} \end{pmatrix}$$

之所以称之为移位矩阵,是因为它可以使其他矩阵的首行或最后一列的位置进行移动。当使用移位矩阵左乘矩阵 A 时,可使矩阵 A 首行移到末尾行,其他行上移一行。当使用矩阵 P 右乘矩阵 A 时,相当于将矩阵 A 的最后一列移到第一列,其他列右移一列。虽然 MATLAB 的函数 shiftdim 为用户提供了这些操作的实现方法,但从研习的角度看仍需亲自实现一次。

```
m=5; n=5; % 必须 m=n
x=reshape(1:m*n,[m,n])';
disp('原始矩阵为:');disp(x);
% 生成左乘变换矩阵 pm
tempm=eye(m);col1=tempm(:,m);
pleft=horzcat(col1,eye(m)); pleft(:,m+1)=[];
% 生成右乘矩阵 pn
tempn=eye(n);col1=tempn(:,n);
pright=horzcat(col1,eye(n)); pright(:,n+1)=[];
% 左乘对应行变换
b=pleft*x; disp('pm*a 的结果为:');disp(b);
% 右乘对应列变换
c=x*pright; disp('a*pn 的结果为:');disp(c);
% 连续移动各行相当于左侧连续乘以 pm
for ir=1:m
    p=pleft^ir;
    fprintf('现在是上下移动%d 行\n',ir); disp(p*x);
```

```
        end
    % 连续移动各列相当于右侧连续乘以 pn
    for jc=1:n
        p=pright^jc;
        fprintf('现在是左右移动%d 列\n',jc); disp(x*p);
    end
```

运行以上代码发现：当移动不同的行或列时，其对应的移位矩阵是不一样的，与 P_1 相乘则行列移动一个单位，与 P_2 相乘则行列移动 2 个单位，与 P_3 相乘则行列移动 3 个单位，以此类推。

需要说明一点，上述代码只适用于 $m=n$ 的情况，也就是输入方阵时的情形，目的是为了展示计算原理。但不难实现行列不等的情况，读者可根据上述思路试着编写更一般化的实现代码。

$$P_1 = \begin{pmatrix} 0 & 1 & 0 & 0 & 0 \\ 0 & 0 & 1 & 0 & 0 \\ 0 & 0 & 0 & 1 & 0 \\ 0 & 0 & 0 & 0 & 1 \\ 1 & 0 & 0 & 0 & 0 \end{pmatrix}; \quad P_2 = \begin{pmatrix} 0 & 0 & 1 & 0 & 0 \\ 0 & 0 & 0 & 1 & 0 \\ 0 & 0 & 0 & 0 & 1 \\ 1 & 0 & 0 & 0 & 0 \\ 0 & 1 & 0 & 0 & 0 \end{pmatrix}; \quad P_3 = \begin{pmatrix} 0 & 0 & 0 & 1 & 0 \\ 0 & 0 & 0 & 0 & 1 \\ 1 & 0 & 0 & 0 & 0 \\ 0 & 1 & 0 & 0 & 0 \\ 0 & 0 & 1 & 0 & 0 \end{pmatrix}; \quad P_4 = \begin{pmatrix} 0 & 0 & 0 & 0 & 1 \\ 1 & 0 & 0 & 0 & 0 \\ 0 & 1 & 0 & 0 & 0 \\ 0 & 0 & 1 & 0 & 0 \\ 0 & 0 & 0 & 1 & 0 \end{pmatrix}$$

如表 6-11 所示是代码中 $m=3$、$n=3$ 时的运行结果。

表 6-11 矩阵左乘与右乘对比

名称	矩阵	左乘	左乘结果	右乘	右乘结果
P_1	$\begin{pmatrix} 0 & 1 & 0 \\ 0 & 0 & 1 \\ 1 & 0 & 0 \end{pmatrix}$	移到第 1 行最底端	$\begin{pmatrix} 4 & 5 & 6 \\ 7 & 8 & 9 \\ 1 & 2 & 3 \end{pmatrix}$	将最右一列换置到第 1 列	$\begin{pmatrix} 3 & 1 & 2 \\ 6 & 4 & 5 \\ 9 & 7 & 8 \end{pmatrix}$
P_2	$\begin{pmatrix} 0 & 0 & 1 \\ 1 & 0 & 0 \\ 0 & 1 & 0 \end{pmatrix}$	移到第 1~2 行最底端	$\begin{pmatrix} 7 & 8 & 9 \\ 1 & 2 & 3 \\ 4 & 5 & 6 \end{pmatrix}$	将最右 2 列换置到第 1~2 列	$\begin{pmatrix} 2 & 3 & 1 \\ 5 & 6 & 4 \\ 8 & 9 & 7 \end{pmatrix}$

5. 广义置换矩阵

上边所讨论的置换、互换、移位等矩阵，非零元素都是 1，其实将这种结构的矩阵一般化，就得到了广义置换矩阵。一个方阵的每行和每列有且仅有一个非零元素时，可以称之为广义置换矩阵。这种广义的置换矩阵，在进行左乘（或右乘）时，不仅使得操作对象进行行（或列）重排，而且每行（或每列）的元素还同乘一个比例因子。例如：

```
A=[1,2,3;4,5,6;7,8,9]; B=[0,2,0;0,0,5;0,0,0];
B*A
```

在上述的移位运算中，移位矩阵 B 的非零元素不再是 1，和矩阵 A 左乘后，除互换了矩阵 A 的两行外，还对每一行的数据进行了扩（缩）。其他类似的不再举例，读者可自行验证这种变化。

6. 选择矩阵

所谓选择矩阵，是指一种可以对某个给定矩阵的某些行或列进行选择的矩阵。例如，

有 $m\times n$ 的矩阵 A，设 J_m 和 J_n 为 $(m-1)\times m$ 矩阵，则选择矩阵 J_m 和 J_n 与矩阵 A 相互作用的结果是

$$A = \begin{pmatrix} a_{11} & a_{12} & \cdots & a_{1n} \\ a_{21} & a_{22} & \cdots & a_{2n} \\ \vdots & \vdots & \ddots & \vdots \\ a_{m1} & a_{m2} & \cdots & a_{mn} \end{pmatrix} \quad J_m = \begin{pmatrix} 1 & 0 & \cdots & 0 & 0 \\ 0 & 1 & \cdots & 0 & 0 \\ \vdots & \vdots & \ddots & \vdots & 0 \\ 0 & 0 & \cdots & 1 & 0 \end{pmatrix}_{(m-1)\times m} \quad J_n = \begin{pmatrix} 0 & 1 & 0 & \cdots & 0 \\ 0 & 0 & 1 & \cdots & 0 \\ 0 & \vdots & \vdots & \ddots & \vdots \\ 0 & 0 & 0 & \cdots & 1 \end{pmatrix}_{(m-1)\times m}$$

$$J_m A = \begin{pmatrix} 1 & 0 & \cdots & 0 & 0 \\ 0 & 1 & \cdots & 0 & 0 \\ \vdots & \vdots & \ddots & \vdots & \vdots \\ 0 & 0 & \cdots & 1 & 0 \end{pmatrix}_{(m-1)\times m} \begin{pmatrix} a_{11} & a_{12} & \cdots & a_{1n} \\ a_{21} & a_{22} & \cdots & a_{2n} \\ \vdots & \vdots & \ddots & \vdots \\ a_{m1} & a_{m2} & \cdots & a_{mn} \end{pmatrix} = \begin{pmatrix} a_{11} & a_{12} & \cdots & a_{1n} \\ a_{21} & a_{22} & \cdots & a_{2n} \\ \vdots & \vdots & \ddots & \vdots \\ a_{m-1,1} & a_{m-1,2} & \cdots & a_{m-1,n} \end{pmatrix}$$

也就是说，选择矩阵 J_m 和矩阵 A 左乘，将 A 的前 $m-1$ 行数据选择出来。例如：

```
A=magic(5);
J1=horzcat(eye(4),[0,0,0,0]');
J1*A
```

同样地，选择矩阵 J_n 和矩阵 A 左乘，将 A 的后 $m-1$ 行数据选择出来。其原理为

$$J_n A = \begin{pmatrix} 0 & 1 & 0 & \cdots & 0 \\ 0 & 0 & 1 & \cdots & 0 \\ 0 & \vdots & \vdots & \ddots & \vdots \\ 0 & 0 & 0 & \cdots & 1 \end{pmatrix}_{(m-1)\times m} \begin{pmatrix} a_{11} & a_{12} & \cdots & a_{1n} \\ a_{21} & a_{22} & \cdots & a_{2n} \\ \vdots & \vdots & \ddots & \vdots \\ a_{m1} & a_{m2} & \cdots & a_{mn} \end{pmatrix} = \begin{pmatrix} a_{21} & a_{22} & \cdots & a_{2n} \\ a_{31} & a_{32} & \cdots & a_{3n} \\ \vdots & \vdots & \ddots & \vdots \\ a_{m,1} & a_{m,2} & \cdots & a_{m,n} \end{pmatrix}$$

例如：

```
J2=horzcat([0,0,0,0]',eye(4))
J2*A
```

当 J_m 和 J_n 为 $n\times(n-1)$ 矩阵时，还可以右乘矩阵 A，从而选择出 A 的前 $n-1$ 列或后 $n-1$ 列。其基本构造与作用原理如下：

$$J_1 = \begin{pmatrix} 1 & & & 0 \\ & 1 & & \\ & & \ddots & \\ 0 & & & 1 \\ 0 & 0 & \cdots & 0 \end{pmatrix}_{n\times(n-1)} \quad J_2 = \begin{pmatrix} 0 & 0 & \cdots & 0 \\ 1 & & & 0 \\ & 1 & & \\ & & \ddots & \\ 0 & & & 1 \end{pmatrix}_{n\times(n-1)}$$

$$AJ_1 = \begin{pmatrix} a_{11} & a_{12} & \cdots & a_{1n} \\ a_{21} & a_{22} & \cdots & a_{2n} \\ \vdots & \vdots & \ddots & \vdots \\ a_{m1} & a_{m2} & \cdots & a_{mn} \end{pmatrix} \begin{pmatrix} 1 & & & 0 \\ & 1 & & \\ & & \ddots & \\ 0 & & & 1 \\ 0 & 0 & \cdots & 0 \end{pmatrix}_{n\times(n-1)} = \begin{pmatrix} a_{11} & a_{12} & \cdots & a_{1,n-1} \\ a_{21} & a_{22} & \cdots & a_{2,n-1} \\ \vdots & \vdots & \ddots & \vdots \\ a_{m1} & a_{m2} & \cdots & a_{m,n-1} \end{pmatrix}$$

$$AJ_2 = \begin{pmatrix} a_{11} & a_{12} & \cdots & a_{1n} \\ a_{21} & a_{22} & \cdots & a_{2n} \\ \vdots & \vdots & \ddots & \vdots \\ a_{m1} & a_{m2} & \cdots & a_{mn} \end{pmatrix} \begin{pmatrix} 0 & 0 & \cdots & 0 \\ 1 & & & 0 \\ & 1 & & \\ & & 1 & \\ 0 & & & 1 \end{pmatrix}_{n \times (n-1)} = \begin{pmatrix} a_{12} & a_{13} & \cdots & a_{1n} \\ a_{22} & a_{23} & \cdots & a_{2n} \\ \vdots & \vdots & \ddots & \vdots \\ a_{m2} & a_{m3} & \cdots & a_{mn} \end{pmatrix}$$

接续前边的例子,则有:

```
J1=vertcat(eye(4),[0,0,0,0]); A*J1           %取前 4 列
J2=vertcat([0,0,0,0],eye(4)); A*J2           %取后 4 列
```

实际上,可以将上述的选择编为一个函数文件,还可以通过进一步设定参数,实现选出矩阵指定的行列数,如前 3 行或后 2 列等,扫描书前二维码查看示例代码 6-12。

在 MATLAB 中多使用冒号实现选择功能,但通过矩阵乘法也可以实现取出特定区域的数据。上述的 partselect 函数只是实现了取出前 k 行或后 k 列的数据,考虑选出位于矩阵 X 的 2~4 行与 3~5 列时如何设计,即怎么实现 X(2:4,3:5)的选取功能。虽然 MATLAB 已有非常好用的冒号(其实冒号也是一种函数,在第 7 章的重载一节会详细介绍),但仍然建议读者思考一下如何利用选择矩阵实现这种取出。

6.9.3 矩阵变换

在第 2 章 2.5 节已经学习了一些应用于矩阵变换的函数,如 Cholesky 分解、LU 分解、QR 分解和 SVD 分解等。下面学习 Householder 变换、Givens 旋转变换,以及学习如何编程实现这些变换。

1. Householder 变换

在介绍 Householder 之前先介绍正交分解:设有向量 x 和 v,将 x 投影到 v 上,如图 6-33 所示,得到 $P_v x$,再投影到与向量 v 垂直的超平面上,得到正交投影 $P_v^\perp x$,这两个投影就构成了以 x 为对角线的矩形。根据向量的加法原理,可知 x 是这两个向量的和,即存在

$$x = P_v^\perp x + P_v x$$

称向量的这种分解为正交分解。
在式中,矩阵

$$P_v = v \langle v, v \rangle^{-1} v^H$$

$$P_v^\perp = I - P_v = I - v \langle v, v \rangle^{-1} v^H$$

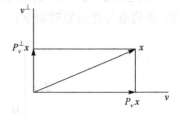

图 6-33 矩阵的正交分解

分别称为向量 v 的投影矩阵和正交投影矩阵。

如果把两个投影的和看作正交分解,那么两个投影的差就是另一种形式的分解。例如,投影 $P_v x$ 反转方向,则有 $-P_v x$,此时它与 $P_v^\perp x$ 的和 $P_v^\perp x - P_v x$ 称为 x 的镜像。提取

$$H_v = (P_v^\perp - P_v)$$

则称之为向量 v 的 Householder 变换矩阵。而

$$H_v x = (P_v^\perp - P_v) x = P_v^\perp x - P_v x$$

称作向量 x 相对于向量 v 的 Householder 变换。将 H_v 具体化则有

$$H_v = I - 2\frac{vv^H}{v^H v}$$

在 MATLAB 中还未见到专门的 Householder 变换矩阵，但根据上述计算原理，可以形成专用的代码。下面是对向量进行 Householder 变换的实现。

```
function [rhv,hv]=householder(x,v)
if nargin<2||isempty(v)                    %默认设置
    v=zeros(length(x),1);
    v(1,1)=1;   % 相当于沿着第一维投影
else
    if length(x)~=length(v)
        error('处理向量 x 与投影轴向量 v 维数不匹配！');
    end
end
ph=v*(1/dot(v,v))*v';                      %形成投影矩阵
disp('(水平)投影矩阵如下：');disp(ph);
disp('水平投影计算结果如下,转为行向量输出,可看作坐标：');
rph=ph*x;  disp(rph')                      %水平投影向量，可看作坐标
pv=eye(length(v))-ph;                      %形成正交投影矩阵
disp('正交投影矩阵如下：');disp(pv);
disp('正交投影计算结果如下,转为行向量输出,可看作坐标：');
rpv=pv*x; disp(rpv');                      %正交投影向量，可看作坐标
hv=pv-ph;                                  %形成 Householder 变换矩阵
disp('Householder 变换矩阵如下：');disp(hv);
disp('Householder 变换结果如下：')
rhv=hv*x; disp(rhv');                      %进行 Householder 变换
```

Householder 最典型的应用是构造正交基，以解决数值分析问题的求解。

2. Givens 旋转

利用 Householder 向量 v 对向量 x 进行变换，其本质是镜面反射，并保持了原始向量的长度不变，和 Householder 变换一样，矩阵旋转也是矩阵操作的一项重要内容，它也保持了向量的长度不变。在第 2 章曾经学习过矩阵的旋转函数 rot90，这里讨论更一般意义上的 Givens 旋转。

Givens 矩阵是秩 2 修正矩阵，是指元素满足条件 $c^2 + s^2 = 1$ 的单位矩阵。其形式如下。

$$G(i,j,\theta) = \begin{pmatrix} 1 & \dots & 0 & \dots & 0 & \dots & 0 \\ \vdots & & \vdots & & \vdots & & \vdots \\ 0 & \dots & c & \dots & s & \dots & 0 \\ \vdots & & \vdots & & \vdots & & \vdots \\ 0 & \dots & -s & \dots & c & \dots & 0 \\ \vdots & & \vdots & & \vdots & & \vdots \\ 0 & \dots & 0 & \dots & 0 & \dots & 1 \end{pmatrix} \begin{matrix} \\ \\ i \\ \\ j \\ \\ \\ \end{matrix}$$

$$\phantom{G(i,j,\theta) = \begin{pmatrix}}ij$$

使用 Givens 旋转可以将非对称矩阵转为对角矩阵，若作用于给定向量 $\boldsymbol{x}=[x_1,x_2,\cdots,x_n]^T$，则向量元素 x_i,x_j 被旋转了 $\theta=\arcsin(\boldsymbol{s}/\boldsymbol{c})$ 度，而其他元素保持不变。$y=\boldsymbol{G}\boldsymbol{x}$ 为

$$\begin{cases} y_i = cx_i - sx_j \\ y_j = sx_i + cx_j \\ y_k = x_k, k \neq i,j \end{cases}$$

若令

$$c = \frac{x_i}{\sqrt{x_i^2 + x_j^2}}, \quad s = -\frac{x_j}{\sqrt{x_i^2 + x_j^2}}$$

则有

$$y_i = \sqrt{x_i^2 + x_j^2}, \quad y_j = 0$$

即将原向量 $\boldsymbol{x}$ 的第 j 个元素 x_j 变为 0。

在 MATLAB 中，给出了计算 Givens 旋转的函数 givens，但该函数档案比较简单。与 Givens 相关的函数还有几个，如 planerot 实现的是 Givens 平面旋转，在调用格式[G,y]=planerot(x)中，x 是一个只有 2 个元素的列向量，返回值中的 G 为 2×2 的正交矩阵，且满足 y=Gx，y(2)=0。例如：

```
>> x = [3 4]; [G,y] = planerot(x')
```

由上述可知，planerot 实现的即我们讨论的旋转。除此之外，还有实现 QR 分解的 givensqr 函数和产生 givens 旋转的 cgivens 函数。Givens 旋转的一个重要功能是实现矩阵分差最大化，而这是因子分析方法的重要一环，关于这方面的内容，请参阅笔者的《高级生物统计学》因子分析一章。扫描书前二维码查看自定义 givens 旋转的实现代码（示例代码 6-13）。

6.10 两个绘图函数的实现案例

6.10.1 雷达图

雷达图是一种数据展示绘图，它将多维的数据绘制在一个分割圆形内，这种图形既像雷达荧光屏上看到的图像，也像一个蜘蛛网，因此有人称为雷达图，也有人称为蜘蛛图。雷达图的作图步骤如下。

（1）作圆，将圆周分为 p 等分；
（2）连接圆心和各分点，以 p 条半径作为各变量坐标轴，并标注合适刻度；
（3）对各样本点的 p 个变量测定值标记在相应坐标轴，每个样本点数据连结成一个 p 边形。

MATLAB 没有专门的绘制雷达图的函数，扫描书前二维码获取通用的绘图源代码（示例代码 6-14）。

6.10.2 星座图

星座图是一种将高维空间的样本点投影到平面上的一种变换方法，它将所有的点都投射

到一个半圆内，以投影点表示样本点。由于样本点在半圆内展开，再辅以各种不同标记符号，好似夜空中分布的星星，故此称之。

星座图的绘制过程包含3个主要步骤：首先是将非角度数据变换为角度，这可以通过极差标准化得以实现。即对观测数据 x_{ij} 作如下变换，转为角度 θ_{ij}：

$$\theta_{ij} = \frac{x_{ij} - x_{\min,j}}{x_{\max,j} - x_{\min,j}} \times 180°, \quad 0° \leq \theta_{ij} \leq 180°$$

其中，$x_{\max,j} = \max\limits_{1 \leq i \leq n}\{x_{ij}\}$，即第 j 变量的最大值；$x_{\min,j} = \min\limits_{1 \leq i \leq n}\{x_{ij}\}$，即第 j 变量的最小值。

其次，为每一个变量确定合理的权重，即取一组权数 $w_1, w_2, \cdots, w_p$，使满足 $w_{ij} \geq 0$，$\sum\limits_{j=i}^{p} w_{ij} = 1$。目前，一般认为重要指标的权重应相对大一些，若各变量的重要程度难以区分，则等权处理，即取

$$w_1 = w_2 = \cdots = w_p$$

关于确定权重，可以参考有关文献，按照经验确定，也可以采用主成分分析方法，借助确定主要因子来确定权重。

最后，对每个样本点的具体路径点位进行确定，第 i 个样本点 $x_i = (x_{i1}, x_{i2}, \cdots, x_{ip})'$ 对应的星点 (ξ_i, η_i) 及其路径分别为：

$$\begin{cases} \xi_i = \sum\limits_{j=1}^{pl} w_j \cos\theta_{ij} \\ \eta_i = \sum\limits_{j=1}^{pl} w_j \sin\theta_{ij} \end{cases} \quad i = 1, 2, \cdots, n$$

路径坐标点为

$$\left(\xi_i^{(l)} = \sum\limits_{j=1}^{l} w_j \cos\theta_{ij},\ \eta_i^{(l)} = \sum\limits_{j=1}^{l} w_j \sin\theta_{ij}\right) \quad l = 1, 2, \cdots, p$$

以直线连接各星点，构成的折线即为该星的路径。

下面根据星座图的绘制原理，编写通用的绘图函数，实现代码可通过扫描书前二维码获取（示例代码6-15）。

6.11 符号运算的一个实例

1. 概况

在生物统计学中，方差分析使用的线性模型是进行分析的基础，以3因素模型为例，若因素 A 设定有 a 个水平，因素 B 有 b 个水平，因素 C 有 c 个水平，每个处理下有 n 个重复（$n \geq 2$），则观测值一共有 $abcn$ 个，使用的线性模型为

$$x_{ijkl} = \mu + \alpha_i + \beta_j + \gamma_k + (\alpha\beta)_{ij} + (\alpha\gamma)_{ik} + (\beta\gamma)_{jk} + (\alpha\beta\gamma)_{ijk} + \varepsilon_{ijkl}$$
$$(i = 1, 2, \cdots, a;\ j = 1, 2, \cdots, b;\ k = 1, 2, \cdots, c;\ l = 1, 2, \cdots, n)$$

当因素 A、B、C 都是固定因素时，各因素及交互作用项的效应都按照固定效应处理，都满足效应和为 0，而检验的零假设则都设定为各效应为 0。计算各因素的离差平方和，仍然存在如下的分解

$$SS_T = SS_A + SS_B + SS_C + SS_{AB} + SS_{AC} + SS_{BC} + SS_{ABC} + SS_E$$

其中各式都有具体的表达式，例如：

$$SS_{ABC} = \frac{1}{n}\sum_{i=1}^{a}\sum_{j=1}^{b}\sum_{k=1}^{c}x_{ijk\cdot}^2 + \frac{1}{bcn}\sum_{i=1}^{a}x_{i\cdot\cdot\cdot}^2 + \frac{1}{acn}\sum_{j=1}^{b}x_{\cdot j\cdot\cdot}^2 + \frac{1}{abn}\sum_{k=1}^{c}x_{\cdot\cdot k\cdot}^2 -$$

$$\frac{1}{cn}\sum_{i=1}^{a}\sum_{j=1}^{b}x_{ij\cdot\cdot}^2 - \frac{1}{bn}\sum_{i=1}^{a}\sum_{k=1}^{c}x_{i\cdot k\cdot}^2 - \frac{1}{an}\sum_{j=1}^{b}\sum_{k=1}^{c}x_{\cdot jk\cdot}^2 - \frac{x_{\cdot\cdot\cdot\cdot}^2}{abcn}$$

上述因素平方和表达式具有规律性，实际上，当因素较多时，按照数学原理进行平方和的分解计算会比较烦琐，更简便的方法是按照约定规则进行推导。

2. 平方和的分解

平方和分解的约定规则如下。

约定 1：将模型误差项 $\varepsilon_{ij\cdots m}$ 改写为 $\varepsilon_{(ij\cdots)m}$，下标中 m 是重复数。例如对于两因素模型，ε_{ijm} 就改写成 $\varepsilon_{(ij)m}$。

约定 2：除总均值 μ 和误差项 $\varepsilon_{(ij\cdots)m}$ 外，模型包含了所有的主效应及任何试验者假定存在的交互作用。如果 k 个因素所有可能的交互作用都存在，则根据排列组合，模型中包含有 C_k^2 个 2 因素交互作用，C_k^3 个 3 因素交互作用，…，1 个 k 因素交互作用。如果模型某一项中的某个因素出现在小括号内，则在那一项中，括号内的那个因素和其他因素之间没有交互作用。

约定 3：根据下标的存在状况与类型，将模型每一项中的下标划分为如下三类中的一种。活的下标——不在小括号内的那些下标；死的下标——出现在小括号内的那些下标；缺失的下标——在模型中出现但在该项中不出现的那些下标。例如，在 $(\tau\beta)_{ij}$ 中，i 与 j 是活的，k 是缺失的，而在 $\varepsilon_{(ij)k}$ 中，k 是活的，i 与 j 是死的。

约定 4：确定自由度。模型中任一项的自由度的确定，都与该项的下标类型相关。下标中的每个死下标，对应着与该死下标关联的因素的水平数（称为对应数）；下标中的每个活下标，对应着与该活下标关联因素的水平数减 1；然后将各个下标对应数相乘得到自由度。例如，$(\alpha\beta)_{ij}$ 中，下标 i 和 j 都是活下标，则下标 i 的对应数是与它关联的因素 A 的水平数减 1，即 $a-1$；而下标 j 的对应数是与它关联的因素 B 的水平数减 1，即 $b-1$。将它们的对应数相乘，就得到了该项的自由度，即 $df_{AB} = (a-1)(b-1)$。又比如 $\varepsilon_{(ij)k}$ 中，死下标为 i 和 j，则它们对应数分别为 A 因素的水平数和 B 因素的水平数，下标 k 是活下标，对应着 $n-1$，将它们相乘，得到该项的自由度 $ab(n-1)$。

约定 5：确定平方和。要确定任一效应的平方和计算公式，首先需要展开那一效应的自由度，把自由度展开式中的每一项，都看作未校正平方和的符号格式。这里的符号格式，更明确的意义是最后的表达式中会保留该项的求和符号 Σ 并确定表达式的正负号。对于自由度展开式中的 -1，也同样按照求和对待，只不过不写出求和符号 Σ。例如，β_j 的自由度展开式就是 $b-1$，这个展开式中的每一项(即 b 和 -1)都是未校正平方和的符号格式。

在展开自由度的基础上,再按照如下的 5 个步骤具体实施:观察值总求和;重排求和顺序;替换为求和点;平方除以水平积;添加正负号。最后再将上述得到的结果求和即可。

3. 实例

例 1:求 β_j 的 SS_B 表达式。

解:分 5 步具体求解如下:

(1) 对自由度展开式中的每个符号格式,以和式的形式写出所有观察值的总和。对于 $df_B = b-1$ 中的 b 和 -1,分别写出 $\sum_{i=1}^{a}\sum_{j=1}^{b}\sum_{k=1}^{n}x_{ijk}$,如表 6-12 所示。

表 6-12 平方和计算第(1)步

步骤	目的	b	−1
(1)	观察值总求和	$\sum_{i=1}^{a}\sum_{j=1}^{b}\sum_{k=1}^{n}x_{ijk}$	$\sum_{i=1}^{a}\sum_{j=1}^{b}\sum_{k=1}^{n}x_{ijk}$

(2) 重排和式的求和号,将与符号格式(例中的 b)相同的元素求和排到最前(最左),并把其余的元素用圆括号括起来。因此,β_j 的重排结果如表 6-13 所示,其中 −1 因为没有涉及求和符,所以把整个观察值总求和都看作对 −1 求和之外的"其余元素"。

表 6-13 平方和计算第(2)步

步骤	目的	b	−1
(2)	重排求和顺序	$\sum_{j=1}^{b}\left(\sum_{i=1}^{a}\sum_{k=1}^{n}x_{ijk}\right)$	$\left(\sum_{i=1}^{a}\sum_{j=1}^{b}\sum_{k=1}^{n}x_{ijk}\right)$

(3) 为了书写方便,对求和表达式改变记号形式,在下标 ijk 中,若对其中某个下标求和,则将该下标以圆点代替,并省去该下标的求和符,我们称这种替换为"求和点"替换。将第(2)步中小括号内的量转换为标准的"求和点"记号,则结果如表 6-14 所示。

表 6-14 平方和计算第(3)步

步骤	目的	b	−1
(3)	替换求和符号	$\sum_{j=1}^{b}\left(\sum_{i=1}^{a}\sum_{k=1}^{n}x_{ijk}\right)=\sum_{j=1}^{b}(x_{\cdot j\cdot})$	$\left(\sum_{i=1}^{a}\sum_{j=1}^{b}\sum_{k=1}^{n}x_{ijk}\right)=(x_{\cdots})$

(4) 将小括号内的数平方并除以"求和点"下标对应的水平数的乘积,就得到了符号格式对应的正平方和。本例中,符号格式 b 和 −1 对应的平方和如表 6-15 所示。

表 6-15 平方和计算第(4)步

步骤	目的	b	−1
(4)	平方与水平积	$\sum_{j=1}^{b}\dfrac{x_{\cdot j\cdot}^{2}}{an}$	$\dfrac{x_{\cdots}^{2}}{abn}$

(5) 对每一列得到的平方和项赋予与符号格式相同的正负号。各步骤与结果汇总如表 6-16 所示,在实际中,自由度中的 −1 常常用来代表校正因子;它对应着

$$1 = \frac{1}{ab\cdots n}\left(\sum_{i=1}^{a}\sum_{j=1}^{b}\cdots\sum_{m=1}^{n}x_{ij\cdots m}\right)^2 = \frac{x_{\bullet\bullet\cdots\bullet}^2}{ab\cdots n}$$

在熟悉这种格式推导后，可直接写出该项的最后表达形式。

表 6-16 平方和计算的完整步骤

步骤	目的	b	-1
（1）	观察值总求和	$\sum_{i=1}^{a}\sum_{j=1}^{b}\sum_{k=1}^{n}x_{ijk}$	$\sum_{i=1}^{a}\sum_{j=1}^{b}\sum_{k=1}^{n}x_{ijk}$
（2）	重排求和顺序	$\sum_{j=1}^{b}\left(\sum_{i=1}^{a}\sum_{k=1}^{n}x_{ijk}\right)$	$\left(\sum_{i=1}^{a}\sum_{j=1}^{b}\sum_{k=1}^{n}x_{ijk}\right)$
（3）	替换求和符号	$\sum_{j=1}^{b}(x_{\bullet j\bullet})$	$(x_{\bullet\bullet\bullet})$
（4）	平方与水平积	$\sum_{j=1}^{b}\dfrac{x_{\bullet j\bullet}^2}{an}$	$\dfrac{x_{\bullet\bullet\bullet}^2}{abn}$
（5）	添加正负号	$+\sum_{j=1}^{b}\dfrac{x_{\bullet j\bullet}^2}{an}$	$-\dfrac{x_{\bullet\bullet\bullet}^2}{abn}$

将表 6-16 中的最后一行各列相加，即得到

$$\mathrm{SS}_B = \sum_{j=1}^{b}\frac{x_{\bullet j\bullet}^2}{an} - \frac{x_{\bullet\bullet\bullet}^2}{abn}$$

这显然是 2 因素分析中主效应 B 的平方和。

例 2：根据格式推求 $(\alpha\beta\gamma)_{ijk}$ 的平方和 SS_{ABC}。

解：在多因素方差分析中，$(\alpha\beta\gamma)_{ijk}$ 项的自由度展开式是

$$df_{ABC} = (a-1)(b-1)(c-1)$$
$$= abc + a + b + c - ab - ac - bc - 1$$

则平方和的确定如表 6-17 所示。

表 6-17 求 $(\alpha\beta\gamma)_{ijk}$ 的平方和 SS_{ABC} 的确定

符号格式	观察值总求和	重排求和顺序	替换为求和点	平方除水平积	添加正负号
-1	$\sum_{i=1}^{a}\sum_{j=1}^{b}\sum_{k=1}^{c}\sum_{l=1}^{n}x_{ijkl}$	$\left(\sum_{i=1}^{a}\sum_{j=1}^{b}\sum_{k=1}^{c}\sum_{l=1}^{n}x_{ijkl}\right)$	$(x_{\bullet\bullet\bullet\bullet})$	$\dfrac{x_{\bullet\bullet\bullet\bullet}^2}{abcn}$	$-\dfrac{x_{\bullet\bullet\bullet\bullet}^2}{abcn}$
$+a$	$\sum_{i=1}^{a}\sum_{j=1}^{b}\sum_{k=1}^{c}\sum_{l=1}^{n}x_{ijkl}$	$\sum_{i=1}^{a}\left(\sum_{j=1}^{b}\sum_{k=1}^{c}\sum_{l=1}^{n}x_{ijkl}\right)$	$\sum_{i=1}^{a}(x_{i\bullet\bullet\bullet})$	$\dfrac{1}{bcn}\sum_{i=1}^{a}x_{i\bullet\bullet\bullet}^2$	$+\dfrac{1}{bcn}\sum_{i=1}^{a}x_{i\bullet\bullet\bullet}^2$
$+b$	$\sum_{i=1}^{a}\sum_{j=1}^{b}\sum_{k=1}^{c}\sum_{l=1}^{n}x_{ijkl}$	$\sum_{j=1}^{b}\left(\sum_{i=1}^{a}\sum_{k=1}^{c}\sum_{l=1}^{n}x_{ijkl}\right)$	$\sum_{j=1}^{b}(x_{\bullet j\bullet\bullet})$	$\dfrac{1}{acn}\sum_{j=1}^{b}x_{\bullet j\bullet\bullet}^2$	$+\dfrac{1}{acn}\sum_{j=1}^{b}x_{\bullet j\bullet\bullet}^2$
$+c$	$\sum_{i=1}^{a}\sum_{j=1}^{b}\sum_{k=1}^{c}\sum_{l=1}^{n}x_{ijkl}$	$\sum_{k=1}^{c}\left(\sum_{i=1}^{a}\sum_{j=1}^{b}\sum_{l=1}^{n}x_{ijkl}\right)$	$\sum_{k=1}^{c}(x_{\bullet\bullet k\bullet})$	$\dfrac{1}{abn}\sum_{k=1}^{c}x_{\bullet\bullet k\bullet}^2$	$+\dfrac{1}{abn}\sum_{k=1}^{c}x_{\bullet\bullet k\bullet}^2$
$-ab$	$\sum_{i=1}^{a}\sum_{j=1}^{b}\sum_{k=1}^{c}\sum_{l=1}^{n}x_{ijkl}$	$\sum_{i=1}^{a}\sum_{j=1}^{b}\left(\sum_{k=1}^{c}\sum_{l=1}^{n}x_{ijkl}\right)$	$\sum_{i=1}^{a}\sum_{j=1}^{b}(x_{ij\bullet\bullet})$	$\dfrac{1}{cn}\sum_{i=1}^{a}\sum_{j=1}^{b}x_{ij\bullet\bullet}^2$	$-\dfrac{1}{cn}\sum_{i=1}^{a}\sum_{j=1}^{b}x_{ij\bullet\bullet}^2$

续表

符号格式	观察值总求和	重排求和顺序	替换为求和点	平方除水平积	添加正负号
$-ac$	$\sum_{i=1}^{a}\sum_{j=1}^{b}\sum_{k=1}^{c}\sum_{l=1}^{n} x_{ijkl}$	$\sum_{i=1}^{a}\sum_{k=1}^{c}\left(\sum_{j=1}^{b}\sum_{l=1}^{n} x_{ijkl}\right)$	$\sum_{i=1}^{a}\sum_{k=1}^{c}(x_{i\cdot k\cdot})$	$\dfrac{1}{bn}\sum_{i=1}^{a}\sum_{k=1}^{c} x_{i\cdot k\cdot}^{2}$	$-\dfrac{1}{bn}\sum_{i=1}^{a}\sum_{k=1}^{c} x_{i\cdot k\cdot}^{2}$
$-bc$	$\sum_{i=1}^{a}\sum_{j=1}^{b}\sum_{k=1}^{c}\sum_{l=1}^{n} x_{ijkl}$	$\sum_{j=1}^{b}\sum_{k=1}^{c}\left(\sum_{i=1}^{a}\sum_{l=1}^{n} x_{ijkl}\right)$	$\sum_{j=1}^{b}\sum_{k=1}^{c}(x_{\cdot jk\cdot})$	$\dfrac{1}{an}\sum_{j=1}^{b}\sum_{k=1}^{c} x_{\cdot jk\cdot}^{2}$	$-\dfrac{1}{an}\sum_{j=1}^{b}\sum_{k=1}^{c} x_{\cdot jk\cdot}^{2}$
$+abc$	$\sum_{i=1}^{a}\sum_{j=1}^{b}\sum_{k=1}^{c}\sum_{l=1}^{n} x_{ijkl}$	$\sum_{i=1}^{a}\sum_{j=1}^{b}\sum_{k=1}^{c}\left(\sum_{l=1}^{n} x_{ijkl}\right)$	$\sum_{i=1}^{a}\sum_{j=1}^{b}\sum_{k=1}^{c}(x_{ijk\cdot})$	$\dfrac{1}{n}\sum_{i=1}^{a}\sum_{j=1}^{b}\sum_{k=1}^{c} x_{ijk\cdot}^{2}$	$+\dfrac{1}{n}\sum_{i=1}^{a}\sum_{j=1}^{b}\sum_{k=1}^{c} x_{ijk\cdot}^{2}$

将各项求和得到

$$SS_{ABC} = \frac{1}{n}\sum_{i=1}^{a}\sum_{j=1}^{b}\sum_{k=1}^{c} x_{ijk\cdot}^{2} + \frac{1}{bcn}\sum_{i=1}^{a} x_{i\cdot\cdot\cdot}^{2} + \frac{1}{acn}\sum_{j=1}^{b} x_{\cdot j\cdot\cdot}^{2} + \frac{1}{abn}\sum_{k=1}^{c} x_{\cdot\cdot k\cdot}^{2} - \frac{1}{cn}\sum_{i=1}^{a}\sum_{j=1}^{b} x_{ij\cdot\cdot}^{2} - \frac{1}{bn}\sum_{i=1}^{a}\sum_{k=1}^{c} x_{i\cdot k\cdot}^{2} - \frac{1}{an}\sum_{j=1}^{b}\sum_{k=1}^{c} x_{\cdot jk\cdot}^{2} - \frac{x_{\cdot\cdot\cdot\cdot}^{2}}{abcn}$$

为了完整实现上述符号运算规则，本例提供了 6 个函数来共同实现，它们分别是：computeSquareSums；makeTermAndSign；makeSquareSum；makeSumStr；splitStr；drawSeparateLine(nLength)。它们分别实现了线性模型分项的形成、各项对应自由度的展开与归组、实现单项平方和、求和递归、符号运算与分解、分隔美化等功能，各源码均有详细说明，推求时以 computeSquareSums 作为启动入口，运行结果均输出到屏幕，再将结果化为标准的公式格式即可（扫描书前二维码获取示例代码 6-16）。

第 7 章 面向对象编程

7.1 面向过程与面向对象

在编程之前，我们常常先绘制流程图，即将重要的步骤使用不同类型的图框表达出来，然后按照计算顺序将各图框逐一连接起来，各步骤的连接结果就是求解问题时需要遵循的过程。按照此过程编写代码，最终得到问题的答案。下面的主成分分析（PCA）方法就是一个典型的按照步骤进行的面向过程的编程方法。

在多元统计分析中，主成分分析是常用的分析方法，对于 PCA，一般的求解步骤包括：①输入数据；②检测数据的合理性、有效性（使用 isempty 等函数）等，检测有无行列数据个数不匹配的情况等；③标准化处理数据，得到相关系数矩阵（使用 zscore 等函数）等；④求数据的特征值与特征向量（使用 eig、svd 等函数）、排序（使用 sort 等函数）；⑤计算特征值的累积百分率（使用 cumsun 函数）等；⑥选定主成分、分析解释。

从实现过程可知，只要把每一步实现好，并且按照顺序串联起来，就可以得到最终的正确结果。在这种情况下，编程主要关注每一步的具体实现，像这样把具体实现分解为不同步骤，把具体步骤的实现作为编程主要关注点的编程思路、实现方式等，都是面向过程的编程。

如何理解"面向过程"？在这里，"面向"对应的是"过程"，"过程"是主角，编写代码时，对"过程"的编程占据了主要方面，函数是"过程"的中心，数据是"过程"中处理的对象，本身都不太复杂，一步步处理即可。但随着科学问题和数据结构的复杂化，这种面向过程的编程，越来越不适应问题的解决，编程的本质是解决问题，当过分关注过程而失去对结果的把握时，则对过程无论多么关注，都无法达到目的，而面向对象的编程思想由此产生。

当我们按照"面向对象"编程时，"对象"就成了主角，而"过程"不再是需要着重关注的角色。在面向对象编程之前，需要了解什么是对象，为什么对象是最根本的关注目标。

下面举例说明什么是对象。以生活中常用的汽车为例，同一种汽车，尽管每辆车都有独特的车架号、牌照号、轮毂型式、内饰风格等，但它们都是按照同一套图纸生产、组装出来的。这里的图纸，是汽车制造的原型，统一规定了这些汽车的性能、外观等要求，是每辆汽车制造时需要遵循的规则总和，也可以看作汽车实体的抽象，我们称之为类。而每辆具体生产出来的汽车，则可以看作这个类的一个对象。在这样的类比下，读者就会发现，一种汽车一套图纸即可，但具体生产的汽车，可以有千千万万辆。实际上，每个类的定义只有一个，但类的对象却可以有许多，这和我们前边学过的内置数据类型一样，字符型是一个类型，但该类型的具体数据则有很多。

相较于设计一个车轮，设计一辆汽车要复杂得多。设计汽车时，要将关注点落在整个汽车上，包括汽车外观尺寸、动力总成、控制电路、油路及各方面的相互匹配等，将这些因素统一考虑，则是面向对象的设计方法。显然，若将汽车的尺寸、颜色、发动机、电控系统等打包在一起当作一个数据，则这个数据足够复杂，其复杂性不仅源于包含了不同类型的数据，还涉及数据之间的相互作用。对这个打包数据进行设计，其实就是对类进行设计，就是对类所对应的具体汽车（对象）进行设计。

因此，面向对象的程序设计，更多是从总体角度进行设计，不再将关注点放在局部过程的实现上，而是将关注点落在整体的合理性上。和面向过程相比，面向对象显然能够处理更加复杂的数据（事件），是一种完全不同的设计思路。

面向对象的设计方法，源于人们对实际外在世界观察的抽象。我们知道，客观世界是普遍联系着的复杂世界，复杂事物往往具有层次性、关联性，要对这样的复杂世界进行描述，就必须有与之匹配的描述方法。从这一点看，面向对象是一种思维方法。

在上边的例子中，我们以汽车图纸比作汽车的类，以具体的汽车车辆比作类的对象。那么，在程序设计中，什么是类呢？简单地说，类是同种具体事物中相似点、共性的抽象集合。一个汽车类可以包括车辆外观尺寸、颜色、形状，还包括汽车的发动机、驾驶控制、电路、油路等基本信息。哪些信息要包含在类中，哪些信息要舍去，是类设计时需要考虑的事情。因此，面向对象设计更可看作对复杂数据处理规则的设定。

类还有一系列的其他属性，将在后续章节中一一讨论。

7.2 类的组织结构

7.2.1 初识类

学习编程，除了勤于动手，模仿也是快速进步的一个有效方法。在深入学习类的基本知识之前，扫描书前二维码查看一个关于类的示例（示例代码 7-1），以便于我们模仿书写出自己的类，并掌握类的基本架构形式。示例是学生类定义的主要部分，该类主要实现学生的学号、姓名等信息的输入与展示。

将上述代码输入 MATLAB，保存到默认的目录下，可知 MATLAB 会以 student.m 为文件名进行默认保存，MATLAB 默认以类名作为文件名，扩展名则使用.m，意味着这也是一种函数。

观察上述 student 类的定义代码，从总体上看，类的定义是以 classdef 开始，以 end 结束的一段代码块。为了区分清楚，在上述代码中，特意加了空行，并添加了注释信息。从内部看，类的定义中包含：properities-end 块，称为属性成员块；methods-end 块，称为方法成员块；events-end 块，称为事件块。此外，类的定义中还有可能包含 enumeration-end 块，称为枚举块。一般来说，一个类通常会包含上述 4 种子块或其中部分子块。

从大的结构方面看，类由不同的子块组成；从小的组成方面看，类则由各种不同的成员构成。类的成员都包含在各个子块中，其中属性块内的成员，一般是数据成员，也就是该类可能要用到的数据指标，如定义汽车类时，任何车都有长、宽、高等必要的尺寸数据，则用户可为汽车类设定 3 个成员（指标），以存放汽车尺寸数据，这些成员要放置在属性成员块内。

方法块内的成员，一般为函数成员，即类支持的各种"活动"的实现。在这个块内，可以声明、定义类内各种函数，这些函数的操作对象多数为属性成员（数据）。在事件块内，可以定义用户自己命名的事件，如果数据变化了，则可以定义一个叫作 dataChanged 的事件。枚举块内存放的是枚举变量。

要对学生进行基本描述，常用的变量有学号、姓名、性别、班级名称、QQ 号码等，在上述学生类的定义中，将这些变量放在 properties-end 块中，则它们就成为了该类的属性成员，借此可以对学生进行各方面的属性描述。在 methods-end 块中，有两个方法（成员函数），一个是 student 函数，一个是 show 函数，它们都是该类的方法（函数型成员），其中 student 函数用来对学生对象进行初始化，show 函数用来输出学生信息。至此，也许读者会发现，类已经被保存为 student.m 函数了，但方法块内还有一个 student 函数。是不是嵌套定义，这里先不多作解释，内部的 student 函数实际上是一种构造函数，后续会详细介绍。

现在已经定义了一个学生类，在 MATLAB 的命令行窗口下，我们可以试着创建一个对象：

```
>> s1=student(250,'张三丰',1,'2016级生物信息',1234567890);
```

运行后创建了一个 student 对象 s1，因为 s1 是根据我们自定义的 student "图纸"创建的实际存在的"学生"，所以 s1 中包含 student 类的各项属性，通过 s1 可以使用这个对象的属性、方法。例如：

```
>> s1.show
学生基本信息如下：
    stuID = 250
    stuName = 张三丰
    stuGender = 1
    stuClass = 2016级生物信息
    stuQQ = 1234567890
```

7.2.2 类的定义

类本质上是一种新的数据类型。这种数据类型，既包括了属性成员，也包括了方法成员、事件成员等，因此需用专门的函数进行定义。MATLAB 对类的定义提供了专门的 classdef 函数，扫描书前二维码查看其基本的语法结构(示例代码 7-2)。

classdef 是类定义的关键字，它和最后的 end 一起构成类的定义块，classdef 后的字符串 classname，则是用户要定义的类的名称。在 MATLAB 中，要定义一个类，可以有 2 种类型，一种是数值型，即 value 型；另一种是 handle 型，即句柄型。在前边定义的 student 类中，代码是"classdef student < handle"中的"<handle"，表示该类继承了 MATLAB 内建的 handle 类，属于 handle 型的类。

MATLAB 中 value 型和 handle 型类的使用目的不同。value 型的类对象，多用于表示实体数据，其主要特点是，当进行对象复制后，其中一个对象数据的改变，不会引起另一个对象数据的变化，因此常用于不需要保持数据同步变化的情况。handle 型的类对象类似于 C++ 的引用，它在进行对象复制时，并不进行完全的值复制，而只进行句柄的复制，通俗地说，就只复制数据所在的地址描述。到目前为止，读者也许尚不明白上述复制的差别，后续将给出具体的解释。

为了保持类的可读性，满足易维护等方面的要求，和学习函数相类似，读者在充分了解类定义时需要注意的事项后，就可以定义自己的模版函数，专门用来生成类的定义框架，以规范类定义的代码。如图 7-1 所示是 MATLAB 中 timer 类的类头说明部分，通过剖析类的定义，我们具体分析类定义中需要明确的方面。

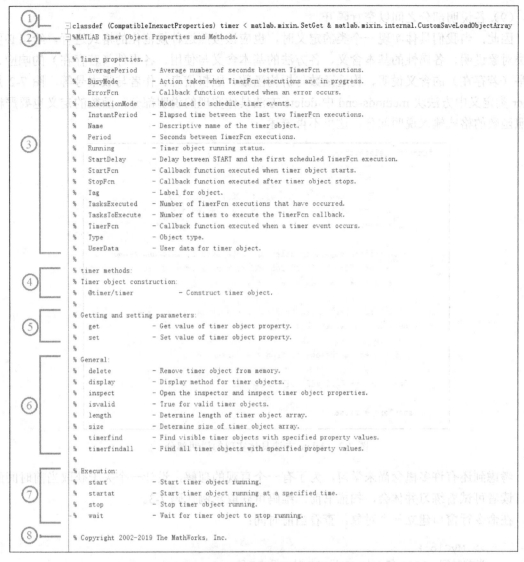

图 7-1 timer 类的类头说明部分

观察图 7-1 可知，一个规范化的类定义，除 4 个子块或其中部分子块外，类的说明部分也是必不可少的，在这里，我们看到类的说明部分具有以下特点。

（1）从关键字 classdef 引导的类的定义开始后，给出类的说明。

（2）紧接着类的关键字 classdef，中间不空行，一句话简明介绍该类，并满足 lookfor 的查找功能。

（3）对本类中所有属性进行简明扼要的介绍，解释部分的文字以短画线开始。

（4）对本类中的所有方法进行简明扼要的介绍，解释部分的文字以短画线开始。

（5）对本类中属性的设置与获取方法进行介绍，即 get 和 set。

（6）对本类中一般方法进行介绍，解释部分的文字以短画线开始。

（7）对本类中方法的执行进行介绍。

（8）版权信息。

(9) 各说明部分之间以空行隔开。

因此，当我们具体实现一个类的定义时，也应该按照这种规范化的格式进行。给出必要的类对象说明、各属性的基本含义、各方法的基本含义与使用、各事件（若存在）的响应、枚举（若存在）的含义说明、构造函数与析构函数、版权信息、作者与版本号等。图 7-2 是 timer 类定义中方法块 methods-end 中 delete 方法具体实现的说明部分，函数的定义也要严格按照函数的格式输入说明部分，这里不再赘述。

```
function delete(obj)
%DELETE Remove timer object from memory.
%
%   DELETE(OBJ) removes timer object, OBJ, from memory. If OBJ
%   is an array of timer objects, DELETE removes all the objects
%   from memory.
%
%   When a timer object is deleted, it becomes invalid and cannot
%   be reused. Use the CLEAR command to remove invalid timer
%   objects from the workspace.
%
%   If multiple references to a timer object exist in the workspace,
%   deleting the timer object invalidates the remaining
%   references. Use the CLEAR command to remove the remaining
%   references to the object from the workspace.
%
%   See also CLEAR, TIMER, TIMER/ISVALID.

    stopWarn = false;
```

图 7-2　delete 方法具体实现的说明部分

考虑到还有许多概念尚未学习，为了有一个直观的理解，设计一个关于获取当前时间的类，读者可试着练习并体会，扫描书前二维码可获取示例代码 7-3。

在命令行窗口建立一个对象，查看当前时间：

```
>> MyClock
当前时间:2021 年 2 月 25 日,17 时 6 分 39 秒
ans =   MyClock - 属性:
      year: 2021
     month: 2
       day: 25
      hour: 17
    minute: 6
    second: 38.5070
```

7.2.3　类的特性

根据使用目的的不同，MATLAB 允许用户声明不同类型的类，如与 value 型类兼容的 handle 型类、具有优先权的类、具有隐藏性的类等。在定义类时，设置类特性的语法格式如下：

```
classdef (特性关键字=取值,…) className
    …
end
```

其中，特性关键字包括：Abstract（设定该类是否为抽象类），AllowedSubclasses（列出可作为该类子类的类清单），ConstructOnLoad（设定加载时是否调用构造函数），HandleCompatibile（设定类的 handle 兼容性），Hidden（设定类的隐藏性），InferiorClasses（建立类的优先级），Sealed（设定类的封闭性）等，表 7-1 给出了类的这些特性的详细说明。

表 7-1 类的特性说明

特性名称	类型及取值	说明
Abstract	逻辑型，默认设置为 false	用来设定该类是否为抽象类。若设定为 true，则该类被定义为抽象类，此时该类将不能被实例化
AllowedSubclasses	超类对象或超类对象的 cell 数组	用来列出可作为该类子类的类清单。按照如下格式将子类规定为超类对象：单一 meta.class 类对象。meta.class 类对象的 cell 数组，空的 cell 数组{}等同于封闭(Sealed)类，此时不能再派生子类，要指定为 meta.class 对象，只能使用?ClassName 语法格式
ConstructOnLoad	逻辑型，默认设置为 false	用来设定加载时是否调用构造函数。若设定为 true，则 MATLAB 在从 .mat 文件加载对象时，会自动调用该类的构造函数，为防止加载出错，该类应明确提供不带参数的构造函数
HandleCompatibile	逻辑型，默认设置为 false	用来设定类的 handle 兼容性。若设定为 true，则该类可作为 handle 型类的父类，按照定义，所有 handle 型类都具有 handle 兼容性。该特性常常用于 value 型类，以使该类作为 handle 型类的父类
Hidden	逻辑型，默认设置为 false	用来设定类的隐藏性。若设定为 true，则该类不会出现在 super 类的输出中，也不会出现在 help 函数的输出中
InferiorClasses	cell 类型，默认设置为{}	用来建立各类之间的优先级。指定 meta 类的 cell 数组时，请使用"?"运算符"格式。MATLAB 内置的数据类型，包括 double、single、char、logical、int64、uint64、int32、uint32、int16、uint16、int8、uint8、cell、struct 和 function_handle 等，它们的优先级低于用户自定义的数据类型，且这些内建类型不会显示在列表中
Sealed	逻辑型，默认设置为 false	用来设定类的封闭性。若设定为 true，则该类不能作为父类派生出子类

例如，若定义一个类时将它设定为具有封闭特性的类，则 Sealed 关键字设定如下。

```
classdef (Sealed = true) TestSealedAttribute
    methods
        function obj=TestSealedAttribute()
            disp('用来测试 Sealed 特性！');
        end
    end
end
```

此时，该类被设定为封闭性的类，因此将不能为父类派生子类，若试图将它作为父类，则会产生错误。例如：

```
classdef son < TestSealedAttribute
    methods
```

```
            function obj=son()
                obj=obj@TestSealedAttribute();
            end
        end
    end
```

在命令行窗口中，若声明一个 son 类的对象，则会报错，如图 7-3 所示。其他几种特性的使用，将随着学习的深入，逐一探讨。

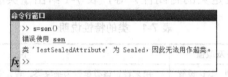

图 7-3 类 Sealed 特性的使用

7.2.4 类定义的组织与存放

目前已经知道，类的定义是以.m 文件的形式存放在计算机中的，当类的方法（成员函数）定义都比较简短时，可以将各个方法的完整定义放在 methods-end 块内，整个类的定义就是一个单一的.m 函数文件。例如，前边定义的 student 类，其构造函数和 show 方法都直接在 methods-end 子块内实现，并保存为 student.m 函数。但随着类的属性成员和方法成员等的增加，类变得复杂起来，此时若将所有的方法都在 methods-end 子块内实现，则会造成类定义文件的急剧膨胀，不易维护，也不符合"类是具体事物共性的抽象"这一本质要求。因此，可将类的定义用多个文件来组织。

当用多个文件来组织一个类时，部分代码较多的方法（成员函数），可以在类中只声明、不定义，其具体定义单独占据一个文件，但需要将这些同属于一个类的方法（成员函数）的定义文件，都放在以@开头、以类名为文件夹名的文件夹中，并且每一个@文件夹只允许存放一个类的文件，包括类的定义及其各个方法的定义。

例如，定义一个叫作 MyClass 的类，存放在 MyClass.m 文件中，该类含有方法 MyMethodA、MyMethodB、MyMethodC 等，若这些方法的定义需要占据很多行，并且实现也较复杂，则只在 MyClass 类内对它们进行声明，然后在独立的函数文件中各自实现定义即可（扫描书前二维码查看示例代码 7-4）。

下面是类方法 **MyMethodA** 的具体定义，存放在 **MyMethodA.m** 文件中。

```
function A=MyMethodA(obj)
%方法 MyMethodA 的具体定义
end
```

下面是类方法 **MyMethodB** 的具体定义，存放在 **MyMethodB.m** 文件中。

```
function B=MyMethodB(obj)
%方法 MyMethodB 的具体定义
end
```

下面是类方法 **MyMethodC** 的具体定义，存放在 **MyMethodC.m** 文件中。

```
function C=MyMethodC(obj)
%方法 MyMethodC 的具体定义
end
```

@MyClass 文件夹文件结构形式如图 7-4 所示。可以看出,我们专门建立了一个@MyClass 文件夹,文件夹名称就是类名,每个方法都单独成为一个函数文件。用户也可以通过设置 MATLAB 的布局,将文件夹浏览列表放在屏幕一侧,直接查看。

需要说明的是,当用户在类中只声明、不定义类的方法时,若该方法不是 Static 类型的,则必须提供至少一个参数,否则将报错。例如,在上述的 MyClass 类中,用户尝试声明一个不带参数的 MyMethodC 方法,再在 MyMethodC.m 中进行完整定义。但 MATLAB

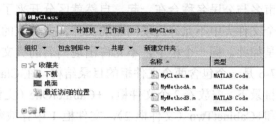

图 7-4 @MyClass 文件夹文件结构形式

提醒该方法不属于 Static 类型,应设定至少一个参数,如图 7-5 所示。

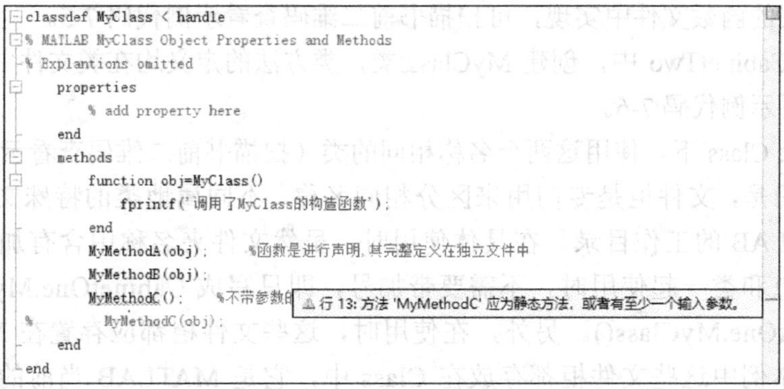

图 7-5 声明非 Static 类型的方法时必须带参数

另外,需要注意的是,虽然用户建立了一个@MyClass 文件夹,但是不要以此文件夹为当前的工作目录,如果以此文件夹所在路径为当前的工作路径,则用户建立该类对象时,MATLAB 将找不到 MyClass 类的定义,无法实现用户的要求,从而报错。因此,用户必须跳出@MyClass 文件夹之外,让@MyClass 文件夹位于当前的工作路径上。

7.2.5 文件柜

面向对象编程是开发大型程序的编程方法。对于团队编程来说,不同开发人员有可能会定义名称相同的类,在这种情况下,当将各开发人员的代码汇总在一起时,有可能出现名称冲突的问题。这一点和姓名相同类似,如在 A 城有叫张三的公民,在 B 城也有叫张三的公民,把他们区分开的最简单方法就是把他们的地址加上:A 城张三,B 城张三。

在 MATLAB 中,处理同名类之间的冲突,也可以采取类似加上地址的方式,为此,MATLAB 允许用户定义一种以加号(+)开头的文件夹,称之为 package folder,有些编程人员将此译作包文件夹,称该文件夹占据的一部分内存空间为名称空间。名称空间是 C++语言中的专业术语,我们不打算将其引入 MATLAB 的学习中,毕竟有些读者未曾学习过 C++语言。但将 package folder 称作包文件夹有点拗口，本书按照汉语习惯，称之为文件柜，因为在日常工作中，文件夹常常放置在文件柜中。

这样，当不同编程人员开发同名类时，只要其文件柜名称不同，将柜名与类名一起使用，就如同将城市名与公民名称合在一起，自然就区分开来了。同一个文件夹中不允许出现同名的文件，文件柜的要求也是如此，同一个柜中，不允许出现同名的类文件。图7-6 是一个包含两个文件柜的目录结构，在 Class 工作目录下，安放着 2 个文件柜，+CabinetOne（文件柜 1）和+CabinetTwo（文件柜 2），文件柜 1 中存放着 MyClass 的类及其方法文件，文件柜 2 中分别放置着不同的类文件。

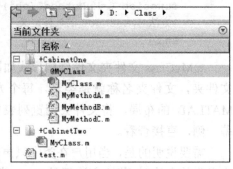

图 7-6 利用文件柜存放名称相同的类

在具体使用时，要将柜名和类名连在一起使用，用圆点操作符隔开，如同"A 城.张三"一样，使用"柜名.类名"格式即可。例如，在文件柜+CabinetOne 中，创建 MyClass 类，类方法分别在独立的函数文件中实现，可扫描书前二维码查看示例代码 7-5。

在文件柜+CabinetTwo 中，创建 MyClass 类，类方法的定义均在类文件中实现，可扫描书前二维码查看示例代码 7-6。

在工作目录 Class 下，使用这两个名称相同的类（扫描书前二维码查看示例代码 7-7）。

需要说明的是，文件柜是专门用来区分相同名称、不同属地类的特殊文件夹，不能将它们当作 MATLAB 的工作目录。在具体使用时，虽然文件夹名称中含有加号"+"，但作为类的存放地点和类一起使用时，不需要带加号，即只写成 CabinetOne.MyClass()即可，而不是+CabinetOne.MyClass()。另外，在使用时，这些文件柜都应存置在 MATLAB 的工作目录中，如本例中这些文件柜都存放在 Class 中，它是 MATLAB 当前的工作目录，如图 7-7 所示。

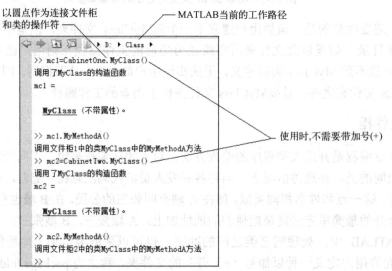

图 7-7 文件柜具体使用注意事项

上述代码没有语法问题，但多次使用"柜名加类名"的格式时，有些烦琐。为了解决上述问题，用户可使用 MATLAB 提供的 import 函数，将常用的类导入。

一般来讲，在使用 import 函数导入某个类时，应尽量采取"就近导入，够用就行"的原则。如果类只在某函数中使用较多，则将该类导入函数内部即可。若试图将该类导入函数所在目录的工作空间，则不能达到目的。例如，将文件柜 1 中的类 MyClass 输入工作空间，在工作空间中，可自由使用该类，如创建对象等。

```
>> import CabinetOne.MyClass;
>> mc1=MyClass()    %在工作空间中使用该类
调用了文件柜 1 中的 MyClass 的构造函数
mc1 = MyClass (不带属性)。
>> mc1.MyMethodC()
调用文件柜 1 中的类 MyClass 中的 MyMethodC 方法
```

该类的使用范围只限于工作空间，即使某个函数在这个工作目录中，也无法使用工作空间中导入的类。例如，将 test 函数存放在 Class 目录中，若在 test 函数内尝试使用已经导入工作空间的 MyClass 对象，则报错，如图 7-8 所示。

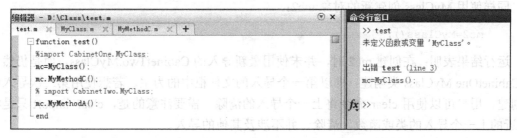

图 7-8　工作路径下的函数不能直接访问工作空间中导入的类

本质上这和常规变量的使用一样，在工作空间中给定一个 a，某函数是不能直接使用它的，除非将它作为函数的输入。反过来，若将类 import 到某个函数内部，在工作空间中也同样无法使用该类（见图 7-9）。实际上，import 函数作用只限于调用它的函数。当在命令行窗口使用 import 时，它的使用限于 MATLAB 命令列表环境。如果在脚本中使用 import，则它只在导入函数内部产生作用，若该脚本在命令行窗口运行，则它会影响命令行窗口范围。

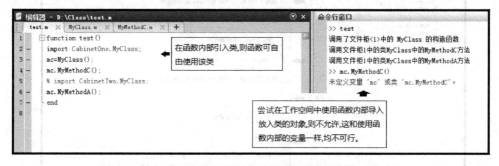

图 7-9　在工作空间中不能访问引入到函数内的类及其对象

除 import 类外，还可以直接导入文件柜中常用的某个函数（注意是文件柜中的函数，不是类中的方法，除 Static 方法外，访问类的方法都需要通过对象）。例如：

```
import CabinetTwo.Test;
```

当需要将整个文件柜导入时，则可以使用通配符*表示。例如，将文件柜 CabinetTwo 中的所有内容都导入函数 test 内：

```
function test()
import CabinetTwo.*;
mc=MyClass();
mc.MyMethodA();
end
```

对于同一个作用范围，如果使用 import 导入储存多个同名类或函数的文件柜，则使用该类名或函数时，遵循优先原则，以第一个文件柜中的为准。如图 7-10 所示，在工作空间中使用 import 将 CabinetOne 文件柜中的 MyClass 类导入，可以使用该类直接创建对象并使用：

```
mc1=MyClass();
```

然后使用 import 将文件柜 2 中的 MyClass 导入：

```
import CabinetTwo.MyClass
```

同样使用 MyClass 创建新的对象 mc2：

```
mc2=MyClass();
```

运行结果表明：在创建 mc2 时，并未使用最新导入的 CabinetTwo.MyClass，而是仍然使用 CabinetOne.MyClass 类创建，即以第一个导入的文件柜中的为主。若想使用第二次导入的类创建，用户可以使用 clear 命令将上一个导入的清除。需要注意的是，clear import 只是将"最近的上一个导入的类或函数"清除，并不涉及其他的导入。

如图 7-10 所示，当只使用 clear import 时，只是将第二次导入的 CabinetTwo.MyClass 清除了，用户可通过 whos 进行检查。若想将先前所有导入的全部清除，则需要使用 clear all。要想在使用 CabinetOne.MyClass 之后继续使用新的 CabinetTwo.MyClass，可按照示例代码中的方法实施（扫描书前二维码查看示例代码 7-8）。

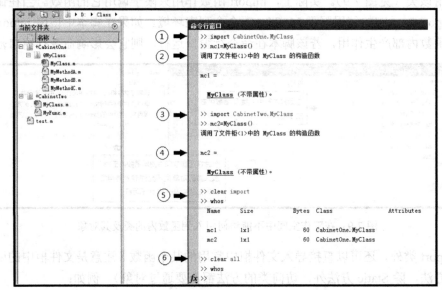

图 7-10 使用 import 命令导入与 clear 清除

上面探讨了在工作空间中使用 import 的情况,但需要读者注意,当在函数内部使用 import 时,不能使用 clear 进行清除(扫描书前二维码查看示例代码 7-9)。

当不使用 clear import 时(注释该句代码),尽管导入了文件柜 2 中的所有内容,但第二次创建对象时,仍然使用文件柜 1 中的类创建对象,如图 7-11(a)所示。当尝试在函数中使用 clear import 时,运行报错,如图 7-11(b)所示。

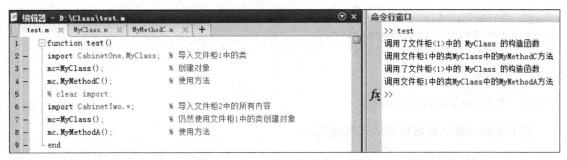

(a)不使用 clear import 时,使用最先导入类创建对象

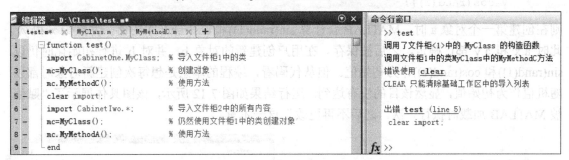

(b)在函数内部使用 clear iopmport 时会报错

图 7-11 函数内部使用 import 与清除

7.3 类的属性

在类的定义中,位于 properties-end 块内的数据变量常常被称作属性,它们作为类的数据变量,常被用来描述本类的数据特征。和一般函数的变量相比,类的属性具有许多其他的特点,这些特点包括:静态性、常量性、暂态性、依赖性、访问控制性等。

7.3.1 声明与初始化

类的属性,作为类的组成部分,一般在定义类时已经确定。对于普通属性,其声明按照顺序置于 properties-end 块内即可。例如:

```
properties
    x;    %二维点的 x 坐标值
    y;    %二维点的 y 坐标值
end
```

对于属性的初始化,一般可通过两种方式实现。一是在声明时直接赋值,二是通过类的一种特殊函数进行初始化,这种特殊函数叫作构造函数,专门用来对类的属性进行初始化,从而在创建对象时可以初始化对象(扫描书前二维码查看示例代码7-10)。

直接赋值时,等号右边必须是:①直接的数值或字符串等;②可计算确定值的表达式;③赋值和表达式只在该类被 MATLAB 加载时执行一次,之后不再更改。考虑到第③条,计算式应满足得到固定结果的条件。以 Point 类为例:

```
>> a=Point()
a = Point with properties:
   x: 0
   y: 0
>> a.show
点的坐标是(0.00,0.00)
```

若上述的初始化是通过表达式实现的:

```
x=sin(rand(1));
y=cos(rand(1));
```

则在创建第一个对象 a 时,MATLAB 会计算 sin(rand(1))和 cos(rand(1))的值,并赋给 x 和 y,此时 a.x 和 a.y 都已确定,之后被保存。在用户创建新的对象 b,并对 b 进行初始化时仍以 sin(rand(1))和 cos(rand(1))作为初始值。但从代码看,编程的本意是想每次创建新对象时都以随机值作为初始值,显然该目的没有达到。运行结果如图 7-12 所示,该图具体展示了"赋值被 MATLAB 加载时执行一次,之后不再更改"这一本意。

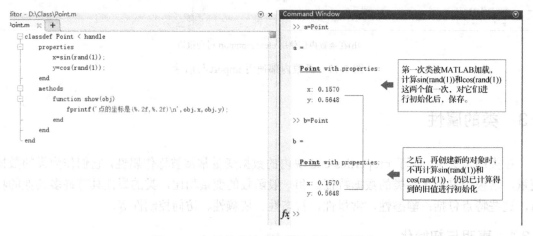

图 7-12 初始化表达式计算的"从一而终"

下面再给出一个更典型的例子,以便读者加深理解"从一而终"的初始化表达式计算,先定义类:

```
classdef Now < handle
    properties
        t=clock;
    end
    methods
        function show(obj)
```

```
            fprintf('当前时间: %2d: %2d: %2d\n',...
                obj.t(4),obj.t(5),round(obj.t(6)));
        end
    end
end
```

下面在脚本中通过循环创建 10 个对象，运行查看结果，观察初始化情况。

```
clear;clc
for ilp=1:10
    eval(['t',num2str(ilp),'=','Now']);
end
```

前边已经讲过，构造函数是一种特殊的函数，其特殊性就在于该函数的名称和类的名字一样，类的构造函数的使用很明确，就是为初始化对象而专设的（附带着检查数据等功能），可扫描书前二维码查看示例代码 7-11。和普通的数据类型相比，类属于复杂的数据类型，对于这种数据类型，有必要提供专门的工具进行初始化。

7.3.2 访问控制

对于类来说，属性是记述类的特征的数据变量，这就涉及对这些数据成员进行访问的控制问题，即访问特性的设置。有些数据需要对外交流，那么对它们的访问就不应该限制；有些数据需要一些权限才可以访问，那么就对它们进行适当保护；有些数据只是内部数据，外界不能访问，那么就将它们设成隐藏的。

一般来讲，属性的访问特性，是指对数据成员的访问、查询和设置。其中，"查询"特性是指属性成员能否在一定范围内被读取，"设置"特性则指属性成员能否被重置（赋值），"访问"特性既包含查询又包含设置。在前边的学习中，常常使用"名称=取值"这种"名值对"形式进行参数设置，对类属性的访问特性设置，也可以采用这种"名值对"形式。

在 MATLAB 中，访问特性的取值主要有以下几种类型。

（1）public：公有类型，该类型的属性成员访问不受限制，类内的成员和对象都可以访问，属于对外窗口。

（2）protected：保护类型，该类型的属性成员访问受到部分限制，只允许本类和派生类的方法访问。这相当于某个家庭的房间，只允许家庭成员进入，外人是不允许进入的。

（3）proivate：私有类型，该类型的属性成员访问受限极大，只允许本类内的方法进行访问，任何外部的访问都非法，也不许派生类进行访问。

（4）meta.class：对象或对象 cell 数组类型，该类型规定了只有访问控制列表中的属性类型才可以访问。此外，还有一种只在构造函数内部设置属性值的访问控制，即 immutable。

在设置访问控制时，语法格式是在关键字 properties 后用圆括号将"名值对"括起来的形式：

```
properties (特性名称=特性值)
    %propertyName;
end
```

在前述的例子中，Point 类中的属性，properties-end 块内的 x 和 y 等，都未显示声明，则按照默认设定，它们属于 public 型，即均可访问。例如：

```
classdef Point < handle
    properties (Access=public)      %设定为public，可自由访问与修改
        x;y;
    end
    …
end
```

运行脚本，则有：

```
>> a=Point;
>> a.show
点的坐标:(1.00,1.00)
>> a.x=1.23;a.y=2.34;            %因为是public，故可以从外部直接访问、修改
>> a.show
点的坐标:(1.23,2.34)
```

又如：

```
classdef Point < handle
    properties (Access=protected)    %设置为保护类型
        x;y;                         %只允许本类及派生类的成员访问
    end
    …
end
```

运行结果如下：

```
>> a=Point
a = Point with no properties.
>> a.x                           %尝试从外部访问，不能成功
You cannot get the 'x' property of Point.
>> a.show                        %允许本类和派生类的方法访问
点的坐标:(1.00,1.00)
```

再如：

```
classdef Point < handle
    properties (Access=private)     %设置为私有类型，
        x;y;                        %则只允许本类成员访问
    end
    …
end
```

除上述的"访问"关键字 Access 外，"查询"关键字 GetAccess 及"设置"关键字 SetAccess 的使用格式也类似。

通常地，一个类中具有某些共同特性的属性，往往统一安排在一个 properties-end 块内进行声明或定义，具有另一种特性的某些属性，则安排在另一个 properties-end 块内统一进行声明或定义。这样，按照特性分类对属性进行声明或定义，是比较好的编程方式。多个

properties-end 块之间，属性专用名或定义的先后顺序没有影响。当某个属性具有多种特性时，可单独使用 properties-end 块进行声明或定义。扫描书前二维码查看示例代码 7-12。

7.3.3 其他特性

前面我们已经讨论了属性的访问控制，其实，除访问控制外，还有其他几种特性。

例如，Constant 可用来设置常量属性，具有 Constant 特性的属性，在对象的整个生存周期中，其值保持不变，无论在类内还是类外对其修改都不可行。举例说明，如图 7-13 所示，定义 Point 类，将原点(0,0)设定为 Constant（标志①）。为了验证，在方法 distance 中加上了对 Constant 的修改（标志②）。在命令行窗口，首先建立点对象 a，尝试从外部修改原点的第一个坐标（标志③），运行报错，说明这种修改不被许可。调用类的方法 distance（标志④），结果表明标志②处的运行不被许可。实际查看原点（标志⑤），发现并未改变。可见，具有 Constant 特性的属性，在对象存续期内，不可改变。扫描书前二维码查看示例代码 7-13。

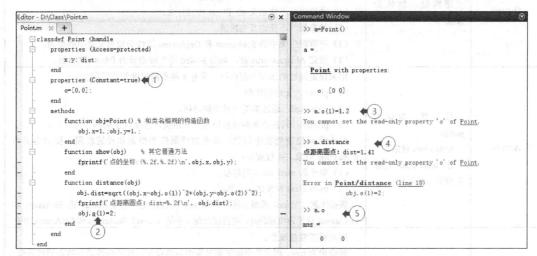

图 7-13 属性的 Constant 特性实验

Dependent 可用来设置具有依赖性的属性成员，所谓依赖，即其值是随着其他属性的改变而改变的。对于这类属性，MATLAB 在存储对象时，并不分配物理存储空间，且每次访问该属性时，都进行动态计算。对于设定为 Dependent 的属性，MATLAB 要求其查询、设置放在 get 方法中。这样做，一是增加检查数据等其他额外的功能，二是支持向量化编程。

扫码书前二维码查看示例代码 7-14 并运行，结果如下：

```
>> a=Point(3,3);
>> a.dist
距离原点：dist=4.24
ans = 4.2426
```

再如，Hidden 可用来设置属性的隐藏特性，即当属性设置为 Hidden 时，若在命令行窗口查看对象的信息，则该属性将不予显示。这样可有效隐藏类的内部设计信息，保护代码，也减少用户对内部信息的关注，从而将注意力放在类的接口上。

扫码二书前维码查看示例代码 7-15 并运行，结果如下：

```
>> a=example
a = example with no properties.      %不显示信息
>> a.secret=10
a = example with no properties.
```

类属性具有的特性有 11 种,除了上面提到的几种,更多的属性设置如表 7-2 所示。

表 7-2 属性成员的详细说明

特性名称	类型与默认值	含义说明
AbortSet	逻辑型,默认为 false	用来设定 set 是否可用。 若 AbortSet 设定为 true,且新设定值与当前值相同,则即使存在 set 方法,MATLAB 也不会调用该方法设置属性值。对于 handle 型类,设定 AbortSet 为 true,还意味着可阻止 PreSet 和 PostSet 事件的触发
Abstract	逻辑型,默认为 false	用来设定属性的抽象特征。 若设定为 true,则该属性为抽象类型的属性且没有实例,但在具体的派生类中其必须被重新定义,派生类中没有设定 Abstract 为 true。 (1) 抽象属性不能定义 set 和 get 访问方法。 (2) 抽象属性不能定义初始值。 (3) 所有派生类中的 SetAccess 和 GetAccess 属性必须与父类中的相同。 (4) 设定 Abstract=true 时,类的 Sealed 特性应当设为 false(默认值)

Access	枚举型,默认为 public
	  meta.class 对象
	  由 meta.class 对象构成的 cell 数组
		用来设定属性的访问控制权限,常有 3 种不同程度的访问限制。
		(1) public,无访问限制。
		(2) protected,通过本类或派生类访问。
		(3) private,只能由本类成员访问(其他类,包括派生类都不可以)。
		位于访问控制列表中的类,具有对该属性的查询和设置权限。要指定类为 meta.class 对象,可设置为:
		(1) 单个的 meta.class 类对象。
		(2) meta.class 对象的 cell 数组。
		需要注意,空 cell 数组{}等同于 private 访问特性。使用 Access 将 SetAccess 和 GetAccess 设置为相同的值,可直接查询(不是 Access) SetAccess 和 GetAccess 的值

Constant	逻辑型,默认为 false	用来设置常量属性。 若设定为 true,则该类全部实例对象中的具有此特性的属性都取确定的相同值。 (1) 派生类只继承常量属性,但不能更改它们。 (2) 常量属性不具有依赖性。 (3) 将忽略 SetAccess
Dependent	逻辑型,默认为 false	用来设定属性的依赖特性。 若设定为 false,则属性值就存储在对象中,若设定为 true,则属性值不保存在对象中。set 和 get 方法不能通过对象使用属性名索引来访问属性。在命令行窗口中,对未定义 get 方法的属性,MATLAB 不显示它们的名称和值(只显示标量对象)
GetAccess	枚举型,默认为 public	用来设定属性的访问控制权限,常有 3 种不同程度的访问限制。 (1) public,无访问限制。 (2) protected,通过本类或派生类访问。 (3) private,只能由本类成员访问(其他类,包括派生类都不可以)。 位于访问控制列表中的类,具有对该属性的查询和设置权限。要指定类为 meta.class 对象,可设置为: (1) 单个的 meta.class 类对象。 (2) meta.class 对象的 cell 数组。 需要注意,空 cell 数组{}等同于 private 访问特性。 当某属性被设置为 protected 或 private GetAccess,或者其 Hidden 特性被设置为 true 时,MATLAB 将不在命令行窗口中显示该属性的名称和值。当将对象转为结构体时,函数 struct 将为所有属性定义字段

续表

特性名称	类型与默认值	含义说明
GetObservable	逻辑型，默认为 false	用来确定监听对象的调用。 当设定为 true 时，且属于 handle 类型的属性时，用户可创建一个监听对象来访问该属性，一旦属性值被查询，监听对象就会被调用
Hidden	逻辑型，默认为 false	用来设置属性的隐藏特性。 确定该属性是否显示在属性名称列表中。当 Hidden 设置为 true 时，或者属性被设置成 protected 或 private GetAccess 时，MATLAB 不会在命令行窗口中显示属性的名称与值
SetAccess	枚举型，默认为 public	用来设定属性的访问控制权限。有 4 种不同程度的访问限制。分别为： （1）public，无访问限制。 （2）protected，通过本类或派生类访问。 （3）private，只能由本类成员访问（其他类，包括派生类都不可以）。 （4）immutable，只在构造函数内部设置属性值。 位于访问控制列表中的类，具有对该属性的查询和设置权限。要指定类为 meta.class 对象，可设置为： （1）单个的 meta.class 类对象。 （2）meta.class 对象的 cell 数组。 需要注意，空 cell 数组{}等同于 private 访问特性
SetObservable	逻辑型，默认为 false	用来确定监听对象的调用。 若设定为 true 且属于 handle 类型的属性，用户可创建一个监听对象来访问该属性，一旦属性值被修改，监听对象就会被调用。这个特性和 GetObservable 的唯一差别在于，GetObservable 监听的是对属性的查询，而这里监听的是对属性的修改
Transient	逻辑型，默认为 false	用来设定属性的暂态特性。 当设定为 true 时，若将对象保存到文件，则具有该特性的属性不被保存

7.4 类的方法

作为复杂的数据类型，类除了含有存储数据的属性成员，一般还包含针对这些数据进行各种处理的不同方法，在 7.2.1 节中已经介绍了一些定义在 methods-end 块内的函数，这些函数在类中称作方法，也是类的有效组成部分。

一个类中可以包含各种不同类型的方法，按照功能与行为的不同，可分为：普通方法、构造函数、属性成员访问函数、析构函数、静态方法、类型转换方法和抽象方法，在本节中，我们将学习其中的部分方法。

7.4.1 普通方法与访问特性

普通方法和 MATLAB 的一般函数类似，在使用时，一般以对象为输入参数，可作用在一个或多个对象上，其返回值可以是对象，也可以是数值。本质上，类的方法主要是针对属性成员进行操作的，因此它们通常不改变输入参数。

普通方法在类中的声明与定义，可以采用两种不同的形式。一种是在类的 methods-end 块内给出完整的定义，这种将声明和定义一起实现的形式，适用于一些代码较短的方法。另一种是将方法声明写在 methods-end 块内，而将方法的具体定义（代码实现）放在一个独立的函数文件中，多适用于代码较长的方法。

但究竟多少行代码才算是"较短"，只能让类的定义者自己去考虑。面向对象编程中之所以提出类的这种数据类型,其目的之一就是提取事物的"共性"。我们认为,对于普通方法的定义,应以不影响他人对类定义的维护为根本、以精简为根本。因此,3~5 行代码可完整实现的方法,可以放在类的定义内部,当方法代码超过 5 行时,除非类非常简单,否则都应该单独创建一个文件,以实现该方法的完整定义(可重温类定义的组织与存放一节中的示例)。

对于将方法的声明与定义分开的形式,需要注意以下几点。

(1)类中声明和方法定义尽管实现了分离,但它们必须都保存在以类名为文件夹名称、以@开头的特殊文件夹中。

(2)类的方法也可以在 methods-end 方法块上设置特性,如静态性等,格式如下:

```
Methods(特性关键字=特性取值,...)
    MyMethodA %声明
end
```

(3)类中声明的方法(函数)形式与独立定义文件中的函数形式要匹配一致。类中声明方法时,涉及的参数列表,要和定义文件中的一致,这里所说的一致,是指参数类型与列表顺序,如图 7-14 所示。当不一致时,若方法参数列表中的第一个参数是本类对象,则 MATLAB 会给出警告,能运行时则继续运行,此时出现的结果有可能符合要求。如图 7-15 所示,定义中的 drawCurve 函数的参数列表为(obj,x,y),此时由于第一个参数是对象,MATLAB 在给出警告后继续执行,得到结果,如图 7-16 所示。应当注意:以尽可能满足运行为出发点。

图 7-14 方法声明与定义要一致

图 7-15 第一个参数为本类对象,警告后执行

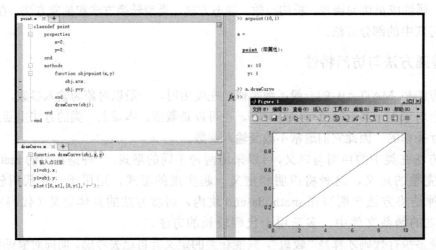

图 7-16 方法的第一个参数是本类对象,仍有可能得到正确结果

（4）属性成员的 set 和 get 方法只能在类声明文件中给出完整定义，不能位于单独的定义文件中。

（5）类中的方法，可以由类中的其他方法调用，但用户编写方法时，应尽量避免出现相互调用的情况，MATLAB 虽然支持这种相互调用，但会限定在一定的递归范围内（如 500 次），超出则给予警告，停止运行。例如，定义一个 MyClass 类（扫描书前二维码查看示例代码 7-16），其中方法 A 中调用了方法 B，而方法 B 中又调用了方法 A，这构成了相互的递归调用，则 MATLAB 在运行一定的次数后停止运行，如图 7-17 所示。

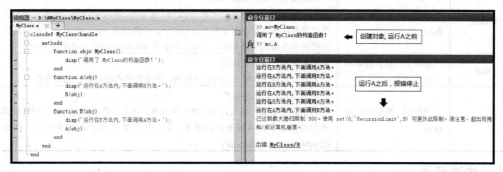

图 7-17　方法中尽量避免递归调用

（6）具有 public 特性的方法可以通过类的对象调用。其中，一种调用格式为 obj.methodName(param)，即对象使用圆点操作符形式，将方法看作对象的一部分；另一种调用格式为 methodName(obj,param)，即将对象作为第一个参数，param 作为第二个参数，这两种语法格式的运行结果一致。但二者还是有一些细微差别的。一是在形式上，圆点操作符明确表示调用的是成员方法，面向对象的味道更浓，一看便知。二是在机制上略有不同，当给出的是函数形式时，尤其是在方法和函数同名的情况下，究竟是调用方法，还是普通函数，需要 MATLAB 再自行判断，这会增加额外的开销，圆点操作符形式则省去了这些开销。三是如果使用圆点操作符，则 MTALAB 会辨别出这是类的对象，会按照类的语法进行检查；若使用普通函数形式，则只能在执行时进行检查。四是类的构造函数和普通的 MATLAB 函数不能使用圆点操作符格式。

和属性一样，方法也有自己的访问特性（访问控制），对方法设定特性和属性设定特性时格式类似，在 methods-end 块处进行说明即可，具体的语法格式如下：

```
methods (特性名称=特性值,…)
    %方法声明或定义
end
```

这样，凡是位于 methods-end 块内的方法，都具有设定的特性。方法常设的特性如表 7-3 所示。

表 7-3　方法特性表

特 性 名 称	类型与取值	含 义 说 明
Abstract	逻辑型，默认设置为 false	用来设置方法的抽象性。 若设定为 true，则类中只给出方法的函数原型声明，并没有完整定义，也不能实例化。具有抽象性的这些方法会在派生类中进行定义，但在派生类中，这些方法的输入输出参数个数并不要求与父类中的一致。函数声明占据一行，其后允许有注释说明。声明时不需要带 function 和 end 关键字，如[a,b]=myMethod（x,y）即可

续表

特 性 名 称	类型与取值	含 义 说 明
Access	枚举型，默认设置为 public	用来设定访问特性，决定哪些代码可调用这个方法。 （1）public：访问无限制；（2）protected：仅限于本类及派生类成员方法访问；（3）private：仅限于本类成员方法访问
	meta.class 对象 meta.class 对象的 cell 数组	仅在列表内的类可访问该方法
Hidden	逻辑型，默认设置为 false	用来设定方法的隐藏特性。 若设定为 false，则使用函数 methods 或 methodsview 查询方法时，具有此特性的方法，其名称会显示在方法列表中。若设定为 true，则上述 2 个函数的查询结果中不会显示该方法。方法检测函数 ismethod 的返回结果为 false
Sealed	逻辑型，默认设置为 false	用来设定方法的封闭性。 若设定为 true，则该方法已被封闭，派生类中不能重新定义该方法
Static	逻辑型，默认设置为 false	用来设定方法的静态性。 若设定为 true，则该方法从属于类本身，它不依赖于类的对象，但可被类的所有对象共享。可以不创建对象，而只使用类名.方法名称调用它。例如：ClassName.StaticMethod()

7.4.2 构造函数

类是一种复杂的数据类型，这种类型的变量就是对象，要创建这种类型的变量，会涉及方方面面，就算是简单的初始化，也会变得复杂起来。因此，在面向对象的编程理念中，提出了使用一种专门的函数，即构造函数，来完成对象的创建工作，并对对象中的数据进行初始化。

构造函数是类的一个特殊的函数，既然其目的已经确定，则构造函数的所有行为都应为创建对象等服务。例如，构造函数的输入参数，主要是为对象属性成员初始化提供初值，而构造函数的返回值则应该是一个创建好的对象。

在类中定义时，构造函数也是位于 methods-end 子块内，也是类的一个方法，除具有一般方法的特点外，还有其特殊的地方。在类的初始化一节，我们已经初步认识了构造函数，归纳起来，有以下几个特点。

（1）构造函数名称与类名相同。

（2）构造函数的返回值是一个对象，是一个有效的类的实例化，这也是构造函数的主要功能，一般的类方法不能创建类对象。

（3）构造函数一般由类的创建者编写，当类中不显式提供一个构造函数时，MATLAB 常常会调用一个默认的构造函数，该默认构造函数不带输入参数，运行后返回一个标量对象，且对象的属性常常按照空值进行初始化。例如，下面给出了 Point 类的一个定义，其中没有明确的构造函数，当用该类创建一个对象时，运行结果表明：MATLAB 确实调用了默认的构造函数，并且创建得到一个对象，且对象的属性成员都被 [ ] 进行初始化。

```
classdef Point
    properties
        x; y;
    end
end
```

```
>> p=Point
p = Point with properties:
   x: []
   y: []
```

在这里，如果一定要表达出默认构造函数，那么它的形式会是这样的：

```
function obj=Point()
%表面看没什么用的默认构造函数，仍然在后台实现内存分配、初始化赋值等
end
```

（4）和普通函数相比，构造函数的执行顺序有点特殊。举例来说，为上述的 Point 类增加一个构造函数，代码如下：

```
methods
   function obj=Point(x,y)
      whos
      obj.x=x;  obj.y=y;
   end
end
```

在函数代码段的开始，首先添加一条查阅当前工作空间中变量的 whos 命令，在命令行窗口利用该类创建一个对象，结果如下：

```
>> p=Point(2,2)
Name    Size    Bytes    Class    Attributes
obj     1x1     104      Point
x       1x1     8        double
y       1x1     8        double
p = Point with properties:
   x: 2
   y: 2
```

创建结果表明，当执行构造函数的第一句代码 obj=Point（x,y）后，构造函数就已经实现了对象的创建，并返回到 obj 中，因此随后的 whos 检查，才会有 obj 这个变量。之后，执行构造函数的赋值运算，因为已经创建了对象 obj，所以可以对这个 obj 对象的属性成员进行初始化（赋值）操作，即 obj.x=x 和 obj.y=y。

由此可知，构造函数作为特殊的函数，必须要返回一个被初始化的对象，且这个对象的创建在调用构造函数的一开始就先完成了，之后才有对该对象的属性成员等的初始化。把构造函数的这两个功能具体划分，如图 7-18 所示。

在一般的函数中，返回值是最后得到的结果，如果按照这个思路考察构造函数，则应该最后得到返回值 obj，但显然这不符合设置该函数的本意，因为若真是最后才得到 obj，则对象中属性的初始化在对象出现之前就完成了，这显然是相互矛盾的事情。

需要说明一点，上述的构造函数设置了 2 个输入参数，在使用时，若输入值的个数与参数个数不匹配，则 MATLAB 会报错，且这种形式也不灵活，不适应变参数个数的情形。在前边章节中学习过的 nargin，借助它可以实现变参数个数的构造函数（扫描书前二维码查看示例代码 7-17）。

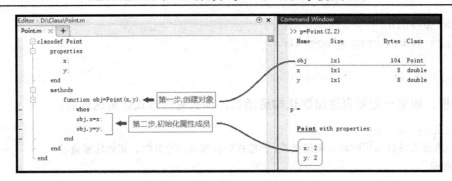

图 7-18 构造函数分两步完成工作

据此,可实现变参数个数的构造函数,读者可上机实验查看结果。

```
>> p=Point();
>> p=Point(1,2);
>> p=Point(1,2,3,4,5)
```

需要补充说明的是,MATLAB 调用默认构造函数,是在用户没有提供自己编写的构造函数的前提下出现的特殊情况,所以一旦用户提供了自己的构造函数,MATLAB 就首先使用用户的代码,不再考虑默认构造函数(参数个数为 0 时不带参数)。此时,如果用户编写的构造函数中没有涉及参数个数为 0 的情况,而默认构造函数又不再被考虑,则构造函数将不能处理不带参数对象的初始化。例如,若上述给出的 Point 构造函数中,缺少 nargin==0 这个条件,则当用户使用 a=Point()初始化对象 a 时会报错。简而言之,MATLAB 首先选用用户自定义的构造函数,即使用户编写的不完善、有缺陷也要使用。

7.4.3 静态方法

静态方法是类中的一种特殊方法,它的服务目标不是对象,而是整个类本身。对某个普通方法而言,当它要访问属性成员时,一般是把对象作为参数传递给该方法的,但有时确实存在如下的情况:即某个方法不需要访问任何对象的属性。在这种情况下,如果一定要把该方法设计成输入参数为对象的普通方法,那么显然并不合适。由此,引入了静态方法的概念,静态方法常用于如下的几种情况。

(1) 创建对象前对 MATLAB 环境进行设置。
(2) 在创建对象之前,需要计算一些该类所有对象都通用的数据。
(3) 不需要对象或在对象建立之前做一些准备工作。

总体来看,静态方法是属于超越对象范畴的方法,不针对一般的属性成员和方法成员。
静态方法的定义格式如下:

```
methods (Static = true)
    function val = MyFunc()
        %
    end
end
```

在这里需要说明,许多教材上对特性的设定写成了 Static,并未像本书一样使用

Static=true 的形式,这是因为 Static 的默认值是 false,只写 Static 使用的是默认形式。从规范编程,尤其是从模版化类的创建角度来看,使用 Static=true 这种类似名值对的形式,更容易编写通用代码。下面学习如何使用 Static 方法。

(1)静态方法既可在类的定义体内实现完整定义,也可将声明放在类的定义中,然后在"@类名"的文件夹中,独立占用一个文件实现定义(扫描书前二维码查看示例代码 7-18),如图 7-19 所示。

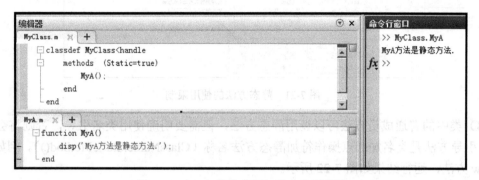

图 7-19　Static 类的声明与定义分开进行

(2)如果静态方法不以对象为输入参数,则它不能访问类的一般属性成员,也无法调用普通方法成员(扫描书前二维码查看示例代码 7-19)。

在 MyA 中,访问属性成员 value,调用普通方法 show,运行出错,如图 7-20 所示。

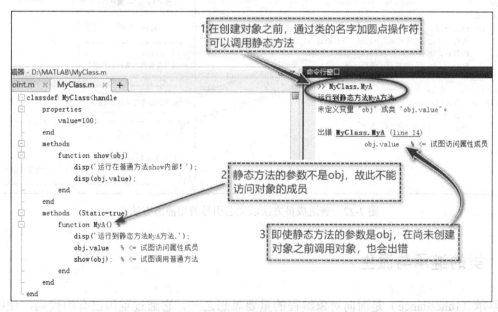

图 7-20　在静态方法中不能访问属性成员,也不能调用普通方法

MATLAB 并没有禁止静态方法去访问对象的属性和对象的成员方法,不过若将对象作为静态方法的参数,则在未创建对象之前,通过类名调用静态方法时,会出现参数匹配错误,达不到设置静态方法的目的,实验验证结果如图 7-21 所示。

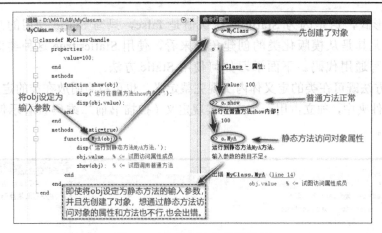

图 7-21 静态方法的使用限制

（3）类中的普通成员方法可以调用静态方法，但需要明确使用类名引导，否则将会出现错误。引导方法是类名加圆点操作符加静态方法名称（ClassName.StaticMethod()）。例如，修改 show 方法，运行结果如图 7-22 所示。

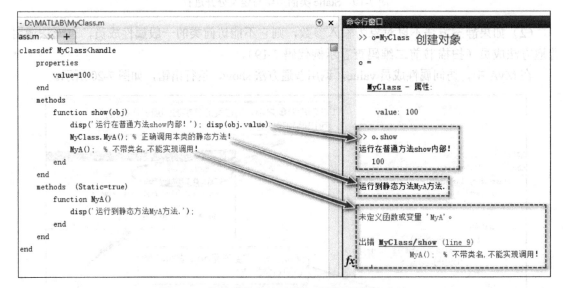

图 7-22 普通成员方法以类名引导调用静态方法

7.5 类的继承与派生

继承（Inheritance）是面向对象编程的重要思想之一，它通过重用已有的代码，使得程序员在保持原有类属性和方法的基础上，通过增加新的属性、方法或特性，设计出更具有针对性的类。从既有类的角度看，新类是在该类的基础上产生的，则新类可看作既有类的导出类、派生类（Derived Class）或子类（Subclass）；从新类的角度看，它吸取了既有类的部分或全部属性、方法、特性等，因此也可以称作继承了既有类的特征。

类的继承机制，主要是为了提高代码的重用性，扩展代码的使用范围，并提高程序的开发效率。从复杂事物的描述方法来看，多数复杂事物的构成都是具有层次性的（如蛋白质的一级、二级结构，数据的层次分析法 AHP 等），层次之间存在的继承关系，为我们使用复杂数据描述复杂事物提供了可能，类的继承理念就是源于这样的思考。

7.5.1 继承与派生的基本概念

在上小学时，我们学习过数轴，它用 1 条直线上的点表示数。在上中学时，我们又学习了使用 2 根互相垂直且有同一原点的数轴构成的平面直角坐标系，以及由 3 根互相垂直且有同一原点的数轴构成的空间直角坐标系。在这个逐渐递进的过程中，用来表达的事物也逐渐复杂起来，从一维到二维，再到三维。扫描书前二维码分别查看这 3 个坐标轴类（一维、二维、三维）的代码（示例代码 7-20~7-22）。

观察这 3 个类的定义，就会发现有几个问题：属性成员相似，只是数量上有差别；各类的构造函数相似，只是处理的参数个数有所不同；展示信息的 show 类似。进一步可以发现，二维坐标轴的类定义，可以借用一维数轴类定义中的属性和方法，再加上自己的 yFrom 和 yTo 即可实现，而三维坐标轴的类定义，可以借用二维坐标轴类定义中的属性和方法，再加上自己的新属性 zFrom 和 zTo 即可实现。改写二维、三维坐标轴的类的定义，可以扫描书前二维码查看示例代码 7-23、7-24。

从上述实现可知，继承这个编程理念，可最大限度地利用已有的代码，不浪费每一句代码。我们还可归纳出以下的几点。

（1）被继承的类称为基类（Base class）、父类（Parent Class）或超类（Superclass）。
（2）新产生的类叫做子类（Subclass）、派生类（Derived Class）。
（3）基类和派生类共同构成了具有层次关系的结构，这种层次关系，往往具有递进的特性。
（4）派生类的基本语法格式为：

```
classdef 派生类名称 < 基类名称 1 & 基类名称 2 & … & 基类名称 n
    %派生类新添加的属性与方法;
end
```

在这个语法格式中，小于号<表示"继承自"；基类名称 1、基类名称 2、基类名称 n 等是既有的类；各个基类名称之间使用&连接，表达继承自多个基类，属于多重继承。

（5）在继承与派生过程中，基类与派生类是相对的，派生类同样可以作为新的基类，并再次派生出新的派生类。例如，上述例子中的 TwoAxes 类，它继承自 OneAxes 类，和 OneAxes 相比，它是派生类，OneAxes 是基类；和 ThreeAxes 类相比，则它又是基类，ThreeAxes 是派生类。这好比子孙三代中的爸爸，他即是爷爷的儿子，又是儿子的爸爸。像这样依次派生的类就构成了一个继承的层次关系，直接派生某类的基类称作直接基类，而基类的基类及更深层的基类，则称为间接基类。在 3 个坐标轴类中，OneAxes 类是 TwoAxes 类的直接基类，TwoAxes 类是 ThreeAxes 类的直接基类，OneAxes 类是 ThreeAxes 类的间接基类。

（6）代码中，@表示调用基类，如 show@TwoAxes(obj)表示调用基类 TwoAxes 的 show 方法，并将参数 obj 传递进去执行计算。

虽然符号<表达了继承关系，但并不是基类中所有的属性成员和方法成员都会被继承，在前边学习属性与方法时，曾经对它们的特性进行了列表总结，其中的一些特性就和继承有

关。例如，基类的私有属性成员和构造函数就不会显式地出现在派生类中，而具有 Abstract 特性的方法则必须在派生类中实现具体定义，特性 SetAccess 和 GetAccess 设置为 private 的基类属性成员可以被同名覆盖等。下面通过实例，讨论类继承中的一些共性问题。

首先定义基类（扫描书前二维码获取示例代码 7-25）。

然后定义派生类（扫描书前二维码获取示例代码 7-26）。

从属性的特性列表中可以知道，当属性成员设置成 private 时，只允许本类成员访问，派生类是无权访问的，先创建一个派生类对象 mdc：

```
>> mdc=MyDerivedClass(10.25,100)
调用了基类构造函数
mdc = MyDerivedClass with no properties.
```

构造函数返回的结果表明 mdc 对象没有属性。下面再通过 methods 函数查看对象 mdc 的方法，结果如下：

```
>> methods(mdc)
Methods for class MyDerivedClass: MyDerivedClass  show
```

说明派生类只有两个方法，一个是自己的构造函数，另一个是继承来的 show 方法，但设置成 private 的 print 函数并未被继承，再次使用函数 properties 查询派生类的属性，结果如下：

```
>> properties(mdc)
No properties for class MyDerivedClass.
```

这说明，基类中 Access 设置成 private 的属性成员，确实不被继承，符合列表中的解释。关于派生类的更详细的信息，可以通过问号?操作符查询，语法格式如下：

```
msg=? MyDerivedClass
```

查询结果如下：

```
                   Name: 'MyDerivedClass'
            Description: ''
    DetailedDescription: ''
                 Hidden: 0
                 Sealed: 0
               Abstract: 0
            Enumeration: 0
         ConstructOnLoad: 0
        HandleCompatible: 0
         InferiorClasses: {0x1 cell}
        ContainingPackage: []
            PropertyList: [2x1 meta.property]
              MethodList: [3x1 meta.method]
               EventList: [0x1 meta.event]
    EnumerationMemberList: [0x1 meta.EnumeratedValue]
          SuperclassList: [1x1 meta.class]
```

若将基类中属性的 Access 改为 public，则派生类可以被访问，重新创建 mdc 对象，可查得：

```
PropertyList:    [2x1 meta.property]
  MethodList:    [3x1 meta.method]
```

查看其 PropertyList 的具体内容，则有：

```
>> msg.PropertyList(1)
ans = property with properties:
                  Name: 'value'
           Description: ''
   DetailedDescription: ''
             GetAccess: 'public'
             SetAccess: 'public'
             Dependent: 0
              Constant: 0
              Abstract: 0
             Transient: 0
                Hidden: 0
          GetObservable: 0
          SetObservable: 0
              AbortSet: 0
             GetMethod: []
             SetMethod: []
            HasDefault: 0
          DefiningClass: [1x1 meta.class]
```

类似地，可查看自身的或继承来的每个方法的特征描述，如查询 MyDerivedClass 类的构造函数的信息（结果略）。

```
>> msg.MethodList(1)
```

类在被继承时，基类的特性设置不会被派生类继承。例如，先给出了一个 Grandpa 类，并将各种特性进行了设置（扫描书前二维码查看示例代码 7-27）。

然后，定义一个继承 Grandpa 类的 father 类，为便于对比，特意将该类的一些特性设置成与 Grandpa 类相反的值（扫描书前二维码查看示例代码 7-28）。

通过问号?操作符查询 Grandpa 类和 father 类的详细信息，对比结果（略去）表明：基类的特性设置不会被派生类继承。

在继承机制中，虽然派生类不会继承基类的类特性，但基类的成员属性，包括属性和方法，则会被继承下来，读者也可借助问号?操作符，按照类似的测试方法，将属性具有的 11 个特性（见表 7-2）和方法具有的 5 个特性（见表 7-3），都一一设置，详细研究一下属性和方法的继承机制。

7.5.2 派生类构造函数

派生类既继承了基类的部分（或全部）属性和方法，也为自己添加了新的属性和方法。因此，在创建对象进行初始化时，不仅要初始化新加的属性，还要对继承来的属性进行初始化，这就涉及调用构造函数的问题，因为不仅要调用本类的构造函数，还要考虑如何调用基类的构造函数。

1. 构造函数的内部结构

派生类在初始化对象时，涉及"新""旧"两类属性的初始化。"新"属性属于添加得到的，本就属于派生类本身，因此，可以通过本类的构造函数来初始化。而"旧"属性源于基类，因为在继承时，并未将基类的构造函数继承过来，因此对这些带有"旧"特征的属性进行初始化，还需要借用其"原住"基类的构造函数。总体来说，虽然派生类继承了基类的属性和方法等，但对它们的初始化，还是遵循"各找各妈"的原则，需要调用各自"娘家"的构造函数。

这样一来，为派生类设计构造函数时，要考虑两个方面的问题：一是派生类构造函数只有一个，要考虑数据的接口问题；二是既然需要调用基类的构造函数，那就存在如何调用的问题。

对于数据接口，MATLAB是这样安排的：既然只有一个，则派生类构造函数的输入参数列表就要同时考虑基类属性成员和新增属性成员，让它们共用一个接口，其中一部分参数用来初始化基类属性成员，另一部分用来初始化新增属性成员。按照这样的思路安排，派生类构造函数的参数列表语法格式为 function obj=SubClassName(param1,param2,…,paramN)。其中，param1,param2,…,paramN 就是包含了所有属性初始化的参数总列表。

对于如何调用各基类的构造函数，需要明确在哪里调用、调用顺序、需要遵循的规则等。MATLAB要求在派生类的构造函数内部以显式的方式调用基类构造函数，各基类构造函数的调用顺序任意，但要在派生类新增属性进行初始化引用对象之前安排这些调用。通俗地讲，各个基类构造函数的调用代码，要位于派生类构造函数内部函数体的开始部分，在对新增属性成员初始化之前。这样安排，也是符合编程逻辑的，毕竟先有基类，才能有派生类，派生类继承基类的属性和方法，然后在此基础上进行开发，从哲学上讲，属于编程开发"扬弃"。遵循这样的思路，派生类构造函数的内部结构如图 7-23 所示。

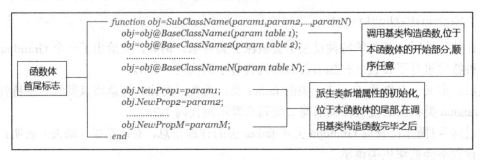

图 7-23　派生类构造函数的内部结构

2. 派生类及其对基类的调用

派生类构造函数对基类构造函数的调用，根据不同的参数列表、是否默认构造函数、是否多重继承等而有不同的调用要求。下面通过两个基类和一个派生类，探讨这些需要满足的要求。

定义基类 BaseOne、BaseTwo 和派生类 DerivedOne，利用派生类创建对象 d1（扫描书前二维码查看示例代码 7-29～7-32）。

从这里可以看到，运行构造函数时，因为输入参数的个数满足要求，所以按照基类构造函数在派生类构造函数中的调用顺序，先后调用了 BaseOne 和 BaseTwo 的构造函数，最后调用了 DerivedOne 构造函数。调用 show 函数输出时，则按照 peoperties()函数（不是属性说明块关键字）输出结果的存放顺序输出了各个属性。

如果基类中只有默认构造函数，或者没有显式的构造函数，则在派生类中可以不明确写出对基类构造函数的调用。即使不明确写出对基类构造函数的调用，派生类构造函数也会调用基类的构造函数。例如，改写 BaseOne 构造函数，将 BaseTwo 的构造函数暂时注释，再改写派生类的构造函数，重新创建派生类对象，具体过程如图 7-24 所示。

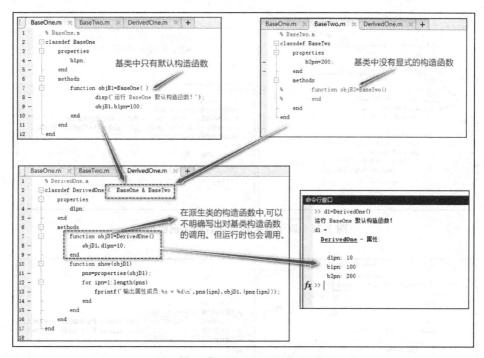

图 7-24　默认构造函数的调用实验

在上述实验中，BaseTwo 类没有显式提供构造函数，在派生类对象中，即使不明确写出对基类构造函数的调用，在初始化派生类新增属性之前，也会完成对基类构造函数的调用，利用计时器，可以明确测定初始化对象的执行时间顺序，图 7-25 给出了一个实例验证。

派生类调用基类构造函数的顺序按照继承基类的先后顺序执行，若更换继承基类的顺序，则调用顺序也随之改变，如图 7-26 所示。

在基类中，我们可以使用条件语句（if-else）、开关语句（switch-case）或 try-catch 块等，实现默认构造函数与普通构造函数的统一编写，但在派生类的构造函数中，不能有条件地调用基类构造函数，一旦试图使用条件调用，MATLAB 就会给出错误警告信息。例如，图 7-27(a)是正常的基类 BaseOne 构造函数；而 7-27(b)则是给出警告信息的派生类 DerivedOne 构造函数。

需要提醒读者注意，图 7-27 表述的是不能有条件地调用基类构造函数，但并不是说派生类中不能出现条件语句等，只要不涉及基类构造函数调用，对派生类自己新增属性的初始化，还是可以使用条件语句的，但会受到一些限制。例如，前边派生类 DerivedOne 构造函数的代码中含有的 if-else。

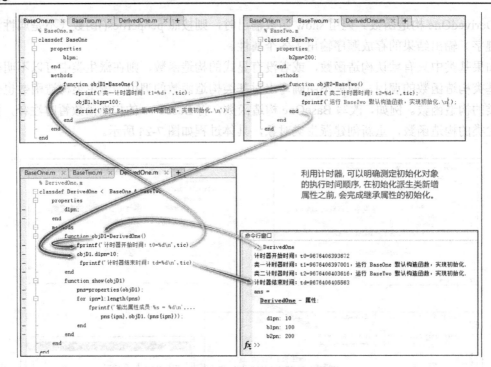

图 7-25 调用基类构造函数的实例验证

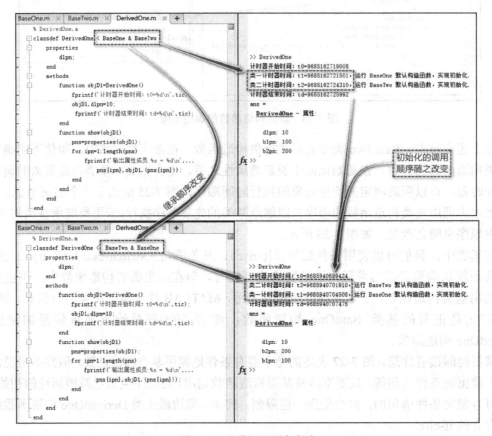

图 7-26 基类调用顺序实验

```
function objB1=BaseOne(value)
    if ~nargin  % 无输入参数时
        disp('运行 BaseOne 默认构造函数！');
        objB1.b1pn=100;
    elseif nargin>1
        error('输入参数太多!');
    else   % 只有1个输入参数
        disp('运行 BaseOne 构造函数,接受传入数据!');
        objB1.b1pn=value;
    end
end
```

(a)基类 BaseOne 构造函数

```
function objD1=DerivedOne(b1pm,d1pm)
    if ~nargin  % 无输入参数时
        objD1.d1pn=10;
    elseif 2==nargin
        disp('运行 DerivedOne 构造函数！');
        objD1=objD1@BaseOne(b1pm);
行 12: 对超类构造函数的调用必须出现在构造函数中的顶级位置（非条件式）。
        objD1.d1pn=d1pm;
    else
        warning('本例不需要那么多输入参数!');
    end
end
```

(b)派生类 DerivedOne 构造函数

图 7-27　派生类构造函数不能有条件地调用基类构造函数

在使用派生类构造函数创建对象时，还需要注意：如果要传递参数给基类属性成员，则需要在派生类构造函数中明确地调用基类的构造函数，以 obj@BaseClassName（argument list）的形式实现，调用的构造函数不带参数时，相当于调用了基类的默认构造函数（实际上此时可不写调用基类构造函数的代码）。

派生类可以不带构造函数，但此时要求它的基类必须提供可调用的默认构造函数。若基类中编写的构造函数不能处理无输入参数的情况，则会因为参数输入问题而报错，如图 7-28 所示。

```
methods
    function show(objD1)
        pns=properties(objD1);
        for ipn=1:length(pns)
            fprintf('输出属性成员:%s = %d\n',...
                pns{ipn},objD1.(pns{ipn}));
        end
    end
end
```

(a)派生类中无构造函数

```
methods
    function objB1=BaseOne(value)
        if ~nargin  % 无输入参数时
            disp('运行 BaseOne 默认构造函数！');
            objB1.b1pn=100;
        elseif nargin>1
            ............................
        end
    end
end
```

(b)带默认构造函数的基类

```
methods
    function objB2=BaseTwo(value)
        disp('运行 BaseTwo 构造函数！');
        objB2.b2pn=value;
    end
end
```

(c)抑制默认构造函数的基类

```
命令行窗口
>> d1=DerivedOne();
运行 BaseTwo 构造函数!
错误使用 BaseTwo (line 11)
输入参数的数目不足。

出错 DerivedOne (line 2)
classdef DerivedOne < BaseOne & BaseTwo
```

(d)运行错误

图 7-28　派生类无构造函数时,基类须有默认构造函数

3．深度继承的调用顺序

在介绍类的继承概念时，我们曾经讨论过一维数轴、二维平面坐标和三维立体坐标的继承问题，如果创建一个三维坐标系，那么对基类构造函数的调用顺序是什么呢？为了便于解释，我们将 OneAxes、TwoAxes 和 ThreeAxes 类的构造函数添加上输出文字，可扫描书前二维码查看示例代码 7-33～7-35。

创建 ThreeAxes 对象，读者可上机实验查看结果。

```
>> z3=ThreeAxes(-1,1,-2,2,-3,3);
```

从这个调用过程可知,对于具有依次继承关系的类,基类构造函数的调用顺序为:首先逆向返回最远端的间接基类,执行其构造函数,然后逐次返回近一级的间接或直接基类,执行完毕后,再返回更近一级的父类,最后回到派生类自身的构造函数。整个过程从派生类开始,调用完毕,再在派生类中结束。调用过程如图 7-29 所示。

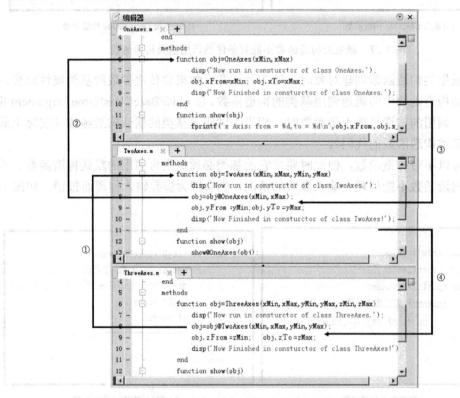

图 7-29 具有依次继承关系的类构造函数调用顺序

4. 同名成员问题

多重继承在提高代码重用性的同时,也带来了新的问题,一个典型的问题就是:当从多个基类中继承属性、方法或事件时,这些属性、方法或事件中,有可能会出现同名的类成员。在 MATLAB 的面向对象编程中,多重继承不允许基类中有同名类成员。其实在任何计算机语言编程中,都不允许出现模棱两可的事情,这会导致逻辑上的错误,最终使得运行出错。但在有些情况下,基类中是允许出现同名类成员的。下面借助属性和方法的特性,探讨允许存在的条件。

(1) 同名属性。

对于属性成员,要判断在基类中能不能同时存在,最根本的要看这些同名属性成员是不是影响了继承关系,如果不影响继承关系,则可以存在。在属性成员可以设置的 11 种特性中,Access 用来控制访问的可行与否,当某属性成员的 Access 特性被设置成 private 时,则该属性成员只能被本类访问,派生类并不能访问到它。基于此,对于基类中同名的属性成员,特性设置成 Access=private 的不被继承,自然谈不上在派生类中出现"同名之间存在冲突"这个问题了。同样,当多个同名属性中只有一个被设置成非 private 时,虽然它可被派生类访问,但仍具有唯一继承性,所以也不存在冲突问题,自然可行。

例如,先定义 3 个基类,分别为 BaseA、BaseB 和 BaseC,它们"长相"近似,只是在构造函数上稍有修改,其中基类函数 BaseA.m 定义如下,基类 BaseB 和基类 BaseC 稍微修改。

```
classdef BaseA                    %BaseB、BaseC 同步修改
    properties (Access=private)
        snp; % snp = same name property
    end
    methods
        function obj=BaseA()      %BaseB、BaseC 同步修改
            obj.snp='我是那个同名的属性成员,我住在BaseA类中';
        end
    end
end
```

派生类函数 Sub.m:

```
classdef Sub < BaseA & BaseB & BaseC
    methods
        function obj=Sub()
        end
    end
end
```

运行如下:

```
>> Sub
ans = Sub (带属性):
snp:'我是那个同名的属性成员,我住在BaseC类中'
```

除将属性成员的特性 Access 设置成 private 外,还有一种情况允许基类中存在同名属性,即这些基类的同名属性继承自一个共同的基类。这一点也很容易理解,源自同一祖先的属性,虽然各个基类中都存在这个属性成员,似乎有冲突,但本质上它就只存在一个,当然不会影响继承,不会产生"同名之间存在冲突"的问题。例如,为 BaseA、BaseB 和 BaseC 类添加一个共同的基类 Base,并在 Base 中声明 snp 属性,同时将 BaseA、BaseB 和 BaseC 类中的 snp 属性声明去除:

```
%Base.m
classdef Base
    properties  %在给基类中设置 snp 属性
        snp;
    end
end
```

修改 BaseA 的类定义继承为:

```
classdef BaseA < Base
```

BaseB 和 BaseC 类中进行同样的修改后,有:

```
>> Sub
ans = Sub (带属性):
    snp: '我是那个同名的属性成员,我住在 BaseC 类中'
```

在上边的代码中,派生类 Sub 的继承顺序是 Sub < BaseA & BaseB & BaseC,输出结果是:

```
snp:'我是那个同名的属性成员,我住在 BaseC 类中'
```

如果把派生类的继承顺序改为 Sub < BaseA & BaseC & BaseB,则输出结果是:

```
snp:'我是那个同名的属性成员,我住在 BaseB 类中'
```

由结果可看出,似乎只有最后一个基类起作用,其实并非如此。在 Sub 类进行初始化时,因为没有输入参数,所以都调用了基类的默认构造函数,在 Sub < BaseA & BaseB & BaseC 这个继承顺序中,首先调用了 BaseA 的默认构造函数,对 obj.snp 进行赋值,得到 "snp:'我是那个同名的属性成员,我住在 BaseA 类中'";随后又调用了 BaseB 类的默认构造函数,再次对 obj.snp 进行赋值,得到 "snp:'我是那个同名的属性成员,我住在 BaseB 类中'";最后又调用了 BaseC 类的默认构造函数,再次对 obj.snp 进行赋值,得到 "snp:'我是那个同名的属性成员,我住在 BaseC 类中'"。由于各构造函数赋值语句都加了分号,使得赋值过程中的输出被屏蔽,故此看起来好像只有最后一个基类 BaseC 起作用。将 3 个基类构造函数的赋值语句中的分号去掉,运行结果如下:

```
>> Sub
obj = Sub (带属性):
    snp: '我是那个同名的属性成员,我住在 BaseA 类中'
obj = Sub (带属性):
    snp: '我是那个同名的属性成员,我住在 BaseB 类中'
obj = Sub (带属性):
    snp: '我是那个同名的属性成员,我住在 BaseC 类中'
ans = Sub (带属性):
    snp: '我是那个同名的属性成员,我住在 BaseC 类中'
```

(2) 同名方法。

上边讨论了属性成员同名的问题,对于方法成员,判断是否可以存在同名方法,也是以不影响派生类的继承过程为根本的,可以说,凡是不影响多重继承的,都可以存在。归纳起来,在多重继承中,满足如下条件之一的即允许同名。

① 从控制方法的访问特性上考虑。当所有方法都将 Access 访问特性设定 private 时,这实际上是不允许派生类访问的,无从访问自然不涉及继承的冲突问题,这与属性成员都设置成 private 是一样的思路。可以想象,若在一个基类中设置成非 private,从而使得派生类可以访问,也不会造成冲突问题,那么这种允许设置成非 private 特性的基类方法,在多重继承中,有什么其他方面的要求呢?下面举例具体说明,首先改写 3 个基类代码,如图 7-30 所示。

在 3 个基类中,都定义了 snf 函数,若在 3 个基类中都将 snf 的 Access 设为 private,则派生类 Sub 可以正确地运行,且输出继承序列中最后一个基类的内容。但在 Sub < BaseA & BaseB & BaseC 这样的继承顺序下,除非在位于继承序列末端位置(BaseC)的基类中设定为非 private,其他任意位于非末尾位置的基类中(BaseA 和 BaseB)都不可以设定为 private,否则将报错。这种错误,与 Access 的 public 和 private 特性的被继承顺序有关,因为若先继承了 private,后续又继承 public,就会产生 "先不允许,后又允许" 的矛盾。

```
% BaseA.m                              % BaseB.m
classdef BaseA                         classdef BaseB
  properties (Access=private)            properties (Access=private)
    snp=100; % snp = same name property    snp=200; % snp = same name property
  end                                    end
  methods (Access=private)               methods (Access=private)
    function snf(obj) % snf = same name function   function snf(obj)
      disp('我是那个同名函数,我住在BaseA类中.');      disp('我是那个同名函数,我住在BaseB类中.');
      disp(obj.snp);                       disp(obj.snp);
    end                                    end
  end                                    end
end                                    end
```

(a)BaseA 类　　　　　　　　　　　　　　　　　　(b)BaseB 类

```
% BaseC.m                              % Sub.m
classdef BaseC                         classdef Sub < BaseA & BaseB & BaseC
  properties (Access=private)            properties
    snp=300; % snp = same name property    np;
  end                                    end
  methods (Access=private)               methods
    function snf(obj)                      function obj=Sub()
      disp('我是那个同名函数,我住在BaseC类中.');      obj.np=10;
      disp(obj.snp);                       end
    end                                  end
  end                                  end
end
```

(c)BaseC 类　　　　　　　　　　　　　　　　　　(d)Sub 类

图 7-30　同名方法的冲突实验

② 同源间接基类允许同名。如果直接基类中的同名方法都源自更早的同一个祖先（间接基类），且在这些直接基类中没有进行重新定义（同名覆盖），则它们本质上仍然为同一版本，不会产生继承冲突。例如，设 Sub 的直接基类为 BaseA、BaseB 和 BaseC，间接基类为 Base，则没有出现同名覆盖时，可正确运行。

间接基类函数 Base.m：

```
classdef Base
    methods (Static=true)
        function obj=BaseA()
            obj.snp='我是那个同名的属性成员,我住在 Base 类中';
        end
    end
end
```

分别修改 BaseA、BaseB 和 BaseC，使它们继承自 Base 类，如 BaseA 可修改如下：

```
%BaseA.m
classdef BaseA < Base
end
```

BaseB 和 BaseC 的修改类似于 BaseA，派生类 Sub 修改如下：

```
%Sub.m
classdef Sub < BaseA & BaseB & BaseC
    methods
        function obj=Sub()
        end
```

```
        end
    end
```

则运行结果如下：

```
>> s=Sub
s = Sub (不带属性)。
>> s.snf
我是那个同名函数,我住在Base类中.
```

在直接基类中改写同名方法 snf，如在 BaseB 类中进行改写，当 snf 的特性设定为 private，而 Base 类中设定为其他特性（如仍为 Static）时，会因方法使用不同的访问权限而报错（见图 7-31）。

```
classdef BaseB < Base
    methods (Access=private)    %这里设定了新的访问权限
        function snf(obj)
            disp('我是那个同名函数,我住在BaseB类中.');
            disp(obj.snp);
        end
    end
end
```

```
命令行窗口
>> s=Sub
错误使用 Sub
类 'BaseB' 中的方法 'snf' 和其超类 'Base' 中的方法使用不同的访问权限。
fx >>
```

图 7-31　同名覆盖不允许设置成妨碍继承的 private

此外，若在 BaseB 中修改了 snf，在 BaseA 中也进行了修改，那么即使它们设定的 snf 特性都是非 private，也会造成冲突，读者可写代码试一下。

③ 抽象方法不影响继承。在方法的特性设置中，Abstract 用来设定方法的抽象性，抽象方法允许在基类中存在，但它必须在派生类中进行具体的定义。从这个意义上讲，在基类中设定为 Abstract 的方法，可看作"先打声招呼"，不影响多重继承，如图 7-32 所示。

```
classdef BaseA
  methods (Abstract)
    snf(obj) % snf = same name function
  end
end
classdef BaseB
  methods (Abstract)
    snf(obj)
  end
end
```

```
classdef Sub < BaseA & BaseB
  properties
    snp=100;
  end
  methods
    function snf(obj) % Abstract方法的实例化
      disp(obj.snp);
    end
  end
end
```

(a) 基类中的抽象方法　　　　　　　　　　(b) 派生类中实例化

图 7-32　基类中设定为 Abstract 的方法不影响多重继承

④ Sealed 特性的影响。在方法的特性设置中，Sealed 特性控制着方法的封闭性，决定着是否可在派生类中改写某个方法。当多个基类中存在同名方法时，若该方法在一个基类中特性被设置成 Sealed，而在其他基类中设置成非 private，则继承被 Sealed 限定的方法（扫描书前二维码查看示例代码 7-36）。运行结果如下：

```
>> s=Sub;
>> s.snf
运行 BaseA 类的 snf 函数,特性 Sealed.
    100
```

到目前为止，我们探讨了属性和方法在多重继承中的同名冲突问题，前边这些继承关系比较简单，如上述基类 BaseA、BaseB 和 BaseC 都属于并行多重继承的关系，若绘制它们的继承关系图，则如图 7-33(a)所示。当它们都有一个共同的基类时，可绘制成如图 7-33(b)所示的形式。当继承关系属于依次继承时，可看作纵深线型继承，如图 7-33(c)所示。一般来讲，不会出现如图 7-33(d)所示的交叉继承情形。无论哪种继承结构，都以不造成语法冲突为根本。

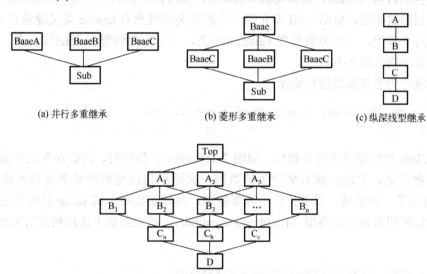

图 7-33　多重继承的类型

⑤ 使用重新定义暂时掩盖。还有一种可以使用同名方法的条件，那就是在派生类中对同名方法进行重新定义，此时派生类中的方法将基类中的方法进行了暂时的覆盖。例如，修改 3 个基类代码如图 7-34 所示。

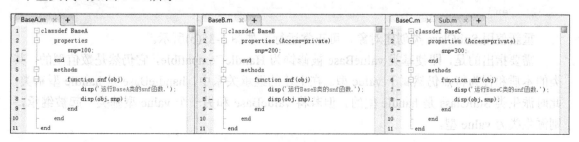

图 7-34　修改 3 个基类代码

定义派生类 Sub（扫描书前二维码查看示例代码 7-37）。

使用派生类创建对象 s，运行对象的方法 snf：

```
>> s=Sub;s.snf
运行派生类的 snf 函数：
  100
```

由结果可知，这里直接运行了派生类自身新定义的这个 snf 方法。其实，上述派生类中的 snf 可看作暂时掩盖了基类中的 snf，因为我们可以在派生类中调用基类的同名方法。例如，将 Sub 类代码进行修改，则创建派生类对象后调用 snf（扫描书前二维码查看示例代码 7-38）。

5. 句柄兼容

除上述这些需要考虑的问题外，还需要考虑不同类型的基类的联合继承问题，MATLAB 提供的基类包括数值（value）型和句柄（handle）型两种，它们在行为上有本质的差别，当不进行类型相容说明时，MATLAB 不允许一个派生类既继承自 handle 类又继承自 value 类。例如，给出两个基类，一个为数值型 valueBase 类，一个为句柄型 handleBase 类，可扫描书前二维码查看示例代码 7-39。

若直接将它们当作基类进行继承：

```
classdef SubClass < valueBase & handleBase
end
```

则使用 SubClass 类创建对象时会报错，如图 7-35(a)所示。但有时，的确存在这种需求：即希望创建一个派生类，它既继承数值型类的数据，又继承句柄型类的数据复制方式。为此，MATLAB 提供了一种策略，以支持这种客观需求。具体实施时，将 value 型的类进行修饰，在定义时附加声明为句柄兼容型（Handle Compatible），即按照如下语法格式对 value 型类进行定义。

```
classdef (HandleCompatible ) ClassName
    % properties and methods her...
end
```

将上述例子中的 valueBase 设定为 HandleCompatible：

```
classdef (HandleCompatible) valueBase
   %no change inside the function body...
end
```

重新使用 SubClass 类创建对象，可正常运行，如图 7-35(b)所示。

需要指出的是，即使基类 valueBase 被修饰为 HandleCompatible，它仍然是数值型的，其类的本质和行为特点仍然属于 value 型。在上述的继承关系中，handleBase 是 handle 型基类，此时派生类 SubClass 是 handle 型的。但若将 valueBase 和另一个 value 型基类一起被继承，则派生类为 value 型。

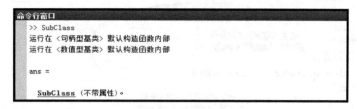

(a)SubClass 类创建对象失败

(b)SubClass 类正常运行

图 7-35　派生类在数值型基类设定 HandleCompatible 前后运行对比

6. 指定容许派生类

在类的特性中，Sealed 特性用来控制类的继承，当 Sealed 设置为 true 时，则类为封闭类，不能派生任何新类；当 Sealed 设置为 false 时，该类可以派生新类，且这种派生没有约束。但有时，我们希望一些类既不能无约束任意派生，又不想被 Sealed 的 true 设置限制。为满足这些要求，MATLAB 提供了一个介于封闭类和自由派生类之间的 AllowedSubclasses 特性。

AllowdSubclasses 特性的功能正如其字面含义那样，Allowd Subclasses 意指可允许的派生类。因此，设定该特性则会在 Sealed 为 true 这个大的封闭背景下，开通一个容许设定派生类的通道。对于该特性，其常用的语法格式如下：

```
classdef (AllowSubclasses=?SubClass)Base
    %...
end
```

其中，?SubClass 是引用 meta.class 类创建的对象，在 MATLAB 中，要设定类的特性 AllowSubclasses 的值，通常以 meta.class 类的对象来指定。SubClass 是可允许的派生类名称，也就是说，当我们将 Base 当作基类进行派生时，只有名称为 SubClass 的类是可被允许的。例如，在基类 Base 中设定了能从本类继承的派生类名称（本例为 mazhaipu），若试图让没有登记名称的派生类 sub 继承基类 Base，则不被许可，如图 7-36 所示为本次实验过程。

用户也可以指定多个允许的派生类，使用 cell 数组存放将被允许的派生类名称，语法格式如下：

```
classdef (AllowSubclasses={?SubClassA, ?SubClassB,…, ?SubClassX})Base
    %...
end
```

这种格式利用了 meta.class 对象的 cell 数组形式，需要指出，这里的 SubClassA、SubClassB 和 SubClassX 等，必须明确给出，不能是不确定的函数返回值等，至于这些派生类当前是否存在，以及这些类是不是在 MATLAB 的有效路径中，都不影响。

控制列表 {?SubClassA,?SubClassB,…,?SubClassX} 没有限定最大可允许项数，但无限多地设置可容许项，相当于没有限制；而一项也不设置，即 AllowSubclasses={}，则相当于不可派生新类，这实际上就是 Sealed=true。另外，这种 AllowSubclasses 特性设定，针对的目标是基类，它限定基类的派生类必须为某个名称，至于派生类本身的可派生性，则不受上述 AllowSubclasses 特性的影响。

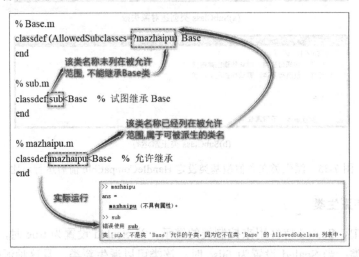

图 7-36 测试 AllowSubclasses 特性

7. 访问控制的精细设置

在类的属性和方法中，Access 特性控制着对它们的访问，除 Access 特性外，类似的还有 SetAccess 和 GetAccess 特性，但这些访问特性的使用，也只设定了访问的可或不可，比较粗糙。在学习派生类可被基类指定时，MATLAB 的 AllowedSubclasses 通过指定设定的值，实现了灵活控制。对类的属性成员和方法的访问，MATLAB 也提供了类似形式的灵活访问机制，即对特性关键字 Access、SetAccess 和 GetAccess 可使用同样的语法格式，以实现灵活控制。例如，对于属性成员，可按照下面方法设定语法格式：

```
properties (Access=?ClassName)
    %接受此类控制的属性成员列于此处
end
```

其中，ClassName 是被允许访问本类成员的其他类的名称。虽然目前未学习 Meta.class 类的基本知识，但不妨碍我们按照它的语法要求，写出灵活控制的代码，将允许可访问该属性的类名加问号?开头即可。这里需要解释清楚，我们说借助类似于 AllowedSubclasses=?SubClassses 的这种格式，并不包含 AllowedSubclasses 指定的类要作为派生类这一隐含信息，即设定在特性表达式 Access=?ClassName 中的 ClassName，并不限定它是否为该类的派生类。

例如，创建 3 个类：Student 类、ResearchGroup 类和 Sports 类，通过 Access 设置，允许 Student 类访问 Sports 和 ResearchGroup 的类属性。

类函数 ResearchGroup.m：

```
classdef ResearchGroup
    properties  (GetAccess={?Student},SetAccess=private)
        GroupName='唐朝文化研究班';   %研究小组名称
```

```
            GroupHeader='李世民';         %组长
        end
    end
```

类函数 Sports.m：

```
classdef Sports
    properties (Access=?Student)
        sptTypes={'足球','篮球','马鞠','斗鸡'};%唐朝人喜玩马鞠,即马球
    end
end
```

类函数 Student.m：

```
classdef Student
    properties
        Name; Gender;
    end
    methods
        function stu=Student(name,gender)
            stu.Name=name;stu.Gender=gender;
        end
        function show(stu)
            fprintf('姓名：%s\n 性别：%d\n 班级：%s\n',...
                stu.Name,stu.Gender,ResearchGroup().GroupName);
            fprintf('组长：%s\n 爱好：%s\n',...
                ResearchGroup().GroupHeader,Sports().sptTypes{3});
        end
    end
end
```

创建 Student 类的对象 s，则 s 可正常访问其他类的属性：

```
>> s=Student('魏征',1);
>> s.show
姓名：魏征
性别：1
班级：唐朝文化研究班
组长：李世民
爱好：马鞠
```

这里，通过创建 Student 类的对象 s，再由 s 的方法成员 show 调用了其他两类的属性。上述内容是对 Access 特性的灵活控制，若想设置 SetAccess 和 GetAccess 特性，只需用它们替换 Access 即可。上述对属性访问控制的方法，也适用于方法的控制，其语法格式如下：

```
methods(Access=?ClassName)
    %method declaration or definition
end
```

当允许多个类调用这个方法块中的函数时，则可以：

```
methods (Access={?ClassNameA,?ClassNameB,…,?ClassNameX})
    %method declaration or definition
end
```

这里的 ClassName，没有限定在同一个文件夹（同一个工作路径）下，它们可以位于不同的文件柜中，ClassName 允许带目录结构等路径信息。例如：

```
methods(Access=?FolderName.ClassName)
    %method declaration or definition
end
```

需要注意的是，在定义的 3 个类中，类 TestMethodAccess 通过设定 Access 控制列表，允许类 TesterA 访问其方法 show，但该控制列表中没有类 TesterB，则在 TesterA 中可以通过类 TestMethodAccess 的对象调用其 show 方法，但类 TesterB 则不可以通过类 TestMethodAccess 的对象调用 TestMethodAccess 的 show 方法，扫描书前二维码查看类函数 TestMethodAccess.m、TesterA.m、TesterB.m 的示例代码 7-40～7-42，并体会。

运行结果如图 7-37 所示。

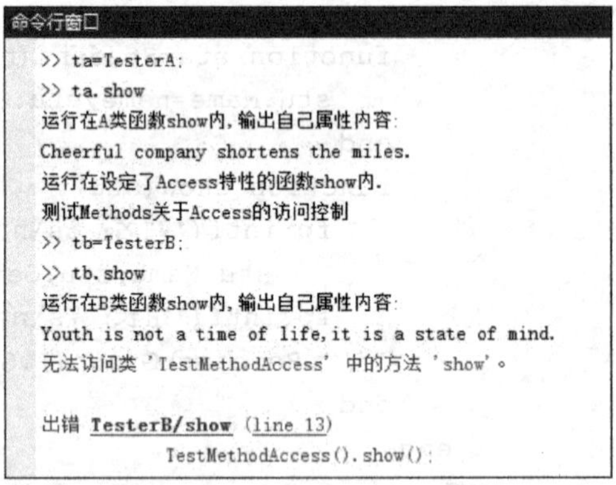

当某类的 methods 特性中设定 Access 为私有特性时，该类的派生类无法访问 methods-end 块内这些方法，但通过设定 Access 的控制列表，可以改变访问控制。例如，将本类的名称也列入 Access 的控制列表名单中，则由它派生的各派生类可访问 methods-end 块内的函数；也可在派生类中重新定义同名函数，但特性不能改变。这样的设定，实际上相当于该类的 methods-end 块为非 private，从允许派生类可继承的角度看，这种设定不算是好的功能实现。例如将 TestMethodAccess 的访问控制修改为：

图 7-37 未列入控制列表的类不能访问

```
methods (Access={?TesterC, ?TestMethodAccess})
    function show(obj)
    disp('运行 TestMethodAccess 的函数 show.');
    disp(obj.notes);
    end
end
```

创建一个 TesterC 类作为 TestMethodAccess 的派生类，若在它的方法中重新定义 show 方法，则必须将 Accesss 设置成 Access={? TesterC,?TestMethodAccess}（扫描书前二维码查看示例代码 7-43）。运行结果如下：

```
>> tc=TesterC
运行在 C 类函数 show 内,输出自己属性内容:
I can't control their fear, only my own.
运行 TestMethodAccess 的函数 show.
测试 Methods 关于 Access 的访问控制
```

```
tc = TesterC (带属性):
    notes: 'I can't control their fear, only my own.'
```

若将派生类 TesterC 中 methods 的 Access 特性设置修改为 Access={?TesterC}，或者修改为 Access={?TestMethodAccess}，则创建 TesterC 对象时，报错，如图 7-38 所示。

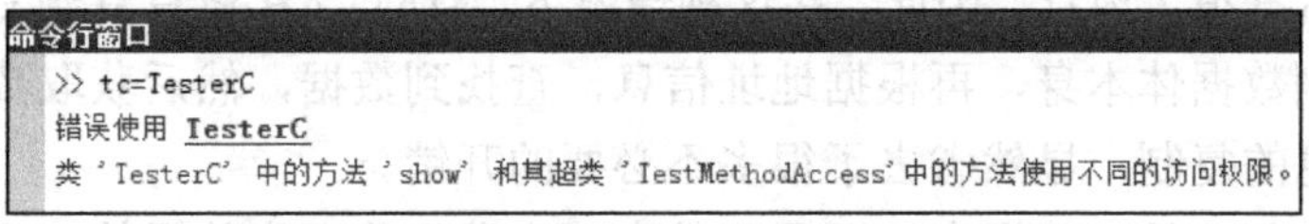

图 7-38 派生类中修改 Access 特性不被允许

若在设置 Access 的控制列表时，不加入基类自身的名称，则派生类中就不能使用这个 methods-end 块内的函数，也不能重新定义其中的方法，这实际上相当于 private。在方法的特性设置中，SetAccess 与 GetAccess 的使用类似于 Access，读者可举一反三地理解、使用。

7.6 MATLAB 类的基本类型

MATLAB 有两种基本类型的类，一种是以关键字 value 表示的数值型类，一种是以关键字 handle 表示的句柄型类。这两种不同类型的类，根据其应用场合等的不同选择使用。value 型类多用于类型描述简单、对象赋值时需要进行完整复制、数据使用独立、可各自更改的环境下，而 handle 型类多用于类型描述相对复杂、传递参数为句柄、数据修改不独立的环境下。

7.6.1 参数的传递机制

在 C++语言等编程中，对于普通函数，当计算需要传递参数时，一般有两种不同的形式，一种是把数据作为参数传递给函数，另一种是把参数所在的位置信息传递给函数，称为传引用。传递数据时，相当于把数据的一个复制传递给函数，数据本身并未发生改变，而传递数据的位置信息时，函数可以循着位置信息找到数据，进而进行操作，因此数据本身有可能被改变。

在 MATLAB 中，传递机制是怎样的呢？

在探讨 MTALAB 的传递机制之前，先介绍一下 MATLAB 的复制机制，MATLAB 的复制分为两种。一种是完整复制，又称为深复制，这种复制得到的是原件的一个完整镜像，如同 Windows 文件的完整复制。另一种是部分复制，只复制一些必要的信息，如句柄（地址）等，而数据体等则不予复制，又称浅复制。浅复制可以理解为，父亲送给儿子一套房产，给他的只是房屋的地址信息和钥匙，儿子要居住或使用时，按照地址能找到房子即可，并未重新完整再建造一座新屋。

MATLAB 借鉴了上述的传递机制，规定了自己的机制：进行部分或完整复制。具体地，如果参数的值在调用函数内部未发生改变，而只是参与了计算，则 MATLAB 不会对数据（尤其是大型矩阵等）进行完整的复制，而是只复制该数据（矩阵）的地址信息，采取一种"自己不必拥有一份完整的数据复制，只要能用到数据即可"的策略。例如，设有函数 plus.m：

```
function z=plus(x,y)
```

```
z=x+y;
end
```

从函数的定义可以看出，对于任意的参数 x 和 y，它们在函数内部只参与了数据的求和，自身并未进行修改。当 plus 函数被调用时，它会对 x 和 y 进行复制，若 x 和 y 数据体量很大，则这种复制就会占据很大内存。因此，在这种情况下，MATLAB 将只复制 x 和 y 的地址等必要信息，而不复制数据体本身，再根据地址信息，查找到数据，然后获取数据参与计算。这种只复制地址信息的复制，显然省去了很多不必要的开销。

上述的部分复制，是以数据在被调用函数内部未发生改变为前提的，当数据在被调用函数内发生了变化时，需要完整复制。例如，将上述函数改写为：

```
function z=plus(x,y)
x=exp(x);y=sin(y)  %输入参数自身发生了变化
z=x+y;
end
```

调用 plus 函数时会首先复制完整的数据，进行 exp(x) 和 sin(y) 处理，然后再计算 z。因为 x=exp(x) 相当于 x 自身发生了变化，因此需要完整复制 x。类似地，可处理 y。

7.6.2 两种基本类型

MATLAB 提供的类的两种基本类型，即 value 与 handle 型，具有以下方面的不同。

1. 定义格式的不同

value 型类和 handle 型类都是使用关键字 classdef 来定义的，但在定义时，value 型类不需要额外说明，而 handle 型类则必须明确指出它继承自 handle 型类。MATLAB 为 handle 型类提供了基类，在定义 handle 型类时需写出其基类。扫描书前二维码查看数值型类 MyValueClass 的定义（示例代码 7-44）。

如果将示例中的第一句代码改写为 classdef MyHandleClass < handle，即明确指出该类继承自 handle 型类，则这时的类为 handle 型类，这是定义上的差别。

2. 对象属性的内存分配不同

在创建对象时，根据类的类型不同，MATLAB 为属性提供不同的内存分配方式，当为 value 型类时，在内存中直接开辟空间存放对象；当为 handle 型类时，除分配对象本身占据的空间外，还会分配一个专门空间，用来存放该对象的地址信息。在 C++语言中，这种地址信息存储在指针/引用中，在 MATLAB 里，这种信息存在句柄中，相当于分配的这块数据区的"门牌号"。例如，利用上述定义的类 MyHandleClass 和 MyValueClass 创建对象，测算各对象在 MATLAB 中的内存分配，可扫描书前二维码查看示例代码 7-45。

运行结果如下：

```
(1)创建 value 型对象前,占用内存: 507.97MB
-----------------------------------------------------------
Name      Size    Bytes        lass              ttributes
mUsed0    1x1                  uble
sm        x1      96           ruct
```

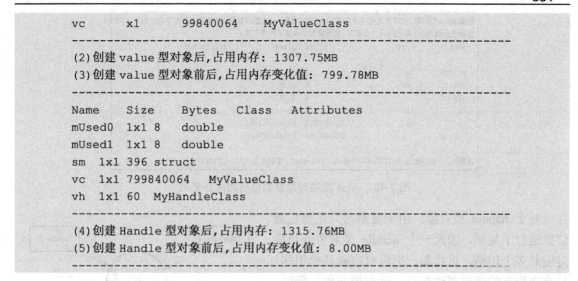

可见创建 Handle 型对象之后，虽然确实创建了对象，但 Handle 型对象的数据并不看成对象占据的。

3. 复制机制不同

value 和 handle 型类的一个显著区别就是对象复制问题，value 型对象执行的是深复制机制，属于镜像复制，复制完毕得到两个完全一样的对象；而 handle 型类执行的是浅复制机制，也就是只对 handle 型对象中的句柄信息等进行复制，复制后得到的对象通过句柄信息同样可以访问到数据，这种情况类似你把家里的钥匙给客人一把，客人可以通过钥匙进入，并对家进行某种改变。其基本理念如图 7-39 所示，可扫描书前二维码查看示例代码 7-46。

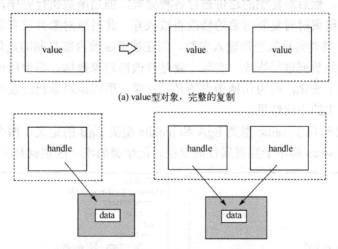

图 7-39 两种类型对象的不同复制机制（左侧，复制前；右侧，复制后）

图 7-40 给出了 value 型类的对象复制前后的内存变化，从 whos 的结果看，的确创建了同样大小的 vcBack 对象，但从占据内存的大小变化看，的确也没有发生改变。这实际上不矛盾，MATLAB 对于大型矩阵的复制，其"脾气"为：除非万不得已，否则绝不在 MATLAB 内部创建一个完全一样的复制。这里的不得已，可明确为矩阵中数据的改变等变化。

```
创建value型对象,该对象占用内存为:200.00MB,复制value型对象前,MATLAB占用内存为:2646.23MB
查看whos结果:vc和vcBack大小相等,表明复制后占据了同样内存。
  Name       Size            Bytes  Class        Attributes

  mUsed0     1x1                 8  double
  mUsed1     1x1                 8  double
  mUsed2     1x1                 8  double
  sm         1x1               528  struct
  vc         1x1         200000000  MyValueClass
  vcBack     1x1         200000000  MyValueClass

复制value型对象后,MATLAB占用内存为:2646.79MB,复制前后,MATLAB内存变化:0.56MB
```

图 7-40 value 型类对象复制前后的内存变化

对于 handle 型对象，由于复制时只是将位置信息进行了复制，因此一个 handle 型对象有可能对应着多个句柄。这犹如一把锁对应着几把钥匙，只有当所有的钥匙都作废后，这把锁作废。所以，对于句柄型对象，除非指向该对象的所有句柄都被清理或失效，否则只要有一个句柄还指向该对象，这些对象就不会被清理。例如，图 7-41 中的 data，有 4 个句柄指向该对象，只有把 4 个句柄全部清除，数据才会被清除。

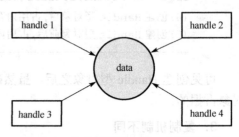

图 7-41 多个句柄指向同一个数据对象

4. 函数参数的不同

根据前述的复制机制可知，将 value 型类的对象作为函数的输入参数，value 型类常会在函数内部复制一份，然后对复制的这份进行各种处理，但当函数执行完毕，若没有明确的赋值返回时，则函数结束时对复制对象的修改将被放弃，此时原对象并没有发生变化。

但若将 handle 型类的对象当作输入参数，则在被调函数内部复制的是句柄，此时在函数内部对句柄所指向的数据进行修改，实际上就是修改原对象数据；当调用函数退出时，此时对象数据已经发生了变化，因为句柄指向的是原对象，所以原对象已经发生改变。这就是两种不同类型对象产生的不同结果。

例如，图 7-42 给出了 value 型类 EgA 和 handle 型类 EgB 的定义，两个类的代码几乎完全一样，类中函数 swap 都用于实现属性的交换，两个类的唯一区别就是类型的不同。

```
% EgA.m
classdef EgA
  properties
    x; y;
  end
  methods
    function obj=EgA(x,y)
      obj.x=x;obj.y=y;
    end
    function swap(obj)
      t=obj.x; obj.x=obj.y; obj.y=t;
    end
  end
end
```

```
% EgB.m
classdef EgB < handle
  properties
    x; y;
  end
  methods
    function obj=EgB(x,y)
      obj.x=x;obj.y=y;
    end
    function swap(obj)
      t=obj.x; obj.x=obj.y; obj.y=t;
    end
  end
end
```

(a) 数值型 EgA 定义   (b) 句柄型 EgB 定义

图 7-42 传递给函数不同类型对象参数的实验

数值型类 EgA 的运行结果如下：

```
>> a=EgA(10,20)
a = EgA with properties:
    x: 10
    y: 20
>> a.swap
>> a.x
ans = 10
```

从代码的实现思路看，执行 a.swap 应该能够实现属性的交换；但从运行结果看并未达到目的，其原因在于调用 swap 函数时，在 swap 函数内部首先复制一个 obj 对象，即对象 a 的一个副本，然后执行副本属性 x 和 y 的交换。理论上讲，在函数内部确实实现了交换，但这种交换的基础是副本，当 swap 函数结束执行时，实现了交换目的的对象副本也就随着函数的结束而被销毁，并未对原始对象 a 产生什么影响，所以查询 a.x 的值，仍然是初始化的值。

再运行句柄型的 EgB 类，结果如下：

```
>> b=EgB(100,200)
b = EgB with properties:
    x: 100
    y: 200
>> b.swap
>> b.x
ans = 200
```

从运行结果看，执行 b.swap 实现了属性的交换，达到了目的。其原因就在于，当调用 swap 函数时，在 swap 函数内部，只是复制了 obj 对象的句柄部分，该句柄存放着数据的地址，这个地址仍然导向原始对象 b 的数据，执行句柄指向数据的属性 x 和 y 的交换，实际上就是实现了原始属性的交换。

以上内容说明：对数值型类对象属性进行操作，如果没有把修改后的对象进行返回，就达不到修改对象的目的，而句柄型的类则不需要考虑这一点。下面将 EgA 中的 swap 函数加以改进，使对象返回并覆盖，代码实现如下：

```
function obj=swap(obj)    %明确加上返回值
    t=obj.x; obj.x=obj.y; obj.y=t;
end
```

实际上当我们给出 EgA 类定义时，MATLAB 会根据第一行中没有出现明确继承的基类，判断 EgA 为 value 型类。根据 value 型类的复制特点，结合在函数 swap 中数据发生了改变但却没有返回值，MATLAB 给出了警告，如图 7-43 所示。

5. 性能与类型选用的不同

用户在设计类时，首先要确定类的类型，这不仅关系类中方法的实现，也与代码的执行性能有关。我们知道，value 型类处理对象时常常进行深复制，但当数据未变时则不予执行；而 handle 型类处理对象时常复制句柄。因此，在确定类的类型时，要从这些特点出发，value 型类适合比较简单的数据，当常出现复制，但用户不在意复制的开销时，选用 value

型类。反之,当数据类型偏复杂,每次使用复制开销很大时,则考虑使用 handle 型类。

此外,还要根据两种类型在存储和复制对象时占用内存情况考虑,value 型类占用较大的内存而 handle 型类占用较小的内存,不在意内存占用时使用 value 型类,在意内存占用时则使用 handle 型类。如果使用数据时需要进行深复制,则使用 value 型类;如果在运行中会修改对象,则建议使用 handle 型类。

```
1  classdef EgA
2      properties
3          x;y;
4      end
5      methods
6          function obj=EgA(x,y)
7              obj.x=x;
8              obj.y=y;
9          end
10         function swap(obj)
11             t=obj.x;
12             obj.x=obj.y;
13             obj.y=t;
14         end
15     end
16 end
```
⚠ 行 13: 用于修改对象的值类方法必须返回所修改的对象。

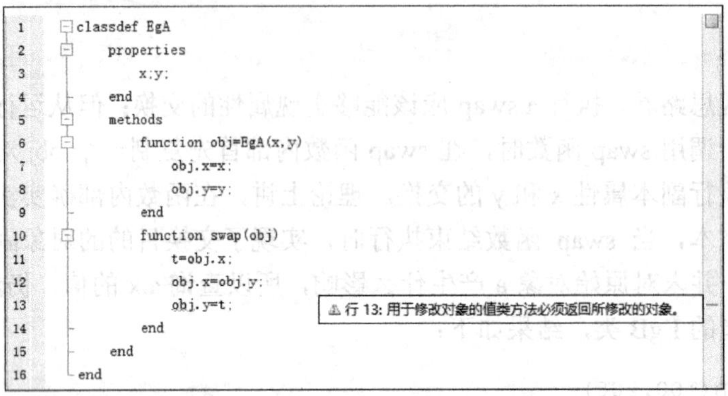

图 7-43 类中潜在类型判断歧义警告

7.6.3 handle 型类

1. handle 型类的基本概况

handle 型类是 MATLAB 的一个内置抽象类,它只能作为其他类的基类,不能用来创建实例对象。handle 型类中没有属性成员,但提供了 17 个方法,用户可以使用问号?操作符(如 ch=?handle),查看 handle 型类的基本信息,虽然 handle 型类的基本信息中给出了 17 个方法,但有些属于同一类型,读者可通过下面的代码了解该类 17 种方法的全部名称信息。

```
ch=?handle;
for ip=1:length(ch.MethodList)
    str=ch.MethodList(ip).Name;
    fprintf('方法名称 [%.2d]: %s\n',ip,str);  %多个 addlistener,notify
end
```

也可以使用 methods('handle')查看(不显示 empty 方法)。表 7-4 给出了各种方法。

表 7-4 handle 型类方法列表

方　　法	基　本　功　能
addlistener	为指定的事件创建一个监听,并对该监听设定回调函数,以响应事件的发生
notify	原来发布广播通知:通知某句柄对象或句柄对象数组中的一个特定的事件已经发生
delete	handle 型对象的析构函数,当对象生命周期结束时,MATLAB 会自动调用该函数进行清理
findobj	从输入的 handle 型对象数组中找到与指定条件匹配的对象
findprop	用来查找属性,返回与指定属性名称相关联的 meta 属性对象
isvalid	返回一个逻辑数组。若输入数组中某元素为有效句柄,则返回数组中对应的元素设定为 ture。本方法具有 Sealed 特性,用户不能在 handle 型派生类中重新定义该方法
eq,ne,lt,le,gt,ge	关系运算符,定义了相应的各方法

2. 设置 set 与查询 get

set 和 get 是 handle 型类中常用的方法,它们用来设置和查询属性。在具体学习它们的语法之前,先探讨下面的例子有什么缺陷,然后再考虑引入它们之后解决了哪些问题。设有一个 children 类用来记录孩子的姓名、身高和体重,扫描书前二维码查看类 children 的定义(示例代码 7-47)。

当使用该类创建对象时,有:

```
>> c1=children('张三',1.20,38.2);
>> c1.show
姓名:张三,身高:1.20m,体重:38.20kg
```

显然能够正确执行并得到合理答案,但如果按照如下输入创建一个新的对象:

```
>> c1=children('张三',-1.20,-38.2);
>> c1.show
姓名:张三,身高:-1.20m,体重:-38.20kg
```

就会发现,只要输入的数据类型匹配,该类的对象就能够生成,并可进行"正常"的输出。这里的"正常"包含两个含义:一是从语法角度来讲,程序的确按照编程人员的设定输出了数据,语法正常;二是当我们使用 c1=children('张三', -1.20, -38.2) 创建对象时,MATLAB 的确是将值逐一赋给了各属性,从完成"设置数值"这个角度来看,也是正常的。

但根据常识判断,上述结果显然不对,因为孩子的身高和体重都是负值,不符合实际情况。那问题出在哪里?显然是在初始化对象时,并未对输入的数据进行检查,倘若能够进行检查,不符合的数据不予放行,则不会出现这种体重为负值的情况。引入 set 和 get 方法,就是为了在需要设置属性值时,同时做一些其他的检查、辅助工作,以检查赋值是否符合要求。

下面对 Children 类进行修改,增加 set 和 get 方法。一旦我们为类的某个属性成员提供了相应的 set 和 get 方法,则当我们使用对象来设置和查询这个成员时,MATLAB 就会调用我们提供的这个 set 和 get 方法,并检查数据的合理性,扫描书前二维码查看修改后的类,并进行如下测试(示例代码 7-48,结果略去):

```
>> c1=children('张三',-1.20,38.2);
>> c1=children('张三',1.20,-38.2);
>> c1=children('',1.20,-38.2);
>> c1=children('张三',1.20,38.2);
>> c1.show
```

上面的例子着重说明了在为属性赋值时,MATLAB 会调用 set 方法;若想查询属性,则可提供类似的 get 方法。例如,查询孩子的姓名:

```
function str=get.name(obj)
str=obj.name;
disp('调用了 get 方法');
end
```

此外,从上述的例子中可以看出,当定义 set 和 get 方法时,要遵循必要和规范的语法格式,设置 set 方法的常用格式如下:

```
function obj=set.pn(obj,val)
    obj.pn=val;
end
```

该语法格式的基本要点包括：返回值一般为 obj 对象，当设置某属性时，将 set 和该属性名 pn 以圆点运算符连接在一起，作为设置函数的整体名称，输入参数一般为 obj 和要设定的新值 val。整个方法的基本含义是：将既有的对象 obj 和新值 val 作为参数，将新值 val 送入对象 obj 的 pn 属性上，即修改属性 pn，然后返回修改后的 obj。

get 方法的定义格式和 set 类似：

```
function val=get.pn(obj)
    val=obj.pn;
end
```

set 和 get 方法多应用于具有 Dependent 特性的属性上，这是 Dependent 特性对属性的要求。设置某些具有 Dependent 特性的属性时，可节省这些属性的存储空间，这是有益的一面。但从时间和编写代码来看，Dependent 特性要求属性必须提供 set 和 get 方法，这为编程带来一些约束，且运行 set 和 get 方法亦会耗费时间。

对属性的应用，MATLAB 还可以以字符变量的方式解读属性名，其语法格式为：object.(PropertyNameVar)。其中，PropertyNameVar 是属性名变量，是对象有效属性名称的字符串形式，在这种情况下，属性名称实际上可看作参数（函数的输入）。例如，下面的 getPropValue 函数返回了属性名为 KeyType 的值。

```
function o = getPropValue(obj,PropName)
    o = obj.(PropName);
end
```

请读者注意，既然这里使用的是属性名的字符串形式，则在实际编程中，一定不要忽略了字符串的表达形式。具体到上述的 children 类，增加这个方法后，若创建了对象，则可以按照如下格式使用：

```
>> c1.getPropValue('name')
调用了 get 方法
ans =张三
```

也可以这样使用：

```
>> getPropValue(c1,'name')
调用了 get 方法
ans =张三
```

3. 动态属性

类是复杂数据的模板，一旦定义完成，一个类的基本架构等就确定了。虽然创建的对象可以有不同的名字，但其基本结构都是相同的，都具有相同的属性、方法、事件等。但有时也有特殊的要求，如希望为个别对象添加一些新的属性，这个要求在类中也无法提前设定，在这种情况下，借助动态属性，则可以很好地解决。

要实现属性的动态添加，需要按照如下的步骤进行。

（1）在 MATLAB 中，动态属性需要从 dynamicprops 类继承得到，因此，要想一个类能够添加动态属性，则它必须以动态类为基类。

（2）通过 addprop 方法，为动态类对象添加属性成员名称。语法格式如下：

```
p=addprop(H, propertyName)
```

其中，H 为句柄数组，propertyName 为要添加的动态属性名称，p 为超类 meta.DynamicProperty 的对象数组。

（3）在添加完成后，可以像正常属性那样使用。

在添加动态属性时，还需要注意以下原则：动态属性名称不能与类中的方法同名；不能与类中的事件同名；属性名称要符合一般变量的命名规则，可以带下画线，但不许有操作符。下面按照上述原则，我们可以遵循着先建类，后添属性，再按照这 3 个步骤来实现动态属性的使用，可扫描书前二维码查看示例代码 7-49。编写调用脚本：

```
clear;clc;
czCADD=Course('Computer aided drug design','Ph.D ma',...
    '6-402','Friday 8:00-10:00');    %创建计算机辅助药物计算课程
syla=addprop(czCADD,'Syllabus');     %添加教学大纲                        <1>
czCADD.Syllabus=['是以计算机化学为基础,通过计算机的模拟、计算',...        <2>
    '和预算,药物与受体生物大分子之间的关系,设计和优化先导化合物',...
    '的方法。计算机辅助药物设计实际上就是通过模拟和计算受体与配体',...
    '的这种相互作用,进行先导化合物的优化与设计。计算机辅助药物设',...
    '计大致包括活性位点,分析法、数据库搜寻、全新药物设计。'];
czCADD.Show;                                                              <3>
syla.SetAccess=false;%为动态属性添加特性                                  <4>
```

运行结果如图 7-44 所示。

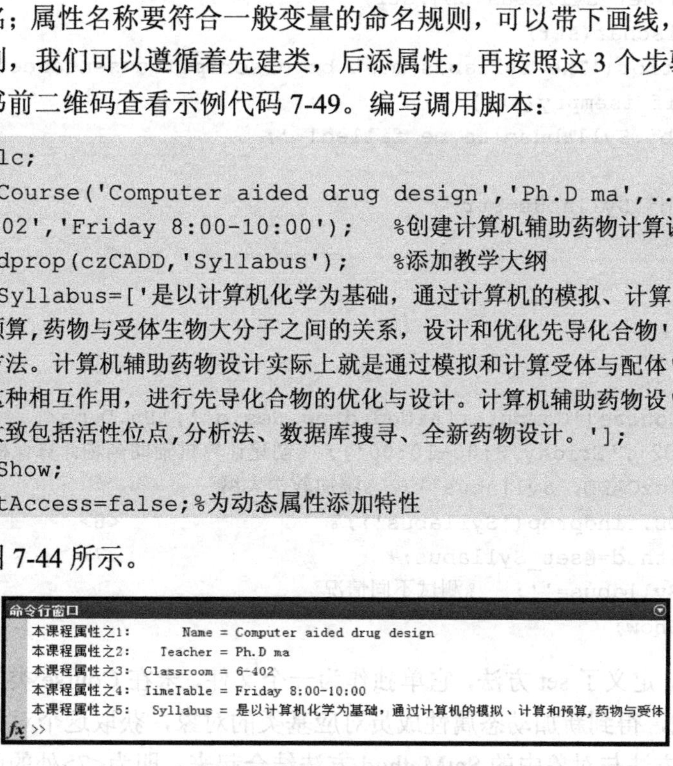

图 7-44 动态属性的使用

在代码的<1>处，建立了 dynamicprops 的派生类；在创建对象的基础上，为对象添加了 Syllabus 属性，该属性是对课程进行简介的大纲，具体的添加过程如<2>处所示。对于添加好的属性，可以像普通属性成员一样使用，如使用圆点操作符修改属性的值，如<3>处所示。也可以为动态属性设定某些特性，如<4>处所示。此外，还可以为动态属性添加 set 和 get 方法，监听动态属性引起的 events，访问其值等。

在为动态属性创建查询方法 get 和设置方法 set 时，除按照目的实现代码外，还需要注意以下几点。

（1）因为它们只是针对特定对象添加的属性编写的，因此不会出现在类的定义中，它们在类的定义外边实现。

（2）添加 set 和 get，本质上还是为了完成一些在查询之前或设置之前的其他基本工作。

（3）在格式上，和在类的定义中设定属性的 set 与 get 稍显不同，不再需要 set.PropName

或 get.PropName 这种具体的语法要求，使用 set（obj，value）或 get（obj）即可。

（4）为了应用到添加的属性上，首先需要把添加了动态属性的对象找到，可借助 findprop 方法来达到目的。

（5）将编写好的方法以 @FuncName 的形式，赋值到 DynamicProperty 对象的 SetMethod 或 GetMethod 方法上，即执行 Obj.GetMethod=@Get 或 Obj.SetMethod=@Set 之后，可使用这些设置与查询方法。

例如，下面为 Course 类添加 Set 和 Get 方法。

```
%set_Syllabus.m                                          <5>
function set_Syllabus(obj,str)
    if ~ischar(str)
        error('The Syllabus must be discriptive sentences!');
    elseif isempty(str)
        obj.Syllabus='to be filled! ';
    else
        obj.Syllabus=str;
    end
end
```

检测脚本如下：

```
clear;clc;
czCADD=Course('Computer aided drug design','Ph.D ma',...
    '6-402','Friday 8:00-10:00');  %创建计算机辅助药物计算课程
addprop(czCADD,'Syllabus');        %添加教学大纲
md=czCADD.findprop('Syllabus');%                         <6>
md.SetMethod=@set_Syllabus;%                             <7>
czCADD.Syllabus='';      %测试不同情况
czCADD.Show;
```

在上述<5>处，定义了 set 方法，它单独作为一个文件，未在 Course 类内定义。在<6>处，利用 findprop 方法，得到新加动态属性成员对应基类的对象，获取这个对象后，才可以将我们自己编写的 set 方法与对象中的 SetMethod 方法结合起来，即为<7>处的函数句柄赋值。读者需要注意，使用的语法格式是：

```
obj.SetMethod=@FuncName
```

因为在<6>处返回的对象中，该方法是空的。在上述的脚本中，未给 Syllabus 赋值，故运行结果如下：

```
本课程属性之1：    Name = Computer aided drug design
本课程属性之2：    Teacher = Ph.D ma
本课程属性之3：    Classroom = 6-402
本课程属性之4：    TimeTable = Friday 8:00-10:00
本课程属性之5：    Syllabus = to be filled!
```

扫描书前二维码查看添加的 get 方法（示例代码 7-50），并在自己的机器上运行。

4. 实现深复制

（1）深复制的基本思想。

深复制，就是把复制对象过程中没有复制的那一部分，通过专门的方法补上，以实现完整复制。这个专门方法，可以是用户自定义的类方法，也可以是 MATLAB 提供的特定的类方法。假设 Origin 类继承自 handle 型类，在复制对象时不会进行深复制，编写 MyCopy 复制方法，将对象进行完整复制，可扫描书前二维码获取示例代码 7-51。

检测脚本如下：

```
old=Origin(10);%创建旧类对象,使用非默认构造函数,x 取值为 10
fprintf('原有对象 old 属性成员 x 取值为:old.x =%.2f\n',old.x);
new=old.MyCopy;%复制给新对象
fprintf('复制后,新对象 new 属性成员 x 取值为:new.x =%.2f\n',new.x);
old.x=22;%原有对象 old 属性成员 x 取值修改为 22;
fprintf('修改后旧对象 old 属性成员 x 取值为:old.x =%.2f\n',old.x);
fprintf('新对象 new 属性成员 x 取值为:new.x =%.2f\n',new.x);
```

像这种将对象进行专门复制的方法 MyCopy，没有灵活性，若原类中增加了属性成员，则必须重新改写 MyCopy，假如更改属性较为频繁，则每次都随之修改 MyCopy，显然不合适。为此，有两种方法可实现自动复制，一是使用 properties()，将属性统计出来，然后使用循环逐一复制。读者请注意，这里的 properties() 是函数，和类定义中的 properties-end 块中的 properties 要区分开。扫描书前二维码获取 MyCopy 的修改代码（示例代码 7-52）。

这样做，是因为通过 pNameArray=properties(obj) 统计了全部属性的名称。

另一种类似的方法是使用 metaclass 函数，通过该函数先获取类的 metaObject，然后将 PropertyList 中的属性名称一一取用即可。扫描书前二维码获取更改后的代码（示例代码 7-53）。

通过下面的脚本，可检测修改对象 ObjA 后，ObjB 是否独立存在。

```
x='I succeeded because I willed it, I never hesitated.';
y='我成功是因为有决心,从不犹豫。';
ObjA=Origin(x,y);
fprintf('Constructor:\n\tObjA.x = %s\n\tObjA.y = %s\n',ObjA.x,ObjA.y);
ObjB=ObjA;                           %复制对象
fprintf('Duplicate object:\n\tObjB.x = %s\n\tObjB.y = %s\n',ObjB.x,ObjB.y);
ObjA.x='English';  ObjA.y='Chinese';   %修改 ObjB,查看 ObjA 是否改变
fprintf('After Modifying ObjA:\n\tObjB.x = %s\n\tObjB.y = %s\n',ObjA.x,ObjA.y);
```

（2）级联调用问题。

为了实现深复制，在使用循环逐一复制对象属性的过程中，使用了简单的等号（赋值）作为复制的工具，但实际上这隐含着一层含义：认为等号两端的数据类型属于 value 类型。因为到目前为止尚未学习等号重载的概念，无法借用重载解释，只能提出如下问题：若一个类的属性成员是另一个类的对象（称内嵌对象），尤其是 handle 类型的对象，则等号赋值作为对象的复制方式，就又存在深复制的逐一复制问题。显然，这就构成了深复制的级联调用。

假设有包含祖孙 3 代的 3 个类，分别为 GrandPa 类、Family 类和 Children 类，GrandPa 类中的属性 fObj 为 Family 型对象，而 Family 中的属性 chObj 为 Children 类对象，要复制一

个 Grandpa 类对象,需要级联调用 Family 类中和 Children 类中的深度复制方法 MyCopy,扫描书前二维码可获取类函数 Grandpa.m、Family.m、Children.m 的源代码(示例代码 7-54~7-56),其中的级联调用顺序如图 7-45 所示。

运行结果如下:

```
clear,clc;
O1=Grandpa();
O2=O1.MyCopy;
>>
Grandpa:    [李渊]属性为 value 型,直接复制
Grandpa:    [fObj]属性为 handle 型对象,需调用 Family 的 MyCopy 方法
Family:    [李世民]属性为 value 型对象,直接复制
Family:    [武媚娘]属性为 value 型对象,直接复制
Family:    [chObj]属性为 handle 型对象,需调用 Children 的 MyCopy 方法
Children:    进入 Children 的 MyCopy 方法
Children:    调用 Children 的 MyCopy 复制方法结束!
Family:    顺利返回到 Family 的 MyCopy 方法!
Grandpa:    顺利返回到 Grandpa 的 MyCopy 方法!
```

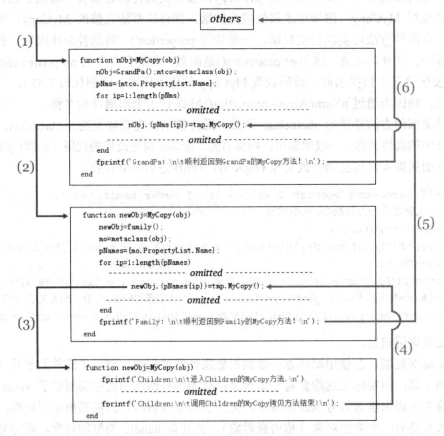

图 7-45 深复制的级联调用顺序

(3)使用 Copyable 类。

在 MATLAB 中,matlab.mixin.Copyable 是预定义的抽象类,它不仅继承了 handle 类的所

有方法，还提供了一个 copy 方法用来实现 handle 对象之间的复制。但默认的 copy 方法只实现对象的浅复制，它将原有对象中的所有非依赖属性成员复制到目标对象，当对象中的某个属性成员是句柄时，MATLAB 也不会递归地调用 copy 方法。

有了这个方法，我们就会考虑，假如能在派生类中重新定义 copy 方法，也许就可以实现深复制，但抽象类 Copyable 提供的 copy 方法，其特性为 Sealed，不允许在派生类中重新定义。因此，还需要考虑从其他方面着手。实际上，copy 方法的输入参数和输出参数都是对象数组，在对输入对象数组进行复制时，其具体实现是通过调用 copyElement 方法来完成的。copyElement 也是 Copyable 的方法之一，其访问特性是 protected，该特性允许它在派生类中进行同名覆盖，由此，可考虑通过 copyElement 来实现深复制。

例如，下面给出了两个继承自 matlab.mixin.Copyable 的 TestCopyElement 和 valClass 类，一个继承自 handle 类的 hndClass 类，在 TestCopyElement 类中对 copyElement 进行重新定义，并调用 valClass 继承的 copy 方法，为了查验 valClass 和 hndClass 类方法的不同，加入了 showMethods 用来查看它们方法名单的不同。可以扫描书前二维码查看类函数 TestCopyElement.m、valClass.m、hndClass.m 的示例代码 7-57～7-59。

下面是检查具有 copy 方法的 valClass 与不含 copy 方法的 hndClass 的代码，读者可结合运行结果思考深浅复制的含义。

```
clear;clc
eTxt='Victory belongs to the most persevering.';
cTxt='坚持必将成功。';
valObj=valClass(eTxt);
hndObj=hndClass(cTxt);
tceObj=TestCopyElement(valObj,hndObj);
disp('显示 TestCopyElement 对象中的信息');
fprintf('tceObj.valObj = %s\n',tceObj.valObj.vStr);
fprintf('tceObj.hndObj = %s\n',tceObj.hndObj.hStr);
bkupObj=tceObj.copy;
disp('显示复制结果');
fprintf('bkupObj.valObj = %s\n',bkupObj.valObj.vStr);
fprintf('bkupObj.hndObj = %s\n',bkupObj.hndObj.hStr);
disp('修改后的 bObj');
bkupObj.valObj.vStr='While there is life there is hope.';
bkupObj.hndObj.hStr='一息若存,希望不灭';
fprintf('bkupObj.valObj = %s\n',bkupObj.valObj.vStr);
fprintf('bkupObj.hndObj = %s\n',bkupObj.hndObj.hStr);
disp('修改 bObj 后的 tObj');
fprintf('tceObj.valObj = %s\n',tceObj.valObj.vStr);
fprintf('tceObj.hndObj = %s\n',tceObj.hndObj.hStr);
```

在上述的复制中，使用的是 bkupObj=tceObj.copy;，请读者考虑若使用 bkupObj=tceObj; 则结果会怎样？为什么？

当具有派生关系时，需要在派生类中重新定义 copyElement。

扫描书前二维码查看类函数 SuperClass.m、DerivedClass.m 的示例代码 7-60、7-61。上机运行代码并查看结果。

```
clear;clc
e='Nothing is difficult to the man who will try.';
c='世上无难事,只要肯登攀';
OrigObj=DerivedClass(e,c);
backObj=copy(OrigObj);
```

7.7 对象的析构、保存和加载

7.7.1 析构函数

从一般意义上来说，所有事物都有生命周期，或长或短，普遍存在。在 MATLAB 中，这种生命周期的存在，就体现在变量不仅可以被建立并占据内存，还会因为不再需要而被销毁，释放占据的内存空间。在面向对象的编程中，类的对象也是一种变量，它也有一定的生命周期，当不再需要时，和普通的变量一样，也需要被销毁，只是和普通变量相比，对象是更加复杂的变量。如果说由于其复杂，所以在建立对象时需要专门的构造函数来进行初始化，那么也可以说，由于过于复杂，所以在销毁对象时，还需要通过专门的析构函数来实现对象的"拆解"。

创建对象时使用的构造函数名称与类名称相同，不同的类其构造函数名称也各不相同。但对于析构函数，则有一个统一的名称。MATLAB 规定，析构函数一律统称 delete 方法。其常用的格式为：

```
function delete(obj)
    disp('The information you want to display add here! ');
end
```

除按照一般函数的形式定义 delete 外，还需要注意：①delete 方法必须有输入参数，即本类的对象，因为它本就为拆除本类对象而设；②delete 不带返回参数，拆除的目的是清理，不需要带回什么；③类的 sealed 特性、Static 特性和 Abstract 特性都是禁止、限定类的一些行为，但对于要拆除对象的 delete 方法，不能带有禁止性质，不能使用这三个特性修饰 delete 方法；④允许在 delete 的定义体内输出必要的提示性信息；⑤当继承自 handle 类的默认 delete 够用时，用户可以不显式地定义自己的析构函数。

在前边我们学习过用 clear 清理变量，实际上它也可以清理对象，clear 在清理对象时，对 value 型和 handle 型的处理有所不同，当对象是 value 型时，clear 将直接把对象清除；当对象是 handle 型时，clear 要根据 handle 对象的具体情况加以区分。我们已知 handle 对象的保存分为两个方面：一是对象的数据本身，二是对象的句柄，且一个数据可对应多个句柄（如浅复制的情况下），在具体清理时，若 handle 对象的数据和句柄是一对一的，则会把数据和句柄都清理掉。如果数据和句柄属于一对多，则清理某个 handle 对象时，只会把该对象的句柄清理掉，由于数据本身还被其他句柄关联，所以仍旧存在。这相当于一个门的多把钥匙，当只销毁其中一个人的钥匙时，则该人无法进门，但其他人还有钥匙，仍旧存在关联，仍可进门（访问数据）。扫描书前二维码查看 handleClass 类示例代码 7-62。

先创建对象 hcObj，设 n=3000，则由构造函数创建的 hcObj 对象，其数据占用约 72MB

内存,句柄占据 60 字节,复制对象形成 hcObj1,则根据浅复制,只将句柄部分赋给了 hcObj1。在删除 hcObj 后,仍可查询 hcObj1 的数据部分,因为 hcObj1 句柄仍和数据关联着,clear 不会清理数据。扫描书前二维码查看测试代码(示例代码 7-63)。

读者可按照上述测试代码实验,并体会其差别。

类提供的析构函数 delete 与 clear 存在一些区别。对于 value 型类,由于该类本身不带有默认的 delete 方法,所以除非用户自己编写,否则无法直接调用。handle 类是 MATLAB 内置的抽象类,其本身已有 delete 方法的定义,析构函数 delete 的作用是:释放对象句柄指向的对象数据,而不管有多少句柄指向该数据,但对对象的句柄部分,则不予管理。对上述的 handleClass 类添加 delete 方法,具体代码可扫描书前二维码查看(示例代码 7-64)。

先创建对象 hcObj,然后复制给 hcObj1,之后使用 delete 清除 hcObj;经测试,发现数据已被清理,但句柄仍在,具体操作如图 7-46 所示。

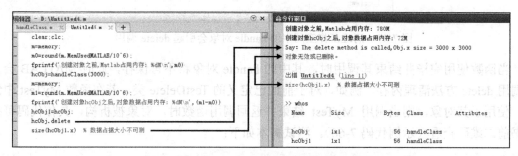

图 7-46 delete 清理对象数据,保留对象句柄

在图 7-46 中,用来测试矩阵大小的 size 函数,由于对象的数据已经被清除,所以会报错,这从语法角度验证了数据的清除。实际上,为了检测 handle 句柄指向的是不是有效的实际数据区,MATLAB 提供了 isvalid 检测函数,返回 1 时, handle 有效,返回 0 时,handle 无效。

1. 几种自动调用 delete 的情况

为了加强内存管理,当对象中的数据不再被使用时,则会调用 delete 释放数据占据内存。例如,在 TestDelete 类中创建对象 pt1 和 pt2,当将 pt1 的句柄指向 pt2 时,pt1 句柄指向的原数据成为无句柄指向数据,没有句柄指向它,则无法再利用它,MATLAB 会调用 delete 释放其占据的空间,具体代码可扫描书前二维码查看(示例代码 7-65)。

但是,和显式调用 delete 不同,若在 pt1 句柄指向 pt2 的数据区之前,将 pt1 句柄复制给其他句柄,如 p 句柄,则将 pt1 句柄再指向 pt2 的数据时,不会调用 delete。例如:

```
pt1=TestDelete(100);
p=pt1;               %将 pt1 对象复制到 p
pt2=TestDelete(1000);
pt1=pt2              %将 pt1 句柄指向 pt2 数据,不再自动调用 delete
```

若用户在工作空间中存放有 handle 型对象,当在工作空间中使用 clear 命令时,则 handle 对象会调用自身的 delete 方法释放空间。例如:

```
>> pt1=TestDelete(100)      %指向 100×100 属性矩阵的句柄 pt1
>> whos
>> clear
```

即使通过对象复制，将对象复制多份，当使用 clear 时，也只会调用一次析构函数。例如，将上述的 pt1 复制 2 份，一份给 ptA，一份给 ptB，则运行如图 7-47 所示。之所以只调用一次析构函数（如只输出一次输出文字），是因为句柄型对象在使用等号复制对象时，只进行了浅复制。

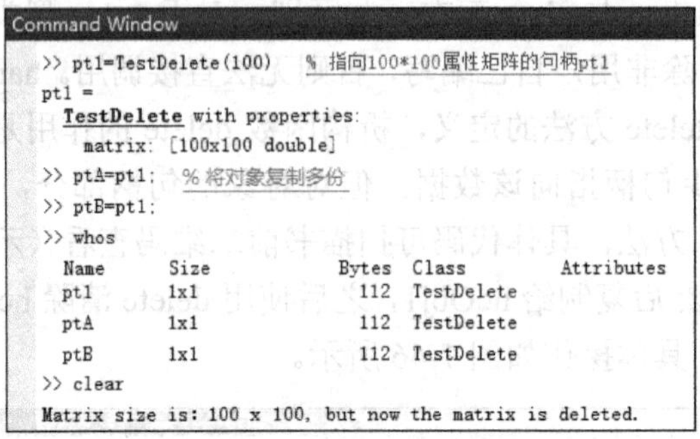

图 7-47 清理工作空间中的 handle 对象会引起 delete 调用

当函数使用完毕并结束其调用时，其中的 handle 对象将不再保存，此时 MATLAB 会自动调用 delete 方法清理内存。例如，对于前面已定义的 TestDelete 类，若在函数 MyTest 中创建、使用了其对象，则当调用 MyTest 结束并返回调用函数时，对象被析构，具体代码可扫描书前二维码查看（示例代码 7-66）。测试脚本如下：

```
clear;clc;
n=2;
MyTest(n)
>> Untitled
Turn to 2, There is an object created!
The object data size is 100 dims.
Matrix size is: 100 x 100, but now the matrix is deleted.
```

结果表明：函数 MyTest 被调用，且该函数内部创建并使用了 handle 对象，但在函数调用完毕返回时，进行了析构。

总之，在默认情况下，当使用 clear 清理当前工作空间中句柄型对象的所有属性成员时，若它们不再被句柄指向，则会调用该类的 delete 方法。但当直接使用 delete 方法时，不论有多少句柄指向这个数据，都无法阻挡数据被销毁，但这些指向该数据的句柄对象名称却仍然驻留。另外，当句柄变量的值更新后，也会调用 delete 方法。

2. 继承结构与析构顺序

在实际的应用中，类多数都存在继承层次，在学习构造函数时，我们探讨了继承关系的几种类型，一是并行多重继承，这种继承可看作广度上的继承；二是纵深线型继承，这种继承可看作深度上的继承；三是菱形多重继承，也可以看作交叉继承，但一般不使用这种交叉的情况。

对于具有继承层次关系的句柄型对象，当派生类对象被删除时，继承自基类的那些属性成员也需要一并销毁。若基类与派生类都有自己的析构函数，则在调用派生类析构函数的时候，还会引发调用基类析构函数，而不管这些函数的类型是否具有公有属性。

对于具有广度继承结构的派生类，当析构它的对象时，会逐个调用基类的析构函数，调用顺序则按照继承顺序确定。例如，设有 3 个基类 BaseA、BaseB 和 BaseC，扫描书前二维码查看类函数 BaseA.m、BaseB.m、BaseC.m 及派生类函数 SubABC.m 的定义（示例代码 7-67～7-70）。

创建一个派生类对象 s，调用其 delete 方法，运行结果如下：

```
>> s=SubABC();
>> s.delete
The object of SubABC is destructed: Gods determine what you are going to be.
The object of BaseA is destructed: The unexamined life is not worth living.
The object of BaseB is destructed: Suffering is the most powerful teacher of life.
The object of BaseC is destructed: The world is his who enjoys it.
```

观察输出可知，对于具有并列继承层次结构的 3 个基类 BaseA、BaseB 和 BaseC，在析构时，派生类对象首先调用了自己的析构函数，然后再按照基类的继承顺序，逐一调用了 BaseA、BaseB 和 BaseC 的析构函数。

对于具有深度继承结构的派生类，当析构它的对象时，会逐级调用基类的析构函数，先是调用直接基类的析构函数，然后再由直接基类调用间接基类的析构函数，一直嵌套调用到最深的基类为止。例如，创建上述 BaseA 的派生类 SubA1 及二次派生类 SubA2，则 SubA2 的对象析构时，逐级调用基类 SubA1 与间接基类 BaseA 的析构函数。

扫描书前二维码查看类函数 SubA1.m 和 SubA2.m 的示例代码 7-71、7-72，运行并查看结果。

```
aStr='He who seize the right moment, is the right man.';
s1Str='Cease to struggle and you cease to live.';
s2Str='Other men live to eat, while I eat to live.';
s2=SubA2(aStr,s1Str,s2Str);
s2.delete
>> Untitled
The object of SubA2 is destructed: Other men live to eat, while I eat to live.
The object of SubA1 is destructed: Cease to struggle and you cease to live.
The object of BaseA is destructed: He who seize the right moment, is the right man.
```

对于具有交叉继承结构情况的派生类，按照总体的继承结构确定析构顺序，若总体上是广度继承结构，则按照继承顺序调用；每一个嵌套内部，同样按照上述的广度继承或深度继承逐一析构。例如，假如有如图 7-48 所示结构层次的继承关系，总体上属于广度继承结构，但 SubA2 又具有深度继承结构，则析构时，先调用 Sub 自身的析构函数，总的顺序为 Sub、BaseB、SubA2、BaseC，但处理第 3 个分支的 SubA2 时，又按照深度继承顺序逐一调用 SubA1 和 BaseA 的析构函数（扫描书前二维码查看示例代码 7-73）。

运行如下脚本，上机查看具体析构顺序（结果略）。

```
aStr='He who seize the right moment, is the right man.';
s1Str='Cease to struggle and you cease to live.';
s2Str='Other men live to eat, while I eat to live.';
```

```
bStr='谁把握机遇,谁就心想事成。';
cStr='生命不止,奋斗不息。';
myStr='是要为食而生,还是要为生而食。';
obj=Sub(aStr,bStr,cStr,s1Str,s2Str,myStr);
obj.delete
```

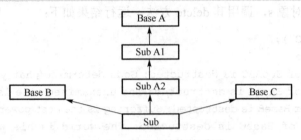

图 7-48 类继承结构关系图

上面讨论了具有不同继承结构的类对象的析构问题,需要注意,当一个类的对象在本类的对象创建之前就已经存在,且在本类中以句柄形式来引用该对象作为内嵌对象,则在删除本类对象的时候,不会连带删除该内嵌对象,也不会调用该对象。

7.7.2 保存和加载

1. 基本语法

对于类的对象,也可以像 MATLAB 的普通变量一样,保存到文件中,以便于后续的使用,这就涉及对象的保存和加载。保存和加载的语法格式为:

```
save fileName object
load fileName object
```

这里的 fileName,是要保存对象的文件名,或者从哪里加载对象的文件名,通常以.mat 为扩展名,object 是要保存或加载的对象名。例如,先建立 TestSaveAndLoad 类,然后创建对象并保存,扫描书前二维码查看类函数 TestSaveAndLoad.m 的示例代码 7-74。

在使用 save 时,并不是将对象中的所有内容都予以保存,通常地,要保存的信息有:对象所属类的类名;除 Transient、Constant 和 Dependent 设定为 true 外的所有属性成员的名称与值。在函数中使用时,还可以使用 save(FileName,ObjectName) 格式。例如,上述的保存过程可写成:

```
save('motto.mat','Saying')
```

当需要从文件中加载已经存在的对象时,需要使用 load 方法。例如上述 Saying 对象保存在 motto.mat 中,加载到工作空间中,则有:

```
load motto.mat Saying
```

load 和 save 是相反的过程,因此在加载的过程中,需要完成如下的任务:创建一个新对象;若原来的类中设置了 ConstructOnLoad=true,则会调用默认构造函数;将保存在文件中的属性名称和值,一一放到对应的属性成员上,若类中定义有属性的 set 方法,则会调用它。扫描书前二维码,参照示例代码 7-75 对 Saying 对象进行加载测试。

其中，PrintArray.m 可通过扫描书前二维码获取（示例代码 7-76）。

2. 保存对象后更改类定义

在定义一个类并创建、保存对象到*.mat 文件后，由于某种原因，再次修订了该类的定义，此时若使用 load 加载原来的对象，当存在显式的构造函数时，load 就会使用新修订类定义中的构造函数创建对象，但由于原来类中定义的属性与新定义类中的属性有差异，没有与新属性对应的存放值，因此这些新属性将以空值进行初始化。例如：

旧的 hndA 类函数：

```
classdef hndA < handle
    properties
        eFaith
    end
    methods
        function obj=hndA()
            obj.eFaith='Great hopes make great man.';
        end
    end
end
```

创建 hndA 类对象 ObjA，利用 save 保存到文件：

```
>>ObjA=hndA();
>>save test.mat ObjA
```

若此后修改了类的定义，如在属性块内新增属性 cFaith，并在构造函数中进行初始化：

```
obj.cFaith='远大的希望造就伟大的人物';        %新增加的属性
```

则使用 load 加载存储的对象 ObjA 时，会首先利用当前 hndA 的构造函数，创建两个属性 eFaith、cFaith，且它们的值分别初始化为默认的字符串；其次，在旧对象中查找这些属性，以期恢复旧的存放值。由于属性 eFaith 在旧对象中已经保存过，有其对应值，故赋予它先前保存的值；而新的 cFaith 由于在旧的对象中没有对应存放的值，故只能以空值赋予。于是得到如下的结果：

```
>>load test.mat ObjA
>>ObjA
ObjA = hndA (带属性):
    eFaith: 'Great hopes make great man.'
    cFaith: []
```

3. 显式构造函数存在与否对新加属性的影响

当类中没有显式地给出构造函数，且新增属性又在 properties-end 子块内直接初始化的，加载时会使用新增属性的初始化值，而不是予以空赋值。例如，定义一个 hndB 类。

根据该类的定义，先创建 obj 对象，然后修改属性 eMotto 的值，之后保存，清理所有类。操作如下：

```
>> obj=hndB();
>> obj.eMotto='Constant dropping wears the stone.';
>> save test.mat obj;
>>clear all;
```

为 hndB 类添加新的属性 cMotto，并直接进行初始化。

当利用 load 加载保存的对象时，原有属性 eMotto 重新恢复旧值，新增属性 cMotto 则按照新定义中的初始化值予以赋值。

上述操作过程如图 7-49(a)所示。若将 hndB 类添加构造函数，并在构造函数中进行初始化，则重新加载时的结果如图 7-49(b)所示，此种结果前边已经分析过。

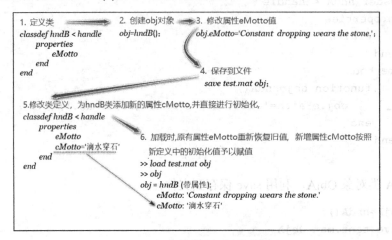

(a)无显式构造函数时加载新加属性

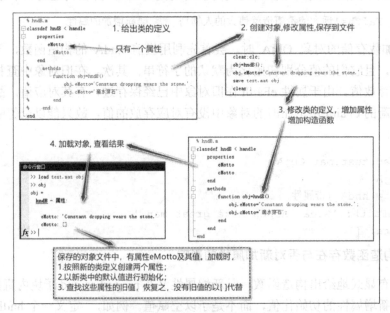

(b)有显式构造函数存在时加载新加属性

图 7-49　显式构造函数存在与否对新加属性的影响

4. 显式构造函数有无对删除属性无影响

先定义 hndB 类，之后创建对象，保存对象；若此后该类去掉了某些属性，如删除了 cMotto 属性，则在 load 加载时，不会出现该属性。hndB 类的定义及具体操作可扫描书前二维码查看（示例代码 7-77、7-78）。

上述在 hndB 类的定义中没使用显式的构造函数，对于删除属性，即使在定义中使用了显式的构造函数，其后的加载结果也是如上述一样。

总体来讲，在保存对象后，若类的定义发生改变，则加载时总原则是以新版的类定义为模板创建对象。当存在显式的构造函数时，先初始化这些属性，再用旧值覆盖。当不存在显式构造函数时，则尽可能利用旧值，并结合新值进行赋值。

5. 析构函数对句柄对象的保存与加载的影响

保存对象的目的是方便后续应用，因此要确保保存的对象有效可用。但对于 handle 型对象，我们知道，它可能会和其他的对象共享数据部分，尤其是进行浅复制的情况下。例如下面的例子中，首先建立了对象 ObjA，然后复制到 ObjB，此时 ObjB 和 ObjA 共享数据，若在保存 ObjB 之前将 ObjA 清除了，但 ObjB 的 handle 还在，它指向的是不存在的数据区，则保存 ObjB 有可能出现无效的情况。以上一节中的 TestDelete 类为例，运行结果如图 7-50 所示。

```
ObjA=TestDelete(100);    %创建 handle 型对象
ObjB=ObjA;               %复制对象
ObjA.delete;             %析构对象,删除 ObjA 和 ObjB 的数据部分
save test.mat ObjB;      %保存对象,保存过程有效,但只是保存了句柄本身
clear
load test.mat ObjB       %加载对象,加载过程没有问题
whos
isvalid(ObjB)            %返回值为 0,表示无效
ObjB.matrix              %想显示值,则出错
```

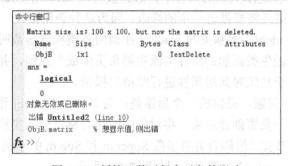

图 7-50　析构函数对保存对象的影响

6. saveobj 和 loadobj

如果在一个类中定义了 saveobj 和 loadobj 方法，则在使用命令 save 和 load 的时候，就会首先调用类的这两个方法。保存时，saveobj 的输出结果会返回给 save；加载时 loadobj 的加载结果也会返回给 load。通过这两个方法，用户可以定制自己的保存和加载过程。扫描书前二维码查看其在类 TestSaveAndLoad 中的常用格式（示例代码 7-79）。

在 saveobj 中，两个属性转存为结构体的构成部分，这样，在实际保存时，.mat 文件中保存的就是结构体。在 loadobj 中，由于首先要创建一个对象，所以先调用了默认构造函数，然后将结构体的构成部分转换为对象的两个属性。需要说明的是，loadobj 方法必须将特性设定为 Static，这是因为在调用 loadobj 之前，还没有创建类的对象，而只有类的静态方法在调用时不需要对象事先存在。扫描二维码查看可用于保存对象与加载对象的示例代码。

```
%保存对象实验,脚本代码
clear;clc
en='Frugality is an estate alone.';
cn='节俭本身就是一宗财产.';
Obj=TestSaveAndLoad(en,cn);
save('test', 'Obj')
%加载对象实验,
>>load test
>>Obj
```

当存在继承情况时，saveobj 和 loadobj 需要考虑基类的调用，这和调用基类的构造函数有些类似。对于 saveobj，可以在基类中定义自己的 saveobj，如果派生类中也要使用这个方法，则重新定义该方法，且要先调用基类的 saveobj，再实现派生类新添属性的存储。扫描书前二维码查看类函数 Super.m 和 Sub.m 的示例代码 7-80、7-81，并上机运行。

```
>> sb=Sub;
>> save test.mat sb
called: Super saveobj method.
called: Sub saveobj method.
called: Super saveobj method.
called: Sub saveobj method.
```

对于 loadobj，在存在继承关系的条件下，若直接借用 saveobj@Super（obj）形式，写成 loadobj@Super（svo），则还需要做进一步的修改。因为这种调用格式，需要在派生类 loadobj 方法内部调用基类的 loadobj，而基类的 loadobj 在调用基类构造函数时，按照"原属基类的属性由基类负责生成，派生类新加的属性由派生类负责生成"原则，并不能创建派生类中新增加的属性成员，以至于后续对新增属性进行赋值时报错。

MATLAB 为解决该问题，提供的一个思路是：为每一个 loadobj 添加一个辅助的 reload 方法，它只负责赋值，不负责创建对象，将对象的创建与赋值分离实施。将上述的 Super 和 Sub 类补充完整，扫描书前二维码查看类函数 Super.m 和 Sub.m 的示例代码 7-82、7-83。

实际测试代码如下，reload 的调用流程如图 7-51 所示。

```
>> sb=Sub;
>> save test sb
called:Super saveobj method.
called:Sub saveobj method.
called:Super saveobj method.
called:Sub saveobj method.
>> clear;
>> load test sb
```

```
called:Super reload method.
called:Sub reload method.
called:Sub loadobj method.
```

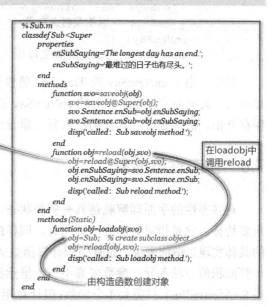

图 7-51 reload 的调用流程

7. 动态属性的存储与加载

在使用 save 将对象保存到 .mat 文件时，动态属性的名称和值也都要保存下来。而当使用 load 命令加载对象时，同样也会加载动态属性。我们在学习类的基本概念时，其中有一个特性是 ConstructOnLoad，它用来控制是否调用构造函数，即当某类的 ConstructOnLoad 设置为 true 时，在使用 load 从 .mat 文件加载该类的对象时，会调用这个类的默认构造函数（也要求用户必须提供默认构造函数）。现在的问题是，如果添加的动态属性是在类的构造函数中实现的，那么当类的特性 ConstructOnLoad 设置为 true 时会出现哪些问题。

按照 ConstructOnLoad 特性的基本目的要求，若该特性为 true，且在构造函数中实现了动态属性成员的添加，则在 load 加载该类对象而调用构造函数时，构造函数会创建一个与已经保存的动态属性同名的动态属性成员。这样一来，就会造成动态添加属性的重复。为此，MATLAB 在加载已保存的对象时，当涉及动态属性时，在调用构造函数时，即使在构造函数体内实现了 addprop，也不会多次执行。扫描书前二维码查看测试该项特性的类 TestAddprop 的定义（示例代码 7-84），在构造函数中添加两个动态属性。运行如下测试脚本：

```
tap=TestAddprop;            %创建对象
tap.enNewSay='Failure is the mother of success.';
tap.cnNewSay='失败乃成功之母';
save test tap               %保存对象
clear                       %清理工作空间
load test tap               %加载对象
tap
```

结果如下：

```
tap = TestAddprop with properties:
      enSay: 'All things in their being are good for something.'
      cnSay: ' 天生我材必有用。'
   enNewSay: []
   cnNewSay: '失败乃成功之母'
```

其中，由于 enNewSay 的 Transient 特性设置为 true，则保存到文件时不予保存其值，故加载时，其值为空；与之相对的 cnNewSay 的 Transient 特性设置为 false，则保存到文件时予保存其值，故加载时，其值仍然恢复为原设定的值。

7.8 多态性与抽象

对多态性的字面理解就是具有多种状态、形态特征。多态性描述了面向对象编程的一个重要特征，它是指对类的方法调用时，同样的调用在不同对象处产生的不同行为及不同行为的具体实现。举例来说，设有面积计算函数 Area，但不同的图形，如圆形、矩形、三角形等，计算面积的方法各异、参数多寡不一，虽然都是计算面积，但显然当求圆形面积时，可以写成 S=Area(radius)，只需要 1 个参数；但计算矩形的面积时，则需要写成 S=Area(Length, Width)，需要 2 个参数；而计算梯形的面积时，需要写成 S=Area(UpperL, BottomL, Height)，需要 3 个参数。在这个例子中，一个函数名字对应着 3 个不同的形态，可以理解为多态性。

另一个大家都认为极其正常的用法就是，当计算 double 型数据 3.5+2.7 时，加号两侧对应的是 double 类型数据；但当 A 和 B 都是矩阵时，加法计算 $A+B$ 仍然可以实现。其实考虑一下就会发现，两次加法中使用的加号，两侧是 double 型的单个数据和两侧是矩阵的多个数据，同一个加号执行的操作绝不会一样，暂且不管它们差异多大，加号的这两种不同用法，其实也是多态性的表现。

在 MATLAB 中，多态性主要以函数重载、运算符重载和类中继承的同名函数来具体实现。

7.8.1 函数重载

函数重载的字面理解就是函数除完成原来承担的功能外，还承载别的功能。在其他的计算机语言编程中，函数重载指的是同一个作用域内存在的多个同名函数，这些同名函数却有着不同功能与实现。例如，前边例子中的 Area，可以定义 3 个都叫 Area 的函数，但它们的参数不同，计算方法也不同，分别实现对圆形、矩形和梯形等的面积的计算。这里可以这样理解：一个叫 Area 的函数，原来承担着计算圆形面积的任务，后来又承担起矩形和梯形面积等多重计算任务。

但 MATLAB 不支持在同一个类中定义多个同名函数，若想实现重载，则只能在类中定义一个与全局函数同名的局部函数，然后在这个局部函数中实现所需的功能。例如 MATLAB 本身已经有一个绘制二维图像的 plot 函数，我们可以在类中重新定义一个 plot 方法，则类中的这个 plot 方法，就是原 MATLAB 的 plot 函数的函数重载。例如，对 plot 函数重载，绘制填充色为红色的圆，扫描书前二维码查看类函数 Overload.m（示例代码 7-85）。

除了函数名称的重载，对 MATLAB 内置类型数据操作的一些基本规则也可以重载。例如冒号的索引作用，在类的定义中也可以重新定制，加以重载；再如 disp 的显示功能，也可以定制为展示对象。表 7-5 是 MATLAB 允许用户重新定制功能的一些函数。

表 7-5　MATLAB 允许重新定制功能的函数

函数名称	基本含义与操作
cat,horzcat,vertcat	把对象串联起来，锚（猫）起来
empty	为指定的类创建空数组
disp,display	展示对象 disp(obj)，或者表达式未加分号需要输出时，调用该函数
double,char	类型转换，将 MATLAB 对象转为内置类型
subsref,subsasgn	索引引用，索引赋值
end	索引中的最后一个，如 A(1:end)
numl	数组中的元素个数
size	数组的维数
subindex	支持索引表达式中的对象
saveobj,loadobj	定制保存和加载对象的行为

7.8.2　运算符重载

1. 重载运算符的原因

在各种的计算机语言中，都会规定一些基本的运算规则，如加、减、乘、除等，在进行计算时，对于已经设定好的内置类型，这些运算符都能够支持。但是，当我们想把这些运算规则拓展到自己编写类的对象上时，往往出现不支持的情形。例如，定义一个工资类 wage，希望将两次工资加在一起，可扫描书前二维码查看示例代码 7-86。

要将各种运算符号推广到用户自行定义的类的对象上，就必须将各种运算符进行重载。和函数重载一样，运算符重载是对已有运算符赋予新的使用功能，将它的功能拓展到更宽的使用范围上。但读者一定要清楚，运算符重载是对已有运算符进行"升级改造"，只能升级功能，不能推翻既有的功能，重载不是创造，不能创建一个新的从未用过的运算符。

2. 运算符重载的本质

在 MATLAB 中，当我们使用各种运算符号时，真正调用的是各种运算符号对应的关联函数，比如加号（+），它在 MATLAB 内部对应着文件 plus.m，即函数 plus。当计算 3+4 时，实际上是调用了 plus（3,4）。因此运算符的重载，在本质上还是函数重载，只不过外在表现看到的是运算符号的功能进行了拓展。表 7-6 列出了 MATLAB 允许重载的运算符。

表 7-6　MATLAB 允许重载的运算符

运算	实际调用函数	含义
a+b	plus(a,b)	双参数加法
a–b	minus(a,b)	双参数减法
–a	uminus(a)	单参数减法
+a	uplus(a)	单参数加法
a.*b	times(a,b)	元素配对乘法

续表

运算	实际调用函数	含义
a*b	mtimes(a,b)	矩阵乘法
a./b	rdivide(a,b)	元素右除
a.\b	ldivide(a,b)	元素左除
a/b	mrdivide(a,b)	矩阵右除
a\b	mldivide(a,b)	矩阵左除
a.^b	power(a,b)	元素乘方
a^b	mpower(a,b)	矩阵乘方
a<b	lt(a,b)	小于
a>b	gt(a,b)	大于
a<=b	le(a,b)	小于或等于
a>=b	ge(a,b)	大于或等于
a~=b	ne(a,b)	不等于
a==b	eq(a,b)	等于
a&b	and(a,b)	逻辑与
a|b	or(a,b)	逻辑或
~a	not(a)	逻辑非
a:d:b	colon(a,d,b)	冒号表达式
a:b	colon(a,b)	冒号表达式
a'	ctranspose(a)	复共轭转置
a.'	transpose(a)	矩阵转置
[a b]	horzcat(a,b,…)	矩阵水平连接
[a; b]	vertcat(a,b,…)	矩阵纵向连接
a(s1,s2,…,sn)	subsref(a,s)	依下标引用矩阵元素
a(s1,…,sn)=b	subsasgn(a,s,b)	依下标为元素赋值
b(a)	subindex(a)	对象下标索引

在 wage 类中，增加一个求和的方法：

```
function newObj=plus(obj1,obj2)
newObj=wage(obj1.salary+obj2.salary);
fprintf('The total salsry is : %.2f\n', newObj.salary);
end
```

求和计算得以实现。

```
>> w1=wage(3050);
>> w2=wage(3350);
>> w1+w2
```

3. 运算符重载的优先级问题

在对运算符重载时，一个需要解决的问题就是重载符的优先级问题。一般情况下，运算符的操作对象类型应该相同，如加号两侧类型相同的对象；但有时候也存在不一致的情形，在这种情况下，就会产生运算符重载的优先级问题。例如，有两个类的对象，ClassA 的对象

ObjA 和 ClassB 的对象 ObjB，若这两个类中都重载了加号，则在表达式 ObjA+ObjB 中，使用哪一个对象的 plus 重载呢？

MATLAB 为了解决这个问题，采用的基本原则是：调用优先级最高的那个类的重载方法，并将这个原则具体化为如下 3 条：若操作对象所属的类之间指定了优先级顺序，则选用最高优先级的重载方法；当运算符两侧优先级相同时，以运算符左侧对象的重载方法为准；运算符两侧分别为自定义对象和 MATLAB 内置类型时，以自定义类中重载的方法为准。扫描书前二维码查看类函数 wage.m、bonus.m 的示例代码 7-87、7-88 并运行，过程如下（结果略）：

```
>> w1=wage(1000);
>> b1=bonus(10000);
>> w1+b1
>> b1+w1
>> b1+2300
>> 2300+b1
```

以上运行过程表明，当两个对象的运算符重载优先级一样时，计算 w1+b1，调用 w1 的 plus 方法；计算 b1+w1 时调用 b1 的 plus 方法，总之即调用运算符左侧的重载方法。和普通数据相加，则优先使用了重载的 plus。

4．几个常用操作符的重载

在 MATLAB 中，要对矩阵元素进行操作，常常使用 A（2,3）的形式；而要操作 cell 数组的元素，则常常使用 A{2,3}的形式；当操作结构体的字段时，经常使用的是圆点操作符。这里的圆括号()、花括号{}以及圆点，是操作元素时的运算符，要对它们进行重载，首先要弄清楚它们对应的函数及其工作方式。表 7-6 中已经列出，这些操作对应着 subsref（A,S）函数。其中参数 A 对应着要访问的数据，参数 S 是一个结构体，存储着要访问元素的位置信息。更具体地，S 包含两个字段，一个是 type，表示索引操作类型，以字符串形式表达，即"."、"()"和"{}"。它们分别针对着结构字段、矩阵整数下标和 cell 数组的下标。另一个字段是 subs，表示索引与下标，在写出具体表达式时，数字直接写出，冒号索引以单引号括起来。例如，取矩阵元素 A（2,3）可写作：

```
S.type='()'        %以字符串形式表达
S.subs={2,3}       %也可以写成 S.subs={[2] [3]}
subsref(A,S)       %相当于取出 A 矩阵的第 2 行第 3 列的元素
```

对于矩阵 A=magic(5)，A(2,3)与上述的 subsref(A,S)等效。与此类似，subsasgn 具体使用时，也是要准备 A 和 S，此外还要指明存储的数据，即 subsasgn(A,S,data)。例如：

```
A=zeros(5);
S.type='()'; S.subs={2:4,2:4};
data=6;
B=subsasgn(A,S,data);
disp(B)
```

这相当于 A(2:4,2:4)=6。

subsref 与 subsasgn 还可以具有嵌套格式。实际上，对于一个表达式，从左至右，只要这

3 个 type 之一出现，就可以断为一层。例如，在 A（1,3）.classroom（3:5）中，自左到右依次包含着圆括号"()"、圆点"."和圆括号"()"3 个，故它可以拆解为 3 层嵌套：

```
第1层:S(1).type='()',S(1).subs={1,3};
第2层:S(2).type='.',S(2).subs=' classroom';
第3层:S(3).type='()',S(3).subs={[3],[4],[5]};
```

用户可以在自定义的类上通过重载 subsref 和 subsasgn 函数来修改默认的索引引用和索引赋值行为，但是要注意，和其他运算符重载不一样的是，一旦在自定义类中增加了 subsref 和 subsasgn 方法，MATLAB 就只会调用这些自定义方法，而不再调用内置的 subsref 和 subsasgn 函数，即使用户定义的这两个方法不完善、缺乏选择，也不会调用内置 subsref 和 subsasgn 函数。因此，一般情况下，需要把 subsref 和 subsasgn 适用的运算符都要在自定义的类中实现重载。在重载时，可以使用 switch 语句来选择索引的类型及实际的索引编号。

在具体实现重载时，也要像分解 A(2,3)一样，把它分解成 A、S.type 和 S.subs 3 项（针对 subsref）和 data 项（针对 subsasgn），即形如 obj(1,2)的表达式会被解释为 subsref(obj,s)；而 obj(1,2)=10 会被解释为 subsasgn(obj,s,data)。扫描书前二维码查看示例代码 7-89 并测试运行，结果请读者上机查看。

```
>> O=Eg4Subs
>> O(1:5)
>> O{1,5}
>> O.cn3
```

在上述例子中，builtin 用来执行 MATLAB 的内置函数，类似的还有 substruct，它用来创建一个结构体参数，以便为 subsref 和 subsasgn 准备索引类型和索引值。

对于 subsref 的重载，还需要注意以下 3 点：所有引用类型对应的重载都应该实现，否则默认操作时，因不会调用内置 subsref 而出错；若为特定属性成员定义了 get 方法，则在使用 get.prop 方法时，会首先调用 subsref 而不是 get，当在重载的 subsref 中使用圆点操作符引用该属性成员时，才调用用户定义的 get 方法；即使设定为 GetAccess=private 的属性，当遇到 subsref 中的圆点操作符时，其私有化特性也将无效，用户也可在类外访问该属性成员，这种情况应该避免（扫描书前二维码查看示例代码 7-90 和测试代码 7-91）。

在类的定义中，有一个 disp 方法，该方法原本是 MATLAB 在命令语句末尾未加分号时，会自动调用的用来输出结果的函数，这里进行了重载，以使它的输出满足当前类的特别需要，其实在前边各例中，都应该加入该函数的重载。

关于 subsasgn 的使用，还需要注意：若类中的属性已经定义了设置方法 set，则在使用 set.PropName 进行设置时，将首先调用 set 方法，然后才是 subsasgn 方法；和 subsref 类似，即使某属性的 SetAccess=private，若重载了 subsasgn 方法，则会将 private 特性无效化，这一点也需要避免。

7.8.3 抽象类

在类的定义中，当使用 Abstract 关键字修饰类的方法成员时，此时定义的类就称作抽象类。所谓抽象类，它是和具体类相对应的一个概念，如果说具体类是指能够实例化的类，那么抽象类就是不能被实例化的类,即该类不能直接用来声明对象。

抽象类一般具有以下特点。从功能上讲,抽象类是一种特殊类型的类,它为派生类提供了一个规范,约束派生类必须具体实现一些方法。因此,抽象类充当的是基类角色。从语法上讲,若一个类中使用了关键字 Abstract 来修饰、限制属性或方法的特性,则称该属性或方法为抽象属性或抽象方法,一个含有抽象属性或抽象方法的类称为抽象类。从定义上讲,抽象方法在 methods-end 定义块内,只给出声明,不给出定义(具体实现),不需要以 function-end 块界定方法。从约束上讲,抽象类中的属性或方法需要在派生类中具体化,因此,抽象类不能使用 sealed 特性来限制,相互矛盾的设置不被许可。扫描书前二维码查看抽象类定义的示例代码 7-92。

在这个类的定义中,虽然有构造函数,但是由于其中的 Area 方法被声明为抽象方法,因此该类为抽象类,抽象类是不能被实例化的,即便它有明确的构造函数,也不能利用这个构造函数创建对象。例如:

```
>>s=MyShape('三角形')
Abstract 类无法实例化。类 'MyShape' 定义 abstract 方法和/或属性。
```

抽象类是一个基类,定义抽象类的目的,是更好地规划同一类事物的共性,如我们常见的几何形状,一般包括圆形、三角形、矩形、梯形、弧形、扇形等,它们都涉及面积的计算、图像的绘制等。在这种情况下,将它们共性提取出来,就可以定义成一个抽象的 Shape 类,其中可以有求形状面积的 Area 方法、绘图的 DrawShape 方法等,还可以有其他特定的抽象属性;但在 Shape 类中,这些属性和方法不可能具体化,将它们归纳出来,只是为了后续开发具体的派生类时,统一这些属性和方法的名称等。例如,对于上述的 Shape 类,可以派生出三角形的类定义,在三角形类中,需要将面积求解函数 Area 具体化,扫描书前二维码查看示例代码 7-93。

派生类在继承抽象类时,必须将所有抽象的方法具体化,否则该派生类仍然是抽象类。在具体化抽象方法时,抽象类中某方法声明的参数个数,不一定必须与派生类中具体化时的参数个数一致,在这一点上,只要求在派生类中具体实现方法即可,参数的个数与顺序不作要求。扫描书前二维码查看派生的梯形类 Trapezoid 示例代码 7-94,运行测试。

```
>> T=Trapezoid('梯形',20,10,13.34)
T =当前对象的信息如下:
对象名称:梯形
底长:20.00,顶长:10.00,高:13.34
面积:200.10
```

除上述的几何形状外,读者还可以试着编写其他几何形状类,以及在此基础上编写三维锥体、柱体等派生类。

7.9 事件与响应

7.9.1 概念与定义

在类的定义中,介于 events-end 子块内的变量称为事件标识符,具有这一子块的类称为事件类。所谓事件,一般是指程序能够感知到的任何变化、行为、动作等,在面向对象的编程中，意即对象内部状态的改变。操作系统本身也有事件，以 Windows 操作系统为例，鼠标左键的按下与弹起，右键的按下与弹起，都分别对应着一个 Windows 事件。再如一个文档窗口的打开、缩放或关闭等，也都对应着该文档软件的一个事件。在 MATLAB 的 GUI 编程中，GUI 控件状态的选定等也都可以看作一个事件。具体到 MATLAB 的对象中，则有：类中数据发生变化；方法被调用；属性值的查询与设置；析构对象等。

一个事件发生了，往往会产生一些后果，而这些后果的具体表现，可看作对事件的响应。通常地，"引起事件发生"与"对事件发生产生响应"都会有相应的"负责人"，为了后续解释方便，称引发事件的对象为发布者、消息源，称对事件进行响应的对象为监听者。由于发布者与监听者分属不同的对象，而它们又通过事件触发-响应建立了"工作关系"，并按照约定规则执行一定的动作。因此，从本质上看，这种触发-响应机制建立了两个对象之间的协同通信联系。

为处理事件与响应，MATLAB 已预先在 handle 类中定义了方法，用户要处理事件与响应，只需要调用从该基类中继承的 notify 和 addlistener 方法即可。通过问号表达式，用户可查阅继承自 handle 类的方法，通过 events 函数，可查看对象的事件。扫描书前二维码查看示例代码 7-95。

事件的定义与属性、方法的定义类似，也要放在特定的代码段内，MATLAB 要求事件的定义放在 events-end 子块内，这和属性放在 properties-end 子块内属于同样的语法格式要求。在上述的 Wage 类中，在事件子块内添加的 addWages，就定义了一个"增加工资"的事件。

除用户自己定义事件名称外，MATLAB 还提供了 4 个专用的预定义事件，即 PreSet、PostSet、PreGet 和 PostGet，它们主要用来描述对类中属性成员值进行设置与查询时发生的事件，但用户在定义事件类时，不需要列出上述 4 个事件。

在 events-end 子块内定义事件时，也可以像属性和方法那样设定访问特性，以便于控制事件的发生与监听的定义等。例如：

```
events (ListenAccess='private',NotifyAccess='private')
    FirstEvent;
    SecondEvent;
end
```

在这个定义中，ListenAccess 和 NotifyAccess 都是特性设定关键字，它们将 FirstEvent 和 SecondEvent 这两个事件的访问权限定在本类方法范围内，即只有本类方法才有触发权与监听权。MATLAB 允许使用多个 events-end 子块来设定不同访问属性的事件，这一点与 properties 和 methods 类似。表 7-7 为事件设置特性表。

表 7-7 事件设置特性表

特 性	类型与取值	含义说明
Hidden	逻辑型 默认设置：false	用来设置事件的隐藏性。若设定为 true，则当使用 events 函数查询事件名称时，事件将不会出现在该查询函数的返回名单列表中
ListenAccess	枚举型 默认设置：public meta.class 对象 meta.class 对象数组	用来设置监听访问特性，以确定在何处可以创建监听者。可取值包括：(1) public，访问不受限制；(2) protected，只有本类和派生类的方法可访问；(3) private，访问权仅限于本类方法

特 性	类型与取值	含义说明
NotifyAccess	枚举型 默认设置：public meta.class 对象 meta.class 对象数组	用来设置通知访问特性，以确定在何处可以发布通知。可取值包括：（1）public，任何位置均可，不受限制；（2）protected，通知发布权只限于本类和派生类方法；（3）private，通知发布权仅限于本类方法

此外，Wage 类中还有 HowToSpend 方法，在该方法内部调用了 notify。notify 是继承自 handle 基类的方法，该函数主要用来对消息源发布的消息进行"通知"张贴，犹如在新闻中心发言人发布新闻通知。

7.9.2 理解事件与响应的作用机制

MATLAB 对事件与响应的处理，需要借助 3 方面的工具，一是 notify 方法，它相当于"发布通知"；二是 addlistener 方法，它相当于事件对象发布消息与监听对象接收消息的交流平台；三是监听对象听到消息后的反应，即响应函数。这种处理方式，和新闻记者到新闻中心参加各种新闻发布的方式有点类似。

如果把新闻发言人看作产生事件与发布通知的 notify，则其只需要把通知发布出去，就算完成了任务。所以事件发生（即对象改变）后，只需要 notify 即可，犹如在新闻中心发布新闻一样。

如果把新闻中心看作联系发言人与记者的交流平台，则 addlistener 方法就起到了这样的平台作用。addlistener 方法通常含有 3 个参数，一个是事件对象 eventObject，二是事件名称 eventName，三是响应函数 ResponseFunction。事件对象和事件名称属于发布者，响应函数属于监听者，它们在 addlistener 方法中结合在一起。addlistener 方法返回值通常是一个监听句柄（Listener Handle）。

如果把记者看作各种新闻的监听者，则他们参加新闻发布会后写出的各种新闻稿，就可看作对事件的响应，这种响应在编程时以响应函数加以具体化。

发布者（消息源）与监听者通过 addlistener 平台建立联系，一旦对象事件发生改变，发布者（消息源）就可以主动 notify 大家，而后续反馈则由响应函数做出。这种作用机制就是事件驱动-消息传递的运行规则。

下面首先定义了一个修改诗歌的 PoemModify 类，该类含有一个 events-end 子块，其中 VerseModified 定义了诗句修改事件。当类的对象发生了改变，需要通知大家时，可通过发布信息的 HowToShareInfo 方法，调用发布通知的 notify。扫描书前二维码查看类函数 PoemModify.m 的示例代码 7-96。

下面是监听对象对事件的反应，具体体现为各种不同的响应函数。在 MATLAB 中，响应函数可以是普通的函数，也可以是某类的静态方法，或者某类的普通方法成员。为了演示，这里给出了 3 个不同响应函数的代码。

（1）普通响应函数 ComnRespFunc.m：

```
function ComnRespFunc(~,~)
    disp('普通响应函数 ComnRespFunc 对修改诗词进行了响应:改得好！');
end
```

（2）在类 ListenResponse 中定义了两个响应函数，一个是类的静态方法，另一个是类中的普通法方法。

```
classdef ListenResponse < handle
    methods(Static)
        function StatRespFunc(~,~)
            disp(['ListenResponse 类的静态方法 StatRespFunc',...
                '对修改诗词进行了响应:静态地想想,还不错！']);
        end
    end
    methods
        function ComnRespFunc(~,~,~)
            disp(['ListenResponse 类的普通响应方法 ComnRespFunc',...
                '对修改诗词进行了响应:我不懂诗,别问我！']);
        end
    end
end
```

除上述 3 种函数外，如果响应函数特别简单，则可以直接以无名函数的形式调用，即以 @(x,y)expression 表示。此外，作为响应函数，一是要确定响应的对象，二是要确定响应的事件。因此无论在什么情况下，响应函数至少应该有两个输入参数。在上述的例子中，由于不涉及更细致的响应过程，没有用到对象与事件，故参数均以~代替。它们的函数原型为：

```
ComnRespFunc(obj,event);
ComnRespFunc(objR,objS,event);
StatRespFunc(obj,event);
```

对于交流平台的建立，利用 addlistener 即可，该函数的语法格式如下：

```
LH=addlistener(hSource,'EventName',CallbackFunction)
LH=addlistener(hSource,'PropertyName','EventName',CallbackFunction)
```

在这两种格式中，第一种用来为指定的事件创建一个监听交流平台，第二种为 MATLAB 专属预定义事件创建一个监听交流平台。其中，输入参数 hSource 是发生事件的对象句柄，也可以是对象数组的句柄；参数 EventName 是 hSource 所指对象的事件名称，以字符串的形式表示；参数 CallbackFunction 是函数句柄，即事件的响应函数，也有的著作称此为回调函数。在第二种语法格式中，还有一个 PropertyName，它指设置了预定义事件的属性名称，也以字符串形式表示。返回值 LH 即 Listener Handle 的字母缩写，监听对象句柄，它是 event.listener 类型的对象句柄，用来表示一个监听。例如：

```
objPm=PoemModify;                                                      <1>
objRsp=ListenResponse;                                                 <2>
objPm.addlistener('VerseModified',@ComnRespFunc);                      <3>
%addlistener(objPm,'VerseModified',@ComnRespFunc);                     <4>
objPm.addlistener('VerseModified',@ListenResponse.StatRespFunc);       <5>
%addlistener(objPm, 'VerseModified',@ListenResponse.StatRespFunc);     <6>
objPm.addlistener('VerseModified',@objRsp.ComnRespFunc);               <7>
%addlistener(objPm,'VerseModified',@objRsp.ComnRespFunc);              <8>
```

```
objPm.Poem='鸟宿池边树,僧敲月下门。';                                    <9>
objPm.HowToShareInfo ( );                                              <10>
```

上述脚本中,语句<1>和<2>分别创建了事件生产者对象和监听者对象;语句<3>和<4>以两种不同的语法格式将普通响应函数通过 addlistener 注册到消息源对象;语句<5>和<6>将类的静态方法通过 addlistener 注册到消息源对象;语句<7>和<8>将将类的普通响应方法通过 addlistener 注册到消息源对象;语句<9>实现了事件的改变;语句<10>则是事件创建者通过 notify 张贴通知。

```
>> Untitled
ListenResponse 类的普通响应方法 ComnRespFunc 对修改诗词进行了响应:我不懂诗,别问我!
ListenResponse 类的静态方法 StatRespFunc 对修改诗词进行了响应:静态地想想,还不错!
普通响应函数 ComnRespFunc 对修改诗词进行了响应:改得好!
```

7.9.3 创建监听的 event 方式

在构建发布者与监听者之间的交流平台时,用到了 addlistener 函数。除此之外,用户还可以使用 event.listener 类的构造函数来直接建立一个交流平台(监听句柄)。因为这种创建方法使用的是类的构造函数,所以它创建的对象句柄与发布者的对象没有关联,只要它未被删除,则在其作用域范围内就有效。event.listener 的语法格式如下:

```
LH=event.listener(hObj, 'EventName', @CallbackFunction);
```

其中,hObj 为事件发生改变的对象句柄,若 hObj 为对象数组句柄,则针对对象数组中每个对象的名为 EventName 的事件做出响应;EventName 是 hObj 中要发生的事件名称,以字符串的形式表示;CallbackFunction 是响应函数,考虑到响应函数主要目的,其参数中至少要包括对象、事件这两个输入。例如,对上述的类,运行脚本:

```
objPm=PoemModify;%创建诗词修改类的对象
objRsp=ListenResponse;%创建事件监听类对象,以备后续使用方法
%1.以类的静态方法执行监听,使用类名调用该函数
event.listener(objPm,'VerseModified',@ListenResponse.StatRespFunc);
objPm.Poem='鸟宿池边树,僧敲月下门。';%修改,事件发生
objPm.HowToShareInfo();%发送消息
%2.以普通函数执行监听,直接调用
event.listener(objPm,'VerseModified',@ComnRespFunc);
objPm.Poem='鸟宿池边树,僧又想敲门。';
objPm.HowToShareInfo();
%3.以类的普通函数执行监听,使用对象调用该函数
event.listener(objPm,'VerseModified',@objRsp.ComnRespFunc);
objPm.Poem='鸟宿池边树,僧却不敲门。';
objPm.HowToShareInfo();
```

结果如下:

```
ListenResponse 类的静态方法 StatRespFunc 对修改诗词进行了响应:静态地想想,还不错!
普通响应函数 ComnRespFunc 对修改诗词进行了响应:改得好!
ListenResponse 类的普通响应方法 ComnRespFunc 对修改诗词进行了响应:我不懂诗,别问我!
```

需要指出：因为 event.listener 为 hObj 添加的响应函数针对的是 EventName 事件，它只能为该事件添加一个响应函数，多次添加的结果则是取最后一个响应函数(覆盖前边添加的)。例如：

```
event.listener(objPm,'VerseModified',@ListenResponse.StatRespFunc);   <1>
event.listener(objPm,'VerseModified',@ComnRespFunc);                  <2>
event.listener(objPm,'VerseModified',@objRsp.ComnRespFunc);           <3>
objPm.Poem='鸟宿池边树,僧踌月下门。';
objPm.HowToShareInfo();
```

在上述 3 句中，<1>为 objPm 添加了类的静态方法 StatRespFunc，具体操作时，以类名加圆点操作符的形式调用；接着在<2>添加了普通函数 ComnRespFunc；之后在<3>处添加了类的普通方法 ComnRespFunc，具体则以对象调用该方法。上例先后 3 次添加了不同的响应函数，则在执行响应时，只执行第 3 次添加的响应函数。运行上述代码，结果如下：

```
ListenResponse 类的普通响应方法 ComnRespFunc 对修改诗词进行了响应：我不懂诗,别问我!
```

但 addlistener 与 event.listener 不同，它可以为同一个事件对象添加多个响应函数，且这些响应函数之间没有覆盖，当收到事件发来的通知时，这些响应函数全部响应。读者试对比 addlistener 与 event.listener 两种构建交流平台的不同。

除此之外，使用 addlistener 与 event.listener 创建的监听对象的作用域不同，event.listener 创建的只在本地有效，而 addlistener 创建的全局有效。例如，试运行下述代码，先后注释<4>和<5>，对比注释后两次分别执行时输出结果的不同。

```
function testEvent()
objPm=PoemModify;
objPm.Poem='鸟宿池边树,僧敲月下门。';
AnotherFunc(objPm);
objPm.HowToShareInfo();
end
function AnotherFunc(objPm)
objRsp=ListenResponse;
%addlistener(objPm,'VerseModified',@objRsp.ComnRespFunc);%          <4>
event.listener(objPm,'VerseModified',@objRsp.ComnRespFunc);%         <5>
end
```

7.9.4 发布通知中附加消息

在上述的 notify 中，只是发布了对象发生改变的通知，其实 MATLAB 还允许用户自定义一个消息，和通知一起发布出去，但该消息需要特别定制，该消息必须继承自 event.EventData 基类。例如，用户可以定制一个时间对象，将事件发生改变的时间作为附加消息，一同发布出去。扫描书前二维码查看类函数 ModifyTime.m 示例代码 7-97。

将原来的类 PoemModify 稍作修改，为函数 HowToShareInfo 添加一个参数：

```
function HowToShareInfo(obj,data)
    obj.notify('VerseModified',data);
end
```

对相应的类响应函数稍作修改（扫描书前二维码查看示例代码 7-98）。
运行脚本（结果略）验证：

```
%1. 创建诗歌修改类的对象
objPm=PoemModify;
%2. 创建监听类的对象
objRsp=ListenResponse;
%3. 通过平台将发布者与接收者联系起来，具体联系人是各类对象，以及类对象的具体函数
addlistener(objPm,'VerseModified',@objRsp.StatRespFunc);
addlistener(objPm,'VerseModified',@objRsp.ComnRespFunc);
%4. 修改诗句，则事件发生
objPm.Poem='鸟宿池边树,僧敲月下门。';
mt=ModifyTime;
%5. 发布通知
objPm.HowToShareInfo(mt);
```

7.9.5 预定义事件的监听

对于属性成员的变动，尤其是属性值的查询与设置，MATLAB 预置了 4 个事件，即 PreSet、PostSet、PreGet 和 PostGet。事件 PreSet 在对属性设置前发布通知，事件 PostSet 在对属性设置后发布通知，事件 PreGet 和 PostGet 则分别在对属性查询前后发布通知。

和用户定义的普通事件相比，这些预定义的事件有以下特点。

（1）预设了事件 PreSet 和 PostSet 的属性，在类的属性块声明时，必须将特性 SetObservable 设置为 true。例如，若为属性 cnPoem 和 enVerse 设置预定义事件，则有：

```
properties (SetObservable)%或者(SetObservable=true)
cnPoem;
enVerse;
end
```

（2）预设了事件 PreGet 和 PostGet 的属性，在类的属性块声明时，必须将特性 GetObservable 设置为 true。

（3）建立事件与监听的"交流平台"时，函数 addlistener 的输入参数中必须同时添加属性名称与事件名称，且都以字符串形式表达，语法格式如下：

```
addlistener(hObj,'PropertyName','EventName',@CallbackFunction);
```

对上述的属性，具体实现时有：

```
addlistener(hObj,'cnPoem','PreSet',@CallbackFunction);
addlistener(hObj,'cnPoem','PostSet',@CallbackFunction);
```

（4）若属性值在预定义事件发生前后未变，则需要禁止响应函数的执行。

对于预设事件的响应函数，和定义普通事件响应函数一样，至少需要两个输入参数，一个为事件的产生者 EventSource，另一个为预定义事件名称 EventName。响应函数一般都以静态方法的形式出现，如果具有预设事件的属性成员有多个，则可以使用 switch 开关控制选项，扫描书前二维码查看示例代码 7-99。

在示例代码中，EventSource 是 meta.property 对象，EventName 是 event.PropertyEvent 对象，若希望将 4 个预设事件统一处理，则可以采用其他形式组织代码，扫描书前二维码查看示例代码 7-100。

若属性成员设置了 PreSet 和 PostSet 事件，则对该属性进行设置时，MATLAB 就会调用它的 set 方法（已经定义），但这并不能避免出现属性设置值前后一致、新旧相等的情况，将属性成员的 AbortSet 特性设置为 true，可防止这种不必要情况的发生。

AbortSet 也是属性的特性之一，主要用来管理属性的可设置性，在默认情况下，特性 AbortSet 的值为 false。把一个 handle 类的属性成员的 AbortSet 设置为 true，则在设置该属性时，若设置值新旧相同，则 MATLAB 将不会对该属性成员进行设置，不会产生 PreSet 和 PostSet 事件，不会调用该属性的 set 方法。

从基本原理上讲，MATLAB 对设定了 AbortSet 特性的属性进行操作时，首先需要取得属性的旧值，然后和新设定值进行比较，根据比较的结果（相同或不同）而进行选择，或者产生 PreSet 和 PostSet 事件（新旧值不同时），或者不发生 PreSet 和 PostSet 事件（新旧值相同时）。在这个比较的过程中，当 AbortSet 设置为 true 时，无论比较结果如何，都需要先取得旧值，这就会调用属性的 get 方法（如果存在）。

扫描书前二维码查看类函数 PreDefinedEvents.m（示例代码 7-101）、PoemLisn.m（示例代码 7-102）及测试代码（示例代码 7-103），读者可上机运行并对结果进行分析。

上面介绍了关于普通属性成员的事件与响应，但有时会遇到动态属性成员，它们也会有自己的事件与响应，和普通属性成员的事件相比，动态属性事件主要区别在它的"牢固性"。例如，为 A 类添加动态属性 A1，并针对 A1 创建了事件 eventA1，建立了监听响应函数 RspA1：

```
addlistener(ObjA, eventA1, @RspA1)
```

这种关系一旦建立，就非常牢固，此时如将动态属性 A1 删去，然后重新建立一个同名的动态属性 A1，响应函数 RspA1 将不会响应新建属性 A1 的事件。反过来，如果删除了已建立的某个动态属性成员，则与之对应的监听对象仍然存在，执行也不会出错，但响应函数不会响应了。

7.10 对象数组

前边的章节中陆续介绍了矩阵和数组的基本知识与操作，在面向对象的编程中，如果矩阵或数组的元素是对象，该怎么处理？假如定义了一个诗人类 Poet，用来描述诗人基本的信息，若想对唐朝诗人进行研究，要建立一个唐朝诗人的数组，每个元素都是一个诗人类对象，则这样的数组该如何安排？若还建立了宋朝诗人的数组，现在想从唐朝诗人数组和宋朝诗人数组抽取部分元素，希望建立一个描述山水田园景色特点的诗人的数组，则两个朝代的诗人分属不同类的对象，该怎么建立与管理混合数组？本节将学习对象数组的使用。

7.10.1 同类型对象数组

和普通数组相比，对象数组更具复杂性，要创建同类对象数组，可以根据实际情况采用不同的方法，当数组中只包含较少元素时，可直接把各对象串接成对象数组。例如，下面先定义唐朝诗人类，再创建包含 2 个对象的数组。

扫描书前二维码查看类函数 TangDynastyPoet.m 示例代码 7-104。

对象数组结果如下：

```
>> P1=TangDynastyPoet('李白','望庐山瀑布');
>> P2=TangDynastyPoet('杜甫','春夜喜雨');
>> TangPoet=[P1,P2]
TangPoet =
诗人名称：李白，代表作：望庐山瀑布
诗人名称：杜甫，代表作：春夜喜雨
```

用户也可以通过扩展来建立对象数组，具体操作是：对数组最后一个元素赋予具体的对象值，以建立整个数组，这和矩阵的扩展建立原理相同。例如，要创建 2 行 5 列的矩阵 A，将 10 赋给 A 的第 2 行第 5 列的元素，也就是最后一个元素，则会建立起整个矩阵，未被赋值的元素以 0 作为默认取值：

```
>> A(2,5)=10
```

对象数组的建立也是如此，但稍有区别：在创建对象数组时，用户输入的具体对象只赋给了数组的最后一个元素，则数组中其余对象元素的建立，需要使用类的默认构造函数创建，若类定义中没有提供默认构造函数，则会因无法创建默认对象而报错。例如，在上述的 TangDynastyPoet 类中，并未提供默认构造函数，如下的操作将报错：

```
>> P(1,10)=TangDynastyPoet('陈子昂','感遇')
```

具体运行如图 7-52 所示。

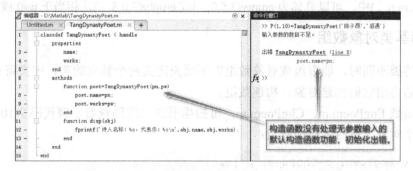

图 7-52　末尾元素赋值构造法必须提供默认构造函数

修改构造函数，使之能够处理无参数输入的情形（扫描书前二维码查看示例代码 7-105）。检测脚本如下，读者可上机运行查看设置的结果。

```
clear;clc;
P(10)=TangDynastyPoet('陈子昂','感遇');
for ilp=1:10
    disp(P(ilp));
end
```

通过扩展方式创建对象数组时，虽然所有对象元素都被初始化了，但初始化过程中，并不是为每个对象元素都调用一次构造函数。在上例中，只调用了两次构造函数，第一次调用针对最后一个对象元素 P(10)，调用了带参数的构造函数，第二次调用针对其余对象元素，先调用默认构造函数创建对象，然后再把对象复制给除 P(10) 之外的所有其他元素。修改构造函数，为其添加输出信息，可以看到运行的具体情况（扫描书前二维码查看示例代码 7-106）。

再次创建对象数组：

```
>> P(10)=TangDynastyPoet('陈子昂','感遇');
调用了类的带参数构造函数.
调用了类的默认构造函数.
```

实际上，当 MATLAB 在使用默认构造函数初始化对象数组元素时，还遵循如下赋值原则：有默认值时，使用默认值；即使只有默认构造函数，当对属性有赋值时，也优先采用赋值；无默认值、无赋值时，为属性赋以空值。

除上述的直接串连和扩展两种方法外，MATLAB 还提供了一种创建对象数组的方法，回忆在创建矩阵时，常常使用 zeros、ones 等命令初始化矩阵，和这些应用类似，用户也可以使用 MATLAB 提供的 empty 方法来创建某个类型的空数组，然后采用循环的形式，逐一实例化对象数组的每个元素（扫描书前二维码查看示例代码 7-107）。

empty 方法是所有非抽象类都有的一个静态方法，主要用来创建一个同类型的空数组，常见的语法格式包括：

```
A=ClassName.empty
A=ClassName.empty(n,m,p,...)
A=ClassName.empty([n,m,p,...])
```

需要指出，在使用 empty 创建 ClassName 类的空数组时，其中的某一维必须设定为 0，如上述的 empty(n,m,p,...)中，可以具体为 empty(3,5,0,...)或 empty(3,0,5,...)，相当于 p=0 或 m=0。

7.10.2 同基类对象数组

当对象的类不同时，能否组成对象数组？下面先定义两个独立的类，中文诗词类和英文诗词类，然后再用它们创建对象、构建数组。

定义类函数 EngPoem.m、ChnPoem.m，可扫描书前二维码查看示例代码 7-108、7-109。

建立两个对象，然后串接成数组：

```
>> e=EngPoem; c=ChnPoem; p=[e,c]
错误使用 horzcat
从 ChnPoem 转换为 EngPoem 时出现以下错误：输入参数太多。
```

可见，MATLAB 不允许把不同类型的对象利用方括号[ ]归为一个数组。MATLAB 规定，对象数组中各元素的类型必须一致，如果不一致，MATLAB 则试着把其中一个对象转换为另一个对象；若在被转入类中找不到可用的转换函数，就报错退出。在上述的代码中，EngPoem 类是被转入类，MATLAB 在 EngPoem 类中没有找到对象的转换函数，故此失败。

要想将两种不同类型的对象元素组成一个对象数组，则按照 MATLAB 的要求，需要将对象类型进行转换。为此，可试着在各类中建立对方类型的转换函数。例如，在 ChnPoem 类中建立转为 EngPoem 的方法，在 EngPoem 中建立转为 ChnPoem 的方法，便可解决它们的相互转换问题。

第7章 面向对象编程

扫描书前二维码查看修改后的类函数 ChnPoem.m（示例代码 7-110）、EngPoem.m（示例代码 7-111）。

再次运行脚本，结果（略去）正常。

```
>> e=EngPoem;c=ChnPoem;p=[e,c]
```

从上述的代码可以看出，转换函数是在本类中建立的以欲转入类的类名命名的函数。例如在 ChnPoem 类中，转换函数为 EngPoem，函数名与要转换成的对象所属类 EngPoem 类名相同，其实它就是欲转入类的构造函数。

用户也许会想，方括号[]限制较多，可以像 cell 数组那样使用{}将对象归并在一起，这种方法确实可行。例如，对于上述的 EngPoem 类和 ChnPoem 类，使用{}，不需要转换即可构成对象的 cell 数组。

```
e=EngPoem; c=ChnPoem; p={e,c};
p{1}.auther='Baijuyi';                    %白居易
p{1}.title='Everlasting Regret';          %长恨歌
p{1}.body=['On high, we''d be two love birds flying wing to wing,',...
    'On earth,two trees with branches twined from spring to spring'];
```

但是，这种组建方式也有个问题，因为 MATLAB 支持向量化编程，假如使用同一类型对象构建数组，则用户可以通过数组名与圆点操作符一次性访问所有对象元素中的相同属性。例如：

```
>>cn(10)=ChnPoem('白居易','长恨歌','在天愿作比翼鸟,在地愿为连理枝');
>>cn.body
```

而不同类型对象通过{}组建的数组，则不支持这种操作。例如：

```
>>p={ChnPoem,EngPoem}
>>p.body
```

运行结果如图 7-53 所示。

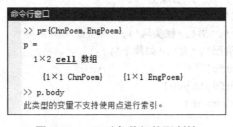

图 7-53 cell 对象数组的限制性

7.10.3 多类型对象数组

在将对象作为元素构成数组的时候，要么满足所有元素都属于同一类对象，要么满足各元素组成对象所属的类之间可进行转换。那么，能否在数组中保持对象本身的类型不变呢？在这里，首先要阐明一个概念：对象数组本身所属类型和对象数组中各个元素的类型，两者不是一个概念，而是两个相互独立的概念，不要混淆了。

MATLAB 为了支持构造对象元素类型保持不变的对象数组，做出了许多严格的规定。首先，预定义了一个称为 matlab.mixin.Heterogeneous 的类，由它作为各对象元素的最远间接基类。其次，由 Heterogeneous 派生出的类，如 Base 类，要成为所有对象元素所属类别的共同基类，即各对象元素虽然可以分属不同的类，如 ObjA1、ObjA2、…、ObjC2 等对象元素，分别是 SubClassA、SubClassB 和 SubClassC 类的对象，但 SubClassA 等这些类必须是 Base 类的派生类。综合来讲，要保持各个对象元素本身类型不发生变化，对象元素之间的类层次继承结构关系如图 7-54 所示。

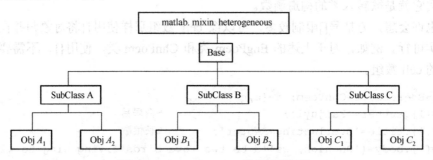

图 7-54　Heterogeneous 类的继承层次

matlab.mixin.Heterogeneous 类是一个抽象类，其中 matlab.mixin 是 Package 名称，该类中预定义了对象连接操作的 cat、horzcat、vertcat 等方法。此外，还有一个具有 protected 特性的 getDefaultScalarElement 方法。该方法会返回共同基类 Base 类的实例，若该共同基类 Base 类是抽象类，或者该基类的对象不适合作为默认对象，就需要在该基类 Base 中重新改写这个方法，让它返回该基类（Base）的一个派生类（如 SubClassB）的对象。在满足上述继承层次结构的基础上，ObjA1 及其他各对象之间才可以使用方括号构建对象数组。例如，定义类函数 poetry.m、Tang.m、Song.m，可扫描书前二维码查看示例代码 7-112～7-114。

测试脚本如下（结果略）：

```
Libai=Tang('李白','男','梦游天姥吟留别');
Dufu=Tang('杜甫','男','石壕吏');
Sushi=Song('苏轼','男','赤壁怀古');
Luyou=Song('陆游','男','钗头凤');
Liyian=Song('李清照','女','如梦令');
ComboA=[Libai,Dufu]
ComboB=[Libai,Dufu,Luyou]
ComboC=[ComboA,ComboB]
class(ComboA)
class(ComboB)
```

从以上例子可知：各对象都独立存在，且它们的类型都各保持类属；当由同一类型的对象构成对象数组时，数组的类型取元素对象所属的类型，如 ComboA 的类型为 Tang；当由不同类型的对象元素构成对象数组时，数组的类型取它们的共同基类类型，各元素则保持自己所属类类型；getDefaultScalarElement 函数重新定义时，需要满足静态性（Static）、保护性（Access=protected）和封闭性（Sealed）的要求。

在使用 Heterogeneous 类时，为保持数组的统一操作，其派生类中不能重载 cat、horzcat、

vertcat、subsref 和 subsasgn。这样做,确保下标索引引用、赋值等行为符合习惯。当应用多个类型的对象构建起对象数组后,通过下标索引,可以提取该对象数组的子块,由子块构成的新对象数组,其数组类型取决于它所含有的元素的对象类型,有可能与原始对象数组不同。在一个多维对象数组上通过下标实施赋值时,可以改变对象数组的大小(末尾赋值构建对象数组即是),也可以更新数组的元素及对象属性的值、类型等。

上面讨论了在同一个根类下各派生类对象构建多类型对象数组的情况。但有时的确存在构建对象数组的对象分别来自不同根类的派生类的要求,如有 Tang 类和 Song 类的对象(它们的共同基类为 poetry 类),但现在有一个 ForeignPoetry 类(外国诗歌)的对象,它并不是继承自 poetry 类,要把这些对象组成多对象数组,就必须考虑使用 convertObject 方法。该方法能够把 Heterogeneous 继承层次之外的类对象转化成可构建多类型对象数组的一份子。

在具体使用时,convertObject 方法必须按照如下的语法格式实施:

```
methods (Static,Access-protected,Sealed)
    function TargetObject=convertObject('ConvertToClassName',ObjectToConvert)
        %TargetObject --------------要被转成的类对象
        %ConvertToClassName --被转成类的类名,字符串形式
        %ObjectToConvert --------要被转换的对象,该对象将被转换为其他类型对象
    end
end
```

因为涉及对象类型的转换,所以该方法的具体定义,必须在被转成类的基类中实现。例如,若有一个 NewTang 类对象 Libai,一个 NewSong 类对象 Sushi,一个 ForeignPoetry 类对象 Tagore。若要把 ForeignPoetry 类的 Tagore 转换为 NewPoetry 的对象,就必须把 convertObject 方法在 NewPoetry 类的定义中实现。扫描书前二维码查看类函数 NewPoetry.m、NewTang.m、NewSong.m、ForeignPoetry.m(示例代码 7-115~7-118)。

测试脚本如下,读者可上机运行并查看结果,体会转换函数的具体执行过程。

```
Libai=NewTang();
Sushi=NewSong();
Tagore=ForeignPoetry();
ComboA=[Libai,Sushi,Tagore],class(ComboA)
ComboB=[Sushi,Libai,Tagore],class(ComboB)
```

这个例子将非 Heterogeneous 类对象通过 convertObject 方法转换成了 Heterogeneous 类的派生类类型,实现了对象数组的构建。那么能否在 ForeignPoetry 中也加入 convertObject 方法,并进行对象类型转换与数组构建呢?例如,添加代码到 ForeignPoetry 类(扫描书前二维码获取示例代码 7-119)。

测试脚本如下:

```
ComboC=[Tagore,Libai,Sushi], class(ComboC)
```

实验证明,上述的多类型对象数组 ComboC 不可以,因为 ForeignPoetry 类不是 Heterogeneous 类的派生类,它没有继承来的 convertObject 方法,即使在类中实现了该方法,也无法调用,读者通过运行代码查看是否有调用输出文字便可理解。

7.11 Meta Class

在 MATLAB 中，关于 meta class，有的译为超类，有的译为元类，它是关于类的类，包含了类的基本定义信息等。在该类中，它的属性是用户所熟悉的 Hidden、Sealed、Abstract、ConstructOnLoad、HandleCompatible 等。而它们的方法是用户作为语法学习的 fromName、findobj、notify、addlistener、delete、vertcat 等。这些特性和方法，为用户方便地查找类的信息提供了极大的便利，这一节将通过实例学习如何查询类的信息。

7.11.1 查询类的基本信息

在 MATLAB 中，通过 meta class 类可以得到相关类的定义信息，通过 meta class 对象可以查询对象中的信息。具体地，先给出一个简单的类定义：

```
classdef TestMeta <handle
end
```

要创建 meta 类的对象，通常可采用两种方式：一是利用类的名称；二是利用类的实例。两种方式得到的结果一样。利用类的名称时，常用的语法格式为：

```
mObj=?ClassName
mObj= meta.class.fromName('ClassName')
```

使用类的名称，既可以使用简洁的问号表达式形式，又可以使用 fromName 方法。当使用问号表达式时，问号后边只能是类的名称，且类名称不能带引号。而当使用 frmoName 方法时，则必须将类名以字符串的形式作为方法的输入参数。例如，对于上述的 TestMeta 类，两种名称格式为：

```
tm=?TestMeta
meta.class.fromName('TestMeta')
```

使用类的对象时，对应的方法为 metaclass。请注意，关键字 metaclass 是一个整体，不能写成 meta.class，在 meta 和 class 之间没有点号，不要混淆写法。其语法格式为：

```
obj=ClassName();          %先创建类的对象
mObj=metaclass(obj);      %将类的对象作为metaclass的输入参数
```

也可以将上述的两步归为一步：

```
mObj=metaclass(ClassName)
```

这样，看似将类名作为参数，实质上是首先调用与类名同名的默认构造函数创建了一个对象，该对象又直接作为 metaclass 方法的输入参数。例如，对于上述的 TestMeta 类，直接使用则有：

```
mObj=metaclass(TestMeta)
```

当读者粗心地在 metaclass 的输入参数中使用了带引号的'TestMeta'时，MATLAB 并不会报错，也会给出结果，但仔细察看，读者会发现信息不对，上机测试一下并思考原因。

实际上，通过上述步骤，用户完全可以查看一下 meta.class 到底是什么，都有哪些"构件"组成。因为这些方法，也可以应用到 meta.class 自己身上，扫描书前二维码查看示例代码 7-120，观察 meta.class 构成。

其中，函数中调用的子函数是 PrintMessage.m，可扫描书前二维码查看示例代码 7-121。

由运行结果可知，meta.class 类包含的：

（1）Property 名称有 Name、Description、DetailedDescription、Hidden、Sealed、Abstract、Enumeration、ConstructOnLoad、HandleCompatible、InferiorClasses、ContainingPackage、RestrictsSubclassing、PropertyList、MethodList、EventList、EnumerationMemberList、SuperclassList。

（2）Method 名称有 addlistener、class、delete、eq、findobj、findprop、fromName、ge、getAllClasses、getDefaultScalarElement、gt、isvalid、le、listener、lt、ne、notify。

（3）Event 名称有 InstanceCreated、InstanceDestroyed、ObjectBeingDestroyed。

（4）Superclass 名称有 meta.MetaData。

7.11.2 查找特定设置的对象和类成员

meta 类派生自 handle 类，由此可借助继承来的 findobj 函数，查找特定要求的对象或属性成员。例如，先创建一个表示 MATLAB timeseries 类的 meta.class 实例：

```
>> mc = ?timeseries;
```

MATLAB 使用 meta.MetaData 对象填充空的数组元素：

```
>> m(2) = mc
>> class(m(1))       %ans =meta.MetaData
>> class(m(2))       %ans =meta.class
```

MATLAB 使用 findobj 查找拥有 protected 访问权限的所有属性和方法：

```
>> protectedMembers = findobj(mc,{'Access','protected'},...
'-or',{'SetAccess','protected'},...
'-or',{'GetAccess','protected'});
```

timeseries 类定义拥有 protected 访问权限的属性和方法。使用 findobj 返回 meta.MetaData 类的异构数组，此数组包含 meta.property 和 meta.method 对象。

```
>> protectedMembers
protectedMembers = 
  11x1 heterogeneous meta.MetaData (meta.property, meta.method)
  handle with no properties.
  Package: meta
>> class(protectedMembers(1))    %ans =meta.property
>> protectedMembers(1).Name%ans =Length
>> protectedMembers(1).SetAccess    %ans =protected
>> protectedMembers(1).GetAccess    %ans =public
```

findobj 函数的应用，还可以拓展到绘图，通过绘图中的线型、线宽等，查找到要进行修改的对象，这里不再赘述。

7.12 类的应用实例：App 设计

前边我们学习了面向对象编程的基本知识，面向对象的一个重要应用是 App 设计。App 是自包含式 MATLAB 程序，它可以为用户代码提供一个简单的点选式接口。App 包含交互式控件，如菜单、按钮和滑块，当用户与这些控件交互时它们将执行特定的指令。App 也可以包含用于数据可视化或交互式数据探查的绘图。用户可以将 App 打包并与其他 MATLAB 用户共享，或者使用 MATLAB Compiler 以独立应用程序形式分发给其他人。

早期的 MATLAB 也支持 App 开发，但之前版本的开发工具称作图形用户界面（GUI），在命令行窗口键入 guide 命令即可打开 GUI 开发界面。近年来，App 设计发展迅速，为了方便用户开发 App，MATLAB 提供了新的开发环境 App Designer，并将先前的 GUI 设计迁移到 App 设计中，作为其中的一部分继续存在。但在以后的版本中，将逐渐用 App 设计工具代替 GUI，并逐渐取消对 GUI 的支持。

7.12.1 App Designer 的开发环境

MATLAB 为用户开发 App 提供了方便的工具和交互环境，在"APP"菜单下单击"设计 App"选项，如图 7-55 所示，即可打开设计工具首页，首页界面如图 7-56 所示。

在 App 设计工具首页，单击"新建"栏目下的"空白 App"按钮进入 App 开发界面，如图 7-57 所示。在这个窗口，除顶部左侧的"设计器"菜单外，窗口被划分为 3 部分：左侧是组件库，中间是设计视图和代码视图的编辑部分，右侧是组件浏览器。

图 7-55　打开设计工具首页

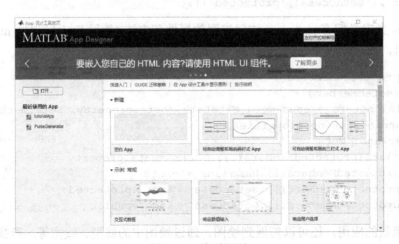

图 7-56　首页界面

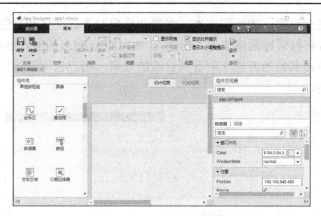

图 7-57 App 开发界面

左侧的组件库自上而下被分为"常用""容器""图窗工具""仪器""AEROSPACE"5 部分。"常用"栏里有按钮、列表框、滑动条等常规组件;"容器"栏里有选项卡组、面板等组件;"图窗工具"栏里有菜单设计组件;"仪器"栏里有常用的旋钮、信号灯等组件;"AEROSPACE"栏里则有航速表、高度计等组件。

窗口中部是放置画布的设计部分,可以在设计视图与代码视图两种模式下相互切换,以不同的形式展现用户的设计。在设计视图下,可以方便地"拖"各个组件,滑动鼠标设置各个组件,所见可得、直观明了;在代码视图下,用户可以对 MATLAB 提供的架构类函数进行增补、删改,创建各类函数(包括回调函数)等,以完成 App 的设定功能。

右侧的组件浏览器展示用户已选用组件的细节信息,包括外观、位置、交互性、回调函数、标记符等,除在代码中直接编写实现的细节设定外,多数细节设定都在此处所见可得地实现。

7.12.2 双线设计与类函数

App 开发采用"视图代码"双线制模式。所谓"视图"模式,即所见可得的这种界面布置,它属于直观性设计,用户通过鼠标拖拽组件,放置到画布的预设位置,调整好各个组件的大小即可。若要进行所见可得的细节设计,则只需在右侧的组件浏览器中进行设置即可。一般在画布上单击某个组件,右侧的组件浏览器会自动激活与此组件对应的设置面板。所谓"代码"模式,即指对各组件的操作、处置等引发功能的具体实现,包括回调函数的定义等,它属于抽象性设计。

视图设计的是图形界面,是 App 的"长相"设计;代码设计的是回调函数和普通函数等,是 App 的"幕后工作"者。视图设计完成后,MATLAB 自动形成与它们对应的代码,并保存在类函数中。当转到代码视图时,用户可以看到与这些组件对应的设置好的代码。回调函数等的设计需要在代码视图下完成,通过函数模板添加到 App 中的回调函数,也统一放置在存放组件的类函数中。视图设计和代码设计看似两个不同的层面,实际上是统一在一起的一个有机整体,所有设计的代码均保存在*.mlapp 型 App 文件中。

例如,在设计视图模式下,将左侧组件库中的一个按钮拖到 App 的画布上,为了满足尺寸和位置等的需要,可以使用鼠标对其大小、位置等各种属性进行设计。和旧版 GUI 中需要双击组件打开属性控制器相比,新版 App 设计环境优化了很多,在右侧组件浏览器中可方便地对各种属性直接进行设置，如按钮文本、水平和垂向对齐、字体和颜色、位置、标识符等各种属性的设置。若将按钮标题修改为"创建"，则在 Text 对应的输入框内直接输入"创建"二字即可，回车或单击其他地方能立刻看到修改的效果，用户也可以将按钮字体改为鲜艳的红色，如图 7-58 所示。

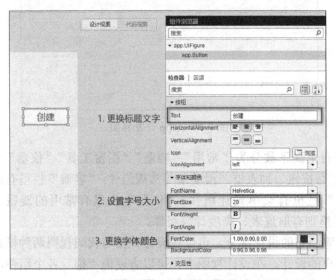

图 7-58　通过组件浏览器修改按钮属性

设置完成后，若对设计布局满意，则可以将它保存到文件中。文件一旦保存，MATLAB 就会生成与这个 App 图形界面对应的类函数文件，将设计视图切换到代码视图，就会看到 MATLAB 为该 App 设计搭建的类函数框架，如图 7-59 所示。

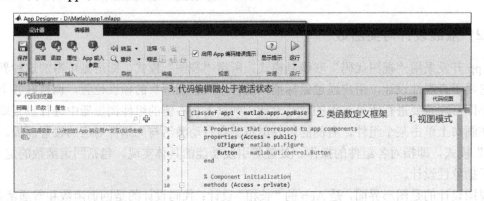

图 7-59　代码视图下的类函数框架及代码编辑器

单击工具栏中的"运行"按钮，生成一个 App 图窗，里面只有刚刚放置的这个按钮，单击这个按钮会发现按钮有动作，按钮面板显示灰白颜色的更换，但没有其他反应。

到目前为止，创建的这个 App 可以说是最简单完整的 App。说它完整，是指从语法的角度看，它的确支持运行，没有任何语法问题；说它不完善，是指从功能的角度看，它并未完成什么功能，还需要 App 设计人员根据任务添加回调函数来实现具体的功能。

扫描书前二维码获取设计完成后的 MATLAB 创建的类函数（示例代码 7-122）。

7.12.3 App 设计步骤

为了说明 App 的设计过程，下面设计了一个控制绘图的滑块 App：首先创建一个含坐标区和滑块两个组件的 App；其次编写代码，实现滑块的回调函数；最后使用 App，当调整滑块的指针时，坐标区相应绘制与滑块设定数据匹配的曲线。整个创建过程共分解为 5 步。

第一步，将组件拖拽到画布上。

这个 App 包含两个组件，一个是绘图使用的"坐标区"，一个是控制绘图参数的"滑块"组件。在左侧的组件库中找到这两个组件，分别选定拖到画布上。放置后，用鼠标选定组件时，组件周边出现包围着组件的矩形范围控制线，控制线的较长边两端及中间，有蓝色的小方块（默认），它们控制着被拖组件的大小，用鼠标选定这些小方块后拖动（不放手），可将组件缩放至合适的比例尺寸。拖动完成后的初步布局如图 7-60 所示。

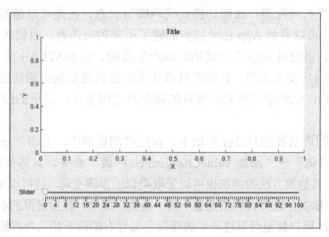

图 7-60 初步布局

第二步，设置各组件的属性信息。

拖动布置完毕后，各组件仍然处于原始的"出库状态"，需要进一步设置好它们适用于本例的各种属性参数。属性参数的设置，可通过屏幕右侧的组件浏览器具体实现。对本例中的滑块，需要设置好的参数，包括：

（1）滑块的标签。标签用来显示该组件要实现的主要功能，具有提示意义。本例中，将滑块默认标签 Slider 替换为 Amplitude，如图 7-61 所示。

（2）滑块的数据。滑块的数据设置包含 3 个参数。第 1 个是 Value，它设置了滑块的初始值，即 App 启动时滑块指针默认指向位置，默认取 0，即指针指向滑块的起始位置。第 2 个是 Limits，它设置了滑块的数据变动范围，单击该参数设置输入框右侧的三点按钮，在新打开的对话框中设置滑块的极大值和极小值。第 3 个是 Orientation，它控制着滑块的布置走向，右侧以图形的直观形式显示两种放置方式：水平放置和垂直放置。

图 7-61 更换组件的标签

（3）滑块的刻度。滑块的刻度设置包含 3 个参数，分别是 MajorTicks、MajorTickLabels 和 MinorTicks，分别控制着主要刻度、主要刻度标签和次要刻度的设置。用户可通过单击这 3 个参数设置对话框右侧的三点扩展按钮，进一步打开对话框进行详细设置。

（4）滑块的字体。滑块组件中的文字，同样可以进行二次设置，以满足整体布局的美观等需要，字体设置这一栏包括了字体选择、字体大小、粗细、颜色等。

（5）滑块的其他属性。除上述设置外，还可以设置滑块的交互性、位置、父子、标识符等。交互性用来设定组件是否可见、工作状态，而位置、回调执行控制、父子、标识符等多个属性选项，则具体设定了组件在画布上的相对位置、响应函数的执行状况、容器及对象句柄的可见性等，考虑本例仅为说明创建 App 的主要流程，这些属性的设置暂时忽略，使用默认参数即可。

第三步，添加回调函数。

App 设计工具包含一个设计视图和一个代码视图，前者用于直观设计 App，后者用于编写 App 代码。单击"代码视图"按钮切换到代码编写状态，在此可以编写 App 的实现代码。

在代码视图下，可以看到 App 已经初步创建了所需的类函数，但仍然需要我们进一步编写 App 的响应函数，以便对 App 中滑块的滑动产生反应。在 MATLAB 的 App 设计中，使用"回调函数"来响应用户交互操作，它实现对诸如单击按钮等要执行的功能、动作等。在前边学习类的基本知识时，已经学习过响应函数的概念及使用方法，这里的回调函数可以看作前述响应函数的实例。

在 App 中添加回调函数的具体操作如下：在组件浏览器中，右击"app.AmplitudeSlider"选项，然后执行"回调"→"添加 ValueChangedFcn 回调"命令，具体如图 7-62 所示。

除了回调函数，其他类方法的添加也可以采取类似的步骤实现，这可以通过屏幕左侧的"代码浏览器"菜单进行添加，选择代码浏览器下的"函数"菜单，在搜索框的右侧，单击绿色的加号按钮便可添加函数，用户甚至可以进一步选择绿色加号右侧的下拉三角按钮选择添加函数的类型，如图 7-63(a)所示。实际上，对于属性的添加，也可以这样实现，具体如图 7-63(b)所示。

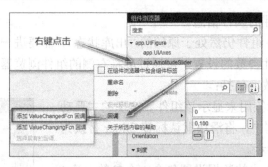

图 7-62 添加组件的回调函数

(a)添加类的成员函数　　　　　　　　　　(b)添加类的属性

图 7-63 通过代码浏览器添加类的方法和属性

第四步，具体实现代码。

添加回调函数完毕，光标会自动定位到该函数内部，等待用户编写完成。在本例中，滑块的回调函数要对滑块指针移动做出响应，包括读取滑块指针位置处数据、使用数据绘图、设置绘图的属性等，具体实现代码可扫描书前二维码查看（示例代码 7-123）。

本例比较简单，添加完上述代码，即完成了代码的实现。在更复杂的 App 设计中，可能会继续编写其他函数，实现的过程与此类似。

第五步，保存与运行。

至此，整个 App 已经设计完成，单击"运行"按钮便可以保存并运行设计好的 App。对于本例，其运行的初始状态如图 7-64(a)所示，通过鼠标拖动滑块，运行结果如图 7-64(b)所示。

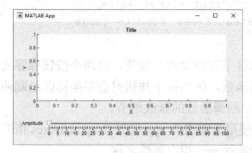
(a)运行初始状态

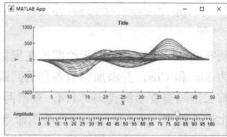
(b)拖动滑块运行结果

图 7-64 运行与保存 App

7.12.4 各种组件的使用方法

在 MATLAB 的 App 编程中，许多组件的使用都有约定俗成的方式，但总体来讲，都需要围绕"获取数据、设置数据、使用数据"这些方面进行。下面是 App 中常用组件的使用样例，读者在编写 App 代码时，可模仿着写出自己的代码。

1. 按钮

按钮只有一个操作，即按下，一般用作执行键和确认键，跟菜单里面的 Run 一样，单击就执行操作。按钮按下时引发的动作、要执行任务，都需要在按钮的回调函数里具体实现。当把组件库中的按钮拖放到画布上后，单击这个按钮，则屏幕右侧的"组件浏览器"处于激活状态，设置好按钮的"长相"参数之后，即可为按钮添加回调函数，MATLAB 添加的默认回调函数如下：

```
%Button pushed function: Button
function ButtonPushed(app, event)
    %add code here
end
```

当读者修改了添加按钮的标题后，App Designer 会自动修改回调函数的名称。

App Designer 生成的所有回调函数均以 app、event 为输入参数，其中，app 即 App 对象，用户通过它可以访问 App 中的 UI 组件及存储为属性的其他变量，使用语法格式 app.Component.Property 能够访问任何组件及特定于组件的所有属性。例如，若组件中有一个名称为 PressureGauge 的仪表，则通过以下命令，可将仪表的 Value 属性设置为 50。

```
app.PressureGauge.Value=50;
```

回调函数的第二个参数 event 是包含有关用户与 UI 组件交互的特定信息的对象。event 参数提供具有不同属性的对象，具体则取决于正在执行的特定回调函数。对象属性包含与回调响应的交互类型相关的信息。例如，滑块的 ValueChangingFcn 回调函数中的 event 参数包含一个名为 Value 的属性，该属性在用户移动滑块（释放鼠标之前）时存储滑块值。以下是一个滑块回调函数，它使用 event 参数使仪表跟踪滑块的值。

```
function SliderValueChanged(app, event)
    latestvalue = event.Value;  %Current slider value
    app.PressureGauge.Value = latestvalue; %Update gauge
end
```

为画布添加一个坐标区用于绘图，在坐标区下方拖动两个按钮，将两个按钮标签文字分别修改为 Sin 和 Cos，并添加它们各自的回调函数，每当按下按钮时会在坐标区绘制曲线。扫描书前二维码查看示例代码 7-124，观察两个回调函数的修改细节。

在上述函数中，plot 和 title 两个绘图命令使用了前缀为 app. 的属性 app.UIAxes 指明了位置。在回调函数中，要访问属性值，需要使用前缀 app. 指定属性名称。

上述两个按钮分别执行绘制 sin 和 cos 曲线的功能，但从两个函数的代码上看有些重复，为减少重复及便于扩展功能，为它们添加共同的 PlotWave 绘图函数，并增加私有属性 CurveName 用来指明将要绘制的曲线名称。通过添加属性，我们可以创建用于存储数据并在回调函数和函数之间共享数据的变量。扫描书前二维码查看具体实现（示例代码 7-125）。

修改相应的两个回调函数（扫描书前二维码查看示例代码 7-126）。

运行 App，按下按钮，运行结果如图 7-65 所示。

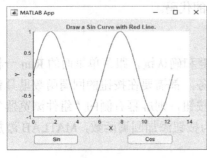
(a)按下 sin 按钮

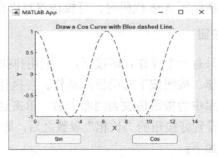
(b)按下 cos 按钮

图 7-65　按钮 App 的运行实况

2. 编辑字段

在 App 设计器的组件库中，有两个"编辑字段"组件，一个用来处理数值，另一个用来处理文本。这两个组件对应旧版本的编辑框控件，通过它们可以实现 App 的交互输入和输出。在画布上拖动两种编辑字段组件各一个，并修改它们的 Text 为"正整数"和"项数"，然后再拖动一个坐标区。设置完毕转到代码视图，编辑字段组件和坐标区组件对应的代码已经默认生成。这种交互式设计，可避免在类函数定义中手工输入、设定各项组件属性参数的麻烦。为数值型编辑字段组件添加回调函数，默认函数的模板样式如下：

```
%Value changed function: EditField
function EditFieldValueChanged(app, event)
    value = app.EditField.Value;
end
```

上述回调函数实现的是接收数据功能，它将 app.EditField.Value 付给了 value，此时编辑字段窗口相当于输入窗口；若将上述代码改写为 app.EditField.Value =value; 则实现的是输出数据功能，此时编辑字段窗口相当于输出窗口。

本例将数值编辑字段的窗口作为输入，将文本编辑字段的窗口作为输出，完善回调函数，实现锯齿波的合成再现，观察锯齿波随正弦叠加项数增加的变化趋势，扫描书前二维码查看示例代码 7-127。

运行 App，在数值型编辑字段（正整数）窗口输入一个整数后回车，则运行结果如图 7-66 所示，此时右侧项数（字符型）窗口输出的是左侧输入的数据。

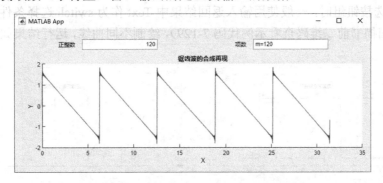

图 7-66　编辑字段组件的输入和输出功能

在上述回调函数中，文本型编辑字段只能输出文本型数据，所以将 value 通过 num2str 进行数据类型转换，否则会报错。因为文本型编辑字段组件只作为输出窗口，所以并没有给出它的回调函数。

3．单选按钮组与切换按钮组

单选按钮组常用来实现两个状态的互斥、非此即彼，或者实现多中取一的选择。单选按钮只有"选中"或"不选中"两种状态，以其 Value 值表示。当 Value 取 true（或 1）时表示选中，取 false（或 0）时表示未被选中。通过拖动鼠标，可以将单选按钮组布置到画布的合适位置。例如，图 7-67 中按钮组内的各按钮被水平放置到了坐标区的下方。通过右侧的组件浏览器，可以设置各个按钮的细节信息，如颜色、字体等，这些设置和其他组件的设置类似。

注意：因为单选按钮组内的按钮共同构成了一个整体，所以作为组成部分的每个按钮不会有独立的回调函数，整个单选按钮组共同拥有一个回调函数，通过模板添加回调函数（扫描书前二维码查看示例代码 7-128）。

在回调函数中，选择结果作为输入值使用，它包括 3 个属性：一是 Value，被选定时取 1；二是 Text，即当前按钮的标题文本；三是按钮的位置信息，即 Position。如果运行时单击了 Square 按钮，则其输入值如下：

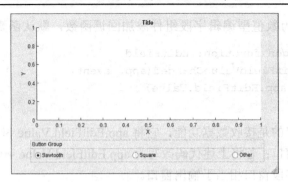

图 7-67　单选按钮组的使用

```
RadioButton (Square) - 属性:
    Value: 1
    Text: 'Square'
    Position: [241 5 65 22]
```

在使用单选按钮组时，一般使用输入返回结果中 Text 作为 switch 选择条件。尝试完善上述回调函数（扫描书前二维码查看示例代码 7-129），绘制不同曲线，运行结果如图 7-68 所示。

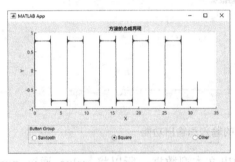
(a)选项 Square 的运行结果
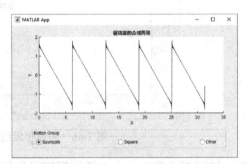
(b)选项 Sawtooth 的运行结果

图 7-68　单选按钮组的使用

切换按钮组的功能和单选按钮组相同，都是完成多中选一，它们区别在外表上。将切换按钮组添加到画布后，通过模板添加的回调函数，和单选按钮组的回调函数一样。在单选按钮组中编写的回调函数，稍作修改便可用于切换按钮组。下面的实例 App 中添加了两组按钮和坐标区，第一组是切换按钮组 A，关联着第一个坐标区（也可以关联第二个坐标区）；第二组单选按钮组 B，关联着第二个坐标区，它们的回调函数如图 7-69 所示，除按钮组的名称不同外，其他均一致。两组按钮运行测试效果如图 7-70 所示。

4. 复选框 CheckBox

复选框是一种常用基础 UI 组件，用于指示预设项或选项的状态，也叫 CheckBox，它可以通过其属性和方法完成复选的操作。复选框的属性 Value 可取值为 0 或 1，也可以是 false 或 true，默认情况下是 0，表示未被选中。例如，对于复选框 CheckBox1，读取或设置该值的代码为：

```
app.CheckBox1.Value=1;           %设置
value= app.CheckBox1.Value;      %读取
```

```
% Selection changed function: ButtonGroupA          % Selection changed function: ButtonGroupB
function ButtonGroupASelectionChanged(app, event)   function ButtonGroupBSelectionChanged(app, event)
    selectedButton = app.ButtonGroupA.SelectedObject;   selectedButton = app.ButtonGroupB.SelectedObject;
    x=0:0.01:2*pi;                                      x=0:0.01:2*pi;
    switch lower(selectedButton.Text)                   switch lower(selectedButton.Text)
        case 'sin'                                          case 'sin'
            y=sin(x);                                           y=sin(x);
        case 'cos'                                          case 'cos'
            y=cos(x);                                           y=cos(x);
        case 'exp'                                          case 'exp'
            y=exp(x);                                           y=exp(x);
    end                                                 end
    plot(app.UIAxes,x,y,'r-');                          plot(app.UIAxes2,x,y,'r-');
    title(app.UIAxes,lower(selectedButton.Text),'Color','r');   title(app.UIAxes2,lower(selectedButton.Text),'Color','r');
end                                                 end
```

图 7-69　切换按钮组和单选按钮组的回调函数对比

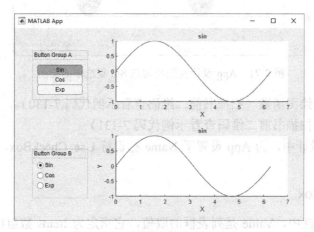

图 7-70　两组按钮运行效果相同

复选框的 Text 属性也可以参与复选框的操作，它是复选框的标签文字，默认设置为"Check Box"，通常可取的值包括字符向量、字符向量元胞数组、字符串标量和字符串数组等。在回调函数中，经常读取复选框的 Text，以便参与复选的完成，通常将它返回的标签文字赋给私有属性，然后参与 switch 的筛选。例如，读取 CheckBox2 的 Text，则有：

```
app.curveName=app.CheckBox2.Text;  %将标签文字送到 app.curveName 中
```

复选框更改值后要执行的回调函数为 ValueChangedFcn，当用户选中或清除 App 中的复选框时，将会执行此回调；但如果以编程方式更改复选框的值，则不会执行此回调。

回调函数 ValueChangedFcn 可以访问用户与复选框交互的特定信息，MATLAB 将对象 ValueChangedData 中的信息作为第二个参数传递给回调函数，在 App 中以 event 命名该参数，用户可以使用圆点表示法查询对象属性。例如，使用 event.PreviousValue 返回复选框的上一个值。

下面是 App 中复选框使用的简单样例，根据复选框的选中与否，绘制相应的正弦曲线或余弦曲线。首先将两个复选框拖到画布上，布置好其位置、大小等，App 设计视图与勾选 Sin 复选框的绘图如图 7-71 所示。

具体实现如下。

（1）添加私有属性。

```
properties (Access = private)
    curveName   %Description
end
```

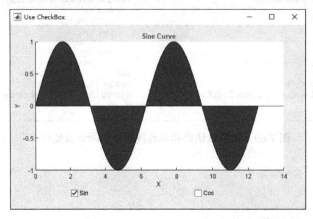

图 7-71　App 设计视图与勾选 Sin 复选框的绘图

（2）编写统一的绘图函数（扫描书前二维码查看示例代码 7-130）。

（3）回调函数（扫描书前二维码查看示例代码 7-131）。

在上述的 App 设计中，为 App 设置了 Name 标识符 Use CheckBox，该标签显示在图形的左上角。

5．列表框 ListBox

在 ListBox 的属性中，Value 是列表框的取值，它指定为 Items 数组或 ItemsData 数组的元素，或者指定为空元胞数组。在默认情况下，Value 是 Items 中的第 1 个元素；若不指定任何选择，则需要将 Value 设置为空元胞数组。将 Value 指定为 Items 的元素，即可选择与该元素匹配的列表项；如果 ItemsData 非空，则 Value 必须设置为 ItemsData 的元素，而列表框将选中列表中的关联项目。

第 2 个属性 Items 是列表框的项目，指定为字符向量元胞数组、字符串数组或一维分类数组。项目允许有重复的元素。列表框显示的选项与 Items 数组中的元素数量一样多。如果将此属性指定为分类数组，则 MATLAB 将使用数组中的值而不是完整的类别集。

第 3 个是属性值 ItemsData，它是与 Items 属性值的每个元素关联的数据。例如，若将 Items 值设置为员工姓名，则可以将 ItemsData 值设置为对应的员工 ID 号。

在具体使用时，多数是读取列表框的值，使用模板添加的回调函数如下：

```
%Value changed function: ListBox
function ListBoxValueChanged(app, event)
    value = app.ListBox.Value;
end
```

借助这个模板，可以完善列表框的功能，使之满足选择的实现。尝试为坐标区设置了 3 个选项（sin、cos、heart），单击其中之一可绘制相应的曲线，扫描书前二维码可获取相应代码（示例代码 7-132）。

App 运行后，单击选择"heart"选项，运行结果如图 7-72 所示。

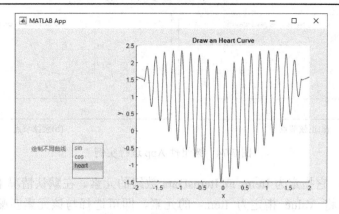

图 7-72 使用 ListBox 组件

6. 树组件 Tree

树组件可以让用户以层次结构显示数据，使得信息显示结构清晰。在 App 中，使用最多的树组件属性是树的选定节点，即 SelectedNodes，当使用默认的模板添加回调函数后，多数为下述代码形式：

```
function TreeSelectionChanged(app, event)
selectedNodes = app.Tree.SelectedNodes;
end
```

例如，下面在画布上拖拽一个树层次结构组件，添加两个节点，分别控制绘正弦和余弦曲线，再添加一个画图区，布局如图 7-73 所示。

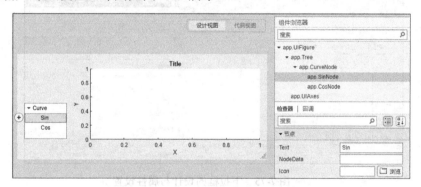

图 7-73 设计树层次结构组件

为 App 中的整个 Curve 树添加回调函数并实现绘图功能，扫描书前二维码获取示例代码 7-133。

在树组件的使用中，因为允许树的节点上再有下一级的节点，所以在回调函数中有可能出现考虑不周，缺失某个中间层级节点的处理方法，上述代码中对应处理策略为让坐标区变黑。如图 7-74 所示是树组件 App 的运行实例。

7. 下拉框 Dropdown

下拉框也是一种常用 UI 组件，它允许用户选择选项或键入文本。在 App 设计中，最需要设置的属性包括 3 个。

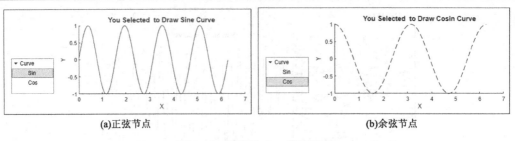

(a)正弦节点　　　　　　　　　　(b)余弦节点

图 7-74　树组件 App 运行实例

一是 Value 值，它指定为 Items 或 ItemsData 数组的元素。在默认情况下，Value 是 Items 中的第一个元素。将 Value 指定为 Items 的元素，即可选择与该元素匹配的下拉项。如果 ItemsData 非空，则 Value 必须设置为 ItemsData 的元素，而下拉列表将选中列表中的关联项目。

二是 Items，即下拉项，它指定为字符向量元胞数组、字符串数组或一维分类数组，且允许存在重复的元素。下拉框组件显示的选项与 Items 数组中的元素数量一样多，如果将此属性指定为分类数组，MATLAB 将使用数组中的值，而不是完整的类别集。例如，{'Red', 'Yellow', 'Blue'}或{'1'，'2'，'3'}。

三是 ItemsData，它是与 Items 属性值的每个元素关联的数据，它指定为 $1 \times n$ 数值数组或 $1 \times n$ 元胞数组，且允许有重复的元素。例如，用户如果将 Items 值设置为员工姓名，则可以将 ItemsData 值设置为对应的员工 ID 号，ItemsData 值对 App 用户不可见。

在为下拉框添加回调函数时，通常使用的是上述的 Value 属性作为输入输出数据的接口，并根据 Value 做出某种选择。例如，为坐标区添加控制输入的 3 个下拉选项，如图 7-75 所示。

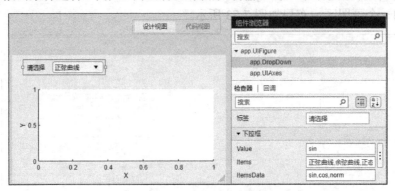

图 7-75　下拉框的设计与属性设置

实现回调函数(扫描书前二维码获取示例代码 7-134)。下拉框的使用效果如图 7-76 所示。

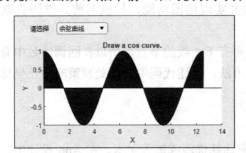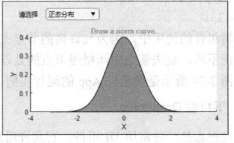

图 7-76　下拉框的使用效果

8. 仪表旋钮 Knob

除上述逐一介绍的常用组件外，MATLAB 还提供了仪表控制的旋钮等组件，其使用方法与上述组件大同小异。仪器旋钮用于调整连接到仪表的参数值，本质上还是数据的选项。在设计仪表旋钮时，用户可以修改旋钮块的刻度范围，以适应 App 需要，也可以使用旋钮块和其他仪表板块创建交互仪表板来控制模型。

在仪表旋钮的属性中，需要在 App 中设置的主要包括旋钮的初值、量程范围及刻度，在用于电路系统时，还需要设置连接性。使用旋钮时，接口之一是旋钮的 Value（也可以使用 Items），它既可被设置，也可被读取。在如图 7-77 所示的实例中，设置了 3 个旋钮，分别控制着正弦绘图曲线的振幅、相位和颜色设置；3 个编辑字段窗口则具体显示当前的实时设定值。

考虑 3 个旋钮的使用方法相同，所以 3 个旋钮的回调函数代码类似，它们统一调用一个绘图函数。周期控制旋钮的回调函数如下：

```
%Value changed function: Knob1
function Knob1ValueChanged(app, event)
    PlotWave(app)
end
```

扫描书前二维码获取绘图函数代码（示例代码 7-135）。

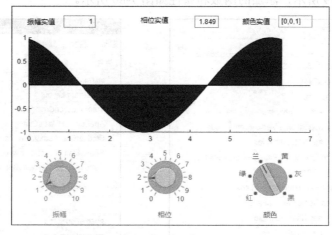

图 7-77　旋钮的设计与使用

在本例中，虽然使用的三个旋钮使用方法相同，但前两个与第三个还是稍有区别，前两个适用于连续数据，后一个适用于离散数据。

除上述的组件外，MATLAB 的 App Designer 还提供了属于容器的网格布局、选项卡组、面板等组件，属于图窗工具的上下文菜单等。不再一一介绍。

7.12.5　使用函数创建组件

在上述介绍组件使用的案例中，都是手工拖拽组件并设置属性，实际上，MATLAB 为每个组件都准备了一个专门的创建函数，通过代码动态创建数目不定的组件。例如，下面是一个使用 Tree 层次结构列出数据的 App，树的节点数由程序根据数据量自动添加。本例的设计视图如图 7-78 所示。整个 App 被分为两个部分，左侧是树层次结构、右侧是信息面板。

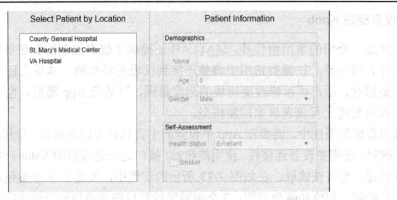

图 7-78　树层次信息显示

这个 App 从 patients.xls 表中选择数据，并通过树以层次结构显示数据。该树包含 3 个显示医院名称的节点，每个医院节点都包含显示患者姓名的节点。当用户单击树中的患者姓名时，患者信息面板将显示年龄、性别和健康状况等数据。该 App 将对数据的更改存储在表变量中。

除了树和患者信息面板，该 App 还包含以下 UI 组件：只读文本字段，用于显示患者姓名；数值编辑字段，用于显示和接受对患者年龄的更改；下拉列表，用于显示和接受对患者性别和健康状况的更改；复选框，用于显示和接受对患者吸烟史的更改。整个 App 的组件名称列表如图 7-79 所示，添加的函数和属性如图 7-80 所示。

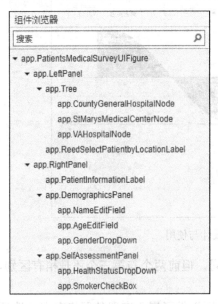

图 7-79　组件名称列表

图 7-80　App 中添加的函数和属性

添加的属性如下：

```
properties (Access = private)
    Data %Patient dataSmoker
end
```

添加的回调函数如下：

（1）函数 enableForm.m 用来控制组件，使其处于激活状态。

（2）函数 disableForm.m 用来控制组件，使其处于失效状态。
（3）函数 startupFcn.m 用于启动 App，当组件创建完成后执行本函数。
（4）树节点的回调函数 TreeSelectionChanged.m。
（5）年龄编辑框回调函数 AgeEditFieldValueChanged.m。
（6）复选框回调函数 SmokerCheckBox.m。
（7）下拉框回调函数 HealthStatusDropDown.m。
（8）下拉框回调函数 GenderDropDown.m。
扫描书前二维码分别查看回调函数（1）～（8）对应的代码（示例代码 7-136～7-143）。
App 运行选定节点展示信息如图 7-81 所示。

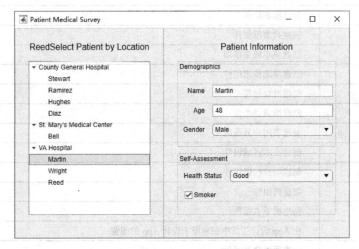

图 7-81　App 运行选定节点展示信息

在上述的函数 startupFcn.m 中，根据读取数据个数的不同，使用 uitreenode 函数动态添加了树节点。uitreenode 用于创建树节点组件，其用法格式如下：

（1）node=uitreenode（parent），在指定的父容器中创建树节点。父容器可以是 Tree 或 TreeNode 对象。

（2）node=uitreenode（parent,sibling），在指定的父容器中，在指定的同级节点后面创建一个树节点。

（3）node=uitreenode（parent,sibling,location），创建一个树节点，并将其放在同级节点的后面或前面，参数 location 指定为'after'或'before'。

在本例中的应用之一如下：

```
uitreenode(app.StMarysMedicalCenterNode,'Text',lastname);
```

uitreenode 是组件创建类函数，MATLAB 提供了一批类似的函数，方便用户动态生成组件。这类函数列于表 7-8 中，需要时用户可借助帮助工具查看详细用法。

表 7-8　App 设计工具函数一览表

函 数 名 称	函 数 功 能
appdesigner	打开 App 设计工具的首页或现有 App 文件
uiaxes	在 App 设计工具中为绘图创建 UI 坐标区

续表

函 数 名 称	函 数 功 能
uibutton	创建普通按钮或状态按钮组件
uibuttongroup	创建用于管理单选按钮和切换按钮的按钮组
uicheckbox	创建复选框组件
uidatepicker	创建日期选择器组件
uidropdown	创建下拉组件
uieditfield	创建文本或数值编辑字段组件
uihtml	创建 HTML UI 组件
uiimage	创建图像组件
uilabel	创建标签组件
uilistbox	创建列表框组件
uimenu	创建菜单或菜单项
uiradiobutton	创建单选按钮组件
uislider	创建滑块组件
uispinner	创建微调器组件
uitable	创建表用户界面组件
uitextarea	创建文本区域组件
uitogglebutton	创建切换按钮组件
uitree	创建树组件
uitreenode	创建树节点组件
uifigure	在 App 设计工具中创建用于设计 App 的图窗
uipanel	创建面板容器对象
uitabgroup	创建包含选项卡式面板的容器
uitab	创建选项卡式面板
uigridlayout	创建网格布局管理器
uigauge	创建仪表组件
uiknob	创建旋钮组件
uilamp	创建信号灯组件
uiswitch	创建滑块开关、拨动开关或拨动开关组件
expand	展开树节点
collapse	折叠树节点
move	移动树节点
scroll	滚动到容器、列表框或树中的指定位置
uistyle	为表 UI 组件创建样式
addStyle	将样式添加到表 UI 组件
removeStyle	从表 UI 组件中删除样式
uialert	显示警报对话框
uiconfirm	创建确认对话框
uiprogressdlg	创建进度对话框
uisetcolor	打开颜色选择器
uigetfile	打开文件选择对话框

续表

函数名称	函数功能
uiputfile	打开用于保存文件的对话框
uigetdir	打开文件夹选择对话框
uiopen	打开文件选择对话框并将选定的文件加载到工作区中
uisave	打开用于将变量保存到 MAT 文件的对话框

7.13 再议创建 MATLAB 函数模板

一个成熟的 MATLAB 函数，能处理各种复杂的输入情况，如典型的绘图函数 plot，既支持单参数输入的最简格式，也支持使用多个"名值对"的变参数输入格式，还能对输入的"名值对"进行各种匹配检测。像这种自适应的输入形式，本质上就利用了输入对象的检测功能。

为支持可变个数的输入参数，MATLAB 将函数的输入参数分为 3 种类型：必选参数、可选参数和名值对参数。必选参数是位置参数，它必须出现在输入参数中，不可缺省；可选参数也是位置参数，它不一定必须输入，但若要输入，则其位置紧跟着必需参数出现；名值对参数是可选的，可在位置参数后面以任何顺序指定名值对组。

为了解析函数的输入参数，MATLAB 提供了 inputParser 函数，利用该函数的最简模式：p=inputParser，可以创建一个具有默认属性值的输入解析器对象，然后通过这个解析器对象 p 来管理函数的输入。如果要检查输入项，则用户可以为必选参数、可选参数和名值对参数定义验证函数；还可以通过设置属性来调整解析行为，如何处理大小写、结构体数组输入及不在输入解析器模式中的输入。表 7-9 和表 7-10 分别列出了该对象的属性和方法。

表 7-9 输入解析器对象的属性

序号	属性名称	含义	取值
1	CaseSensitive	大小写是否匹配的指示符	False（默认）、true
2	FunctionName	错误消息中的函数名称	空字符向量（默认）、字符向量、字符串标量
3	KeepUnmatched	匹配指示符	false（默认）、true
4	PartialMatching	部分匹配指示符	true（默认）、false
5	StructExpand	结构体指示符	true（默认）、false
6	Parameters	参数名称	字符向量元胞数组
7	Results	结果	结构体
8	Unmatched	不匹配输入	结构体
9	UsingDefaults	未显式传递给函数的输入	字符向量元胞数组

表 7-10 输入解析器对象的方法

函数名称	功能概要
addOptional	将可选的位置参数添加到输入解析器模式中
addParameter	在输入解析器模式中添加可选的名值对组参数
addRequired	将必需的位置参数添加到输入解析器模式中
parse	解析函数输入

在创建对象 p 后，可以使用 addRequired 为函数添加必需参数；使用 addOptional 为函数添加可选参数；使用 addParameter 为函数添加名值对参数。然后再调用 parse 函数进行解析。

例如，下面实现了函数 findArea 的定义，用来计算图形的面积。findArea 函数要求 width 为必需的输入参数，并接受可变数目的附加输入，输入解析器模式指定以下参数条件：

- width（必须参数）。由于必须参数是位置参数，因此 width 必须是 findArea 函数的第一个参数。这里设定输入解析器检查 width 是否为正数值标量。
- height（可选参数）。由于可选参数是位置参数，因此如果 height 是 findArea 函数的参数，则它必须是第二个参数。这里设定输入解析器要检查 height 是否为正数值标量。
- 'units' 及其关联值（名值对参数）。名值对参数是可选的，当调用 findArea 函数时，可在位置参数后面以任何顺序指定名值对组。这里设定输入解析器检查 'units' 的值是否为字符串。
- 'shape' 及其关联值（另一个名值对参数）。这里设定输入解析器检查 'shape' 的值是否包含在 expectedShapes 数组中。

扫描书前二维码获取函数源代码（示例代码 7-144）。

测试调用 findArea 函数，输入解析器不会对以下任何函数调用引发错误。

```
a=findArea(7);
a=findArea(7,3);
a=findArea(13,'shape','square');
a=findArea(13,'units',"miles",'shape','square');   %miles 使用双引号
```

但若将 findArea(13,'units',"miles",'shape','square') 中的 miles 使用单引号，则引发错误，因为单引号判断时需要使用 ischar，当使用 isstring 时返回 false，则不通过。

类似地，使用与输入解析器模式不匹配的参数调用该函数，如为 width 输入一个非数字值也会报错：

```
>>a=findArea('text')
错误使用 findArea (line 23)
'width' 的值无效。它必须满足函数：@(x)isnumeric(x)&&isscalar(x)&&(x>0)。
```

同样地，为 'shape' 指定一个不支持的值也不会通过检测：

```
>>a=findArea(4,12,'shape','circle')
错误使用 findArea (line 23)
'shape' 的值无效。输入应与以下值之一匹配:'square', 'rectangle', 'parallelogram'，输入 'circle' 与任何有效值均不匹配。
```

表 7-9 列出了 p 对象的 9 个属性，这些属性都可以在输入中进行设定与检测。例如，首先存储不在输入方案中的参数名称和值输入：

```
default=0;  value=1;
```

然后设定属性 KeepUnmatched 为 true：

```
p=inputParser;
p.KeepUnmatched=true;%匹配指示符
```

再添加可选选项：

```
addOptional(p,'expectedInputName',default)
```

则使用时不提示出错：

```
parse(p,'extraInput',value);
```

通过设置 CaseSensitive，可以强制区分大小写，扫描书前二维码查看示例代码 7-145。

要实现可变输入参数的函数定义，由此可类比上述的 findarea 函数的定义。

为了创建方便，下面通过 APP 实现了创建可变参数函数的模板。例如，要创建一个 register 函数，用来登记姓名、地址等联系方式，假设该函数的必需参数为 name，可选参数为 gender 和 phone，支持的名值对参数包括 age、address、qq 和 email，则创建模板的运行界面如图 7-82 所示。

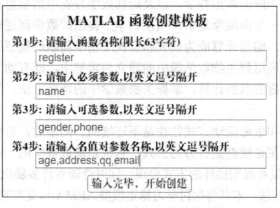

图 7-82 创建模板的运行界面

在编写好函数主体后，通过手工改写、补充必要的信息，可得到的档案完整的函数（扫描书前二维码获取示例代码 7-146）。

在创建函数的 App 中，为按钮添加了回调函数，扫描书前二维码获取回调函数实现代码（示例代码 7-147）。

第 8 章 MATLAB 在生物数学模型中的应用

生物数学是数学与生物学交叉融合发展并完善起来的一门学科，目前它已经具有比较完整的理论基础，应用几乎遍及生物学所有领域。其中，生物统计学、数量遗传学、数学生态学和生物信息学这四大分支紧密联系、相互影响，共同组成了生物数学这个庞大的学科。细分起来，生物数学还可以划分为出热点分支，如分子进化和发育、系统生物学、计算生物学、群体遗传学、生物动力学等。

生物数学具有丰富的数学理论基础，包括集合论、概率论、统计数学、对策论、微积分、微分方程、线性代数、矩阵论和拓扑学，以及近代数学分支中的信息论、图论、控制论、系统论和模糊数学等。由于生命现象复杂，从生物学中提出的数学问题往往十分复杂，需要进行大量计算工作。因此，编程计算成为研究和解决生物学问题的重要手段。

将 MATLAB 编程应用到生物数学模型的建立与求解中，既有助于深入掌握基础编程知识，也可以通过生物问题的求解计算，掌握生物数学中的特定方法，为深入挖掘生物学中的知识打下基础。

由于生命物质结构和生命活动方式往往是不连续的、间断的，有些甚至只知道有联系存在，要研究这类问题，图论模型是有力的工具，它也是离散数学的一部分。

生命活动以大量重复和周期循环的方式出现，同时伴随着许多随机因素。时间序列模型就是解决这类问题的一种方法，本章将探讨学习稳定模型 ARMA 与变方差模型 GARCH 的使用。

世界上一切事物都是相互联系、相互制约的，生命现象尤为突出，要从事物多方面和相互联系的水平上对生命现象进行全面的研究，需要使用常微分方程模型，本章要学习这方面的实现。

生命现象十分复杂，大量的观测数据需要分析，多元统计分析方法对此行之有效，主成分分析、因子分析、对应分析等方法，为解决生物科学的问题提供了有力支持。除此之外，还有许多方法可用于生物数学模型的构建与求解。

8.1 图模型

8.1.1 图的基本概念与数据结构

图论是计算机科学的一门基础学科，它起源于 18 世纪。近几十年来，随着计算机技术和科学的飞速发展，图论研究和应用也拓展了范围。现在，图论理论和方法已经渗透到物理、化学、通信科学、建筑学、运筹学、生物遗传学、心理学、经济学、社会学等学科中。

图论中主要用到的概念包括图、邻接矩阵、赋权图、度与握手定理、通路与最短通路等概念，"图"是指某类具体事物和这些事物之间的联系，如果用节点表示具体事物，用连接两点的线段（直线或曲线）表示两个事物的特定的联系，就得到了描述这个"图"的几何形象。图论为包含了二元关系的离散系统提供了数学模型，借助图论的概念、理论和方法，可以对数学模型求解。哥尼斯堡七桥问题就是一个典型的例子，如图 8-1(a)所示，在哥尼斯堡有 7 座桥将普莱格尔河中的两个岛及岛与河岸连接起来，所谓七桥问题，就是要从这 4 块陆地中的任何一块开始出发，通过每座桥正好一次，再回到起点。

欧拉为了解决这个问题，建立了图论数学模型。他将每块陆地用点来代替，将每座桥用连接相应两点的线来代替，从而得到一个含 4 个"点"、七条"线"的"图"，如图 8-1(b)所示。这样，原始问题转化为从任一点出发经过 7 条线不重复地回到起点，这个问题的解决开创了图论研究的先河。

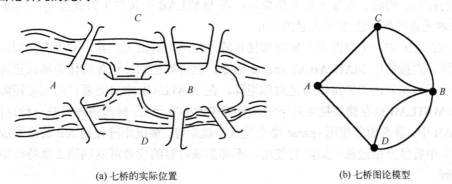

(a) 七桥的实际位置　　　　　　　　　(b) 七桥图论模型

图 8-1　哥尼斯堡七桥问题

在图论中，使用 $G=(V,E)$ 表示图。其中，V 是以各点为元素的顶点集合 $V=\{v_1,v_2,\cdots,v_n\}$，E 是以连线为元素的边集 $E=\{e_1,e_2,\cdots,e_k\}$。

根据图中各边是否具有方向性，可以将图分为有向图、无向图和混合图 3 种；也可以按照有无平行边分为多重图和线图；若任意两点间最多有一条边，且每条边的两个端点都不重合，则称为简单图。

设 v 是图中边 e 的端点，与顶点 v 关联的边数（有环时计算两次）称为该点的度，记为 $d(v)$。若为有向图，则还可以细分为出度和入度。可以证明：所有顶点的度数之和是边数的两倍，这是图论中的握手定理，也是图论的基本定理，且由此可推知奇顶点的总数是偶数。

设 $W=v_0e_1v_1e_2\cdots e_kv_k$，则称 W 是图 G 的一条通路，k 为路长，v_0 为起点，v_k 为终点；起点与终点重合的通路称为回路；图中任两顶点之间都存在通路的图，称为连通图。

赋权图是指每条边都有 2 个（或多个）非负实数对应的图，这个（些）实数称为这条边的权（每条边可以具有多个权）。赋权图在实际问题中非常有用。根据不同的实际情况，权数的含义可以各不相同。例如，可用权数代表两地之间的实际距离或行车时间，也可以用权数代表某工序所需要的加工时间等。

为了便于在计算机上实现网络优化算法，一般采用两种方法（数据结构）描述图与网络。这两种方法分别是邻接矩阵表示法和稀疏矩阵表示法。

邻接矩阵是表示顶点之间相邻关系的矩阵，多记作 $W=(w_{ij})_{n\times n}$，当 G 为赋权图时，有

$$w_{ij}=\begin{cases}权值，当v_i与v_j之间相连\\0或\infty，当v_i与v_j之间不连\end{cases} \quad (8-1)$$

当 G 为非赋权图时，有

$$w_{ij} = \begin{cases} 1, & \text{当} v_i \text{与} v_j \text{之间相连} \\ 0, & \text{当} v_i \text{与} v_j \text{之间不连} \end{cases} \tag{8-2}$$

采用邻接矩阵表示图,直观方便,通过查看邻接矩阵元素的值可以很容易地查找图中任两个顶点 v_i 和 v_j 之间有无边,以及边上的权值。当图的边数 m 远小于顶点 n 的个数时,邻接矩阵表示法会造成很大的空间浪费。

稀疏矩阵是指矩阵中零元素很多,非零元素很少的矩阵。对于稀疏矩阵,只需列出存放非零元素的行标、列标、非零元素的值即可,在 MATLAB 中按如下方式存储:(非零元素的行地址,非零元素的列地址,非零元素的值)。

在 MATLAB 中,无向图和有向图邻接矩阵在使用上有很大差异。对于有向图,只要写出邻接矩阵,直接使用 MATLAB 的 sparse 命令,就可以把邻接矩阵转化为稀疏矩阵的表示方式。对于无向图,由于邻接矩阵是对称矩阵,在 MATLAB 中只需要使用邻接矩阵的下三角元素,即 MATLAB 只存储邻接矩阵下三角元素中的非零元素。稀疏矩阵只是一种存储格式。在 MATLAB 中,普通矩阵使用 sparse 命令变成稀疏矩阵,稀疏矩阵使用 full 命令变成普通矩阵。第 2 章中曾经介绍过稀疏矩阵的使用,不熟悉该内容的读者可返回第 2 章特殊矩阵一节再详细了解。

根据邻接矩阵,可以得到图,MATLAB 提供了 biograph 函数用于实现连接图的绘制,扫描书前二维码可获取利用 biograph 函数创建的 makegraph 函数(示例代码 8-1)。

对 makegraph 函数的运用如下:

```
n=9;
a=randn(n); a(a<=0)=0;a(a>0)=1;
for ilp=1:n
    a(ilp,ilp)=0;
end
makegraph(a)
```

在上述函数中,用到了和 biograph 函数相关的一系列函数,它们的主要功能如表 8-1 所示。

表 8-1 网络分析与可视化函数一览表

函 数 名 称	函 数 功 能
graphallshortestpaths	在图中查找所有最短路径
graphconncomp	求图中的强连通或弱连通分量
graphisdag	有向图的圈检验
graphisomorphism	求两个图之间的同构
graphisspantree	确定树是否是生成树
graphmaxflow	计算有向图中的最大流
graphminspantree	在图中寻找最小生成树
graphpred2path	将前置索引转换为路径
graphshortestpath	图中最短路径问题的求解
graphtopoorder	对有向无环图进行拓扑排序
graphtraverse	跟随相邻节点遍历图
biograph	创建 biograph 对象

函 数 名 称	函 数 功 能
biograph object	包含用于实现有向图的通用互连数据的数据结构
dolayout	计算节点位置和边轨迹
getedgesbynodeid	获取 biograph 对象中边的句柄
getnodesbyid	获取节点的句柄
getrelatives	在 biograph 对象中查找节点的亲属

8.1.2 无向赋权图的最短路径 Dijkstra 算法

求出简单无向赋权图 $G=<V,E>$ 中从节点 v_i 到 v_j 的最短通路，目前比较好的算法是由 Dijkstra 在 1959 年提出的算法，其基本思想是：将节点集合 V 分为两部分，一部分为具有永久性标号的集合，记作 P；另一部分为具有暂时性标号的集合，记作 T。所谓节点 v_1 的 P 标号是指从 v_1 到 v 的最短通路的长度；而节点 u 的 T 标号是指从 v_1 到 u 的某条通路的长度。首先将 0 取为 P 标号，其余节点为 T 标号，然后逐步将具有 T 标号的节点改为 P 标号，当节点 v_n 也被改为 P 标号时，找到了从 v_1 到 v 的最短通路。

Dijkstra 算法的具体实现如下。

（1）初始化：将 v_1 置为 P 标号，$d(v_1)=0$，$P=\{v_1\}$，$\forall v_i \in V, i \neq 1$，置 v_i 为 T 标号，即 $T=V-P$ 且

$$d(v_i) = \begin{cases} w(v_1,v_i), & (v_1,v_i) \in V \\ \infty, & (v_1,v_i) \notin V \end{cases} \tag{8-3}$$

（2）找最小值：寻找具有最小值的 T 标号的节点，若为 v_k，则将 v_k 的 T 标号改为 P 标号，且 $P = P \cup \{v_k\}$，$T = T - \{v_k\}$。

（3）修改：修改与 v_k 相邻的节点的 T 标号值，$\forall v_i \in V$，有

$$d(v_i) = \begin{cases} d(v_k)+w(v_k,v_i), & d(v_k)+w(v_k,v_i) < d(v_i) \\ d(v_i), & 否则 \end{cases} \tag{8-4}$$

（4）重复（2）～（3），直到 v_n 改为 P 标号为止。

根据上述具体步骤，将算法实现，可扫描书前二维码查看示例代码 8-2。

经典 Dijksta 算法存在着许多不足：一是当节点数很大时，该算法会占用大量存储空间；二是该算法需要计算从起点到每个节点的最短路径，降低了程序运行的效率。针对 Dijkstra 算法存在的问题，研究人员提出了不同的改进算法，这方面的具体实现，请参阅《图论算法及其 MATLAB 实现》中的相关内容。

8.1.3 评估生态模型架构

邻接矩阵在生态模型中的一个典型应用就是评估模型的结构，它为在概念化阶段选择模型结构提供了一种方法。其基本思想是基于再循环测度，用连通性指标作为选择模型结构的标准。由于生态系统有一定数量的循环，因此生态模型也必须模拟这种循环。如果模型结构太松散，没有太多的循环可模拟，模型就会有结构上的不确定性。增加连接或状态变量提高模型的连通性，就能生成循环。然而，超过一定范围，增加的新连接也不能提高模型的行为

能力。因此，从模型运行的角度来看，增加这些连接是没有意义的。

再循环测度是一种基于连通性指标选择网络结构的标准，主要用来测定网络模型中变量间的连通性和循环程度，以说明网络结构的优劣。设状态变量（节点）之间的相互映射用邻接矩阵 A 表示，各节点之间存在 k 阶多步连接时，变量之间的映射用 A^k 来表示。再循环测度 C 定义为幂级数，它等于最初的 N 个矩阵中 1 的数目除以 N^3，表示可能的 1 的总数目，式（8-5）给出了再循环测度 C 的具体计算方法，一般地，再循环测度 C 值介于 0 和 1 之间。

$$C = \frac{A^1 + A^2 + A^3 + \cdots + A^k}{N^3} \tag{8-5}$$

对已建成的网络模型，增加模型中的映射关系，再循环测度值随之呈现增大的趋势。当映射增加到一定程度时，再循环测度 C 值的增加逐渐趋于缓慢，意味着模型对映射关系不再灵敏，映射处于冗余状态，其判别原理类似 AIC 准则。扫描书前二维码查看再循环测度 C 的具体计算函数（示例代码 8-3）。

如图 8-2 所示是使用程序样例数据计算得到的结果，展示了再循环测度逐渐趋于稳定的趋势。

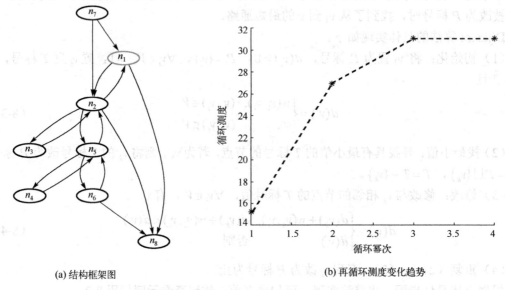

(a) 结构框架图　　　　　　　　　　(b) 再循环测度变化趋势

图 8-2　模型框架与再循环测度变化趋势

8.2　种群模型

8.2.1　原理与分类

种群是指在一定空间范围内同时生活着的同种个体的集合，生物学中种群是指一切可能交配并繁殖的同种个体的集合，该定义适用于有性生殖的动物，不适用于无性生殖的植物、病毒、细菌等。建立单种群模型意在反映种群随时间在自然或在外部干预条件下的动态发展变化规律。模型中的状态变量一般用种群的密度、数量等因子，根据影响种群数量发展变化的因素建立模型，并对其进行分析，进而可预测种群的持久性、灭绝性等生物问题。

自然界中任何种群都与群落中的其他种群密切相关，严格来说单种群只存在于实验室中，但单种群是组成整个生态系统的基本单元,先建立单种群模型符合由简单到复杂的认知规律,为分析复杂模型的动态行为和一般规律建立基础。

描述单种群增长的 Logistic 模型形式简单、参数生物意义明确、动态行为清晰明了,在生态学、生物资源管理、细胞和分子生物学、生命科学、医学、生物统计学等众多领域得到了非常广泛的应用。一方面单种群模型形式简单,利用高等数学和线性代数的有关知识就能对其进行全面分析,得到非常完整的理论结果;另一方面单种群模型涉及的参数较少,容易通过实验观测数据的拟合得到模型的参数。基于以上原因,单种群模型成为生物数学模型的经典范例。

一个生物种群数量变化的规律可以用许多模型来描述,但无论采用何种形式,单种群模型的建立与发展应符合下面 3 个基本原理。

1. 指数增长原理

Malthus 模型最初用于预测人口增长变化规律,自然界中很多种群的发展变化都遵循它描述的指数增长规律。它假设在单位时间内出生与死亡的人口数与现有人口数量成比例,用微分方程描述则有

$$\frac{dN(t)}{dt} = bN(t) - dN(t) \doteq rN(t) \tag{8-6}$$

其中,$N(t)$ 是 t 时刻人口的数量,b 和 d 分别是人口的出生率和死亡率,$r = b - d$,称为内禀增长率。指数增长具有普适性,几乎可应用于刻画所有种群在短时间内的增长,有时把这一原理称为种群增长原理或 Malthus 原理。

2. 合作原理

生物种群为了生存、繁殖和防御外敌侵犯,个体之间需要有共同的合作行动,这种合作和利他行为有利于种群的生存繁育,生活在稳定群体中的个体可以获得长期的利益。种群内部的这种合作效应可以用适当的出生率和死亡率函数来反映,通常假设当种群数量大于某一临界值 K_1 时才能激发种群内的合作效应(Allee 效应),其变化率可用如下的微分方程来刻画。

$$\frac{dN(t)}{dt} = rN(t)\left[1 - \frac{K_1}{N(t)}\right] \tag{8-7}$$

当种群数量小于临界值 K_1 时种群随时间的增加趋于灭绝;而当种群数量大于临界值 K_1 时,种群数量随时间的增加而增加。

3. 种内竞争原理

物种内竞争也是自然界中普遍存在的规律,对资源利用的竞争是影响种群数量变化的一个重要因素。种群内部竞争将影响出生率和死亡率,进而调节种群数量或密度的大小,并在一定程度上决定种群的动态行为。出生率函数一般取为种群密度的递减函数,而死亡率则取为种群密度的递增函数。通常地,当种群数量大于某临界值 K 时,种群的增长率变为负数,即变化率可用下面的微分方程来刻画。

$$\frac{dN(t)}{dt} = rN(t)\left[1 - \frac{N(t)}{K}\right] \tag{8-8}$$

上面根据基本原理给出了相应的连续微分方程模型。实际上，基于种群自身的增长变化规律和其生存环境及外界因素的干扰，可能需要采用不同的数学模型进行刻画和描述，根据变量的类型可以分为离散模型和连续模型。离散模型在一系列离散时间点上考察种群数量变化，适用于寿命较短、世代不重叠的种群，或者适用于寿命比较长、世代重叠但数量较少的种群，表现为差分方程模型。而连续模型多数表现为微分方程，适用于寿命比较长、世代重叠、数量很大的种群，此时数量的变化可以近似地看作连续过程。

8.2.2 离散单种群模型

在科学观测中，许多观测和统计数据是在一些离散时间点上获得的，针对这些离散的数据，利用离散模型描述生物种群的数量变化规律就是一种自然的选择，如果种群数目小、出生或死亡在离散时间点，或者在某一时间间隔内形成一代，则离散模型比连续模型能更好地刻画种群的增长规律。

离散单种群模型就是通过生物种群以前一些时间点的数量推算下一时间点上的数量。如果记 t 时刻生物种群的数量为 N_t，则离散模型 Malthus 和 Logistic 的一般形式为

$$N_{t+1} = f(N_t) \tag{8-9}$$

其中，著名的 Logistic 离散模型可具体描述为

$$N_{t+1} = N_t + rN_t\left(1 - \frac{N_t}{K}\right) \tag{8-10}$$

8.2.3 Logistic 离散模型的渐近性态模拟

一维 Logistic 模型在数学表达上非常简单，早在 20 世纪 50 年代，就有多位生态学家利用这个简单的差分方程描述种群变化。为方便编程，将其数学表达式规范化为

$$\begin{cases} x(n+1) = \lambda \times x(n) \times [1 - x(n)] \\ x \in [0,1] \\ \lambda \in [0,4] \end{cases} \tag{8-11}$$

其中，λ 被称为 Logistic 参数。研究表明，将初值设定为 $x \in [0,1]$ 可保证模型解的正性，使各时刻所处状态具有生物学意义，下面的代码模拟了参数 λ 和 x 初值在不同取值条件下的状态，分别展示了数值解世代更替过程及其收敛过程。

```
close all
tiledlayout('flow','TileSpacing','Compact');
t=1:30;                         %世代更替步数
rs=linspace(2.8,3.55,3);        %r 值
nb=length(rs);
xs=linspace(0.8,0.2,nb);        %初值
na=length(t);
x=zeros(nb,na+1);x(:,1)=xs';
for ilp=1:nb
    r=rs(ilp); x0=xs(ilp);
```

```
        for jlp=2:na+1
            x(ilp,jlp)=r*x0*(1-x0);
            x0=x(ilp,jlp);
        end
        nexttile; plot(1:na+1,x(ilp,:),'r-*');
        str=['\lambda=',sprintf('%.2f',r),'; x0=',sprintf('%.2f',xs(ilp))];
        xlabel('\lambda');ylabel('Nt');
        set(gca,'ylim',[0,1.1]);
        text(5,1.0,['世代更替过程:',str])
        nexttile;discreteLogisticModel(r,xs(ilp));
        hold on
    end
    set(gcf,'color','w')
```

运行结果如图 8-3 所示。

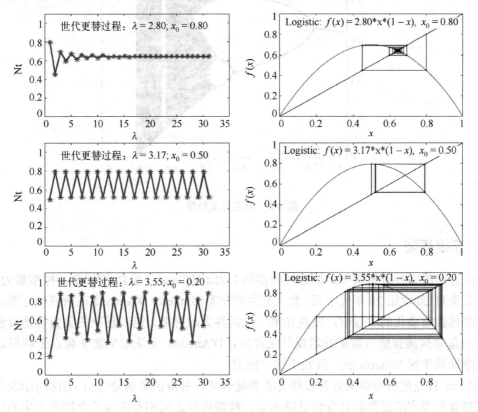

图 8-3 不同取值条件下 Logistic 离散模型的世代更替过程及其收敛过程

在上述的代码中,用到了绘制收敛过程的 discreteLogisticModel 函数,可扫描书前二维码查看该函数的通用代码(示例代码 8-4)。

下面使用 discreteLogisticModel 函数具体分析当 $\lambda=3.5$、初始值分别取 $0.1 \sim 0.9$ 时的收敛变化过程,运行结果略。

```
    t=tiledlayout(3,3,'TileSpacing','Compact');
    for ilp=1:9
```

```
        nexttile,
        discreteLogisticModel(3.5,0.1*ilp);
        hold on
end
```

上述 Logistic 离散模型在生态学上又称作虫口模型。在一定生存条件下，昆虫不发生世代更替，种群数量因受生存环境及内部竞争制约，不会无限制增长，当参数 λ 超过 3.5 并接近 4.0 时，世代更替过程会呈现出振荡状态，模型的解在迭代中会取到更多的值，变得不再收敛，整个过程由分叉转向混沌。从分叉到混沌的分化过程展示代码可扫描书前二维码查看（示例代码 8-5）。

在默认参数条件下，其运行结果如图 8-4 所示。

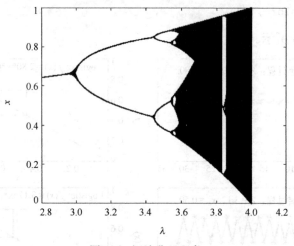

图 8-4　混沌分叉现象

8.2.4　连续模型

在生态学的多种群模型中，描述两种群的 Lotka-Volterra（捕食-被捕食）模型最为经典。该模型诞生自 20 世纪 20 年代中期，意大利生物学家 Umberto D'Ancona 在研究相互制约的各种鱼类群体数量变化的过程中，发现在第一次世界大战时期，港口捕获的鲨鱼等捕食鱼类数量和食用鱼等被捕食鱼类数量的增减发生异常，D'Ancona 无法用生物学观点去解释这种异常，在求助数学家 Volterra 后，得到了这个模型。

Volterra 首先把所有鱼类分为被捕食者和捕食者，种群的数量分别用 $x(t)$ 和 $y(t)$ 表示。他认为被捕食鱼类密度适当而且食物足够丰富，种群内部之间不存在为了食物而产生的激烈竞争。因此，在没有捕食者的情况下，可以用 Malthus 模型描述被捕食者，即

$$\frac{\mathrm{d}x(t)}{\mathrm{d}t} = ax(t) \tag{8-12}$$

其中，a 为正常数，即内禀增长率。当捕食者存在时，单位时间内每个捕食者对被捕食者的吞食量与数量 $x(t)$ 成正比，设定比例常数为 b，则方程改写为

$$\frac{\mathrm{d}x(t)}{\mathrm{d}t} = ax(t) - bx(t)y(t) \tag{8-13}$$

Volterra 认为捕食者也有自己的生存发展与限制条件：一是种群固有的减少率，以一个正比例系数 c 表示，正比于捕食者的现存数量 $y(t)$；二是捕食者种群的增长率，也以一个正比例系数 d 表示，正比于种群现存数量 $y(t)$ 和它们捕获对象的数量 $x(t)$。则捕食者的微分方程为

$$\frac{\mathrm{d}y(t)}{\mathrm{d}t} = dx(t)y(t) - cy(t) \tag{8-14}$$

联立（8-13）和（8-14），建立二维微分方程组

$$\begin{cases} \dfrac{\mathrm{d}x(t)}{\mathrm{d}t} = ax(t) - bx(t)y(t) \\ \dfrac{\mathrm{d}y(t)}{\mathrm{d}t} = dx(t)y(t) - cy(t) \end{cases} \tag{8-15}$$

在生态学中，把这个模型的一般性提取出来，则得到了一类"分室模型"的模板，可以将其推广到不同的行业。例如，在生物化学中，三羧酸循环、葡萄糖酵解等过程，都可以由这类模型描述；在传染病的预测中，包括流行性疾病的预测，也可以使用这类模型进行描述。

对于这类模型，当方程较少时，可以通过让每个微分方程等于 0，即 $\dfrac{\mathrm{d}x}{\mathrm{d}t}=0$ 和 $\dfrac{\mathrm{d}y}{\mathrm{d}t}=0$，求解得到系统的平衡点位置；甚至通过分离变量法，可以得到解析解。但更多时候需要通过数值求解，得到这个模型的数值解。例如，对于上述微分方程组，给定系数 $a=2, b=0.5, c=1, d=0.5$，再分别给定 x 和 y 的初值，$x_0=25$，$y_0=2$，则它们随时间变化的趋势求解如下：

（1）建立求解微分方程组的 M 函数文件（扫描书前二维码查看示例代码 8-6）。

（2）在脚本编辑器中，编写计算代码（扫描书前二维码查看示例代码 8-7）。

运行结果如图 8-5 所示。其中，图 8-5(a)为捕食-被捕食者的相图与变化趋势。

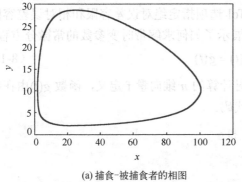
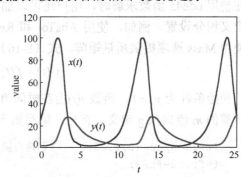

(a) 捕食-被捕食者的相图　　　　　　(b) x 和 y 随时间 t 的变化趋势

图 8-5　捕食-被捕食者模型的相图与变化趋势

借助编程，还可以探讨不同初值对捕食-被捕食者的影响（扫描书前二维码查看示例代码 8-8）。例如，通过修改初值，得到捕食-被捕食者的相平面轨迹图，如图 8-6 所示。

读者也可以利用相应代码查看不同初值的相平面轨迹图与 x、y 的对应变化趋势，具体代码可扫描书前二维码获取（示例代码 8-9，结果图略）。

在上面的数值求解过程中，主要用到了 ode45 函数，ode45 函数是求解常微分方程（Ordinary Differential Equation，ODE）的一种经典算法，是以四阶龙格-库塔法为原型实现的一类数值算法。

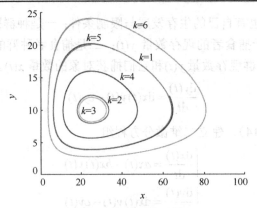

图 8-6　相平面轨迹图

ode45 函数的基本语法格式为[t, y]=ode45(odefun,tspan,y0)。其中，参数 odefun 是求解的方程函数，可以是函数句柄或 M 函数名称，但更多以独立的 M 函数表示；参数 tspan 取$[t_0,t_f]$，表示微分方程的积分区间，即微分方程组 $y'=f(t,y)$ 从 t_0 到 t_f 的积分；参数 y_0 是求解微分方程的初始条件。在返回值中，解数组 y 中的每一行都与列向量 t 中返回的值相对应。例如，要求解微分方程 $\dfrac{dy}{dt}=2t$，若将 t 限定在[0,5]，且 y 的初值设定为 0，则代码实现如下：

```
tspan = [0,5];
y0 = 0;
[t,y] = ode45(@(t,y) 2*t, tspan, y0);
plot(t,y,'-o')
```

在使用 ode45 函数求解时，用户还可以加上适当的选项（使用 odeset 函数创建的参数），以便定义积分设置。例如，使用 AbsTol 和 RelTol 选项指定绝对误差容限和相对误差容限，或者使用 Mass 选项提供质量矩阵。式（8-16）展示了如何求解带时变参数的常微分方程。

$$y'(t)+f(t)y(t)=g(t) \tag{8-16}$$

其中，初始条件为 $y_0=1$，函数 $f(t)$ 由在时间 ft 时计算的 n 维向量 f 定义，函数 $g(t)$ 由在时间 gt 时计算的 m 维向量 g 定义。首先，编写如下代码：

```
ft=linspace(0,5,25);    %创建向量 f 和 g
f=ft.^2-ft-3;
gt=linspace(1,6,25);
g=3*sin(gt-0.25);
```

其次，编写名为 myode 的 M 函数并保存到当前的文件夹中备用，该函数通过对 f 和 g 进行插值获取时变项在指定时间的值，myode 函数接受额外的输入参数以计算每个时间步的 ODE，但 ode45 函数只使用前两个输入参数 t 和 y。

```
function dydt = myode(t,y,ft,f,gt,g)
f=interp1(ft,f,t); %Interpolate the data set (ft,f) at time t
g=interp1(gt,g,t); %Interpolate the data set (gt,g) at time t
dydt =-f.*y+g; %Evaluate ODE at time t
```

随后，继续在脚本中编写如下代码，使用 ode45 函数计算方程在时间区间[1,5]的解，其中的函数由句柄指定，ode45 函数只使用了 myode 函数的前两个输入参数。此外，为了展示参数项，使用 odeset 函数放宽了误差阈值。

```
tspan=[1,5]; ic=1;
opts=odeset('RelTol',1e-2,'AbsTol',1e-4);
[t,y]=ode45(@(t,y) myode(t,y,ft,f,gt,g),tspan,ic,opts);
plot(t,y)        %绘制解 y 对时间点 t 的函数图
```

结果图略。

ode45 函数适用于大多数常微分方程问题，一般情况下应作为用户的首选求解工具，但对于精度要求更宽松或更严格的问题而言，函数 ode23 和 ode113 可能比 ode45 更加高效。

一些 ODE 问题具有较高的计算刚度或难度，我们无法精确定义"刚度"这个词语，但一般而言，当问题的某个位置存在标度差异时，就会出现刚度。例如，如果 ODE 包含的两个解分量在时间标度上差异极大，则该方程可能是刚性方程。如果非刚性求解函数（如 ode45 函数）无法解算某个问题或解算速度极慢，则可以将该问题视为刚性问题。如果用户观察到非刚性求解函数的速度很慢，应该尝试改用 ode15s 等刚性求解函数。在使用刚性求解函数时，可以通过 Jacobian 矩阵或其稀疏模式来提高可靠性和效率。表 8-2 提供了关于选择求解函数的一般指导原则。

表 8-2　选择常微分方程求解函数的一般指导原则

求解函数	问题类型	精　　度	使　用　条　件
ode45	非刚性	中	大多数情况下，应当首先尝试 ode45
ode23		低	对于容差较宽松的问题或在刚度适中的情况下，ode23 可能比 ode45 更加高效
ode113		低到高	对于具有严格误差容限的问题或在 ODE 函数需要大量计算开销的情况下，ode113 可能比 ode45 更加高效
ode15s	刚性	低到中	若 ode45 失败或效率低下并且怀疑面临刚性问题，应尝试 ode15s。此外，当解算微分代数方程（DAE）时，应使用 ode15s
ode23s		低	对于误差容限较宽松的问题，ode23s 可能比 ode15s 更加高效。它可以解算一些刚性问题，而使用 ode15s 解算这些问题的效率不高。 ode23s 会在每一步计算 Jacobian，因此通过 odeset 提供 Jacobian 有利于最大限度地提高效率和精度。 如果存在质量矩阵，则它必须为常量矩阵
ode23t		低	对于仅仅是刚度适中的问题，并且需要没有数值阻尼的解，请使用 ode23t。ode23t 可解算微分代数方程
ode23tb		低	与 ode23s 一样，对于误差容限较宽松的问题，ode23tb 可能比 ode15s 更加高效
ode15i	完全隐式	低	对于完全隐式问题 $f(y,y')$ 和微分指数为 1 的微分代数方程，应使用 ode15i

除了 ode45 函数外，MATLAB 还提供了常微分方程求解的其他函数，表 8-2 中列出了选用的原则，这里不再详细介绍这些函数，对它们的功能描述如表 8-3 所示。

表 8-3　常微分方程求解函数一览表

函　数　名　称	函数功能描述
ode45	求解非刚性微分方程，中阶方法
ode23	求解非刚性微分方程，低阶方法
ode113	求解非刚性微分方程，变阶方法

函数名称	函数功能描述
ode15s	求解刚性微分方程和 DAE,变阶方法
ode23s	求解刚性微分方程,低阶方法
ode23t	求解中等刚性的 ODE 和 DAE,梯形法则
ode23tb	求解刚性微分方程,梯形法则+后向差分公式
ode15i	解算全隐式微分方程,变阶方法
decic	为 ode15i 计算一致的初始条件
odeget	提取 ODE 选项值
odeset	为 ODE 和 PDE 求解器创建或修改 options 结构体
deval	计算微分方程解结构体
odextend	扩展 ODE 的解

下面给出一个模拟实例。乳酸链球菌广泛应用于制药、皮革、油漆、烟草及纺织印染业等领域,在乳品业应用更为广泛。在代谢途径上,乳酸链球菌发酵过程沿糖酵解途径进行,属于同型发酵。为研究乳酸链球菌代谢过程,本例以葡萄糖为碳源,在代谢过程中,只考虑代谢的物流关系,忽略逆反应与 ATP 涉及的能量关系。模型总体上包括 6 个反应,涉及 7 种代谢物,主要代谢物如表 8-4 所示,反应式如下:

$$\text{Glucose} \xrightarrow{k_1} \text{G-6-P} \tag{8-17}$$

$$\text{G-6-P} \xrightarrow{k_2} \text{FDP} \tag{8-18}$$

$$\text{FDP} \xrightarrow{k_3} 2(\text{3-PGA}) \tag{8-19}$$

$$\text{3-PGA} \xrightarrow{k_4} \text{PEP} \tag{8-20}$$

$$\text{PEP} \xrightarrow{k_5} \text{Pyruvate} \tag{8-21}$$

$$\text{Pyruvate} \xrightarrow{k_6} \text{Lactate} \tag{8-22}$$

依据上述的各反应过程,建立反应速率微分方程组的标准化形式:

$$\frac{dX_1}{dt} = -k_1 X_1^{g(1,1)} \tag{8-23}$$

$$\frac{dX_2}{dt} = -k_1 X_1^{g(1,1)} - k_2 X_2^{g(2,2)} \tag{8-24}$$

$$\frac{dX_3}{dt} = k_2 X_2^{g(2,2)} - k_3 X_3^{g(3,3)} \tag{8-25}$$

$$\frac{dX_4}{dt} = 2k_3 X_3^{g(3,3)} - k_4 X_4^{g(4,4)} \tag{8-26}$$

$$\frac{dX_5}{dt} = k_4 X_4^{g(4,4)} - k_5 X_5^{g(5,5)} \tag{8-27}$$

$$\frac{dX_6}{dt} = k_5 X_5^{g(5,5)} - k_6 X_6^{g(6,6)} \tag{8-28}$$

$$\frac{dX_7}{dt} = k_6 X_6^{g(6,6)} \tag{8-29}$$

其中，X_i 为各代谢物的浓度，如表 8-4 所示。k_i 为各反应物的速率常数，$g(i,j)$ 为第 i 个反应方程中 j 分子的反应级数。将反应方程组中的化学计量数等参数确定后，经过 ode45 函数求解，结果如图 8-7 所示。

表 8-4 乳酸链球菌代谢物

反 应 物	缩 略 词	浓 度
葡萄糖	Glucose	X_1
6-磷酸葡萄糖	G-6-P	X_2
1,6-二磷酸果糖	F-1,6-2P（FDP）	X_3
3-磷酸甘油醛	3-PGA	X_4
磷酸烯醇式丙酮酸	PEP	X_5
丙酮酸	Pyruvate	X_6
乳酸	Lactate	X_7

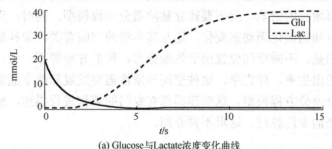

(a) Glucose与Lactate浓度变化曲线

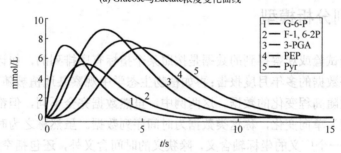

(b) PEP, G-6-P, Pyr, F-1,6-2P, 3-PGA浓度变化曲线

图 8-7 乳酸链球菌内代谢物的浓度随时间的变化曲线

在前边的 Logistic 模型中，t 时刻种群的密度制约效应只与 t 时刻的种群密度或数量有关，但在实际情况中，这种调节效应大多数都有某种滞后。例如人的生育能力，人在发育成熟后才具有生育能力，但一个人从出生到具有生育能力这段时间，就是生育能力的滞后时间。所以，t 时刻的调节因子与 t 时刻前的种群数量或密度有关，于是模型可以改进为

$$\frac{\mathrm{d}N(t)}{\mathrm{d}t}=rN(t)\left[1-\frac{N(t-\tau)}{K}\right] \tag{8-30}$$

关于时滞 τ 的生物学解释有很多。例如，对于繁殖期较长的物种，高密度对出生率的影响往往出现在较长的时间以后，又如从节制生育到人口出生率下降同样有时间滞后。

MATLAB 提供了求解时滞微分方程模型的一些函数，这里不再专门介绍，其基本功能描述列于表 8-5 中，以方便读者遇到时查用。

表 8-5 求解时滞微分方程模型函数一览表

函数名称	函数功能描述
dde23	求解带有固定时滞的时滞微分方程（DDE）
ddesd	求解带有常规时滞的时滞微分方程（DDE）
ddensd	求解中立型时滞微分方程（DDE）
ddeget	从时滞微分方程 options 结构体中提取属性
ddeset	创建或更改时滞微分方程 options 结构体
deval	计算微分方程解结构体

生物数学模型中的微分方程建模，还包含一大类其他情形。虽然根据变量的类型，我们将模型划分为离散模型和连续模型，但在实际应用中，有时必须要考虑瞬间作用因素的影响，如喷洒杀虫剂、投放天敌、投放鱼苗等都会对种群数量产生影响。由于这些人为因素是瞬间产生的，而种群的数量在自然状态下又符合连续增长规律，这样为了刻画这种离散事件（瞬间作用因素）对种群增长的影响，就需要建立脉冲微分方程模型。同时，当考虑空间异质性时，种群除了随着时间的演化而动态变化，还与其生活的空间有关，即种群能够在空间中移动或扩散。更重要的是，不同空间位置由于资源分布、种群分布等不一致，导致种群在空间不同位置具有不同的出生率、死亡率，这种空间异质性需要发展和建立能够反映这些性质的反应扩散模型或积分差分方程模型。这些建模都有专门的著作进行描述，感兴趣的读者可以参考"生物数学"类的专门教材，这里不再介绍。

8.3 时间序列分析模型

有些时候科研试验或观察得到的数据是按照某个指标有序排列的，如计量经济学中对某地或某个国家经济数据的多年月度报告；再如植物生态学中观察某地植被随高度的分布变化，以及从山脚到山顶随高程变化的数据。这两例中，虽然数据完全不同，但都随着一个特定的指标（时间或高度）单向变化，称这类数据为时间序列数据。虽然称之为时间序列数据，但这里的"时间"是一个广义的坐标轴含义，除狭义的时间含义外，还包括空间方向上的含义。

时间序列分析既可以确定模型的参数，也可以用于预测，将预测对象按照时间顺序排列起来就得到一个时间序列，从已得到的这批数据过去的变化规律，推断今后变化的可能性及变化趋势、变化规律，就是时间序列预测。例如，根据过去 20 年观测的温度、降水数据，预测今后一段时间内的温度和降水变化。

从本质上看，时间序列分析模型是一种回归模型，它基于事物发展的基本特点：一方面承认事物发展的延续性，运用过去时间序列的数据进行统计分析就能推测事物的发展趋势；另一方面又充分考虑偶然因素影响产生的随机性，为了消除随机波动的影响，利用历史数据进行统计分析，并对数据进行适当的处理，进行趋势预测。若把这个思路提升到方法论的角度，则延续性代表了事物自身运行的规律性，是内因主导的变化；而偶然性则代表了外在因素的影响，是外因主导的变化；两种变化通过相互转化、相互影响共同决定事物的发展变化。

时间序列分析模型的优点是简单易行、便于掌握，能够充分运用原时间序列的各项数据，计算速度快，对模型参数有动态确定的能力，精度较好，采用组合的时间序列或把时间序列和其他模型组合效果更好。缺点是不能反映事物的内在联系，不能分析两个因素的相关关系，只适用于短期预测。

在时间序列分析的方法中，根据时间序列的平稳性分为平稳时间序列分析方法和非平稳时间序列分析方法。

8.3.1 平稳时间序列模型的几个概念

在时间序列中，平稳包含严平稳和宽平稳两个不同的范畴，若不不特意指出，则上下文中的平稳多指宽平稳，其特点是序列的统计特性不随时间的平移而变化，即均值和协方差不随时间的平移而变化。

若把取得各观测数据的过程看作随机过程，则当 t 固定时随机变量 X_t 的均值是时间的函数，记为

$$\mu_t = E(X_t) \tag{8-31}$$

称之为随机过程的均值函数。

若设 X_t 的方差为 σ_t^2，则它也是时间 t 的函数，记为

$$\sigma_t^2 = \text{Var}(X_t) = E[(X_t - \mu_t)^2] \tag{8-32}$$

称之为随机过程的方差函数。

在时间序列的分析中，由于前后两个时刻观察的是同一个事物，因此两个不同时刻的观测数据之间存在关联性，这种关联性一方面蕴含着内在规律性，另一方面也是研究这种规律性的切入点。设 t 和 s 是两个不同的时刻，则揭示关联性的自协方差函数为

$$\gamma_{t,s} = \text{Cov}(X_t, X_s) = E[(X_t - \mu_t)(X_s - \mu_s)] \tag{8-33}$$

将它进行标准化，则得到同一事物不同时刻的相关系数，称之为自相关系数，记为

$$\rho_{t,s} = \frac{\gamma_{t,s}}{\sqrt{\gamma_{t,t}}\sqrt{\gamma_{s,s}}} = \frac{\gamma_{t,s}}{\sigma_s \sigma_s} \tag{8-34}$$

当上述的 $E(X_t) = \mu$（常数），且 $\gamma_{t+k,t} = \gamma_k$（$k = 0, \pm 1, \pm 2, \cdots$）与 t 无关时，此时称 X_t 为平稳时间序列。

若平稳序列的自协方差函数为 γ_k，则记为

$$\gamma_k = \sigma^2 \delta_{k,0} = \begin{cases} 0, & k \neq 0 \\ \sigma^2, & k = 0 \end{cases} \tag{8-35}$$

其中，

$$\delta_{k,0} = \begin{cases} 0, & k \neq 0 \\ 1, & k = 0 \end{cases} \tag{8-36}$$

则该平稳序列为平稳白噪声序列。

目前有两种判断序列平稳性的方法，一种是根据时序图和自相关图的特征判断，另一种是构造检验统计量进行假设检验。根据图进行判断操作简便、运用广泛，但结论主观性大，最好辅以统计检验方法；而使用统计量进行平稳检验的最常用方法是单位根检验。

得到一个观察值序列之后，通过平稳性检验，可以判定序列属于平稳序列或非平稳序列。

当属于非平稳序列时,由于它的二阶矩不平稳,故此通常要经过进一步的检验、变换或处理之后,才能确定适当的拟合模型。

如果序列平稳,则在建模之前需要首先进行纯随机性检验,因为并不是所有的平稳序列都值得建模,只有那些序列值之间具有密切相关关系、历史数据对未来发展有一定影响的序列,才值得去挖掘历史数据中的有效信息,以方便预测序列未来的发展情况。若序列值彼此之间没有任何相关性,则说明该序列是一个没有延续性的序列,过去的行为对将来发展没有丝毫影响,也就是纯随机序列。从统计分析的角度来说,纯随机序列是没有任何分析价值的序列。

为了确定平稳序列是否值得继续分析下去,我们需要对平稳序列进行纯随机性检验,其中最常用的检验统计量为 LB(Ljung-Box)统计量。LB 统计量是在 Q 统计量基础上发展完善起来的,Q 统计量在大样本场合检验效果很好,但在小样本场合则不太精确,LB 统计量属于对 Q 统计量的修订。

在 MATLAB 中,进行样本自相关、样本偏自相关和样本互相关计算的函数分别为 autocorr、parcorr 和 crosscorr;进行单位根检验的是函数 adftest 和 pptest 等;执行 LB 纯随机检验的函数为 lbqtest。除此之外,和时间序列检验相关的函数如表 8-6 所示。

表 8-6 时间序列检验函数一览表

函数名称	函数功能
adftest	增广根检验法
kpsstest	平稳性 KPSS 检验
lmctest	Leybourne-McCabe 平稳性检验
pptest	单位根的 Phillips-Perron 检验
vratiotest	随机游走的方差比检验
i10test	配对积分与平稳性检验
autocorr	样本自相关
parcorr	样本偏自相关
crosscorr	样本互相关
corrplot	绘制变量相关性
lbqtest	残差自相关的 Ljung-Box Q 检验
collintest	贝尔斯利共线诊断
gctest	分块格兰杰因果关系和分块外生性检验
archtest	残差异方差的恩格尔检验
chowtest	结构变化的 Chow 检验
cusumtest	结构变化的 Cusum 检验
recreg	递归线性回归
egcitest	恩格尔-格兰杰协整检验
jcitest	Johansen 协整检验
jcontest	约翰森约束试验

8.3.2 平稳时间序列

典型的平稳时间序列可以分为 3 种类型:AR 序列,即自回归序列(Auto Regressive Model);

MA 序列，即移动平均序列（Moving Average Model）；ARMA 序列，即自回归移动平均序列（Auto Regressive Moving Average Model）。AR 和 MA 也可以看作 ARMA 的特例形式。

1. AR(p)序列

设 $\{X_t, t=0,\pm 1,\pm 2,\cdots\}$ 是零均值平稳序列，满足下列模型：

$$X_t = \phi_1 X_{t-1} + \phi_2 X_{t-2} + \cdots + \phi_p X_{t-p} + \varepsilon_t \tag{8-37}$$

其中，ε_t 是均值为 0、方差为 σ^2 的平稳白噪声。称 X_t 是阶数为 p 的自回归序列，简记为 AR(p) 序列。称

$$\boldsymbol{\Phi} = [\phi_1, \phi_2, \cdots, \phi_p]^T$$

为自回归参数向量，其中元素分量 $\phi_j, j=1,2,\cdots,p$ 称为自回归系数。

引入后移算子 B，定义如下：

$$BX_t = X_{t-1}, \quad B^k X_t = X_{t-k} \tag{8-38}$$

令 $\phi(B)$ 表示算子多项式，有

$$\phi(B) = 1 - \phi_1 B - \phi_2 B^2 - \cdots - \phi_p B^p \tag{8-39}$$

则式（8-37）可以改写为

$$\phi(B) X_t = \varepsilon_t \tag{8-40}$$

2. MA(q)序列

设 $\{X_t, t=0,\pm 1,\pm 2,\cdots\}$ 是零均值平稳序列，满足下列模型：

$$X_t = \varepsilon_t - \theta_1 \varepsilon_{t-1} - \theta_2 \varepsilon_{t-2} - \cdots - \theta_q \varepsilon_{t-q} \tag{8-41}$$

其中，ε_t 是均值为 0、方差为 σ^2 的平稳白噪声。称 X_t 是阶数为 q 的移动平均序列，简记为 MA(q)序列。称

$$\boldsymbol{\Theta} = [\theta_1, \theta_2, \cdots, \theta_q]^T$$

为移动平均参数向量，其中元素分量 $\theta_j, j=1,2,\cdots,q$ 称为移动平均系数。

利用线性后移算子 B，有如下定义：

$$B\varepsilon_t = \varepsilon_{t-1}, \quad B^k \varepsilon_t = \varepsilon_{t-k} \tag{8-42}$$

在引进算子多项式

$$\theta(B) = 1 - \theta_1 B - \theta_2 B^2 - \cdots - \theta_q B^q \tag{8-43}$$

则（8-41）可以改写为

$$X_t = \theta(B)\varepsilon_t \tag{8-44}$$

3. ARMA(p,q)序列

设 $\{X_t, t=0,\pm 1,\pm 2,\cdots\}$ 是零均值平稳序列，满足下列模型：

$$X_t - \phi_1 X_{t-1} - \phi_2 X_{t-2} - \cdots - \phi_p X_{t-p} = \varepsilon_t - \theta_1 \varepsilon_{t-1} - \theta_2 \varepsilon_{t-2} - \cdots - \theta_q \varepsilon_{t-q} \tag{8-45}$$

式中各项含义同上，则称 X_t 是阶数为 p 和 q 的自回归移动平均序列，简记为 ARMA(p,q)序列。

实际上，当 $p=0$ 时，可简化为 MA(q)；当 $q=0$ 时，则可简化为 AR(p)。

使用算子多项式，则式（8-45）可以改写为

$$\phi(B)X_t = \theta(B)\varepsilon_t \tag{8-46}$$

对于一般的平稳序列 X_t，若其均值 $E(X_t)=\mu$，满足如下的模型：

$$(X_t-\mu)-\phi_1(X_{t-1}-\mu)-\cdots-\phi_p(X_{t-p}-\mu)=\varepsilon_t-\theta_1\varepsilon_{t-1}-\theta_2\varepsilon_{t-2}-\cdots-\theta_q\varepsilon_{t-q} \tag{8-47}$$

则利用后移算子，可改写为

$$\phi(B)(X_t-\mu) = \theta(B)\varepsilon_t \tag{8-48}$$

对于算子多项式 $\phi(B)$ 和 $\theta(B)$，一般还需要作如下假定：：
（1）$\phi(B)$ 和 $\theta(B)$ 无公因子，且 $\phi_p \neq 0$ 和 $\theta_q \neq 0$；
（2）为满足模型的平稳性条件，根据单位圆检验，需要 $\phi(B)=0$ 的根全部在单位圆外；
（3）为满足模型的可逆性条件，根据单位圆检验，需要 $\theta(B)=0$ 的根全部在单位圆外。

8.3.3 ARMA 模型的构建及预报

在对实际问题建模时，首先要进行模型的识别与定阶，即判断 AR(p)、MA(q) 或 ARMA(p,q) 模型的类别，并估计阶数 p、q。在模型定阶后，就要对模型参数 $\phi_i(i=1,2,\cdots,p)$ 与 $\theta_j(j=1,2,\cdots,q)$ 进行估计。定阶与参数估计完成后，还要对模型残差进行平稳白噪声检验，若检验通过，则 ARMA 时间序列的建模完成。时间序列建模的一个重要应用是序列预报。

1. ARMA 模型定阶的 AIC 准则

AIC 准则又称 Akaike 信息准则，是由日本统计学家 Akaike 于 1974 年提出的。AIC 准则是信息论与统计学的重要研究成果，具有重要的意义。ARMA(p,q)序列 AIC 准则为：选 p、q，使得

$$\min \text{AIC} = n\ln\hat{\sigma}^2 + 2(p+q+1) \tag{8-49}$$

其中，n 是样本容量。$\hat{\sigma}^2$ 是 σ^2 的估计值且与 p 和 q 有关。当 $p=\hat{p}, q=\hat{q}$ 时，AIC 达到最小值，此时可认为序列是 ARMA($\hat{p},\hat{q}$)。

2. ARMA 模型的参数估计

ARMA 模型的参数估计有方法矩估计、逆函数估计、最小二乘估计、条件最小二乘估计、最大似然估计等，这里不给出各种估计的数学原理和参数估计表达式，直接使用 MATLAB 工具箱函数计算参数估计。

3. 序列预报

时间序列的 m 步预报，是根据 $\{X_k, X_{k-1},\cdots\}$ 的取值对未来 $k+m$ 时刻的随机变量 $X_{k+m}(m>0)$ 的估计，估计量记作 $\hat{X}_k(m)$，它是 $X_k, X_{k-1},\cdots$ 的线性组合。

（1）AR(p)序列的预报。

AR(p)序列的预报递推公式为

$$\begin{cases} \hat{X}_k(1) = \phi_1 X_k + \phi_2 X_{k-1} + \cdots + \phi_p X_{k-p+1} \\ \hat{X}_k(2) = \phi_1 \hat{X}_k(1) + \phi_2 X_k + \cdots + \phi_p X_{k-p+2} \\ \vdots \\ \hat{X}_k(p) = \phi_1 \hat{X}_k(p-1) + \phi_2 \hat{X}_k(p-2) + \cdots + \phi_{p-1} \hat{X}_k(1) + \phi_p \hat{X}_k \\ \hat{X}_k(m) = \phi_1 \hat{X}_k(m-1) + \phi_2 \hat{X}_k(m-2) + \cdots + \phi_p \hat{X}_k(m-p), \quad m > p \end{cases} \quad (8\text{-}50)$$

根据公式，可知 $\hat{X}_k(m)$ ($m \geq 1$) 仅依赖于 X_t 的 k 时刻以前的 p 个时刻的值 $X_k, X_{k-1}, \cdots, X_{k-p+1}$。

（2）MA(q)序列的预报。

关于 MA(q) 的预报，有

$$\hat{X}_k(m) = 0, \quad m > q \quad (8\text{-}51)$$

因此，只考虑 $\hat{X}_k(m)$, $m = 1, 2, \cdots, q$，设预报向量为

$$\hat{X}_k(q) = [\hat{X}_k(1), \hat{X}_k(2), \cdots, \hat{X}_k(q)]^T \quad (8\text{-}52)$$

则递推预报求 $\hat{X}_k(q)$ 与 $\hat{X}_{k+1}(q)$ 的关系，对于 MA(q)，有

$$\begin{cases} \hat{X}_{k+1}(1) = \theta_1 \hat{X}_k(1) + \hat{X}_k(2) - \theta_1 X_{k+1} \\ \hat{X}_{k+1}(2) = \theta_2 \hat{X}_k(1) + \hat{X}_k(3) - \theta_2 X_{k+1} \\ \vdots \\ \hat{X}_{k+1}(q-1) = \theta_{q-1} \hat{X}_k(1) + \hat{X}_k(q) - \theta_{q-1} X_{k+1} \\ \hat{X}_{k+1}(q) = \theta_q \hat{X}_k(1) - \theta_q X_{k+1} \end{cases} \quad (8\text{-}53)$$

改写为

$$\hat{X}_{k+1}(q) = \begin{pmatrix} \theta_1 & 1 & 0 & \cdots & 0 \\ \theta_2 & 0 & 1 & \cdots & 0 \\ \vdots & \vdots & \vdots & \ddots & \vdots \\ \theta_{q-1} & 0 & 0 & \cdots & 1 \\ \theta_q & 0 & 0 & \cdots & 0 \end{pmatrix} \hat{X}_k(q) - \begin{pmatrix} \theta_1 \\ \theta_2 \\ \vdots \\ \theta_q \end{pmatrix} X_{k+1} \quad (8\text{-}54)$$

递推初值可以取 $\hat{X}_{k0}(q) = 0$，MA 模型的可逆性保证了模型递推的渐近稳定，当 n 充分大时，初值误差的影响逐渐消失，影响 X_k 的更多的是后续的各种外在影响。从方法论的角度理解，可以认为事物发展的初始影响，会随着时间的推移逐渐变弱，而事物发展过程中实时遇到的各种外在影响，往往决定着事物某段时间的主要状态。

（3）ARMA(p,q)序列的预报。

$$\hat{X}_k(m) = \phi_1 \hat{X}_k(m-1) + \phi_2 \hat{X}_k(m-2) + \cdots + \phi_p \hat{X}_k(m-p), \quad m > p \quad (8\text{-}55)$$

因此，只需要知道 $\hat{X}_k(1), \hat{X}_k(2), \cdots, \hat{X}_k(p)$，就可以推断 $\hat{X}_k(m)$，若令

$$\phi_j^* = \begin{cases} \phi_j, & j = 1, 2, \cdots, p \\ 0, & j > p \end{cases} \quad (8\text{-}56)$$

则得到递推预报公式

$$\hat{X}_{k+1}(q) = \begin{pmatrix} -G_1 & 1 & 0 & \cdots & 0 \\ -G_2 & 0 & 1 & \cdots & 0 \\ \vdots & \vdots & \vdots & \ddots & \vdots \\ -G_{q-1} & 0 & 0 & \cdots & 1 \\ -G_q+\phi_q^* & \phi_{q-1}^* & \phi_{q-2}^* & \cdots & \phi_1^* \end{pmatrix} \hat{X}_k(q) - \begin{pmatrix} G_1 \\ G_2 \\ \vdots \\ G_{q-1} \\ G_q \end{pmatrix} X_{k+1} + \begin{pmatrix} 0 \\ 0 \\ \vdots \\ 0 \\ \sum_{j=q+1}^{p} \phi_j^* X_{k+q+1-j} \end{pmatrix} \quad (8\text{-}57)$$

其中，G_j 满足 $X_t = \sum_{j=0}^{\infty} G_j \varepsilon_{t-j}$。当 $p \leq q$ 时，式（8-57）右侧第3项为0。当 $k0$ 较小时，可令初值 $\hat{X}_{k0}(q) = 0$。

ARMA 将 AR 与 MA 结合起来，共同控制着事物随时间变化的过程，当 AR(p) 起主导作用时，事物发展的延续性较强，这也是内因起作用；当 MA(q) 起主导作用时，事物发展受外来偶然冲击影响较大，这些是外因起作用。因此从方法论上看，ARMA 体现了内因与外因的辩证关系。

8.3.4 时间序列分析的 MATLAB 命令与实例

上文一直使用时间作为事物发展的延展轴线，但这里的"时间"轴线在广义上，可推广到系统辨识等学科上。为了说明问题，本节的多数例子使用了伪数据，要再现生成这些伪数据，需要用 rng 设定随机数生成器的参数。

rng 是 rand generte 的缩合写法，意为控制随机数生成。在提供种子的格式 rng(seed) 中，使用非负整数 seed 为随机数生成器提供种子，以使 rand、randi 和 randn 生成可预测的数字序列。用户也可以使用 rng('shuffle')，即根据当前时间为随机数生成器提供种子。在这种情况下，rand、randi 和 randn 会在用户每次调用 rng 时生成不同的数字序列。格式 rng('default') 将 rand、randi 和 randn 使用的随机数生成器的设置重置为其默认值，这时会生成相同的随机数，就好像重新启动了 MATLAB。

更精细的用法是 rng(seed,generator) 和 rng('shuffle',generator)，这种格式另外指定 rand、randi 和 randn 使用的随机数生成器的类型。Generator 的输入项为以下9种之一：①'twister'：梅森旋转；②'simdTwister'：面向 SIMD 的快速梅森旋转算法；③'combRecursive'：组合多递归；④'philox'：执行 10 轮的 Philox4×32 生成器；⑤'threefry'：执行 20 轮的 Threefry4×64 生成器；⑥'multFibonacci'：乘法滞后 Fibonacci；⑦'v5uniform'：传统 MATLAB 5.0 均匀生成器；⑧'v5normal'：传统 MATLAB 5.0 正常生成器；⑨'v4'：传统 MATLAB 4.0 生成器。例如：

```
rng('shuffle','twister')    %使用当前时间为twister生成器提供种子
randn(1,5)                  %生成随机数，每次都变
rng(id,'twister')           %使用当前时间为twister生成器提供种子
randn(1,5)                  %生成随机数，每次不变
```

当 rng 不带输入参数而带返回值 s 时，s=rng，rng 返回 rand、randi 和 randn 使用的随机数生成器的当前设置，并保存在 s 中备用。例如，通过保存当前生成器设置，可生成相同的两组随机值。

```
s=rng              %将当前生成器设置保存在 s 中
x=rand(1,5)        %调用 rand 生成随机值向量
rng(s)             %通过调用 rng 还原原始生成器设置
y=rand(1,5)        %生成一组新的随机值并验证 x 和 y 是否相等
```

1. 函数 ar 的应用

例题：随机产生时间序列 $X_t + 0.56X_{t-1} + 0.24X_{t-2} = \varepsilon_t$ 的观测数据 $n=500$ 个，利用这 n 个数据估计模型参数，并预测后推 3 个值。

解：为了重现验证过程，表 8-7 列出了伪观测数据的后 10 个数。利用 ar 函数进行模型辨识，得到 AR（2）辨识结果：

$$X_t = -0.5746X_{t-1} - 0.1731X_{t-2} + \varepsilon_t$$

表 8-7 模拟观测数据的后 10 个数

t	491	492	493	494	495	496	497	498	499	500
X_t	−0.8929	0.6883	0.4300	−0.3137	1.8023	−1.5426	−0.3058	−1.2084	1.6606	0.2272

利用这个辨识结果，递推后续的 3 个值为

$$X_{501} = -0.5746X_{500} - 0.1731X_{499} = -0.4180$$

$$X_{502} = -0.5746X_{501} - 0.1731X_{500} = 0.2008$$

$$X_{503} = -0.5746X_{502} - 0.1731X_{501} = -0.0430$$

扫描书前二维码获取实现脚本（示例代码 8-10）。

例题的实现脚本中主要用到了 ar 函数，ar 函数用于实现标量时间序列 AR 模型或 ARI 模型的参数估计，最常用的格式是 sys=ar(y, n)，其中 y 是数据样本，n 是模型的阶数。ar 函数用最小二乘法估计 n 阶 AR 模型 sys 的参数，模型特性包括协方差（参数不确定性）和估计拟合优度。

若 AR 或 ARI 作为估计模型给定数据，则 sys 就作为离散时间模型 idpoly 的对象返回，idpoly 模型是使用指定的模型顺序、延迟和估计选项创建的。有关估计结果和使用选项的信息存储在模型的 Report 属性中，包含的字段及其含义如表 8-8 所示。

表 8-8 Report 属性中包含的字段及其含义

字 段	含 义
Status	模型状态的摘要，指示模型是通过构造创建的还是通过估计获得的
Method	使用的估算命令
Fit	以结构体形式返回的参数估计的定量评估。有关参数估计检验的更多信息，请参见损失函数和模型质量度量。返回的结构体包含字段另表单列
Parameters	模型参数的估计值
OptionsUsed	用于参数估计的选项集。如果未配置自定义选项，则使用默认选项。有关的更多信息，请参见arOptions 选项
RandState	参数估计开始时随机数流的状态。如果在评估过程中没有随机化，则为空[]。有关更多信息，请参见 MATLAB 文档中的 rng
DataUsed	用于参数估计的数据的属性，以结构体形式返回，所包含字段另表单列

在表 8-8 中，字段 Fit 是嵌套的结构体，其字段名称及其含义如表 8-9 所示。

表 8-9 Fit 字段包含的字段名称及其含义

字段名称	含义
FitPercent	归一化均方根误差（nrmse），衡量模型响应与估计数据的拟合程度，以百分比表示：fit= 100（1−nrmse）
LossFcn	参数估计完成时损失函数的值
MSE	均方误差（MSE），衡量模型响应与估计数据的拟合程度
FPE	模型的最终预测误差
AIC	模型质量的原始 AIC 标准值
AICc	小样本校正 AIC
nAIC	标准化 AIC
BIC	贝叶斯信息准则（BIC）

在表 8-8 中，字段 DataUsed 是嵌套的结构体，其字段名称与含义描述如表 8-10 所示。

表 8-10 DataUsed 字段包含的字段名称及其含义

字段名称	含义
Name	数据集的名称
Type	数据类型
Length	数据样本的个数
Ts	样本时间
InterSample	输入样本间行为，作为以下值之一返回： "zoh"，零阶保持采样之间的分段恒定输入信号。 "foh"，一阶保持样本之间的分段线性输入信号。 "bl"，带限行为指定连续时间输入信号在奈奎斯特频率以上具有零功率
InputOffset	估计期间从时域输入数据中删除的偏移量。对于非线性模型，它是[]
OutputOffset	估计期间从时域输出数据中删除的偏移量。对于非线性模型，它是[]

在使用不同阶次的 AR 进行拟合后，可以借助返回参数中的 AIC 值评判拟合的程度。通过使用伪随机数据进行测试，在默认设置下，生成随机序列。扫描书前二维码查看示例代码 8-11。

$$X_t = 0.6737 X_{t-1} - 0.6691 X_{t-2} + \varepsilon_t$$

然后产生随机 1000 个数据，进行 AR(1)–AR(3)的拟合，3 次得到的结果分别为：

AR(1): $X_t = 0.4363 X_{t-1} + \varepsilon_t$

AR(2): $X_t = 0.7316 X_{t-1} + 0.6769 X_{t-2} + \varepsilon_t$

AR(3): $X_t = 0.7112 X_{t-1} - 0.6551 X_{t-2} - 0.02999 X_{t-3} + \varepsilon_t$

则得到的评测结果如表 8-11 所示。

表 8-11 同一个随机序列的不同 AR 阶次拟合评测结果

指标项	AR(1)	AR(2)	AR(3)
FitPercent	9.9926	33.7494	33.9505
LossFcn	1.8228	0.9876	0.9816
MSE	1.8228	0.9876	0.9816

续表

指 标 项	AR(1)	AR(2)	AR(3)
FPE	1.8265	0.9915	0.9875
AIC	3440.2565	2829.3597	2825.2799
AICc	3440.2605	2829.3717	2825.3040
nAIC	0.6024	-0.0085	-0.0126
BIC	3445.1643	2839.1752	2840.0032

对于模型拟合的检验，也可以通过 Ljung-Box 进行检验，可以使用 lbqtest 函数，对检验部分进行修改即可（扫描书前二维码查看示例代码 8-12）。

检测结果表明：AR(1)检验不通过，而 AR(2)和 AR(3)则通过了检验，遵循阶数以少为好，最终定为 AR(2)模型。

2. 函数 ma 的应用

例题：随机产生时间序列 $X_t = \varepsilon_t - 0.6\varepsilon_{t-1} - 0.2\varepsilon_{t-2}$ 的数据 10000 个，利用这些数据估计模型的参数。

解：首先在默认设置下，生成随机数据，然后计算模型参数，计算结果如下：

使用 MA(1)模型拟合，得到 $X_t = \varepsilon_t - 0.7264\varepsilon_{t-1}$，但该模型未通过 Ljung-Box 的随机性检验。使用 MA(2)模型拟合，得到 $X_t = \varepsilon_t - 0.5773\varepsilon_{t-1} - 0.2195\varepsilon_{t-2}$，该模型通过了 Ljung-Box 的随机性检验。本着优化的思路，继续增加拟合的阶次，使用 MA(3)模型拟合，得到 $X_t = \varepsilon_t - 0.5748\varepsilon_{t-1} - 0.2108\varepsilon_{t-2} - 0.01428\varepsilon_{t-3}$，该模型也通过了 Ljung-Box 的随机性检验。但和 MA(2)相比，MA(3)的拟合度 14.64%，与 MA(2)拟合度 14.63%相差不大，但 MA(3)多使用一个参数，模型更复杂。综合考虑选定 MA(2)。扫描书前二维码查看通用脚本（示例代码 8-13）。

3. ARMA 的应用

例题：根据下面等式描述的 ARMA 模型，模拟产生序列的 10000 个数据，其中 $\varepsilon_t \sim N(0,1)$，使用 ARMA(p,q)模型进行拟合，并使用 χ^2 进行检验。

$$X_t - 0.126X_{t-1} + 0.1640X_{t-2} = \varepsilon_t - 0.150\varepsilon_{t-1} + 0.166\varepsilon_{t-2} + 0.054\varepsilon_{t-3}$$

解：首先在 rng('default')设置下，生成 10000 个随机数据，然后计算模型参数，利用循环取得 p=1～3，q=1～4；计算得到 12 个交叉分组的结果。

对 12 个结果，去除没有通过纯随机检验的 ARMA(1,1)、ARMA(2,1)和 ARMA(3,1)，余下的 9 个都通过了纯随机检验。再考虑参数的多寡，舍去过多参数的模型，在余下满足要求的模型中，含 5 参数的 3 个，含 4 参数的 2 个，含 3 参数的 1 个。选取含 5 参数的模型，ARMA(2,3)模型、ARMA(3,2)模型均可。利用 m=useArma(10000,[2,3],'s')，上机验证结果。扫描书前二维码查看示例代码 8-14。

8.3.5 ARIMA 模型

ARIMA 是平稳时间序列的分析方法。实际上，在自然界中绝大部分序列都是非平稳的，因而对非平稳序列的分析更普遍、更重要，人们创造的分析方法也更多。

Wold 分解定理是现代时间序列分析的灵魂，它认为任何一个离散平稳过程都可以分解为两个不相关的平稳序列之和，其中一个为确定性的，另一个为随机性的。虽然 Wold 分解定理源于平稳序列的构成分析，但 Cramer 已经证明这种分解思路同样可以用于非平稳序列，即任何一个时间序列都可以看作两部分的叠加，一部分是由多项式决定的确定性趋势成分，另一部分是平稳的零均值误差成分。

在进行时间序列分析时，差分运算具有强大的确定性信息提取能力，许多非平稳序列差分后会显示出平稳序列的性质，这时我们称这个非平稳序列为差分平稳序列。对非平稳时间序列的分析方法可以分为随机时序分析和确定性时序分析两大类，而对差分平稳序列使用的随机性时序分析方法便是 ARIMA 模型。ARIMA 建模的流程如图 8-8 所示。

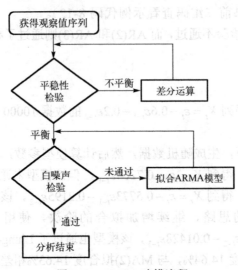

图 8-8　ARIMA 建模流程

1. ARIMA 模型的结构

具有如下结构的模型称为求和自回归移动平均（Auto Regressive Integrated Moving Average）模型，简记为 ARIMA(p,d,q) 模型。

$$\begin{cases} \Phi(B)\nabla^d x_t = \Theta(B)\varepsilon_t \\ E(\varepsilon_t)=0,\ \mathrm{Var}(\varepsilon_t)=\sigma_\varepsilon^2,\ E(\varepsilon_t\varepsilon_s)=0,\ s\neq t \\ E(x_s\varepsilon_t)=0, \forall s<t \end{cases} \quad (8\text{-}58)$$

其中，$\nabla^d=(1-B)^d$，表示差分运算，d 为差分运算的阶次；$\Phi(B)=1-\phi_1 B-\phi_2 B^2-\cdots-\phi_p B^p$，是平稳可逆 ARMA($p,q$) 模型的自回归系数多项式；$\Theta(B)=1-\theta_1 B-\theta_2 B^2-\cdots-\theta_q B^q$，是平稳可逆 ARMA($p,q$) 模型的移动平滑系数多项式；$\varepsilon_t$ 为零均值的白噪声序列。稍加改写，则式（8-58）可以简记为

$$\nabla^d x_t = \frac{\Theta(B)}{\Phi(B)}\varepsilon_t \quad (8\text{-}59)$$

由式（8-59）容易看出，ARIMA 模型的实质就是差分运算与 ARMA 模型的组合。这说明任何非平稳序列如果能通过适当阶数的差分运算实现差分后平稳，就可以对差分后序列进行 ARMA 模型拟合。特别地，当 $d=0$ 时，ARIMA(p,d,q) 模型实际上就是 ARMA(p,q) 模型；

当 $p=0$ 时,ARIMA$(0,d,q)$ 模型可以简记为 IMA(d,q) 模型;当 $q=0$ 时,ARIMA(p,d,q) 模型可以简记为 ARI(p,d) 模型;当 $d=1$,$p \approx q \approx 0$ 时,ARIMA$(0,1,0)$ 模型为随机游走模型或醉汉模型。

ARIMA 模型具有平稳性和方差齐性,其中平稳性由 $\Phi(B)=0$ 的根的性质决定;而差分后序列的方差齐性为 $\text{Var}(\nabla x_t) = \sigma_\varepsilon^2$。

2. ARIMA 模型的 MATLAB 实现

在 MATLAB 中,对 ARIMA 模型进行创建和参数估计的函数包括 arima、estimate 等,该组函数及其主要功能列于表 8-12 中。

表 8-12 ARIMA 模型函数及其主要功能

函 数 名 称	函 数 功 能
arima	建立单变量自回归移动平均(ARIMA)模型
regARIMA	用 ARIMA 时间序列误差建立回归模型
autocorr	样本自相关
lbqtest	残差自相关的 Ljung-Box Q 检验
parcorr	样本偏自相关
archtest	残差异方差的恩格尔检验
hac	异方差和自相关一致协方差估计
fgls	可行广义最小二乘法

(1) arima 函数。

在如表 8-12 所示的函数中,函数 arima 用来建立单变量求和自回归移动平均模型,创建完毕将返回一个 arima 对象,该对象指定了函数形式,并存储模型的参数值。arima 函数还允许用户创建 ARIMA 模型的特殊形式,包括 4 个变体:①回归 AR(p)、移动平均 MA(q) 或 ARMA(p,q) 模型;②含乘法季节分量的 SARIMA$(p,d,q) \times$(ps,ds,qs)$_s$ 模型;③含外生协变量线性回归分量的模型(ARIMAX);④含条件均值和条件方差的模型。例如,用户可以创建包含 GARCH 条件方差模型的 ARMA 条件均值模型。

arima 对象的关键组件是多项式次数(如 AR 多项式次数 p 和差分次数 d),它们完全指定了模型结构。给定多项式次数后,所有其他参数(如系数和信息分布参数)都是未知且可估计的,除非用户指定了它们的值。

要估计包含未知参数的模型,需要将模型和数据传递给 estimate 函数;若要使用估计得到的或完全指定的 arima 对象,则需要将 arima 对象传递给对象函数(见表 8-13)。此外,用户还可以使用计量经济学建模器以交互方式创建和使用 arima 模型对象,或者通过建立带有 ARIMA 误差的回归模型,对回归模型的扰动序列进行序列相关建模。

表 8-13 arima 对象函数一览表

函 数 名 称	函 数 功 能
estimate	估计 ARIMA 或 ARIMAX 模型参数
summarize	显示 ARIMA 模型估计结果
infer	推断 ARIMA、ARIMAX 模型残差或条件方差
filter	利用 ARIMA 或 ARIMAX 模型滤除干扰

函 数 名 称	函 数 功 能
impulse	脉冲响应函数
simulate	ARIMA 或 ARIMAX 模型的蒙特卡罗模拟
forecast	预测 ARIMA 或 ARIMAX 模型响应或条件方差

当使用 arima 函数创建对象时，最典型的格式是：Mdl=arima(p,d,q)。它建立了一个 arima(p,d,q)模型对象 Mdl，其中包含非季节性 AR 多项式模型且滞后阶次为 $1\sim p$；d 阶非季节性求和多项式；非季节性 MA 多项式且滞后阶次为 $1\sim q$。这个格式提供了一种创建模型模板的简便方法，借此用户可以显式地指定多项式的阶次。模型模板适合于无限制参数估计，创建模型后，允许用户使用圆点操作符更改属性值。

例如，要创建由以下等式表示的 ARIMA（2,1,1）模型：

$$(1+0.5B^2)(1-B)y_t = 3.1 + (1-0.2B)\varepsilon_t$$

其中，ε_t 是一系列独立同分布的高斯随机变量。首先使用差分方程改写上述等式：

$$(1+0.5B^2)(1-B)y_t = 3.1 + (1-0.2B)\varepsilon_t$$
$$\Rightarrow (1-B+0.5B^2-0.5B^3)y_t = 3.1+\varepsilon_t - 0.2\varepsilon_{t-1}$$
$$\Rightarrow y_t - y_{t-1} = -0.5(y_{t-2}-y_{t-3}) + 3.1 + \varepsilon_t - 0.2\varepsilon_{t-1}$$
$$\Rightarrow \nabla y_t = 3.1 - 0.5\nabla y_{t-2} + \varepsilon_t - 0.2\varepsilon_{t-1}$$

因为模型的参数都已知，所以可以直接创建完全指定的 arima 对象 Mdl：

```
Mdl = arima('ARLags',2,...        %使用明确的参数指明 AR 滞后次数
            'AR',-0.5,...         %AR 多项式的系数
            'D',1,...             %差分计算次数
            'MA',-0.2,...         %MA 多项式的系数
            'Constant',3.1)       %常数项
```

对于得到的 Mdl 对象，用户可以将 Mdl 传递给除 estimate 之外的任何 arima 对象函数。例如，可以用 impulse 绘制模型 24 个周期的脉冲响应：

```
impulse(Mdl,24)        %图略
```

又如，对于 $(1-\phi_1 B + \phi_2 B^2 - \phi_3 B^3)(1-B)y_t = (1+\theta_1 B + \theta_2 B^2)\varepsilon_t$，因为模型只包含非季节多项式，所以使用简单语法格式即可创建对象：

```
Mdl = arima(3,1,2)
```

若要包含附加的季节性滞后项，则需要指定与相应周期匹配的滞后阶次。例如，创建每月附加 MA（12）的模型 $y_t = \varepsilon_t + \theta_1\varepsilon_{t-1} + \theta_{12}\varepsilon_{t-12}$，可使用"名值对"形式指定参数：

```
Mdl = arima('Constant',0,'MALags',[1 12])
```

用户也可以使用圆点操作符对 arima 对象属性进行修改。例如，根据 $y_t = 0.05 + 0.6y_{t-1} + 0.2y_{t-2} - 0.1y_{t-3} + \varepsilon_t$ 创建 AR（3）模型，其中 ε_t 是一系列独立同分布的高斯随机变量，满足均值为 0、方差为 0.01 的条件。则创建模型对象：

```
Mdl = arima('Constant',0.05,'AR',{0.6,0.2,-0.1},'Variance',0.01)
```

若想增加一个非季节性2阶滞后MA项,且系数为0.2,则使用圆点操作符:

```
Mdl.MA={0, 0.2}
```

(2) 模拟计算。

在创建 arima 对象后,可使用 simulate 函数进行 ARIMA 模拟计算。例如,模拟计算1000条随机行走路径。

首先,根据随机行走模型创建一个 arima 对象,随机行走模型以等式 $y_t = y_{t-1} + \varepsilon_t$ 表示,其中, ε_t 是一系列独立同分布的高斯随机变量,且 $\varepsilon_t \sim N(0,1)$ 。

```
Mdl =arima(0,1,0);
Mdl.Constant =0;
Mdl.Variance =1;
Mdl
```

Mdl 是一个完全指定的 arima 对象。然后将对象 Mdl 传递给 simulate 函数进行模拟计算,为了满足读者自己实现时的重现性,这里设定了随机数发生器的种子数。

```
rng(1)%For reproducibility
Y = simulate(Mdl,100,'NumPaths',1000);
```

最后将模拟结果绘图显示(图略),依据随机游走模型模拟并绘制1000条长度为100的路径。

```
plot(Y)
title('Simulated Paths from Random Walk Process')
```

(3) 利用 ARIMA 模型预测。

在最小均方误差预测原理下,ARIMA 模型的预测方法与 ARMA 模型非常相似。ARIMA(p,d,q)模型一般表示为

$$\Phi(B)(1-B)^d x_t = \Theta(B)\varepsilon_t \tag{8-60}$$

和 ARMA 一样,也可以使用随机扰动项的线性函数表示 x_t:

$$\begin{aligned} x_t &= \varepsilon_t + \Psi_1\varepsilon_{t-1} + \Psi_2\varepsilon_{t-2} + \cdots \\ &= \Psi(B)\varepsilon_t \end{aligned} \tag{8-61}$$

其中, $\Psi_1, \Psi_2, \cdots$ 的值由如下的等式确定:

$$\Phi(B)(1-B)^d \Psi(B) = \Theta(B) \tag{8-62}$$

如果把 $\Phi^*(B)$ 记为广义自相关函数,则有

$$\Phi^*(B) = \Phi(B)(1-B)^d = 1 - \tilde{\phi}_1 B - \tilde{\phi}_2 B^2 - \cdots \tag{8-63}$$

则 $\Psi_1, \Psi_2, \cdots$ 的值满足如下的递推公式:

$$\begin{cases} \Psi_1 = \tilde{\phi}_1 - \theta_1 \\ \Psi_2 = \tilde{\phi}_1\Psi_1 + \tilde{\phi}_2 - \theta_2 \\ \vdots \\ \Psi_j = \tilde{\phi}_1\Psi_{j-1} + \cdots + \tilde{\phi}_{p+d}\Psi_{j-p-d} - \theta_j \end{cases} \tag{8-64}$$

其中，$\Psi_j = \begin{cases} 0, j < 0 \\ 1, j = 0 \end{cases}$，$\theta_j = 0, j > q$，那么，$x_{t+l}$ 的真实值为

$$x_{t+l} = (\varepsilon_{t+l} + \Psi_1 \varepsilon_{t+l-1} + \cdots + \Psi_{l-1} \varepsilon_{t+1}) + (\Psi_l \varepsilon_t + \Psi_{l+1} \varepsilon_{t-1} + \cdots) \quad (8\text{-}65)$$

由于 $\varepsilon_{t+l}, \varepsilon_{t+l-1}, \cdots, \varepsilon_{t+1}$ 的不可获得性，所以 x_{t+l} 的估计值只能为

$$\hat{x}_t(l) = \Psi_0^* \varepsilon_t + \Psi_1^* \varepsilon_{t-1} + \Psi_2^* \varepsilon_{t-2} + \cdots \quad (8\text{-}66)$$

在 MATLAB 中，使用 forecast 函数可以进行 ARIMA 的预测。例如，根据 1990 年至 2001 年纳斯达克每日收盘价数据，利用 estimate 函数估计参数后，再利用 forecast 函数可预测 500 天内纳斯达克每日收盘价。具体实验如下：

首先加载美国股票指数数据集。

```
Load Data_EquityIdx
```

假设 ARIMA(1,1,1) 模型适合描述纳斯达克的第一个 1500 个收盘价，则创建 ARIMA(1,1,1) 模型模板如下：

```
Mdl = arima(1,1,1);
```

进行估计时，estimate 函数需要大小为 Mdl.P=2 的预采样，为使模型符合数据，需将前两个观测值指定为预采样：

```
idxpre =1:Mdl.P;
idxest =(Mdl.P +1):1500;
EstMdl = estimate(Mdl,DataTable.NASDAQ(idxest),...
'Y0',DataTable.NASDAQ(idxpre));
```

估计结果如表 8-14 所示：

表 8-14 ARIMA(1,1,1) 模型（高斯分布）

属性	Value	StandardError	TStatistic	PValue
Constant	0.43291	0.18607	2.3265	0.01999
AR{1}	−0.076323	0.082045	−0.93026	0.35223
MA{1}	0.31312	0.077284	4.0516	5.0873e-05
Variance	27.86	0.63785	43.678	0

使用 forecast 函数进行预测时，需要初始化预测模型，即将估计数据中的最后两个观测值指定为预测样本：

```
yf0=DataTable.NASDAQ(idxest(end-1:end));
```

然后才能预测：

```
yf=forecast(EstMdl,500,yf0);
```

读者可尝试绘制前 2000 个观测值和预测值（扫描书前二维码查看示例代码 8-15）。

3. 季节性 ARIMA 模型

使用 ARIMA 函数还可以创建季节性模型，乘积季节性模型的完整结构如下：

$$\nabla^d \nabla_S^D x_t = \frac{\Theta(B)\Theta_S(B)}{\Phi(B)\Phi_S(B)} \varepsilon_t \qquad (8\text{-}67)$$

其中,

$$\Theta(B) = 1 - \theta_1 B - \theta_2 B^2 - \cdots - \theta_q B^q \qquad (8\text{-}68)$$

$$\Theta_S(B) = 1 - \theta_1 B^S - \theta_2 B^{2S} - \cdots - \theta_Q B^{QS} \qquad (8\text{-}69)$$

$$\Phi(B) = 1 - \phi_1 B - \phi_2 B^2 - \cdots - \phi_p B^p \qquad (8\text{-}70)$$

$$\Phi_S(B) = 1 - \phi_1 B^S - \phi_2 B^{2S} - \cdots - \phi_P B^{PS} \qquad (8\text{-}71)$$

该乘积模型简记为 SARIMA$(p,d,q)\times(P,D,Q)$。

使用 SARIMA 模型创建对象、进行参数估计和预测，使用的仍然是 arima 函数。例如，创建一个由 $(1-B)(1-B^{12})y_t = (1+\theta_1 B)(1+\theta_{12}B^{12})\varepsilon_t$ 描述的 SARIMA 模型。其中，ε_t 是独立同分布的高斯随机变量，且 $\varepsilon_t \sim N(0,1)$。则实现如下：

```
Mdl = arima('Constant',0,'D',1,'Seasonality',12,'MALags',1,'SMALags',12)
```

在创建对象后，对参数的估计、模拟计算等，均与以上诸例类似，不再举例。

8.3.6 GARCH 模型

1. 原理描述

在前边的 ARMA 模型中，模型的方差保持不变，模型属于平稳时间序列。但在实际工作中，随着时间的推移，方差稳定这一条件有时并不能够得到满足，为解决此类问题，产生了广义自回归条件异方差模型（Generalized Auto Regressive Conditional Heteroscedasticity，GARCH）。GARCH 模型分为均值方程和方差方程两部分。其中，均值方程写作

$$y_t = C + \sum_{i=1}^{R} \varphi_i y_{t-i} + \varepsilon_t + \sum_{j=1}^{M} \theta_j \varepsilon_{t-j} + \sum_{k=1}^{N_x} \beta_k X(t,k) \qquad (8\text{-}72)$$

其中，φ_i 是自回归系数，θ_j 是移动平均系数；X 是解释回归矩阵，它的每一列是一个时间序列，$X(t,k)$ 表示该矩阵第 t 行第 k 列的数据。

GARCH(P,Q) 模型的方差方程写作

$$\sigma_t^2 = K + \sum_{i=1}^{P} G_i \sigma_{t-i}^2 + \sum_{j=1}^{Q} A_j \varepsilon_{t-j}^2 \qquad (8\text{-}73)$$

其系数满足如下约束条件：

$$\sum_{i=1}^{P} G_i + \sum_{j=1}^{Q} A_j < 1 \qquad (8\text{-}74)$$

$$K > 0; \ G_i > 0; \ A_j > 0; \ i = 1,2,\cdots,P; \ j = 1,2,\cdots,Q$$

MATLAB 解决 GARCH 模型问题的函数包括 garch、estimate 等，这类函数如表 8-15 所示。

表 8-15 GARCH 模型函数一览表

函数名称	实现功能
garch	GARCH 条件方差时间序列模型
estimate	将条件方差模型拟合到数据
infer	条件方差模型的条件方差推断
summarize	显示条件方差模型的估计结果
simulate	条件方差模型的蒙特卡罗模拟
filter	条件方差模型滤波干扰
forecast	条件方差模型的条件方差预测

2. garch 函数

garch 函数用来指定一个单变量广义自回归条件异方差模型,该函数的返回值是一个 garch 对象,利用该对象可以指定 GARCH(p,q)模型的函数形式,并存储其参数值。GARCH 模型的关键组成部分包括:由滞后条件方差组成的 garch 多项式,用 p 表示其阶次;由滞后的平方更新组成的 arch 多项式,用 q 表示其阶次。p 和 q 分别是 garch 多项式和 arch 多项式中的最大非零滞后阶次。其他模型组件包括更新均值模型偏移、条件方差模型常数和更新分布。

模型的所有系数都未知(以 NaN 值表示)且可估计,除非用户使用"名值对"指定它们的值。若要估计包含给定数据的所有或部分未知参数,则可使用 estimate 函数;当模型的所有参数值均为已知时,可分别使用 simulate 或 forecast 函数进行模拟计算或预测响应。

garch 函数的典型语法格式为:mdl=garch(p,q),返回值 mdl 是 garch 条件方差模型对象,p 和 q 分别指定了 garch 多项式和 arch 多项式的阶数。garch 和 arch 多项式包含了从 1 到 p 或 q 阶的所有连续滞后,所有系数都初始化为 NaN 值。例如,要创建一个 GARCH(3,2)模型,最简洁的命令为:

```
Md1=garch(3,2)
```

Md1 是 garch 对象,在 MATLAB 的默认设置中,Md1 的属性中除了 p、q 和分布外都取 NaN 值。

若要创建已知系数的 GARCH 模型,如 $y_t = 0.5 + \varepsilon_t$,其中 $\varepsilon_t = \sigma_t z_t$,这里 z_t 是独立同分布的标准高斯过程,$\sigma_t^2 = 0.001 + 0.75\sigma_{t-1}^2 + 0.1\varepsilon_{t-1}^2$,则可以使用:

```
Mdl = garch('Constant',0.0001,...        %常数
    'GARCH',0.75,...                      %garch 的系数
    'ARCH',0.1,...                        %arch 的系数
    'Offset',0.5)                         %偏置量
```

Mdl 对象的属性包括 P、Q、Description、Distribution、Constant、Offset、GARCH、ARCH、UnconditionalVariance。通过 properties(Mdl)命令即可查询这些属性。

3. 实例

下面是一个完整使用 GARCH 模型的实例,首先估计 GARCH 模型的参数,然后进行模拟计算与预测。原始数据集是 1922—1999 年丹麦股票名义收益的年度时间序列,名义收益是

数据集的一部分，数据如下：

−0.2098，0.5564，−0.0242，0.1817，−0.0198，0.1588，0.0283，0.0904，−0.0168，−0.1584，0.0342，0.3482，0.1503，0.0792，0.1683，−0.0359，0.0451，−0.0002，0.0585，0.2445，0.0562，0.1777，0.004，−0.0375，0.0904，0.0062，−0.0511，0.1055，0.0939，−0.0225，0.0693，0.0971，0.1301，0.228，0.1616，−0.0754，0.2477，0.0898，0.0515，0.0288，0.0742，0.1522，0.1024，0.1127，0.0171，−0.0509，0.1628，0.058，−0.0466，0.0337，0.951，0.0376，−0.1697，0.3934，0.0437，0.0385，−0.0091，−0.003，0.1908，0.4583，0.1817，1.1785，−0.2025，0.4598，−0.1722，−0.028，0.5238，0.3482，−0.1213，0.1331，−0.2429，0.4099，−0.0362，0.0626，0.3047，0.4841，−0.046，0.2256。

为了观察数据的变化情况，首先加载 Data_Danish 数据集，绘制名义收益率（nr）的曲线图，如图 8-9 所示。

```
load Data_Danish;
nr = DataTable.RN;
figure; plot(dates,nr); hold on;
plot([dates(1) dates(end)],[0 0],'r:'); %Plot y = 0
hold off;
title('Danish Nominal Stock Returns');
ylabel('Nominal return (%)'); xlabel('Year');
```

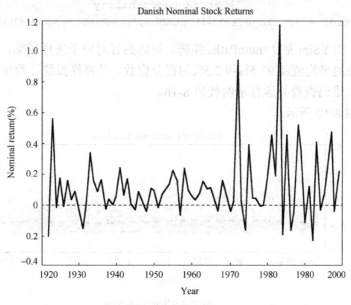

图 8-9 名义收益率

由图 8-9 可以看出，名义收益率序列似乎有一个非零条件均值偏移，且表现出波动性集群，也就是说，早年的变化比晚年小。基于此，我们假设 GARCH(1,1)模型适用于这个序列。

下面建立一个 GARCH(1,1)模型，在默认情况下条件平均偏移量为零。若要估计偏移量，则需要将它指定为 NaN。先创建一个对象：

```
Mdl = garch('GARCHLags',1,'ARCHLags',1,'Offset',NaN);
```

下面利用 GARCH(1,1)模型拟合数据：

```
            EstMdl = estimate(Mdl,nr);
```

结果如表 8-16 所列。

表 8-16 带偏移量的 GARCH(1,1)条件方差模型（高斯分布）

属性	Value	StandardError	TStatistic	PValue
Constant	0.0044476	0.007814	0.56918	0.56923
GARCH{1}	0.84932	0.26495	3.2056	0.0013477
ARCH{1}	0.07325	0.14953	0.48986	0.62423
Offset	0.11227	0.039214	2.8629	0.0041974

返回值 EstMdl 是一个完全指定的 GARCH 模型对象，它不包含 NaN 值，用户可以使用 infer 生成残差，然后对其进行分析，以评估模型的充分性。

要模拟条件方差或响应，可将 EstMdl 作为 simulate 函数的输入值进行模拟；若要预测更新信息，则可将 EstMdl 传给 forest 进行预测。例如，从估计的 GARCH 模型模拟每个周期的 100 个条件方差和响应路径。

```
        numObs = numel(nr);       %Sample size (T)
        numPaths = 100;           %Number of paths to simulate
        rng(1);                   %For reproducibility
        [VSim,YSim] = simulate(EstMdl,numObs,'NumPaths',numPaths);
```

返回值 VSim 和 YSim 是 $T\times$numPaths 矩阵，矩阵的行对应于采样周期，列对应于模拟路径。绘制模拟路径的平均值及 97.5%和 2.5%的百分位数，并将模拟统计数据与原始数据进行比较，扫描书前二维码查看并运行示例代码 8-16。

运行结果如图 8-10 所示。

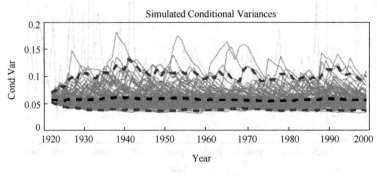

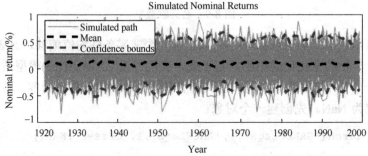

图 8-10 使用 simulate 函数对 GARCH 模型进行模拟计算

还可以利用估计的 GARCH 模型预测未来 10 年名义收益率序列的条件方差。此时需将整个返回序列指定为预采样观测值，使用预采样观测值和模型推断预采样条件方差。

```
numPeriods = 10;
vF = forecast(EstMdl,numPeriods,nr);
```

下面绘制名义收益的预测条件方差，将预测与观测到的条件方差进行比较。

```
v = infer(EstMdl,nr);
figure; plot(dates,v,'k:','LineWidth',2); hold on;
plot(dates(end):dates(end) + 10,[v(end);vF],'r','LineWidth',2);
title('Forecasted Conditional Variances of Nominal Returns');
ylabel('Conditional variances'); xlabel('Year');
legend({'Estimation sample cond. var.','Forecasted cond. var.'},...
    'Location','Best');
```

预测的条件方差变化趋势如图 8-11 所示。

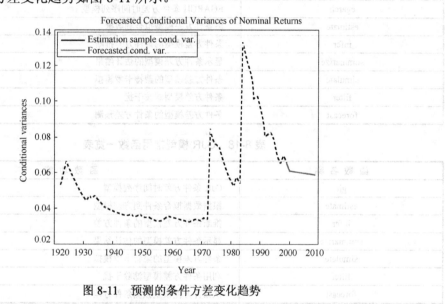

图 8-11　预测的条件方差变化趋势

4．扩展

GARCH 模型给出了对波动性进行描述的方法，为大量的序列提供了有效的分析方法，它是迄今为止最常用、最便捷的异方差序列拟合模型。但大量的使用经验表明，它也存在两方面的不足。

一是对参数的约束非常严格。模型要求无条件方差必须非负，这导致了参数必须非负的约束条件为

$$K > 0, G_i \geq 0, A_j \geq 0$$

而条件方差必须平稳的要求，使得参数必须有界：

$$\sum_{i=1}^{P} G_i + \sum_{j=1}^{Q} A_j < 1$$

参数的约束条件在一定程度上限制了 GARCH 模型的适用范围。

二是 GARCH 模型对正负扰动的反应是对称的。扰动项是真实值与预测值之差，如果扰动项为正，则说明真实值比预测值大；如果扰动项为负，则说明真实值比预测值小。ARCH（1）模型对扰动项的正负反应相同，这往往与实际情况不符，忽视这种不相符，有时会影响预测的精度。

为了扩大 GARCH 模型的使用范围，提高 GARCH 模型的拟合精度，统计学家从不同的角度出发，构造了多个 GARCH 模型的衍生模型，如指数型 EGARCH、方差无穷 IGARCH、依均值 GARCH-M 和 GJR 等。

下面给出 EGARCH 和 GJR 模型的常用函数，列于表 8-17 和表 8-18 中，以方便读者精确查询帮助资料。

表 8-17 EGARCH 常用模型函数一览表

函 数 名 称	函 数 功 能
egarch	EGARCH 条件方差时间序列模型
estimate	将条件方差模型拟合到数据
infer	条件方差模型的条件方差推断
summarize	显示条件方差模型的估计结果
simulate	条件方差模型的蒙特卡罗模拟
filter	条件方差模型滤波干扰
forecast	条件方差模型的条件方差预测

表 8-18 GJR 模型常用函数一览表

函 数 名 称	函 数 功 能
gjr	GJR 条件方差时间序列模型
estimate	根据数据拟合条件到方差模型
infer	推断条件方差模型的条件方差
summarize	显示条件方差模型的估计结果
simulate	条件方差模型的蒙特卡罗模拟
filter	利用条件方差模型滤除干扰
forecast	从条件方差模型预测条件方差

8.4 多元分析模型

随着试验技术的提高与试验手段的多样化，科研工作者面临越来越多的试验观测数据，如何对这些结果进行有效处理，从而找出新规律、新结论，是每一个研究人员必须面对的问题。在处理多维试验数据时，常常使用多元统计的方法。因此，本节着重介绍在多元统计分析中用的比较广泛的模型，这些模型包括主成分分析模型；因子分析模型；对应分析模型；典型相关模型；多维标度模型。

8.4.1 主成分分析

1. 模型思想

主成分分析（PCA）是多元统计分析中非常重要的一个内容，它广泛应用于各学科研究的方方面面，每个研究方向上都会有众多文献在使用该分析方法。从哲学的角度来讲，主成分分析是"抓住主要矛盾"或"抓住矛盾的主要方面"的具体数学实现。从这个应用意义上讲，凡是数据中涉及主要与次要方面的确定、权重大小的评定等，主成分分析都适用。

主成分分析本质上是一种简化数据、降低数据维数的方法。对于多维变量描述的试验结果，增加变量虽然可更加精细地描述事物的方方面面，但变量增多也会提高分析问题的复杂程度，让数据处理与分析变得更加困难。另外，在实际的应用中，变量之间也不一定完全无关，有时候很多变量之间甚至存在着明显的关联。

在描述事物时，若使用的这些变量之间存在关联性，就会出现信息的冗余。我们自然不希望各个变量之间存在相关性，都希望各个变量能独当一面；但也不希望使用那么多的变量，而是希望使用较少的变量尽可能多地表达原始数据中包含的信息。这实际上是既要变量的个数少，又要变量表达的信息多。

按照前边的说法，若要尽可能少地使用变量，则每一个变量都要尽可能多地包含信息。对于一组已经确定的变量来说，无非就是各个变量之间的信息毫无重复，达到包含信息的最大化。用数学概念来表达，则是变量之间满足垂直（正交）。

此外，对于所研究的事物来说，虽然变量描述了事物的方方面面，并且都进行了测定，但本质上各个变量的身份是不一致的，它们应该具有不一样的权重。即使在测定数据时对各变量一视同仁，但在描述事物本质上认为变量之间存在差别也是正常的。之所以这么讲，是因为描述事物的各个变量包含的信息量不同，这些变量之间并不完全"身份平等"，而是有"高低贵贱"之别。假如使用了 10 个变量描述事物，它们表达事物的信息或多或少，若要舍去其中一些变量，我们自然要舍去那些包含信息量小的变量，留下"含金量"大的变量。

主成分分析就像这样，首先找到所含信息量最大的那个变量，然后考察这个变量所含的信息量，当它不足以代表性地表达数据所含信息时，就需要找另外一个变量，然后再考察这两个变量包含信息的"代表性"，若代表性不足，则继续找第 3 个、第 4 个……直到满足代表性要求。一般说来，若使用较少的新变量就可以足够准确地表达数据中所包含的原始信息，则这些新变量的个数少于原始变量个数，实现了"降低维数"和"简化数据"。这便是主成分分析的基本思想。

对于数据中的信息，实际就是数据本身的一些特征描述了什么本质。例如，数据的平均值（或数学期望）本质是数据的中心，也即事物出现在哪儿最多的一种表达。再例如方差，它是事物偏离中心一个平均度量，其值越大偏离越远；但反过来也可以说数据"经历"的范围越大，它的"经验"越丰富、包含的信息也越多。所以在主成分分析中，标准差（方差）既表达了事物的变异，也是信息的代表。

2. 基本原理

设 $X = (x_{ij})$ 是一个 $n \times k$ 的数据矩阵，常用列表示变量或指标，行表示样本或个体。另记为

$$X = (x_1, x_2, \cdots, x_n)' = (x_{(1)}, x_{(2)}, \cdots, x_{(k)})$$

其中，x_i 是 X 矩阵的第 i 行，$x_{(j)}$ 是矩阵 X 的第 j 列，即 X 即可被看作 n 个 k 维点的集合，又可被看作 k 个 n 维点的集合。假设存在方差与协方差，计算它们的期望与协方差矩阵，得到

$$\boldsymbol{\mu} = E(\boldsymbol{X}) \tag{8-75}$$

$$\Sigma = D(X) \tag{8-76}$$

设定新变量 y，建立新旧变量之间的线性变换：

$$\begin{cases} y_1 = a_{11}x_1 + a_{12}x_2 + \cdots + a_{1k}x_k \\ y_2 = a_{21}x_1 + a_{22}x_2 + \cdots + a_{2k}x_k \\ \vdots \\ y_k = a_{k1}x_1 + a_{k2}x_2 + \cdots + a_{kk}x_k \end{cases} \tag{8-77}$$

令

$$\boldsymbol{y} = (y_1, y_2, \cdots, y_k)' \tag{8-78}$$

$$\boldsymbol{x} = (x_1, x_2, \cdots, x_k)' \tag{8-79}$$

$$\boldsymbol{A} = \begin{pmatrix} a_{11} & a_{12} & \cdots & a_{1k} \\ a_{21} & a_{22} & \cdots & a_{2k} \\ \vdots & \cdots & \ddots & \vdots \\ a_{k1} & a_{k2} & \cdots & a_{kk} \end{pmatrix} = \begin{pmatrix} \boldsymbol{a}_1 \\ \boldsymbol{a}_2 \\ \vdots \\ \boldsymbol{a}_k \end{pmatrix} \tag{8-80}$$

则

$$\boldsymbol{y} = \boldsymbol{A}\boldsymbol{x} \tag{8-81}$$

主成分分析的目的是希望寻找一组新变量 $y_1, y_2, \cdots, y_m$，它们满足这样的条件：$m \leq k$；能充分表达原始变量 $x_1, x_2, \cdots, x_k$ 所包含的信息；能相互独立。

通过计算新变量 $y_1, y_2, \cdots, y_m$ 的方差和协方差，考察它们保存原始信息的能力，由此得到

$$D(y_i) = D(\boldsymbol{a}_i \boldsymbol{x}) = \boldsymbol{a}_i D(\boldsymbol{x}) \boldsymbol{a}_i' = \boldsymbol{a}_i \Sigma \boldsymbol{a}_i', \quad i = 1, 2, \cdots, m \tag{8-82}$$

$$\text{cov}(y_i, y_k) = \text{cov}(\boldsymbol{a}_i \boldsymbol{x}, \boldsymbol{a}_k \boldsymbol{x}) = \boldsymbol{a}_i \text{cov}(\boldsymbol{x}, \boldsymbol{x}) \boldsymbol{a}_k' = \boldsymbol{a}_i \Sigma \boldsymbol{a}_k', \quad i, k = 1, 2, \cdots, m \tag{8-83}$$

根据模型思想，为使新变量信息含量达到最大，则需要 $\max\{D(y_i)\} = \max\{\boldsymbol{a}_i \Sigma \boldsymbol{a}_i'\}$，$i = 1, 2, \cdots, m$，它可以在新变量 $y_1, y_2, \cdots, y_m$ 相互独立的条件下，通过调整转换矩阵 $\boldsymbol{a}_i$ 得到。

利用求极值方法求得第一个新变量，它含有的信息量最大，看作第一主成分。如果它包含的信息量满足代表性要求，则不再寻找下一个；反之，则继续寻找下一个主成分，直到所有主成分合计的代表性满足要求为止。最终得到的主成分分量表示为

$$y_i = a_{1i}X_1 + a_{2i}X_2 + \cdots + a_{ni}X_n, \quad i = 1, 2, \cdots, n \tag{8-84}$$

在 PCA 模型中，一般要求主成分分析的 R 作图和 Q 作图，常常会用到以下概念：设 $\lambda_1 \geq \lambda_2 \geq \cdots \geq \lambda_k \geq 0$ 为 $X'X$ 的特征值，$\mu_1, \mu_2, \cdots, \mu_k$ 为其对应的标准正交特征向量，则

（1）称 μ_i 为 X 的第 i 个主轴向量，简称主轴，$i = 1, 2, \cdots, k$。

（2）称 $x_i'\mu_1, x_i'\mu_2, \cdots, x_i'\mu_k$ 为 x_i 的主坐标。

（3）称 n 个样本点的第 j 个主坐标形成的向量 $y_{(j)} \triangleq X\mu_j = (x_1'\mu_j, x_2'\mu_j, \cdots, x_n'\mu_j)'$ 为 X 的第 j 个主成分，$j = 1, 2, \cdots, k$。

（4）对于样本点 x，称值 $x'\mu_j$ 为该样本关于第 j 个主成分的得分。

（5）称 $\text{tr}(X'X)$ 为数矩阵 X 的总变差，λ_j 为主成分 $y_{(j)}$ 对 X 的变差贡献，$\sum_{j=1}^{l} \lambda_j$ 是前 l 个

主成分对 X 的总变差贡献，$\sum_{j=1}^{l}\lambda_j \Big/ \sum_{j=1}^{l}\lambda_j$ 为前 l 个主成分对 X 的变差贡献率。

在 PCA 计算中，得到的特征向量组成了正交矩阵，这使得 X 也可以由各个主成分表达，即

$$X_i = a_{i1}y_1 + a_{i2}y_2 + \cdots + a_{in}y_n, \quad i = 1,2,\cdots,n \tag{8-85}$$

若将各个 y 看作张成新空间的坐标轴，将其表达为基础坐标的形式，则有

$$X_i = a_{i1}\sqrt{\lambda_1}e_1 + a_{i2}\sqrt{\lambda_2}e_2 + \cdots + a_{in}\sqrt{\lambda_n}e_n, \quad i = 1,2,\cdots,n \tag{8-86}$$

其中，$e_i = \dfrac{y_i}{\|y_i\|} = \dfrac{y_i}{\sqrt{\lambda_i}}$，是单位向量。考虑总变差贡献率，若取前 m 个主成分，则绘图点的 m 维坐标（也称作因子载荷）为

$$X_i = P_i\left(a_{i1}\sqrt{\lambda_1}, a_{i2}\sqrt{\lambda_2}, \cdots, a_{im}\sqrt{\lambda_m}\right), \quad i = 1,2,\cdots,n \tag{8-87}$$

根据 P 中坐标，可以绘制 R 分析图。

若需要对分析单位进行 Q 作图，则需要将各个分析单位的坐标值计算出来，具体地为

$$y_{ij} = \sum_{k=1}^{n} x_{ik}a_{kj}, \quad i = 1,2,\cdots,n; \quad j = 1,2,\cdots,m \tag{8-88}$$

一般绘图时，只考虑二维或三维绘图，故 m 多取 2 或 3。

3. MATLAB 中的函数

MATLAB 为主成分分析提供了专门的 pca 函数，在格式 coeff=pca(X)中，返回值 coeff 是数据矩阵 X 的主成分系数，也称为载荷。X 的行对应于观测值，列对应于变量。系数矩阵是 $p \times p$ 矩阵，coeff 的每列包含一个主成分的系数，并且这些列按成分方差的降序排列。默认情况下，pca 函数将数据中心化，并使用奇异值分解（SVD）算法。

除 pca 函数外，还有其他几个主成分分析的函数，如表 8-19 所示。

表 8-19 主成分分析的相关函数

函 数 名 称	函 数 功 能
pca	原始数据的主成分分析
pcacov	基于协方差矩阵进行主成分分析
pcares	主成分分析的残差
ppca	概率主成分分析

在实际使用中，若不熟悉 PCA 的基本原理，则很难明白载荷等基本含义。本着详细计算的原则，我们根据数学原理，编写了自定义的 PCA 处理函数 mPca，所有计算过程中的重要信息均予输出，方便读者使用（扫描书前二维码查看示例代码 8-17）。

8.4.2 因子分析模型

1. 因子分析的基本思想

因子分析和主成分分析类似，也是一种非常重要的降维、简化数据的方法，可以看作主

成分分析的推广与延伸。因子分析通过研究变量之间的内在依赖关系，探求观测数据中存在的潜在客观属性，并用少数的几个公共因子来表达这种客观属性。一般来讲，这些客观属性不易被直接测得，但又确实存在。

例如，为了了解学生的学习能力，通过考试观测了 N 个学生的 k 科成绩，设 $X_1, X_2, \cdots, X_k$ 表示各科的成绩，如语文、数学、外语等。学生的每科成绩本质上是学生各种学习能力综合作用的外在测定表现。某学生的语文成绩，可能包含了记忆能力、分析能力、阅读速度能力、直观感觉等贡献的成绩。若记忆力强，客观字词的解释就准确，这部分得分就高；若分析能力弱，则对文中隐藏的深层含义就理解不透，这部分就容易丢失分数。其他学科的成绩也是如此，由此可知，学生成绩实际上是可以这样来表达：

$$S = S_1 + S_2 + S_3 + \cdots \tag{8-89}$$

其中，S 是总成绩；S_1 是记忆能力成绩；S_2 是逻辑分析能力成绩；S_3 是灵活性成绩等。

本例中，记忆能力、逻辑分析能力和灵活性等都客观存在着，但这些客观属性不容易测定，可看作隐藏在普通卷面成绩背后的一些比较抽象的概念。日常能直接测定的是不同科目的成绩，因子分析则是通过这些容易测定的数据，把不易测定的那些潜在变量表达出来。通常这些潜在变量的个数比较少，多数情况下少于容易测定的普通指标。通过因子分析，能对事物进行更深入的剖析、解释等。

和主成分分相比，因子分析还有一些不同之处。主成分分析更多的是一种变量变换，把数据中保存的信息变换到变异程度较大的方向上去，属于从不同的空间方向上看待问题，甚至可以不看作一种模型。因子分析则需要构建模型，从事物内在的客观属性上去观察事物，从本质上提炼隐藏的客观属性，属于"挖潜"。两者相同的地方则是均能实现降维。

2. 因子模型

设 $X_i(i=1,2,\cdots,p)$ 是可观测显变量，它表达为各潜在因子的线性函数和特殊因子之和，则有

$$X_i = a_{i1}F_1 + a_{i2}F_2 + \cdots + a_{im}F_m + \varepsilon_i, \quad i=1,2,\cdots,p \tag{8-90}$$

其中，F_j（$j=1,2,\cdots,m$）是各变量都含有的公共因子；ε_i 是各个变量 X_i 自身特有的因子，称为特殊因子。将式（8-90）展开成普通形式，则有

$$\begin{cases} X_1 = a_{11}F_1 + a_{12}F_2 + \cdots + a_{1m}F_m + \varepsilon_1 \\ X_2 = a_{21}F_1 + a_{22}F_2 + \cdots + a_{2m}F_m + \varepsilon_2 \\ \vdots \\ X_p = a_{p1}F_1 + a_{p2}F_2 + \cdots + a_{pm}F_m + \varepsilon_p \end{cases} \tag{8-91}$$

用矩阵表达该式，则有

$$\boldsymbol{X} = \boldsymbol{AF} + \boldsymbol{\varepsilon} \tag{8-92}$$

其中，

$$\boldsymbol{A} = \begin{pmatrix} a_{11} & a_{12} & \cdots & a_{1m} \\ a_{21} & a_{22} & \cdots & a_{2m} \\ \vdots & \vdots & \ddots & \vdots \\ a_{p1} & a_{p2} & \cdots & a_{pm} \end{pmatrix} = (A_1, A_2, \cdots, A_m) \tag{8-93}$$

$$X = \begin{pmatrix} X_1 \\ X_2 \\ \vdots \\ X_p \end{pmatrix} \quad F = \begin{pmatrix} F_1 \\ F_2 \\ \vdots \\ F_m \end{pmatrix} \quad \varepsilon = \begin{pmatrix} \varepsilon_1 \\ \varepsilon_2 \\ \vdots \\ \varepsilon_p \end{pmatrix}$$

根据因子分析的基本思想，要求满足以下条件：

（1）公共因子个数不大于原变量个数，即 $m \leq p$；

（2）公共因子描述公共属性，与描述个性功能的特殊因子不相关，即 $\text{cov}(F, \varepsilon) = 0$；

（3）不同的公共因子之间彼此信息不重叠、不相关，各自方差为 1。即

$$D_F = D(F) = \begin{pmatrix} 1 & & & 0 \\ & 1 & & \\ & & \ddots & \\ 0 & & & 1 \end{pmatrix} = I_m \quad (8\text{-}94)$$

（4）各特殊因子之间不相关，方差各异。即存在

$$D_\varepsilon = D(\varepsilon) = \begin{pmatrix} \sigma_1^2 & & & 0 \\ & \sigma_2^2 & & \\ & & \ddots & \\ 0 & & & \sigma_p^2 \end{pmatrix} \quad (8\text{-}95)$$

在这个模型中，系数矩阵 A 的各元素 a_{ij} 表达了变量 X_i 在各个潜在公因子 F_j 上分配的权重，也可以看作加载到各个因子上的"载荷"。各公因子 F_j 互不相关，若用 F_j 张成一个空间，则变量 X_i 就是这个 m 维空间中的第 i 个点，元素 a_{ij} 则是 X_i 在不同坐标轴 F_j 上的投影，据此矩阵 A 又称作因子载荷矩阵。

3. 模型及变量的统计特性

（1）变量方差。

变量 X 的方差体现着其包含的信息量，计算可知

$$D(X) = D(AF + \varepsilon) = AA' + D_\varepsilon \quad (8\text{-}96)$$

将方差记为 Σ，则为

$$\Sigma = AA' + D_\varepsilon \quad (8\text{-}97)$$

在建模分析之前，一般都需要进行数据的标准化预处理，这样 Σ 就变成相关矩阵 R，即

$$R = AA' + D_\varepsilon \quad (8\text{-}98)$$

（2）载荷矩阵的不唯一性。

由模型式（8-92）可知，公共因子只要满足式（8-92）即可，这说明载荷矩阵 A 不具有唯一性。但在确定 A 时，一个原则是：尽可能把载荷集中于某元素 a_{ij} 上，让因子体现的含义更明显。载荷矩阵的不唯一性，一方面增加了确定的难度，另一方面也提供了被二次改造的机会。通过因子旋转，可使之更好地满足表达信息的要求。

（3）因子载荷的统计意义。

矩阵 A 称为因子载荷矩阵，其元素 a_{ij} 又具有什么实际的统计意义呢？在模型

$$X_i = a_{i1}F_1 + a_{i2}F_2 + \cdots + a_{im}F_m + \varepsilon_i, \quad i = 1, 2, \cdots, p$$

中，变量 X_i 可看作由各个 F_j 按照一定比例"凑"起来的，比例系数就是各个 a_{ij}，最后再加上 X_i 自身的 ε_i，X_i 与 F_j 的关联性可借助协方差得以阐明。

$$\text{cov}(X_i, F_j) = \text{cov}(a_{i1}F_1 + a_{i2}F_2 + \cdots + a_{im}F_m + \varepsilon_i, F_j) = a_{ij} \tag{8-99}$$

实际上，矩阵元素 a_{ij} 就是第 i 个变量 X_i 与公共因子 F_j 的协方差，如果对变量 X_i 进行了标准化处理，X_i 和 F_j 的标准差都化为 1，则它们的相关系数

$$r(X_i, F_j) = \frac{\text{cov}(X_i, F_j)}{\sqrt{D(X_i)}\sqrt{D(F_j)}} = a_{ij} \tag{8-100}$$

由此可知，元素 a_{ij} 一方面表达了二者之间的相关性，X_i 对 F_j 的依赖程度可由此刻画，a_{ij} 绝对值越大，依赖程度越高；反向考虑，则表明了 X_i 对 F_j 的贡献，或者说相对重要性，根据 X_i 对 F_j 贡献的相对重要性，可考虑公共因子 F_j 主要关联哪些变量，从而确定进一步挖掘信息的方向。

（4）变量共同度。

现在已经明确了载荷矩阵中单个元素 a_{ij} 的意义，对于矩阵 $\boldsymbol{A}$ 的一行元素或一列元素，同样可以解读其具有的特殊含义。计算行元素的平方和，并称之为变量 X_i 的共同度。则有

$$h_i^2 = \sum_{j=1}^{m} a_{ij}^2, \quad i = 1, 2, \cdots, p \tag{8-101}$$

计算变量 X_i 的方差，可得

$$\begin{aligned} D(X_i) &= a_{i1}^2 D(F_1) + a_{i2}^2 D(F_2) + \cdots + a_{im}^2 D(F_m) + D(\varepsilon_i) \\ &= h_i^2 + \sigma_i^2 = a_{i1}^2 + a_{i2}^2 + \cdots + a_{im}^2 + \sigma_i^2 \end{aligned} \tag{8-102}$$

由式（8-102）可知，共同度 h_i^2 是 F_j 对变量 X_i 方差的贡献，也代表着 F_j 对变量 X_i 的影响。如果说方差是变量 X_i 的信息载体，那么 h_i^2 就是 F_j 所承载的公共信息。在式（8-102）中，σ_i^2 只和变量 X_i 自身有关，它表达了变量 X_i 的特殊情况，称之为个性方差。

式（8-102）表明变量 X_i 的方差由共同度 h_i^2 和个性方差 σ_i^2 来组成，它体现的更普遍的统计意义则是：事物 X_i 包含的信息量是由普遍性 h_i^2 和特殊性的 σ_i^2 组成的，如果变量 X_i 经过了标准化处理，则有

$$1 = h_i^2 + \sigma_i^2 \tag{8-103}$$

显然，式（8-103）更明确地表达了普遍性和特殊性的有机统一。

（5）客观公因子。

对载荷矩阵的各列元素求平方和，则得到公共因子 F_j 对 $\boldsymbol{X}$ 的贡献，即

$$g_j^2 = \sum_{i=1}^{p} a_{ij}^2, \quad j = 1, 2, \cdots, m \tag{8-104}$$

其中，g_j^2 表示同一因子 F_j 对各变量提供的方差贡献的总和，它衡量了每个公共因子的相对重要性。借助这个"衡量"功能，可以找出相对重要、次要的因子，对重要的因子多加关注，对次要的因子则依情形而忽略，做到分析问题时的"抓大放小"。

4. 模型案例与求解计算

（1）案例。

现将伪观测数据原始数据列于表 8-20 中，共有 8 次样本的 6 个指标，试探讨可能的因子。

表 8-20 伪观测数据原始数据

采样	X_1	X_2	X_3	X_4	X_5	X_6
1	0.4170	0.3968	0.4173	0.8764	0.9579	0.9889
2	0.7203	0.5388	0.5587	0.8946	0.5332	0.7482
3	0.0001	0.4192	0.1404	0.0850	0.6919	0.2804
4	0.3023	0.6852	0.1981	0.0391	0.3155	0.7893
5	0.1468	0.2045	0.8007	0.1698	0.6865	0.1032
6	0.0923	0.8781	0.9683	0.8781	0.8346	0.4479
7	0.1863	0.0274	0.3134	0.0983	0.0183	0.9086
8	0.3456	0.6705	0.6923	0.4211	0.7501	0.2936

对原始数据依次进行数据标准化、求解协方差矩阵、协方差矩阵特征值、协方差矩阵特向量计算，得到特征值次序与累计比例，如表 8-21 所示。

表 8-21 特征次序与累计比例

次序	λ	累计比例/%
1	2.5247	42.08
2	1.8357	72.67
3	0.6818	84.04
4	0.5205	92.71
5	0.3813	99.07
6	0.0560	100.00

根据特征值累计比例为 0.80，确定因子个数 $m=3$。从而确定因子矩阵、自相关矩阵 R' 和特殊矩阵 **De**，得到原始变量的因子表达式，经过多轮因子矩阵的旋转，最终得到 3 个因子如下：

$$F_1 = -0.1109X_1 + 0.3660X_2 - 0.6536X_3 - 0.3027X_4 - 0.2129X_5 + 0.2791X_6$$

$$F_2 = 0.4879X_1 - 0.0732X_2 - 0.0047X_3 + 0.3436X_4 - 0.0696X_5 + 0.4323X_6$$

$$F_3 = 0.1214X_1 - 0.9295X_2 + 0.3234X_3 - 0.0414X_4 - 0.2807X_5 - 0.0479X_6$$

（2）函数 factoran。

在 MATLAB 中与因子分析相关的函数主要有 factoran、rotatefactors，但 factoran 函数要调用 rotatefactors，这里仅对 factoran 函数进行介绍。

factoran 函数用来完成因子分析中的各项计算，包括：载荷矩阵的求解，在求解时应用最大似然法；特殊性方差矩阵的求解；因子旋转矩阵；因子得分；因子模型检验。函数可处理的数据包括：原始观测数据；样本协方差矩阵；相关系数矩阵。在实际应用中，返回参数的调用格式为：[lambda,psi,T,stats,F]= factoran(X,m)。

在这种调用格式中，输入参数 X 是数据矩阵，包括 n 行 p 列，在矩阵中，每行数据针对一个观测，每列数据对应的一个变量。参数 m 是正整数，指明模型需要求解的公因子的个数。输出参数中：

- lambda 是载荷矩阵，p 行 m 列。在默认其他输入参数的情况下，函数使用 varimax 来确定旋转后载荷矩阵的估计方法。
- 输出参数 psi，它是特殊方差的最大似然估计值，该参数以列向量的形式存在，包含 p 个元素。
- 输出参数 T，它是 $m \times m$ 的旋转矩阵。
- 返回参数 stats 是一个结构，包含因子模型的检验信息。在检验信息中主要包括：检验所需的自由度；检验使用的工具，具体地讲，就是卡方统计量；检验水平；对数似然函数的极大值。
- 返回参数 F，是因子的得分矩阵，F 矩阵含 n 行 m 列，每行是一个观测的公因子得分，需要注意，正是因为知道各个观测量值 X，才可以计算出得分，如果原始输入数据是协方差矩阵或相关系数矩阵，则无法求解得分。

除上述的多个输出参数格式外，还可以使用"名值对"控制输入参数，格式为[...]=factoran(⋯,param1,val1,param2,val2,⋯)。这种格式最自由，允许用户自行控制输入和输出。这些属性选项已在软件帮助中列表说明，下面是简要介绍。

- 输入数据类型的指定：输入数据包括两类，一类是原始测定数据，另一类是已经加工成协方差矩阵或相关矩阵。由 xtype 参数指定，可取的值包括：'data'和'covariance'两个。
- 因子得分算法的指定：得分算法有两种，一种是加权最小二乘法，另一种是回归法。由参数 score 指定，取值可为'wls'、'Bartlett'或'regression'、'Thomsom'，默认为'wls'。
- 因子载荷矩阵的估计方法：在数学概念中，有 3 种方法可进行载荷矩阵估算，本函数提供了最大似然法，对于特殊矩阵的初值估算，函数提供了不同的方法，用'start'参数来设定，取值包括'random'、'Rsquared'、最大迭代次数、初始化矩阵。
- 因子载荷矩阵的旋转方法：函数提供了较多的旋转方法，包括正交旋转、斜交旋转、不旋转等，由参数'rotate'指定。具体方法的实际含义，请查阅 MATLAB 中该函数的帮助文档。
- 其他控制参数。

(3) 自定义函数。

虽然 MATLAB 给出了非常好用的函数，但根据因子分析的具体计算过程，我们编写了自定义的新代码，实现了因子分析的一键计算，包括各项表达式的输出。上述例题中的数据使用了可再现的伪数据，读者在 MATLAB 中运行下面的脚本文件即可，更多计算细节请读者通过计算重现。

```
rng(1)
A=rand(8,6)
FactAnalyz(A)
```

其中调用了 FactAnalyz 函数，该函数是我们自定义的因子分析函数（扫描书前二维码查看示例代码 8-18）。

8.4.3 对应分析模型

1. 对应分析的基本思想

对应分析是在因子分析基础上发展出来的新分析方法,用来研究变量和样品之间的对应关系。因子分析分为 R-型和 Q-型,其中 R-型因子分析用于研究变量间的相互关系,Q-型因子分析主要研究样品间的相互关系。若想确定变量与样品之间的相互关系,即 R-Q 关系,则两种类型的因子分析都不能满足要求。

此外,因子分析用少数几个公共因子提取研究对象的绝大部分信息,当只考虑 R-型或 Q-型时,关注点主要针对变量或样品,而其他方面往往被忽略,这种忽略有可能被扩大化,从而丢掉有用的信息。在处理数据时,对于数量级相差很大的变量,为了进行比较,常常先对变量进行标准化变换处理,这种标准化变换方法适用于变量,但对于样品,这种变换的意义不好解释,甚至有可能在本质含义上不合理。

为了研究变量和样品之间的关系,产生了对应分析方法,该方法把 R-型和 Q-型分析结合起来,对原始数据采用适当的变换,将两方面的结果表达在同一因子平面上,从而揭示样品和变量间的内在联系。对应分析基于因子分析,又避免了因子分析的一些缺点。

2. 数据的列联表表示

在日常试验观测中,测定两因素或多因素之间的关系,最简单的表现形式就是把数据表达成列联表。例如,两因素的试验中,因素 A 有 r 个水平,因素 B 有 c 个水平,则联表如表 8-22 所示。

表 8-22 两因素多水平数据的安排

因素 A	因素 B				
	B_1	B_2	...	B_c	
A_1	k_{11}	k_{12}	...	k_{1c}	$k_1.$
A_2	k_{21}	k_{22}	...	k_{2c}	$k_2.$
...	...	...	...	...	...
A_r	k_{r1}	k_{r2}	...	k_{rc}	$k_r.$
	$k_{.1}$	$k_{.2}$	...	$k_{.c}$	k

表中 A 因素各水平求和标注在最右侧一列,B 因素各水平之和标注在最末行,最下角数据 k 为所有测点数据的和。为了叙述方便,把上述二维列联表转变为频数列表,如表 8-23 所示。数据矩阵记作 $\boldsymbol{P} = (p_{ij})_{r \times c}$。

表 8-23 两因素多水平频数表

因素 A	因素 B				
	B_1	B_2	...	B_c	
A_1	p_{11}	p_{12}	...	p_{1c}	$p_1.$
A_2	p_{21}	p_{22}	...	p_{2c}	$p_2.$
...	...	...	...	...	...
A_r	p_{r1}	p_{r2}	...	p_{rc}	$p_r.$
	$p_{.1}$	$p_{.2}$	...	$p_{.c}$	p

如果把表 8-23 看作概率分布，则 p_{ij} 是 A 因素与 B 因素的联合分布，$p_{i\cdot}$ 和 $p_{\cdot j}$ 是因素 A 和 B 的边缘分布。

设记号

$$\boldsymbol{D}_r = \begin{pmatrix} p_{1\cdot} & & & \\ & p_{2\cdot} & & \\ & & \ddots & \\ & & & p_{r\cdot} \end{pmatrix} = \mathrm{diag}(p_{1\cdot}, p_{2\cdot}, \cdots, p_{r\cdot}) \tag{8-105}$$

$$\boldsymbol{D}_c = \begin{pmatrix} p_{\cdot 1} & & & \\ & p_{\cdot 2} & & \\ & & \ddots & \\ & & & p_{\cdot c} \end{pmatrix} = \mathrm{diag}(p_{\cdot 1}, p_{\cdot 2}, \cdots, p_{\cdot c}) \tag{8-106}$$

称 $\boldsymbol{D}_r$ 和 $\boldsymbol{D}_c$ 分别为 A 因素和 B 因素的边缘矩阵。

记 B 因素各水平的条件概率

$$P(B_j|A_i) = \frac{P\{A_i, B_j\}}{P\{A_i\}} = \frac{p_{ij}}{p_{i\cdot}} \tag{8-107}$$

称

$$p_c^i = \left(\frac{p_{i1}}{p_{i\cdot}}, \frac{p_{i2}}{p_{i\cdot}}, \cdots, \frac{p_{ic}}{p_{i\cdot}} \right)', \quad i=1,2,\cdots,r \tag{8-108}$$

为 A 因素的第 i 个水平的分布轮廓，其本质上为列因素在第 i 行的分布。同样可计算 A 因素各水平的条件概率，并称

$$p_r^j = \left(\frac{p_{1j}}{p_{\cdot j}}, \frac{p_{2j}}{p_{\cdot j}}, \cdots, \frac{p_{rj}}{p_{\cdot j}} \right)', \quad j=1,2,\cdots,c \tag{8-109}$$

为 B 因素的第 j 个水平的分布轮廓，其本质上为行因素在第 j 列的分布。

3. 对应分析的基本理论

要挖掘 A 因素和 B 因素的内在关系，尤其是 A 因素各水平与 B 因素各水平之间的关系，就必须对列联表进行更深入的分析，找出联系 A 因素与 B 因素之间的桥梁，并依据这个桥梁进行分析。

（1）A 因素各水平之间的距离。

在频率矩阵 $\boldsymbol{P}$ 的基础上，要计算 A 因素各水平之间的距离，也就是各行之间的距离，可以按照欧氏距离的定义计算。为了消除 A 因素各水平出现概率的影响，先对数据进行规范化；为了消除各变量量纲不同引起的影响，加入了各列的权重，则任意两行的欧氏距离为

$$D^2(k,l) = \sum_{j=1}^c \left(\frac{p_{kj}}{p_{k\cdot}\sqrt{p_{\cdot j}}} - \frac{p_{lj}}{p_{l\cdot}\sqrt{p_{\cdot j}}} \right)^2 \tag{8-110}$$

称式（8-110）为卡方距离。从架构上看，式（8-110）仍然符合欧氏距离

$$D^2(k,l) = \sum_{j=1}^{c}(x_k - x_l)^2 \qquad (8\text{-}111)$$

的基本架构形式,只不过其中各点坐标变成了

$$\left(\frac{p_{i1}}{p_{i\cdot}\sqrt{p_{\cdot 1}}}, \frac{p_{i2}}{p_{i\cdot}\sqrt{p_{\cdot 2}}}, \cdots, \frac{p_{ic}}{p_{i\cdot}\sqrt{p_{\cdot c}}}\right), \quad i=1,2,\cdots,r \qquad (8\text{-}112)$$

(2) B 因素的各水平之间的协方差。

根据协方差的定义,要计算协方差,首先需要计算变量的期望。下面考察式(8-112)中 r 个点的期望,计算第 j 个变量的期望,并参考第 i 个样本点的概率 $p_{i\cdot}$,则有

$$\sum_{i=1}^{r}\frac{p_{ij}}{p_{i\cdot}\sqrt{p_{\cdot j}}}\cdot p_{i\cdot} = \frac{1}{\sqrt{p_{\cdot j}}}\sum_{i=1}^{r}p_{ij} = \sqrt{p_{\cdot j}}, \quad j=1,2,\cdots,c \qquad (8\text{-}113)$$

即第 j 个变量的期望就是 $\sqrt{p_{\cdot j}}$。在此基础上计算 i、j 变量之间的协方差,得到

$$a_{ij} = \sum_{a=1}^{r}\left(\frac{p_{ai}}{p_{a\cdot}\sqrt{p_{\cdot i}}} - \sqrt{p_{\cdot i}}\right)\left(\frac{p_{aj}}{p_{a\cdot}\sqrt{p_{\cdot j}}} - \sqrt{p_{\cdot j}}\right)\cdot p_{a\cdot} = \sum_{a=1}^{r}z_{ai}z_{aj} \qquad (8\text{-}114)$$

其中,

$$z_{ai} = \frac{p_{ai} - p_{a\cdot}\cdot p_{\cdot i}}{\sqrt{p_{a\cdot}\cdot p_{\cdot i}}} = \frac{k_{ai} - \dfrac{k_{a\cdot}k_{\cdot i}}{k_{\cdot\cdot}}}{\sqrt{k_{a\cdot}k_{\cdot i}}}, \quad a=1,2,\cdots,r;\ i=1,2,\cdots,c \qquad (8\text{-}115)$$

令 $\boldsymbol{Z} = (z_{ij})_{r\times c}$,则 B 因素各水平之间的协方差矩阵为

$$\boldsymbol{\Sigma}_c = \boldsymbol{Z}'\boldsymbol{Z} \qquad (8\text{-}116)$$

至此,通过考察 A 因素各水平之间的卡方距离,求解得到了 B 因素各水平之间的协方差矩阵。

(3) 对应关系。

同样可以求 B 因素各水平之间的卡方距离,并得到 A 因素各水平之间的协方差矩阵。

$$\boldsymbol{\Sigma}_r = \boldsymbol{Z}\boldsymbol{Z}' \qquad (8\text{-}117)$$

因素 A 和因素 B 的协方差矩阵分别是 $\boldsymbol{\Sigma}_r$ 和 $\boldsymbol{\Sigma}_c$,从得到的式(8-116)和(8-117)可知,$\boldsymbol{\Sigma}_r$ 和 $\boldsymbol{\Sigma}_c$ 存在着某种关系。

$$B \to \boldsymbol{\Sigma}_c = \underbrace{\boldsymbol{Z}'\boldsymbol{Z} \Leftrightarrow \boldsymbol{Z}\boldsymbol{Z}'}_{Z} = \boldsymbol{\Sigma}_r \leftarrow A \qquad (8\text{-}118)$$

从式(8-118)可知,连接 $\boldsymbol{\Sigma}_r$ 和 $\boldsymbol{\Sigma}_c$ 的桥梁就是矩阵 $\boldsymbol{Z}$。

根据矩阵的知识可知 $\boldsymbol{\Sigma}_r$ 和 $\boldsymbol{\Sigma}_c$ 有完全相同的非零特征根,分别记为 $\lambda_1 > \lambda_2 > \cdots > \lambda_m$,$0 < m \leq \min\{r,c\}$,分别对 $\boldsymbol{\Sigma}_r$ 和 $\boldsymbol{\Sigma}_c$ 求解特征值和对应的特征向量,则有

$$\boldsymbol{\Sigma}_c \boldsymbol{u}_j = \boldsymbol{Z}'\boldsymbol{Z}\boldsymbol{u}_j = \lambda_j \boldsymbol{u}_j \qquad (8\text{-}119)$$

其中,$\boldsymbol{u}_j$ 是对应于 λ_j 的关于 $\boldsymbol{\Sigma}_c$ 的特征向量,用矩阵 $\boldsymbol{Z}$ 左乘式(8-119)并变换格式,得到

$$\boldsymbol{\Sigma}_r(\boldsymbol{Z}\boldsymbol{u}_j) = \lambda_j(\boldsymbol{Z}\boldsymbol{u}_j) \qquad (8\text{-}120)$$

由式（8-120）可知，若 u_j 是对应于 λ_j 的关于 Σ_c 的特征向量，则 Zu_j 是对应于 λ_j 的关于 Σ_r 的特征向量。因为 Σ_r 和 Σ_c 有完全相同的非零特征根，而这些特征根又表示各个公共因子的方差，那么 B 因素的第 1 公因子，第 2 公因子，…，第 m 公因子，与 A 因素的第 1 公因子，第 2 公因子，…，第 m 公因子，在总方差中所占的百分比完全相同。这样，就可以使用相同的因子轴同时来描述两个因素各个水平之间的情况，并可以反映到同坐标轴的因子平面上。

如果将 A 因素看作样品（Q-型），将 B 因素看作变量（R-型），则对应分析由 R-型因子分析的结果，可以很容易地得到 Q-型因子分析的结果，从而把 R-型和 Q-型因子分析统一起来，把样品点和变量点同时反映到相同的因子轴上，以便于对研究的对象进行解释和推断。

4. 分析绘图

在进行对应分析时，若协方差矩阵的前 m 个特征值累计百分占比满足要求（如 $m=2$），就可以在同一个二维平面上将行轮廓图和列轮廓图绘制出来进行分析，得到的二维对应图多以散点图形式表现。

一些统计学软件经常使用总惯量这个概念，总惯量 Q 的计算公式为

$$Q = \sum_{i=1}^{r}\sum_{j=1}^{c} z_{ij}^2 = \mathrm{tr}(Z'Z) = \sum_{i=1}^{m} \lambda_i \tag{8-121}$$

可知总惯量 Q 就是协方差矩阵的前 m 个特征值的总和。总惯量 Q 和 χ^2 的关系为

$$\chi^2 = kQ \tag{8-122}$$

在分析时，总惯量也可用来判断合适的截断位置，确定特征值的个数。

5. 案例

表 8-24 是某省 12 个地区 10 种恶性肿瘤的死亡率，试用对应分析法分析地区与死因的关系。

表 8-24 某地区 10 种恶性肿瘤的死亡率

地区	鼻咽癌	食管癌	胃癌	肝癌	肠癌	肺癌	乳腺癌	宫颈癌	膀胱癌	白血病
1	3.89	14.06	48.01	21.39	5.38	9.57	1.65	0.15	0.60	3.29
2	2.17	26.00	24.92	22.75	8.67	10.29	1.08	0.00	0.00	3.25
3	0.00	2.18	5.44	22.84	4.35	17.40	1.09	4.35	0.00	4.35
4	1.46	7.61	31.92	26.94	6.15	15.82	2.05	1.45	0.29	2.93
5	0.89	46.37	11.59	32.10	0.89	9.81	0.89	3.57	0.89	1.78
6	0.60	1.81	16.27	19.28	3.01	6.02	1.20	0.60	0.00	4.82
7	1.74	8.72	3.20	24.70	2.03	4.36	0.00	0.58	2.03	2.62
8	1.98	41.18	44.15	35.22	4.96	14.88	0.00	0.00	0.00	4.96
9	2.14	3.00	13.29	26.58	5.14	8.14	1.71	6.86	0.00	3.00
10	1.83	37.97	10.45	36.13	4.59	14.86	1.65	0.00	0.73	3.67
11	4.71	20.71	23.77	42.84	12.24	24.24	5.41	3.06	0.24	4.24
12	1.66	4.98	6.64	35.71	5.81	18.27	0.83	2.49	0.00	7.47

计算过程如下：

首先将原始数据转为频率矩阵；然后将频率矩阵 P 进行中心化、标准化处理，得到对应

分析所需的矩阵 Z；接着由 Z 矩阵出发，计算得到行轮廓分布矩阵 R 和列轮廓分布矩阵 C；再计算样品卡方距离矩阵 D、特征值的累计百分率，如表 8-25 所示。

表 8-25 特征值及其累计百分率

λ	0.1156	0.0905	0.0245	0.0195	0.0127	0.0051	0.0026	0.0012	0.0005	−0.0000
累计百分率	42.46	75.71	84.70	91.87	96.53	98.41	99.36	99.80	100.00	100.00

若要求特征值累计百分率达到 70%，则确定因子个数 $m = 2$。

继续计算对角矩阵 D_r 和 D_c，得到行轮廓坐标 Q-型因子载荷矩阵 G；得到列轮廓坐标 R-型因子载荷矩阵 F。样本因子载荷坐标和变量因子载荷坐标分别如表 8-26 和表 8-27 所示。

表 8-26 样本因子载荷坐标

地 区	第 1 维	第 2 维
1	0.0691	−0.5822
2	0.2263	−0.1332
3	−0.6068	0.3002
4	−0.1837	−0.3113
5	0.5083	0.3740
6	−0.3126	−0.2602
7	−0.0121	0.4154
8	0.3218	−0.1821
9	−0.5051	0.0831
10	0.3247	0.3010
11	−0.1605	0.0344
12	−0.4556	0.2688

表 8-27 变量因子载荷坐标

病 种	第 1 维	第 2 维
鼻咽癌	−0.0798	−0.1632
食管癌	0.6236	0.2069
胃癌	0.0565	−0.5455
肝癌	−0.1332	0.1724
肠癌	−0.2823	−0.0849
肺癌	−0.2705	0.1179
乳腺癌	−0.3645	−0.0657
宫颈癌	−0.8101	0.5079
膀胱癌	0.3781	0.6707
白血病	−0.3589	0.0824

经假设检验，表明本次分析具有显著性。图 8-12 是病种与发病地区的对应图，也叫行和列点图，借助该图我们可分析病种与发病地区的倾向性。

根据对应图，可以进行总体观察，在图上左右对比可以看出：左边发病区 7 个，病种 7 个；右边发病区 5 个，病种 3 个。这说明左边区域内的各种病因较右边更加普遍，明显多于右边。

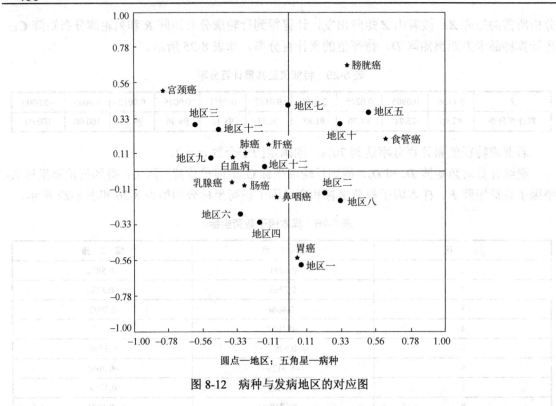

圆点—地区；五角星—病种

图 8-12 病种与发病地区的对应图

邻近观察分析可以看出：一地区偏向于胃癌；二地区相对偏向于鼻咽癌；三地区偏向于白血病，宫颈癌；四地区偏向于鼻咽癌；五地区偏向于食管癌；六地区偏向于肠癌；七地区偏向于肝癌；八地区比较孤立，相对偏向于鼻咽癌；九地区偏向于白血病；十地区比较孤立，相对偏向于食管癌；十一地区偏向于肠癌，肝癌；十二地区偏向于肺癌，白血病。由此初步查明各地区的病死原因。

还可以进一步进行向量分析、向量夹角分析、影响域分析等，这里不再一一讨论。

6. 对应分析编程

MATLAB 没有提供一键式计算对应分析的函数。根据对应分析的基本思想和计算原理，我们编写了对应分析的计算函数 mca，上述案例的计算结果就是运行 mca 函数得到的，其计算脚本如下：

```
x=[ 3.89,14.06,48.01,21.39,5.38,9.57,1.65,0.15,0.60,3.29;
    2.17,26.00,24.92,22.75,8.67,10.29,1.08,0.00,0.00,3.25;
    0.00,2.18,5.44,22.84,4.35,17.40,1.09,4.35,0.00,4.35;
    1.46,7.61,31.92,26.94,6.15,15.82,2.05,1.45,0.29,2.93;
    0.89,46.37,11.59,32.10,0.89,9.81,0.89,3.57,0.89,1.78;
    0.60,1.81,16.27,19.28,3.01,6.02,1.20,0.60,0.00,4.82;
    1.74,8.72,3.20,24.70,2.03,4.36,0.00,0.58,2.03,2.62;
    1.98,41.18,44.15,35.22,4.96,14.88,0.00,0.00,0.00,4.96;
    2.14,3.00,13.29,26.58,5.14,8.14,1.71,6.86,0.00,3.00;
    1.83,37.97,10.45,36.13,4.59,14.86,1.65,0.00,0.73,3.67;
    4.71,20.71,23.77,42.84,12.24,24.24,5.41,3.06,0.24,4.24;
```

```
        1.66,4.98,6.64,35.71,5.81,18.27,0.83,2.49,0.00,7.47];
vn={'鼻咽癌','食管癌','胃癌','肝癌','肠癌','肺癌','乳腺癌','宫颈癌',...
    '膀胱癌','白血病'};
sn={'地区01','地区02','地区03','地区04','地区05','地区06','地区07',...
    '地区08','地区09','地区10','地区11','地区12'};
mca(x,0.8,0.05,sn,vn);
```

其中主要用到了 mca 函数,扫描书前二维码查看示例代码 8-19。

8.4.4 典型相关模型

1. 基本概念

相关分析是多数科研工作者常常碰到的数据分析方法,最简单的是一元统计中使用的相关系数,当涉及多个随机变量之间的线性相关时,如有两组随机变量,每组都有多个随机变量,则这两组之间的相关关系的确定,就属于典型相关分析。

典型相关分析是研究两组变量之间相关关系的一种方法,它揭示了两组变量间的内在联系,许多研究都属于这种情况。在具体实施时,典型相关分析借助主成分分析的思想,首先把两组变量之间的相关,转化为两个新变量之间的相关,而后对新变量的增加、形成进行约束与合并,得到最后结果。

2. 基本思想

在日常生活中,每当有重要会议召开时,一般都是要求各种代表委员参会。与此类似,要考察 A、B 两组变量之间的相关性,一般也是通过两组各自的"代表性变量"来实施计算,因此找出能够代表它们各组的新变量是第一要求。

主成分分析是具有"抓住问题主要矛盾"的一种分析方法,因此,利用主成分分析方法,从这两组变量中各自提取出一个新变量,分别称作 U_1 和 V_1,则 U_1 和 V_1 就分别代表了 A 和 B 两组变量,计算 U_1 和 V_1 之间最大的相关性,就代表了 A、B 两组变量之间的相关性。

很显然,这里的 U_1 和 V_1 是由 A、B 两组原有变量经线性组合而成,当这一步实现后,会得到 U_1 和 V_1 的具体表达式,也能够计算出 U_1 和 V_1 之间的相关系数,但它只是表达了 A、B 两组变量之间的部分相关性。若经过考察,其代表性不足以满足需要,则必须继续找新的一组变量,比如 U_2 和 V_2,然后再计算这组新变量之间的相关性,并使之达到最大。新变量 U_2 和 V_2 也是由 A、B 两组变量根据主成分分析得到,但是由于 (U_1,V_1) 中已经提取了部分相关性信息,新变量 (U_2,V_2) 显然不能再重复包含 (U_1,V_1) 中的信息,这就要求 (U_2,V_2) 不能和 (U_1,V_1) 重复,也就是 (U_2,V_2) 和 (U_1,V_1) 之间必须满足不相关、垂直或正交。得到并计算 (U_2,V_2) 的相关性,它同样表达了 A、B 两组变量之间的部分相关性。若前两次的相关性之和仍然不满足需要,则继续提取下去,就会得到第 3 组 (U_3,V_3)、第 4 组的 (U_4,V_4) 等,直到两组变量之间的相关性被提取完毕为止。

归纳起来,步骤如下:

(1) 利用 A、B 两组变量,分别构建线性组合 U_1 和 V_1,要求 U_1 和 V_1 之间的相关性达到最大,并考察代表程度是否满足需要。

(2) 若 U_1 和 V_1 相关性的代表程度不满足需要,则再次构建线性组合 U_2 和 V_2,要求 U_2 和

V_2 之间的相关性达到最大,且 (U_2, V_2) 不与 (U_1, V_1) 相关。

(3)继续考察前两次的代表性程度,考虑第 3 次构建新的组合 (U_3, V_3),要求 (U_3, V_3) 之间的相关性达到最大,且 (U_3, V_3) 不与 (U_1, V_1) 和 (U_2, V_2) 相关。

(4)重复上述过程,直到提取完毕。

3. 数学表述

设 $X = (X_1, X_2, \cdots, X_p)'$ 表示 A 组中的各个随机变量,设 $Y = (Y_1, Y_2, \cdots, Y_q)'$ 表示 B 组中的各个随机变量,构造 X、Y 中各随机变量的线性组合:

$$U_1 = a_{11} X_1 + a_{12} X_2 + \ldots + a_{1p} X_p \tag{8-123}$$

$$V_1 = b_{11} Y_1 + b_{12} Y_2 + \ldots + b_{1q} Y_q \tag{8-124}$$

确定各个系数 $a_{11}, a_{12}, \cdots, a_{1p}$ 和 $b_{11}, b_{12}, \cdots, b_{1q}$,使得相关系数 $\rho(U_1, V_1)$ 最大。

根据相关系数的定义,则有

$$\rho(U_1, V_1) = \frac{\operatorname{cov}(U_1, V_1)}{\sqrt{\operatorname{Var}(U_1)} \sqrt{\operatorname{Var}(V_1)}} \tag{8-125}$$

令

$$\boldsymbol{a}_1 = (a_{11}, a_{12}, \cdots, a_{1p})' \tag{8-126}$$

$$\boldsymbol{b}_1 = (b_{11}, b_{12}, \cdots, b_{1q})' \tag{8-127}$$

则式 8-125)改写为

$$\rho(\boldsymbol{a}_1' X, \boldsymbol{b}_1' Y) = \frac{\boldsymbol{a}_1' \operatorname{cov}(X, Y) \boldsymbol{b}_1}{\sqrt{\boldsymbol{a}_1' \operatorname{Var}(X) \boldsymbol{a}_1} \sqrt{\boldsymbol{b}_1' \operatorname{Var}(Y) \boldsymbol{b}_1}} \tag{8-128}$$

为了使计算具有唯一性,需要限定系数满足如下要求:

$$\operatorname{Var}(\boldsymbol{a}_1' X) = \boldsymbol{a}_1' \operatorname{Var}(X) \boldsymbol{a}_1 = \boldsymbol{a}_1' \boldsymbol{\Sigma}_{11} \boldsymbol{a}_1 = 1 \tag{8-129}$$

$$\operatorname{Var}(\boldsymbol{b}_1' Y) = \boldsymbol{b}_1' \operatorname{Var}(Y) \boldsymbol{b}_1 = \boldsymbol{b}_1' \boldsymbol{\Sigma}_{22} \boldsymbol{b}_1 = 1 \tag{8-130}$$

由此,典型相关分析的定义可描述为:设有 X, Y 两组变量,设 $p+q$ 维随机向量 $\begin{pmatrix} X \\ Y \end{pmatrix}$ 的均值向量为 $\boldsymbol{0}$,协方差矩阵 $\boldsymbol{\Sigma} > 0$,假设 $p \le q$(并不影响分析),若存在式(8-126)和(8-127),则在式(8-129)、(8-130)的约束下,使得

$$\rho(\boldsymbol{a}_1' X, \boldsymbol{b}_1' Y) = \max \{\rho(\boldsymbol{a}_1' X, \boldsymbol{b}_1' Y)\} \tag{8-131}$$

则称 (U_1, V_1) 是第一对典型相关变量,其相关系数称第一个典型相关系数。如果存在

$$\boldsymbol{a}_k = (a_{k,1}, a_{k,2}, \cdots, a_{k,p})' \tag{8-132}$$

$$\boldsymbol{b}_k = (b_{k,1}, b_{k,2}, \cdots, b_{k,q})' \tag{8-133}$$

使得

$$U_k = a_{k,1} X_1 + a_{k,2} X_2 + \cdots + a_{k,p} X_p \tag{8-134}$$

$$V_k = b_{k,1} Y_1 + b_{k,2} Y_2 + \cdots + b_{k,q} Y_q \tag{8-135}$$

满足：①和前边的 $k-1$ 对典型相关变量都无关；② $\text{Var}(a_k'X)=1$，$\text{Var}(b_k'Y)=1$ 约束存在；③ $\rho(U_k,V_k)$ 最大，则称 (U_k,V_k) 是第 k 对典型相关变量，其相关系数称第 k 个典型相关系数。

4. 典型载荷分析

典型载荷分析是指原始变量与典型变量之间的相关性分析，进行典型载荷分析，有助于解释分析得到的典型变量。为了计算方便，设 A,B 为典型变量系数向量组成的矩阵，设 U,V 为典型变量组成的向量，

$$A_{p\times p}=\begin{pmatrix}a_1\\a_2\\\vdots\\a_p\end{pmatrix}=\begin{pmatrix}a_{11}&a_{12}&\cdots&a_{1p}\\a_{21}&a_{22}&\cdots&a_{2p}\\\vdots&\vdots&\ddots&\vdots\\a_{p1}&a_{p2}&\cdots&a_{pp}\end{pmatrix},\quad X_{p\times 1}=\begin{pmatrix}X_1\\X_2\\\vdots\\X_p\end{pmatrix},\quad U_{p\times 1}=\begin{pmatrix}U_1\\U_2\\\vdots\\U_p\end{pmatrix} \quad (8\text{-}136)$$

$$B_{q\times q}=\begin{pmatrix}b_1\\b_2\\\vdots\\b_q\end{pmatrix}=\begin{pmatrix}b_{11}&b_{12}&\cdots&b_{1q}\\b_{21}&b_{22}&\cdots&b_{2q}\\\vdots&\vdots&\ddots&\vdots\\b_{q1}&b_{q2}&\cdots&b_{qq}\end{pmatrix},\quad Y_{q\times 1}=\begin{pmatrix}Y_1\\Y_2\\\vdots\\Y_q\end{pmatrix},\quad V_{q\times 1}=\begin{pmatrix}V_1\\V_2\\\vdots\\V_q\end{pmatrix} \quad (8\text{-}137)$$

可知存在

$$AX=\begin{pmatrix}a_{11}&a_{12}&\cdots&a_{1p}\\a_{21}&a_{22}&\cdots&a_{2p}\\\vdots&\vdots&\ddots&\vdots\\a_{p1}&a_{p2}&\cdots&a_{pp}\end{pmatrix}\begin{pmatrix}X_1\\X_2\\\vdots\\X_p\end{pmatrix}=\begin{pmatrix}a_{11}X_1+a_{12}X_2+\cdots+a_{1p}X_p\\a_{21}X_1+a_{22}X_2+\cdots+a_{2p}X_p\\\vdots\\a_{p1}X_1+a_{p2}X_2+\cdots+a_{pp}X_p\end{pmatrix}=\begin{pmatrix}U_1\\U_2\\\vdots\\U_p\end{pmatrix}=U \quad (8\text{-}138)$$

即

$$U=AX \quad (8\text{-}139)$$

以及

$$V=BY \quad (8\text{-}140)$$

因为 $p<q$，所以我们更感兴趣的是前 p 个典型变量。

现在考察 U 和 X 的关联性，计算它们之间的协方差，得到

$$\text{cov}(U,X)=\text{cov}(AX,X)=A\text{cov}(X,X)=A\Sigma_{11} \quad (8\text{-}141)$$

根据相关系数的定义，计算 U_i,X_k 的相关性，得到

$$\rho(U_i,X_k)=\frac{\text{cov}(U_i,X_k)}{\underbrace{\sqrt{\text{Var}(U_i)}}_{1}\underbrace{\sqrt{\text{Var}(X_k)}}_{\sqrt{\sigma_{kk}}}}=\frac{\text{cov}(U_i,X_k)}{\sqrt{\sigma_{kk}}}=\text{cov}\left(U_i,\frac{X_k}{\sqrt{\sigma_{kk}}}\right)=\text{cov}(U_i,\sigma_{kk}^{-1/2}X_k) \quad (8\text{-}142)$$

将上述推过程广到矩阵表达形式，引入新的记号 $V_{11}^{-1/2}$，它是对角元素为 $\sigma_{kk}^{-1/2}$ 的 $p\times p$ 对角阵，则有

$$\rho(U,X)=\text{cov}(U,V_{11}^{-1/2}X)=\text{cov}(AX,V_{11}^{-1/2}X)=A\text{cov}(X,X)V_{11}^{-1/2}=A\Sigma_{11}V_{11}^{-1/2} \quad (8\text{-}143)$$

利用同样的计算步骤，可得

$$\rho(V,X)=\text{cov}(V,V_{11}^{-1/2}X)=B\Sigma_{21}V_{11}^{-1/2} \quad (8\text{-}144)$$

$$\rho(U,Y) = \mathrm{cov}(U, V_{22}^{-1/2}Y) = A\Sigma_{12}V_{22}^{-1/2} \quad (8\text{-}145)$$

$$\rho(V,Y) = \mathrm{cov}(V, V_{22}^{-1/2}Y) = B\Sigma_{22}V_{22}^{-1/2} \quad (8\text{-}146)$$

其中，记号 $V_{22}^{-1/2}$ 和记号 $V_{11}^{-1/2}$ 一样，是对角元素为 $\sqrt{\mathrm{Var}(Y_k)}$ 的 $q \times q$ 对角矩阵。

当使用标准化后的数据进行典型相关分析时，协方差矩阵就是相关系数矩阵，上述各式改为

$$\rho(U,X) = A_z R_{11} \quad (8\text{-}147)$$

$$\rho(U,Y) = A_z R_{12} \quad (8\text{-}148)$$

$$\rho(V,X) = B_z R_{21} \quad (8\text{-}149)$$

$$\rho(V,Y) = B_z R_{22} \quad (8\text{-}150)$$

其中，矩阵 A_z 和 B_z 是针对原始数据 X 和 Y 标准化后的典型变量系数矩阵。

在上述载荷分析中，计算结果中较大的系数表明联系更加紧密，但由于这些相关系数忽略了每组中余下变量的贡献，故有相对提高自身重要性的可能。

5. 冗余分析

在典型相关分析中，要求每一对典型相关变量尽可能达到最大相关，但与此同时，我们也想了解这些典型变量解释各组变差的能力，测定它们包含原始信息的大小。数据标准化后得到相关系数矩阵 $\hat{R}$，根据相关系数矩阵的结构组成，可分为如式（8-151）所示的 4 个子块。

$$\hat{R} = \begin{pmatrix} \hat{R}_{11} & \hat{R}_{12} \\ \hat{R}_{21} & \hat{R}_{22} \end{pmatrix} \quad (8\text{-}151)$$

其中，X 的方差总和为 A 组变量所含有的信息，即 $\mathrm{tr}(R_{11}) = p$；Y 的方差总和为 B 组变量所含有的信息，即 $\mathrm{tr}(R_{22}) = q$。经过计算，若已经确定有 r 对典型相关变量，则典型变量系数矩阵可分别记为 $\hat{A}_z$ 和 $\hat{B}_z$，且 $\hat{A}_z^{-1}$ 和 $\hat{B}_z^{-1}$ 的列向量为典型变量与其成分变量的样本相关系数。r 对变量的贡献可以按照它们在总变差中的占比表达出来。

已知 $U = AX$ 和 $V = BY$，使用样本数据并且标准化后，则有

$$\hat{U} = \hat{A}_z \hat{Z}^{(1)} \Rightarrow \hat{Z}^{(1)} = \hat{A}_z^{-1} \hat{U} \quad (8\text{-}152)$$

$$\hat{V} = \hat{B}_z \hat{Z}^{(2)} \Rightarrow \hat{Z}^{(2)} = \hat{B}_z^{-1} \hat{V} \quad (8\text{-}153)$$

其中，$\hat{Z}^{(1)}$ 和 $\hat{Z}^{(2)}$ 分别是变量 X 和 Y 的样本数据经过标准化得到的结果。据此计算

$$\begin{aligned}
\mathrm{cov}(\hat{Z}^{(1)}, \hat{U}) &= \mathrm{cov}(\hat{A}_z^{-1}\hat{U}, \hat{U}) \\
&= \hat{A}_z^{-1} \mathrm{cov}(\hat{U}, \hat{U}) \\
&= \hat{A}_z^{-1} \begin{pmatrix} r_{(\hat{U}_1, Z_1^{(1)})} & r_{(\hat{U}_2, Z_1^{(1)})} & \cdots & r_{(\hat{U}_p, Z_1^{(1)})} \\ r_{(\hat{U}_1, Z_2^{(1)})} & r_{(\hat{U}_2, Z_2^{(1)})} & \cdots & r_{(\hat{U}_p, Z_2^{(1)})} \\ \vdots & \vdots & \ddots & \vdots \\ r_{(\hat{U}_1, Z_p^{(1)})} & r_{(\hat{U}_2, Z_p^{(1)})} & \cdots & r_{(\hat{U}_p, Z_p^{(1)})} \end{pmatrix}
\end{aligned} \quad (8\text{-}154)$$

以及

$$\text{cov}(\hat{\boldsymbol{Z}}^{(2)}, \hat{\boldsymbol{V}}) = \text{cov}(\hat{\boldsymbol{B}}_z^{-1}\hat{\boldsymbol{V}}, \hat{\boldsymbol{V}})$$
$$= \hat{\boldsymbol{B}}_z^{-1}\text{cov}(\hat{\boldsymbol{V}}, \hat{\boldsymbol{V}}) \tag{8-155}$$
$$= \hat{\boldsymbol{B}}_z^{-1} = \begin{pmatrix} r_{(\hat{V}_1, Z_1^{(1)})} & r_{(\hat{V}_2, Z_1^{(1)})} & \cdots & r_{(\hat{V}_p, Z_1^{(1)})} \\ r_{(\hat{V}_1, Z_2^{(1)})} & r_{(\hat{V}_2, Z_2^{(1)})} & \cdots & r_{(\hat{V}_p, Z_2^{(1)})} \\ \vdots & \vdots & \ddots & \vdots \\ r_{(\hat{V}_1, Z_p^{(1)})} & r_{(\hat{V}_2, Z_p^{(1)})} & \cdots & r_{(\hat{V}_p, Z_p^{(1)})} \end{pmatrix}$$

可见，前 r 对典型相关变量对样本总方差的贡献为

$$\text{tr}(\hat{\boldsymbol{a}}_z^{(1)}\hat{\boldsymbol{a}}_z^{(1)\prime} + \hat{\boldsymbol{a}}_z^{(2)}\hat{\boldsymbol{a}}_z^{(2)\prime} + \cdots + \hat{\boldsymbol{a}}_z^{(r)}\hat{\boldsymbol{a}}_z^{(r)\prime}) = \sum_{i=1}^{r}\sum_{k=1}^{p} r_{(\hat{U}_i, Z_k^{(1)})}^2 \tag{8-156}$$

$$\text{tr}(\hat{\boldsymbol{b}}_z^{(1)}\hat{\boldsymbol{b}}_z^{(1)\prime} + \hat{\boldsymbol{b}}_z^{(2)}\hat{\boldsymbol{b}}_z^{(2)\prime} + \cdots + \hat{\boldsymbol{b}}_z^{(r)}\hat{\boldsymbol{b}}_z^{(r)\prime}) = \sum_{i=1}^{r}\sum_{k=1}^{p} r_{(\hat{U}_i, Z_k^{(1)})}^2 \tag{8-157}$$

计算前 r 对典型相关变量对样本总方差的解释比例：

$$R_{x|u} = \frac{1}{p}\sum_{i=1}^{r}\sum_{k=1}^{p} r_{(\hat{U}_i, Z_k^{(1)})}^2 \tag{8-158}$$

$$R_{y|v} = \frac{1}{q}\sum_{i=1}^{r}\sum_{k=1}^{q} r_{(\hat{V}_i, Z_k^{(2)})}^2 \tag{8-159}$$

据此可进行冗余分析。

6．案例

例题：某康复俱乐部对 20 名中年人测量了 3 个生理指标：体重 X_1、腰围 X_2 和脉搏 X_3；3 个训练指标：引体向上次数 Y_1、仰卧起坐次数 Y_2、跳跃次数 Y_3。数据列于表 8-28 中，据此分析生理指标与训练指标的相关性。

表 8-28 康复俱乐部统计数据

X_1	X_2	X_3	Y_1	Y_2	Y_3
191	36	50	5	162	60
189	37	52	2	110	60
193	38	58	12	101	101
162	35	62	12	105	37
189	35	46	13	155	58
182	36	56	4	101	42
211	38	56	8	101	38
167	34	60	6	125	40
176	31	74	15	200	40
154	33	56	17	251	250
169	34	50	17	120	38
166	33	52	13	210	115

X_1	X_2	X_3	Y_1	Y_2	Y_3
154	34	64	14	215	105
247	46	50	1	50	50
193	36	46	6	70	31
202	37	62	12	210	120
176	37	54	4	60	25
157	32	52	11	230	80
156	33	54	15	225	73
138	33	68	2	110	43

解：首先计算数据标准化后的相关系数矩阵 R_{11}、R_{22} 及 R_{12} 和 R_{21}，对比可知 $R_{12} = R'_{12}$。然后计算矩阵 M_1 和 M_2，得到

$$M_1 = \begin{pmatrix} -0.245945 & -0.425562 & 0.159277 \\ 0.583426 & 0.907143 & -0.328272 \\ -0.016793 & -0.031293 & 0.017284 \end{pmatrix}$$

$$M_2 = \begin{pmatrix} 0.161788 & 0.171878 & 0.022998 \\ 0.482442 & 0.548774 & 0.111448 \\ -0.318430 & -0.346472 & -0.032081 \end{pmatrix}$$

计算 M_1 的特征向量 u：

$$u_1 = \begin{pmatrix} 0.775398 \\ -1.579347 \\ 0.059120 \end{pmatrix}, u_2 = \begin{pmatrix} -1.884367 \\ 1.180641 \\ -0.231107 \end{pmatrix}, u_3 = \begin{pmatrix} -0.190982 \\ 0.506019 \\ 1.050784 \end{pmatrix}$$

计算各对典型变量的相关系数，从大到小顺序为

$$r_1 = 0.795608, \quad r_2 = 0.200556, \quad r_3 = 0.072570;$$

求解得到的典型变量 U，其中的 $\tilde{X}$ 是经过标准化后的变量。

$$U_1 = 0.7754\tilde{X}_1 - 1.5793\tilde{X}_2 + 0.0591\tilde{X}_3$$

$$U_2 = -1.8844\tilde{X}_1 + 1.1806\tilde{X}_2 - 0.2311\tilde{X}_3$$

$$U_3 = -0.1910\tilde{X}_1 + 0.5060\tilde{X}_2 + 1.0508\tilde{X}_3$$

计算 M_2 的特征向量 v：

$$v_1 = \begin{pmatrix} -0.349497 \\ -1.054011 \\ 0.716427 \end{pmatrix}, v_2 = \begin{pmatrix} -1.296594 \\ 1.236793 \\ -0.418807 \end{pmatrix}, v_3 = \begin{pmatrix} -0.375544 \\ 0.123490 \\ 1.062167 \end{pmatrix}$$

求解得到典型变量 V，其中 $\tilde{Y}$ 是标准化后的 Y。

$$V_1 = -0.3495\tilde{Y}_1 - 1.0540\tilde{Y}_2 + 0.7164\tilde{Y}_3$$

$$V_2 = -1.2966\tilde{Y}_1 + 1.2368\tilde{Y}_2 - 0.4188\tilde{Y}_3$$

$$V_3 = -0.3755\tilde{Y}_1 + 0.1235\tilde{Y}_2 + 1.0622\tilde{Y}_3$$

表 8-29 中列出了典型变量 U 和 X 的载荷分析。

表 8-29 典型变量 U 与 X 的载荷分析

典型变量	X_1	X_2	X_3
U_1	−0.62064	−0.92542	0.33285
U_2	−0.77239	−0.37766	0.04148
U_3	−0.13496	−0.03099	0.94207

以上内容说明生理指标的第一典型变量与体重的相关系数为−0.6206，与腰围的相关系数为−0.9254，与脉搏的相关系数为 0.3329。这说明生理指标的第一典型变量与体重、腰围负相关，且与腰围相关性最强。可以归纳出：生理指标的第一典型变量反映了体形的胖瘦。

冗余分析表明，第一典型变量解释的方差占比 0.4508；第二典型变量解释占比 0.2470；第三典型变量解释占比 0.3022。前两个典型变量解释占比 0.6978。

类似地，可求得训练指标的典型变量，表 8-30 列出了 V 和 Y 的典型载荷分析。

表 8-30 典型变量 V 与 Y 的载荷分析

典型变量	Y_1	Y_2	Y_3
V_1	−0.72763	−0.81773	−0.16219
V_2	−0.64375	0.05445	−0.23394
V_3	0.23695	0.57302	0.95863

上述分析表明：训练指标的第一典型变量与引体向上和仰卧起坐的关联性较大，与跳跃次数关联性较小，和肌肉训练有关。冗余分析表明，第一典型变量解释的占比为 0.4081；第二典型变量解释的占比为 0.1574；第三典型变量解释的占比为 0.4345。

最终，在 $\alpha = 0.10$ 显著性条件下检验，具有显著性的典型相关变量有 1 组。

7. MATLAB 实现

为实现典型相关分析计算，笔者根据数学原理编写了分析程序，该程序包含 6 个函数，分别为：

（1）主函数 cca。主函数 cca 接受两种形式的数据，一种是原始样本数据；另一种是相关系数矩阵数据，两种数据的最终结果一致。

（2）特征向量标准化函数 nev。该函数由 CCA 函数直接调用，用户不需要关注。在寻找相关系数最大化的向量 **a,b** 中，为防止重复结果出现，需要特征向量标准化，此函数实现了这个功能。

（3）因子表达式输出函数 OutVarExpr。该函数将典型变量的具体组合表达式输出，方便分析，在使用 cca 函数进行典型相关分析时，不需要进行任何设置。

（4）自动分析报告函数 analyze。该函数按照一般性讨论，输出各变量的简单分析结论，如相关性是不是最大，属于正相关还是负相关等，用户不需要进行任何设置。

（5）协方差校核函数 covxy。该函数用来计算 x 和 y 的协方差。因为计算样本使用的方法为最大似然估计，自编该函数使之更符合程序要求。

（6）格式化输出数据函数 outputdata。该函数实现数据的格式化输出，隐含要求输出数据的列数不大于 100 列，该函数由 CCA 调用，用户不需要考虑细节。

前述案例的计算如下：

```
A=[191,36,50,5,162,60; 189,37,52,2,110,60;193,38,58,12,101,101;162,35,62,12,105,37;
   189,35,46,13,155,58;182,36,56,4,101,42;211,38,56,8,101,38; 167,34,60,6,125,40;
   176,31,74,15,200,40;154,33,56,17,251,250;169,34,50,17,120,38;166,33,52,13,210,115;
   154,34,64,14,215,105;247,46,50,1,50 ,50;193,36,46,6,70,31;202,37,62,12,210,120;
   176,37,54,4,60,25;157,32,52,11,230,80;156,33,54,15,225,73;138,33,68,2,110,43];
x=A(:,1:3); y=A(:,4:6); C=0; t='o';
cca(x,y,C,t);
```

扫描书前二维码获取函数源代码（示例代码 8-20）。

8.4.5 多维标度模型

1. 概况

多维标度法（Multi-Dimensional Scaling，MDS）是一种能够在低维空间展示的具有"距离"概念的数据分析方法，它的一个典型应用是：根据交通图上附有的主要城镇间的里程表，通过多维标度分析，还原各城市的相对空间位置。该例中用到的实际空间距离还可以推广到广义的"距离""差距""相似性"上。例如，内心感受的差距也是一种距离，也可以用多维标度进行分析；通过考察 10 个人两两之间的友好关系紧密程度，经过多维标度处理，就可以得到 10 人的相对位置，若将 10 人的相对位置连线成网，就可以知道这其中谁处在人际关系网靠近中心的位置，处于该位置的人，就是这 10 人中交际面广、受欢迎的人。

多维标度法能够将距离信息转换成低维的"坐标"，这使得多维标度法的应用更为广泛，除了通过多维标度确定二维坐标，并将各个对象绘制在平面图上外；还可以对数据进行分组、压缩、虚拟网络优化等。多维标度法目前已经应用到心理学、社会学、生物学等多个领域。

多维标度法处理的数据，多数具有广义上的"距离"概念，在不同的学科中，描述"距离"有不同的数据类型，有的以定性数据描述，如植物叶子的巨大、大、中、较小、小等；而有的则使用精度测量得到的数据。根据使用数据的不同，多维标度法可分为度量 MDS（测量数据）和非度量 MDS（程度数据）。

2. 基本原理与实现思路

多维标度法进行分析的前提是数据具有"距离"概念，广义距离矩阵一般要满足：$D = (d_{ij})_{n \times n}$；$D = D'$；$d_{ij} \geq 0, d_{ii} = 0, i, j = 1, 2, \cdots, n$，其中 d_{ij} 是点 i 与点 j 之间的距离。对于定性的相似（或不相似）程度概念，将其转化为定量描述后则满足要求。

设 $X_1, X_2, \cdots, X_n$ 是 r 维空间中的点，每个点的坐标分别表达为 $X_i(X_{i1}, X_{i2}, \cdots, X_{ir})$。当 $r = 2$ 时，显然为二维平面上的点 $X_i(X_{i1}, X_{i2})$。要把高维空间中的点，重新绘制到三维空间或平面上，就必须满足两个原则：一是在三维空间或平面上要尽可能地保持各点在高维空间中的相对位置关系不变；二是将高维数据转成低维数据，在变换时可能要舍去部分信息，希望舍去的信息不显著影响各点相对位置。

根据上述的原则要求，则按照前几节的知识，应该考虑对数据点进行预处理，形成某种矩阵，再求解该矩阵的特征值和对应的特征向量，将特征值按照大小排队，保留足够的正特征值，特征值对应的特征向量构成新的矩阵，这个新矩阵的各行，可看作新的坐标点。按照这种思路处理，就可以将高维空间的点"映射"到低维空间或平面上。

3. 数学表达

若将 $X_1, X_2, \cdots, X_n$ 看作 r 维空间中的点，则称矩阵 $X = (X_1, X_2, \cdots, X_n)'$ 为距离 D 的拟合构图，n 个样本点的距离矩阵 $\hat{D}$ 称作 D 的拟合距离矩阵。很显然，$\hat{D}$ 应尽可能地靠近 D，即 $\hat{D} \approx D$，如果有某组样本点数据 X，使得其 $\hat{D} = D$，则可直接将 X 看作 D 的构图。

对于任意点 i 与点 j，它们之间的距离 d_{ij}，展开表达式得到

$$d_{ij}^2 = (X_i - X_j)'(X_i - X_j) = X_i'X_i + X_j'X_j - 2X_i'X_j \tag{8-160}$$

在等式（8-160）两边先对角标 i 求和，再求平均，则得到如下新值：

$$\frac{1}{n}\sum_{i=1}^{n}d_{ij}^2 = \frac{1}{n}\sum_{i=1}^{n}X_i'X_i + X_j'X_j - \frac{2}{n}\sum_{i=1}^{n}X_i'X_j \tag{8-161}$$

$\frac{1}{n}\sum_{i=1}^{n}d_{ij}^2$ 表达了在 n 个点中，其他各点 i 到点 j 的距离的平均值。进行类似的改写得到

$$\frac{1}{n}\sum_{j=1}^{n}d_{ij}^2 = X_i'X_i + \frac{1}{n}\sum_{j=1}^{n}X_j'X_j - \frac{2}{n}\sum_{j=1}^{n}X_i'X_j \tag{8-162}$$

可知 $\frac{1}{n}\sum_{j=1}^{n}d_{ij}^2$ 表达了在 n 个点中，其他各点 j 到点 i 的距离的平均值。

在等式（8-160）两边先对角标 i 求和，然后求平均，再对 j 求和，然后求平均，得到

$$\frac{1}{n}\sum_{j=1}^{n}\left(\frac{1}{n}\sum_{i=1}^{n}d_{ij}^2\right) = \frac{1}{n^2}\sum_{i=1}^{n}\sum_{j=1}^{n}d_{ij}^2 = \frac{1}{n}\sum_{i=1}^{n}X_i'X_i + \frac{1}{n}\sum_{j=1}^{n}X_j'X_j - \frac{2}{n^2}\sum_{i=1}^{n}\sum_{j=1}^{n}X_i'X_j \tag{8-163}$$

可知 $\frac{1}{n^2}\sum_{i=1}^{n}\sum_{j=1}^{n}d_{ij}^2$ 表达了在 n 个点中，任意点 i 到点 j 距离的总平均值。

设 $\bar{X} = \frac{1}{n}\sum_{i=1}^{n}X_i$ 和 $\bar{X} = \frac{1}{n}\sum_{j=1}^{n}X_j$ 代表各个点的平均，则点 i 与点 j 的离差积为

$$(X_i - \bar{X})'(X_j - \bar{X}) = X_i'X_j - \frac{1}{n}\sum_{j=1}^{n}X_i'X_j - \frac{1}{n}\sum_{i=1}^{n}X_i'X_j + \frac{1}{n^2}\sum_{i=1}^{n}\sum_{j=1}^{n}X_i'X_j \tag{8-164}$$

改写式（8-164）等号右侧各项、重排顺序，并代入式（8-160）～式（8-163），得到

$$= \frac{1}{2}\left(-d_{ij}^2 + \frac{1}{n}\sum_{j=1}^{n}d_{ij}^2 + \frac{1}{n}\sum_{i=1}^{n}d_{ij}^2 - \frac{1}{n^2}\sum_{i=1}^{n}\sum_{j=1}^{n}d_{ij}^2\right)$$

令

$$b_{ij} = \frac{1}{2}\left(-d_{ij}^2 + \frac{1}{n}\sum_{j=1}^{n}d_{ij}^2 + \frac{1}{n}\sum_{i=1}^{n}d_{ij}^2 - \frac{1}{n^2}\sum_{i=1}^{n}\sum_{j=1}^{n}d_{ij}^2\right) \tag{8-165}$$

遍历各个点 i、j，得到矩阵

$$\boldsymbol{B} = (b_{ij})_{n \times n} = \begin{pmatrix} (\boldsymbol{X}_1 - \bar{\boldsymbol{X}})' \\ \vdots \\ (\boldsymbol{X}_n - \bar{\boldsymbol{X}})' \end{pmatrix} ((\boldsymbol{X}_1 - \bar{\boldsymbol{X}}), \cdots, (\boldsymbol{X}_n - \bar{\boldsymbol{X}})) \quad (8\text{-}166)$$

称 $\boldsymbol{B}$ 为 $\boldsymbol{X}$ 的中心化内积矩阵，即去掉均值后各离差值的乘积矩阵，由式（8-166）可知 $|\boldsymbol{B}| \geq 0$。

多维标度分析从中心化内积矩阵 $\boldsymbol{B}$ 开始，设矩阵 $\boldsymbol{B}$ 的特征根中，大于零的有 r 个，按照顺序排列为 $\lambda_1 \geq \lambda_2 \geq \ldots \geq \lambda_r$，它们对应的单位特征向量为 $l_1, l_2, \cdots, l_r$，这些单位特征向量组成矩阵 $\boldsymbol{T} = (l_1, l_2, \cdots, l_r)$，则矩阵 $\hat{\boldsymbol{X}} = \left(\sqrt{\lambda_1} l_1, \sqrt{\lambda_2} l_2, \cdots, \sqrt{\lambda_r} l_r \right)$ 中的每一行数据，就可以看作空间中的一个点。需要说明：虽然通过这种形式得到了各点的坐标，但并不是所有距离矩阵都对应一个 r 维空间和 n 个点，且 n 个点之间的距离矩阵恰好等于欧几里得距离矩阵 $\boldsymbol{D}$。因为并不是所有的距离矩阵都是欧氏矩阵，还存在非欧几里得矩阵。当不能得到欧几里得距离矩阵时，则只能求得低维空间中拟合的构图。

一般低维空间维数常取 $r=2$ 或 3，在求解特征值 λ_i 时，如果存在负值的特征值，则说明距离矩阵 $\boldsymbol{D}$ 是非欧几里得型的。

上述得到的是具有度量特性的古典解，推导的基础是距离矩阵，对于非距离数据，如相似矩阵等，就需要将相似矩阵转换成广义的距离矩阵 $\boldsymbol{D}$，然后再按照上述的方法计算。其中的转换公式如下。

$$d_{ij} = \sqrt{c_{ii} + c_{jj} - 2c_{ij}} \quad (8\text{-}167)$$

因为 $|\boldsymbol{C}| \geq 0$，且满足 $d_{ij} = d_{ji}$，可知转换后的距离矩阵是欧几里得矩阵。

4. 非度量 MDS 的求解

有时候我们得到的是定序尺度数据，这类数据除了具有定类数据的差别外，不同类别之间还存在着某种顺序关系，这种情况下不能使用前边介绍的度量数据的计算方法。为此 Kruskal 提出了一个叫做"应力"的度量概念，用来衡量某个数据的"几何展示"偏离其完美"匹配展示"的程度。

Kruskal 方法的基本思想是：首先将 n 个对象的不相似或相似程度矩阵确定下来，并认为该矩阵在 r 维的空间中存在着一个匹配最好的构图或拟合构图。虽然暂时得不到该构图，但如果从某个初始构图出发，通过不断的调整各个对象在 r 维空间中的位置，最终会调整到那个最优匹配。在每次调整各个对象的位置时，需要给出该次调整改进程度的一个评判，即"应力"。可以设想，经过一次次的调整迭代，最终会使得匹配达到最佳，当两次调整得到的匹配不再发生变化时，则认为无法再改进匹配，就得到了需要的结果。这种思想本质上就是编程中使用的迭代求解。

应力的计算公式如下：

$$S_k = \sqrt{\frac{\sum_i \sum_j (d_{ij} - \hat{d}_{ij})^2}{\sum_i \sum_j d_{ij}^2}} \quad (8\text{-}168)$$

应力值与匹配度之间对照表如表 8-31 所示。

表 8-31 应力值与匹配度对照表

应力值	0	(0,2.5%]	(2.5%,5%]	(5%,10%]	(10%,20%]
匹配度	完美	非常好	好	一般	差

除 Kruskal 的应力公式外，塔卡杨也提出了一种类似的计算公式，并且更受欢迎，在确定维数 r 后，应力 Stress 的计算公式为

$$S_t = \sqrt{\frac{\sum_i \sum_j (d_{ij}^2 - \hat{d}_{ij}^2)^2}{\sum_i \sum_j d_{ij}^4}} \qquad (8\text{-}169)$$

和式（8-168）相比，该式将每项都计算了平方，S_t 的值为 0~1。一般的，当 $S_t < 0.1$ 时，表示构图拟合很好。

5. 案例

例题：表 8-32 给出了某校 6 门课程学生成绩的相关系数矩阵，试据此分析各门课程之间的关系。

表 8-32　课程的相关系数矩阵

课　程	盖尔语	英　语	历　史	算　术	代　数	几　何
盖尔语	1					
英语	0.439	1				
历史	0.41	0.351	1			
算术	0.288	0.354	0.164	1		
代数	0.329	0.32	0.19	0.595	1	
几何	0.248	0.329	0.181	0.47	0.464	1

解：根据给出的相关系数矩阵，计算得到的距离矩阵。

```
0.0000   1.0592   1.0863   1.1933   1.1584   1.2264
1.0592   0.0000   1.1393   1.1367   1.1662   1.1584
1.0863   1.1393   0.0000   1.2931   1.2728   1.2798
1.1933   1.1367   1.2931   0.0000   0.9000   1.0296
1.1584   1.1662   1.2728   0.9000   0.0000   1.0354
1.2264   1.1584   1.2798   1.0296   1.0354   0.0000
```

计算中心内积矩阵 B 为：

```
 0.5471  -0.0271   0.0268  -0.1911  -0.1546  -0.2012
-0.0271   0.5208  -0.0454  -0.1382  -0.1767  -0.1334
 0.0268  -0.0454   0.6864  -0.2454  -0.2239  -0.1986
-0.1911  -0.1382  -0.2454   0.4948   0.0853  -0.0054
-0.1546  -0.1767  -0.2239   0.0853   0.4858  -0.0159
-0.2012  -0.1334  -0.1986  -0.0054  -0.0159   0.5544
```

计算得到 B 的特征值（降序排列）及累计百分率如表 8-33 所示。

表 8-33　内积矩阵的特征值与累计百分率

λ_1	λ_2	λ_3	λ_4	λ_5	λ_6
1.1429	0.6233	0.6021	0.5248	0.3963	0.0000
34.74%	53.69%	72.00%	87.95%	100%	100%

与上述特征值对应的特征向量如表 8-34 所示。

表 8-34　矩阵 B 的 6 个特征向量

l_1	l_2	l_3	l_4	l_5	l_6
−0.3775	−0.3377	0.4129	−0.6205	0.1456	−0.4082
−0.2259	−0.6106	−0.4940	0.3700	−0.1690	−0.4082
−0.5805	0.6438	0.0153	0.2852	0.0155	−0.4082
0.4281	−0.0507	0.2334	0.3518	0.6850	−0.4082
0.3942	0.0493	0.4245	0.1217	−0.6932	−0.4082
0.3616	0.3059	−0.5921	−0.5081	0.0160	−0.4082

解得 6 门课程全部坐标值如表 8-35 所示。

表 8-35　6 门课程全部坐标值

x_{01}	x_{02}	x_{03}	x_{04}	x_{05}	x_{06}
−0.4036	−0.2666	0.3204	−0.4495	0.0917	−0.0000
−0.2415	−0.4821	−0.3833	0.2680	−0.1064	−0.0000
−0.6206	0.5083	0.0119	0.2066	0.0098	−0.0000
0.4577	−0.0400	0.1811	0.2548	0.4312	−0.0000
0.4214	0.0389	0.3294	0.0882	−0.4364	−0.0000
0.3866	0.2415	−0.4594	−0.3681	0.0101	−0.0000

取前 2 维绘图，如图 8-13 所示。

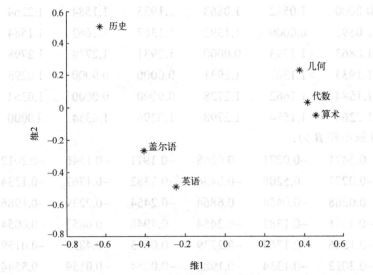

图 8-13　6 门课程的二维拟合构图

6. MDS 的 MATLAB 实现

在 MATLAB 中，有专门计算多维标度的函数，如 mdscale、cmdscale 等，其中 mdscale 用来计算非经典多维标度，cmdscale 用来计算经典多维标度。下面以 mdscale 为例，介绍其主要用法。

mdscale 支持 4 种调用格式，典型的调用方法为 Y=midscale(D,p)，这种调用格式以 $n \times n$ 的相异度矩阵 **D** 为基础，计算非度量数据的多维标度，其返回结果存放在 **Y** 中，**Y** 是一个 n 行（n 个对象点）p 列（维数）的矩阵，它包含各点之间的欧氏距离矩阵，该矩阵是不相似矩阵 **D** 的近似单调变换，在默认参数时，mdsscale 使用 Kruskal 提出的规范化应力标准。

用户可以指定 **D**，它既可以是一个完整的 $n \times n$ 矩阵，也可以是一个上三角形式矩阵，如由 pdist 输出。不相似矩阵必须是实对称矩阵，主对角线上元素为零，其他元素均为非负元素。在 mdscale 中，NaN 按缺失数据处理，在计算时会忽略这些元素。mdscale 程序不接受无穷大 Inf。

用户还可以指定 **D** 作为完整的相似矩阵，相似矩阵的主对角线元素均为 1，其他元素则小于 1。mdscale 会将相似矩阵转换成不相似矩阵，它将各点之间的距离返回并保存在矩阵 **Y** 中，其中各值近似等于 $\sqrt{1-|D|}$。假如要使用其他不同的转换方法，则在调用 mdscale 之前，需先完成这种转换（将相似矩阵转为不相似矩阵）。

返回值中，除了返回 **Y** 之外，还支持返回最小应力 stress 和差异阵 disparities（即不相似矩阵的单调变换结果）。输入参数中，允许用户使用"名/值"对来设置更多的选项参数，这些参数如下：

（1）'criterion'，该参数用来指定最小化的拟合优度标准，它也确定了标度的类型。当为非度量标度类型时，选项有：

- 'stress'——该选项指定应力计算按照式（8-168）进行，MATLAB 代码中称该项为 stress1，也是默认值。
- 'sstress'——该选项指定应力的计算按照式（8-169）进行。

当为度量标度类型时，选项有：

- 'metricstress'——该项选项指明在计算应力时采用差异平方和进行标准化。
- 'metricsstress'——该项选项指明在计算应力时采用差异 4 次方和进行标准化。
- 'sammon'——萨蒙非线性映射标准，按此标准，非对角线差异必须严格为正。
- 'strain'——该选项表明使用与古典 MDS 一样的标准。

（2）'Weights'，权重矩阵/向量。该矩阵或向量与矩阵 **D** 的维数相同，包含非负的不同权值数据。在应力计算与最小化时，使用这些权重值来区别 **D** 中相应元素的不同贡献，若权重为 0，则忽略 **D** 中对应的元素。需要注意的是，若指定一个完整的矩阵作为权重阵，那么该矩阵的主对角线元素将被忽略，这些元素不会起什么作用，因为 **D** 中相应的对角元素不纳入应力计算。

（3）'Start'，用来指定 **Y** 中各点的初始构图方法，包含的选项有：

- 'cmdscale'——使用古典 MDS 方法，该方法也是缺省默认值，但要注意的是，当有 0 权重值时，该选项无效。
- 'random'——从尺度适当坐标无关的 P-维正态分布中随机选取坐标。
- matrix——$n \times p$ 维的初始位置矩阵，在这种情况下，使用[]形式。mdscale 默认 p 是该矩阵的第 2 维数，用户也可以提供 3 维矩阵，但此时第 3 维的数据暗指'Replicates'的值。
- 'Replicates'——标度的重复次数，对每个重复，都有一个新的初始构图，默认取 1。

（4）'Options'，最佳匹配标准迭代算法选项，由 statset 函数创建，statset 的选项参数为：

- 'Display'——展示输出的层次，选项分为别 ff（默认选项）、'iter'和'final'。
- 'MaxIter'——最大允许迭代次数，默认为 200 次。
- 'TolFun'——应力标准与其梯度的终止容限，默认为 1e-4。

● 'TolX'——构图位置步长尺寸的终止容限,默认 1e-4。

利用 MATLAB 自带数据,可以给出 MDSCALE 的调用实例,最后给出拟合构图和欧氏距离的线性拟合散点图。扫描书前二维码查看示例代码 8-21。

运算结果如图 8-14 所示。

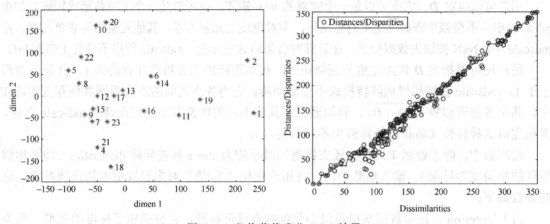

图 8-14 谷物营养成分 MDS 结果

笔者根据数学原理编写了古典多维标度计算函数,供读者参考。前述案例由此函数计算完成(扫描书前二维码查看示例代码 8-22)。